普通高等院校地理信息科学系列教材

地理信息科学基础理论
（第二版）

崔铁军　编著

天津市品牌专业经费资助

科学出版社
北京

内 容 简 介

地理信息科学是研究地理信息的本质特征与运动规律的一门学科。地理信息的认知、视觉感受、传输、表达、时空基准、尺度特征、不确定性及重构和应用等理论问题是近年来研究的热点。本书全面介绍了地理信息科学的基础理论研究内容及发展趋势；讨论了认知与认知科学、空间认知与地理空间认知的基本理论；详细介绍了信息和地理信息的概念，地理本体及全息地理等理论；从视觉感受角度阐述了地理信息的符号理论；介绍了地理信息传输理论，地理信息数据表达；重点介绍了地理信息的时空基准、尺度特征和不确定性；最后探讨了地理信息重构和应用。

本书既适合作为地理信息系统专业或相关专业本科生、研究生教材，也可供从事信息化建设、信息系统开发等有关科研、企事业单位的科技工作者阅读参考。

图书在版编目(CIP)数据

地理信息科学基础理论/崔铁军编著. —2 版. —北京：科学出版社，2019.7
普通高等院校地理信息科学系列教材
ISBN 978-7-03-061819-1

Ⅰ. ①地… Ⅱ. ①崔… Ⅲ. ①地理信息学-高等学校-教材 Ⅳ. ①P208

中国版本图书馆 CIP 数据核字（2019）第 137945 号

责任编辑：杨 红 程雷星/责任校对：樊雅琼
责任印制：张 伟/封面设计：陈 敬

科学出版社 出版
北京东黄城根北街 16 号
邮政编码：100717
http://www.sciencep.com

北京九州迅驰传媒文化有限公司 印刷
*

2012 年 5 月第 一 版 开本：787×1092 1/16
2019 年 7 月第 二 版 印张：24 1/4
2020 年 10 月第三次印刷 字数：619 000
定价：79.00 元
（如有印装质量问题，我社负责调换）

第二版前言

第一版出版后，本书作为教材给研究生和本科生上课用，取得了良好效果。近几年，天津师范大学地理信息科学专业进行重大课程改革，把基础理论作为重要组成部分纳入地理信息科学专业教学计划之中。为此，作者对第一版的内容重新梳理，在内容上做了如下修改。

（1）全书以地理信息的认知、视觉感受、传输、表达、重构和应用等为主线，重新梳理章节内容；

（2）增加了本体论和地理本体、全息论和全息地理内容，其目的是进一步阐述信息的本质和内涵；

（3）强调了人类视觉感受在地理信息传输中的作用，增加了心理学和心理物理学内容；

（4）地理信息科学研究的宗旨是利用信息技术提升人类研究地理问题的能力，为此，增加了地理信息重构和应用章节；探讨了如何应用计算机数字计算方法，基于构建的地理模型，把感知的多源海量地理数据聚合、关联和推理，形成一个有机的信息（知识）重构过程，为地理信息系统智能化提供一个科学的研究思路。

还需要说明的是，本书在编著过程中吸收了大量国内外有关论著的理论和技术成果，书中仅列出了部分参考文献，未公开出版的文献没有列在书后参考文献中，部分资料可能来自于某些网站，但未能够注明其出处，在此向被引用资料的作者表示感谢！

值此成书之际，感谢天津师范大学城市与环境科学学院领导和教师的支持；感谢历届博士生、硕士生在地理信息科学研究方面所做出的不懈努力。本书（第二版）撰写得到科学出版社杨红编辑的热情指导和帮助，在此表示衷心的感谢！

书中内容是作者近几年在教学和科研工作中的体会，仅反映了个人观点，总结不到之处还请各位同仁批评指正。

作 者

2018 年 12 月 1 日于天津

第 一 版 序

　　崔铁军教授从事地图制图学与地理信息工程学科专业学习、教学与科研工作 30 余年，编著的《地理信息科学基础理论》是他长期工作实践的总结，可喜可贺！

　　地理信息科学（亦称"地理信息学"）是传统地理学、数量（计量）地理学在信息化时代的发展和深化。

　　地理学与测绘学一直有很紧密的联系。信息化是推动包括地理学与测绘学在内的科学技术革命最主要的因素，给地理学和测绘学带来了深刻的变化。得益于计算机科学技术、空间科学技术和信息科学技术的迅速发展，地理学由传统地理学、数量地理学步入到地理信息学时代，测绘学由传统测绘学、数字化测绘学步入到信息化测绘学时代，而其中最关键的是全球导航卫星系统（global navigation satellite system，GNSS）、遥感（remote sensing，RS）和地理信息系统（geographic information system，GIS）。这三种技术（即通常所说的"3S"）与计算机技术和通信网络技术结合，使得地理信息学的研究定量化、精细化、无边界、动态化、快速化、智能化和网络化，使得信息化测绘学能实现空间信息获取的实时/准实时化和全球化、信息处理的协作（同）化和智能化、信息服务的网格/网络化，以及空间信息获取、处理与服务的一体化。这是从技术的角度讲的。当然，地理学或地理信息学与测绘学或信息化测绘学各自的研究对象和重点研究内容相差很大，开放的程度也很不同，所以要弄清楚两者的分异与聚焦。这里，也可以说地理信息科学是地理学、测绘学和信息学交叉形成的一门交叉科学。

　　地理信息科学的形成来自两个方面：第一，技术与应用的驱动，这是一条从实践到认识、从感性到理论的思想路线；第二，科学融合与地理综合思潮的逻辑扩充，这是一条理论演绎的思想路线。两者互相促进，共同推进了地理学思想的发展和地理信息学的产生。地理信息学是关于地理信息本质特征、运动规律的科学，研究对象是地理信息，即关于自然、人文现象的空间分布与组合的信息。它表征地理环境的数量、质量、分布特征、内在联系与运动规律及其和人类活动（政治、经济、文化、军事等）的关系。基于此，作者在介绍地理信息科学基本概念的基础上，把地理空间认知、信息与地理信息、地理信息视觉感受、地理信息传输理论、地理本体与全息论、地理信息数据表达、地理信息时空基准、地理信息尺度特征、地理信息不确定性及地理信息重构和应用作为地理信息科学的基础理论是恰当的，反映了《地理信息科学基础理论》这本书的基调。

　　地理信息科学是一门新的科学，它的理论体系、技术体系和应用服务体系是很复杂的问题，需要许多专家学者从事研究，崔铁军教授编著的《地理信息科学基础理论》的出版是一个好的开头，期盼更多有关地理信息科学领域的著作问世。

中国工程院院士　王家耀
中国测绘学会荣誉会员

第一版前言

弹指间,作者从学习地图制图自动化专业起,在地理信息学科领域从事教研工作已有30多年时间,从早期计算机辅助地图制图、各种比例尺地图数据库建设、地理信息系统软件研制,各种应用开发到目前的地理信息服务,见证和经历了地理信息科学产生与发展的整个过程。30多年来,地理信息科学以应用为目的,以技术为引导,在社会各行各业服务中逐步从地理学、测绘学和信息学中形成一门边缘交叉学科,学科内容涵盖了基础理论、技术体系、软件系统、工程质量标准和应用领域。

计算机的发展和应用,使社会急剧信息化,在这一过程中人们对地理信息的需求增多,这是地理信息科学产生和发展的强大动力。地理信息科学在发展过程中以测绘为基础,以数据库作为数据储存和使用的数据源,以计算机编程为平台逐步完善了地理信息的获取、处理、存储、管理、提取、可视化和分析等技术体系,使其不仅包含了现代测绘科学的所有内容,而且研究范围较之现代测绘学更加广泛。地理信息科学也如饥似渴地吸收信息科学的精华,与计算机技术结合,形成了网络、嵌入式和组件式等各种各样的地理信息系统,同时推动了计算机信息科学与技术的发展。面对艰巨而复杂的地理信息系统工程建设任务,地理信息科学应用工程化的方法,逐步完善形成了需求分析、系统设计、实施管理、质量评估和标准体系等地理信息工程技术体系。地理信息应用已经突破传统的地学界限,人们的生产和生活中80%以上的信息与地理空间位置有关,地理信息系统应用到社会各个领域,强大的应用需求使地理信息系统具有独特的空间分析功能,这是与其他信息系统的根本区别。

随着地理学研究信息化的深入,人们开始关注地理信息系统对于地理空间表达(如地理空间理解、地图结构表达和空间语言理解)的合理性、对于地理建模分析(如地理对象建模、空间尺度分析和空间决策过程)的科学性,以及地理信息系统技术(如人机交互界面、地理数据共享和地理信息系统互操作)的智能性。人们为了解决时空分布的地球表层地理现象、社会发展和地球外层空间整个环境及其动态变化的过程在计算机中表示的问题,必定会创造和发展一系列基础理论,并利用这些基础理论去推动地理信息学及相关学科的发展。

地理信息科学理论是什么?李德仁院士叙述了地球空间信息科学的地球空间信息的基准、地球空间信息标准、地球空间信息的时空变化理论、地球空间信息的认知、地球空间信息的不确定性、地球空间信息的解译与反演和地球空间信息的表达与可视化等七大理论问题。目前,国内外学者对地理信息科学的理论问题认识尚未统一,主要有三种主流观点:第一种观点认为,地理信息科学是信息社会的地理学思想。地理计算或地理信息处理强调使用计算机完成地理数值模拟和地学符号推理,辅助人类地理空间决策。地理科学是研究地理信息的出发点,也是地理信息研究的归宿。第二种观点认为,地理信息科学是地理空间数据处理的信息科学分支。从信息科学概念出发,地理信息科学定义为地理信息的收集、加工、存储、通信和利用的科学。第三种观点认为,地理信息科学是人类对地理空间的认知,是人们直接或间接地(借助计算机等)认识地理空间后形成的知识体系。

地理信息科学理论核心是地理信息机理。通过对地理信息传输过程与物理机制的研究,揭示地球表层自然要素与人文要素的几何形态和空间分布及变化规律。作者试图从地理学、测绘学和信息学等学科中提炼出与地理信息密切相关的时空理论、空间认知理论、地理信息理论、地理信息可视化理论、空间尺度理论、地理信息传输和解译以及不确定性理论等，将它们综合为地理信息科学的基础理论。这些理论问题对地理信息科学的发展非常重要，但又尚未完全解决。编著本书的目的是抛砖引玉，旨在引起国内学者对地理信息科学理论的探讨和思考，关注地理信息科学基础理论研究，推动地理信息科学的发展。但由于本人水平有限，书中难免有疏漏之处，希望相关专家学者及读者给予批评指正。

值此成书之际，作者要感谢恩师刘光运教授、韩丽斌教授、杨启和教授、刘家豪教授、KurtBrunner 教授和王家耀院士的教育培养；感谢天津师范大学城市与环境科学学院领导和教师的支持；感谢历届博士生、硕士生在地理信息科学研究方面所做出的不懈努力。本书的撰写得到科学出版社朱海燕和韩鹏编辑的热情指导和帮助，在此表示衷心的感谢。

作　者

2011 年 8 月 6 日于北京

目 录

第二版前言

第一版序

第一版前言

第1章 绪论 ··· 1
  1.1 地理与地理学 ··· 1
  1.2 地理信息科学 ··· 5
  1.3 基础理论研究内容 ·· 15
  1.4 地理信息科学发展趋势 ·· 22
  1.5 与其他学科的关系 ·· 23
  1.6 本书内容和基础知识 ··· 26

第2章 地理空间认知 ··· 28
  2.1 认知与认知科学 ·· 28
  2.2 空间认知 ··· 43
  2.3 地理空间认知概念 ·· 46

第3章 信息与地理信息 ··· 63
  3.1 信息与信息化 ··· 63
  3.2 信息科学 ··· 72
  3.3 地理信息 ··· 76

第4章 地理信息视觉感受 ·· 93
  4.1 人的视觉与感受 ·· 93
  4.2 心理与心理物理学 ··· 103
  4.3 符号与地图符号 ··· 113
  4.4 地图符号感受 ·· 116

第5章 地理信息传输理论 ·· 123
  5.1 信息传输 ··· 123
  5.2 地图信息传输 ··· 127
  5.3 地理信息传输概述 ··· 133
  5.4 地理信息解译 ··· 143

第6章 地理本体与全息论 ·· 154
  6.1 本体论与地理本体 ··· 154
  6.2 全息论与全息地理 ··· 171

第 7 章 地理信息数据表达 ·················· 183
7.1 地理现象抽象描述 ·················· 183
7.2 地理信息地图表达 ·················· 190
7.3 地理信息数据表达 ·················· 195

第 8 章 地理信息时空基准 ·················· 225
8.1 地理信息时空特征 ·················· 225
8.2 时间和空间关系 ·················· 228
8.3 时间度量基准 ·················· 231
8.4 地理空间基准 ·················· 233

第 9 章 地理信息尺度特征 ·················· 254
9.1 尺度与地理信息尺度 ·················· 254
9.2 地理信息多尺度表达 ·················· 264
9.3 地理信息尺度变换 ·················· 278
9.4 地理信息多尺度可视化 ·················· 290

第 10 章 地理信息不确定性 ·················· 294
10.1 地理信息不确定性概述 ·················· 294
10.2 地理信息不确定性描述 ·················· 304
10.3 地理空间数据质量控制 ·················· 313

第 11 章 地理信息重构和应用 ·················· 327
11.1 地理信息集成与融合 ·················· 327
11.2 地理信息关联与推理 ·················· 335
11.3 地理过程模型与模拟 ·················· 347
11.4 地理信息重构案例 ·················· 360

主要参考文献 ·················· 373

第1章 绪　　论

　　地球是人类的家园，人们一直都十分关心自己赖以生存和发展的地球表面的状况，从而萌生出各种地理概念。随着人类社会的发展，人们地球知识的积累，逐步形成一门研究地球表层自然和人文现象的时空变化规律的科学——地理学（geography）。它是关于人地关系的学问。为了解决地球表层地理现象的时空分布、人类社会经济发展、外层空间环境及动态变化的过程在计算机中的表示、模拟和推演的问题，地理科学如饥似渴地吸收信息科学（information science）的精华，在地理科学与信息科学交叉融合过程中产生了一门从信息流的角度研究地球表层自然要素与人文要素相互作用及其时空变化规律的科学——地理信息科学（geographic information science，GIScience）。与地理信息系统（geographic information system，GIS 或 GISystem）相比，地理信息科学更加侧重将地理信息视作一门科学，而不仅仅是一个技术实现，主要研究在应用计算机技术对地理信息进行存储、处理、提取以及管理和分析过程中出现的一系列基本问题。随着以地理信息系统技术为核心的遥感、全球导航定位系统等技术的发展以及其间的相互渗透，地理信息科学在全球变化和区域可持续发展等主要领域应用过程中形成了独有的理论、方法和技术体系。

1.1　地理与地理学

　　人类发展与地理息息相关，人类离不开地形、气候。地理是研究地球、天空之间问题的学科。其他如历史等学科都以地理为基础发展起来。

1.1.1　地理

　　"地理"一词最早见于中国《易经》。古代的地理学主要探索有关地球形状、大小的测量方法，或对已知的地区和国家进行描述。现代地理是指一定社会所处的地理位置以及与此相联系的各种自然条件和各种人文现象的总和。自然条件包括气候、土地、河流、湖泊、山脉、矿藏以及动植物资源等，人文现象泛指各种社会、政治、经济和文化。一般来讲，地理所涉及的范围包括人类生活的各种环境。自然环境是人文环境的基础，而人文环境又是自然环境的发展。自然环境是环绕生物周围的各种自然因素的总和，如大气、水、其他物种、土壤、岩石矿物、太阳辐射等。这些是生物赖以生存的物质基础。通常把这些因素划分为大气圈、水圈、生物圈、土壤圈、岩石圈等五个自然圈。生物是自然的产物，而生物的活动又影响着自然环境。自然地理是研究自然地理环境的组成、结构、功能、动态及其空间分异规律的学科。除了自然地理，人类具有社会性，所以地理还包括各种人类社会现象与地理环境的关系，如农业的分布、工业的分布、聚落的分布等人文现象，尤其注重人类的经济活动与环境的关系，但是关于这个方面的内容比较多，涉及的范围很广而且和其他的不好区分，姑且称为人文地理（包括经济地理）。人文地理有一个最突出的理念就是要实现人类的各种活动与环境的和谐统一，也就是可持续发展。

上知天文，下知地理。地理知识是人类知识宝库的重要组成部分，旨在"探索自然规律，昭示人文精华"，是关于地球表层自然和人类社会诸事物在空间上相互依存与相互作用机理的知识体系，探讨地球表面众多现象、过程、特征及人类和自然环境的相互关系在空间及时间上的分布，如地表自然的地带性、非地带性规律，生物、气候、地形、水文的区域分布、结构、组织，以及空间演化规律，具有综合性、交叉性和区域性的特点。自然条件是人类赖以生存和发展的生活空间和物质基础，是人类社会存在和发展的必要条件，直接影响着人类的饮食、呼吸、衣着、住行，各种社会、政治、经济和文化现象的地理分布、扩散和变化，以及人类社会活动地域结构的形成和发展规律。

1.1.2 地理学

地理学是一门综合性的基础学科。地理学非常特殊，因为既有自然的（自然地理），又有社会的（人文地理），还有工程技术的（地理信息技术），所以地理学是文、理、工兼并的一门大科学，也是与人们日常生活最密切相关的学科。地理学的核心是探索和揭示地理客观实体的空间分布、地理要素的相互联系和地理现象的空间演化过程等规律，从这些规律中获取派生的信息和发现新的知识。

1. 研究各种地理现象的空间分布规律

空间分布存在差异的规律是由自然地理环境进化发展的主要能源决定的。太阳辐射和地球内能是自然地理环境进化发展的最主要、最基本的能源，被称为空间分异因素。在这两个空间分异因素的作用下，出现了地球表面在时间及空间尺度上演变和变化的不同现象，形成地带性与非地带性规律。人们在改造客观世界的过程中，必然要感知到各种物质客体的大小、形状、场所、方向、距离、排列次序等，也感知到各种事件发生的先后、缓急、久暂等，离开空间和时间就不可能感知物质客体及其运动，就无从进行任何有目的的活动。此外，人类改造自然带来空间格局的改变，如填海造地、挖山、沙漠绿洲等，其中有有利的一面，也有不利的一面。

2. 研究各种地理要素的相互联系

美籍瑞士地理学家、制图学家、加利福尼亚大学圣塔芭芭拉分校教授 Waldo Tobler 在 1970 年提出了地理学第一定律：Everything is related to everything else, but near things are more related to each other（任何事物都是与其他事物相关的，只不过相近的事物关联更紧密）。地球表层的各要素和各部分是相互联系、相互制约的，从而形成一个完整的、独立的、内部具有相对一致性、外部具有独特性的整体。

在客观世界中，系统与系统、系统中的要素与要素、要素与系统的相互关系、相互作用、相互影响，除了物质和能量的交换外，主要是彼此间不断地存在着信息传输。没有信息的交换与传输，系统与系统、系统中的要素与要素、要素与系统就会失去联系，系统本身就无法成为一个整体。因此，信息是客观世界物质系统的本质属性，反映了宇宙中一切过程及发生变化的程度，它是客观存在的。值得注意的是，伴随着智慧圈的出现，信息流的方向发生了改变，其强度增大和速度加快。因此，信息（交流）已与物质（迁移）、能量（交换）一道成为地理学研究的主要问题之一。

人类与自然关系（人地关系）是自人类起源以来就存在的，是地理学研究的核心领域之一。人地关系理论、规律是不依人的意志为转移的客观规律。人地关系地域系统是一个由自然系统、经济系统和社会系统构成的有机体，各个子系统之间通过要素有机地联系在一起。实际上，正是通过要素的流动与组合，各个子系统之间才相互联系、互为制约，并共同与外界环境产生相互作用。可以说，要素是人地关系地域系统内部和系统与外界环境之间联系的纽带和桥梁。因此，要素是对人地关系地域系统进行研究的根本。由于要素在人地关系地域系统内部及系统与外界环境之间流动与组合，要素之间产生了不同的作用方式，即关系。各种不同关系的组合就形成了相应的结构系统。

3. 研究地理现象时空过程演变规律

地理时空过程是指地理事物和现象发生发展演变的过程，强调地球表层系统地理事物和现象随时间变化的特征。地理时空过程是地理学研究的主题之一。任何一种地理要素或现象都伴随着复杂的时空过程，如景观空间格局演变、河道洪水、地震、森林生长动态模拟、林火蔓延等都是典型的地表空间过程。人们常常需要在对地理实体及其空间关系的简化和抽象基础上，利用专业模型对地理对象的行为进行模拟，分析其驱动机制，重建其发展过程，并预测其发展变化趋势。

1.1.3 地理问题

人类社会的发展和进步，使地球表面快速变化。地理学面临着影响人类和社会发展的一系列重大问题，如如何利用自然资源；如何控制生态环境恶化，促使人类生态环境优化，提高生存环境质量；如何在保障资源和生态环境建设的同时，促进社会经济的可持续发展等。

地理学研究者从地理学的系统视角运用科学工具，为当今人类发展所面临的重大问题的解决提供科学决策依据，为人类未来生存和社会发展做出了新贡献。从目前的观点可以将地理问题归纳为以下几个重点问题。

1. 全球环境变化及其区域响应研究

全球环境变化在过去、目前和将来，都是地理学的重要研究领域。地球和地表自然界是有机的整体，全球各个圈层之间的相互作用密切。随着人口增长、社会发展和科技进步，人类活动对地理环境的影响越加强烈。人类对某一地区施加的影响会对其他地区产生影响，而今天的措施又将对未来产生影响。当今备受瞩目的全球环境变化与长期以来人类活动影响的缓慢累积过程有着密切的关系。全球环境变化及其区域响应研究涉及古地理环境演变、土地利用和土地覆被变化、减轻自然灾害损失、典型区域环境定位以及全球环境变化的社会经济对策等众多领域。其中，全球环境变化的社会经济对策涉及自然地带推移变化、土地利用与农林牧业的结构与布局、能源结构调整、海岸带的防御措施，以及自然资源合理利用和自然灾害防治等。

2. 陆地表层过程和格局的综合研究

近年来，国内外许多地理学者认识到要推动地理学的发展，必须在格局与过程的相互作用方面加强研究，地理学家必须强调格局和过程及其间的关系。发生在各种类型和各种尺度的区域中的过程必然产生一定的格局，而格局的变化又会影响自然、生态、社会发展的进程，这就产生了不同尺度区域之间的相互依赖性。陆地表层系统包括与人类密切相关的环境、资源和社会经济在时空上的结构、演化、发展及其相互作用，人类用数学模型探索客观事物之间的规律及空间变化。

3. 自然资源保障和生态环境建设研究

水资源、土地资源和生物资源是地球人类家园支撑系统的重要组成部分。我国上述自然资源的人均占有量少、空间分布不均衡，经济高速发展对自然资源的压力加大。长期以来掠夺式的开发和不合理的经营管理，导致自然资源枯竭、生态退化和生物多样性丧失等一系列问题，这些问题成为我国社会经济可持续发展的严重障碍。可持续发展要求在不同尺度的区域内，社会经济发展与人口、资源、环境保持协调的关系。应综合研究我国各类自然资源的格局、过程和动态，从整体出发研究各类自然资源之间的相互关系，揭示其组合特征和演变规律。研究自然资源和生态环境之间，不同区域的资源与环境之间，特别是人类活动与资源、环境之间的相互关系，揭示自然资源的时空变化规律并评估自然资源开发利用的环境效应，阐明人类经营活动对自然资源和生态环境的影响，提出其调控机制和对策。土地退化、生态环境恶化具有明显的区域差异，要划分不同的生态类型，对其成因机制、动态过程和发展趋势进行全面系统的研究，提出宏观整治战略及生态环境建设的途径和措施。

4. 区域可持续发展及人地系统的机理和调控研究

综合分析区域之间存在的差异性和相似性，不同的地域，其人口、资源、环境和发展的内涵也不同，为此要从空间结构、时间过程、组织序变、整体效应、协同互补等方面去认识和寻求全球的、全国的或区域的人地关系的整体优化、协调发展及系统调控的机理，为区域可持续发展和区域决策与管理提供理论依据。

1.1.4 地理作用

人类生活在环境中，人类离不开环境。宇宙的奥妙、海陆的变迁、气候的变化、资源的开发、工业的合理布局、农业的因地制宜、人口的合理增长、环境的有效保护等，都是地理学研究的内容。地理科学引导人们去认识环境，把身边的世界看得更清楚，教人们怎样去适应环境、改造环境，使人类与环境协调发展，因而也是人们学习生存的学科，是人们生活的工具，是每一个公民必备的素质。

人类社会和自然环境的关系是现代地理学研究的重要课题，也是当今社会发展必须直面和探讨的问题，还是人类认识世界的永恒命题。人类很早就运用地理知识解决生产和生活中的实际问题，从公元前3000年起，古埃及人为了预报洪水，对尼罗河水位做了记载。由于地域农业生产发展的要求，中国殷代甲骨文中已有连续天气情况的记载。地理学家们发挥地理学的综合特点，广泛地参加了区域规划、环境规划和城市规划工作，参与研究解决世界范围内的人口、资源、环境等问题。

地理环境在社会发展中的作用：①地理环境是指人类生存和发展所依赖的各种自然条件的总和，由大气圈、水圈、岩石圈构成，适合生物生存的范围称生物圈。②地理环境是人类物质生活的必要条件之一，制约和影响着社会的发展。第一，地理环境通过对生产的影响加速或延缓社会的发展。它影响劳动生产率的高低和生产部门的分布，在一定程度上决定不同国家经济发展的特点，制约一个国家经济发展的潜力和前景。第二，地理环境还可以通过对军事、政治的影响制约不同国家社会的发展。③地理环境虽对社会发展起制约和影响作用，但对社会发展不起主要的决定作用。这是因为地理环境不能决定社会制度的性质和社会形态的更替，它在社会发展中的作用受社会因素，主要受生产力和生产关系的制约。

人类掌握与应用地理知识的历史，从一个侧面反映了人类社会的发展进程。生活中时时有地理，处处有地理，地理知识就在人们生活的周围，学习和掌握对生活有用的地理知识，不仅可以拓宽知识面、开阔视野，而且能有效应对生活中的各种困难，解决生活中的实际问题，增强自理能力，最大限度地满足生存的需要，适应复杂多变的环境。

1.2 地理信息科学

研究地理信息科学的目的就是利用信息技术提升人类研究地理问题的能力。其核心是以地理学理论为依据，以地理信息为主要研究对象，以地理信息的运动规律和应用方法为主要研究内容，利用现代信息技术，研制各种仪器来感知地理现象的变化，扩展人类的信息器官功能，提高人类对地理信息接收和处理的能力，解决地球表层地理现象时空分布、社会发展、地理环境及动态变化的过程在计算机中的表示、模拟和推演的问题，挖掘各种隐态信息，揭示隐藏的地理知识和求解各种地理问题，为人类可持续发展提供决策支撑。

1.2.1 地理信息科学的产生

地理信息科学是以应用为目的，以技术为引导，在为社会各行各业服务中逐步从地理学、测绘科学、遥感科学和信息科学中形成的交叉学科。它有计算机辅助地图（computer assisted cartography，CAC）和地理信息系统（GIS）两种不同的发展思路。GIS 与多种信息技术集成构建了地理信息服务（geographic information service，GIService）。随着地理信息应用与服务的广度和深度逐渐加深，人们开始探索地理信息理论问题，从 CAC、GISystem 到 GIService 逐步演变为 GIScience。

1. 以地图制图为目的催生了数字地图制图

20 世纪 50 年代，计算机控制的行式打印机开始能够输出图形。人们把行式打印机输出图形引入地图制图，产生了计算机辅助地图制图技术，其主要特征为将连续的以模拟方式存在于纸质地图上的地理要素数字化、离散化，以便计算机能够识别、存储和处理。1964 年，英国牛津自动制图系统被研制成功。1967 年，美国 H.T.费希尔领导的实验室研制出组合统计制图软件包。1970 年，美国人口统计局设计出具有拓扑编辑功能的双重独立地图编辑技术（dual independent map encoding，DIME），奠定了机助制图数据结构的拓扑学基础。在我国，1972 年中国科学院地理研究所开始研制制图自动化系统，刘岳在"制图自动化的进展和实验研究"中，实现了多种曲线光滑，绘制等值线图、统计图和趋势面分析等程序；1977 年 6 月南京大学地理系开设了计算机制图课程；1978 年解放军测绘学院刘光运等实现了"地形图图廓整饰自动化"；1981 年吴忠性和杨启和完成了"在电子计算机辅助制图情况下地图投影变换的研究"等。20 世纪 80 年代专题地图的计算机制图得到了广泛的应用。1995 年开始，计算机制图逐渐进入实用化和规模化阶段。中国地质大学研制出地图编辑出版系统 MapCAD，实现了地图制图与地图制印一体化（编印一体化）的突破，通过数字制图技术与桌面出版系统的有机结合，形成了桌面地图出版系统，通过激光照排系统输出把地图编绘的成果输出成高精度的分色胶片，直接制版印刷，从而使地图生产实现批量化和实用化，走上了全数字化生产的发展道路。

计算机制图的诞生不但改变了传统的地图制作技术，引起地图生产方式和地图面貌的变化，也改变了地图使用的实质，促使地图制图理论与方法的研究不断深入。随着科学技术的发展和地图数据应用的深入，特别是计算机技术、数据库技术、网络通信技术的发展和实践的成功,地图数据的应用已不再局限于制作地图这一单一用途上,特别是计算机应用于地学研究,迫切需要以地图数据为基础,融合各种地学数据,包括资源、环境、经济和社会等领域的一切带有地理坐标的数据,通过属性数据描述地理实体的定性特征,用数字表示地理实体的数量特征、质量特征和时间特征。初期的地图数据仅仅把各种地理实体简单地抽象成点、线和面,这远远不能满足实际需要,必须进一步用计算机表示它们之间的关系(空间关系)。广大科学工作者开始思索如何利用它来反映自然和社会现象的分布、组合、联系及其时空发展和变化,研究在计算机存储介质上如何科学、真实地描述、表达和模拟现实世界中地理实体或现象相互关系以及分布特征。地图数据与位置相关的社会信息(属性数据)相结合,形成了各种地理数据。基于计算机技术解决与地理信息有关的数据获取、存储、传输、管理、分析及其在地学领域的应用促进了 GIS 的产生和发展。

2. 以应用分析为目的催生了地理信息系统

GIS 概念的提出,也要追溯到 20 世纪 50 年代。几乎与计算机制图同时,人们用计算机来收集、存储和处理各种与地理空间分布有关的属性数据,并希望通过计算机对数据的分析来直接为管理和决策服务。1956 年,奥地利测绘部门首先利用计算机建立了地籍数据库(digital cadastral database,DCDB),随后各国的土地测绘和管理部门都逐步发展土地信息系统(land information system,LIS)用于地籍管理。1963 年,加拿大测量学家 R.F.Tomlinson 首先提出 GIS 这一术语,并建立了世界上第一个加拿大地理信息系统(Canada GIS,CGIS),用于自然资源的管理与规划。1981 年美国环境系统研究所公司(Environmental Systems Research Institute,ESRI)发布了 ArcInfo 商业软件。2001 年 ESRI 推出 ArcGIS 8.1,提供了对地理数据的创建、管理、综合、分析能力。国际商用机器(International Business Machines,IBM)公司和科罗拉多州公共服务公司开始致力于用计算机工具管理公用事业的设施,即电力线、煤气管道、阀门、仪表、土地等。2000 年我国北京超图软件股份有限公司推出了 SuperMap 软件。这些 GIS 软件为用户提供地理数据的处理和发布服务。研究 GIS 主要是为了解决各种地理问题。地图数据与其他专题地理信息结合,产生了反映自然和社会现象的分布、组合、联系及其时空发展和变化的地理数据。地理数据利用计算机科学、真实地描述、表达和模拟现实世界中地理实体或现象的相互关系以及分布特征。

在地理信息表示方面,空间关系是通过一定的数据结构来描述与表达具有一定位置、属性和形态的地理实体之间的相互关系。当用数字形式描述空间物体,并使系统具有特殊的空间查询、空间分析等功能时,就必须把空间关系映射成适合计算机处理的数据结构,这时必须考虑数据的表示方法。

在地理信息组织上,为了满足地理分析需求,不受传统图幅划分的限制组织数据,在人们认识世界和改造世界的一定区域内(即现实世界地理空间),不管逻辑上还是物理上均组织为连续的整体。

从理论上讲,地物在地理空间只有唯一的地理数据表示,空间物体本身没有比例尺的含义,应尽可能详细、真实地描述物体形状、几何精度和属性。但人们对地理环境的认识往往需要一个从总体到局部,从局部到总体反复认识的过程。为了满足人们对地理空间这种认识需求,必须考虑空间物体的多尺度性,以满足不同的社会部门或学科领域的人群对空间信息选择的需求。

综上所述,从数据内容、获取手段、表示方法和数据组织上这些数据已经超出了地图数据表示范畴，为了与地图数据区分，人们称之为地理数据。管理地理数据的系统是地理数据库系统（geographic data base，GDB）。GDB 是在一定的地域内，将地理空间信息和一些与该地域地理信息相关的属性信息结合起来，实现对地理几何特征和属性信息的采集、更新和综合管理。在地理数据库系统基础上，加上地理数据分析应用功能，就形成了 GISystem。

3. 以多技术集成构建了地理信息服务

GIService 是为了实时回答"在哪里"和"周围是什么"两个与人类生活息息相关的基本问题，是为了吸引更多潜在的用户，提高地理信息数据与系统的利用率而建立的一种面向服务的商业模式。用户可以通过互联网按需获得和使用地理数据与计算服务，如地图服务、空间数据格式转换等，让任何人在任何时间任何地点获取任何空间信息，即所谓的 4A（anybody、anytime、anywhere、anything）。

自古以来，人类在认识世界和改造世界过程中，所接触到的信息中有 80%以上与空间位置有关。人们在社会活动中必须实时回答"在哪里"和"周围是什么"两个与人类生活息息相关的基本问题。因此，传统 GIService 有两个任务：一是提供地球上任意点的空间定位数据；二是提供区域乃至全球的各种比例尺地图。随着 RS、GIS 和全球导航卫星系统（global navigation satellite system，GNSS）的广泛应用及通信技术迅猛发展，地理信息服务步入了数字化、集成化和网络化的新阶段。在 GNSS、GIS 和 RS 的集成应用中（图 1.1），GNSS 主要用于实时、快捷提供目标的空间位置；RS 用于实时提供目标及其环境的信息、发现地球表面的各种变化，及时对 GIS 进行更新；GIS 则是对多种来源的时空数据进行综合处理、集成管理和动态存取，作为新的集成系统的平台，并为智能化数据采集提供地学知识。

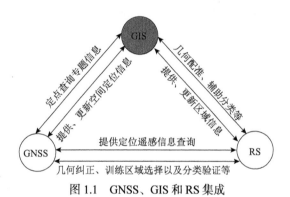

图 1.1　GNSS、GIS 和 RS 集成

三者相互作用形成了"一个大脑，两只眼睛"的框架，即 RS 和 GNSS 向 GIS 提供或更新区域信息及空间定位，GIS 进行相应的空间分析，提取有用的信息，进行综合集成，为决策提供科学的依据。由此看出，GIService 是空间定位技术和地理信息技术的有机结合。没有空间实时定位技术，人们无法及时知道自己的位置，地理信息（地图）就无法发挥它的效益。反之，即使知道自己的空间位置，如果没有 GISystem 的支撑，也无法知道相关位置和周围地理空间环境。只有把实时定位技术所获取的空间位置与 GIS 通过通信技术有机集成，才能构成完整的地理信息服务。

GNSS、GIS 和 RS 集成大大开拓了地理信息的应用空间，从传统军事、国民经济建设应用拓宽到大众公共服务和个人地理信息服务领域。现代地理信息服务的任务除了提供传统的各种比例尺的纸质地图外，还增加了基于存储介质的数字产品（数字地图）服务和基于计算机网络的 GIService 等新的模式。

结合以上分析，GIService 是把实时空间定位技术（惯性导航定位、无线电定位导航、GPS、北斗和移动通信定位）、GIS、移动无线通信技术（无线电专网、蜂窝移动通信和卫星通信）、计算机网络通信技术以及数据库技术等现代高新技术有机地集成在一起，实现地理信息收集、处理、管理、传输和分析应用的网络化，在网络环境下为地理信息用户提供实时、高精度和区域乃至全球的多尺度地理信息,对移动目标实现实时动态跟踪和导航定位服务的系统。这种建立在计算机技术、网络技术、空间技术、通信技术以及地理信息技术基础上的现代网络地理信息服务改变了早期以地图为载体的地理信息传递模式,大大缩短了地理空间数据生产者与地理信息用户之间的距离,实现了地理信息服务的实时性,随时随地为用户提供连续的、实时的和高精度的自身位置和周围环境信息。

地图数据和地理数据共同支撑了 GIService。地图数据和地理数据是地理空间信息两种不同的表示方法,地图数据强调数据可视化,采用"图形表现属性"的方式,忽略了实体的空间关系,而地理数据主要通过属性数据描述地理实体的数量和质量特征。地图数据和地理数据所具有的共同特征就是地理空间坐标,统称为地理空间数据。地理空间数据代表了现实世界地理实体或现象在信息世界的映射,与其他数据相比,地理空间数据具有特殊的数学基础、非结构化数据结构和动态变化的时间特征,提供人们多尺度地图和各种应用分析。

4. 以多学科融合形成地理信息科学

随着地理信息系统应用的深入,人们开始关注地理信息表达(如地理空间理解、地图结构表达和空间语言理解)的合理性、地理建模分析(如地理对象建模、空间尺度分析和空间决策过程)的科学性以及地理信息系统技术(如人机交互界面、地理数据共享和地理信息系统互操作)的智能性。为了解决地球表层的地理现象和社会发展以及外层空间的环境及其动态变化过程在计算机中的表示,一系列理论成果被创造和发展出来。在地理信息科学发展过程中,以测绘为基础,以数据库储存和检索地理数据,以计算机编程为平台逐步完善了地理信息的获取、处理、存储、管理、提取、可视化和分析等技术体系,使其不仅包含现代测绘科学的所有内容,且研究范围较现代测绘学更加广泛;在吸收信息科学精华的同时,地理信息科学与计算机技术结合,形成了网络、嵌入式和组件式等多种地理信息系统,推动了计算机信息科学与技术的发展。面对艰巨而复杂的地理信息系统工程建设任务,应用工程化的方法,地理信息科学实现了系统的最优设计、项目建设的最优控制运行和最优管理以及人、财、物资源的合理投入、配置和组织等,逐步形成了需求分析、系统设计、实施管理、质量评估和标准体系等地理信息工程技术体系。地理信息科学以应用为目的,以技术为引导,是在社会各行各业服务中逐步从地理学、测绘学和信息学中发展形成的一门边缘交叉学科,其内容涵盖了基础理论、技术体系、软件系统、工程质量标准和应用领域。

1.2.2 地理信息科学研究特点

地理信息科学是一门从信息流的角度研究地球表层人地关系系统的地理学科,以揭示地理信息发生、采集、传输、表达和应用的机理为研究目的,通过研制开发各种地理信息系统,为人地系统的认知、研究和调控提供科学依据和手段,从而促进人地系统的持续发展。地理信息科学的核心是利用信息技术重构地理过程,探讨发现地理现象的运动规律,实现地理学由定性研究到定量研究,从定性描述到定位、定量分析,从静态到动态,从单要素到综合,从局部到整体的转化,为地理学利用最新科学技术解决重大地理环境难题开辟了一条崭新的道路。地理信息科学研究的基本内容是地理信息采集、分析、存储、显示、管理、传播和应用,即研究地理信息流的产生、传输和转化规律。

作为一个空间的信息系统,以地理学理论为基础,以测绘技术为数据获取工具,以计算机数据库存储管理为核心,以图形可视化为信息传播手段,以数学建模分析计算应用为目的,以地理现象的位置和形态特征为操作对象，通过地理现象的感知测量、获取处理、存储管理、量算分析、插值统计、建模推理、模拟和预测等方法求解地理问题，在实践应用过程中形成了独有的空间思维和空间分析方法，以揭示事物和现象的空间分布特征、相互联系和动态变化规律。

目前，地理空间数据模型只能表达简单的、显性的地理信息，对隐含的、复杂的地理信息表达具有局限性，特别是多源地理空间位置关联及动态时空过程还需要地理空间数据分析、关联推理分析和大数据挖掘等技术方法作为补充。面对地理世界（从微观到宏观）中各类复杂的时空动态变化地理实体现象，我们应以地理学理论为依据，以地理空间数据为基础，以位置实现地理信息间的各种相关性关系关联、动态时空过程分析为方法，挖掘各种隐态信息、揭示隐藏的地理知识和求解各种地理问题，为人类可持续发展提供科学决策依据。

现代地理学是一门研究地理环境及其与人类活动间相互关系的综合性、交叉性学科。它以分布、形态、类型、关系、结构、联系、过程和机制等概念构筑理论体系，注重地理事物的空间格局与地理现象的发生、发展及变化规律，以人地系统的优化为目标，即人口、资源、环境与社会经济协调发展。地理信息科学从信息流的角度研究地球表层自然要素与人文要素的相互作用及其时空变化规律，通过对地表各圈层间信息的形成和变化机制及传输规律进行研究，揭示地理信息的发生和形成及其相互作用机理。为了控制和调节地球系统的物质流、能量流和人流等，使之转移到期望的状态和方式，实现动态平衡和持续发展，人们开始考虑对其组成要素的空间状态、相互依存关系、变化过程、相互作用规律、反馈原理和调制机理等进行数字模拟和动态分析，发现和建立反映事物的数学模式，利用和发展数学工具对其进行分析和推理，获得对城市事物运动机理的认识，从而达到预测和控制事物运动的目的，解决城市发展、人口、住宅、就业、交通、治安、环境和经济产业等问题。

1. 位置感知是地理信息获取的基石

人类生活在地球上，一切活动都在一定的时空（时间和空间）中进行，信息都是人类活动（社会、生产和生活等）的产物，信息的时空属性是一切信息关联的纽带。

获取物体位置信息的技术称为位置信息感知技术。天空地遥感感知的主要功能是识别物体和采集信息，用于解决人类世界和物理世界的数据获取问题。采用传感器技术、条形码技术、智能终端（智能手机、平板电脑、智能电视和智能卡等）、RFID 技术、影像采集、卫星遥感、无人飞机摄影以及车载/机载三维激光雷达等实现对区域范围内人、事件、基础设施、环境和建筑等方面的实时动态识别和信息采集。将传感器与通信网络相连接，形成物物相连的物联网，实现信息数据的全面透彻感知和特征提取，为地理环境变化监测和业务应用提供更多有价值的数据信息。

位置是人、事和物体之间信息关联的基础。在实践过程中，政府、军事和企业等不同部门为了满足自身需求，从不同应用、不同专业、不同角度对地理物体和现象的信息进行描述和记录，基于位置的数据整合、关联分析和数据挖掘处理是 GIS 的灵魂。

2. 可视化是地理知识获取的主要途径

可视化是人类感知世界的主要途径。人类日常生活中接收的信息 80%来自视觉，而图形图像是人类最容易接收的视觉信息。可视化是人类获取与表达信息的主要途径，数据所承载的信息，往往通过可视化的手段，才能被人直观地理解。信息可视化技术可以使人们通过观看可视化的图形、图像获取信息的内涵和潜在结构，大大降低了人的认知负担。大数据可视化是数据挖掘与分析研究的热点,视觉信息感知可以辅助大数据分析。

地理空间数据可视化运用计算机图形图像处理技术,将复杂的地理现象、自然景观和人类社会经济活动等抽象概念图形化,不仅能反映地理现象空间分布、相互联系和动态过程,也弥补了人类自然语言对地理现象描述的不足,提高了人们对地理空间的认知能力。

3. 地理信息系统是地理研究的核心软件支撑

地理研究中,可运用地理信息系统手段对城市进行多尺度、多时空和多种类的数据描述,以物联网为基础实现城市信息动态、实时、连续、全覆盖的获取,应用数学方法,结合智能科学的相关理论和技术,构建城市建设和发展空间的决策模型,认识和解决城市发展过程中相关非结构化问题,深入研究城市系统的结构特征,预测变化趋向,实现对城市建设和发展的监控、模拟、推演、时空分析和评价,提高城市建设决策的科学性和效率。地理信息系统使智慧城市不仅拥有全方位的信息采集能力,还具备更强有力的信息处理、分析、共享和协同等能力。在越来越多的智慧城市实践中,空间信息和以此为基础建立的空间信息共享、协同平台,以及由此衍生的空间信息服务生态体系已经成为智慧城市建设的核心支撑之一。

4. 时空分析与过程模拟推演为决策提供依据

时空分析与过程模拟推演是地理学研究的基本方法:把城市体系作为一个动态的复杂系统,用定性、定量相结合的方法对其进行分解和简化,确定大系统和子系统所要实现的目标和制约条件,探讨系统的最优结构和功能。系统分析通常用数学模型反映城市系统的特征、结构和发展过程,运用地理信息技术把时空分布的地理现象、社会发展、空间环境及动态变化进行多分辨率、多尺度、多时空和多种类的三维描述,从而实现对城市生态环境的监控、模拟、推演、时空分析和评价,进而进行科学预测和辅助决策,提高政府决策的科学性和效率。

5. 地理信息科学是多学科的融合和综合

地理信息系统描述和管理的对象是地理。现代地理学研究涉及自然科学和人文科学,在自然和人文间架起一座桥梁。自然地理学的研究对象是自然地理环境,涉及水文、气候、植被(生物)、土壤、地貌、冻土和冰川等领域。人文地理学是一门探讨各种社会、政治、经济和文化现象的地理分布、扩散和变化,以及人类社会活动的地域结构的形成和发展规律的学科,包括社会文化地理学、政治地理学和经济地理学等。地理信息科学的应用涉及城市、区域、土地、灾害、资源、环境、交通、水利(水务)、农业、工业、人口、文化、卫生、治安、住房、城管、基础设施和规划管理等领域及企业规划、物流和大众出行服务。

地理信息系统开发应用了所有计算机技术,包括高效海量数据存储技术、复杂的数据模型和结构、虚拟可视化技术、嵌入式和组件式、高速网络传输技术、并行计算处理以及图形图像输入输出技术。地理空间数据具有海量、空间、异构和多时态等特点。地理信息科学吸收信息科学的精华,与计算机技术结合,形成了网络、嵌入式和组件式等各种各样的地理信息系统,同时推动了计算机信息科学与技术的发展。

1.2.3 地理学的研究方法

地理学探索和揭示地理客观实体的空间分布、地理要素的相互联系和地理现象的空间演化规律,并从这些规律中获取派生的信息和发现新的知识。地理研究用地理科学基本理论和方法来探索地理的共同性质、基本特征和运动规律,力图揭示地理的本质。地理研究方法上,以计算机技术、遥感技术、卫星资料、地理模拟、数理统计、地理数据库等技术手段,调查与收集地理资料,分析与整理资料,做出基本的认识、判断和预测,对地理问题进行综合评价,并对结果进行检验和比较。地理研究的过程如图 1.2 所示。

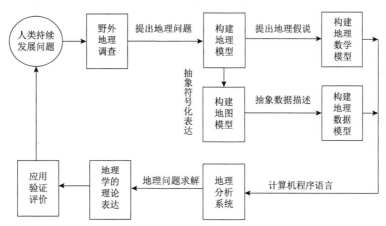

图 1.2 地理研究的过程

1. 地理模型

模型是对现实世界中客观实体或现象的抽象和简化的结构。地理模型是对真实地理世界中复杂空间事物所做的概括、简化和抽象表示,也就是把地理实体加以理性的概念化,求得在物理属性、力学属性、化学属性、生物属性等方面的尽可能相似,最终加以高度概括的各种方式的抽象表达。任何一个地理模型,均为一个地理实体的本质表征和描述,既标志着对实体的认识深度,也标志着对实体的概括能力,从这个意义上看,一个地理模型代表着一种地理思维。

地理模型的作用体现在描述地理原型的要素构成、关系及动态演变过程,所以地理模型尽可能表达地理原型系统的状态、结构和功能。然而,各种地理模型都有各自的优缺点,其发展趋势是更完整、更全面、多维地、动态地对空间对象进行表达。实际应用中,应根据应用目的、建模需求,选择适当的地理模型对空间对象进行模拟和分析。

2. 地图模型

地图是最重要的地理模型。地图是客观世界的一种表现形式。地图模型是地理模型的图形描述和表达。地理现实世界是复杂的,人们运用思维能力对客观存在进行简化与概括,形成概念模型;运用符号和图形对客观存在进行简化和抽象,形成符号模型。人们将现实世界中各种事物的空间分布、联系及时序发展变化的状态经过科学抽象概括,依据一定的数学法则,有规则、按比例,利用符号化的语言,在平面介质上绘制成图形,形成地图模型。地图模型具有严格的数学基础、符号系统、文字注记,并能用地图概括原则,科学地反映出自然和社会经济现象的分布特征及其相互关系。

3. 地理数学模型

数学模型(mathematical model)是近些年发展起来的新学科,是数学理论与实际问题相结合的一门科学。它将现实问题归结为相应的数学问题,并在此基础上利用数学的概念、方法和理论进行深入的分析和研究,从而从定性或定量的角度来刻画实际问题,并为解决现实问题提供精确的数据或可靠的指导。现在数学模型还没有一个统一的准确的定义。因为站在不同的角度可以有不同的定义。不过可以给出如下定义：数学模型是关于部分现实世界和为一种特殊目的而做的一个抽象的、简化的结构。具体来说，数学模型就是为了某种目的，用字母、数字及其他数学符号建立起来的等式或不等式以及图表、图像、框图等描述客观事物的特征及其内在联系的数学结构表达式。

地理数学模型是地理模型和数学模型的结合，以实地地理调查为基础，是从地理调查到建立地理学理论表述之间的桥梁。因此，它通常作为地理学理论研究的有用工具和表达形式。建立和应用地理数学模型的过程称为地理系统的数学模拟。

地理数学模型是描述地理系统各要素之间关系的数学表达式。它是实际地理过程的简化和抽象，要求以最少的变量或最小维数向量表示复杂的地理系统状态，具有严密性、定量性和可求解性。当它确切反映地理过程时，其解析解常常可以引出地理问题的正确解决方案。应用地理数学模型研究地理系统是一种经济实用的方法，并且便于交流研究成果。

现代地理系统研究中广泛应用地理数学模型和数学模拟方法。建立地理数学模型必须注意的中心环节是权衡模型的简化性、精确度和可求解性。地理数学模型的研究经历了单要素或少要素统计分析模型、多要素静态地理数学模型、综合线性系统地理数学模型、动态系统模型等发展阶段。建立高价非线性动态模型和耗散结构、自组织过程模型是当前地理数学模型技术的新方向。由于地理系统的复杂性质，地理数学模型研究也面临一些问题：简化性可能使地理数学模型偏离真实的地理基础；复杂的高价非线性动态系统数学模型难以求解；复杂的地理系统跃变过程难以用连续性数学模型描述；地理数学模型与地理调查、地理数据的契合不紧密等。这些问题必须通过定性与定量研究相结合，发展地理系统的非数学模型方法，如计算机模拟技术等才能解决。

4. 地理数据模型

地理空间数据是地理现实世界又一种表达形式。它以计算机能够接受和处理的数据形式实现对地理世界的抽象表达。在地图模型的基础上用点、线、面以及实体等基本空间数据结构来表示地理实体定位、定性、时间和空间关系等，借以表明空间实体的形状大小以及位置和分布特征。地理空间数据是地理空间分析的基础。对地理现实世界抽象、表达、获取、组织和存储、分析与应用都离不开地理数据模型。

地理数据模型是地理空间数据分析的"灵魂"，是关于现实世界中空间实体及其相互间联系的概念，是为了反映地理实体的某些结构特性和行为功能，按一定的方案建立起来的数据逻辑组织方式，实现了复杂的地理事物和现象抽象到计算机中进行表示、处理和分析。地理数据模型分为概念模型（分三种：场模型——用于描述空间中连续分布的现象；对象模型——用于描述各种空间地物；网络模型——可以模拟现实世界中的各种网络）、逻辑数据模型（常用的分为矢量数据模型、栅格数据模型和面向对象数据模型等）、物理数据模型（物理数据模型是指概念数据模型在计算机内部具体的存储形式和操作机制，即在物理磁盘上如何存放和存取，是系统抽象的最底层）。

5. 地理分析系统

地理分析系统成为地理科学研究的有力手段，经济建设的实践要求地理科学对自然资源、自然环境和地域系统演变进行定量分析，应用数学方法和计算机技术，寻求地理现象发生性质变化的数量方面的依据和度量，从而对地理环境的发展、变化提出预测及最优控制。地理数学模型、地理数据模型（地理数据）和计算机系统是构建地理空间分析系统的三个基石。

地理空间分析主要通过地理数学模型和地理数据模型（地理数据）联合分析来挖掘空间目标的潜在信息。地理分析系统已经在 GIS 软件中实现。GIS 集成了大量的空间分析工具，如空间信息分类、叠加、网络分析、领域分析、地统计分析等，另外，还有一系列适应地理空间数据的高性能计算模型和方法，如人工神经网络、模拟退火算法、遗传算法等。

目前，GIS 软件与空间分析软件相结合的方式有两种：一种是高度耦合；一种是松散耦合。高度耦合结构即把空间分析模块嵌入 GIS 软件包中，供用户直接从图形界面中选择各种功能，GIS 中相关的数据直接可以参与到空间分析计算中，这种方式方便了用户，但代价是开发费用较高，实现周期长。目前只有少数的大型 GIS 公司会深入涉足高耦合结构 GIS 软件的设计与开发中，如美国的 ESRI 公司。

松散耦合结构则是在相对独立的 GIS 软件和空间分析软件之间使用一个数据交换接口，GIS 软件中的数据通过接口为空间分析软件提供基本的分析数据源，经空间分析软件计算出的结果通过接口以图形的方式显示在 GIS 软件中。实现这种架构方式相对容易，费用也相对较低，一般使用开源的 GIS 软件即可实现这种结构。

6. 问题求解

地理学家对地学现象进行研究的一个重要途径是对地学问题进行求解。地理问题求解即在某一地理应用目标中，利用地理信息技术处理空间信息的活动。地理问题求解的一个重要方法与途径是地理空间分析和过程模拟，通过分析和模拟地理现象揭示地学规律。对一个地理问题进行求解，需要多个地理模型的协同。地理模型相互交流，引起地理空间数据的共享，因此需要解决模型集成时多个地理空间数据模型之间的输入、输出和交换等一系列问题。

1.2.4 地理信息科学研究内容

关于 GIScience 的内涵、技术知识体系，不同的团体在不同的时间有着不同的观点。1995 年，美国国家地理信息与分析中心（National Center of Geographic Information Analysis，NCGIA）向 NSF（National Science Foundation）提交了一份名为"推进地理信息科学"的研究建议，将新形成的 GIScience 定义为基于三个基础研究领域的一门学科，分别是地理空间的认知模型、地理概念表达的计算方法和信息社会的地理学。1996 年，美国地理信息科学大学联盟（University Consortium for Geographic Information Science，UCGIS）提出了 GIScience 的研究主题：空间数据采集与综合；地理数据与各种基于 GIScience 活动的不确定性；GIS 环境中的空间分析；空间信息基础设施的未来；地理信息互操作；分布式计算；GIScience 与社会；比例尺；地理信息认知；地理表达的扩展等。UCGIS 在 2002 年再次推出了新的研究议程白皮书，从长期研究挑战和短期优先研究领域两方面规划了地理信息科学主要的研究论题，提出长期研究挑战涉及的论题包括空间本体、地理表达、空间数据获取与集成、尺度、空间认知、时空分析与建模、地理信息不确定性、可视化、GIScience 与社会、地理信息工程。短期优先研究领域则包括：GIScience 与决策、基于位置的服务、地理信息相关管制与伦理问题、地理空间语义网络、遥感数据信息与 GIS 的集成、地理信息资源管理、应急数据获取与分析、分级与不确定边界、地理信息安全、地理空间数据融合、空间数据基础设施的管理机构问题、地理信息协作与共享、地理计算、全球化表达与建模、语义空间化、普适计算、地理数据挖掘与知识发现、动态建模。2006 年，UCGIS 提出了地理信息科学与技术知识体系，将地理信息科学与技术知识体系划分为概念基础、地理空间数据、地图学与可视化、系统设计、数据建模、数据操作、地理计算、分析方法、地理信息科学技术与社会、组织与机构十大模块。可以看出，以上知识体系的划分既涵盖了传统 GIS 研究的基本内容，同时密切关注相关方向的最新研究发展，并面向地理信息产业化发展与社会化应用，强调 GIScience 与社会以及相关的组织机构问题。

陈述彭院士说过，没有高新技术支持的科学是落后的科学，没有科学理论指导的技术则是盲目的技术。GIScience 主要来源于三种主流观点。

第一种观点认为，GIScience 是信息社会的地理学思想，地理计算或地理信息处理强调使用计算机完成地理数值模拟和地学符号推理，辅助人类完成地理空间决策。地理科学是地理信息研究的出发点，也是地理信息研究的归宿。

第二种观点认为，GIScience 是面向地理空间数据处理的信息科学分支，从信息科学概念出发，GIScience 定义为地理信息的感知、加工、存储、传输和利用的科学。

第三种观点认为，地理信息是人类对地理空间的认知，GIScience 是人们直接或间接地（借助计算机等）认识地理空间后形成的知识体系。在应用计算机技术对地理信息进行处理、存储、提取以及管理和分析的过程中逐步完善形成了地理信息科学技术体系。

GIScience 通过对地球圈层间信息传输过程与物理机制的研究来揭示地理信息机理。以对地观测系统、空间定位技术与高性能计算技术所构成的以 GIS 为核心的集成化技术体系，由于实现了地理信息的智能感知、获取、处理、存储、分析与传播，因而形成了 GIScience 的重要技术框架。全球变化与区域可持续发展则是 GIScience 的重要应用领域。

GIScience 主要的研究内容由以下三部分组成。

1. 地理信息科学理论研究

GIScience 的理论核心是地理信息机理。GIScience 是一门从信息流的角度研究地球表层自然要素与人文要素相互作用及其时空变化规律的科学；研究地理信息传输过程与物理机制，揭示地球表层自然要素与人文要素的几何形态和空间分布及变化规律；通过对地表各圈层间信息的形成和变化机制及传输规律的研究，揭示地理信息的发生和形成以及相互作用的机理。研究地理信息机理的目的是更好地认识地理科学规律。它起源于对地理环境的感知，用技术手段获取地理信息，用语言或图形方式表达地理信息，通过人类大脑思维分析将信息变成知识，从而加深人们对地理环境的认知。地理空间认知是 GIScience 研究的起点，也是 GIScience 研究的归宿。人类在认识地理环境时离不开特定时间和空间，时间和空间基准是分析各种事物相互联系的基础；人们接收的各种信息 80% 以上是通过视觉获得的，通过视觉感受去辨别地图符号大小、纹理明暗强弱、颜色组成，以及物体的状貌变化，用可视化手段表达地理信息，有利于地理信息传播，准确把握事物的特征，真实认知客观事物的规律；由于现实世界的复杂性、模糊性以及人类认识和表达能力的局限性，产生了地理信息

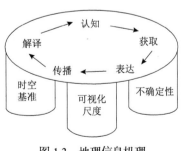

图 1.3 地理信息机理

不确定性。这种认知→获取→表达→传播→解译→再认知螺旋式地理认知规律是 GIScience 的理论产生之本（图 1.3）。地理空间认知、地理信息时空基准、表达与可视化、空间尺度、空间数据可视化、空间数据解译和不确定性成为 GIScience 理论的主要研究内容。

2. 地理信息技术方法研究

GIS 被誉为地学的第三代语言——用数字形式来描述空间实体。它是在计算机硬件、软件系统支持下，对整个或部分地球表层（包括大气层）空间中的有关地理分布数据进行采集、储存、管理、运算、分析、显示和描述的技术系统。GIScience 的方法与技术主要包括地理空间数据获取技术，多源、多尺度地理信息数据融合处理技术，空间数据索引技术，空间数据安全技术，地理信息传输技术，地理信息标准化与规范化，空间数据共享和互操作技术，空间数据可视化，空间数据分析，地理信息综合，空间数据挖掘技术等内容。

3. 地理信息科学应用研究

世界上绝大部分信息与地理空间位置相关，地理信息是整合集成社会经济和自然人文信息的公共基底，可有效揭示经济社会发展与资源环境的内在关系和演变规律，综合反映人地关系协调程度。随着 GIS 在地学中应用的深入，地理学研究的信息化是必然趋势。利用信息技术，以地理信息为地理学研究的基本元素，实现地理学研究与信息技术的融合渗透。从研究地理系统着手，利用信息技术实现地理系统模型化。以地球为对象，以地理坐标为依据，研究时空分布的地球表层地理现象、社会发展、外层空间环境及动态变化的过程在计算机中的表示、模拟和推演。它是涉及地理对象的认识、表征、应用的直接变化，多种数据融合的、多维（立体的和动态的）表达的，具有空间化、数字化、网络化、智能化和可视化特征的技术系统。

1.3 基础理论研究内容

李德仁院士在《空间信息系统的集成与实现》中，扼要叙述了地球空间信息学的七大理论问题：①地球空间信息的基准，包括几何基准、物理基准和时间基准；②地球空间信息标准，包括空间数据采集、存储与交换标准，空间数据精度与质量标准，空间信息的分类与代码标准，空间信息的安全、保密及技术服务标准以及元数据标准等；③地球空间信息的时空变化理论，包括时空变化发现的方法和对时空变化特征及规律的研究；④地球空间信息的认知，主要通过各目标、各要素的位置、结构形态、相互关联等从静态上的形态分析、发生上的成因分析、动态上的过程分析、演化上的力学分析以及时态上的演化分析，达到对地球空间的客观认知；⑤地球空间信息的不确定性，包括类型的不确定性、空间位置的不确定性、空间关系的不确定性、逻辑的不一致性和信息的不完备性；⑥地球空间信息的解译与反演，包括定性解译和定量反演，贯穿在信息获取、信息处理和认知过程中；⑦地球空间信息的表达与可视化，涉及空间数据库多分辨率表示、数字地图自动综合、图形可视化、动态仿真和虚拟现实等。作者将这七大理论问题总结归纳为九点。

1.3.1 地理认知理论

认知是一个人认识和了解他生活于其中的世界所经历的各个过程的总称，包括感受、发现、识别、想象、判断、记忆、学习等，是揭示事物对人的意义与作用的心理活动。

空间认知是指人们对物理空间或心理空间三维物体的大小、形状、方位和距离的信息加工过程。它研究人们怎样认识自己赖以生存的环境，包括其中的各事物、现象的相关位置、空间分布、依存关系，以及它们的变化和规律。

地理空间认知作为认知科学与地理科学的交叉学科，需将认知科学研究成果进行基于地理科学的特化研究。空间认知理论是地理信息可视化的重要理论基础。地理空间认知分为地理空间感知、表象、记忆和思维四个过程。

1.3.2 地理信息表达

地理信息的表达方式很多，主要有语言、文字、地图和录像多媒体等多种形式。计算机技术的引入，更加丰富了地理信息的表达内容，在现有的地理认知和地理概念计算模型研究背景下，探讨多维、动态的地理数据表达模型，用非结构化表示点、线、面几何形状，用地理信息的属性表表示关系，还可以用时间描述自然现象和社会发展的时序变化。因为地理信息表达的抽样性、概括性和多态性等特征，同种信息采用不同的表达方式，虽然满足了不同应用的实际需要，但也给信息共享带来了极大困难。所以，近几年来科学工作者试图用本体论研究地理信息本原，通过对地理客观存在的概念和关系的描述，揭示基于自然语言的空间关系认知表达与形式化空间关系的映射机制。

地理数据是有关地理系统及地理因素的状态、特征、分布演化，以及人们对地理系统利用、管理、规划等的数据。随着将计算机引入地图学，人们把地理实体数字化，将其表示成计算机能够接受的数字形式。人们用数据表达地理信息时，往往先用地图思维将地理现象抽象和概括为地图，然后进行数字化转变，成为地理空间数据。地理空间数据是描述地球表面一定范围（地理圈和地理空间）内地理事物（地理实体）的位置、形态、数量、质量、分布特征、相互关系和变化规律的数据。地理空间数据代表了现实世界地理实体或现象在信息世界的映射，是地理空间抽象的数字描述和离散表达。

1. 地理信息表达模式

受地图思维的影响，连续的地理现象离散化时也有两种模式：一种是表达场分布的连续的地理现象；另一种是表达离散的地理对象。

1）地理现象矢量表达模式

离散对象的矢量数据也有两种：一是基于图形可视化的地图矢量数据。地图矢量数据是一种通过图形和样式表示地理实体特征的数据类型，其中图形指地理实体的几何信息，样式与地图符号相关。二是基于空间分析的地理矢量数据。地理矢量数据主要通过矢量空间数据描述地理实体的形态，属性表数据描述地理实体的定性、数量、质量、时间以及地理实体的空间关系。空间关系包括拓扑关系、顺序关系和度量关系。地图矢量数据和地理矢量数据是地理信息两种不同的表示方法，地图矢量数据强调数据可视化，采用"图形表现属性"方式，忽略了实体的空间关系；而地理矢量数据主要通过属性数据描述地理实体的数量和质量特征。地图矢量数据和地理矢量数据所具有的共同特征是地理空间坐标，统称为地理空间数据。与其他数据相比，地理空间数据具有特殊的地球空间基准、非结构化数据结构和动态变化的时序特征。

2）地理现象栅格表达模式

连续分布地理现象的栅格数据也有三种：一是利用光学摄影机获取的可见光图像数据，包含了地物大量几何信息和物理信息；二是运用传感器/遥感器感知物体的电磁波的辐射和反射特性，获取物体光谱特性数据；三是利用测量原理，测绘地形起伏变化的高程数据。

栅格结构将地理实体的三维空间分成细小的单元，称为体元或体元素。为了提高效率，用八叉树来建立三维形体索引。三维实体模型常常以栅格结构的八叉树为对象描述其空间的分布，变化剧烈的局部区域常常以矢量结构的不规则四面体精确地描述其细碎部分。

3）地理现象矢量栅格组合表达模式

数字表面模型（digital surface model，DSM）是指物体表面形态以数字表达的集合。DSM 采样点往往是不规则离散分布的地表的特征点（点云）。点云构建曲面一般用不规则三角形数据结构（triangulated irregular network，TIN），根据区域的有限个点云将区域划分为相等的三角面网络。数字表面模型获取有两种：一种是倾斜摄影测量；另一种是激光雷达扫描。

三维地物同二维一样，也存在栅格和矢量两种形式。地物三维表达是地物几何、纹理和属性信息的综合集成。三维模型内容可分为三个部分：侧重实体表面的三维模型、侧重于建筑属性的建筑信息模型（building information modeling，BIM）和三维实体内部模型。侧重实体表面的三维模型是矢量数据和栅格数据的组合。地物三维的几何形态用矢量描述，地物三维的表面纹理用栅格数据表达。三维地物模型描述建筑模型的"空壳"，只有几何模型与外表纹理，没有建筑室内信息，无法进行室内空间信息的查询和分析。BIM 是以建筑物的三维数字化为载体，以建筑物全生命周期（设计、施工建造、运营、拆除）为主线，将建筑生产各个环节所需要的信息关联起来，所形成的建筑信息集。三维实体内部构模方法归纳为栅格和矢量两种形式。矢量结构采用四面体格网（tetrahedral network，TEN），将地理实体用无缝但不重叠的不规则四面体形成的格网来表示，四面体的集合就是对原三维物体的逼近。

2. 地理信息尺度表达

尺度一般表示物体的尺寸与尺码，有时也用来表示处理事务或看待事物的标准。尺度是地理学的重要特征，凡是与地球参考位置有关的物体都具有空间尺度。实现对地理要素的多尺度表达，概括起来有三种基本方法：其一是单一比例尺，地理信息仅用一种比例尺的地理空间数据表达，其他比例尺的地理空间数据从中综合导出，缺点是当比例尺跨度较大时，实现综合导出难度大；其二是全部存储系列比例尺地理空间数据，问题是多种比例尺地理空间数据更新维护困难；其三就是前两种方法的折中，维护少量基础比例尺地理空间数据，由此构建系列比例尺地理数据。

3. 地理信息形态表达

人们用数据表达地理信息时，三维地理世界抽象成曲面和立体，形成了地物几何表面表达的三维模型和地物实体内部表达的模型。地理数据的多态特性主要表现为：①同尺度下不同地理实体按轮廓形态特征可分为点状分布特征、线状形态特征、面状轮廓特征、立体三维外表形态和三维内部分布特征；②同一地理实体在不同尺度下表现为点、线、面、体四种形态。地理信息多尺度的表达引发地理信息的多态性。地理对象不同形态有不同的属性特征、形态特征、逻辑关系和行为控制机制等的描述方法，不同形态地理对象有不同的生成、消亡、分解、组合、转换、关联、运动和表达等的计算与操作方法。

4. 地理信息时态表达

地理实体和地理现象本身具有空间分布、空间变化和类聚群分三个基本特征。地理现象的分布规律包括时间上的分布规律和空间上的分布规律，地理多时态描绘了空间对象随着时间的迁移行为和状态的变化。地理数据时态表达分为三类：一是时间作为附加的属性数据。这种方法以关系数据模型为实现基础。二是基于对象模型中的时间描述和记录地物的变化，变化也通常被认为是事件的集合。三是基于位置的时空快照表达，地理数据记录的只是这个不断变化的世界的某一"瞬间"的影像。当地理现象随时间发生变化时，新数据又成为世界的另一个"瞬间"，犹如快照一般，如遥感图像。地理信息的多时态表达主要表现为：①地理物体随时间空间形态变化，空间形态变化主要表现为地理实体的形状、大小、方位和距离等空间位置、空间分布、空间组合和空间联系的变化；②地理物体随时间属性性质变化；③地理物体随时间形态和属性变化；④地理物体随时间灭亡或重组。

5. 地理信息主题表达

地球是一个非常复杂的系统，为此地学又划分为许多学科，建立一个非常全面的描述多学科的地理空间数据库是非常困难的，往往是一种地理数据只能从某一个专业、某（些）侧面或角度描述地理事物的属性特征。属性则表示空间数据所代表的空间对象的客观存在的性质。这些属性不仅存在表达内容的取舍，还存在描述方式的选择，如用文字和数字描述事物或用图像来描述地理现象。专题地理数据是根据应用主题的要求突出而完善地表示与主题相关的一种或几种要素，内容侧重于某种专业应用。地理信息的多主题表现为同一个地理实体在几何形态上是一致的，面对不同的应用存在不同的属性。

1.3.3 可视化理论

在人的所有感官器官中，眼睛是接收外界输入刺激的主要感觉器官。地理信息可视化是将复杂的地理现象和自然景观及一些抽象概念图形化的过程，直观、形象地表现、解释、传输地理空间信息并揭示其规律，是关于信息表达和传输的理论、方法与技术的一门学科。地理空间数据是地理信息表示的主要形式之一，地理空间数据可视化以地理信息科学、计算机科学、地图学、认知科学、信息传输学与地理信息系统为基础，并通过计算机技术、数字技术和多媒体动态技术等，为使用者提供地理信息直观的、可交互的地图、图像、统计图表以及各种表格，揭示地理信息的时空变化特征和规律。

种类繁多的地理信息源产生的大量数据，远远超出了人脑分析解释这些数据的能力。可视化技术作为解释大量数据最有效的手段而率先被科学与工程计算领域采用，可视化把数据转换成图形，使人们产生深刻与意想不到的洞察力，在很多领域使科学家的研究方式发生了根本变化。科学可视化的主要过程是建模和渲染。建模是把数据映射成物体的几何图元。渲染是把几何图元描绘成图形或图像。渲染是绘制真实感图形的主要技术。严格地说，渲染就是根据基于光学原理的光照模型计算物体可见面投影到观察者眼中的光亮度大小和色彩的组成，并把它转换成适合图形显示设备的颜色值，从而确定投影画面上每一像素的颜色和光照效果，最终生成具有真实感的图形。真实感图形是通过物体表面的颜色和明暗色调来表现的，它和物体表面的材料性质、表面向视线方向辐射的光能有关，计算复杂，计算量很大。因此，工业界投入很多力量来开发渲染技术。

地图是地理信息可视化的主要视觉样式。为了更好地揭示地理信息的本质和规律，便于认识并改造世界，人们借助一些规则、直观、形象、系统的符号或视觉化形式来表达和传输地理信息。这些符号或形式不仅易于人类辨别、记忆、分析，并能被计算机所识别、存储、转换和输出。传统的表达方式有图形与图像类，如地形图、专题地图和遥感图等；文字数据类，如原始的测绘数据、文字报表等。为了满足可视化需求，设计和发展了相应的符号系统和运算规则。计算机技术出现后，地理空间数据可视化借助计算机图形学和图像处理等技术，用几何图形、色彩、纹理、透明度、对比度等技术手段，以图形图像信息的形式，直观、形象地表达出来，并进行交互处理。

可视化理论是研究地理信息的符号化、图形化及直观性的处理、表达、传递及解译的理论。地图本身就是可视化的产品，在数字环境下，可视化是一个工具，使人和计算机能协调一致地接受、使用和交流视觉信息，以便输入计算机中的图像数据和复杂的多维数据生成图形。可视化技术为地理信息提供两个应用领域：一是为用户提供过去没有的空间认知工具，如电子地图、赛博地图等；二是用于优化、更新数据库本身，通过空间数据挖掘，进一步发现地理空间数据所隐含的地理知识。

1.3.4 时空理论

地球是一个时空变化的巨系统，其特征之一是在时间及空间尺度上演变和变化的不同现象。地理信息时空理论一方面从地理信息机理入手，揭示地理信息的时空变化特征和规律，并加以形式化描述，形成规范化的理论基础；另一方面应用时空理论使地球传统的静态描述转化为对过程的多维动态描述和监测分析，通过不同时间尺度和空间尺度的组合，解决不同尺度下地理信息的衔接、共享、融合和变化检测等问题。

地理学的空间是一个定义在地球表层地理实体集上的关系。地球上地理实体之间有无数种关系，定义一种关系就自然定义了一种空间，几何关系是所有这些关系中的基础关系，物理距离是这些关系中的一种度量关系，空间位置与拓扑关系和几何关系联系在一起，是地理信息中重要的空间关系。空间关系描述与推理是 GIS、语言学、认知科学和人工智能等学科的重要理论问题之一，在空间查询、空间分析、空间推理、空间数据理解、遥感影像解译、基于关系的匹配等过程中起着重要作用，也是智能化 GIS 的理论基础。

地理信息定位和量算必须依靠一个或多个参照物或参照体系。空间基准主要包括国家统一的大地空间坐标基准、高程基准、深度基准和重力基准等。地理信息的空间基准涉及参考椭球、坐标系统、水准原点、地图投影、分带等多种因素，因此地理信息的空间基准是一个复杂问题。

1.3.5 尺度理论

"顾此失彼"，人类认知、传输、表达和理解地理信息的能力是有限的。因此，人们对事物完整的认识，只能是本质的抽象（具体的抽象）。通过对事物的各种现象分析比较，排除那些无关紧要的因素，提取研究对象的重要特性（普遍规律与因果关系）加以认识，从而为解答问题提供某种科学定律或一般原理。科学抽象的具体程序是千差万别的，没有千篇一律的模式，但是一切科学抽象过程都具有分离、提纯和简略三个环节。通过这三个环节把事物的个别特征去掉，取其共同点，去代表或说明同一类事物，为表达事物抽象的不同程度，就出现了抽象层次概念。层次指人表达思想内容的表现次序，可按物质的质量、能量、运动状态、空间尺度、时间顺序、组织化程度等多种标准划分。不同层次有不同的性质和特征，既有共同的规律，又各有特殊规律。人们在观察、认识自然现象、自然过程，以及各种社会经济问题时，往往需要从宏观到微观，从不同高度、视角来进行。不同层次可引申为不同尺度。

尺度一般表示物体的尺寸与尺码，尺度是易混淆和易误解的概念，通常不同的学科和应用背景具有不同的含义。尺度应该包括三个方面的含义：客体（被考察对象）、主体（考察者，通常指人）及时空。有些时候尺度并不单纯是一个空间概念，还是一个时间的概念。

地理学尺度概念有三个方面的含义：一是粒度（grain size）或空间分辨率（spatial resolution），表示测量的最小单位。二是范围（extent），表示研究区域的大小。在概念上是指研究者选择观察（测）世界的窗口。三是时间尺度，表示完成某一种物理过程所花费时间的平均度量。一般来讲，物理过程的演变越慢，其时间尺度越长；物理过程涉及的空间范围越大，其时间尺度也越长。

人类在实际观察和认知现实世界时，往往需要描述从微观到宏观各个尺度范畴的地理信息，利用不同粒度的地理实体对现实世界进行抽象和描述。地理信息是具有时空特征的信息，首先，其位置的识别是与数据联系在一起的，这是地理信息区别于其他类型信息的一个最显著的标志（空间性）。其次，地理信息具有多维结构的特点（多维性）。最后，地理信息的时序特征很明显（时序性）。图形是地理信息空间分布特性的最好表达方式，是可视化理论的产物。

不同的空间尺度具有不同形态的地理实体，不仅可以分解为更小的地理实体，也可以组成更大的地理实体。从微观到宏观的现实世界通常以多个比例尺系列构建地理对象的信息描述。地图比例尺影响着空间信息表达的内容和相应的分析结果，并最终影响人类的认知，不同比例尺的变化不仅引起比例大小的缩放，还带来了空间结构的重组。每种比例尺所表达的地理实体是有限的，需要采用系列比例尺表达地理现象的分级层次结构。不同尺度所表达的地理全息元具有很大的差异：①同一地物在不同尺度对地物的抽象和概括的程度不同，表现为不同的几何外形；②同一属性的地物在不同的尺度下出现聚类、合并或消失现象；③同一地物在不同尺度的表达中会表现出不同的属性。地图比例尺决定着地图所表示内容的详细程度和量测精度。

人类在识别一个物体时，不管这个物体或远或近，都能对它进行正确的辨认，这就是所谓的尺度不变性。这种图形局部不变性特征基于生物视觉的关联，有人也称为空间尺度理论。尺度不变性是地理信息不同尺度表达的理论基础。地理信息不同尺度的表达产生了地图比例尺的概念。地图比例尺是地图上的线段长度与实地相应线段长度之比，表示地图图形的缩小程度，又称缩尺。一般，地图比例尺越大误差越小，图上测量精度越高。地图不同比例尺的变化不仅是尺度的缩放，也影响着地理信息可视化的表达内容，进而带来了空间结构的重新组合，由此引出制图综合（cartographic generalization）的理论。尺度理论对地理信息的获取、数据组织、表达和分析有着重要影响。

地理信息多尺度表达是当今地理信息科学领域理论与方法研究的重要的和前沿性问题。科学研究内容归于三个主要方面：多尺度现象的描述、多尺度现象的机理和多尺度现象的关联。当地理信息可视化比例尺变化时，在计算机屏幕上地理信息点、线、多边形等图形的视觉信息变化各有不同，随着比例尺变小，图形符号和图形间距离也成比例缩小，当比例尺缩小到一定程度后，屏幕图形将拥挤难辨。为了研究地理信息可视化的尺度变化规律，这里把地理信息的点、线、多边形等图形抽象为一个与具体形状无关的单元图形，通过单元图形的缩放来研究图形随尺度变化的规律。大量实践证明，地理信息应以比例尺变化四倍为参考依据，以揭示地理信息可视化尺度变化规律。

1.3.6 地理信息传输理论

地理信息存在于一定物质、能量载体中，并能从一个载体向另一个载体传递，形成信息流。地理信息传输过程与机制是地理信息科学理论的研究核心。捷克地图学家柯拉斯尼提出了由信息源、传递信息的信道和信息的接收者三个要素构成的地图信息传输模型。该模型涉及地理信息生产者认知、表达，接收者的感受、解译等过程和方法的理论。地理信息认知研究人类如何对客观环境进行认知和信息加工，探索地理信息数据制作的思维过程，并用信息加工机制描述、认识地理信息加工处理的本质。地理信息感受论是研究信息接收者的视觉感受的基本过程和特点，分析信息接收者对地理信息感受的心理、物理因素和感受效果的理论。接收者对地理信息的定性解译和定量反演，揭示和展现了地球自然现象和社会发展现今状态及时空变化规律。从现象到本质，回答地球所面临的诸多重大科学问题，如资源、环境和灾害等，是地理信息科学的最终科学目标。

1.3.7 地理信息解译

地理信息解译是从地理信息载体（语言、文字、地图、地理空间数据）中提取可信的、有效的、有用的地理信息（知识）的理论、方法和技术。地理信息解译过程是一个地理空间认知的过程。传统的地图解译主要是一种目视解译过程。地图是地理信息的可视化产品，地图的信息传输大部分是通过人的视觉感受来进行的，对地图信息的提取是由人的视觉系统将图形信息传送至大脑，由大脑再加上一些心理因素而做出判定。人的视觉感受是个复杂的过程，读图过程都必须经过觉察、辨别、识别和解译。其中，察觉、辨别过程主要受生理、心理因素的影响，识别和解译与读图者的知识水平、实践经验、思维能力有关。地图的视觉感受过程、视觉变量、视觉感受效果以及地图视觉感受的生理与心理因素等研究形成了地图视觉感受理论。

相比纸质地图，数字环境下地理空间数据能储存数量更为巨大的地理信息，需要利用计算机硬件和软件对地理数据进行读取、显示、检索和分析来提取地理知识。数字环境下地理信息解译离不开目视解译过程，但应用计算机对地理空间数据查询和空间分析可以派生出更多信息、新的知识和挖掘潜在空间信息。地理空间数据挖掘和知识发现已成为地理信息科学研究的热点之一。

1.3.8 不确定性理论

地理空间数据不确定性（uncertainty）的实质主要指数据的误差，不确定性和误差常被任意选用，较多的还是使用"误差"这一简洁的概念。随着现代测量技术的迅速发展，以及地理空间数据信息来源的多源化，考虑误差的范围也从数字扩大到概念，虽然以数值误差为主，但也要顾及不能用数值来度量的误差。这样，传统的误差理论已远远不能满足需要，数据不确定性的研究逐渐得到重视。时至今日，人们趋向于认为，数据不确定性主要指数据"真实值"不能被肯定的程度。从这个意义上看，数据不确定性可以看作是一种广义误差，但它比误差更具有包容性与抽象性，既包含随机误差，也包含系统误差；既包含可度量的误差，又包含不可度量的误差。因此，数据的随机性、模糊性、未确定性等均可视为不确定性的研究内容。

从研究的具体形式看，地理空间数据不确定性的研究又可细分为：位置不确定性、属性不确定性、时域不确定性、逻辑一致性、数据完整性、不确定性的传播、不确定性的可视化表示等。地理空间数据不确定性研究的核心，就是建立一套不确定性分析和处理的理论体系和方法体系。地理空间数据误差来源的复杂性以及地理信息难以重复采样，使得地理空间数据不确定性既有空间位置的不确定性和空间属性数据的不确定性，还具有与其空间位置相关的结构性问题，同时尺度也是不确定性研究要考虑的因素。不确定性问题是非线性复杂问题。因此，除了经典误差理论、概率论、数理统计仍是研究该问题的理论基础外，还需要寻找证据理论、模糊数学、空间统计学、熵理论、云理论、信息论、人工智能等非线性科学理论的支持，随机几何学、分形几何学、神经网络、遥感信息模型等基于边缘学科的不确定性分析处理方法也逐渐受到重视。

1.3.9　全息关联与重构

全息论认为，宇宙中任何事物或部分都是按全息构成的，部分是整体的缩影，一切事物都具有时空四维全息性；同一个体的部分与整体之间、同一层次的事物之间、不同层次与系统中的事物之间、事物的开端与结果、事物发展的大过程与小过程、时间与空间，都存在着相互全息的对应关系，每一部分中都包含着其他部分。

地理客观存在有不同的地理信息本体描述。地理数据仅是地理信息本体某种"瞬间的断片"记录，只能表达地理现象某一时刻的状态。地理数据是按照应用主题的要求，突出而完善地表示与主题相关的一种或几种要素，内容侧重于某种专业应用，面对不同的应用存在不同的属性，属性只能从某一个（些）侧面或角度描述地理事物的特征。这不仅仅是表达内容的取舍，还存在表达模式的选择，如用文字和数字描述事物或用图像来描述地理现象。一个地理客观存在本体可以表示为不同表达模式、不同表达尺度、不同语义和不同时段的瞬间断片的地理数据，这些地理数据在空间、语义、尺度和时序上存在着显性的、隐性的关联信息。但目前地理空间数据模型只能表达简单的、显性的地理现象联系，对地理空间位置及动态时空过程中隐含的地理现象关联性关系表达具有局限性，只有通过查找存在于多源地理数据之间存在某种关系，对象集合之间的关联、相关性或因果结构，或者说，挖掘多源地理空间数据中隐含的关联信息来满足需求。

以全息理论为基础，通过全息重构实现从全息元认识整体地理本体的思维过程。从全息思维视角出发，探索地理信息的多模式、多尺度、多形态、多时态和多主题等全息表达方法，针对地理大数据挖掘、知识发现和地理信息系统智能化需求，利用计算机模拟人脑综合处理复杂问题的功能。

1.4　地理信息科学发展趋势

Goodchild 提出 GIS 发展的三个阶段：第一阶段，GIS 作为地理学者的研究助手；第二阶段，GIS 作为交流工具；第三阶段，GIS 作为扩展人类感觉地理现实的手段，这个阶段才刚刚浮现。朱庆总结了 GIS 技术的发展动态，认为 GIS 向多维、动态、一体化方向发展；GIS 体系结构向开放式、网络化、信息栅格方向发展；软件实现向组件化、中间件、智能体方向发展；空间信息技术和通信进一步融合；数据获取向"3S 集成"方向发展，尤其是传感网（sensor web）的发展；数据存储管理向分布式存储及互操作方向发展；数据处理向移动计算、普适计算和语义网方向发展；人机交互向自然的虚拟环境方向发展等。GIS 讨论研究的前沿：

（1）地理空间认知、地理信息本体论以及概念。它和认知心理学、地理思维、地图认知、地理行为学密切相关。地理信息本体论，主要是讨论各个专业应用领域概念与语义的相互关系，以及层次性与一致性等，相关研究涉及语义互联网、GIS 之间的语义互操作、知识级地理信息共享与知识重用，以及地球科学中的语义建模等。在地理信息本体研究中，概念格是一个前沿研究方向，涉及概念的内涵与外延等。

（2）面向"人"，面向社会的 GIS 发展。Harvey J. Miller 于 2005 年讨论了关于人在地理信息科学中的位置的学术问题。龚建华与林珲从另外一个角度提出面向"人"的 GIS，认为传统的 GIS 是面向"地"的 GIS，侧重于自然地理生态世界，以点、线、面为基本表达单位；而面向"人"的 GIS，侧重于生活世界以及社会世界，以个体、群体、组织为基本表达单位。地理信息科学中关于"人"的研究，主要包括人的心理（心脑）、生理（身体）及社会（个体）三个方面。

（3）地学模拟、情景决策支持分析。地学模拟方法近年来越来越受到学界的关注，相关研究包括基于多智能体的 SARS 传播模拟分析等。

（4）时空过程表达、时空数据模型、时空分析，如水环境污染时空模型、滑坡过程时空模型、洪水演进过程模型、风暴过程模型等。

（5）网络环境下的分布式三维可视化、虚拟环境与数字地球。Google Earth 体现了这方面的工作与最新成就。

（6）协同 GIS。过去 GIS 是单用户的，为一个人设计使用的，但是现在很多人同时用一个 GIS 系统。协同 GIS 就是一组人在 GIS 支持下一起解决一个地理问题。

（7）移动 GIS，移动地理计算。基于手机的 GIS，用户很广，其产业以及相关 GIS 服务理念影响很大。

（8）数据挖掘与知识发现。目前这个问题在地理信息科学领域里是研究热点。

1.5 与其他学科的关系

GIS 是现代科学技术发展和社会需求的产物。人口、资源、环境、灾害是影响人类生存与发展的四大基本问题。解决这些问题必须依靠自然科学、工程技术、社会科学等多学科、多手段联合攻关。于是，许多不同的学科，包括地理学、测量学、地图制图学、摄影测量与遥感学、计算机科学、数学、统计学以及一切与处理和分析空间数据有关的学科，参与寻找一种能采集、存储、检索、变换、处理和显示输出从自然界和人类社会获取的各式各样数据、信息的强有力工具，其归宿就是地理信息系统。因此，地理信息科学明显地具有多学科交叉的特征，它既要吸取诸多相关学科的精华和营养，并逐步形成独立的边缘学科，又将被多个相关学科所运用，并推动它们的发展。因此，认识和理解地理信息科学与这些相关学科的关系，对准确地定义和深刻地理解地理信息科学有很大的帮助。

1. 地理信息科学与哲学、数学的关系

地理信息机理研究是地理信息科学理论研究内容之一，通过对地表各圈层间信息的形成和变化机制以及传输规律的研究，揭示地理信息的发生和形成以及相互作用的机理。为了正确地研究和反映客观实际，用辩证唯物主义的思想方法去认识和揭示自然界、人类社会和思维的一般规律是十分重要的。离开哲学，就不可能正确解释地理事物的发展规律，不能理解地理信息机理中的诸多概念，不能对地理信息科学中的许多理论问题做出正确分析。

数学是地理信息科学的基础。它是研究数量、结构、变化以及空间模型等概念的一门学科。数学概念是人脑对现实对象的数量关系和空间形式的本质特征的一种反映形式，即一种数学的思维形式。数学家们通过抽象化和逻辑推理的使用，从计数、计算、量度和对物体形状及运动的观察中产生拓展这些概念，为了公式化新的猜想以及从合适选定的公理及定义中建立起严谨推导出的真理。数学主要的学科首先产生于商业上计算的需要、了解数字间的关系、测量土地及预测天文事件。这四种需要大致地与数量、结构、空间及变化（即算术、代数、几何及分析）等数学上广泛的子领域相关联着。

地理空间数据的获取、处理、存储管理、分析应用每个环节都需要数学的支撑。数学的许多分支，尤其是几何学、图论、拓扑学、统计学、决策优化方法等被广泛应用于 GIS 空间数据的分析。

2. 地理信息科学与认知科学的关系

认知科学（cognitive science）是一门研究信息如何在大脑中形成以及转录过程的跨领域学科，其研究领域包括心理学、哲学、人工智能、神经科学、语言学、人类学、社会学和教育学，是 20 世纪 70 年代末才形成的关于心智、智能、思维、知识的描述和应用的学科，研究智能和认知行为的原理和对认知的理解，探索心智的表达和计算能力及其在人脑中的结构、功能和表示。其研究对象为人类、动物和人工智能机制的理解和认知，即能够获取、储存、传播知识的信息处理的复杂体系。认知科学建立在对感知、智能、语言、计算、推理甚至意识等诸多现象的研究和模型化上。人类的感知系统包括视觉、听觉、触觉、嗅觉、味觉等，依靠这些感觉器官将感知对象接收并传入大脑，经过识别、分析、组合后进入记忆系统。

认知科学应用于地图学，尤其是地图信息表达和地图信息感知的深入研究。认知科学同地图学的结合，产生了心象地图（mental map）或认知地图，并由此引出了认知地图学的新概念。认知地图学研究的主要任务是探索地图设计制作的思维过程并用信息加工机制描述，认识地图信息加工处理的本质。

地理信息的传播是一个将客观世界转化为地理信息系统而被使用的信息加工过程。空间地理信息系统，不仅可以反映客观世界，还能够认识客观世界。地理信息系统具有空间认知和图形认知两方面的功能。认知心理对于设计者的设计理念和使用者的视读理解均有着极深刻的影响。因此，研究、理解和掌握认知心理学原理和方法，既有利于增进设计者对使用者的认知了解，又有利于地理信息系统的创新设计。

3. 地理信息科学与地理学的关系

地理学就是研究人与地理环境关系的学科，研究的目的是更好地开发和保护地球表面的自然资源，协调自然与人类的关系。地理学研究的是地球表面这个同人类息息相关的地理环境，地理学者曾用地理壳、景观壳、地球表层等术语称呼地球表面。

自然地理的变化影响人文地理，人文地理也反作用于自然地理，特别是在现代工业化时期，人类的活动使地球表面发生了深刻的变化。一方面，控制或减轻了某些自然灾害；另一方面，诸如森林砍伐、环境污染、荒漠化等情况的出现，破坏了自然生态系统的平衡。随着人口的急剧增加和资源的大量消耗，人类的影响程度还在加剧。

地理学为 GIS 提供了有关空间分析的基本观点与方法，是地理信息系统的基础理论依托。空间分析是 GIS 的核心，地理学是 GIS 的分析理论基础。

4. 地理信息科学与测绘学的关系

测绘技术不但为 GIS 提供快速、可靠、多时相和廉价的多种信息源，而且它们中的许多理论和算法可直接用于空间数据的变换、处理。地理信息科学包含了现代测绘科学的所有内容，但其研究范围较之现代测绘学更加广泛。测绘科学研究的对象主要是地球的形状、大小和地表面上各种物体的几何形状及其空间位置，目的是为人们了解自然和改造自然服务。具体地讲，测绘学是研究测定和推算地面点的几何位置、地球形状及地球重力场，据此测量地球表面自然形状和人工设施的几何分布，并结合某些社会信息和自然信息的地理分布，编制全球和局部地区各种比例尺的地图和专题地图的理论和技术学科。在发展过程中形成了大地测量学、普通测量学、摄影测量学、工程测量学、海洋测绘和地图制图学等分支学科。大地测量、工程测量、矿山测量、地籍测量、航空摄影测量和遥感技术为 GIS 中的地理实体提供各种不同比例尺和精度的定位数；电子速测仪、GPS 全球定位技术、解析或数字摄影测量工作站、遥感图像处理系统等现代测绘技术的使用，可直接、快速和自动地获取空间目标的数字信息产品，为 GIS 提供丰富和更为实时的信息源，并促使 GIS 向更高层次发展。

GPS 卫星大地测量的出现，为地理信息科学的发展做出了巨大贡献：一是建立了世界大地坐标系；二是精化了地球形状；三是填补了海洋上的测量空白；四是拓宽了地理信息系统的应用领域；五是提供了导航和实时定位时空坐标；六是对传统的常规测量提供了检测手段。

5. 地理信息科学与地图学的关系

地图是 GIS 的重要数据来源之一。GIS 脱胎于地图，并成为地图信息的又一种新的载体形式。丰富多彩的现实世界，经过人类的感知、认识和抽象分类后成为系统、规则性的客体信息，再经过数模转换变成计算机可处理的数字形式进行存储、处理，并通过数模转换用多种媒体的地图形式表现出来。用户通过交互式可视化操作，重现客观实体的形象——符号模型，再通过解释来了解、认识和归纳出空间事物的分布、结构、特征、规律等，从而为实际利用目的提供依据。地图学理论与方法对 GIS 有重要的影响。

GIS 最初是从机助制图起步的，早期的 GIS 往往受地图制图在内容表达、处理和应用方面的习惯影响。但是，建立在计算机技术和空间信息技术基础上的 GIS 数据库和空间分析方法，并不受传统地图纸平面的限制。GIS 不应当只是存取和绘制地图的工具，而应当是存取和处理地理实体的有效工具和手段，存取和绘制地图只是其功能之一。计算机制图离不开可视化。在数字地图条件下，地图信息的可视化已经成为当代地图学研究的一个重要领域。这就引起了人们对可视化的研究，产生了空间信息可视化这样一个全新的概念。

6. 地理信息科学与遥感的关系

遥感是使用传感器对地球进行测量的科学和技术。遥感技术为 GIS 提供快速、可靠、多时相和廉价的多种信息源。遥感是一门 20 世纪 60 年代以后发展起来的新兴学科。遥感信息所具有的多源性，弥补了常规野外测量获取数据的不足和缺陷，并且遥感图像处理技术的巨大成就，使人们能够在从宏观到微观的范围内，快速而有效地获取和利用多时相、多波段的地球资源与环境的影像信息，大大扩展了人们的观察视野及观测领域，形成了对地球资源和环境进行探测和监测的立体观测体系，使地理学的研究和应用进入到一个新阶段。

遥感技术促进了地理信息采集手段的革新。遥感技术与计算机技术结合，使对地理对象的识别从目视解释走向计算机化的轨道，并为地理信息更新、研究地理环境因素随时间变化提供了技术支持。

7. 地理信息科学与信息学的关系

因为地球是人们赖以生存的基础，所以 GIS 是与人类的生存、发展和进步密切关联的一门理论与技术。地理信息科学如饥似渴地吸收信息科学的精华，同时也推动了计算机信息科学技术的发展。信息学是以信息为主要研究对象，以信息的运动规律和应用方法为主要研究内容，以计算机等技术为主要研究工具，以扩展人类的信息功能为主要目标的一门新兴的综合性学科，又称信息科学。信息科学由信息论、控制论、计算机科学、仿生学、系统工程与人工智能等学科互相渗透、互相结合而形成。

8. 地理信息科学与计算机科学的关系

计算机科学是研究计算机系统结构、程序系统（即软件）、人工智能以及计算机本身的性质和问题的科学。计算机科学是包含各种各样与计算和信息处理相关主题的系统科学，从抽象的算法分析、形式化语法等到更具体的主题，如编程语言、程序设计、软件和硬件等都是其研究范畴。计算机技术包括计算机领域中所运用的技术方法和技术手段：运算方法的基本原理与运算器设计、指令系统、中央处理器（central processing unit，CPU）设计、流水线原理及其在 CPU 设计中的应用、存储体系、总线与输入输出。随着计算机技术和通信技术各自的进步，以及社会对于将计算机结成网络以实现资源共享的需求的日益增长，计算机技术与通信技术已紧密地结合起来，并将成为社会的强大物质技术基础。

GIS 与计算机科学密切相关。GIS 处于计算机应用层，是计算机在地理信息化方面的应用。GIS 是在计算机基础上发展形成的。计算机辅助设计（computer aided design，CAD）为 GIS 提供了数据输入和图形显示的基础软件；数据库管理系统（database management system，DBMS）更是 GIS 的核心。近年来，随着计算机技术的飞速发展，特别是计算机网络、面向对象数据库、计算机图形学、虚拟现实等前沿技术的发展促使 GIS 技术发生了很大的变化，给 GIS 的发展提供了新的机遇。

9. 地理信息科学与地球信息科学的关系

地学是对以人们所生活的地球为研究对象的学科的统称，包括地理学、地质学、海洋学、大气物理学、古生物学等学科。研究地学的目的是更好地开发和保护地球表面的自然资源，使人地关系向着有利于人类社会生活和生产的方向发展。地球信息科学的定义是地球系统科学、信息科学、地球信息技术交叉与融合的产物，它以信息流为手段研究地球系统内部物质流、能量流和人流的运动状态与方式，由主要部分组成"地球信息学"是其理论研究的主体，"地球信息技术"是其研究手段，"全球变化与区域可持续发展"是其主要应用研究领域。地球信息科学是地球科学一门新兴的重要分支学科和应用学科。地球系统科学及地球信息科学研究地球圈层及其相互作用，主要归属于自然科学。

1.6 本书内容和基础知识

地理信息科学是在地理学、地图学、测量学、信息学、遥感、统计学和计算机科学等学科基础上发展起来的一门综合学科。学习本学科必须了解掌握四类学科领域的知识：第一类是数学。数学是地理信息科学的基础，必须掌握高等数学、线性代数、概率论与数理统计、离散数学等数学知识。第二类是地理科学知识，如地理科学概论、自然地理学、人文地理学、经济地理学。第三类是测绘科学知识，包括测绘学概论、测量基础、GNSS 原理与应用、航空摄影测量、卫星遥感图像处理、地图学、遥感图像分析、专题地图制图学等。第四类是信息科学知识和技能，主要掌握程序语言设计、数据结构算法、计算机图形学、数据库原理、计算机网络和人工智能等专业知识。

地理信息科学分为基础理论、地理信息技术、地理信息系统、地理信息工程、地理信息应用和地理信息服务六个部分，如图 1.4 所示。

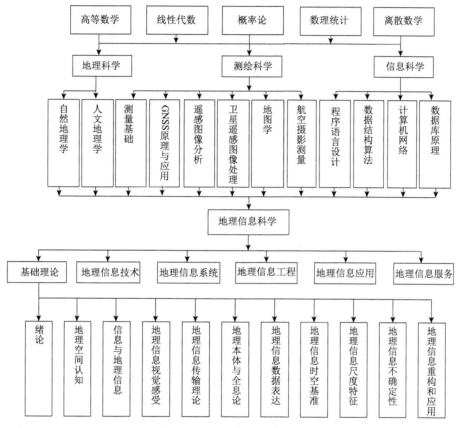

图 1.4 本书内容和基础知识

本书只是地理信息科学基础理论部分，主要内容包括绪论、地理空间认知、信息与地理信息、地理信息视觉感受、地理信息传输理论、地理本体与全息论、地理信息数据表达、地理信息时空基准、地理信息尺度特征、地理信息不确定性、地理信息重构和应用 11 个章节。

第 2 章 地理空间认知

认知（cognition）是信息的感知、处理、表达、传输和解译等过程研究的基础。认知科学是探索人类的智力如何由物质产生和人脑信息处理的过程，是探讨人类认识的本质、结构，认识与客观实在的关系，研究人类的认知和智力的本质和规律的前沿科学。地理空间认知作为认知科学与地理科学的交叉学科，研究人类如何认识自己赖以生存的地理环境，了解地球表面各种事物与现象的相互位置、空间分布、依存关系以及它们的变化规律，主要关注地理空间参照、地理概念、关系、不确定性以及与认知相关的空间知识表达（如自然语言形式和可视化图表形式）和行为（如寻路和导航）等主题。地理空间认知是地理信息科学的核心理论之一。它是将地理空间认知模型转化为语义模型和地理空间数据模型，以及将时空推理的数学和逻辑模型与方法融入 GIS 中，实现地理学智能化的关键。

2.1 认知与认知科学

2.1.1 认知概念

1. 认知的含义

一般认为，认知有广义和狭义之分。广义的认知与认识的含义基本相同，指个体通过感觉、知觉、表象、想象、记忆、思维等形式，把握客观事物的性质和规律的认识活动。狭义的认知与记忆含义基本相同，是指个体获取信息并进行加工、储存和提取的过程。认知涉及学习、记忆、思维、理解以及在认知过程中发生的其他行为。认知结构和过程是智力的一部分，来自于社会与自然世界中存在的个体的大脑与神经系统。

认知是大脑和神经系统产生心智的过程和活动，即个体对感觉信号接收、检测、转换、简约、合成、编码、储存、提取、重建、概念形成、判断和问题解决的信息加工处理过程。一般而言，只要有大脑和神经系统的动物都有某种程度的心智。认知是人脑反映客观事物的特性与联系，揭示事物对人的意义与作用的心理活动，由此可见，认知与心理学关系密切。

2. 人脑的基本功能

人脑是认知客观世界的器官，要研究人类的认知过程和思维活动，就必须了解人脑的生理机制。研究人脑的结构和功能、大脑和思维、大脑和行动的关系，研究人类信息加工系统的结构，对认知科学的发展具有重要作用。可以通过心理学实验来研究人脑的信息加工过程，从而了解人脑是怎样进行思维的。

人的器官感觉到信号，经大脑认知，解译理解信号意义，信号变成信息。在人的生活中，每时每刻都有大量的外界信息进入感觉器官（其中 80%以上为视觉器官）。这些外界信息只有少数引起中枢神经系统的活动。人脑如果不能对大量的输入信息进行过滤或筛选，就不能进行信息加工。优先选择的目标有时是预料不到的，突然出现的。为了把注意力集中到没有预料到的目标上，人脑必须有一个转移机制把正在感知的东西排除掉。因此，对于人脑这样一个系统，除了具有单线加工特点，能通过有限的活动解决复杂的需要，能应付突然出现的事件外，还必须具备控制注意的机制。我们既要能对原先的重要的东西加以注意，也要能够把注意及时地转移到那些没有预料到的新出现的实践上去。人脑具备这种控制注意转移的机制。

我们也可以从进化的角度来研究人是怎样获得信息加工能力的。有关人类进化的研究表明，在人类的进化过程中，人脑发展了认知活动的三种机能：

（1）人是通过搜索来解决问题的。搜索，就是提出策略并用其来解决面临的问题。因为人脑搜索过程是串行的，而人的计算能力是有限的，所以，对于解决问题的办法只能一个一个地加以尝试。人脑在搜索时并不能同时考虑解决问题的各种可能性，并对各种可能性进行权衡比较。也就是说，人类在解决问题时，不可能把各种可能性同时都考虑到，一般只能采取一些启发式规则来指导行动。

（2）人在解决问题时，一般并不去寻求最优方法，而只要求找到一个满意的方法，因为即使是解决最简单的问题，要想得到搜索次数最少而效能最高的解决方法也是非常困难的。显然，用满意的方法解决问题要比用最优方法解决问题容易得多，因为它不依赖于问题的空间，不需要进行全部搜索，而只要能达到解决问题的程度就可以了。

（3）人在解决问题时，具有可变的志向水平，这与前述人脑的第二种机能有关。人的一个重要特点是可以调节需要的程度，人根据不同的情况，在不同的环境下，调节自己满足需要的幅度是很大的。人的这种随着外界条件的变化自我调节人的志向水平即满足需要的程度的机能，对于现实不同环境或外界条件的空间认知和解决问题具有重要意义。

3. 人类信息加工系统

人类信息加工系统包括信息输入、存储记忆以及围绕着存储记忆的控制过程。

（1）信息输入。人类信息加工系统中，信息输入是从外界输入刺激到人的感觉器官。感觉器官包括眼、耳、鼻、舌、皮肤等，其中，眼是接收输入刺激的主要感觉器官。感觉器官是人类认识客观世界的信息输入系统，人类通过感觉器官把客观世界与主观世界联系起来。对于空间认知来说，信息输入主要是通过反映空间关系的地图从外界输入刺激。

（2）存储记忆。根据认知心理学研究，人类信息处理经常被表现为一系列步骤，每一步骤都具有有限的信息处理。人类的信息处理涉及人类的信息存储记忆能力。人类信息处理的简单过程可以用阿特金森和谢弗林提出的流程认知模型来描述：从外界输入刺激，暂时送到感觉信息存储器（sensory information storage，SIS），在那里停留数十毫秒；经各种符号化处理，送到短期记忆存储器（short-term memory storage，STS）；STS 内的信息在几秒钟之内会被遗忘，为了保持信息，有必要进行反复的复述，由于存储器库容量的限制，一次能够复述的项数是有限的；经过复述的各项信息送到长期记忆存储器（long-term memory storage，LTS），被组织到长期记忆内已有的信息中，成为知识，这些知识可以长期保留；当需要利用知识时，可以根据预定的检索计划和检索方法，从长期记忆存储器中检索出所需信息，送到短期记忆存储器，并从短期记忆存储器中输出。

（3）控制过程。人类信息处理的"控制过程"，如注意、模式识别和复述等，被认为是信息在感觉记忆、短时记忆和长时记忆之间移动的思维过程。

4. 认知原理

人类社会最基本的元素是人，无论是学生学习知识，还是百姓生产、生活，无不是由认知意识所左右。举手投足，由心而发，而心之清明在于知，所以认知是人类社会意识活动的根本。那么，人性认知最基本的原理是什么？

人类自从有了意识，便开始了对自身认知的思考，直到现在仍在继续。知识最基本的元素是概念（即名），而概念源于客观存在（即实），概念由存在而产生的过程也就是人性认知的原理。在这个过程中还有一个关键的中介因素，那就是人，概念的产生和运用由始至终都存在于人的大脑思维之中。存在是概念产生的源泉，而人性思维便是概念生存的基本条件。如果说存在与概念构成了人性认知的基本元素，那么，人的大脑思维就为所有的元素提供了物质的空间、环境和条件。也就是说，概念的生存需要两大因素：一是人的大脑思维；二是客观存在。知识如水，存在如水之质，而大脑思维便是存储水之器。器之空间大小、形状、功能，决定了水之形与量。人的大脑功能的强弱决定了认知能力的大小。这就好比景色、照相机、相片三者之间的关系。同样的景色，照相机质量的好坏绝对会影响相片的质量。一个道理，同样的客观存在，人性思维能力的强弱绝对会影响概念产生和使用的效果。而人性思维绝不仅仅是产生和使用知识，绝不是有了知识才有思维，而是知识依赖于思维而产生，思维最本质的是人对客观世界的感应能力，是人对事物的意念抽象能力，是人对事物的分辨能力，就像电脑的硬件功能一样。有了原材料（即客观存在），有了生产机器（即人的思维意象能力）两个基本的先决条件，知识便得以产生。思维、存在、知识三者之间的三角关系便构成了人性认知的基本条件，缺一不可。

人类的高层次的归纳必须建立在低层次的归纳的基础上，因此人类的"感觉"是人类认识事物的基础。没有人类的"感觉"就不可能有人类的认知。

事物的性质、性质强度，联系、联系强度，这些不仅是人类认识事物的基本依据，也是构成客观世界的本质之所在。因此，人类依靠这些基本依据来认识客观事物，实际上也就是在对客观事物本身进行认识。

既然这些基本依据是绝对可靠和可信的，那么，人类的认识又为什么会产生错误呢？笔者认为人类的认识之所以会产生错误，主要有三个方面的原因：一是主观方面的原因；二是客观方面的原因；三是主客观共同作用方面的原因。

主观方面的原因是，人类是一个有限体，因此人类的感官及人类制造的观测工具、实验工具的"感知"范围都是有限的，超出了其"感知"范围，人类的感官和其制造的观测工具、实验工具就会"感知"不准确，甚至无能为力，从而产生错误。事实上，许多人类认识中的错误正是人类的感官及其制造的观测工具、实验工具无法"感知"的范围中的事物影响了人类所能"感知"的范围中的事物，从而使人类的认知产生错误。

客观方面的原因是，人类的感官及人类制造的观测工具、实验工具常常是凭借大量的间接联系来认识客观事物的，这些间接联系常常忽略了许多中间环节，而这些中间环节有的是可忽略的，有的是不可忽略的，如果某些中间环节是不可忽略的而被忽略了就会使人类的认知产生错误。

主客观共同作用方面的原因是，人们利用其制造出来的观测工具、实验工具对客观事物进行观测或实验时，这些工具是会对客观事物产生一定干扰的。如果这种干扰很大，就会使人类所认识的"客观事物"不是客观事物本身，而是受到干扰了的客观事物。这也就是著名的"测不准"原理的基本依据。

2.1.2 认知过程

人怎样认识世界，这是古老而富有挑战性的科学问题。认知过程（cognitive process）是人对客观世界的认识和观察，包括感觉、知觉、注意、记忆、思维、语言等生理和心理活动。人类认识世界是从感觉和知觉开始的。人们感知事物时需要以注意为前提，并从众多信息中将有用的信息筛检过滤，储存到记忆系统，继而形成表象和概念。人在认识事物时会联系和抽象这些事物的内、外部规律。这种认识要靠思维过程来进行，所以人类的思维具有高度的概括性和间接性。人类在漫长的进化过程中发展出独特的语言功能，通过它来进行思想交流，思维也借助语言来进行。

1. 感觉和知觉

感觉与知觉是最简单的认知活动。良好的感知是各种复杂认知活动得以进行的基础。

1）感觉

感觉是日常生活中常见的心理现象，人们用眼看，用耳听，用鼻闻……这些都是感觉。认知心理学认为，感觉是个体对直接作用于感官的刺激的觉察。感觉是认知活动的起点，通过感觉，人们可以了解事物的各种属性，也能知道自己身体内部的状况和变化。感觉是意识心理活动的重要来源，是意识对外部世界的直接反应，也是人脑对外部世界的直接联系。感觉为人们提供了内外环境的众多信息。只有通过感觉，人才能认识到事物的颜色、气味、形状、软硬和大小等特性，才能进一步了解事物的多种属性。感觉保证了有机体与环境之间的信息平衡。人类依靠多种感觉从周围环境获得必要的信息，以保证正常生存所需。

感觉是可以测量的。感觉的测量能说明心理量与物理量之间的对应关系。心理量和物理量的关系是用感受性的大小来说明的。感受性是指人的感官对各种适宜刺激的感觉能力，是人的感觉系统机能的基本指标，可用感觉阈限的大小来度量。感觉阈限是指引起感觉并持续一定时间的客观刺激量。感觉阈限与感受性之间为反比关系，感觉阈限越大，感受性越差。人的感觉能力可以通过训练加以提高。

（1）感觉的种类。感觉可以分为外部感觉和内部感觉两大类。外部感觉是个体对外部刺激的觉察，主要包括视觉、听觉、嗅觉、味觉、触觉。内部感觉是个体对内部刺激的觉察，主要包括机体觉、平衡觉和运动觉。其中，视觉和听觉是最重要的感觉。因此，本教材只介绍这两种感觉形式。

人类对颜色的视觉具有色调、明度、饱和度三种特性。这些特性是由光波的物理特性决定的。视觉是个体对光波刺激的觉察，是人类最重要的感觉，个体觉察到的信息的 80%来自视觉。视觉的适宜刺激是波长为 380～780nm 的光波（电磁波）。人们感觉到的客观事物都是有颜色的。红橙黄绿等颜色的色调，是由光波的波长决定的。颜色的明度是由光的强度决定的，光的强度越大，颜色越亮，最后接近于白色；光的强度越小，颜色越暗，最后接近于黑色。颜色的纯洁度（饱和度）是由不同光波成分所决定的，光波成分越单纯，颜色就越鲜艳。

听觉是个体对声音刺激的觉察。听觉是人类仅次于视觉的一种重要的感觉。人类语言信息和其他与声音有关的信息主要就是通过听觉获得的。听觉的适宜刺激是频率为 16～20000Hz 的声波，其中人耳最敏感的声波频率为 1000～4000Hz。人类的听觉具有音调、音响、音色三种特性，这些特性主要是由声波的物理特性决定的。音调主要是由声波的频率决定的，频率越大，音调越高。成年男子说话声的频率一般为 95～142Hz，而成年女子说话声的频率一般为 272～653Hz。音响主要是由声波的强度决定的，强度越大，响度越大。普通的说话声的响度约为 60dB。音色主要是由声波成分的复杂程度决定的。人们听到说话声就能分辨出是谁在说话，是因为每个人的说话声都有独特的音色。

（2）感觉现象。当刺激对感官的作用停止以后，人们对刺激的感觉并没有立即停止，而是继续维持一段很短的时间，这种现象称感觉后像。感觉后像可以使人们对断续出现的刺激产生连续的感觉，当然，这种断续刺激的出现必须达到一定的频率，电影正是运用了感觉后像的心理学原理。

当刺激持续地作用于人的感官时，人对刺激的感觉能力会发生变化，这种现象称感觉适应。适应既可以提高人的感受性，也可以降低人的感受性。一般而言，弱刺激可以提高人的感受性，强刺激可以降低人的感受性，视觉适应是最明显的。视觉有亮适应和暗适应，亮适应的时间很短，大约在1min之内就可以完成，暗适应所需时间较长。听觉的适应不太明显，如纺织厂的工人对机器轰鸣声的适应。触觉的适应较为明显，如冬泳。嗅觉的适应表现在"入芝兰之室，久而不闻其香；入鲍鱼之肆，久而不闻其臭"。味觉也有适应。痛觉的适应很难发生，正因为如此，痛觉才是机体的警报系统。

当同一感官受到不同刺激的作用时，其感觉会发生变化，这种现象称为感觉对比。感觉对比可以分为同时对比和继时对比。同时对比是指几个刺激物同时作用于同一感受器时产生的对比现象。例如，灰色的正方形放在红色的纸上，看上去有点发绿；灰色正方形放在绿色的纸上，看上去有点发红。继时对比是指几个刺激物先后作用于同一感觉器时所产生的对比现象。其中，味觉的先后对比现象比较典型。例如，喝过苦的东西后，喝白开水都觉得甜。

感觉的对比可以分为同时对比和继时对比。感觉的相互作用是在一定条件下，某种感觉器官受到刺激而对其他感官的感受性造成一定影响的现象。微痛刺激、某些嗅觉刺激，都可能使视觉感受性提高；微光刺激能提高听觉的感受性，强光刺激则降低听觉的感受性；噪声刺激可降低一些感觉的感受性。

2）知觉

知觉是个体将感觉信息组织成有意义的整体的过程。知觉是在感觉的基础上形成的，但知觉不是感觉信息的简单结合。感觉信息是简单而具体的，主要由刺激物的物理特性所决定。知觉则较为复杂，它要利用已有的经验，对所获得的感觉信息进行组织，同时解释这些信息，使之成为有意义的整体。例如，人们听到身后的熟悉的脚步声，就知道是谁来了。"听到脚步声"是感觉，"熟悉的"是指已有经验，感觉信息与已有经验的相互作用，使人们产生了"谁来了"这种知觉。

（1）知觉的分类。知觉有很多种。通常，按照知觉所反映的事物的特性不同，可以将知觉分为空间知觉、时间知觉、运动知觉；按照知觉所凭借的感觉信息的来源不同，可以将知觉分为视知觉、听知觉、嗅知觉、味知觉、触知觉。另外，人们把知觉印象与客观事物不相符合的知觉称作错觉。

（2）知觉的特征。人在知觉过程中，总是力图赋予知觉对象一定的意义，这就是知觉的意义性（又称理解性）。当一个知觉对象出现在人们面前时，人们总倾向运用已有的知识经验来理解这个对象，将它归于经验中的某一类事物。可见，在知觉过程中有思维活动的参与。同时，语言在知觉过程中起着一定的指导作用。当人们赋予知觉对象一定的意义时，往往需要用词来标志它；当知觉对象的外部标志不太明显时，语言就会帮助人们迅速利用已有经验弥补感觉信息的不足。

人在知觉过程中，总是倾向于把零散的对象知觉为一个整体，这就是知觉的整体性。在完整性的知觉中，对象内部的关系起重要作用。例如，一个人的画像，无论大小如何变化，只要画像中线条的比例不变,看上去总是像这个人。在形成完整性知觉时,对象各部分的作用是不同的。一般来说,强的部分会掩蔽弱的部分。例如,有的山峰看上去像一个少女,并不是因为山峰的所有部分都像,而是山峰突出的部分像少女的某个部位(如身材或脸形)。整体性知觉离不开个体的经验,经验可以弥补知觉整体中不完整的部分。

当人们面对众多的客体时,常常优先知觉部分客体,这就是知觉的选择性。被清楚地知觉到的客体称为对象,未被清楚地知觉到的客体称为背景。影响知觉选择性的因素很多。从客观方面来说,与背景差别较大的、活动的、新颖的刺激容易被选择为知觉的对象。从主观方面来说,与个体当前的任务有关、能满足个体需要、符合个体兴趣、个体对之有丰富经验的刺激,容易被选择为知觉的对象。

当知觉的条件在一定范围内发生变化时,知觉的印象仍然保持相对不变,这就是知觉的恒常性。例如,一个熟悉的身材高大的人,我们不会因为他站得远而把他知觉为一个矮子。通常,人们对物体的形状、大小、颜色、亮度的知觉均表现出恒常性。个体的经验是保持知觉恒常性的基本条件,儿童由于经验不足,对不熟悉的事物的知觉常随知觉的条件变化而变化。同时,知觉的恒常性在一定程度上依赖于参照物,离开参照物,恒常性就会减少甚至消失。当然知觉恒常性是有限度的,如果知觉条件变化太大,就不会有恒常性。

3)感知规律

(1)目的律。目的越明确,感知越清晰。人在感知活动中能够从周围环境的许多事物中优先地分出当前所要感知的对象,这是由于知觉具有选择性。知觉的选择性服从于感知的目的,目的性越强,感知也越清晰。

(2)差异律。对象和背景的反差包括颜色、形状、声音等方面,这些反差越大,则对象就越容易从背景中突出而先被感知到。反之,对象与背景的反差越小,则对象越容易消失在背景之中而很难被觉察出来。例如,雪地里的白羊不易被人看出来;由于某些昆虫有"保护色",也不易将它们与周围的事物区分出来。

(3)组合律。刺激物本身的结构常常是分出对象产生清晰感知的重要条件。对象的组合可分成空间和时间两个方面。空间上的组合是指在视觉刺激物中,凡距离上接近或形状上相似的各部分,容易组成感知的对象。例如,游行队伍在前进时,各单位保持一定的距离,就可以使观礼者便于区别。

(4)活动律。在固定不变的背景上,活动的刺激物易于被人感知。因此,对直观的重要对象或部分,应尽可能地增强其活动性。展览会上活动的展品,容易被观众感知;课堂上学生的小动作容易被老师发现;霓虹灯的闪动易被行人感知,都是这个道理。

(5)调节律。人的感知是在两种信号系统的协同活动中实现的,第二信号系统起着重要的调节作用。言语的作用,可以使人们的感知更迅速、更完整、更富有理解性,大大提高感知的效果。在环境相当复杂,对象的外部标志不是很明显,知觉对象比较隐蔽而难以感知的情况下,言语对引导学生的感知活动所起的作用更为显著。言语可以补充感知对象的欠缺部分,提高感知效果。

(6)协同律。因为客观事物常常是包含多种属性的复合刺激物,所以人们对客观事物的感知也经常是通过多种分析器协同活动而实现的。心理学的研究表明,在接受知识方面,看到的比听到的印象深。单纯靠听觉,一般只能够记住15%;如果靠视觉,从图形获得的知识一般能够记住25%;若使听、视两者结合,又听又看,那么获得的知识就能记住65%。在感知活动中，运动分析器的参与具有重要的作用。因为只有在运动分析器的参与下，有些对象的某些特点才有可能被感知，如物体的软硬属性等。

2. 记忆

人们所有的经验都是通过记忆来保存的。心理学家对记忆进行了长期研究，初步揭示了记忆的基本规律。在学习活动中，如果能恰当地运用记忆的基本规律，就能起到事半功倍的效果。记忆活动所加工的信息可以是感觉、知觉、想象、思维等认知活动的产物，也可以是情绪、情感活动和意志活动的产物，因此，记忆使心理活动的各个方面成为相互联系的整体。记忆就是人脑对有关信息进行编码、储存和提取的认知加工过程。

信息的编码是记忆活动的第一个环节，也可称为识记。有目的的识记有两种形式，即机械识记、理解识记。机械识记是根据记忆对象的外部联系，通过重复进行识记，如幼儿一遍一遍地读自己根本不懂的古诗词，以记住它们。理解识记，又称意义识记，是根据记忆对象的内部联系，通过建立记忆对象与已有知识的联系来进行识记，如人们通过深入的思考，对概念、定理、公式、定律等的识记。

信息的储存是记忆的中间环节，通常也称为保持，与保持相对的就是遗忘。遗忘并不是所记忆的信息完全丧失，而是所保持的信息不能在使用时顺利地提取出来。有的遗忘是提取信息的线索不当造成的，这种遗忘称暂时性遗忘；有的遗忘是由于丢失的信息过多，无法提取，这种遗忘称为永久性遗忘。遗忘是大脑对信息进行自动加工的结果。通常对所学习的内容的遗忘是消极的，如概念、原理等的遗忘。但也有的遗忘具有积极意义，如对不良情绪的遗忘有助于心理健康，对一些不必要的知识细节的遗忘有助于知识的系统化。

信息的提取是记忆的最后一个环节。信息的提取有两种形式，即再认和回忆。再认就是以前记忆的内容重新出现时，能够将它们辨认出来。回忆是在大脑中把所记忆的内容再现出来。信息提取能否成功，取决于两个条件：一是信息的保持是否巩固；二是提取信息的线索是否适当。通常，对所保持的信息建立的意义联系越丰富就越易于找到提取信息的线索。同时，积极而平静的情绪状态和灵活的思维活动也有助于寻找提取信息的线索。

1）记忆的信息加工系统

心理学研究表明，记忆活动是由感觉记忆、短时记忆、长时记忆三个相互联系的记忆系统组成的。这三个记忆系统在信息的储存时间、信息的编码方式、记忆的容量等方面都有各自不同的特点。同时，三个系统的信息加工水平是不同的，感觉记忆的信息加工水平最低，长时记忆的信息加工水平最高。信息的长期保持是在一定的条件下，将信息由感觉记忆转入短时记忆，再由短时记忆转入长时记忆。

（1）感觉记忆。通过感觉获得的信息在大脑中都要保存一个极短的时间，这就是感觉记忆，又称瞬时记忆或感觉登记。在感觉记忆中，信息保持的时间有 $0.25\sim2s$；信息的编码是以信息所具有的物理特性来进行的，具有鲜明的形象性。不同内容的感觉记忆，其容量有一定的差异，例如，视觉信息的记忆容量大于听觉信息的记忆容量。一般认为感觉记忆的容量比短时记忆大。感觉记忆中保存的信息如果没有受到注意，就会很快地丧失；如果受到注意，它就进入了短时记忆系统进行保存。

（2）短时记忆。在注意的条件下，将有关信息只短暂地呈现一次（信息呈现的时间一般为 $1s$），对这种当前信息的记忆称为短时记忆。短时记忆所加工的信息有两个来源：其一是感觉记忆中的信息因受到注意而进入短时记忆；其二是为了解决当前的问题而从长时记忆中提取出来,暂时存放在短时记忆中。在短时记忆中,信息的保存时间在 20s 以下;信息的编码方式以言语的听觉形式为主,也存在视觉编码和语义编码。短时记忆的容量相当有限,一般为 7±2 个组块。组块是短时记忆信息加工的单位,它可以是字母、单词、句子甚至更大的单位。每一个单位的内部是由非常熟悉的内容组成的。可见,短时记忆的容量实际上取决于组块的大小。如果组块较大,则短时记忆的容量只有 4~5 个组块。短时记忆中的信息经过复述,就进入了长时记忆,如果得不到复述就会随时间而自动消退。

(3)长时记忆。长时记忆是对经过深入加工的信息的记忆。长时记忆保存的时间很长,可以是 1min,也可以是几个小时、几天、几年,甚至是终身的。长时记忆的容量非常巨大,我们一生中所学的东西几乎不可能将其填满。长时记忆主要采用语义的形式进行编码,有时也以各种感觉形象的形式进行编码。前者如一个概念、定理的记忆,后者如一些生活情景的记忆。长时记忆是研究最多的记忆系统,在早期的记忆研究中,长时记忆曾被当作唯一的记忆系统。

2)记忆的分类

根据记忆的内容不同,可以把记忆分为形象记忆、情景记忆、语义记忆、情绪记忆和运动记忆。

(1)形象记忆是个人以感知过的事物的形象为内容的记忆。这种记忆保持是事物的具体形象,具有直观性。它以表象的形式进行加工并储存,通常是以人的视觉、听觉的形象记忆为主,但也存在着触觉形象记忆,不过,这并不多见。这里的形象记忆与后续的形象思维有着密切的关系,在实践中,它是随着形象思维的发展而发展的。例如,记住一个人的长相,就是以视觉为主的形象记忆;记住一个声音,就是以听觉为主的形象记忆,尤其是盲人,这种形象记忆水平相当高。

(2)情景记忆是个人以亲身经历的、发生在一定时间和地点的事件(情景)为内容的记忆。情景记忆接收和储存的信息与个人生活中的特定事件和某个特定的时间及地点相关,并以个人的经历为参照。情景记忆不能超越时间和空间的限制,必须是在一定时空条件下,个人亲自经历过或是看见的真人真事,容易受外界因素干扰。例如,人对车祸发生过程的记忆,因受各种外界因素的诱导,会使人的这种记忆失真,甚至颠倒黑白。

(3)语义记忆是个人以各种有组织的知识为内容的记忆,有的心理学教材把它称为语意逻辑记忆。这种记忆是以语词所概括的对事物的关系以及事物本身的意义和性质为内容的记忆,如概念、定理、规则和公式等。语义记忆比较稳定,不易受外界因素影响,提取较为迅速,往往不需要任何意志努力。

(4)情绪记忆是个人以曾经体验过的情绪或情感为内容的记忆,引起情绪和情感的事件已经过去,但对该事件的体验则还在记忆中,在一定的条件下,这种情绪情感又会重新被体验。这种体验既有积极的,也有消极的,积极愉快的情绪记忆对人的行为有激励作用,消极不愉快的情绪记忆有降低人的活动效率的作用。

(5)运动记忆是个人以过去经历过的身体的运动状态或动作形象为内容的记忆。运动记忆是以过去的运动或操作动作所形成的动作表象为前提的。没有运动表象,就没有运动记忆。运动表象是各种运动和动作的形象在脑中的表征过程。动作表象来源于人对自己的运动动作的知觉以及对他人的动作和图案中的动作姿势的知觉,也能通过对已有的动作表象的加工改组而创造出新的动作形象。它提取容易且不易遗忘,在人们的社会各领域实践活动中起着重要的作用。

根据提取记忆过程中有无明确的目的，可以把记忆分为有意记忆和无意记忆。

（1）有意记忆，又称外显记忆，是指个体在需要有意识地或是主动地收集某些经验用以完成当前任务所表现出来的记忆，这种记忆行为影响是个体能够意识到的。

（2）无意记忆，又称内隐记忆，是指在不需要意识参与的情况下，个体经验自动对当前任务产生影响而表现出来的记忆，由于这种记忆对行为的影响是自动发生的，人们并没有意识到它的存在。这种记忆在实际应用中不需要很大的意志努力便可以达到。

根据个体在记忆过程所采取的方式，可以把记忆分为理解记忆和机械记忆。

（1）理解记忆是指通过揭示知识的内在联系，将新知识与已有知识联系起来，以把握材料的意义并将该知识加以永久保持的记忆。这种记忆是建立在一定智力水平上的记忆，其基本条件是要求记忆者对记忆材料的整体理解和思维加工。例如，一些科学概念、范畴、定理、公式、规律、历史事件和文艺作品等是有意义的材料，用这种记忆比较有效。

（2）机械记忆是指只根据材料的外部联系或表现形式，采用简单重复的方式进行的识记。机械记忆的特点是基本上不去理解材料的意义及它们之间的相互关系，只是按照材料呈现的空间顺序进行逐字逐句的识记。

3）记忆规律

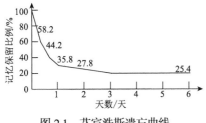

图 2.1　艾宾浩斯遗忘曲线

自从德国心理学家艾宾浩斯开创了对遗忘的实验研究以来，心理学界对遗忘现象进行了大量的研究，发现了许多遗忘规律。这里只介绍一些主要的研究成果。

（1）遗忘的进程。遗忘的进程是不均衡的，有先快后慢的特点，这是由艾宾浩斯首先发现的。他用遗忘曲线来表示这种遗忘的进程（图 2.1）。

（2）遗忘的机制。关于遗忘的机制，说法很多，但得到心理学实验证实的观点是干扰说。研究表明，性质上和时间上相互接近的经验，可以相互促进，也可以相互干扰。先学习的材料对识记和回忆后学习的材料的干扰作用称为前摄抑制，后学习的材料对保持或回忆先学习的材料的干扰，称为倒摄抑制。

（3）影响遗忘的因素。首先，遗忘的大小与记忆材料的性质有关，抽象的材料比形象的材料更容易遗忘；无意义的材料比有意义的材料更容易遗忘。其次，遗忘的大小与记忆材料的长度有关，记忆材料长度越大，就越容易遗忘。再次，遗忘的大小与个体的心理状态有关，能满足个体需要或对个体有重要意义的材料容易保持，不能满足个体需要或对个体没有意义的材料容易遗忘；能引起个体愉快的情绪体验的材料容易保持，能引起个体不愉快的情绪体验的材料容易遗忘。最后，遗忘与个体的学习程度有关，学习重复的次数越多，就越不容易遗忘。当学习重复的次数达到能刚好完全背诵的 150%时，对阻止遗忘的效果最好；超过 150%的重复，其阻止遗忘的效果便不再增长。

3. 想象与思维

想象所产生的新形象可以是主体没有感知过的事物的形象，具有形象性、新颖性，其创造成分比表象多得多。思维是一种高级的认知活动，是个体对客观事物本质和规律的认知，具有概括性、间接性、问题性。创造性想象与创造性思维生来就是一对孪生姐妹，是人们进行创造活动不可缺少的心理过程。

1）想象

想象是个体对已有表象进行加工，产生新形象的过程。人们在看小说时，头脑中出现各种人物和情景的形象；工程师根据自己在建筑方面的知识经验，设计出建筑物的形象，这些都是想象。

想象既具有形象性，又具有新颖性。想象是通过对已有表象的加工而创造新形象的，它加工的对象是形象信息，而不是语言或符号。同时，想象所产生的形象与表象不同，是对已有表象的改造或重新组合。例如，"猪八戒"的形象虽然来自人的形象与猪的形象，但既不同于人的形象，也不同于猪的形象。

想象所产生的新形象可以是主体没有感知过的事物的形象。例如，作家、作曲家、发明家在实现创造之前，他们所要塑造的新人物、所要谱写的新曲调、所要发明的新产品，就已经形象地出现在他们的头脑中了。想象所产生的新形象还可能是现实中根本不可能有的事物的形象，如人们头脑中所产生的孙悟空、猪八戒、安琪儿、美人鱼等的形象。

想象是通过分析与综合的过程实现的，即从已有的表象中，把所需要的部分从整体中分解出来，并按一定的关系把它们综合成新的形象。例如，从猴子的表象中，分解出猴头来，又从人的表象中分解出人身来，然后，把它们结合在一起，形成了孙悟空的基本形象。

想象按其有无一定的目的性和自觉性，可分为无意想象和有意想象两种。事先有预定的目的的想象称为有意想象。人在有意想象时，给自己提出想象的目的，按一定的任务进行想象活动。人们在多数情况下进行的想象活动，都是有意想象。事先没有预定的目的的想象称为无意想象，无意想象是在外界刺激的作用下，不由自主地产生的。

有意想象可以进一步划分为再造想象和创造想象。再造想象和创造想象产生的形象在新颖性方面存在着较大的差异。

再造想象。再造想象是根据现成的描述而在大脑中产生新形象的过程。再造想象在人的认识活动中具有重要意义。首先，它使得人们有可能超越个人狭隘的经验范围和时间、空间的限制，获得更多的知识。例如，人们不能到游外域，亲自观察远在万里之外的事物，无法超越历史，直接认识若干年后将出现的想象，更无法倒转历史，亲自经历千百年前的事件。但是，借助于再造想象，人们可以根据有关的描述和描绘，在头脑中产生生动的形象，仿佛"看到""听到"这一切，从而无限地扩大了人们的知识范围，丰富了人们的认识内容。其次，再造想象所产生的形象，还可以使人们更好地理解抽象的知识，使它们变得具体、生动，易于掌握。若不通过再造想象，诸如万有引力、光速、无限等概念，势必难以理解。

创造想象。创造想象是不根据现成的描述，而在大脑中独立地产生新形象的过程。创造想象是一切创造性活动的重要组成部分。科学家的科学发明、建筑师的建筑设计、画家的精美构思，都包含了创造想象的成分。创造想象在科学的发明与发现上起着重大作用。科学发明家在他新发现的东西尚未制成模型之前，要先在头脑中把他所要发明的东西的形象创造出来。科学家在提出新的假设定律时，也要充分地运用想象。正如巴甫洛夫所说："化学家在为了彻底了解分子的活动而进行分析和综合时，一定要想象到眼睛所看不到的结构"。

幻想。幻想是创造想象的一种特殊形式，它是与个人生活愿望相联系，并指向未来的想象。幻想不同于一般的创造想象，它是个体人生愿望的反映，对人的行为有重要的指导作用。如果幻想中的愿望是以现实为根据的，而且通过努力可以实现，那么这种幻想就是理想。理想可以激励人不断进取,取得生活和工作上的成功。如果幻想中的愿望脱离现实,根本无法实现,那么这种幻想就是空想。空想会消磨人的斗志,将人引入歧途。

2)思维

思维是一种高级的认知活动,是个体对客观事物本质和规律的认知。在日常生活中,人们经常说到的"考虑""思考""想一想"等,都是指思维活动。认知心理学认为,思维是以已有知识和客观事物的知觉印象为中介,形成客观事物概括表征的认知过程。

(1)思维的特征。思维具有概括性、间接性和问题性三个基本特征:①概括性。思维是对客观事物概括的表征,具有概括性。概括的表征是指,思维活动所表征的是客观事物的本质属性(或称共同特征),而不是客观事物具体的形象;是客观事物变化的规律,而不是客观事物的具体变化,如日常生活中人们看到水烧开了会冒出蒸汽,冬天屋外的水会结成冰。通过思维,人们就可了解液态的水、蒸汽、冰都是水的形态,水的形态是由水的温度决定的。②间接性。事物本质是隐含在事物内部的,事物变化的规律是包含在各种复杂的变化中的,它们不能被直接观察到,必须以已有知识和客观事物的知觉印象为中介,才能被认识到。因此,思维具有间接性。例如,懂气象的人,看了卫星云图后,就能知道今后几天的天气变化。如果这个人不懂气象或他没有看到卫星云图,就不能推断未来几天的天气。③问题性。思维还具有问题性。问题是引起思维活动的重要条件,是人们在认识活动中经常意识到一些难以解决或疑惑的理论与实践问题,并产生一种困惑、怀疑、焦虑和探究的心理活动倾向,这种倾向推动了人们思维活动的进行。同时,思维还主要体现在解决问题的活动中。解决问题的各个环节都是以思维活动为中心的。

(2)思维的种类。根据思维活动所凭借的工具的不同,可将思维分为动作思维、形象思维、抽象思维。①动作思维是以具体动作为工具解决直观而具体问题的思维。例如,儿童用小棒刺激抓到的小虫,看它有何反应,或是将小虫的身体肢解开来,看它的内部结构。动作思维是技术能力的重要成分。修理工人就是通过动作思维来检修机器的。②形象思维是以头脑中的具体形象来解决问题的思维活动。例如,在布置教室时,同学们会在头脑中将各种装饰物的形象进行安排,形成各种方案,再选择最佳的方案。形象思维是进行艺术创作和科学发明所必备的条件。发明家对新产品进行外观设计、画家对构图和色彩的构想都是形象思维。③抽象思维是以语言为工具来进行的思维。例如,学生学习各种概念、原理、公式、法则都要通过抽象思维来进行。

根据在解决问题时思维活动的方向和思维成果的特点,可将思维分为辐合思维与发散思维。辐合思维是人们利用已有知识经验,向一个方向思考,得出唯一结论的思维。辐合思维是一种有条理的思维活动。例如,由 $A>B$、$B>C$、$C>D$ 得出唯一结论:$A>D$。发散思维是指人们沿着不同方向思考,得出大量不同结论的思维。例如,教师发现一名学生缺课,就会想出这个学生缺课的各种可能性。发散思维得出的各种结论是否适当,需要通过辐合思维进行检验。

根据思维活动及其结果的新颖性可以将思维分为常规思维和创造思维。没有对已有知识经验进行明显的改组,也没有创造出新的思维成果的思维称为常规思维。对已有知识经验进行明显的改组,同时创造出新的思维成果的思维称为创造思维。例如,小说家创作小说、工程师研制出一种新仪器都是创造思维。创造思维是高级的思维过程,它是辐合思维和发散思维的有机结合。

按思维的认知加工方式，可将思维分为分析与综合、比较和分类、抽象与概括及具体化和系统化。

分析与综合是思维活动最基本的认知加工方式，其他的思维加工方式都是由分析与综合派生出来的。分析就是对事物的思维活动进行分解，以把握事物的基本结构要素、属性和特征。综合是与分析相反的认知加工方式，是将事物的结构要素或个别的属性、特征联合成一个整体。通过综合可以认识事物的各结构要素或各个属性之间的关系，以把握事物的整体结构和规律。

比较是一种重要的认知活动方式。比较就是将各种事物的心理表征进行对比，以确定它们之间的相异或相同的关系。比较是以分析为基础的，只有将各种事物的心理表征分解成各个部分、属性或特征，才能对这些部分、属性或特征进行比较。比较的目的是确定事物之间的相同或相异的关系，因此，比较也离不开综合。比较的作用不仅表现在决策活动中，而且广泛地表现在各种认识活动中。只有通过比较，人们才能发现事物之间的相同点或不同点，将事物归于不同类别，并最终把握事物的本质和规律。分类是一种通过比较，依据事物的一般特性，把事物分门别类的思维操作手段。分类的实质是认识事物之间的种与属（或属以上等级）的关系和联系。例如，生物学的分类以"种"为单位，由低到高的类别层次分别为"种""属""科""目""纲""门"。

抽象与概括是更高级的分析与综合活动。抽象就是将事物的本质属性抽取出来，舍弃事物的非本质属性。例如，人们对各种钟、表的抽象就是，将"能计时"这个本质属性抽取出来，而舍弃大小、形状等非本质的属性。概括是在抽象的基础上进行的，是将抽取出来的本质属性综合起来，并推广到同类事物中去。例如，把"由三条线段组成的封闭图形"称为三角形，意思是无论一个图形的大小、形状、位置如何，只要它具有"由三条线段组成"和"封闭图形"这两个特征，就是三角形。

具体化则是在人脑中把抽象和概括出来的一般知识应用到具体事物中去的思维过程。在教学或实际工作中，应用一般原理来解决具体问题，就是具体化的表现。系统化是在人脑中把一类事物按一定的顺序和层次组成统一系统的思维过程。在教学过程中，对学习材料进行分类、编写提纲、列图表等都是系统化的工作。系统化可以使人们对事物的认识更加明确、清晰和完整；具体化则可以使人们对事物的认识得到深化和发展。

3）问题解决的思维过程

从认知心理学家的观点看，问题就是给定的信息和目标之间有某些障碍需要克服的情景。所有的问题都包含三个基本成分：给定，即问题的起始状态，是已知的关于问题条件的描述；目标，即问题要求的答案或目标状态，是关于构成结论的描述；障碍，即问题的正确解决方法不是直接的，必须间接地通过一定的思维活动才能找到答案，达到目标状态。问题解决一般是指形成一个新的答案，超越过去所学规则的简单应用而产生一个解决方案。当常规或自动化的反应不适应当前的情景时，问题解决就发生了。这就是说，它需要应用已习得的概念、命题和规则，进行一定的组合，从而达到一定的目的。问题解决中的思维活动过程可分成表征问题、设计方案、执行方案和评价结果四个阶段。

表征问题是个体运用相关知识对相关问题进行分析。它包括三个方面：①任务的初始状态，即问题所给定的条件；②任务的目标状态，即问题最终要达到的目标；③完成任务的算子，即从初始状态向目标状态转化的基本策略或方法。

设计解决问题的方案，关键是探索解决问题所需要的具体操作程序。问题解决需应用一系列操作，究竟选择哪些操作、将它们组成什么样的序列，依赖于个体采取哪种问题解决的方案。而方案的设计与一个人解决问题的策略思想相联系，问题解决最终都是在一定策略引导下进行操作搜索的结果。因此，设计方案与确定策略是密不可分的。这一阶段也可同时看作确定问题解决策略阶段。

一旦确定了方案，便进入执行方案的阶段。在这一阶段中，实际上就是运用在一定解题策略引导下的具体操作来改变问题的初始状态，使之逐步接近并达到目标状态。所以这一阶段也是执行策略阶段。

执行方案的操作结束，就需要对结果进行评价，看初始状态是否达到目标状态，所运用的策略和操作是否适宜。学生在解题时往往会忽略这个阶段，一旦求得答案，就接着做下一个题目，忽视对解题结果进行评价，尤其是对所运用策略和操作的适宜性进行评价重视不够。他们有时虽然也解决问题，但可能还有更好的策略和操作可以运用。在一些情况下，经过评价，可以调整策略和改变操作，有时甚至需要对问题空间重新进行认知和表征。

上述四个解决问题的阶段在总体上保持一定的顺序，但在具体解决问题过程中却不必严格按照这个顺序，可以从后一阶段返回到前一阶段。例如，在执行方案阶段，还可以重新选择策略，甚至可以返回到第一阶段，从重新表征问题空间开始。但不管如何，都是以最终解决问题为目的的。

2.1.3 认知科学

认知科学就是关于心智研究的理论和学说，是以人的认知过程为研究对象的边缘学科，由思维科学、心理学、计算机科学、人类学和哲学等学科相互渗透、相互影响而形成，主要研究知识的性质、知识的获得、知识的结构等。

认知科学主要研究人类感知和思维信息处理，包括从感觉的输入到复杂问题求解、从人类个体到人类社会的智能活动，以及人类智能和机器智能的性质。认知心理学研究从大脑的信息加工扩展到了机器的信息加工，即计算机智能领域，因此它是现代心理学、信息科学、神经科学、数学、语言学、人类学乃至自然哲学等学科交叉发展的结果。认知科学研究的目的就是说明和解释人在完成认知活动时是如何进行信息加工的。认知科学的进展与突破将为人类教育、社会、经济发展和信息科技带来革命。

20世纪50年代初，信息论和计算机科学的问世，给了人们一个重要的启示：人脑就是一个信息加工系统，人们对外界的知觉、记忆、思维等一系列认知过程，可以看成是对信息的产生、接收和传递的过程。虽然计算机和人脑的物理结构大不相同，但计算机软件所表现出的功能和人的认知过程却很雷同，即两者的工作原理是一致的，都是信息加工系统。它们采用相同的步骤对信息进行处理：输入信息，对信息进行加工编码、存储记忆并做出决策，最后输出处理结果。怎样将人的某些智能赋予计算机，让计算机模拟和代替人的某些智能，这一研究强有力地支持了把人看作是和计算机相似的信息处理系统的思想，并最终导致了认知科学的产生。

认知科学的发展首先在原来的六个支撑学科内部产生了六个新的发展方向，这就是心智哲学、认知心理学、认知语言学(或称语言与认知)、认知人类学(或称文化、进化与认知)、人工智能和认知神经科学。这六个新兴学科是认知科学的六大学科分支。这六个支撑学科之间互相交叉，又产生了控制论、神经语言学、神经心理学、认知过程仿真、计算语言学、心理语言学、心理哲学、语言哲学、人类语言学、认知人类学和脑进化 11 个新兴交叉学科。

1. 认知建模

认知模型是人类对真实世界进行认知的过程模型，也是对人们推理过程的近似表达。认知模型的目的就是科学地解释基础认知过程，解释这些过程如何交互，如何应对这些过程中的错误和崩溃，并预测在不同的条件下推理过程的运行方式等。

建立认知模型的技术常称为认知建模，目的是从某些方面探索和研究人的思维机制，特别是人的信息处理机制，同时为设计相应的人工智能系统提供新的体系结构和技术方法。

认知建模是利用可计算过程模拟人类的思维过程：当时心理学家意识到可计算过程或许可以较好地模拟人类的思维过程：计算机像人一样摄取符号化输入，需要记忆来存储信息，并且使用算法处理符号来生成输出。因此，有人提议：人们不仅可以用人的思维过程来启发其对计算过程的认识，还可以把计算机作为一个模拟人类思维过程，进而帮助其深入理解人类思考方式的手段。

从 20 世纪 60 年代后期到 80 年代，认知模型关注的是人类如何符号化地解决问题。这类模型往往限制于处理一个任务（或是一种任务），并且一般按照人们想法中可能出现的东西来模拟人们的思维过程。它们关注人类信息处理，但是不关注从外部世界获取信息的方式、行为在实践中的执行方式，以及外部条件对相关认知过程发生速度的影响方式。每一个模型从本质上来说都是一个关于行为的某些组成部分产生方式的微观模型，而且这些模型是相互独立的。认知模型实际上就是使用特定语言编写的、运行在特定认知架构上的程序，这些模型可以执行诸如感知、学习、推理、问题求解、记忆、决策、本体感受（在空间中人们如何控制他们的身体）和行走等复杂任务。

人类对客观世界事或物的认知是通过回答三个问题"what"、"how"和"why"来完成的，即是什么、怎么样和为什么，简称 3M 认知模型。"是什么"是关于事物本质的问题，事物的本质是该事物区别于其他事物的内在规定性。要说清它，就不能不分析它的性质、属性、特征、表现形式等与本质直接相关的各种问题。"怎么样"则为人们"应该怎么做"提供指导。"为什么"是对事物问题发生原因的探讨。任何事物的存在或现象的出现都不可能没有原因，只有正确认识事物发生的原因，认清其因果联系，才能真正认识此事物。

因为人类认知活动的复杂多样性，所以难以建立一个囊括一切的认知模型。通常根据模块性假设认为每一认知功能有其对应的结构原则，每一个认知模型一般只反映一方面或若干方面的认知特征。应用认知模型对真实世界进行认知，可分为对物的认知和事的认知两个部分。物是客观存在的实体，可以看得见、摸得着、感觉得到，事较为抽象，相对于物的认知来讲要困难许多。

对于物来讲，"what"就是了解某个物品是什么，有什么功能特性等；"how"就是了解该事物内部是如何运作的，如何使用等一系列相关问题。基于以上基础的了解，可以进一步通过"why"的提问，如"为什么会有这个东西"了解物品的用途等；"为什么是这样使用"掌握正确的使用方法等。

对于事来讲，"what"是对客观存在之间联系的描述，可以是事件，也可以是真理。如果有了正确的理论，只是把它束之高阁，并不实行，那么，这种理论再好也是没有意义的。要实践，"how"就是要解决怎样做的问题，引出路线、方针政策、计划、方案、办法、措施等。

进一步，要讲清"how"的问题，就必须依据"why"所阐述的事物内在的必然联系，依据事物的因果联系寻找解决问题的手段和办法。

2. 认知心理学

认知心理学是 20 世纪 50 年代中期在西方兴起的一种心理学思潮，20 世纪 70 年代成为西方心理学的一个主要研究方向。它研究人的高级心理过程，主要是认知过程，如注意、知觉、表象、记忆、思维和语言等。

以信息加工观点研究认知过程是现代认知心理学的主流，可以说认知心理学相当于信息加工心理学。它将人看作是一个信息加工的系统，认为认知就是信息加工，包括感觉输入的变换、约简、加工、存储和使用的全过程。按照这一观点，认知可以分解为一系列阶段，每个阶段是一个对输入的信息进行某些特定操作的单元，而反应则是这一系列阶段和操作的产物。信息加工系统的各个组成部分都以某种方式相互联系着。

认知心理学家关心的是作为人类行为基础的心理机制，其核心是输入和输出之间发生的内部心理过程。但是，人们不能直接观察内部心理过程，只能通过观察输入和输出的东西来加以推测。所以，认知心理学家所用的方法就是从可观察到的现象来推测观察不到的心理过程。有人把这种方法称为会聚性证明法，即把不同性质的数据汇聚到一起，而得出结论。

3. 认知理论

从广义上说，认知心理学泛指一切以认知过程为对象的心理学研究，可分为三种形态：一是皮亚杰的发生认识论，也称结构主义认知心理学；二是行为主义盛行时期仍然坚持对意识现象，特别是认知过程进行研究的心理学，又称心灵主义认知心理学，特别指社会心理学中由勒温等开创的认知一致性研究传统；三是信息加工认知心理学，又被称为现代认知心理学。狭义专指信息加工认知心理学，即当代西方用信息加工观点和方法研究认知过程的一种新的研究取向。

认知心理学家把人类所具有的概念、观念、表征等大脑的内部过程看作是物理符号过程，这就是当代认知心理学中极为重要的物理符号系统假设。这一假设在人脑的思维活动和计算机的信息操作之间架起了一座桥梁，从而在信息加工心理学的研究基础上，可以设计计算机程序来模拟人的心理过程，特别是思维、问题解决等高级心理活动。

自从冯特 1879 年创建第一个心理学实验室以来，认知始终是心理学研究的重要领域，其研究成果是心理学知识体系的主体。抛开以内省方法研究人的意识的冯特和反对研究人的意识的行为主义心理学不说，在认知心理学建立以前，认知领域的研究有两个重要特点：

其一是相当数量的心理学家致力于用生理学的研究方法，研究认知过程中的神经活动以及导致这些神经活动的生物化学过程，试图揭示认知活动的生理机制。这种研究至今已持续了几十年。心理学家在研究较低级的认知过程的生理机制方面取得了一定的进展，而在研究记忆、思维等高级认知过程的生理机制时却困难重重，至今仍未取得重大突破。其根本原因是，人的心理虽然是在一定的生理基础上形成的，但心理活动是比生理活动更高级、更复杂的运动形式。以低级运动形式来解释较高级的运动形式，自然是困难的。

其二是观点林立，使人莫衷一是。格式塔学派的知觉研究、艾宾浩斯的记忆研究、符兹堡学派的思维研究，分别从不同角度解释人的认知活动，都有一定的合理成分，但仅在解释某些认知活动或认知活动的某些侧面是有效的。因此，在传统的心理学教材中，关于认知的阐述，成为不同认知理论各管一段的大杂烩。认知过程被肢解为相互独立的心理成分。

2.2 空间认知

2.2.1 空间认知定义

认知空间（spatial cognition）是指人们对物理空间或心理空间三维物体的大小、形状、方位和距离的信息加工过程。空间知觉是指人的感觉器官以不同方式与环境的突出刺激发生物理作用后，形成典型特征感知图像的空间，它由与感知方式有关的人的位移（或移动）组成，是一种复杂的知觉。它依赖于从生活经验中不断掌握各种空间现象，通过肢体体验是学习空间认知的重要途径，如距离的"远""近"，位置的"这里""那里""上面""下面""前""后""左""右"等。空间认知处理世界的空间属性，包括位置、大小、距离、方向、形状、格局、移动，以及事物间的关系。

空间认知是人们认识生存环境中诸事物、现象的形态与分布、相互位置、依存关系以及变化和趋势的能力和过程。空间认知是一个复杂的过程，包括感知过程、表象过程、记忆过程和思维过程。感知过程是指刺激物作用于人的感觉器官产生对地理空间的感觉和知觉的过程；表象过程是通过回忆、联想使在知觉基础上产生的映像再现出来；记忆过程对输入的信息进行编码、存储和提取；思维过程提供关于现实世界客观事物的本质特性和空间关系的知识，实现"从现象到本质"的转化。

认知心理学家认为空间认知就是对空间信息的表征，是大小、形状和方位以及空间区分和对空间关系的理解等空间概念在人脑中的反映。具体来说，空间认知是人们对出现于周围环境中的各事物或现象的存在、变化的方式以及它们相对位置的认知过程和能力，是对事物和现象的发生、影响、因果进行分析研究的基础。简言之，空间认知就是研究空间信息的处理过程，它主要包括对地理实体及其空间关系的理解和表示。

空间认知是认知科学的一个重要研究领域，它是心理学、生理学、计算机技术和地理学相结合的产物。

2.2.2 空间认知感官

形状、大小、方位、位置、维数和相互关系等空间结构的知识，形成了人们对自身生存环境的认知图像，并影响人们的空间决策和行为。那么，人类是依靠什么感官通道和手段来获得形成位置和空间结构所需要的信息的呢？

显然，人类的所有感觉器官对于获取空间信息都有帮助。人们通过视觉、触觉、听觉和嗅觉等感觉器官去获取、存储和表示空间信息，这些感觉器官密切配合，给任何一个空间环境以综合的表示。但是，假使这些信息不能结合或组织成明确的位置和空间结构序列（系统），它们对形成较完整的空间概念的影响就很小。例如，海风的咸味对人们判断一些现象的分布位置无疑能提供一些线索，但这种线索所产生的仅仅是一种非常原始的秩序，至少对人类的心理是如此。而在视觉和听觉中，形状、大小、颜色、位置、关系、运动、声音等就很容易被结合成各种明确的和高度复杂多样的空间和时间的组织结构，所以这两种感觉就成为理智活动得以进行和发挥的卓越的或最理想的媒介和场地。视觉还能得到触觉的帮助，但触觉却不能反过来借助于视觉，这主要是因为触觉不是一种远距离的感觉，它只能通过直接接触去探查事物的形状，它费尽全力才能建立起一个比较模糊的总体的三维空间概念，"盲人摸象"的故事就是一个例子，而这样一件事对于视觉却不费吹灰之力,转瞬完成。更进一步地说,触觉所探查到的信息中,没有诸如大小、颜色、方位等方面的变化,也没有视觉领域中的那些使之变得丰富起来的重叠、视差等关系。视觉之所以能做到这一点,是因为视觉表象(心象)是通过光线投射作用从远距离之外的物体上获得的。即使像听觉领域作为人类理智的最强有力的表现之一的音乐,也只是一种音乐世界之内的有关音乐世界的思维,要想形成事物的位置和空间结构方面的信息,必须有其他感觉的帮助。这就是说,人们很难仅凭音乐本身去思考世界,形成空间概念。相比之下,视觉在这方面要强得多。视觉一个很大的优点,不仅在于它是一种高度清晰的媒介,还在于它能提供关于外部世界中的各种物体和事件的无穷无尽的丰富的信息。由此看来,视觉乃是思维的一种基本的工具或媒介。人们得到的关于空间的概念性知识大多数是通过视觉获得的,视觉感官能使人同时感觉环境信息,并执行对通过其他感觉通道获取的信息进行组织和解释的功能。因此,视觉在人的空间认知中起着重要作用,是人类空间认知的主要感官通道。

在空间认知中,如下两个方面表现出的控制注意转移机制是值得重视的。

(1)视觉选择性机制。视觉与高度选择性是分不开的。视觉具有思维的一切本领,视觉是选择性的,是一种主动性很强的感觉形式,积极的选择是视觉的一种基本特征。地图制图和地图应用过程中的视觉选择性,具有对制图物体或现象进行筛选的作用,同其他任何筛选一样,它加快了对筛选出的制图物体或现象的加工过程(分析和判断)。选择性就意味着获取所需的信息,意味着地图内容的制图综合。

(2)视觉注视性。研究表明,目光偏离中心轴10度,其敏感度便迅速降低。

2.2.3 空间认知能力

人类的空间认知能力是人类日常生活中不可缺少的一种基本能力。人类生活在一定的空间范围内,无时无刻不与空间信息打交道,空间意识是人类生存最重要的先决条件。人们无论是去上班,还是去购物;无论是去学校,还是与人交谈;无论是了解国家大事,还是了解国际新闻,总之无论干什么,都要用到空间认知能力。那么,什么是空间认知能力呢?人类的空间认知能力是先天就有的,还是后天培养发展的? 人类的空间认知能力与地图设计和地图使用的关系如何?

根据前述空间认知的概念,人类的空间认知能力就是人类所具有的研究人们怎样认识自己赖以生存的环境,包括其中的诸事物、现象的相关位置、空间分析、依存关系,以及它们的变化及其规律的能力。在心理学上,空间认知能力是一种不同于一般的形象思维和抽象思维能力的特殊能力,涉及时间和空间交织而成的四维空间。空间认知能力是一种认知图形,并运用图形在头脑的心象进行图形操作的能力。

人类的空间认知能力来自认知结构,而认知结构又从何而来呢? 对此,有两种不同的观点:一种观点认为认知结构是天赋的,也就是在人的器官甚至是基因中就已经"编制好的",后天的发育和环境因素只不过是促使这种结构成熟;另一种观点认为认知结构是后天建构的,也就是说,认知结构来源于后天的活动、操作和实践。笔者认为,人类的空间认知能力和人的其他心理过程一样,是逐渐形成、发展和完善的,认知结构是过去经验知识的结晶,是在长期认知活动中发展起来的,后天的学习和培养是发展良好的空间认知能力的基础。

2.2.4 空间认知模型

阿特金森和谢弗林的人类加工系统模型如图 2.2 所示。模型包括感知过程、记忆系统、控制系统和反应系统。

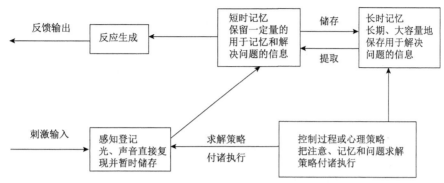

图 2.2 阿特金森和谢弗林的人类加工系统模型

1. 感知过程

感觉是神经系统对外部世界刺激的最初反应。感觉系统可细分为视觉、听觉、嗅觉、味觉、触觉（压力与质地、温度）、肌肉运动感（肢体位置与移动）等，依靠这些感知器官将感知对象接收并传入大脑，经过识别、分析、组合后进入记忆系统。

人类用心念来诠释自己器官所接收的信号谓之感知。人们身体上的每一个器官（包括感觉、生殖与内脏的器官）都是外在世界信号的"接收器"，只要是它范围内的信号，经过某种刺激，器官就能将其接收，并转换成感觉信号，再经由自身的神经网路传输到人们心念思维的中心——"头脑"中进行情感格式化的处理，之后，就带来了人们的感知。人们所感知的东西，都是在自己心念作用下完成的。人的心念对刺激信号的解读与破译，并在内心产生各种感觉，这一感觉的变化，就是人的心念对外在事物的一种主观反应。

感知过程指刺激物作用于人的感觉器官（眼、耳、鼻、舌、皮肤等）使人产生对地理空间的感觉和知觉的过程。

2. 记忆系统

记忆系统对输入的信息进行编码、存储和提取，包括感觉记忆（sensory register）、短时记忆（short-term memory）和长时记忆（long-term memory），具体描述如下：个体凭感觉器官感应到的外界刺激暂时被送到感觉信息存储器（SIS），在那里停留数十毫秒，形成感觉记忆。感觉记忆经各种符号化处理，被送到短时记忆存储器，形成短时记忆，短时记忆保留时间很短（20s 以下），为了保持信息，需要进行复述，但由于存储器容量有限，每次复述信息有限。经过复述的信息被送到长时存储器，形成长时记忆，成为知识。

长时记忆是一个巨大的信息库，存储着诸如概念、知识、技能、语义信息、经验、加工程序等各种信息，当有物理刺激（感知信号）输入时，长时记忆中的相关信息被激活，并参与当前的识别、分析、推理的工作活动（粗加工），然后进入工作记忆中接受更精细的加工。工作记忆是当前认知活动的工作场所。

3. 控制系统

控制系统是整个认知过程的中枢处理器，它决定系统怎样发挥作用，并处理认知目标和达到目标的计划，这要靠一个加工系统控制运行。加工系统从考查目标是否达到开始，如果系统回答"是",表明目标已经完成;如果系统回答"否",则需要重新进行加工,直到达到目标。

控制系统包括思维、学习、问题解决等一系列决策活动。

4. 反应系统

反应系统则指行为等反馈输出。控制认知过程的结果输出,包括形成概念、得出结论及其描述和表达。

2.3 地理空间认知概念

地理空间认知(geospatial cognition)需将认知科学研究成果进行基于地理科学的特化研究。地理空间认知是空间认知的一个方面,指在日常生活中人类如何逐步地理解地理空间,进行地理分析和决策,包括地理信息的知觉、编码、存储、记忆和解码等一系列心理过程。从认知过程的角度对地理空间认知研究进行综述,包括地理知觉、地理表象、地理概念化、地理知识的心理表征和地理空间推理。空间认知、地理空间认知、地理学、心理学之间的关系如图2.3所示。地理空间认知是地理信息认知研究的基础,它的研究对于地理信息的理解与表达具有决定意义。

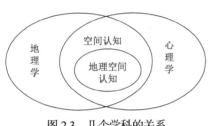

图 2.3 几个学科的关系

地理空间认知研究包括两部分内容:地理事物在地理空间中的位置(where)和地理事物本身性质(what)。具体内容包括:①地理空间作为一个有关人的"心象空间"或"经验空间"是怎样变化的;②人们是怎样获取地理信息的;③地理信息在人脑中是怎样编码的;④编码的地理信息是怎样解码的;⑤个体的年龄、文化、性别或特殊的背景等是如何影响人们对于地理信息的认知的。

2.3.1 主要手段

地理空间认知的手段多种多样,如实地考察、阅读材料、使用地图等。但是,主要手段是使用地图。

1. 实地考察

对于从事地学工作的人来说,实地考察是一种常用的获得关于研究对象的第一手材料的方法。通过实地考察,可以获得关于周围环境中空间结构的印象。但从地理空间认识的角度讲,实地考察还存在以下局限性。

(1)空间的局限性。直接的感官印象只能达到人们视野所及的范围,而且实地考察通常只能在点、线上进行。在大多数情况下,人的视野是有限的,即使利用现代化的交通工具和现代化的观测工具,人们通过视觉所能观察到的也只限于地球的一小部分。

(2)时间的局限性。实地考察时,视觉感官所获取的感官信息都和一个特定的瞬间印象联系着,可是地理现象一般是随时间的变化而变化的,所以需要连续不间断地进行观察,才能获得关于现象随时间的推移而变化的规律性的认识。对于具有一定地域的空间来说,实地考察一般是不易连续而不间断进行的。

(3)视觉的局限性。许多地理现象,尤其是社会经济现象,一般都不能直接用眼睛感觉到，因为社会经济现象一般具有时间（如不同年份、不同月份等）的可比性和空间域不同行政单元（如不同国家、不同省份）的可比性，若不进行专门的统计分析，就很难获得关于现象在时间和空间的变化规律的信息。

（4）心理的局限性。通过实地考察获得现实世界的空间概念，是要把人们所观察到的周围世界和印象摄入头脑并转变成生动的心象地图，这需要构成心象地图的能力。事实上，除极少数人由于得天独厚的条件而具备这种能力外，一般人在这方面的能力是有限的。

2. 阅读材料

阅读文字资料、统计数字和图片，也可以获得有关地理空间概念的某些信息，作为实地考察的补充。例如，描述某城市由甲地到乙地的距离、方位、沿途经过的主要地物及其周围的环境资料，人们可以依据这种描述性资料形成概略的心象。但是，文字资料的描述只能表达空间概念的一部分，缺乏对空间位置的确定性和空间关系的完整性的描述。即使表述得很好的文字资料，也只能概略地表达空间信息。因此，文字资料不能完整地表达出复杂的空间概念。

统计数据最典型的是社会与经济统计数据，它可以详细地说明行政单元的社会与经济情况，如国民生产总值及产业结构、人均国民收入、人口数及职业或文化构成等，但数据本身一般不具有明确的定位特征和空间结构特征，很难形成空间概念的心象。

3. 使用地图

地图是人类空间认知的结果，又是人类空间认知的工具，这是由地图的本质特征所决定的。地图最本质的特征是具有空间物体或现象赖以定位的严密的数字基础，遵循抽象表达现实世界的制图综合原则，使用抽象化的符号系统。

地理空间认知就是利用地图学方法来实现对地理空间环境的认知。地图既是人类认知地理空间环境的结果，又是进一步认知地理空间环境的工具。地图制图者通过对现实世界（制图地区地理环境）的认识，根据制图的目的和要求获得地图制图信息，构成制图员头脑中的地图，然后通过地图语言符号化构成地图；地图使用者通过阅读地图，将图形-符号通过联想还原成地图使用者头脑中的现实世界（区域地理环境），并指导自己的行动。

尽管地图制图者和地图使用者的空间认知过程不同，但都包含两个重要的地理空间认知概念，这就是认知制图和心象地图。

2.3.2 心象地图

心象地图也称为认知地图，它是人们通过感知途径获取空间环境信息后，在头脑中经过抽象思维和加工处理形成的关于认知环境的抽象替代物，是表征空间环境的一种心智形式。这种将空间环境现象的空间位置、相互关系和性质特征等方面的信息进行感知、记忆、抽象思维、符号化加工的一系列变换过程，称为心象制图。心象地图是人类在对地理空间多次感知的基础上（实地考察、地图参考、文献阅读）综合形成的一种印象或者心理表征。

1. 心象的概念

心象研究，涉及认知心理学的一个基本问题，即信息是如何储存在记忆里并从记忆中再现的。所有人都在某种程度上有过心象的主观体验，如通过熟悉的形体特征能"看见"这些形体；有时能重现很多年前去过的某个城市或某个风景点的景象，仿佛"历历在目"；有时某个老朋友的音容笑貌突然出现在我们面前，等等。这些在头脑中保留着的生动的形象，就是心象。

心象也称为表象或意象，可以定义为不在眼前的物体或事件的心理表征。表象是表征的一种特殊形式。作为心理活动，它是大脑以形象的心理形式表现客观事物的过程；作为心理活动的结果，它就是在大脑中保持的客观事物的形象。久别的老同学偶然相遇时，从前在一起生活、学习的情景都仿佛浮现在自己眼前。这些情景就是表象。表象在人的认识过程中占有重要地位。一方面，表象是以对客观事物的知觉为基础的，具有明显的直观性；另一方面，表象不为具体事物的知觉所限制，概括地反映事物主要的外部特征，为概念的形成提供了必要的感性基础。虽然，表象不如知觉形象那么清晰，也没有知觉形象那样完整，同时，表象还会因条件的变化而变化，表现出不稳定的特点，但是，表象中的形象具有与知觉形象相似的特征。例如，研究证实，客观物体的表象具有一定的空间特性，人们可以对自己的表象进行观察和操作（如心理旋转、心理扫描），就像在观察和操作一个物体一样。表象还具有一定的概括性。表象往往只包含对象的一些主要外部特征。例如，人们关于"树"的表象，往往不是某一棵具体的树的形象，而是指具有"直立于地面，有枝叶，会开花结果"等主要特征的形象。表象的概括性是个体对知觉形象进行综合的结果。当然，表象的概括性只是对事物外部特征的概括，而不是对事物本质特征的概括。

　　心象和感知觉都是感性认识，都是生动的直观。但心象与事物直接作用于感官引起的感觉不同，是在过去对同一事物或同类事物多次感知的基础上形成的，具有一定的间接性和概括性。以"桥梁"的心象为例，实地上的具体的桥梁是各种各样的，人们在对各种具体的桥梁感知的基础上，在头脑中留下的关于桥梁的痕迹即心象显然具有概括性，当一个人在实地见到那里的桥梁时，他会即刻把眼前出现的物体同他自己原先拥有的关于桥梁的心象作比较，然后才认出眼前的物体的确是一座桥梁。

　　心象的生理基础是留在大脑两半球皮层上的过去兴奋的痕迹，在刺激的影响下在大脑皮层上旧的神经联系恢复起来，产生映像。因此，心象是人脑对当前没有直接作用于感觉器官的、以前感知过的事物形象的反映。从生理机制上看，心象是在人脑中由于刺激的痕迹的再现（恢复）而产生的，这种痕迹，在人的不断反映外界事物的过程中不断地进行分析综合，因而产生了概括的心象。现代认知心理学研究，从信息论的观点论证了这种痕迹即信息的存储。心象的痕迹不但可以存储，还可以对存储的各种痕迹（信息）进行加工和编码。

　　心象有两种来源（图 2.4）：一种是感知觉和记忆；另一种是形象思维。

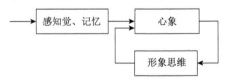

图 2.4　心象的两种来源

按照感觉通道的不同，心象可以分为视觉心象、触觉心象和运动心象等六种。各种心象之间可以彼此激活，例如，望梅止渴就是视觉心象激活味觉心象。外部事物通过感知觉而产生心象的过程如图 2.5 所示。

图 2.5　感知觉产生心象的过程

感觉是客观事物直接作用于人的感觉器官，在人脑中产生的对这些事物的个别属性的反映。人对客观世界的认知过程是从感觉开始的，人们借助于感觉，感知事物的各种属性，如颜色、形状、大小、气味、声音等，感觉是人类关于客观世界的一切认知的源泉。知觉是客观事物直接作用于人的感觉器官，在人脑中所产生的对这些事物的各个部分和各种属性的整体的反映。这里应该指出的是，知觉和感觉都是当前事物在人脑中的反映，两者的差别在于：感觉是对外界事物的个别属性的反映，知觉是对外界事物的各种属性、各个部分及其相互关系的综合的整体的反映。同时，知觉又必须以感觉为基础，感觉到的事物的部分和个别属性越丰富，对事物的知觉就越完整、越正确。知觉的整体性使人对客观事物的认识趋于完善，从而保证活动的有效性。地图制图中诸如决定制图物体的取与舍、弯曲的保留与删除、相互关系的处理等，都不能凭感觉，而必须根据知觉，即必须根据制图对象的各种属性、各个部分及其相互关系来做出决策。知觉有一个地图制图中经常用到的重要特性，即当知觉的条件在一定范围内改变了的时候，知觉的映像仍然保持相对不变，这就是知觉的恒常性。在视知觉中，知觉的恒常性表现得特别明显，如对颜色、亮度、形状、大小等，这种恒常性在地图设计中具有重要指导意义。当然，知觉还具有组合的倾向，如接近组合、相似组合、图形的组合（如连续、对称、趋合等）。关于知觉的这些组合原则，格式塔心理学创始人韦特海墨做过系统的阐述，在地图制图中也经常涉及。

心象的另一个来源是形象思维，如作家写小说、建筑师做设计方案、画家进行绘画的构思、地图学家做地图设计方案等，他们凭借已有的心象，通过形象思维，又会产生新的心象。它是对已有心象进行创造性加工的产物。形象思维主要通过典型化的方式进行概括，并用形象材料来思维。形象（这里也可以称为心象）是形象思维的细胞。形象思维具有形象性（具体性、直观性）、概括性（把握同类事物的共同特征）、创造性（加工改造或重新创造）、运动性（思维材料不是静止的、孤立的、不变的）等特征。从计算机模拟的角度来说，模式识别是典型的形象思维，它用计算机进行模式信息处理，对图形、图像、文字、声音等进行分类、描述、分析与理解。模式识别（如地图模式识别）的核心，是让计算机通过反复"学习"，"记住"事物的特征模式（具有不变性或者至少是很不敏感），将被识别的事物同计算机记住的特征模式进行类比，以判定该事物属于哪种模式。模式分类最能说明这个问题，它相当于把特征空间划分成若干部分，每一部分与一个模式类相对应，即根据描述模式的特征空间向量判定属于哪一类，位于的那一部分，即出现一个新模式。显然，这里的特征模式，对人类而言就是心象。模式识别，特别是图像理解和地图独立符号的识别，至今还未较圆满解决，尽管出现了一些模式识别的专家系统，但目前它还不能代替人脑，没有人脑复杂的推理能力，解决复杂问题，还是需要形象思维，即心象地图。

2. 心象在思维中的作用

关于心象在思维中的作用，阿恩海姆做过深入的研究和精辟的分析，他通过大量事实证明，任何思维，尤其是创造性思维，都是通过意象进行的，只不过这种意象不是普通人所说的那种意象，而是通过知觉的选择作用生成的意象。阿恩海姆认为"意象"在思维中的作用主要表现在三个方面，即绘画、符号和记号。他指出，一种意象究竟在行使什么功能，不是由它自身决定的，而是由它同它所代表的内容之间的关系决定的。假如意象仅代表某种特定的内容，并不能反映这种内容的典型视觉特征，它就只能作为一种纯粹的记号。例如，一种意象在"描绘"某种事物时，它自身又比被描绘的事物"抽象"一些，该意象便成为这种事物的"画"；当意象不如它代表的概念或观念抽象时，就成为这种概念或观念的符号，因为所谓符号，就是一种较为抽象的观念赋予可见的形体。阿恩海姆的结论是：知觉中包含的思维成分和思维活动中包含的感性成分之间是互补的。正是这样，才使人类认识活动成为一个统一连续的活动。把思维与感觉统一起来的桥梁或媒介，就是意象。

可以这样说，没有心象就不可能进行思维。正如阿恩海姆指出的，只是在幼儿园中，孩子们的学习才是通过观看和制造某些美的形状（或是用纸片，或是用泥土发明形状）进行的，这无疑是通过感知进行的思维。然而，一旦孩子们踏进小学一年级，这种对感知的训练便失去了在教育中应有的位置。所以，对于中等特别是高等教育来说，培养学生利用心象进行思维是十分重要的。

如前所述，心象在思维中的作用已经十分清楚了。事实上，地图制图中利用心象地图进行思维制图的例子是很多的。例如，一说到"鞍部"，人们就自然地利用"鞍部心象"产生两个联想：一是联想到实地"两边高中间低"的模型；二是联想到地图上鞍部的等高线表示。进一步地利用"鞍部心象"进行思维，在利用大比例尺地图编绘小比例尺地图进行制图综合时，就要根据鞍部大小决定其取舍，而一旦确定选取，就要选取反向谷地的等高线图形来表示。显然，这是一个思维过程，而心象在这个思维过程中起着十分重要的作用。又如，一提到我国西北干旱地区，人们眼前自然呈现出一幅复杂的地表景观的心象。如果要分析该地区的地貌类型的高程地带性规律，人们就会利用复杂的地表景观心象进行思维活动，依地貌类型的高程分布而言，从高到低，地貌类型分布依次为现代高山冰川、古冰川地貌、流水侵蚀地貌、干燥剥蚀地貌。如果利用各种地貌类型在形态特征方面的心象进行思维，就会得出不同地貌类型在地图上表示（再现）的图形特点，以及通过地图上不同地貌类型表示的图形的自然联系反映实地不同地貌类型的自然过渡，而这又有其不同高程带的外力作用方式的自然变化的原因。再如，一说到城市平面图形特征，人们眼前会立即呈现出平面图形为"放射状""格状"等心象，并且利用这种心象进行城市平面图形制图综合的思维活动，指导城市街道的取舍与街区的合并作业。地图制图中的这种例子还很多，可以说举不胜举。因为地图制图是一种创造性的思维活动，没有心象地图，这种创造性的思维制图活动是无法进行的。

这里，应该强调的是，心象并不是静止、呆板的，人们在获得心象时要注意两点：一是要把握某类事物的最重要的性质；二是要构造出它的动态形式，以达到对其总体结构状态的把握。根据阿恩海姆的观点，要想获得动态心象，就必须有概括能力，而概括能力又不等于收集无限多个个别事例的能力。它需要对心象的具体形态做出初步想象，寻找具体的例证。在寻找和选择例证的过程中，要随时想象现象中有哪些特征或方面能集中体现事物的本质，与此同时要随时抛弃那些模糊不清的方面，在比较中完善它、修正它、修剪它。真正的概括是科学家完善其理论、艺术家完善其心象的手段。同样，地图学家关于制图对象——现实世界的心象是随时间和地点（环境）的不同而变化的，是在不断概括的过程中建立和完善的。当然，这种概括能力是不能脱离个别事物和现象的。一切创造性的思维，只有当它在提出某种理解性命题的同时，又时刻与它描述的现象本身联系在一起，才能获得成功。这就是说，即使理论性概念的抽象，也不能放弃它由之而来的背景，不能脱离从感知渠道得来的有血有肉的具体材料。"只有与感性世界密切配合，伟大的思想才能产生"。对于地图学这样的学科，尤其如此。

3. 心象地图的特性

心象地图与地图一样，都具有表示空间信息的特点，它们都是人类思维制图活动的产物。但是，心象地图还有自己的特征，归纳起来主要有以下几个方面。

（1）不完整性。心象地图的内容和空间是不完整的，主要有两个方面的原因：一是人的视觉范围和行动范围都是有限的，不可能包括一个较大的连续的地球表面，而多为视觉和行为所及的范围；二是心象地图有很明确的主题，有其期望的输出，在思维表示时就有很强的选择性，其过程类似于制图综合。由于目的不同，对于同一地域，可以产生内容不同的心象地图。例如，当某人谈到上班的路线时，在他的思维表示中只表示和这条路线有关的地物，而谈到这一地区的服务性产业（如商店、旅馆等）的分布时，所表示的内容就和前一个不同了。这就是说，目的不同他所关心的对象也就不同。同一个著名的地物，当它在人的行为中有用时就会出现在心象地图中，没有用时就"不存在"了。

（2）变形性。心象地图存在于人脑中，人们总是根据自己头脑中的心象地图来回答有关某地区的地理环境方面的问题，而他对该地区地理环境的认识受其生理、心理和感受能力的限制，不可避免地要产生变形，如对距离的估计和方向的判断，就常常存在误差。另外，不同信息源本身的可靠性、有效性和灵活性都不一样。直接的信息源是真实世界，由于各种原因，有引起错觉的地方；间接的信息源是地图、像片及文字资料，它们本身就可能有变形。所以，心象地图的变形性是不可避免的。当然，从视觉注视性的特性讲，人们注视的事物在其心象地图中的变形相对较小。

（3）差异性。不同的人对于同一空间范围的地理环境所产生的心象地图是有差异的。心象地图的差异性，是由个体本身的相关因素的差异决定的，如种族、年龄、性别、所处社会阶层、受教育程度，以及居住某地的时间和位置特征等。这些人文因素决定着人的空间认知能力，也决定着心象地图的形成和发展，人文因素的不同构成了不同的心象地图。

心象地图存在差异性的同时，也存在某种相似性。实验表明，具有相同条件的一组人，他们的心象地图有许多相似的特征，如对某一方向的感受有几乎统一的偏差等。

（4）可操作性。前面已经指出，任何思维，特别是创造性思维，都是通过心象进行的。没有心象地图，创造性的思维制图活动就无法进行。思维是利用心象进行的，这本身就说明心象地图是可以操作的，可以反作用于实践、指导实践。例如，市民可以利用他头脑中所居住的城市的心象地图指引他到某个商店购物（注意，很少见到市民拿着纸质地图出门的，他利用的是头脑中的心象地图）；侦察员可以根据其沿途观察结果而形成的关于敌方阵地布置的心象地图向指挥官报告敌方情况，并引导部队行进；定向越野运动员可以在头脑中依据地图建立的活动区域的心象地图指引自己到达某个目的地（当然在行进过程中需要将地图与实地对照，但不能总是拿出地图来与实地对照，因为这样会影响越野行进速度），等等，这些都说明心象地图具有可操作性。

（5）动态交互性。这个问题前面已经提到，心象地图不像印刷在纸张上的地图，一旦形成就被"固化"，就不会变化了。它是动态的，随着时间的推移和空间环境的变化，随着人们对地理环境空间认知的不断进行，随着人们对某地区空间地理环境知识的增长而随时被修改，就像计算机环境中的交互地图一样，心象地图是人与环境实时交互的产物。心象地图的动态交互性，是人类智力发展到一定阶段后才具备的能力。空间认知科学、认知心理学和脑科学发展到现阶段，人类应该充分利用心象地图的动态可交互性，关注空间地理环境信息的时空变化，不断修正和完善自己头脑中的心象地图。

4. 心象地图的建立

心象地图的建立是一个思维过程，利用不同的方式建立心象地图时具有不同的思维过程。2.3.1 节分析空间认知的手段时，已经指出空间认知可以通过实地考察、阅读资料（主要是文字）、使用地图等手段进行。心象地图与空间认知有着密不可分的关系，心象地图的建立，同样也可以通过实地考察、阅读资料和使用地图等多种手段来完成。

通过实地考察建立心象地图，是一种直接感觉方式，所建立的心象地图是依据第一手资料的，视觉所能及的范围是最接近实地情况的。但是，也存在诸如空间局限性、时间局限性、视觉局限性和心理局限性等方面的缺陷。同时，通过实地考察建立心象地图需要较强的概括能力和抽象能力，因为心象地图并不是实地的复制品，而是抽象替代物。

通过阅读文字材料建立心象地图的过程要复杂一些。人们在阅读有关空间关系的文字材料时，不是机械地记忆文字材料描述的内容，而是将自己对内容的理解借助一定的思维图像储存起来，成为心象地图的基础，这个从文字到思维图像的过程就是空间认知的过程。当输出时，就以这个思维图像为基础，再加上记忆的因素形成一个较完整的心象地图。根据文字资料建立心象地图，需要复杂的思维过程，需要弄清各地物的方位、距离和相互关系，才能正确回答地物的空间关系等问题。

通过使用地图建立心象地图，是一个从图形到图形的再现过程，或信息加工过程，因为心象地图也不是实际地图的复制品。但是，通过地图建立心象地图，并不像通过文字资料建立心象地图那样需要复杂的思维过程。因为地图是具有严格的数学基础和空间关系原理的图形-符号模型，所以，从地图上获取信息建立起来的心象地图，能很容易地正确回答关于地物的方位、距离和相互关系等一系列有关地物空间关系的问题。通过阅读地图而建立心象地图，可以看作是数据的简化过程，大量来自视网膜图像的原始信息被大脑逐步简化，并将其转化为有用信息，使浑乱变得有序。记忆一幅有组织的心象地图比记忆原始视觉信息要容易得多。

心象地图是空间地理环境信息在人的大脑中的反映，获取空间信息的手段，除实地考察、阅读文字资料和地图外，还有一些特殊形式的资料，如按字母顺序和空间位置排列的地名录；按空间顺序列出总机区域；按字母顺序编排人名的电话号码簿；城市录像等。赖以建立心象地图的信息源不同，所建立的心象地图也有差异，而通过阅读地图或从地图上获取空间信息，肯定是建立心象地图、实现空间认知的最有效手段。

5. 认知表达

表达是将思维所得的成果用语言语音语调、表情、行为等方式反映出来的一种行为。表达以交际、传播为目的，以物、事、情、理为内容，以语言为工具，以听者、读者为接收对象。在地理空间认知过程中，心象就表现为观察或感受周围环境所形成的关于地理环境中诸事物的空间结构印象，可以定义为不在眼前的物体或事件的心理表征，是在大脑中由于刺激的痕迹的再现而产生的，在这里称之为"心象空间"。认知表达是指通过某种操作对心象空间进行可视化，或者衍变为其他更为高级的表现形式。地图形式的认知表达比文本语言更有优越性，"一维"和"串行"的文字语言没有定位等量测基础，而地图通过使用符号可以包含特定的丰富信息。地图既是数学模型也是逻辑模型，它是真实世界的抽象，不仅仅表示真实空间，也表达了它们之间特定的相互关系。

2.3.3 认知制图

认知制图（cognitive mapping）是一个抽象概念，包括使人们能够收集、组织、存储、回忆和利用有关空间环境信息的那些认知能力或思维能力。人们将通过各种空间认知手段获得的空间对象的位置和空间结构的信息，组织成有序的心象地图存储记忆，从存储记忆中提取（回忆）所需空间信息，用于指导行为，这就是认知制图。认知制图发生在人类使用地图的过程中，把新近获得的信息与地图信息综合起来进行决策，如定位、定向、导航等。人的认知制图能力在日常生活中起着非常重要的作用，并且随着年龄的不同而变化，可通过学习得到提高。这里围绕认知制图研究以下几个问题。

1. 认知行为中的认知制图

地图的空间认知行为，就是利用地图进行定向（导向）、环境察觉、环境记忆力等行为。每个人的认知制图能力对其地图的空间行为有极大的影响。

各种实验证明，认知制图作为一种空间认知能力是可能通过学习而得到加强的。例如，经过训练的侦察员可以沿途记住敌人的火力布局，回来后将它们准确地标绘在地图上。认知制图发挥了地图的主要功能，如导向、环境察觉与分析、环境记忆等。

如何提高人的认知制图能力，这是许多领域都关心的一个问题。认知制图能力，实际上就是人们思维过程中一种潜在的制图能力。人的认知制图能力受经验、年龄等许多因素的影响，但受教育的程度特别是受地图学和地理学教育的程度是一个重要因素，教育特别是地图学和地理学教育可以使人加深对地理环境的理解。一般情况下，受过地图学与地理学教育的人和没有受过这方面教育的人，他们的认知制图能力是有明显区别的。

2. 地图使用中的认知制图

在地图使用范围内考虑认知制图的概念时，可以发现这样一种现象：人们通过阅读地图所了解或思考的内容与地图上所表示的内容有显著的差异。应当指出，决定用户可能从地图上学到什么的不是地图上实际所表示事物的外形，而是自然物体（客观存在）与思维过程的相互作用。这种信息的转换是双向的，即地图（符号）刺激读者的思维过程，读者也积极地把含义赋予地图（符号）。在处理这些信息的过程中，读者在头脑中的构造甚至重新组织这些信息，从地图上所获得的或吸取的绝非原来的复制品或严格意义上的子集。这种过程不单限于接受直接的刺激，而且包括记忆，也就是说，人们把从地图获取的新信息与其已经知道的（记忆中的）知识结合成一体，这种行为本身是记忆性的。与记忆密切相关的是思维，包括重要的新思想的思维产生。促进整个心理过程的是动机和注意力。如果没有求知（获取信息）的欲望，不是有选择地接受地图上的信息，人们就不可能有效地使用地图。动机和注意力也许受地图刺激的影响，但肯定不会由地图刺激产生。

把地图使用看作是在地图和读者之间进行的双向转换过程的基本想法，提出了一个地图学研究的特殊领域。过去人们研究的大多是地图如何对地图读者施加影响，而很少考虑地图读者是怎样影响地图刺激的。考虑地图读者如何影响地图刺激这个问题时，不应仅仅局限于考虑地图读者对地图设计的影响，而必须扩展到考虑地图读者是怎样阅读地图（接受地图刺激）的，以及考虑地图读者在阅读地图时从地图上获取空间信息的思维过程，即必须研究与地图使用中的认知制图问题。

在认知问题的研究中，心理学家们做了大量的工作。这里选出的三组研究都与地图使用者有关，希望能对地图使用中的认知研究有所启发。

第一组研究，是关于知识的组织。实验表明，有认知能力的人倾向于按意义去组织知识，而不是根据获得知识的顺序或形式去组织知识。在一项测试中，Bransford 和 Franks 向被试出示了一系列描述完全不同事件的句子：一个人休息与阅读；蚂蚁吃果冻；微风吹拂；一块巨石砸毁一间小屋。这些句子被一一告诉被试，然后让被试重述，以测试他们对这些句子的记忆情况。结果，被试回答的却是一些新的句子，而这些句子也详细地描述了每个事件。他们恰恰难以记住原句，而是以重新组织过的语句表达出原句的内容。

这个实验对于地图学来说意味着什么呢？它提醒我们，人的内心对信息的排序有很强烈的影响。不论人们按何种顺序获取信息，也不论人们用何种特定形式表达信息，在人脑（记忆）的深处总存在着一种含义，这是一种在人们的记忆中起决定性作用的含义。人们从地图上获取的信息在记忆中构成的心象是经过重新组织的，这种经过重新组织的信息与地图上实际表示的内容会有些差别，这是由读者的动机和注意力决定的。这就是地图使用中的认知制图问题。

第二组研究，与第一组研究完全不同。Bartram 在一项研究中测试了人对格网中的一组随机分布的点的图案的记忆情况。他发现人对处于格网中不同部位的点的感受精度（记忆的准确程度）是不同的，最准确的部位是网格左上角，在这个位置上，感受精度与图形本身无关，只与其空间位置有关，显然被试对这个位置最留心，这可能受人们平常阅读东西时总是从左至右、从上往下的顺序的影响。这对于地图学又意味着什么呢？它告诉我们不能忽视这样一个事实，即一幅地图显然不是空间点的毫无意义的排列。人们从直观上和通过实验结果可以知道，人对地图的记忆与注意力受他对一个要素的重要性的认识的影响。由此可见，人们关注地图的行为模式和记忆各个要素的可能性并非只由该要素在图形中的定位所决定。Lloyd 和 Yehl 经过研究发现，如果地图在视觉上的层次与其在心智上的层次相对应，那么就能加强其传输效果。Olson 的研究发现，如果对地图符号进行量表化以补偿人的视觉偏差，并对地图读者进行判断地图符号值的训练，那么就有较多的地图符号能被地图读者正确感受。假若只补偿人的视觉偏差或只训练用图者，那么感受精度就差些。符号的定位也很重要，定位合理就能最好地吸引用图者的注意力，这是其一大优势。注意力的形态研究是地图使用领域中引人注目的一个课题。

第三组研究，与地图密切相关，甚至可以称为认知制图研究。这个研究结果在认知心理学中很著名，即人们对东西方向上的事物的认识比对南北方向上的事物的认识困难。这一点可以从被试对与方向有关的测试做出反应的误差率和时间上反映出来。这一现象在地图使用实验中已被观察到，在自然环境中也存在。它可能与人们通常将北和南与上和下相联系有关，对此人类有一种生理机制。人们通常又将东西与左右相联系，而这种联系随着身体方位的变化而变化。

方向定位是地图的一个重要特征，在地图学中极受关注。这个问题仅通过地图设计是难以完全解决的，即使规定地图为北方定向，对东西向认识的困难还是存在。因此，解决这个问题的另一个关键就是对用图者进行训练。

地图使用中的认知心理过程问题是在其他学科有关问题的启发下提出的，当然它是客观存在的。对这个问题的兴趣并不意味着否认关于"刺激-反应"（心物学）研究的成果，只是以往主要研究地图制图者的认知过程，而这里强调了地图使用者的认知过程。也许这是一种完全不同于以往的传输模式的新的模式。在这个模式中，以用图者为中心，其构成要素将是用图者的心理需要、动机、感受能力等。这是一种新的观念，并将导致新的研究领域的出现。

3. 认知制图的计算机模拟

认知心理学研究认为，传统的心理学研究方法无法揭示人的思维本质。认知科学采用功能模拟的方法来研究人脑思维的规律，从主体外面来探讨人脑的思维活动，用物化了的思维来考察人脑思维的物质过程。这种方法把人的思维过程既是客观的又是主观的辩证关系有机地结合起来。

计算机模拟（computer simulation）就是功能模拟，它是认知心理学用于研究人的认知过程的现代方法。模拟就是在建立模型的基础上，通过计算机实验，对一个系统按照一定的作业规则由一个状态变换为另一个状态的动态行为进行描述和分析。模拟是一种"人造"的试验手段，通过这种模拟人们能够对人类的认知过程进行类似于心理学实验那样的试验。现代认知心理学认为，人类的认知系统可以看作是一个信息加工系统。这一思想构成了当代认知科学的基础，它在"计算机模拟"这个领域中得到了最充分的发展，这个研究领域的主要目的，是要构造各种计算机系统，来模拟人类外显的行为和作为这种行为之基础的认知过程这个现实系统。显然，模拟结果的正确程度完全取决于模拟模型和输入数据是否客观地、正确地反映现实系统。现代认知心理学采用计算机模拟这一重要的工具，它们通过人的实验来积累数据，并经过各种分析得出某些确定性的推断，然后把所得到的这些结论用计算机程序的方式加以描述并输入计算机中。而后，在相同的输入刺激条件下来观察计算机的输出状态。如果计算机的输出状态同人类被测试的输出反应一致，那么就说明用以描述人的心理过程的这种计算机程序在机能上与人的内部过程有其相似之处；否则，就表明用以构成这个程序的关于人的思维过程的心理学理论不完善，需要加以修正。通过这种方式来修改思维过程模型，往往使人们能较容易地抓住问题的关键所在，从而集中注意力来研究这个不完善的模型，得出新的推断，进一步重复检验过程，最终得到比较精确的、可信度较高的模型。

人的认知活动可以分为不同的层次，不同层次之间的关系可以和计算机相类比（图 2.6）。认知活动的最高层次是思维策略，下面一级是初

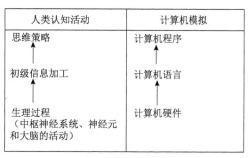

图 2.6 人类认知活动和计算机模拟比较

级信息加工，最下面是生理过程，即中枢神经系统、神经元和大脑的活动。计算机的最上层是计算机程序，下面两层依次是计算机语言和计算机硬件。认知心理学主要研究高级层次的思维策略和初级信息加工的关系。相应的，可以用计算机程序模拟人的策略水平，用计算机语言模拟人的初级信息加工过程。

计算机模拟是认知心理学在方法论上的重大突破，它对于人类认知研究有许多积极的作用。例如，可以验证关于人的认知理论的正确性；所提供的输出结果可以和人的实际行动相对照，因此可以修正通过模拟得到的理论；通过计算机模拟可能得到某些先前没有注意到的信息，从而增加了研究者对人的认知过程的了解，等等。

认知制图能力的计算机模拟就是把计算机当成实验工具，依据一定的能反映人的认知制图过程的模型、算法和规则编写计算机程序来模拟人的认知制图能力，使计算机以类似于人的方式来解决地图制图问题，并达到与人类地图学家类似的水平。已经研究成功或正在研究中的计算机辅助地图设计系统或地图设计专家系统、计算机辅助地图编绘系统或制图综合专家系统、计算机地图测色配色系统等都是用计算机模拟人类认知制图能力的例子。认知制图能力的计算机模拟，将为空间信息流在大脑内部所受到的加工过程提供一种十分生动和具体的类比。

2.3.4 信息编码

认知制图和心象地图的研究涉及地理空间信息如何存储和如何从记忆中回忆,即地理空间信息在人脑中是如何编码的问题。目前有双重编码假说和完全心象假说两种信息编码理论。

1. 双重编码理论

加拿大心理学家佩维奥在 1969 年就提出了双重编码理论(dual-coding theory)。该理论认为人的大脑中存在两个功能独立却又相互联系的认知系统:语言系统和非语言系统(心理表象系统)。信息既可以用言语序列储存(verbal sequential store)来编码,也可用映像空间储存(imaginal spatial store)来编码。语言系统处理语言信息,并将它以字符为基本单位编码储存在文字记忆区;非语言系统则处理非语言信息,编码是以心理表象作为基本单位存储在图像记忆区,并在对应的语言记忆区内留下一个文字对照版本。这两个系统相互独立工作,并能直接被激活。非语言系统被物体或物体的表象激活,语言系统被单词、词组激活。然而,这两种系统能够相互关联着进行工作,一个重要原因是:这两种系统彼此能同时以视觉形式和语言形式呈现相同的信息,用来增强记忆和识别。换句话说,信息是可视的,可通过同时运用视觉和语言来增强信息的回忆和识别。此外,将知识以图表的形式展现,为基于语言的理解提供了强有力的补充,大大降低了语言的认知负荷,促进了知识的传播和更新。

双重编码可能在信息加工中重叠,信息可以按照一种或两种系统编码和存储,但其中一种编码占主导地位。例如,一幅熟悉易叫出名字的照片可以是心象和言语两者一起编码,但言语编码更困难,因为它涉及额外的转化,即言语编码的激活是在形象码之后。另外,虽然一个抽象词仅由言语码表征,但具体词既可以用心象编码,也可以用言语编码。

双重编码理论可用于许多认知现象,其中有记忆、问题解决、概念学习和语言习得。双重编码理论说明了吉尔福特智力理论中空间能力的重要性。因为大量通过视觉获得的映像所涉及的正是空间领域的信息。因此,对于双重编码理论最重要的原则就是:可通过同时用视觉和语言的形式呈现信息来增强信息的回忆与识别。

该理论认为,语言系统直接处理语言的输入和输出(以演讲和书写的形式),同时充当非语言对象、事件和行为的符号功能,任何的表征理论都必须符合这一二重性。佩维奥的主要贡献在于认知心理学方面,他在研究中想方设法促进人们对心理表象以及它在记忆、语言和思维方面的作用的理解,他的研究结果促进了双重编码理论的发展。双重编码理论假设存在两个认知的子系统:一个专用于对非语词事物、事件(即映像)的表征与处理;另一个则用于语言的处理。佩维奥同时还假定,存在两种不同的表征单元:适用于心理映像的"图像单元"和适用于语言实体的"语言单元"。前者是根据部分与整体的关系组织的,而后者是根据联想与层级组织的。

双重编码理论还识别出三种加工类型:①表征的,直接激活语词的或非语词的表征;②参照性的,利用非语词系统激活语词系统;③联想性的,在同一语词或非语词系统的内部激活表征。当然,有时一个既定的任务也许只需要其中的一种加工过程,但有时则需要三种加工过程。

从双重编码理论可以看出,可视化将知识以图解的方式表示出来,为基于语言的理解提供了很好的补充,大大降低了语言通道的认知负荷,加速了思维的发生。人的视觉表象特别发达,它们可以分别由有关刺激所激活。佩维奥所做的试验还发现,如果给被试以很快的速度呈现一系列的图画或字词,那么,被试回忆出来的图画的数目远多于字词的数目,这个试验说明，表象的信息加工具有一定的优势。也就是说，大脑对于形象材料的记忆效果和记忆速度要好于语义记忆的效果和速度。

2. 完全心象假说

完全心象假说认为，被试可以将视觉和言语材料转化为心象，然后将心象存储在记忆中。实验表明，心象编码和言语编码都能够用于对空间信息进行编码。心象编码描绘空间信息（地图）在脑海中形成的印象是怎样的，言语编码用于描述空间信息（地图）看起来像什么。应该指出，空间信息的心象编码是"虚"的，是不可视的，只有当空间信息的心象编码用符号表示出来以后才是可视的。通过简要叙述突出特点来记忆空间信息（地图），如一个国家的轮廓形状看起来像一个三角洲或一只长靴，就是使用言语编码的一个例子。定量点状符号的相对大小可以通过诸如"大"或"小"这样的词与特定的位置联系起来编码，或通过把数量信息组织成从最大到最小的分层表和记忆表顺序，这也是一种言语编码。Kossly、Reiser、Farah 和 Fliegel 已经证明人们可以对一幅线划图的各个部分进行编码，再由各个部分构成一个完整的图像。对于地图读者来说，基于视觉选择性、注释性机制，有可能只选择地图上重要的信息进行编码，而忽略不重要的信息。这就提供了一种比原来地图简单得多的认知制图结果心象地图。

心象地图是地理空间认知过程中与认知制图同等重要的概念。为了便于理解认知制图与心象地图的关系，也称心象地图为认知地图（cognitive map）。心象地图与常规模拟地图有着重要的联系，心象以及心象地图引出了有关制图和读图的许多地图学基本问题，如地图制图中心象地图的作用，地图制图者能在多大程度上在脑海中"看见"他要完成的地图作品，以及心象地图的使用功能等。

2.3.5 基本过程

地理空间认知与人的认知具有相同的过程，即包括感知过程、表象过程、记忆过程、思维过程等。地理感知、表象再现、地理记忆和地理思维四个过程，是借助图像或者地图（心象地图和认知制图）来实现的。

1. 感知过程

地理空间认知的感知过程，是研究地图图形（刺激物）作用于人的视感觉器官产生对地理空间的感觉和知觉的过程。在这里，地图实际上是现实世界的替代物。感觉是客观事物的个别属性、特性在人脑中的反映；知觉是各种感觉的综合，是客观世界整体在人脑中的反映，它比感觉全面和复杂。在这个过程中，地图上的图形符号作为刺激物首先作用于人的视觉器官，即图形符号（包括颜色、形状等）的光线射入眼中，通过折光系统，聚焦后在视网膜上成像。从视网膜发出神经冲动，经视神经到达大脑皮层视区，产生视觉。视网膜是感受光刺激的神经组织，称为感光系统，能感受光的刺激，发放神经冲动。视觉的适应性功能很强，它对光的强度具有极低的感觉阈限，即具有非常高的感受性。当然，必须有一定强度的光，如黑夜只有发光物质制成的荧光地图才能使人产生感觉。应该强调指出，地理空间认知过程中，直接刺激物是地图图形符号，它是现实世界的替代物。因此，人们要获得关于现实世界客观事物的个别属性、特性，还必须有联想或转换的心理活动过程，从信息传输过程来讲，这叫译码。例如，当人们在百万分之一地图上读到由三个不同半径的同心圆构成的符号时，他的视网膜上的成像就是这个符号，然后根据约定（图式规定）才知道它是一个 100 万人口以上的城市，这时人们感觉到的才是现实世界中某个人口在 100 万以上的大城市。可见，这种联想或转换的心理活动是很重要的。人们对地图图形符号的视感觉总是从单个图形符号开始的。

外界刺激停止作用后还能暂时保留一段时间的感觉形象称视觉后象。视觉后象是视觉系统的一个重要功能，它有一定的延续时间。正是因为这种视觉后象，地理空间认知过程中的知觉过程才能进行。

通过地图图形符号这种直接刺激物，人们获得关于现实世界客观事物的个别属性、特性，这是知觉过程的基础。知觉是对客观事物的各种属性、各个部分及其相互关系的综合的整体的反映。在知觉过程中，人们头脑中产生的不是事物的个别属性或部分孤立的映像，而是由各种感觉结合而成为具体事物的映像，如城市等。感觉到的事物的个别属性和部分越丰富，对事物的知觉就越完整、越正确。实际上，人们都是以知觉的形式直接反映事物的。还是拿前面的例子来说，当人们感觉到地图上的某个符号表示 100 万人口以上的大城市后，通过阅读地名注记，知道它是武汉市；通过与"圈形符号"配合的平面图形才知道武汉市被河流分成汉口、武昌、汉阳三大块；再通过阅读河流名称注记知道它们分别是长江及其支流汉水；进一步阅读地图可知武汉长江大桥、长江公路桥、汉水公路桥分别连接武昌与汉阳、汉口与武昌、汉口与汉阳；再进一步阅读地图上的武汉长江大桥才知它并不是南北向，而是近乎东西向的。这样，通过知觉过程，人们头脑中关于武汉市的整体心象地图就比较完善了。这里也应强调指出，知觉是现实世界客观事物在人们头脑中的主观反映，所以知觉是受人的知识、经验、兴趣、情绪等各种因素的影响的。人们在实践中积累了对一定对象的经验和知识，就会凭借这些知识和经验把当前的刺激物认知为现实世界确定的事物。显然，当人们已经通过阅读地图获得有关武汉市的知觉映像时，再见到地图上的"武汉市"，就可以立刻利用已有的知识和经验加以认定了。因此，经验和知识在知觉中起着重要作用，因为知觉是人脑的复杂的分析综合活动的产物，是对复合刺激物和刺激物之间的关系所形成的映像。前面已经提到过，知觉的恒常性、知觉的组合特性，在地理空间认知中是经常涉及的。

2. 表象过程

地理空间认知的表象过程，是研究在地图知觉的基础上产生表象的过程。地理空间认知的表象是在地图知觉的基础上产生的，它通过回忆、联想使在知觉基础上产生的映像再现出来。从认识论的角度讲，表象和感觉、知觉都属于感性认识，都是生动的直观。但是，表象与感觉、知觉不同，它是在过去对同一事物或同类事物多次感知的基础上形成的，具有一定的间接性和概括性。还是利用前面的例子，人们通过多次感觉、知觉在大脑中形成的关于"武汉市"的表象，并不是地图图形符号那种直接刺激物的复制品，而是经过概括了的表象；说表象具有一定的间接性，是指在形成表象的过程中还加进了人的主观因素，如人的知识、经验、倾向性、目的性等，并非现实世界客观事物作用于人脑的直接反映，是客观事物的能动的反映。只是由于表象是一种内部化的心理过程，不像感知觉那样外显，因而表象的研究一直是一个很困难的问题。心象地图的形成过程确实十分复杂，但随着认知心理学研究的深入，对地理空间认知过程中心象形成过程的研究会有新进展。根据现代认知心理学的研究，研究地理空间认知过程的心象，就是研究在没有地图这种直接刺激物的作用下，人对空间地理环境信息的内部加工过程。这种内部加工过程包括对地理信息的综合处理（如事物选取、形状化简等）及相互关系的重构等，经过加工生成心象地图，显然，它与人的认知地理环境的目的性和倾向性有关。

尽管心象地图的形成是一种内部化的心理过程,是不可见的,但确实是存在的。从人的生理机制上看,心象地图是人脑中由于地图图形符号刺激的痕迹的再现(恢复)而产生的,这种痕迹在人的不断反映客观事物的过程中不断地进行分析综合,因而产生了概括性的心象地图。现代认知心理学,从信息论的观点论证了这种痕迹的保存,即信息的储存,不但可以储存心象地图的这种痕迹,而且可以对存储的各种痕迹(信息)进行加工、编码。在现代条件下,人们完全可以通过计算机信息处理来模拟:输入空间信息(相当于感知觉);对空间信息进行加工处理(相当于对心象地图的各种痕迹进行加工);存储记忆(相当于经过加工处理生成的概括性心象地图的存储);信息输出(相当于心象地图的输出)。对空间信息的加工处理,是根据用户的目的性和倾向由计算机对空间信息进行综合。

心象地图既能反映现实世界客观事物的个别特点,也能反映现实世界客观事物的一般特点,既具有直观性,又具有概括性。因为具有直观性,它接近于知觉;因为具有概括性,它接近于思维。因此,同一般表象一样,心象地图这种不受具体客观事物局限的概括的反应机能,使它有可能成为从感知到思维的过渡和桥梁。可以说,把地理空间认知过程中的思维与感知觉统一起来的桥梁或媒介,就是心象地图。

3. 记忆过程

记忆是人的大脑对过去经验中发生过的事物的反映。也可以说,神经系统能存储自身和环境信息,这就是记忆。由于人脑的记忆功能,人才能保持过去的反映,使当前的反映在过去反映的基础上进行,使反映更全面、更深入。记忆是心理在时间上的持续,有了记忆,先后的经验才能联系起来,使心理活动成为一个持续发展的过程。正因为有了记忆,人们才有可能把 40 年以前的关于郑州市的心象和今天现实的郑州市的心象加以比较,从而得出结论:改革开放 40 年,郑州市的变化如此之大!

人的大脑在何处以及如何存储它的记忆,这是神经心理学研究的范畴,本书不涉及。但是应该知道,人脑的记忆能力是非常强大的。有的文献介绍,在 70 年中,若不考虑睡眠期间的任何信息输入,那么,进入大脑并可能储存的信息可达 15 万亿 bit。这个数字比人脑神经细胞总数大 1000 倍以上。所以,充分利用大脑在地理空间认知过程中的记忆功能是非常重要的。

关于地理空间认知中的记忆问题,根据记忆操作时间的长短,可将其分为感觉记忆、短时记忆和长时记忆等三种基本类型,有关的还有动态记忆和联想记忆。

(1)感觉记忆:指个体凭视觉、听觉、味觉、嗅觉等感觉器官,特别是其中的视觉器官,感应到刺激时所引起的短暂(一般按几分之一秒计算)记忆。刺激作用停止后,它的影响并不立刻消失,可以形成后象。后象的发生,是由于神经兴奋所留下的痕迹作用。视觉后象表现得最明显。后象是最直接、最原始的记忆。后象只能存在很短的时间,如最鲜明的视觉后象也不过持续几十秒钟。视觉后象延续时间的长短,受种种条件的制约。其主要条件有:引起后象的刺激明度,刺激的明度越大,后象的延续时间越长;引起后象的刺激的延续时间越长,后象的延续时间也越长。一般,明度大的刺激落在视网膜的中央部分时,后象的延续时间长。感觉记忆保存信息的时间虽然十分短暂,但它在刺激直接作用以外,为进一步的加工提供额外的、更多的时间和可能,对知觉活动本身和其他高级认知活动都具有重要意义。

(2)短时记忆:指感觉记忆中经注意而能保存到 20s 以下的记忆,被看作是通往长时记忆的一个中间环节或过渡阶段。短时记忆的时间间隔比感觉记忆的要长些,但存储材料的时间仍然很短。与感觉记忆中可用的大量信息相比,短时记忆的能力是相当有限的,容量有限是短时记忆的一个突出的特点。有人认为，刺激信息是根据它的听觉特性存储在短时记忆中的，即哪怕是凭视觉接收的信息，也将按听觉的或声学的特性进行编码。例如，当你看到地图上的某个居民地名称注记如南京市时，你是根据它们的拼音[nan jing shi]编码，而不是根据它们的字形编码。人类的短时记忆编码也许具有强烈的听觉的性质，但也不能排除其他性质的编码，如地图的图形——符号编码在地图学中是普遍使用的。

（3）长时记忆：指保持时间在 1min 以上的信息存储。长时记忆是一个真正的信息库，长时记忆的能力是一切记忆系统中最大的。它有巨大的容量，可长期保持信息。长时记忆存储着人们关于世界的一切知识，为人们的一切活动提供必要的知识基础，使人们能够识别各种模式，进行学习，运用语言，进行分析、判断、推理和解决问题等。短时记忆直接与从感觉系统输入的当前信息打交道，长时记忆则将现在的信息保持下来供将来使用，或将过去储存的信息用于现在。长时记忆把人的活动的过去、现在和未来连成一个整体，在人的整个心理活动中占据特别重要的地位。

阿恩海姆在他的名著《视觉思维》一书中曾指出"现在中包含着过去"，而"现在产生的经验，也会被储存起来与过去产生的经验混合在一起，成为将来知觉活动的前提条件"。这一段话深刻地揭示了长时记忆在人类空间认知中的作用。

（4）动态记忆（dynamic memory）：指随着现实世界客观事物的不断变化组织记忆，从过去的经验中获得智能而自动改变和增强记忆，当证实过去的经验失败时存储新的经验，即从经验中学习，用联想及从联想中归纳的方法改变记忆结构。人类记忆有一个重要特点，就是他可以在自己的记忆中为新信息找到位置，当然也能找到原有的信息。这就是说，人类的记忆是一个可变的、可扩充的系统，它可以根据新经验而自动改变存储结构，还可以从大量的一般经验中抽象出重要的一般原则及特殊情况来进行学习。现代认知心理学研究实验证实，计算机信息处理能模拟人类的这种动态记忆能力。在已经研制成的或正在研制的地图制图信息系统中，在各类 GIS 中，各种灵活多样的信息查询功能，空间信息的增加、删除、修改功能，都是这方面最好的例证。目前正在研究的多维、多时相的数据模型和数据结构，以及从 GIS 数据库中发现知识等，都与空间认知中的动态记忆研究有关。

（5）联想记忆（association memory）：指通过与其他知识的联系进行的记忆。联想记忆对于空间认知来说是十分重要的。在地理空间认知过程中，联想记忆的形式包括因果关系联想、图形与现实联想、相互联系联想等。

4. 思维过程

地理空间认知的思维构成了地理空间认知的高级阶段。地理空间认知的思维提供关于现实世界客观事物的本质特性和空间关系的知识，在地理空间认知过程中实现着"从现象到本质"的转化，它是对现实世界的非直接的、经过复杂中介——心象地图的反映，是在心象地图及其存储记忆的基础上进行的。地理空间认知的思维的最显著特性是概括性和间接性。

基于心象地图的思维概括性，是指思维所反映的不是个别事物或其个别特征，而是一类事物的共同的本质的特性。地图制图中经常要用到思维的这一特性。例如，人们在对客观事物感知觉的基础上生成的关于现实世界中桥梁的心象是各种各样的，它们的建筑式样、建筑材料、规模大小等都各不相同，但是如果我们运用思维，抽象出桥梁最本质的特征，即它的通行性能，就可以把众多的桥梁心象概括为车行桥、人行桥和双层桥等。我国地形图图式符号由详细到概括的变化（早期的符号达 700 多种，后来概括成 300 多种），充分证实了思维的这一本质特征，这不仅仅是数量上由多到少的变化，而且抓住了事物最本质的特征。地理空间认知中的思维概括性，不只表现在反映事物的本质特征上，还表现在反映事物之间本质的联系和规律上。例如，西北干旱地区，只要是有水的地方，就有树木，就有人居住，这就是事物之间本质的联系和规律。前面在论述地理空间认知中的联想记忆问题列举的那些例子，也都说明了这个问题。

地理空间认知的思维的间接性，指它不是直接地，而是通过心象地图这个媒介来反映现实世界。能够对没有直接作用于感觉器官的事物及其属性或联系予以反映，这是心象地图最重要的特性。思维的对象的领域要比感知的对象的领域广阔得多，地图制图中的创造性都是以思维的间接性为基础的。空间认知中的思维的间接性的关键在于心象地图的作用，没有心象地图作为中介，思维的间接性就不可能实现。从这个意义上说，地理空间认知的思维的间接性也是随着心象地图的丰富而发展起来的，这同时也反映了思维与记忆的关系。

地理空间认知是认知科学的重要研究领域，利用空间信息处理理论全面研究地理空间认知过程，包括感知、心象、记忆、思维等，而思维是核心，包括抽象思维、形象思维和灵感思维。这里，以地图制图综合的空间认知为例予以简要分析。

在地图制图综合的空间认知中，经常会用到抽象思维。它是通过概念、判断、推理来反映事物的本质和内在联系的。地图上的各种图形符号，都是通过对现实世界中的各种事物和现象的属性进行分析、综合、比较，抽取出现象和事物的本质属性，而形成的对某一事物和现象的概念，判断是采用概念对事物和现象的情况予以肯定或否定的思维方式，是概念之间矛盾的展开，更深刻地揭露了概念的实质；推理是各判断之间矛盾的展开，揭露各个判断之间的必然联系，从已有的判断（前提）逻辑地推论出新的判断（结论），是从已有的知识得出新知识的形式。制图综合的空间认知研究表明，制图综合过程中的抽象思维方式有基于联系的归纳思维、基于过程的形式思维和基于规则的演绎思维。基于联系的归纳思维，是由个别事物或现象的联系推出该类事物或现象的普遍性联系的思维，是由特殊推出一般的思维过程。例如，制图物体的选取数量同地图比例尺、制图物体的实地（或资料图上）密度之间的关系，可以用著名的开方根规律公式或回归模型来描述，称为定额选取模型，解决选取多少的问题，从客观上控制选取数量，并在不同制图区域之间起数量平衡的作用。基于过程的形式思维，通过形式推理规则定义。在地图制图中，某些制图综合过程可以用算法来描述。制图综合过程算法，指对某一类制图综合问题的有穷地、机械地判定（计算）的过程，它只用有穷多条指令描述，计算机便按指令执行有穷步的计算过程，从而得出制图综合的结果。例如，曲线化简的道格拉斯算法，这是一类面向目标的制图综合过程算法。基于规则的演绎思维，是前提与结论之间有必然联系的思维。制图综合中基于规则的演绎思维是使用最多的。制图综合规则，指对制图综合中处理某些问题的规范化描述，通常表现为"条件（如果）—结论（则）"的表达形式，根据解决制图综合的问题不同，规则的具体形式也是各种各样的。

在制图综合过程中，一般认为，视觉思维是地图图形被视觉感知和同时处理的一体化过程。因此，"形"是视觉思维的细胞。格式塔心理学认为，任何"形"，都是知觉进行了积极组织或建构的结果或功能。地理空间认知中的心象地图和认知制图，就是视觉思维的过程。思维是通过一般普遍性的概念进行的，心象是个别的和具体的。任何思维，尤其是创造性思维，都是通过心象进行的。制图综合过程中的视觉思维包括视觉选择性思维、视觉注视性思维、视觉结构联想性思维等具体形式。视觉是具有选择性的，是一种主动性很强的感觉形式，积极的选择是视觉的一种基本特征，视觉与高度选择性是分不开的。制图综合过程中的视觉选择性很强，具有对制图物体进行筛选的作用。选择性就意味着制图综合。

人类并不是以孤立的形式积累一个一个的知识，而是通过联想进行的。地图制图综合过程中的每一个决策，都贯穿着视觉结构联想思维活动。要正确实施等高线的制图综合，就必须由等高线图形的结构特征联想实地的地表起伏形态的结构特征，实现这种结构联想的基础是长期积累的实地地貌形态和地图上等高线图形相联系的知识。

灵感，用现代话来说就是创造性。它的本质是在长期知识和经验积累的基础上，当面临难题时充分调动人脑的一切潜力，包括潜意识，经过一段时间的高强度思考而产生的认识上的飞跃。所以，灵感思维是一种复杂的具有高度创造性的思维活动。制图综合过程中存在着灵感思维，特别是面对一些难以处理的问题，如各要素相互关系处理、通过成组等高线的综合反映实地地貌的整体形态特征等，长期知识和经验的积累即人的灵感就起作用了。丰富的知识和经验对于实施成功的制图综合是必不可少的。

相比较而言，抽象思维是用词进行判断、推理并得出结论的过程，即从某一前提出发，借助于概念实施严格的逻辑推理，得出结论；视觉思维是用形象来思考和表达，主要发生在显意识，有时也有潜意识参与活动，比抽象思维过程要复杂些；灵感思维主要发生在潜意识，是显意识和潜意识相互交融的结果，具有突发性、偶然性、独特性和模糊性特征。

前面不止一次提到，现代认知心理学研究采用计算机信息处理来模拟人类认知过程。但是，计算机能在多大程度上模拟人在制图综合过程中的思维呢？认知科学采用功能模拟的方法来研究人脑的思维规律，通过计算机按照模拟模型来模拟人脑的思维过程。显然，模拟结果的正确性程度完全取决于模拟模型和输入数据是否客观、正确地反映了人脑思维系统，当然也不能脱离现阶段计算机的工作机制特点。众所周知，计算机问世以来，经历了四代的更迭，经过40余年的发展，性能有了极大的提高。但是，计算机系统的设计原理一直是以时序控制流计算机为基础，即冯·诺伊曼计算机体系结构。目前普遍使用的冯·诺伊曼计算机其工作机制与人脑思维截然不同，所谓模拟人脑思维是从效果上讲的。冯·诺伊曼计算机只擅长数值计算和逻辑推理，它们都属于抽象思维的范畴，因此，计算机模拟抽象思维比较容易，而对于制图综合过程中的视觉思维特别是灵感思维，计算机模拟起来就困难了，甚至不可能。这就是说，目前的冯·诺伊曼型计算机不能有效地模拟制图综合过程中人的全部思维方式。这就决定了人在制图综合中的不可替代的作用，决定了数字地图制图综合系统只能是人机协同系统。

第 3 章　信息与地理信息

人类自诞生以来就在利用信息对社会、自然界的事物特征、现象、本质及规律进行描述。随着电子计算机和现代通信的产生，信息获取、传递、存储、处理和显示等技术不断发展，许多科学家和哲学家也开始探讨信息的内涵和本质。人类在自然和社会活动中产生了时间和空间概念，位置与时间成为信息的基本属性。地理信息是指与地理要素空间分布、相互联系以及发展变化有关的信息。它具有空间特征、属性特征和时间特征。空间特征是指空间地物的位置、形状和大小等几何特征及其与相邻地物的空间关系；属性特征是指质量和数量特征；时间特征主要是指地理信息的动态变化特征，即时序特征。此外，地理信息还具有多维结构特征。具有时空特征和多维属性结构的地理信息表示地球表面的物体和环境固有的数量、质量、分布特征、联系和变化规律。

3.1　信息与信息化

人类最早认识的是物质，此后是能量，信息只是从 19 世纪中叶才开始探索的一个新领域。20 世纪计算机的产生和发展，几乎冲击着社会的各个领域，给许多行业带来了巨大的变化和深远的影响，从根本上改变了人们的生活方式、行为方式和价值观念。信息、知识成为重要的生产力要素，和物质、能量一起构成社会赖以生存的三大资源。

3.1.1　信息内涵

世界是由物质组成的，物质是运动变化的，客观变化的事物不断地呈现出不同的信息。信息是指运动变化的客观事物所蕴含的内容。信息只是客观事物的一种属性。同时，人类的五种感觉器官能时刻感受外界变化信息，人类通过获得、识别自然界和社会的不同信息来区别不同事物，得以认识和改造世界，求得生存和发展。

1. 信息定义

在我国古代，信息指音信、消息。南唐诗人李中的《暮春怀故人》一诗中最早使用了"信息"一词，"梦断美人沉信息，目穿长路倚楼台"。宋陈亮的《梅花》中有"欲传春信息，不怕雪埋藏"。《水浒传》第四十四回中有"宋江大喜，说道：'只有贤弟去得快，旬日便知信息'"。现代科学中信息是指用语言、文字、数字、符号、图像、声音、情景、表情、状态等方式传递的内容。

信息的英文名称"information"一词来源于拉丁文"infomatio"，原意是解释、陈述。1948年信息论的创始人香农在研究广义通信系统理论时把信息定义为信源的不定度。在题为《通讯的数学理论》的论文中指出："信息是用来消除随机不定性的东西"。这就是说，对信宿（接收信息的系统）而言，未收到消息前不知道信源（产生信息的系统）发出什么信息，这里消息是信息的载体。信息利用载体从一个系统传递到另一个系统称为通信。传递信息时，必须先把传递的信息加载在载体上，即通过编码把它变换成便于传递的形式，到达目的地后再把信息从载体上卸载下来，即通过译码变换成编码前的形式。编码最初是指把文字变换成由点、划和间隔空位组成的代码，后来编码的概念得以扩展，用语言文字表达一定的内容，把一种形式的信号变换成另一种形式的信号，都称为编码。依靠编码可以从消息中提取信息。认识过程就是一个不断获得信息的过程。如果把认识的对象看作一个系统，则获得有关这个系统的知识就是了解这个系统的状态。得到的信息越多，对这个系统的认识就越清楚。一句话、一段文字和一幅图像称为一份消息，它们所包含的内容称为信息，消息是信息的载体。从一条消息中可以获得的信息往往与一个人的智力和知识背景有关。

只有在收到消息后才能消除信源的不定度。如果没有干扰，信宿得到的信息量与信源的不定度相等。这个定义建立在信源产生的消息具有随机性的假定上，称为概率信息，属于统计信息的范畴。因为它不涉及语义和语用，所以是一种语法信息，又称客观信息。按物理学的观念，信息只不过是被一定方式排列起来的信号序列。在社会交际活动中，这个定义还不够：信息还必须有一定的意义，或者说信息必须是意义的载体。

从哲学含义上讲，信息是一个抽象的概念，尽管它本身并不是物质，但它具有物质性，绝不能离开作为它的载体的物质。信息也不是能量，就是说它本身并不具备对一个物体做功的能力。物质的运动需要能量，但在某个特定时间，某个特定的信息，可使得某物质按照带来的信息，依靠另外的能量而运动。控制论的奠基人维纳指出："信息就是信息，不是物质，也不是能量"。信息是区别物质和能量的第三类资源。随着社会的进步，信息已成为人类社会不可或缺的三大基本资源之一。

2. 信息的特征

1）信息的基本特征

（1）可识别。信息是可以识别的，识别又可分为直接识别和间接识别，直接识别是指通过感官的识别，间接识别是指通过各种测试手段的识别。不同的信息源有不同的识别方法。

（2）可量度。信息可采用基本的二进制度量单位（比特）进行度量，并以此进行信息编码。

（3）可转换。信息可以由一种形态转换成另一种形态。自然信息可转换为语言、文字、图表和图像等社会信息形态；社会信息和自然信息都可转换为以电磁波为载体，如电报、电话、电视信息或计算机代码。

（4）可存储。人脑利用其 100 亿～150 亿个神经元，可存储 100 万亿～1000 万亿比特的信息。人类早期一般用文字进行信息存储，随后又发展了录音、录像、缩微以及计算机存储等多种信息存储方式。

（5）可处理。人脑就是一个最佳的信息处理器，计算机信息处理等只不过是人脑的信息处理功能的一种外化而已。

（6）可压缩性。人们对信息进行加工、整理、概括、归纳就可使之精练，从而浓缩。信息可按照一定规则或方法进行压缩，以便用最少的信息量来描述一事物，压缩的信息在处理后可还原。

2）信息不守恒特征

与物质和能量不同，信息具有不守恒性，即它具有扩散性。以声、光、色、形、热等构成的自然信息，以及各种以符号表达的社会信息都可以产生，可以扩散，可以湮灭，可以放大、缩小，也可以畸变、失真。正是由于信息的不守恒才演化出千变万化、绚丽多姿的物质世界，以及神秘莫测、威力无穷的精神世界。将信息进行传递，虽然在这个过程中会有很多人拥有它，但其持有者仍将完好地拥有它（在信息的传递中，对信息的持有者来说，并没有任何损失）。这就导致了信息的一个重要特性——可共享性。正是这种共享性，使信息区别于物质和能量，成为驾驭当今社会的又一种基本要素。

3）信息传播特征

信息需要传播。信息如果不能传播，信息的存在就失去了意义。发出信息与接收信息就是信息的传播。在人类社会中，传播是普遍存在的。传播似乎是一个幽灵，它无时不在，无处不在。因此，没有传播，就没有社会，人类也就无法生存下去。当一个人独处时，传播其实也在进行。沉思冥想是一种内心的传播；思考是自己和自己进行讨论，并传达某种信息；写日记或者阅读书籍，那就更是一种传播了。

信息的传播具有无限延续性。知识是信息，科学技术是信息，它们都是用符号表达的社会信息。科技知识（社会信息）却是永不消失，万世流芳的。信息不仅在时间上能无限延续，在空间上也能无限扩散，这是由于信息具有"不守恒"的特性。

自然界系统之间的相互作用有三种基本方式，即物质、能量和信息。信息的传播是与物质和能量传递同时进行的，离开了物质和能量作载体，信息的传播就不可能实现。语言、表情、动作、报刊、书籍、广播、电视、电话等是人类常用的信息传播方式。语言用声音来传递信息，文字用书写符号来传递信息，绘画用图像来传递信息，声音、符号、图像是人类传播信息的主要形式。

4）可再生利用特征

信息经过处理后，可以以其他形式再生。自然信息经过人工处理后，可用语言或图形等方式再生成信息，输入计算机的各种数据文字等信息，可用显示、打印、绘图等方式再生成信息。

一般来说，信息的可利用性只对特定的接收者才能显示出来，如有关农作物生长的信息，只对农民有效，对工人则效用甚微，而且对于不同的接收者，信息的可利用度也不同。信息的可利用性的一个重要因素是信息都具有一定的实效性（一方面它可消除人们对某一事物的不确定度；另一方面可对人们的行为产生影响）。信息的实效性是指信息的效用依赖于时间并有一定的期限，其价值的大小与提供信息的时间密切相关。实践证明，信息一经形成，所提供的速度越快、时间越早，其实现价值就越大。

5）信息具有主观和客观特征

信息的客观性表现为信息是客观事物发出的信息，信息以客观为依据；信息是对客观世界中各种事物的运动状态和变化的反映，是客观事物之间相互联系和相互作用的表征，表现的是客观事物运动状态和变化的实质内容。信息的主观性，指信息的形式是主观的，反映在信息是人对客观的感受，是人脑对客观事物的本质的反映，是人们感觉器官的反应和在大脑思维中的重组。这种重组取决于人的因素：一方面，信息是客观真实的，不存在真假的问题，只是存在着每个人的认知能力和认知水平问题；另一方面，信息不可避免掺入人为因素，就会使获取的信息或多或少地失去一些客观真实的内容。信息的主客观两重性导致真实的客观世界通过不同的人认识，会产生不同信息。

6）信息具有时效性

人们获取信息的目的在于利用信息，信息的效用与利用时间有密切关系。信息的时效性是指从信息源发送信息后经过接收、加工、传递、利用的时间间隔及其效率。时间间隔越短，使用信息越及时,使用程度越高,时效性越强。

信息的时效性可以从信息自身和用户两个角度来分析:就前者来看,它是描述事物和人类活动、人类知识的,信息来源于物质,而物质是不断运动变化、发展的,随着时间的推移原有信息就会出现与事物的状况在某种程度上的不符,从而逐步过时老化;就后者来看,是在特定条件下执行特定任务时提出信息需求的,超过了时间及环境等条件的限制,原有的信息就没有价值了。

时效性是指信息仅在一定时间段内对决策具有价值的属性。决策的时效性很大程度上制约着决策的客观效果。就是说同一件事物在不同的时间具有很大的性质上的差异,这种差异性称时效性,时效性影响着决策的生效时间,可以说是时效性决定了决策在哪些时间内有效。在管理活动中,信息的加工、检索和传递一定要快,只有这样,才能使管理者不失时机地对生产经营活动做出反应和决策。如果信息不能及时地提供给各级主管人员及相关人员,就会失去信息支持决策的作用,甚至可能给组织带来巨大损失。

3. 信息的分类

信息有许多种分类方法。在信息论中:①按照性质,信息可分为语法信息、语义信息和语用信息。②按照地位,信息可分为客观信息和主观信息。③按作用,信息可分为有用信息、无用信息和干扰信息。④按应用部门,信息可分为工业信息、农业信息、军事信息、政治信息、科技信息、文化信息、经济信息、市场信息和管理信息等。⑤按携带信息的信号的性质,信息还可以分为连续信息、离散信息和半连续信息等。⑥按事物的运动方式,还可以把信息分为概率信息、偶发信息、确定信息和模糊信息。⑦按内容可以把信息分为消息、资料和知识。⑧按社会性,信息可分为社会信息和自然信息。地球自然信息是指地球上的生物为繁衍生存而表现出来的各种行动和形态,生物运动的各种信息以及无生命物质运动的信息。人类社会信息是指人类通过手势、眼神、语言、文字、图表、图形和图像等所表示的关于客观世界的间接信息。⑨按空间状态,信息可分为宏观信息、中观信息和微观信息。⑩按信源类型,信息可分为内源性信息和外源性信息。⑪按价值,信息可分为有用信息、无害信息和有害信息。⑫按时间性,信息可分为历史信息、现时信息和预测信息。⑬按载体,信息可分为文字信息、声像信息和实物信息。

4. 信息的功能

钟义信把信息的功能归结为八个方面:信息是生存资源;信息是知识的源泉;信息是决策的依据;信息是控制的灵魂;信息是思维的材料;信息是实际的准绳;信息是管理的基础;信息是组织的保证。本书着重强调其中三个功能:

(1)信息是知识的源泉。生产力是人类征服自然、改造自然的能力,它由劳动者、劳动资料和劳动对象三个要素构成。知识不像上述三个要素那样构成单独的方面,而是渗透到各个因素中起作用。劳动者作为生产力发展的主导因素,只有掌握了大量的科学文化知识,才能更好地改进生产工具等生产资料、改造世界。知识的获得首先得靠各种各样的信息,没有大量的信息作保证,知识的获得将会成为无源之水、无本之木。

(2)信息是决策的依据。决策,就是在充分掌握信息的基础上根据客观形势和实际条件,权衡利弊,确定目标和实施战略的过程。掌握信息是决策的第一步,"知彼知己,百战不殆;不知彼而知己,一胜一负;不知彼不知己,每战必殆"说明了解情况对战争决策的重要性。所以,了解情况全面而深刻、准确而及时,决策就会正确。

（3）信息是管理的基础。企业发展、公司生存、农业兴旺、社会进步，在很大程度上都需要依赖管理水平的提高，现代化的管理已被视为现代社会的一个重要特征，做好管理工作需要用信息来做保证。例如，作为企业或公司的管理人员，如果不了解本公司或企业的人、财、物，不了解产、供、销等各方面的信息，不掌握大量的情报，那么搞好管理就将成为一句空话。

5. 信息的处理

人类信息处理加工过程如图3.1所示。

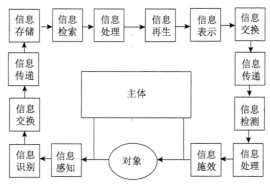

图 3.1 人类信息处理加工过程

对人类而言，人的五官生来就是为了感受信息，它们是信息的接收器，它们所感受到的一切，都是信息。然而，大量的信息是人的五官不能直接感受的，人类正通过各种手段，发明各种仪器来感知它们、发现它们。扩展人类感受信息器官的功能，提高人类对信息接收和处理的能力，实质上就是扩展和增强人们认识世界和改造世界的能力（图3.2）。这既是信息科学的出发点，也是它的最终归宿。

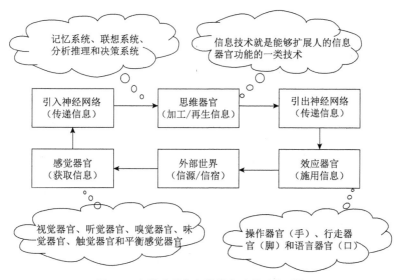

图 3.2 人类感受信息的器官及其功能系统

3.1.2 信息化

19世纪初到20世纪初电子技术开始发展起来。信息电子技术包括模拟（analog）电子技术和数字（digital）电子技术。数字电子技术是计算机和现代通信技术的基础。高速发展的计算机技术和现代通信技术带领人类进入了信息社会。现代信息技术是材料、微电子、计算机和数字通信等技术结合而成的。

人类的聪明在于利用信息技术扩展了人类的信息接收器官功能，提高了人类接收和处理信息的能力。信息技术应用解决了模拟人接触外界活动的三种方式：一是解决模拟耳朵听、嘴巴讲的问题，以语音通信发展为主轴，如喇叭、电话、手机、对讲机等；二是解决模拟眼睛看的问题，以图像（静止、运动）通信发展为主轴，如照相、电视、监控、双向图像传输等；三是部分模拟解决大脑思考的问题，以信息系统应用为主轴，如办公自动化（office automation system，OA）、管理信息系统（management information system，MIS）、企业资源计划（enterprise resource planning，ERP）等，以实现数据价值管理。

信息化以现代通信、网络、数据库技术为基础，将所研究对象各要素汇总至数据库，供特定人群用于生活、工作、学习、辅助决策等；和与人类息息相关的各种行为相结合，极大地提高了各种行为的效率，为推动人类社会进步提供了极大的技术支持。

信息化的本质和核心是利用计算机模拟人的思维方式进行推理、判断，开发一些具有人类某些智能的应用系统，用计算机来模拟人的思维判断、推理等智能活动，使计算机具有自学习适应和逻辑推理的功能，帮助人们学习和完成某些推理工作，将信息的有价值部分挖掘并按需输出给不同管理需求的人。人工智能涉及计算机科学、心理学、哲学和语言学等学科，可以说几乎是自然科学和社会科学的所有学科，其范围已远远超出了计算机科学的范畴。人工智能与思维科学的关系是实践和理论的关系，人工智能处于思维科学的技术应用层次。从思维观点看，人工智能不仅限于逻辑思维，还要考虑形象思维、灵感思维，这样才能促进人工智能突破性的发展。

通过信息技术将感知各类事物变化的物理量转化为数据（数字化或离散化），如声音、图像等，用海量数据记录实物变化的事实；汇聚这些数据，借助人的思维或者信息技术对数据进行处理，进一步揭示事实中事物之间的关系，形成信息；在实践中，经过不断的处理和反复验证,事实中事物之间的关系被正确揭示，形成知识；把这几种途径产生的知识融合形成一个有机的整体，基于已有的知识，针对物质世界运动过程中产生的问题根据获得的信息进行分析、对比、演绎，找出解决问题的方法的一种能力，这就是智慧。数据、信息、知识和智慧的转换如图3.3所示。

图3.3 数据、信息、知识和智慧的转换

数据、信息、知识三者都是对事实的描述，被统一到了对事实的认识过程中。数据、信息、知识与智慧四者之间有着密切的相关性，又有区分，常被混淆使用。

1. 数据是约定的事物属性记录

数据是事实或观察的结果，是信息的表现形式和载体，可以是符号、文字、数字、语音、图像、视频等。数据是信息技术获取、传输和处理的对象。人们经常说："水的温度是100℃，物体的重量是500g，木头的长度是2m，大楼的高度10层"。通过水，温度，100℃；物体，重量，500g；木头，长度，2m；大楼，高度，10层这些关键词，我们的大脑里就形成了对客观世界的印象。这些约定俗成的字符或关键词就构成了数据基础，关键词必须是人们约定俗成的。

在不同的宗教、不同的社会和不同的文化中约定俗成会产生差异，这导致人在描述同一事物时会出现不同的数据。例如，中国人会称每个星期的最后一天为"星期天"；美国人则把这一天称"Sunday"；基督教徒会称这一天为"礼拜天"。由此可以推导出数据其实也具有一个使用范围。约定数据的范围性可以帮助我们在建立信息世界时，所使用关键词具有统一性和完整性，这样才能避免组织内出现不同的信息和知识体系，避免成员在交流沟通时产生歧义和误会。

随着计算机技术的出现，数据成为信息的主要载体之一。数据是载荷或记录的信息按一定规则排列组合的物理符号。数据可以是数字、文字、图像，也可以是计算机代码。对信息的接收始于对数据的接收，对信息的获取只能通过对数据背景的解读来实现。数据背景是接收者针对特定数据的信息准备，即当接收者了解物理符号序列的规律，并知道每个符号和符号组合的指向性目标或含义时，便可以获得一组数据所载荷的信息，即数据转化为信息，可以用公式"数据+背景=信息"表示。

随着信息技术全面融入人类生活，物联网是新一代信息技术的重要组成部分，也是信息化时代的重要发展阶段，其英文名称是"internet of things"（IoT）。物联网通过智能感知、识别技术与普适计算等通信感知技术，把传感器、控制器、机器、人员和物等通过新的方式联系在一起，形成人与物、物与物相连，实现信息化、远程管理控制和智能化的网络。物联网不可避免地产生大量数据。数据爆炸已经积累到了一个开始引发变革的程度，它不仅使世界充斥着比以往更多的信息，而且其增长速度也在加快，创造出了"大数据"这个概念。如今，这个概念几乎应用到了所有人类发展的领域中。

2. 信息是数据的表现形式

数据经过加工处理对人类客观行为产生影响的表现形式是信息。信息是客观事物属性的反映。数据是反映客观事物属性的记录，是信息的具体表现形式。信息是通过一定媒介对事物及运动状态的一种映射、显示，它标志事物及运动状态间接的非实体性的存在。信息本身不是实体，只是消息、情报、指令、数据和信号中所包含的内容，必须借助某种媒介进行传递。信息载体的演变，推动着人类信息活动的发展。在信息传播中携带信息的媒介，是信息赖以附载的物质基础，即用于记录、传输、积累和保存信息的实体，包括以能源和介质为特征，运用声波、光波、电波传递信息的无形载体和以实物形态记录为特征，运用纸张、胶卷、胶片、磁带、磁盘传递和储存信息的有形载体。

100℃、50m、300t、大楼、桥梁，这些数据是没有联系的，孤立的。只有当这些数据用来描述一个客观事物和另一个客观事物的关系，经过加工处理形成有逻辑的数据流，并根据使用数据人的目的按一定的形式加以处理，找出其中的联系，形成有一定含义的、对决策有价值的数据时，它们才被称为信息。信息可以被数字化，人们对数据进行系统组织、整理和分析，使其产生相关性，有一点可以确认，那就是信息必然来源于数据并高于数据。

人类社会赖以生存、发展的三大基础，是物质、能量和信息。世界是由物质组成的，物质是运动变化的。能量是一切物质运动的动力，信息是事物运动的状态与方式，是物质的一种属性。客观变化的事物不断地呈现出各种不同的信息。信息是指运动变化的客观事物所蕴含的内容。信息是人类了解自然及人类社会的凭据。人类的一切生存活动和自然存在所积累和传播的信息，是人类文明进步的基础。

3. 知识是有价值信息的提炼

当人们有了大量的信息，并对信息进行了总结归纳，将其体系化，就形成了知识。知识也是人类在实践中认识客观世界（包括人类自身）的成果，它包括事实、信息的描述或在教育和实践中获得的技能。知识是人类从各个途径中获得的经过提升总结与凝练的系统的认识。在哲学中，关于知识的研究称为认识论，知识的获取涉及许多复杂的过程，如感觉、交流、推理。知识也可以看成构成人类智慧的最根本的因素，知识具有一致性、公允性，判断真伪要以逻辑，而非立场。知识的定义在认识论中仍然是一个争论不止的问题，罗伯特·格兰特指出，尽管"什么是知识"这个问题激发了世界上众多伟大思想家的兴趣，但至今也没有一个统一而明确的界定。

有一个经典的定义来自于柏拉图：一条陈述能称得上是知识必须满足三个条件，它一定是被验证过的、正确的，而且是被人们相信的，这也是科学与非科学的区分标准。

经济合作与发展组织组编写的《知识经济》（*Knowledge Based Economy*, 1996）中对知识的界定，采用了西方20世纪60年代以来一直流行的说法——知识就是知道了什么（what）、知道为什么（why）、知道怎么做（how）、知道谁（who）。这样的界定可以概括为"知识是4个W"。

Harris将知识定义为：知识是信息、文化脉络以及经验的组合。其中，文化脉络为人们看待事情时的观念，会受到社会价值、宗教信仰、天性以及性别等影响；经验则是个人从前所获得的知识；而信息则是在数据经过储存、分析以及解释后所产生的，因此信息具有实质内容与目标。知识之所以在数据与信息之上，是因为它更接近行动，与决策相关。

信息虽给出了数据中一些有一定意义的东西，但它往往会在时间效用失效后价值开始衰减，只有通过归纳、演绎、比较等手段对信息进行挖掘，使其有价值的部分沉淀下来，并与已存在的人类知识体系相结合，这部分有价值的信息才能转变成知识。例如，北京7月1日，气温为30℃，12月1日气温为3℃。这些信息一般会在时效性消失后变得没有价值，但当人们对这些信息进行归纳和对比就会发现北京每年的7月气温会比较高，12月气温比较低，于是总结出一年有春、夏、秋、冬四个季节，有价值的信息沉淀并结构化后就形成了知识。

作为比数据、信息更高阶层的知识有如下特点：

（1）知识是让从定量到定性的过程得以实现的、抽象的、逻辑的东西。知识需要通过信息使用归纳、演绎的方法得到。知识只有在经过广泛深入地实践检验，被人消化吸收，并成为个人的信念和判断取向之后才能成为知识。

（2）知识是一种流动性质的综合体，其中，包括结构化的经验、价值以及经过文字化的信息。在组织中，知识不仅存在于文件与储存系统中，也蕴含在日常例行工作、过程、执行与规范中。知识来自于信息，信息转变成知识的过程中，均需要人们亲自参与。知识包括"比较"、"结果"、"关联性"与"交谈"的过程。

（3）知识是经过人的头脑处理过的信息：它是关于事实、过程、概念、理解、理念、观察和判断（这些事实、过程、概念、理解、理念、观察、判断可能是或可能不是独特的、有用的、精确的或结构化的）的个性化的或主观的信息。基本上认为，知识不是一个与信息截然不同的概念，信息一旦经过个体头脑的处理就将成为知识（隐性知识），这种知识经过清楚地表达并通过文本、计算机输出结果、口头或书面文字或其他形式与其他人交流，就又转变成信息（显性知识）。然后，信息的接收者通过对信息的认知处理并使其内在化，就又将其转化成隐性知识。

4. 智慧是知识转化的能力

决策的主体是人，人的决策离不开信息。人类在信息与知识转化过程（严格地说，从感觉到记忆到思维这一过程）中产生了智慧。智慧是人类对事物能迅速、灵活、正确地理解和处理的能力。依据智慧的内容及其所起作用的不同，可以把智慧分为三类：创新智慧、发现智慧和规整智慧。智慧是人们日常生活的基础。特别是在现代社会中，没有现代人智慧，人就无法在现代社会中生存。

智慧使人们做出导致成功的决策，有智慧的人称为智者。智慧是人类区别于其他生物的重要特征。我们经常看到一个人满腹经纶，拥有很多知识，但不通世故，被称作书呆子。也会看到有些人只读过很少的书，却能力超群，能够解决棘手的问题。智慧是生物所具有的基于神经器官（物质基础）的一种高级的综合能力，包含有感知、知识、记忆、理解、联想、情感、逻辑、辨别、计算、分析、判断、文化、中庸、包容、决定等多种能力。智慧可以让人深刻地理解人、事、物、社会、宇宙、现状、过去、将来，拥有思考、分析、探求真理的能力。智慧是由智力系统、知识系统、方法与技能系统、非智力系统、观念与思想系统、审美与评价系统等多个子系统构成的复杂体系孕育出的能力。它包括遗传智慧与获得智慧、生理机能与心理机能、直观与思维、意向与认识、情感与理性、道德与美感、智力与非智力、显意识与潜意识、已具有的智慧与智慧潜能等众多要素。产生智慧有两个基本条件：一是有足够的知识积累；二是有一定的分析和解决问题的能力（智力）。人类正确决策过程往往是智慧表现的主要形式。

定义智慧时，英国科学家图灵做出了贡献，如果一台机器能够通过称之为图灵实验的实验，那它就是智慧的，图灵实验的本质就是让人在不看外形的情况下不能区别是机器的行为还是人的行为时，这个机器就是智慧的。

Arthur Anderson 管理顾问公司认为，智慧是以知识为根基，加上个人的运用能力、综合判断、创造力及实践能力来创造价值。

迦纳认为，智慧是一种处理信息的生理、心理潜能，这种潜能在某种文化环境之下，会被引发去解决问题或是创作该文化所重视的作品。

从这些定义中可以总结出以下这些共识：智慧的产生需要基于知识的应用，根据这些共识并沿承知识层次的前三个概念——数据、信息和知识。针对物质世界运动过程中产生的问题根据获得的信息进行分析、对比、演绎找出解决问题的方案。

人类智慧是解决问题的一种能力，是人类特有的能力。人类本能地具有将各种器官所探测的信息，通过大脑思考进行信息重构，将信息的有价值部分挖掘出来并使之成为已有知识架构的一部分。这种提炼出所想要的信息与先验知识进行综合的能力合称为"智能"，将感觉、回忆、思维、语言、行为的整个过程称为智能过程，它是人的智力和能力的表现。

智能及智能的本质是古今中外许多哲学家、脑科学家一直在努力探索和研究的问题，但至今仍然没有完全了解，以致智能的发生与物质的本质、宇宙的起源、生命的本质一起被列为自然界四大奥秘。近年来，随着脑科学、神经心理学等研究的进展，人们对人脑的结构和功能有了初步认识，但对整个神经系统的内部结构和作用机制，特别是脑的功能原理还没有认识清楚，有待进一步的探索。因此，很难对智能给出确切的定义。

智慧是知识层次中的最高一级。信息化服务对象主要是人，通信和网络主要解决信息孤岛问题。物联网要在更大范围解决信息孤岛问题，就要将物与人的信息打通。人获取了信息之后，可以根据信息判断，做出决策。但由于人存在个体差异，对于同样的信息，不同的人做出的决策是不同的，如何从信息中获得最优的决策？智能分析与优化技术是解决这个问题的一个手段，在获得信息后，依据历史经验以及理论模型，快速做出最优决策。数据的分析与优化技术在信息化方面都有旺盛的需求，这是人们对信息化追求的最高目标——智慧化。

在信息时代，知识积累不是什么难题，一个 U 盘和一个笔记本电脑可以装下海量知识。把这些知识转换成智慧，必须有科学的方法。这个科学方法在计算机中就是智能计算。智能计算是借用自然界、生物界规律的启迪根据其原理模仿设计求解问题的算法。智能算法包括遗传算法、模拟退火算法、蚁群算法、人工鱼群算法、神经网络等。随着系统智能性的不断增强，由计算机自动和委托完成任务的复杂性也在不断增加。

智能计算在决策支持系统（decision support system，DSS）中就是模型库，或称方法库。DSS 是辅助决策者通过数据、模型和知识，以人机交互方式进行半结构化或非结构化决策的计算机应用系统。它为决策者提供分析问题、建立模型、模拟决策过程和方案的环境，调用各种信息资源和分析工具，帮助决策者提高决策水平和质量。

智能决策支持系统是人工智能（artificial intelligence，AI）和 DSS 相结合，应用专家系统（expert system，ES）技术，使 DSS 能够更充分地应用人类的知识，如关于决策问题的描述性知识、决策过程中的过程性知识、求解问题的推理性知识，通过逻辑推理来帮助人们解决复杂的决策问题的辅助决策系统。

计算机的"智慧"就是利用实时、准确的采集数据，经过智能处理数据获取信息，通过数据挖掘或知识发现获取有用的知识，基于模型库、方法库和知识进行智能分析提升决策支持能力。

3.2 信 息 科 学

信息科学是以信息为主要研究对象，以信息的运动规律和应用方法为主要研究内容，以计算机等技术为主要研究工具，以扩展人类的信息功能为主要目标的一门新兴的综合性学科。信息科学由信息论、系统论、控制论、仿生学、人工智能与计算机科学等学科互相渗透、互相结合而形成。它主要是指利用计算机及其程序设计来分析问题、解决问题的学问。

3.2.1 信息论

信息论是关于信息的本质和传输规律的科学的理论，是研究信息的计量、发送、传递、交换、接收和储存的一门新兴学科。此外，信息论还研究信道的容量、消息的编码与调制的问题，噪声与滤波的理论等方面的内容，以及语义信息、有效信息和模糊信息等方面的问题。

信息论于 20 世纪 40 年代末产生，其主要创立者是美国数学家香农和维纳。人们根据不同的研究内容，将信息论分成三种不同的类型：狭义信息论，即香农信息论。它以编码理论为中心，主要研究信息系统模型、信息的度量、信息容量、编码理论及噪声理论等。一般信息论，主要研究通信问题，但还包括噪声理论、信号滤波与预测、调制、信息处理等问题。广义信息论则把信息定义为物质在相互作用中表征外部情况的一种普遍属性，它是一种物质系统的特性以一定形式在另一种物质系统中的再现。广义信息论不仅包括前两项的研究内容，还包括所有与信息有关的领域，但其研究范围却比通信领域广泛得多，是狭义信息论在各个领域的应用和推广。广义信息论的规律也更一般化，适用于各个领域，所以它是一门横断学科。广义信息论，人们也称它为信息科学。

信息量是信息论中量度信息多少的一个物理量。它从量上反映具有确定概率的事件发生时所传递的信息。信息的量度与它所代表的事件的随机性或各事件发生的概率有关,当事件发生的概率大,事先容易判断时,有关此事件的消息排队事件发生的不确定程度小,则包含的信息量就小;反之则大。从这一点出发,信息论利用统计热力学中熵的概念,建立了对信息的量度方法。在统计热力学中,熵是系统的无序状态的量度,即系统的不确定性的量度。

依据香农信息定义,给出信息量的数学形式:

用 $H(x)$ 表示信息熵,是信源整体的平均不定度。而用 $I(p)$ 表示信息,是从信宿角度代表收到信息后消除不定性的程度,也就是获得新知识的量,所以它只在信源发出的信号被信宿收到后才有意义。在排除干扰的理想情况下,信源发出的信号与信宿接收的信号一一对应,$H(x)$ 与 $I(p)$ 二者相等。

香农的信息量公式:

$$H(x) = \sum P(x_i)h(x_i) = -\sum P(x_i) \cdot \log_2 P(x_i)$$

其中,$h(x_i) = -\log_2 P(x_i)$,表示某状态 x_i 的不定性数量或所含的信息量。若 $P(x_i) = 1$,则 $h(x_i) = 0$;若 $P(x_i) = 0$,则 $h(x_i) = \infty$;当 $n = 2$,且 $P_1 = P_2 = 1/2$ 时,$H(x) = 1\,\text{bit}$。因此,一个等几率的二中择一的事件具有 1bit 的不定性或信息量。

共有信息(mutual information)是另一有用的信息度量,它是指两个事件集合之间的相关性。两个事件 X 和 Y 的共同信息定义为

$$I(X,Y) = H(X) + H(Y) - H(X,Y)$$

其中,$H(X,Y)$ 为共有熵(joint entropy),其定义为

$$H(X,Y) = -\sum P(x,y) \log P(x,y)$$

信息量所表示的是体系的有序度、组织结构程度、复杂性、特异性或进化发展程度。这是熵(无序度、不定度、混乱度)的矛盾对立面,即负熵。

关于信息论的熵与热力学熵的关系,布里渊、林启茨和奥根斯坦等曾进行过初步讨论。比较熵的公式为 $S = K \ln P$,于是有

$$I = -\log_2 e \cdot S / K$$

信息论研究运用了类比方法和统计方法:①信息论运用了科学抽象和类比方法,将消息、信号、情报等不同领域中的具体概念进行类比,抽象出了信息概念和信息论模型。②针对信息的随机性特点,运用统计数学(概率论与随机过程),解决了信息量问题,并扩展了信息概念,充实了语义信息、有效信息、主观信息、相对信息、模糊信息等方面的内容。

香农最初的信息论只对信息做了定量的描述,没有考虑信息的其他方面,如信息的语义和信息的效用等问题。后来信息论已从原来的通信领域广泛地渗入自动控制、信息处理、系统工程、人工智能等领域,这就要求对信息的本质、信息的语义和效用等问题进行更深入的研究,建立更一般的理论,从而产生了信息科学。

信息科学研究内容的抽象模型见图 3.4。信息是物质相互作用的一种属性,涉及主客体双方;信息表征信源客体存在方式和运动状态的特性,所以它具有客体性、绝对性;但接收者

所获得的信息量和价值的大小,与信宿主体的背景有关表现了信息的主体性和相对性。信息的产生、存在和流通,依赖于物质和能量,没有物质和能量就没有能动作用。信息可以控制和支配物质与能量的流动。就本体论意义而言,信息是事物现象及其属性标识的集合;信息特性是标志事物存在及其关系的属性。但这样的描述难以将信息定量化,因此,香农是从认识论意义来定义信息的,即信息是认识主体接收到的、可以消除对事物认识不确定性的新内容和新知识。

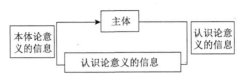

图 3.4 研究内容的抽象模型

在本体论和认识论的基础上,信息科学主要研究内容包括:①阐明信息的概念和本质(哲学信息论);②探讨信息的度量和变换(基本信息论);③研究信息的提取方法(识别信息论);④澄清信息的传递规律(通信理论);⑤探明信息的处理机制(智能理论);⑥探究信息的再生理论(决策理论);⑦阐明信息的调节原则(控制理论);⑧完善信息的组织理论(系统理论)。

信息科学对工程技术、社会经济和人类生活等方面都有巨大的影响,在 20 世纪 70 年代兴起的新的科学技术中,信息科学占有极其重要的地位。

3.2.2 信息技术

信息技术(IT),是主要用于管理和处理信息所采用的各种技术的总称。一切与信息的获取、加工、表达、交流、管理和评价等有关的技术都可以称为信息技术。

人类信息活动经历语言的获得、文字的创造、印刷术的发明、摩尔斯电报技术的应用、计算机网络的应用。信息技术就是能够扩展人的信息器官功能,能够完成信息的获取、存储、传递、加工、再生和施用等功能的一类技术。它是指感测、通信、计算机和智能、控制等技术的整体。信息技术可以从广义、中义、狭义三个层面来定义。

(1)广义而言,信息技术是指能充分利用与扩展人类信息器官功能的各种方法、工具与技能的总和。该定义强调的是从哲学上阐述信息技术与人的本质关系。

(2)中义而言,信息技术是指对信息进行采集、传输、存储、加工、表达的各种技术之和。该定义强调的是人们对信息技术功能与过程的一般理解。

(3)狭义而言,信息技术是指利用计算机、网络、广播电视等各种硬件设备及软件工具与科学方法,对文、图、声像各种信息进行获取、加工、存储、传输与使用的技术之和。该定义强调的是信息技术的现代化与高科技含量。

人们对信息技术的定义,因其使用的目的、范围、层次不同而有不同的表述:①信息技术就是"获取、存储、传递、处理分析以及使信息标准化的技术"。②信息技术"包含通信、计算机与计算机语言、计算机游戏、电子技术、光纤技术等"。③现代信息技术"以计算机技术、微电子技术和通信技术为特征"。④信息技术是指在计算机和通信技术支持下用以获取、加工、存储、变换、显示和传输文字、数值、图像以及声音信息,包括提供设备和提供信息服务两大方面的方法与设备的总称。⑤信息技术是人类在认识自然和改造自然过程中进行生产斗争与科学实验所积累起来的获取信息、传递信息、存储信息、处理信息并将其标准化的经验、知识、技能,以及体现这些经验、知识、技能的劳动资料。⑥信息技术是管理、开发和利用信息资源的有关方法、手段与操作程序的总称。⑦信息技术是指能够扩展人类信息器官功能的一类技术的总称。⑧信息技术指"应用在信息加工和处理中的科学、技术与工程的训练方法和管理技巧;上述方法和技巧的应用;计算机及其与人、机的相互作用,与人相应的社会、经济和文化等诸种事物"。⑨信息技术包括信息传递过程中的各个方面,即信息的产生、收集、交换、存储、传输、显示、识别、提取、控制、加工和利用等技术。

有人将计算机与网络技术的特征——数字化、网络化、多媒体化、智能化、虚拟化,当作信息技术的特征。笔者认为,信息技术的特征应从如下两方面来理解:①信息技术具有技术的一般特征——技术性。具体表现为方法的科学性、工具设备的先进性、技能的熟练性、经验的丰富性、作用过程的快捷性、功能的高效性等。②信息技术具有区别于其他技术的特征——信息性。具体表现为:信息技术的服务主体是信息,核心功能是提高信息处理与利用的效率、效益。由信息的秉性决定信息技术还具有普遍性、客观性、相对性、动态性、共享性、可变换性等特性。

信息技术可以分为基础、支撑、主体和应用四层(图3.5)。

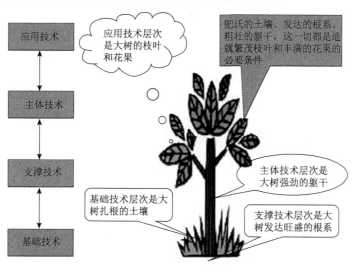

图3.5 信息技术四基元及其功能系统

(1)基础技术。基础技术包括新材料技术和新能源技术,开发新材料、掌握新的能量技术是发展和改善信息技术的最基本的途径。基础技术不仅包括新能源技术,还有新的能量转换和能量控制技术等。

(2)支撑技术。支撑技术包括机械技术、电子技术、激光技术、生物技术及其他技术。

(3)主体技术。主体技术包括感测技术、通信技术、计算机技术(人工智能)和控制技术,通信技术、计算机与智能技术处在整个信息技术的核心位置。感测技术和控制技术则是核心与外部世界之间的接口。

(4)应用技术。应用技术主要领域有工业领域、农业领域、国防领域、科学技术、交通运输、商业贸易、文化教育、医疗卫生、社会服务、组织管理等。应用技术是针对种种实用目的,由"四基元"繁衍出来的,丰富多彩的具体技术群类包括信息技术在工业、农业、国防、交通运输、科学研究、文化教育、商业贸易、医疗卫生、体育运动、文学艺术、行政管理、社会服务、家庭劳作等各个领域中的应用。这样广泛普遍的实际应用,体现了信息技术强大的生命力和渗透力,体现了它与人类社会各个领域的密切而牢固的联系。信息技术对人类社会各个领域和国民经济各个部门的影响无所不在。

微电子技术和软件技术是信息技术的核心。集成电路的集成度和运算能力、性能价格比继续按每18个月翻一番的速度呈几何级数增长,支持信息技术达到前所未有的水平。现在每个芯片上包含上亿个元件,构成了"单片上的系统"(system on chip,SoC),模糊了整机与元器件的界限,极大地提高了信息设备的功能,并促使整机向轻、小、薄和低功耗方向发展。软件技术已经从以计算机为中心向以网络为中心转变。软件与集成电路设计的相互渗透使得芯片变成"固化的软件",进一步巩固了软件的核心地位。软件技术的快速发展使得越来越多的功能通过软件来实现,"硬件软化"成为趋势,出现了"软件无线电""软交换"等技术领域。嵌入式软件的发展使软件走出了传统的计算机领域,促使多种工业产品和民用产品的智能化。软件技术已成为推进信息化的核心技术。

3.3 地 理 信 息

地理学的研究对象是地理环境,包括自然环境和人文环境。地理环境本身是一个综合体,各要素之间既相互依存,又相互制约,构成了千变万化的大千世界。通常把一个特定的地理环境称为一个地理系统。现代地理学引入了信息的理论、方法和技术,改变了传统地理学研究方法,用信息技术与信息科学理论及方法认识、获取、表达、处理、存储、传输地理现象,用计算机模拟和推演地理规律,辅佐人们分析地理问题和进行科学决策。地理信息是地理数据所蕴含和表达的地理含义,是与地理环境要素有关的物质的数量、质量、性质、分布特征、联系和规律的数字、文字、图像和图形等的总称。

3.3.1 地理信息内涵

地理信息是地球表面自然和人文要素空间分布、相互联系和发展变化规律的信息,是地理文献、地图和地理数据所表达的地理内容,包括表示地球表面自然形态所包含的自然地理要素(如地貌、水系、植被和土壤等)与人类在生产活动中改造自然界所形成的社会经济要素(如居民地、道路网、通信设备、工农业设施、经济文化和行政标志等)。地理信息在传播过程中,形成地理语言、图形和文字。

1. 地理信息定义

地理信息可以定义为地球表层特定地方的一组事实,它是有关位于地球表层附近的要素和现象的信息。关于地理信息有不同的定义和描述,各种定义对地理信息的描述和内涵有不同的侧重。直观地讲,地理信息是鉴别地球上各种自然或人工特征、不同界线的地理位置及其属性的信息。从信息角度来看,地理信息指与地球参考空间(二维或三维)有关的,表达地理客观世界各种实体和过程、空间存在状态与属性的信息。不论如何描述及定义地理信息,其内涵至少包含:①空间位置,即地理信息表达的对象可在一定的空间坐标系统中描述。②属性,即地理信息描述的对象具有一定的属性特征。③时间,地理信息描述的是地理对象在一定时间的状态,时间特征可很长,或很短,甚至是瞬时的。④精度,即地理信息是对地理实体一定细致程度的描述。当然,地理信息还有其他方面的属性构成。地理信息与其他信息的本质区别是具有空间特征。空间特征是指地理现象和物体的位置、形状和大小等几何特征以及与相邻地物的方位距离关系。

2. 地理信息构成

地理信息的构成十分复杂，但地理信息的实质是对地表各种地理特征及现象过程的分门别类的表达。地理信息覆盖的范围十分广泛，地理信息从空间上覆盖地球表面的任何位置，并且不同的地理信息在空间上交织重叠；地理信息的属性之间存在或弱或强的关联性，这些关联性即自然科学及社会科学中各种规律的表达；从时间上说，不同地理信息表达时间相互交织或重叠。因此，很难用统一的标准分析地理信息的构成。

1）从信息获取的角度

从信息来源角度看，地理信息包括：地表探测，即通过一定的技术手段对地球表面（大气及地壳之间一定垂直范围内）地理实体及现象过程进行探测，获得其位置及相关的信息；对地观测（遥感、遥测）的地球信息，即通过遥感方式获得地球表面（大气及地壳之间一定垂直范围内）地理实体及地理现象过程的位置及相关信息；处理信息，即经过加工处理将统计等来源的属性信息与地理实体及现象过程对应起来的信息。从地理信息的获取途径分析，其包括如下构成。

（1）地图数字化，因为以往地理信息的主要表达形式或载体是地图，所以数字化地图就成为地理信息的主要来源之一，由地图到地理信息有两种主要途径，即直接数字化地图和地图扫描后提取。虽然在该过程中不确定性、误差、质量控制是个争论不休的问题，但它仍是地理信息最快捷、最有效的来源。

（2）实测数据，是通过野外实地测量获取的数据，如由水文测量站测得的河流含沙量。用这种方法得到某些典型或主要地理实体和地理过程的数据可以补充其他方法获取的数据，如实测影像数据中的控制地物、模糊部分等。

（3）试验数据，为更加深入地认识地理环境，开展了若干实验研究。地理学研究的对象是一个极为广阔的空间，在时间上和地区上又处在不断地变化之中，凭借简单的手工工具和视力观察很难触及它们的本质。建立定位实验研究，可以得到长期、连续、可靠的地理信息，以此进行较深层次的理论解释。地理定位实验过程产生的数据，表示在特定条件下的实际状况，如农业试验站获取的各种数据，可以近似表某某区域中大气-土壤-植被系统运作状况；地貌发育试验获取的数据，可以近似表达某种环境条件下地貌发育过程及各种特征。试验数据与实测数据的结合使用效果较好。

（4）遥感与GPS数据，是由航空、航天各种设施获取的数据，特别是卫星影像数据获取、处理发展很快。今后，遥感数据将成为地球空间数据的主要来源之一。这些数据面对的主要问题是包括影像解译、分类、提取等一系列操作的自动化程度和信息质量。智能系统的应用和地学知识规则数据库的建立，基于知识的遥感影像的自动化处理是可以实现的。GPS可以准确获取地物的空间位置，它已逐渐成为其他地球空间数据源的订正、校准手段。GPS、RS、GIS的一体化使用是地球空间数据获取和成功实现的一个方向。

（5）理论推测与估算数据，在不能通过其他方法直接获取数据的情况下，常用有科学依据的理论推测获取数据。例如，依据现代地理特征和过程规律，根据地球演化、地质过程、地貌演化、生物物种的分布和变迁、沙漠化进程等数据，去推测过去的各种数据，地质上常用这种方法获取数据。另外，对于一些短期内需要，但又不能直接测量获取的数据，如洪水淹没损失、地震影响区、风灾损失面积和经济财产损失等常采用有依据的估算方法。

（6）历史数据，指历史文献中记录下来的关于地理区域及地理事件的各种信息，这类信息在中国是十分丰富的，它对于建立序列地球空间数据是很宝贵的。经过基于地学知识关联的整理和完善，这些信息将成为可用的地球空间数据。由于种种原因，这些数据中存在不确定的描述性信息、错漏、重复、不系统、不规范等问题，应予以订正。例如，在地震历史数据中，可能有两个地点记录的是同一次地震，由于距震中的距离不同，则记录为两次震级不同的地震，这应根据各种专业和非专业背景知识修订。

（7）统计普查数据，有空间位置概念的统计数据通过与空间位置关联或其他处理，可以转化为地球空间数据。普查方法获取的数据比统计数据更准确，普查涉及经济、社会、自然环境各方面，如人口普查、工业普查、农业普查、自然资源调查等。这方面过去已有大量的积累，但往往以非空间信息格式存在，因而将这些数据转化为符合一定标准的地理空间信息是项艰巨的工作。首先，地学领域的人员应向人们展示把普查数据按地理空间信息进行利用的优越性和效益。然后，用适当的方法诱导普查数据地理空间信息化。例如，美国人口调查局已开始与 ESRI 合作，以实现人口调查数据在地理空间概念上的应用。

（8）集成数据，主要是指由已有的地球空间数据经过合并、提取、布尔运算、过滤等操作得到新的数据。其实，用这种方法获取数据在地图界已有很好的传统，但在 GIS 和计算机制图系统出现和应用以来，这一工作才变得快速、准确、有效。集成数据有多种方法和类型，但有一点应强调的是这些操作应基于可靠的地学相关知识。

2) 从信息学科内容角度

地理信息与其他信息的差异表现其空间特征上，但其地理信息表达的内涵却有明确的意义，这表现在地理信息内容所属的学科及应用领域方面。地理信息的学科分类根据目前通用的学科分类体系存在，地理信息的应用领域可以按照现行的行业分类方法进行分解。

3) 从覆盖空间区域尺度的角度

地理信息的空间特征确定了任何地理信息均明确表达一定空间范围内的地理实体及现象过程，不但如此，地理信息的属性、时间方面也存在着尺度的问题。地理信息的时间尺度即信息表达的地理实体所跨时间的长短，属性尺度则表示属性的详细程度，综合起来，地理信息可以分解为：宏观地理信息，空间、时间跨度较大，或者时间或空间有一个特征尺度较大，信息的属性较为概括；中观地理信息，信息的空间、时间、属性较为适中；微观地理信息，信息所表达的空间范围很小，时间尺度可大可小，属性较为详细。

4) 从应用共享需求的角度

从应用角度来看，地理信息包含各部门使用的空间信息、社会公众使用的地理信息、基础性地理信息、专业性地理信息等。我国目前的地理信息从应用上主要分为：基础地理信息、遥感影像、各部门的专业地理信息。地理空间信息具有生产成本高，共享使用成本低的特点。地理空间信息的共享应用正成为普遍现象，从应用角度分析，地理信息包括：①基础性地理空间信息，即各行业均需要的控制性、框架性数据。②专业（行业）地理空间信息，指以某一个或某行业应用为主的信息，如矿产信息、林业信息、农业信息等，这些信息主要为对应的专业部门服务。③综合地理空间信息，指在基础性及专业信息基础上形成的包含多种要素集成的信息，如重大基础设施信息、重点生态工程信息等。④专题地理信息，指针对自然、社会经济中某些专题应用的地理空间信息，如国家粮食安全信息、能源安全信息等。

5）从数据类型和信息管理技术的角度

从地理空间信息管理技术角度来看，国际组织开放地理空间信息联盟（Open Geospatial Consortium，OGC）将地理空间信息分为覆盖数据、地理数据、地理参考数据、其他数据，分别用于表达空间连续数据、矢量数据、控制性信息和非直接的空间信息。

3. 地理信息资源

我国具备丰富的地理空间信息资源，并且具备稳定的信息资源更新能力，可为电子政务基础信息库整合等应用提供可靠的信息源。中华人民共和国成立以来我国积累了系统性和标准化程度较高、覆盖全国、多期、不同比例尺的基础地理信息，并建立了大量土地、矿产、森林、水资源和基础测绘、海洋、环境、交通和部分区域、城市的地理信息系统，这些基础性和战略性地理空间信息集中在国家和省级政府管理的专业信息中心。

政府及社会公众对不同类型的地理信息的需求程度不尽相同，其中有全社会广泛共享意义的地理信息称为公益性和基础性地理信息（公共地理信息资源）。这类信息的采集、处理需要国家的宏观管理及组织，其中，公益性和基础性信息需要政府直接投资或组织生产和规范其社会化共享，包括：国家或区域性空间定位框架数据，主要有基准测绘数据、覆盖全国或区域的公益性基础测绘数据及其不同类型的标准化系列产品；卫星对地观测信息和国家投资产生的航空对地观测信息；国家投资产生的资源环境调查信息和经济社会统计信息；公共图书馆、国家专业图书馆和国有档案、资料馆馆藏的空间图形、图像和结构化文本信息。

我国 GIS 的发展和应用达到了一定规模，带动了地理信息产业的形成和发展。"九五"以来，自然灾害监测、资源环境动态监测、农作物估产等一批重要的应用系统投入业务运行，成为政府管理决策的重要支撑；全国 1∶100 万、1∶25 万和 1∶5 万基础地理数据库先后或即将提供给各部门使用。一批国家级资源环境地理信息应用系统相继建成，并纳入国家相关的资源环境调查和社会经济管理的经常性工作，形成了对地理空间信息的规模化处理和应用能力，在资源调查、生态环境和自然灾害监测、粮食估产、城市规划和地质、测绘、交通、能源、水利等重大工程整合和区域可持续发展中发挥了显著的经济社会效益。这些数据库为自然资源和地理空间信息库的整合和应用奠定了基础。

我国地理信息应用前景广阔，21 世纪，在国民经济社会信息化和全球地理信息技术快速发展的背景下，我国地理信息应用进入了新的发展阶段，各地、各部门加速了地理空间信息技术应用的步伐，许多城市、省（自治区、直辖市）和县规划或起步整合以地理空间信息应用为主要内容的"数字城市""数字省（区）"计划。西部大开发一系列重大生态工程和基础设施整合，特别是可持续发展战略的实施，进一步推动了自然资源与地理信息的整合和应用，并且带动了地理信息产业成长。各行各业对基础性地理信息的标准化和社会化共享需求日益迫切，地理信息技术的应用几乎涉及经济社会发展的各个领域。

3.3.2 地理信息种类

1. 基础地理信息

基础地理信息主要是指通用性最强，共享需求最大，几乎被所有与地理信息有关的行业采用，作为统一的空间定位和进行空间分析的基础地理单元，主要由自然地理信息中的地貌、水系、植被以及社会地理信息中的居民地、交通、境界、特殊地物、地名等要素构成。还有用于地理信息定位与量算的地理坐标系格网。地理坐标系格网所采用的具体内容与地图比例尺有关，随着比例尺的增大，地理坐标系格网除了经纬度坐标系还包括地图投影的平面坐标，如高斯坐标系。基础地理信息的承载形式也是多样化的，可以是各种类型的数据、卫星像片、航空像片、各种比例尺地图，甚至声像资料等。对基础地理信息的管理，也应纳入国家空间数据基础设施建设的重点项目之中，需要国家组织相应的人力、物力进行统一规划、系统建设，以减少重复投资、重复建设，造成浪费。目前，我国已建成国家基础地理信息系统1：400万地形数据库，1：100万地形数据库，1：100万数字高程模型库，1：25万地形数据库、地名数据库和数字高程模型库，1：5万地形数据库、地名数据库和数字高程模型库，1：1万地形数据库、地名数据库和数字高程模型库。这些基础地理信息数据库已经在国民经济建设中发挥了巨大的作用，这些基础数据库的建成为促进我国信息化进程也起到积极的作用。

基础性地理空间信息库信息内容为覆盖全球、全国或大区域的多尺度的基础地理信息，信息的内容及指标如下。

（1）全国（或大区域）基础地理空间信息分库及其标准化系列产品。数据类型包括矢量、栅格、影像等，数据精度为1：400万、1：100万、1：25万、1：5万序列，重点地区的精度更高，信息的更新频率为5～10年，主要区域更新时间少于5年。

（2）全球基础地理空间信息分库及其标准化系列产品。数据类型包括矢量、栅格、影像等，数据精度为1：3300万、1：400万、1：100万序列，重点地区的精度更高，信息的更新频率为5年，主要区域更新时间少于5年。

（3）全国航天与航空遥感数据目录和标准化产品系列。该信息以标准化影像及栅格信息为主，信息的空间精度为1000m、250m、30m、15m、10m、3m系列，重点地区的空间分辨率为1m或更高。信息的更新周期根据具体需要变化，主要需求有5年、1年、季节、月、旬、日等。

（4）基础地理空间元数据系统。各地理信息库建立完整的元数据系统，元数据系统的标准采用信息库规定的标准规范。

（5）地理空间基础信息库整合运行标准规范和管理办法。主要内容包括：基础地理信息共享管理办法、数据资源目录和交换系统、信息资源安全机制等。

2. 自然资源信息

自然资源是指在特定的区域地质、地理和人类活动综合环境条件下，自然形成的人类可以利用的物质及能量，通常分为土地、水、矿、气候和生物。自然资源具有可变性、可用性、整体性和分布的时空差异，但每种自然资源又有自己的特点，如土地资源具有不可移动性及有限性、水资源具有可再生性、能源具有耗竭性等。自然资源作为人类生存及活动的物质基础，在社会经济发展中具有至关重要的作用。

自然资源信息是关于资源存在状况、资源量及其空间分布、开发利用情况、开发利用潜力、资源存在问题、资源平衡及安全等有关的信息。自然资源信息多为自然资源与人类活动作用过程中形成的信息，具有人文特征。根据信息涉及对象的差异，自然资源信息可以分为若干类型。

1）土地资源信息

土地资源，指地球表面的陆地部分中，现在和可预见的未来，能为人类利用、能用以创造财富产生经济价值的部分土地。土地资源信息则是以土地资源为对象的各种实体的历史、存在、发生发展过程、使用、管理、储备及价值等方面的信息。

简单地说，土地资源信息可以分为土地资源自然性状信息、使用及管理信息两个方面。根据初步调研，土地资源信息主要分布在一些国家职能部门、科研院所、社会团体等。土地使用及管理信息主要有各级国土管理部门及其相关机构采集、管理及维护的信息，如土地权属数据、土地变更数据、基本农田分布等。土地资源的自然性状信息主要分布在国土管理部门、科研院所及相关团体，如中国科学院的土地覆盖及土地利用信息、地形地貌信息，农业科学院的土壤质地及肥力信息，农业部门的土壤墒情信息等。

土地资源基础信息内容包括：全国或大区域的土地资源利用、土地后备资源、土地利用规划、重点城市地籍管理数据、土地定级和基准地价等。信息精度为1：100万、1：50万、1：20万等，重要地区的信息精度更高，信息的更新频率为1年或根据实际情况确定。

2）水资源信息

通常的水资源指陆地表面及表层中短期（一年或数年）内可由降水补给更新的淡水资源，形式上包括河流水、湖泊水、冰川水和沼泽水。水资源具有随机变化性、循环性、利用多功能性等特点。

水资源信息是关于各种形态的水体存在、演化、利用及管理方面的信息，水资源信息也可以分为水的自然性状信息、水资源的利用及管理信息。水资源信息主要集中在国家水利、环保、气象等相关部门及科研院所。水资源是人类发源及生存的最基本要素，所以对水资源信息的采集及利用由来已久；加上水资源的过多及过少均引起区域性灾难，因而对水资源、水性状、水量等信息的采集更是投入巨大人力和物力。

水资源基础信息包括：全国水资源、水资源供求及中长期规划、灌溉面积、水质、水文、暴雨洪水观测的基础数据、动态监测和重大水利设施、重大工程整合等数据。信息精度为1：100万、1：25万、1：5万等，重要地区的信息精度更高，信息的更新频率为1年或更短，一些信息根据实际情况可实时更新。

3）矿产资源信息

矿产资源指由地质作用形成的、具有利用价值的，呈固态、液态或气态的自然资源，包括能源矿产（煤、石油、天然气等），黑色金属矿产与冶金辅助原料矿产（铁矿、锰矿等），有色金属、贵金属及稀有稀土矿产（钨、锡、汞等），非金属矿产（硫、石灰石等），水气矿产（地下水、矿泉水、二氧化碳等）。

矿产资源信息是关于矿产资源分布、储量、开采、利用、管理等方面的信息，如全国矿产资源储量信息、全国有色矿产、建材和非金属矿产、冶金辅助原材料非金属矿产、能源矿产、化工原料非金属矿产等矿产资源信息和矿业权信息等。矿产资源信息可服务于中央和国务院领导、各级政府和国土资源管理部门，有色、建材、冶金、煤炭、化工等工业管理部门，以及科研单位和工矿企业、投资公司等。

矿产资源基础信息包括：全国或区域的矿产资源储量、资源量统计、区域地质、矿产地质、地质灾害监测、地质环境监测和重要矿产地重点矿区资源开发和分布等数据。信息类型包括空间信息及区域单元的统计型信息，信息精度为1：100万、1：50万、1：20万等，重要地区的信息精度更高，信息的更新频率为1年或根据实际情况确定。

4）能源资源信息

能源资源是指可以直接或通过转化满足人类需求的资源，可以分为化石能源、水能、核能、电能、太阳能、风能、海洋能、地热能等。

能源信息是指能源分布、开采、加工生产、运输、消费、管理等方面的信息。随着经济发展，能源信息已成为政府及社会公众广泛需要的信息。能源数据状况主要分布在国家能源相关的各部门、有关科研机构、能源企业及能源组织。

5）森林资源信息

森林资源，包括林地以及林区内野生的动物和植物，其主体是林地及林木资源，主要包括林木资源、林地资源、林特产品资源、森林野生动物资源、旅游资源和森林内的其他资源，如森林土壤资源及岩石、矿产、水资源、大气资源、热能、光能等。

森林资源信息指描述森林资源对象存在、变动、开发利用及管理的各种信息。目前，我国森林资源信息主要分布在国家林业管理及相关部门，以及中国科学院及各种林业有关的科研单位及组织。

森林资源基础信息包括：全国森林资源综合统计、营林和生产、生态环境整合工程、森林资源连续清查、卫星林火监测、林业生态区域遥感监测基础和动态信息。信息精度为1：100万、1：25万等，重要地区的信息精度更高，遥感影像的空间分辨率根据需要从1000m到10m或更高变化，时间分辨率从1年到月变化，信息的更新频率为1年或根据实际情况确定。

6）草地资源信息

草地资源信息指描述草地资源空间分布、资源量、资源开发利用、资源管理等方面的信息，是在一定范围内所包含的草地类面积及其所蕴藏的生产能力，具有数量、质量和地理分布的草地。目前我国草地资源信息相对较为分散，且数据的系列化、完整程度较低。

中国科学院的全国1：100万草地资源数据库由中国科学院地理科学与资源研究所整合完成，该数据库是在全国两次草地资源普查的基础上整合完成的空间数据库，数据库比例尺包括两次1：100万比例尺数据库和2000年1：10万草地资源数据库。草地资源编码采用国家草地类型分类系统和编码体系，数据库内容包括草地类型、草地生产力数据等；包括两个时段，即20世纪80年代末和2000年，数据库标准和编码方案采用中国科学院资源环境数据库的标准和规范。

7）渔业资源信息

渔业资源指自然界中存在的与渔业有关的天然物质和空间，主要包括渔业水域资源和渔业生物资源，前者包括陆地和海洋两部分。

渔业资源信息指渔业资源总量、空间分布、资源开发利用、资源管理等方面的信息。渔业资源涉及我国的海域、内陆水域。渔业资源开发利用及管理的部门及科研单位较多，导致我国的渔业信息比较分散。目前我国的渔业信息主要由国家相关单位管理。

8）野生动植物资源信息

野生动植物资源指非人工饲养、种植、生长在自然界中的动植物总称。野生动物资源是指除人工饲养的家禽、家畜外的一切兽类、鸟类、爬行类、两栖类、鱼类、昆虫以及其他无脊椎动物。野生植物资源指除人工栽培以外的所有高等植物和低等植物。

野生动植物资源信息指描述野生动植物类型和种类、分布、总量、特征、开发利用、管理等的信息，因为野生动植物资源的有关信息专业化程度较高，所以该类信息的获取需要的投入较大。通过国家投入及项目投入，已建立了一些小规模的数据库，如中国科学院的野生动植物入侵数据库（入侵野生动植物种类及分布等）。

9）海洋资源信息

海洋资源指储藏在海洋中的各种可供人类利用的物质、能量和空间，按属性可分为生物资源和非生物资源，前者包括海洋渔业资源，后者主要指矿产资源、海水资源、海洋空间资源、海滨旅游资源等。

海洋资源信息指以海洋资源为描述对象的信息，其内容涉及海洋资源的类型、分布、开发利用、管理等方面。我国已具备较为丰富的海洋环境资源信息，主要包括海洋资源、海洋环境、海洋经济、海洋管理与执法以及海洋遥感监测信息等。一些重要的海洋资源环境数据库已经开始业务化试运行，如海洋环境信息、海洋资源信息、海洋经济信息、海洋管理信息等。正准备建立的海洋资源数据库包括：海岸带信息、海岛概况信息、渔场资源信息、沿海地区渔港分布概况信息、沿海地区渔船资源信息、沿海主要港口码头泊位及吞吐能力信息、港址资源及环境条件信息、海盐场资源信息、海洋石油天然气资源信息、滨海公园资源信息、海水浴场资源信息、滨海风景名胜资源信息、滨海文物古迹信息、潮汐能资源信息、波浪能资源信息和大洋矿产资源信息。这些信息已具有一定基础，经过加工整理后将形成标准的海洋资源信息产品，可以开展面向电子政务及社会公众的信息服务。

10）气候资源信息

气候资源指大气圈中的光能、热能、气体、降水、风能等可以为人们直接或间接利用形成财富或使用价值，并能影响劳动生产率的自然物质及能量。气候资源影响人类生产及生活的各个方面，特别是农业、能源、交通、旅游、人体健康等方面。

气候资源信息指描述气候资源各对象的存在、变动、分布、开发利用、资源管理等方面的信息。由于气候资源涉及的对象较多，气候资源的信息采集、处理也相对较为分散，主要分布在相关科研院校。

气象气候资源基础信息包括：基本气象要素数据、气候背景信息数据、气象卫星遥感基础数据、基本气候资源数据、大气环境信息数据、中国农业气象信息数据库、环境信息遥感产品数据、气象灾害数据、中国气候特征数据、气象灾害典例数据、全球气候监测和影响评价分析数据等，信息的时间精度为日、月、年及多年，数据的空间精度为 1：100 万，重点地区的精度更高。

3. 人文社会经济信息

人文地理环境的变迁是城镇经济发展的直接动力，包括人口、农业、交通等方面。人口数量大增，从而促进了农业经济的发展，同时，其水陆交通也得到较大发展和充分利用。这些因素促进了该区域城镇经济的发展和城镇体系的形成。

人文地理研究注重探讨各种人文现象的地理分布、扩散和变化，以及人类社会活动的地域结构的形成和发展规律。空间是人文地理学的核心概念之一，人文社会信息是地理信息中的重要组成部分，如人口的变化、农业地域的形成与发展、工业地域的形成与发展、人类与地理环境的协调发展，人口过程、城市化过程、农业和工业地域形成过程、人地关系思想演变过程等。

1）人口地理信息

人口、资源、环境是当今世界关注的三大问题，而人口问题又是这三大问题产生的根源。人口问题是全球性的问题，全球的许多问题都与人口问题有着直接或间接的关系。人口地理学是人文地理学中较新的分支学科之一，是介于地理学、人口学、社会学、经济学、历史学等学科间的边缘学科,是研究在一定的历史条件下人口分布、人口构成、人口变动和人口增长的空间变化及其与自然环境和社会经济环境的关系的学科,是研究人口数量与质量、人口增长与人口构成的时空差异及其同地理环境相互关系的科学。近年来,地理学与经济学、社会学、历史学、生态学以及人口学等关注人口问题的学科之间相互渗透,但人口现象的空间变化一直是地理学的研究重点。人口地理学与人口学的关系如同植物地理学与植物学、经济地理学与经济学的关系。人口地理学着眼于人口现象的空间方面,人口学则作为一门独立的综合性的学科,研究人口变化过程及其发展规律,更多地偏重人口统计,考察人口数量与质量之间的关系。人口地理学要借助于人口学的基本理论、数据和方法,具有地理学、人口学之间边缘学科的性质。

人口地理研究离不开人口的基本信息,我国人口信息资源分布于劳动和社会保障、公安、民政、卫生、教育等承担社会保障和百姓服务职能的各个政府部门。人口信息来源有三种途径:一是全国人口普查;二是公安户籍管理;三是政府各业务主管部门业务登记资料。

人口信息共享体系是一个庞大的系统工程,其关键问题是解决跨部门、跨业务的信息交换与业务协同,需要统一信息交换的标准。

空间信息是人口地理信息区别于人口信息的主要标志。人口地理信息中的空间信息主要表现形式是地址(农村表示为省+地+县+乡+村,城市表示为省+市+区+道路+小区+楼号)和现居住地代码。为了便于实时定位技术的应用,地址通过地理编码技术转化为地理经纬度坐标。

人口数据是城市经济和社会发展的重要统计指标,也是制定城市经济和社会发展战略与规划的重要依据,并且对城市的产业布局、就业安排、住房建设、基础设施配置以及科技、教育、医疗卫生和文化事业发展等有着重要的参考作用,因而它是城市最重要的基础信息资源之一。通过城市的人口调查,利用 GIS 技术,建立含城市人口数量、结构及地理分布的人口资源地理数据库,将非常有利于掌握城市人口的基本情况。

2)交通地理信息

交通运输地理学是研究交通运输在生产力地域组合中的作用、客货流形成和变化的经济地理基础,以及交通网和枢纽的地域结构的学科。作为研究交通运输活动空间组织的学科,交通运输地理可分为理论交通运输地理、部门交通运输地理、区域交通运输地理、城市交通运输地理四个部分。理论交通运输地理主要研究交通运输网的构成及各种交通方式的地位,如交通运输在生产布局中的作用,运输联系和客、货流分布及其演变趋势,合理运输与货流规划的理论和方法,交通运输布局的经济效益计算和地域系统评述,交通网络和站场布局的类型和模式,交通运输区划的原理和方法。

部门交通运输地理分别研究铁路、水路、公路、管道、航空等运输方式的经济技术特点及地域的适应性。

城市交通运输地理主要研究和预测城镇内部道路交通网和客、货流与交通流的形成变化规律,城市对外交通线和站、港空间布局,以及综合交通系统。

交通运输地理学研究的目的是通过寻求自然条件有利、技术措施先进、经济社会效益最大的交通运输地域组合方案,使交通网的布局合理化,减少生产过程在流通中的延续耗费,减少居民用于交通的支出,从而提高社会劳动生产率。它的基本任务是参与有关生产布局的工作,如国土规划、区域规划、城市规划以及厂址选择等,解决有关交通运输的地理问题,如交通网和客货流的调查和规划、运输区划、交通运输布局的条件分析和经济论证。

人和物的移动，随不同的运输方式又可分为航空交通、铁路交通（或称轨道交通，包括城市间的铁路和城市内的地铁以及其他的轨道交通）、道路交通（城市道路和城市间道路）、船舶交通、管道交通等。这里不难发现，交通与信息具有同源的关系。交通系统考虑研究的对象：一是线路，公路、航道、航线及在线路上的各类设施，如站点、码头、机场及其监管设施等；二是交通工具，如汽车、轮船、飞机等；三是交通工具在线路上的运行状况，如流量、运量、堵塞、事故等。这三方面不仅涉及的信息量大，还具有复杂、面广、线长、动态等特点，特别是第一与第三方面的信息具有鲜明的地理特征，人们对这些信息的描述或分析总离不开它在地球上的位置，这是交通信息区别于其他领域信息一个最为突出的特征。

（1）交通信息的空间特征。人们对交通信息的描述或分析总是离不开它在地球上的位置，这是交通信息一个突出的特征。交通信息的固有特征也就决定了人们在研讨交通信息、利用交通信息时的特殊需要，即地理图。同时，人们不仅需要文字与数字描述的信息及对信息的文字与数字的分析，而且需要图形描述的信息及对信息的图形化处理。例如，研讨一条公路的情况时，不仅要观察各种各样的数据，而且我们总希望看到沿着这条由地理坐标描述的公路各种信息的分布图。同样在研讨一条公路的运输状况时，总希望看到沿着这条公路的各段的交通流量，更希望看到车流的动态图像。人们的这种需求不仅仅在于交通信息的地理特征，更在于人们观察事物、认识事物对"形"的需要。

（2）交通信息的线性多层分布特征。线性指信息是沿地理路径呈线状分布的，且与里程相关，这是与其他和地理相关的信息系统的一个显著区别（如矿产、森林业按区域分布，与里程无关）；多层指沿着同一路线有着多层的信息，每层信息有着不同的里程分段表现。公路的管理特性，公路的技术等级、路面等级等一系列技术指标是以路段来描述的，路段用里程桩号表示。例如，一条路有土基、下基层、上基层、连接层、面层等结构类，又有平整、抗滑、强度、破损等使用类及宽度、纵坡、横坡等几何类信息，由于同一条路的不同路段其技术指标（信息）不同，每一种信息都有着不同的长度分段表现，即公路按拓扑关系离散的路段不总是等长的。

（3）交通网络的多重性。多条线路组成交通网络。交通网络与一般网络不同的是它具有多重性，既有由不同技术等级道路组成的物理网络的存在，又对应于根据行政等级划分的逻辑网络，同一弧段又是多个网络的组成部分，具有一对多的关系。这就要求对应交通网络的GIS数据模型能够描述这种一对多的多重网络关系。

（4）交通信息的时变。交通信息变化是非常快的，针对交通信息的这种随空间和时间而动态变化的特征，一方面要求交通信息的获取要及时，并长期更新；另一方面要从其变化过程中研究其变化规律，从而做出交通事件的预测和预报，为科学地规划、建设、管理和决策提供依据。这种交通信息的线性多层分布、交通网络的多重性和时变等特征给交通信息的应用提出了新的问题。

由于交通信息的空间分布特殊性，交通信息（交通设施或交通事件）或与交通有关的信息（如沿交通线路的设施与事件）都存在或发生在交通网络系统中的某一路段或某一点，也就是说，这些现象可视为一维线性分布而不是常规的二维空间分布；作为一个单一的系统，数据量并不很大的情况下，如自动车辆定位系统，平面坐标参考系统也是可行的。绝大多数基础交通数据具有一维线性分布的特点，这是常规的坐标参考系统不适于建立企业化交通信息系统的主要原因。

3）聚落地理信息

聚落地理学，是研究聚落形成、发展和分布规律的学科，又称居民点地理，是人文地理学的一个分支学科。聚落地理学的研究内容主要包括不同地区聚落的起源和发展；聚落所在地的地理条件；聚落的分布，揭示聚落水平分布和垂直分布的特征并分析其产生的自然、历史、社会和经济原因；聚落的形态，这是聚落地理学中研究较多的方面，涉及的内容有聚落组成要素、聚落个体的平面形态、聚落的分布形态、聚落形态的演变，自然地理因素（主要是地形和气候）以及人文因素（包括历史、民族、人口、交通、产业）对聚落形态的影响。

4）经济地理信息

经济地理学是地理学最重要的分支学科之一，它研究的基本问题是为什么经济活动在地球表层的分布是不均匀的。从经济地理学的研究视角出发，造成经济空间分布有疏有密的根本动力是自然环境本身的非均匀分布以及经济自身的集聚和扩散力量。基于这种研究议题，经济地理学显示出典型的交叉性和综合性学科特点。一方面，影响经济集聚和扩散的因素是多元的，包括各种自然要素以及经济、社会、文化、制度等人文要素；另一方面，人类在地表的经济活动已经并且正在强烈地改变着自然格局，造成了全球性、区域性和地方性等不同空间尺度的环境变化和环境问题，成为改变自然环境最主要的动力。这种学科特性使经济地理学最有资格成为人与自然环境关系研究的纽带和各类空间尺度的可持续发展研究的基础。应该承认，离开对人类经济活动的空间规律的认识，也就无法正确透视各种空间尺度的可持续发展问题。此外，由于经济地理学长期以来对区域问题的综合性研究，这门学科也在社会经济实践中起着重要作用，特别是在国土开发、区域发展和区域规划、地区可持续发展战略、重大项目的战略布局等领域。

4. 城市地理信息

城市是一种超大型的、复杂的人文与自然的复合系统，是人口、资源、环境和社会经济要素高度密集的，以获得综合集聚效益为目的的地理综合体。这就决定了城市是最复杂、最活跃、人地交流强度最高的地球组成部分。因此，城市地理信息是数字城市最重要的应用方向，也是建立数字城市的最关键部分。城市地理信息具有一些特征，这些基本特征对城市地理信息分析具有重要意义。

城市地理信息是指与所研究对象的城市空间地理分布有关的信息，是有关城市地理实体的性质、特征和运动状态表征的一切有用的知识。它表示地表物体及环境固有的数量、质量、分布特征、联系和规律。城市地理信息可分为两类：一类是基础地理信息，主要包括各种平面和高程控制点，如建筑物、道路、水系、境界、地形、植被、地名及某些属性信息等，主要用于表示城市基本面貌并作为各种专题信息空间位的载体。另一类是专题地理信息，是指各种专题性城市地理信息，主要包括城市规则、土地利用、交通、综合管网、房地产、地籍和环境等，用于表示城市某一专业领域要素的空间分布及规律。

1）城市地籍与土地规划利用

地籍是记载土地位置、界址、数量、质量、权属和用途（地类）的基本状况的图簿册。地籍的图簿册中，图主要是指宗地图和地籍图，宗地图的空间集合构成地籍图；簿是指土地登记簿，是由土地登记卡的集合构成的；册是指土地归户册，由土地归户卡的集合构成。土地归户卡记录同一土地使用者或所有者使用或所有的全部土地数量、分布及其他状况，具体为其所使用或所有的宗地情况。土地登记卡以宗地为单位记录土地所有权和使用权状况。土地质量采用分等定级的方式确定。

地籍管理的核心是土地登记,而土地登记的基本单元是宗地。土地登记实质是土地的权属管理,是确立权利人对宗地的所有、使用及其他权利关系的过程,包括设定、变更、注销和他项权利登记。这种关系具有法律效力,通过土地行政主管部门发放土地证(土地所有证、使用证和他项权利证明)来保证。

宗地是被权属界限所封闭的地块。若一地块为两个以上权属单位共同使用,而其间又难以划清权属界限的,这块地也作一宗地处理,称为共用宗或混合宗。宗地与权利人的关系为多对多的关系,如共用宗表示多个权利人共同使用一宗地;同一个权利人可以使用多宗地,这也是使用归户卡的目的所在。

随着人口的增加、社会经济的发展,土地的需求日益增加,土地资源的有限性和土地需求的不断增长之间的矛盾,造成土地利用中的问题越来越多,成为威胁人类生存发展的重要因素。因此,世界各国对土地资源采取了较严格的管制,土地利用规划成为政府实施土地管理的重要手段。

2)房地产管理信息

随着城市建设的飞速发展,尤其是房改以来,房屋产权登记和抵押登记的工作量迅速增加,传统手工办卷的方式已不能适应新形势的要求。为了提高城市房产管理的工作水平,满足政府和群众对房产管理的需要,引入了计算机信息技术。

房产管理的数据从总的角度来分,主要有空间信息、房屋(丘、幢、层、户)的属性信息、分层分户图和办公信息四部分。空间信息主要由房产分幅平面图,以及修测补测(包括大规模的外业修测补测和配证中单个幢图更新的修测补测)过程中获取的更新信息组成。分层分户图主要是用于配证的分幢图和分层分户平面图,主要是在日常办证过程中产生。房屋的属性信息有调查数据或日常办公中产生的测绘数据(内容主要来自勘丈表),如房屋的各类尺寸、幢号、间数、层数、结构、用途、坐落、建成时间、面积、所有权人、产权性质、房屋价格等。办公信息是由房产管理办公过程中产生的信息,如申请表的有关内容、审批的意见、日期、审批工作人员的姓名、费用及归档等信息。

3)管网地理信息

城市各类管线是一个城市重要的基础设施,担负着信息传输、能源输送等工作,也是城市赖以生存和发展的物质基础。城市综合管线数据是通过管线现状调绘、管线探查及管线测量获得的关于综合管线及其附属设施类型、位置及特征的数据,主要包括给水、排水(污水、雨水)、天然气、电力、路灯、通信、热力、工业管道、有线电视、军用光缆、交通信号等要素。城市各专业管线分别由各权属单位负责日常的管理和维护,错综复杂的地下管线如同巨大的地下迷宫,包括各类专业管线、管孔、井盖等。城市管理地理信息为规划、设计、施工等部门提供准确可靠的地下管线的分布、走向、埋深等状态信息及各专业属性信息,以满足决策、管理部门和施工单位的需要。

城市具有人口集中、社会财富集中、现代化设施集中等特点,一旦发生突发性火灾、地震、洪涝、爆炸、毒气泄漏、破坏等各种自然或人为的灾害,往往会造成大量的人员伤亡和惨重的财产损失,严重影响城市可持续发展和社会稳定。综合管网信息和与之相关的地形、环境信息从根本上来说是地理信息,这些地理信息具有空间定位、数据量巨大、信息载体多的特点。研究各种地理实体及相互关系,根据实际需求,通过多种因素综合分析,适时提供多种空间和动态的地理信息，以满足人们对空间信息的要求，并借助特有的空间分析功能和可视化表达，进行各种辅助决策、动态模拟和统计分析等服务。

工业管网是工业生产的"血管"，纵横交错、纷繁复杂。管线的种类高达十多种，如高煤、焦煤、转煤、混煤、蒸汽、氧气、氮气、氩气、压气、热水、生产水、生活水、污水、电力通信、软水、循环水等，管线层层叠叠，一个区域有八九层管线叠置在一块。在实际生产过程中，生产管网经常发生变更，各种专业生产管线时增时减，有的甚至还要改道。管线的这种复杂程度和经常变更在其他行业是不多见的，这是工业的一个特点。

4）规划地理信息

城市规划部门对城市建设单位具有用地审批权，行使城市规划与管理中的"一书三证（建设项目选址意见书、建设用地规划许可证、建设工程规划许可证和乡村建设规划许可证）"的审批管理职能，规划部门的日常业务工作正是围绕着这一审批管理职能展开的。"一书三证"的业务办理过程中，要依据大量的文本信息（如用户申请、批文、有关的法律法规等），还要参考大量的图形信息（如城市总体规划图、基础地形图、影像图等）。建设项目报建、监控数据，包括从审批到竣工的平面图、立面图、剖面图、效果图及相关的文件，如建设项目报建表、"一书三证"、建设工程规划设计红线审批表等。规划信息主要包括基础地形图、市政管线、道路交通、城市规划成果、城市建设用地、地籍信息（规划局已发放用地证的宗地图形）和城市建设政策法规，包括与城市规划相关的政策法规信息，如城市用地分类与规划建设用地标准、城市用地分类代码、城市道路绿化规划设计等。

5）市政建设与管理信息

城市市政工程与大型工程建设管理在我国现有政府职能上归属建设委员会（局），主要有市政工程与大型工程立项调研，施工图报审工作并组织相关专家及部门对施工图进行审核，施工招标、开工建设及施工过程中的工程管理及竣工验收、工程结算；办理城市的建筑工程施工许可、城市道路挖掘许可、城市道路占用许可及建设工程竣工验收备案等各项行政审批工作；市政公用行业管理即城市供排水、燃气、热力、市政设施、市容环卫等行业管理；新建、改建、扩建、装修、防腐、管道安装、设备维护等建设工程项目登记备案工作；建设工程勘察合同、设计合同、施工合同、监理合同审查、登记、备案和工程安全质量监督管理等职责，这些工作需要建筑工程、工地、标段、施工单位、施工许可证、招投标等地理信息。

重点工程项目信息包括项目登记数据、项目前期信息、项目施工期信息、重点工程信息和其他部门的信息，如规划、土地、地质、地震和文物、地下水与土壤的污染类型、程度和范围、地下水资源储存与开发现状、地下水资源保护规划和环保（环保设施、环境污染源）等。

城市基础设施建设管理信息主要包括基础设施信息、法人单位信息、建筑物现状信息、综合管线信息、全球定位系统数据库、信息资源目录体系，以及各类城市公共基础信息数据库等。

5. 生态环境信息

1）生态地理信息

生态学是研究有机体及其与周围环境相互关系的科学。生物的生存、活动、繁殖需要一定的空间、物质与能量。生物在长期进化过程中，逐渐形成对周围环境某些物理条件和化学成分，如空气、光照、水分、热量和无机盐类等的特殊需要。各种生物所需要的物质、能量以及它们所适应的理化条件是不同的，这种特性称为物种的生态特性。任何生物的生存都不是孤立的：同种个体之间有互助有竞争；植物、动物、微生物之间也存在复杂的相生相克关系。人类为满足自身的需要，不断改造环境，环境反过来又影响人类。随着人类活动范围的扩大与多样化，人类与环境的关系问题越来越突出。因此，近代生态学研究的范围，除生物个体、种群和生物群落外，已扩大到包括人类社会在内的多种类型生态系统的复合系统。人类面临的人口、资源、环境等几大问题都是生态学的研究内容。

生态系统内在结构中生产、消费、分解等功能的发挥以及同环境之间的物质、能量交换，维持着动态平衡状态和自然循环过程。任一生态系统中这种状态和过程的破坏所引起的后果都不是孤立的，会引起地理系统的连锁反应。一般而言，生态系统的恶性循环，必然导致地理环境的恶化。故对地理环境中处于不同自然带的各类生态系统的发生与起源、适应与演化规律的研究，如何维护生态平衡，积极建立新的生态平衡，是当前地理学研究的重点；而人类生态系统的管理和调控（包括人工生态系统）也是其中的重要环节。可以运用实际调查和其他测量手段获取：

（1）区域的主要植被类型和主要农林虫害类型。

（2）区域主要经济植物、濒危动植物、重要农林昆虫和杂草的分布图和数据，并运用量测统计功能计算出各种植被类型和重要植物的分布面积、森林覆盖率、虫害和草害面积、虫害率、经济损失等。

（3）不同植被类型的生物量（森林蓄积量、农作物产量）、光合、蒸散、叶面积指数、叶绿素和木质素含量，重要植物和农林昆虫的种群数量、虫情指数，各种防治措施，如化防、生防的效果。

（4）分析植被分布、虫害发生及扩散迁飞等与生物地理环境要素的关系。

（5）研究昆虫和植物种群的分布格局、植被和景观空间异质性、景观和生物环境评价。

（6）利用多年植被、昆虫及气象资料，可以建立植被季相、植被演替和昆虫动态的时空模型，结合气象中长期预报，推测未来区域植被分布和害虫发生程度；还可以模拟全球变暖、气候异常、人类活动（如砍伐、防治）等对植被和昆虫的影响。

2）环境地理信息

环境是人类赖以生存的所有因素和条件的综合体。环境科学是研究人类生存的环境质量及其保护与改善的科学。环境科学研究的环境，是以人类为主体的外部世界，即人类赖以生存和发展的物质条件的综合体，包括自然环境和社会环境。自然环境是直接或间接影响人类的，一切自然形成的物质及其能量的总体。现在的地球表层大部分受过人类的干预，原生的自然环境已经不多了。环境科学所研究的社会环境是人类在自然环境的基础上，通过长期有意识的社会劳动所创造的人工环境。它是人类物质文明和精神文明发展的标志，并随着人类社会的发展不断丰富和演变。环境具有多种层次、多种结构，可以有各种不同的划分：按照要素环境可分为大气、水、土壤、生物等；按照人类活动范围环境可分为村落、城市、区域、全球、宇宙等。

环境科学主要是运用自然科学和社会科学等学科的理论、技术和方法来研究环境问题，其在与有关学科相互渗透、交叉中形成了许多分支学科。属于自然科学方面的有环境地学、环境生物学、环境化学、环境物理学、环境医学、环境工程学；属于社会科学方面的有环境管理学、环境经济学、环境法学等。

环境地理学是一门地理学与环境科学交叉的边缘科学。它从人地关系的整体思路出发，研究地球各圈层的环境变化以及它们与人类活动之间的关系，主要包括大气环境、水环境、岩石圈表生环境、土壤和生物环境的变化及其与人类活动的相互作用和影响。地理环境信息通过野外调查与观测可以获取。

环境地理信息主要包括：①大气污染化学成分、分布及其扩散模型；②地球上水的分布、化学成分、水体污染物的来源和种类、污染物在水环境中的迁移转化；③土壤物理化学性质及分布、人类活动（土地利用、污染物和工程建设）对土壤环境的影响、污染物的迁移转化和土壤退化与土壤环境保护等；④岩石类型及其化学组成及分布、人类活动及矿产资源开发对表生带的影响范围；⑤原生环境引起的地方性疾病类型及分布、环境污染与疾病分布。

3.3.3 地理信息作用

地理信息回答了"在哪里"和"周围是什么"两个与人类劳动生活息息相关的基本问题。GIS 作为一种地理空间信息的采集、处理、存储、应用和分析技术，随着其技术自身的发展和经济与社会的信息化，开始融入信息技术的主流。其应用面越来越广、越来越深入，从传统的自然资源与环境、基础设施的管理向社会经济管理领域发展，从政府和企业应用向公众应用渗透。

1. 时间和空间是信息的基本属性

人们在改造客观世界的过程中，必然要感知到各种物质客体的大小、形状、场所、方向、距离、排列次序等，也感知到各种事件发生的先后、快慢、久暂等；离开空间和时间的知觉就不可能感知物质客体及其运动，也无从进行任何有目的的活动。但是，人类早期的时空知觉是与对物体及其运动的知觉融合在一起的。随着抽象思维能力的提高，人们才逐步形成空间和时间的观念，形成标志这两种观念的概念或范畴，并发展到对空间和时间的特性作独立的考察，形成种种关于空间和时间的理论和学说。

空间成为人们认知能力可感知的三维物理存在，是一切人们所观察的和一切正在发生的事物的三维表象。它使得物体在左右、上下和前后的方向上具有长度。空间是运动的存在和表现形式。运动有两种具体的表现形式：行为和存在。行为是相对彰显的运动，存在是相对静止的运动。具体事物只有在一定的空间里才能存在。

时间大概属于人们不加思考就予以接受的概念之一。人类在生活中总结出时间的观念，其根源来自于日常生活中事件的发生次序。当然人们在生活中得到的绝不仅仅是事件发生次序的概念，也有时间间隔长短的概念，这个概念来源于对两个过程的比较。例如，两件事同时开始，但一件事结束了另一件事还在进行，就说另一件事所需的时间更长。这里可以看到，人们运用可以测量的过程来测量抽象的时间。时间是对运动过程的量度，具体地说，是指能通过某一运动周期的计数来对该运动过程进行的量度。

时间和空间具有共同的规定和本质，它们是相互联系的统一体。时间和空间同属于抽象事物，它们具有共同的来源，都是人们从具体事物之中分解和抽象出来的有关规定组成的认识对象。时间和空间都是绝对抽象事物和相对抽象事物、元本体和元实体组成的对立统一体。一般时间和一般空间是名称不同、内涵和外延完全相同的同一个绝对抽象事物或元本体。具体时间和具体空间都具有数量的规定性，它们是密不可分的统一体。

信息是对客观存在的反映，不以人的主观意识为转移；信息又是人类对客观世界的认知，是认识主体所感知或所表述的事物运动的状态与方式，泛指人类社会传播的一切内容。在自然界和人类社会中，客观变化的事物不断地呈现出各种不同的信息。物质世界中的任何事物都被牢牢地打上了时空的烙印。任何信息内容都具有空间定位、时间分布和属性的特征。地理空间位置和时间是人们生产和生活中的信息的基本属性。

2. 可视化是人类获取地理信息的主要途径

人类是视觉动物，因此，通过图形、图像比文字更容易理解事物的结构。眼睛是人类的重要感觉器官，人眼通过观测和阅读可以感知外界丰富的图形信息。人脑的神经细胞有一半以上用于处理和理解视觉输出。人类利用形象思维获取视觉符号中所蕴含的信息并发现规律，进而获得科学发现。而可视化是为了适应人脑的形象思维功能而产生的，在人脑中形成对某物（某人）的图像，促使人们对事物的观察力提升及建立概念等。人类通过视觉获取地理信息时，不仅要获取地理物体和现象质量特征，还要获取地理对象的数量特征，真实地认识客观世界。

地理信息是人类对地球认知的结果，用图形表示地理世界就有了地图。地图用简单的、抽象的地图符号描述复杂的地理现象，是地理学家最常用的地理信息载体和地理语言，也是最受人们欢迎的地理信息表示方法之一。随着计算机图形学应用与发展，地理空间数据成为地理信息的重要载体。对地理数据进行可视化表达，使得枯燥抽象的数据变得直观、生动，增强了人们对其理解。同时，提供一系列工具，使得人们可以通过交互操作，对大量数据之间的关系进行分析。地理空间数据则运用计算机图形图像处理技术，将复杂的地理科学现象、自然景观、人类社会经济活动等抽象的概念图形化，以帮助人们理解地理现象、发现地理学规律和传播地理知识。地理空间数据可视化是科学，也是艺术。科学性表现在地理空间数据可视化为人们提供一种空间认知工具。地理空间数据可视化可为地学研究提供直观而高效的显示结果，已成为人们获取地理空间信息的主要方法。人类为了更好地揭示地理信息的本质和规律、认识并改造世界，借助一些规则、直观、形象、系统的符号或视觉化形式来表达和传输地理信息，用人类视觉感受和认知地球上自然现象和社会发展。可视化也是视觉艺术，视觉所直接感知的是直观的形状、色彩（或色调）和质感（质地或体量）及其构成关系。在视觉艺术中，无论是平面还是立体造型，都十分重视形式美规律的运用，多样统一、对称、均衡、对比、和谐以及图与底的关系等，这些构成了视觉艺术审美特性的重要因素。艺术用形象来反映现实，但比现实更具典型性。艺术是语言的重要补充方法。

3. 空间分析是人类的生存基本技能

从本质上讲，空间分析是人类认知自然能力的一种延伸。远古时代，受感觉或视觉范围的限制，人类祖先在地上放几根棍子和几块石头作标记、比画距离和方位寻找新的猎物，开始了最原始、最简单的空间分析。这说明在人类社会早期，地理空间分析就成为人类认知自然和改造自然过程中不可或缺的技能。

从古到今，人类地理空间认知和分析的结果需要用语言表述，包括自然语言、文字和图形。用图形表示地理世界就有了地图，即用简单的、抽象的地图符号描述复杂的地理现象。地图源于人类生活、生产实践活动，作为地理的特殊语言，自产生起便与地理空间分析结下不解之缘，而成为地理成果的重要表达形式。在地图上确定位置、描述人的活动线路和记载物产，便成为地图最原始的功能。实际上自有地图以来，人们就始终在自觉或不自觉地进行着各种类型的空间分析。例如，在地图上量测地理要素之间的距离、方位、面积，乃至利用地图进行战术研究和战略决策等，就有了简单的空间分析功能。传统地图的空间分析是人通过读、描、推、算等过程，多种感官交替使用，在地图上通过"找"和"指"、"读"和"写"、"想"和"说"等方式进行的。通过空间分析，"哑图"变为"活图"，最后，"地图"变成学生"脑图"，在人们头脑中形成完整的地理空间概念。人们利用地图通过对某地理事物地理位置的分析，得出该事物许多的地理空间特征和空间属性，从而为解决地理问题提供了或明或暗的基础条件。地图在理解地理原理，探索地理规律，解决地理问题中扮演着重要的角色。人们不断提高地图的制作水平与精度，进而提高其对地图所表达的空间信息的理解能力与解译能力，实质上就是进行空间分析的过程。

地理学家很早采用空间分析的方法对各类地理学问题进行研究。地理环境是一个整体，各要素间是相互关联的。这里说的关联是指地理事物之间内在的必然联系。地理事象的空间关联可分为地理位置关联、交通和通信上的关联等，是通过人流、物流和信息流来实现的。区域研究或行业生产发展中涉及大量的地理事象空间关联的分析。例如，将洋流分布图与世界渔场分布图对照进行空间分析，可以揭示洋流与世界主要渔场之间的关联；将等温线图与地形图对照分析，可以找到地形与气温间的某种关联。

4. 公众出行决策作用

地理信息向公众提供与之衣食住行密切相关的各类信息，如购物商场、旅游景点、公共交通、休闲娱乐、宾馆饭店、房地产、医院、学校等空间查询服务。从服务的空间范围来说，有的覆盖全国，有的覆盖全省，有的覆盖某个城市，也有的覆盖某个地区。地理信息已逐步渗透进大众的日常生活中，如车辆导航系统、智能出行服务、信息查询和行车安全驾驶等。面向公众的综合地理信息服务正在以迅猛的速度发展。

（1）车辆导航系统。车载导航仪内装导航电子地图和导航软件，通过 GPS 卫星信号确定的位置坐标与此匹配，实现路况和交通服务设施查询、路径规划、行驶导航等功能。路径规划是车载导航仪的核心功能，在导航电子地图支撑下，找出从节点 A 到节点 B 的累积权值最小的路径，是 GIS 网络分析的最基本功能。它帮助驾驶员在旅行前或旅途中选择合适的行车路线。如有可能，在进行路径规划时还应考虑从无线通信网络中获取的实时交通信息，以便对道路交通状况的变化及时做出反应。路径引导是指挥司机沿着由路径规划模块计算出的路线行驶的过程。该引导过程可以在旅行前或者旅途中以实时的方式进行。确定车辆当前的位置和产生适当的实时引导指令，如路口转向、街道名称、行驶距离等，需借助地图数据库和准确的定位。

（2）智能出行服务。智能出行服务解决公交车运行到哪了、哪辆车离我最近、我要坐的车还有几站才来等问题。市民可以通过电脑以及手机移动网络随时随地查询。

（3）行车安全驾驶。智能交通是实现了车与车之间、车与路之间信息交换的智能化车辆控制系统。例如，如果离前车太近，控制系统会自动调节与前车的安全距离；前车紧急刹车时，会自动通知周边的车辆，后车可以尽可能避免追尾；道路上出现交通事故时，事故车辆会发出警告，通过车与车或者车与路之间的高速通信，使其他车辆几乎在发生事故的同时就得到信息，便于其他车辆及时采取措施或选择另外的路线；当车辆处于非安全状态时，即使驾驶员实施并线或超车操作，汽车也可以自动启动安全保护功能，使并线和加速不能实现。这些行车安全驾驶实现需要空间分析算法支撑。

第 4 章　地理信息视觉感受

客观世界变化的信息，只能通过人的感官这一唯一途径感知。眼睛是人类最重要的感觉器官，人们从外界接收的各种信息中 80%以上都是通过视觉获得的。视觉是通过视觉系统的外周感觉器官（眼）接受外界环境中一定波长范围内的电磁波刺激，经中枢有关部分进行编码加工和分析后获得的主观感觉。为了更好地揭示地理信息的本质和规律，人类用视觉感知地球上自然现象和社会发展，认识并改造世界，发明了地图。地图是借助一些规则、直观、形象、系统的符号或视觉化形式来表达和传输地理信息的。地图所承载的信息，往往通过可视化的手段，才能被人直观地理解。人们通过视觉感受去辨别地图符号大小、纹理明暗强弱、颜色组成，以及物体的状貌变化，从而准确把握事物的特征，真实认知客观事物的规律。

4.1　人的视觉与感受

4.1.1　人眼生理特性

1. 眼睛的构造及其折光系统

眼球形状似球，由眼球壁和眼球内容物构成。眼球壁分三层，外层为巩膜和角膜，光线通过角膜发生折射进入眼内；中层为虹膜、睫状肌等，虹膜中间有一个孔称为瞳孔，它随光线的强弱而调节其大小；内层为视网膜和部分视神经。

眼球内容物有水晶体、房水和玻璃体，它们都是屈光介质。光线透过角膜穿入瞳孔经过水晶体折射，最后聚焦在视网膜上。当注视外物时，由于角膜、虹膜以及这些屈光介质的调节作用，物像才得以聚集在视网膜的适当部位上。

2. 视网膜的构造和感觉机制

视网膜上有感光细胞，包括锥体细胞和棒状细胞以及双极细胞和神经节细胞。在眼底视网膜中央有一小块碟形区域称中央窝，其间含有密集的锥体细胞，具有敏锐的视觉、颜色和空间细节辨别力。在离中央窝15°附近，神经节细胞在此聚集成束形成视神经而进入大脑，这个地方称盲点。

光线到达视网膜后，首先穿过视神经纤维的节状细胞、双极细胞，再引起感光细胞（锥体细胞和棒体细胞）的变化，然后它们通过一定的光化学反应影响双极细胞和节状细胞，从而引起视神经纤维的冲动传入视觉中枢。

视网膜上亿的神经细胞排列成三层，通过突触组成一个处理信息的复杂网络。第一层是光感受器；第二层是中间神经细胞，包括双极细胞、水平细胞和无长突细胞等；第三层是神经节细胞。它们间的突触形成两个突触层，即光感受器与双极细胞、水平细胞间突触组成的外网状层，以及双极细胞、无长突细胞和神经节细胞间突触组成的内网状层。光感受器兴奋后，其信号主要经过双极细胞传至神经节细胞，然后，视神经纤维传至神经中枢，激起感光细胞发放神经冲动，神经冲动便转换为神经信息，这种信息经由三级神经元传递至大脑的视觉中枢而产生视觉。

3. 视觉中枢的信息处理过程

人眼能看清物体是由于物体所发出的光线经过眼内折光系统（包括角膜、房水、晶状体、玻璃体）发生折射，成像于视网膜上，视网膜上的感光细胞——视锥细胞和视杆细胞能将光刺激所包含的视觉信息转变成神经信息，经视神经传入大脑视觉中枢而产生视觉。因此，视觉生理可分为物体在视网膜上成像的过程与视网膜感光细胞将物像转变为神经冲动的过程。视觉形成过程：光线→角膜→瞳孔→晶状体（折射光线）→玻璃体（固定眼球）→视网膜（形成物像）→视神经（传导视觉信息）→大脑视觉中枢（形成视觉）。

光作用于视觉器官，使其感受细胞兴奋,其信息经视觉神经系统加工后便产生视觉(vision)。通过视觉，人和动物感知外界物体的大小、明暗、颜色、动静，获得对机体生存具有重要意义的各种信息，至少有80%以上的外界信息经视觉获得，视觉是人和动物最重要的感觉。

4.1.2 几何分辨力

人眼的分辨力是指人眼对所观察的实物细节或图像细节的辨别能力，具体量化起来就是能分辨出平面上的两个点的能力。人眼的分辨力是有限的，在一定距离、一定对比度和一定亮度的条件下，人眼只能区分出小到一定程度的点，如果点更小，就无法看清了。人眼的分辨力，决定了影视工作者力求达到的影像清晰度的指标，也决定了采用图像像素的合理值。

1. 人眼的黑白分辨力

在白纸上有两个相距很近的黑点，当人眼与它们超过一定距离时，会分不清是两个点，而只模糊地看到一个黑点。这一事实表明，人眼分辨景物细节的能力有一极限值，越过此值，景物细节划分得再细也是没有用的。因此，一幅图像分为多少个像素点比较合适，也要根据人眼的分辨力来确定。

1）分辨力的确定

分辨力的大小常用视敏角（即分辨角）θ的倒数来表示，即分辨力=$1/\theta$。视敏角是指观测点（即眼睛）与被测的两个点所形成的最小夹角。θ越小，分辨力越高。$tg\theta/2=(d/2)/L=d/(2L)$[因为$\theta$很小，$tg\theta/2\approx\theta/2$，所以$\theta/2=d/(2L)$]，$\theta=d/L$（弧度）$=3438d/L$(分)。

2）分辨力与哪些因素有关

分辨力与景物在视网膜上成像的位置有关。若成像在人眼的黄斑区中央，因那里集中了大量的锥状细胞，所以其分辨力最高；若偏离黄斑区，则分辨力下降。据统计，若偏离50，则下降50%；若偏离400~500，则只有最大分辨力的5%。这也就是我们看电视时往往中间清晰，可达500线以上，而边缘模糊，往往不足500线的原因。

分辨力与照明强度E有关（即与景物亮度有关）。当亮度很小时，只有棒状细胞起作用，这时分辨力很低，甚至不能分辨彩色。当亮度很大时（过大），会使人产生眼晕的情况（即眩目），这时分辨力反而会下降，故一般取中等照度（亮度）。

分辨力与景物的相对对比度有关。相对对比度$Cr=(B-Bo)/Bo$（B为景物亮度，Bo为背景亮度）。当Cr过小时，B与Bo比较接近，细节自然分不清，分辨力下降。通常在中等亮度、中等对比度情况下，观察静止图像时：$\theta\approx 1'\sim 1.5'$，观察运动图像时$\theta$会更小一些。

2. 人眼的彩色细节的分辨力

实验证明，人眼对彩色的分辨能力比对黑白（即亮度）的分辨能力低，而且对不同色调的分辨力也各不相同。例如，若人眼对与其相隔一定距离的黑白相间的条纹刚能分辨出黑白差别，则把黑白条纹换成红绿相间的条纹后，就不能再分辨出红绿条纹来，而是一片黄色。实验还表明，人眼对不同彩色的分辨能力也各不相同。如果人眼对黑白细节的分辨能力为100%，则实验测得的人眼对彩色细节的分辨力如表4.1所示。

表4.1 人眼对彩色细节的分辨力

色别	黑白	黑绿	黑红	黑蓝	绿红	红蓝	绿蓝
分辨力	100%	94%	90%	26%	40%	23%	19%

表4.1数据说明，人眼分辨景物彩色细节的能力很差。因此，彩色电视系统在传送彩色图像时，细节部分可以只传送黑白图像，而不传送彩色信息。这就是利用大面积着色原理节省传输频带的依据。因此，在彩色电视中，把彩色图像信息压缩到0~1.5MHz的范围内，而黑白（亮度）信号都需要0~6MHz的带宽。显然，彩色信息的带宽越窄，所需彩色电视系统的复杂性也将随之减少。

3. 观察距离、观察角和符号尺寸

观察距离是指人眼到显示屏幕的距离，由人眼调节或改变焦点的能力所决定，随着年龄的增加这种调节能力逐渐衰退。图像的观察距离范围为15cm（年轻人）~3.5m。一般将40cm定为可以长时间舒服观察的最近观察距离。作为娱乐用的显示，理想观察距离定为图像高度的4~8倍。

观察角是观察者对显示屏幕的张角。可接受的最大观察角依环境亮度、对比度、清晰度、符号尺寸与容许的观察距离而定，一般大于30°而小于60°。

符号尺寸是指显示画面上符号本身的高与宽之比。准确地辨别符号与符号的尺寸和清晰度有关，人眼辨别一个清晰度单元的极限为1弧分。一般由7个清晰度单元组成符号高度（其张角为7弧分）。符号尺寸的选择与所用的亮度、对比度、符号产生方法（点阵法还是成形束法）和观察距离等有关。符号尺寸太大会减少显示画面的最大数据量；符号尺寸太小会影响观察效果。

符号尺寸与观察距离的关系一般遵循公式 $H = 0.003D$（H为符号高度，D为观察距离）。显示的符号尺寸一般取0.13~0.64cm；观察距离达9m的大屏幕显示，符号尺寸取3.5~13cm。强调数据的重要性时，或对那些不易辨认的符号可加大符号尺寸。

4.1.3 时间分辨力

人眼一个重要的特性是视觉惰性，即光像一旦在视网膜上形成，视觉将会对这个光像的感觉维持一段有限的时间，这种生理现象称为视觉暂留现象。对于中等亮度的光刺激，视觉暂留时间为0.05~0.2 s。根据视觉暂留现象，当一幅图像消失后，人眼对图像亮度的感觉并不立即消失，而有瞬时的保留，然后逐渐消失，若每两幅图像出现的时间间隔小于人眼视觉暂留的时间（0.1s），人们就能看到流畅变化的画面。

视觉暂留现象是近代电影与电视的基础，因为运动的视频图像都是运用快速更换静态图像来得到的。正因为人眼具有视觉暂留的特性，所以人们的眼睛在看任何东西时，都会产生一种很短暂的记忆。把这些记忆记下来，联结在一起，就会看到动作，从而在大脑中形成图像内容连续运动的错觉。这也是目前卡通动画、计算机动画的基本原理。我国采用PAL制的电视制式，即每秒钟传送25幅（帧）图像，每幅图像又分两次（场）扫描，从而实现活动图像的传送。

刺激停止作用于视觉感受器后，感觉现象并不立即消失而保留片刻，从而产生后像。但这种暂存的后像在性质上与原刺激并不总是相同的。与原刺激性质相同的后像称为正后像。例如，注视打开的电灯几分钟后闭上眼睛，眼前会产生一片黑背景，黑背景中间还有一电灯形状的光亮形状，这就是正后像。与原刺激性质相反的后像称为负后像。在前面的例子中，看到正后像后眼睛不睁开，再过一会儿发现背景上的光亮形状变成暗色形态，这就是负后像。

颜色视觉中也存在着后像现象，一般均为负后像。在颜色上与原颜色互补，在明度上与原颜色相反。例如，眼睛注视一个红色光圈几分钟后，把视线移向一白色背景时，会见到一蓝绿色光圈出现在白色的背景上，这就产生了颜色视觉的负后像。

4.1.4 颜色分辨力

不同波长可见光辐射作用于视觉器官后在大脑产生的综合感觉是色觉，所产生的心理感受就是颜色。颜色是不同波长（380～760nm）组成的光引起的一种主观感觉，是观察者的一种视觉经验。电磁辐射波谱如图 4.1 所示。

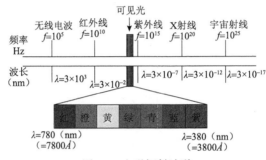

图 4.1　电磁辐射波谱

颜色可分为非彩色与彩色两大类。非彩色指白色、黑色与各种深浅不同的灰色。白色、灰色、黑色物体对光谱各波长的反射没有选择性，它们是中性色。对光来说，非彩色的黑白变化相当于白光的亮度变化，即当白光的亮度非常高时，人眼感觉就是白色的；当光的亮度很低时，就感觉到发暗或发灰，无光时是黑色的。对于理想的完全反射的物体，其反射率为100%，称它为纯白；而对于理想的完全吸收的物体，其反射率为 0，称它为纯黑。彩色就是指黑白系列以外的各种颜色。彩色物体对光谱各波长反射具有选择性，所以它们在白光照射下出现彩色。白色物体反射系数接近于 1，黑色物接近于 0，灰色物体介于 0～1。彩色物体的反射率是随频率变化的，其数值介于 0～1。

1. 颜色的客观属性

颜色的客观三属性：波长、亮度和纯度。

1）波长

波长决定了光的色调，不同波长的光有不同的颜色。根据光的不同波长，色彩具红色、黄色或绿色等，这被称为色相。色相被用来区分颜色，黑白没有色相，为中性。

2）亮度

光的能量大小用振幅表示，振幅表示光的亮度（luminance）。亮度是指色光的明暗程度，它与色光所含的能量有关。对于彩色光而言，彩色光的亮度正比于它的光通量（光功率）。对物体而言，物体各点的亮度正比于该点反射（或透射）色光的光通量大小。一般，照射光源功率越大，物体反射（或透射）的能力越强，则物体越亮；反之，越暗。

3）纯度

纯度表示光波成分的复杂程度，色彩的纯度是指色彩的纯净程度，它表示颜色中含有色彩成分的比例。含有色彩成分的比例越大，则色彩的纯度越高，含有色彩成分的比例越小，则色彩的纯度也越低。可见，光谱的各种单色光是最纯的颜色，为极限纯度。当一种颜色掺入黑、白或其他彩色时，纯度就产生变化。当掺入的色达到很大的比例时，在眼睛看来，原来的颜色将失去本来的光彩，而变成掺和的颜色了。当然这并不等于说在这种被掺和的颜色里已经不存在原来的色素，而是大量掺入其他彩色而使得原来的色素被同化，人的眼睛已经无法感觉出来了。有色物体色彩的纯度与物体的表面结构有关。如果物体表面粗糙，其漫反射作用将使色彩的纯度降低；如果物体表面光滑，那么，全反射作用将使色彩比较鲜艳。

2. 颜色的主观属性

颜色的主观三属性：色相、明度和饱和度。

1）色相

色相也称色调，就是指不同颜色之间质的差别，是可见光谱中不同波长的电磁波在视觉上的特有标志。色相的特征取决于光源的光谱组成以及有色物体表面反射的各波长辐射的比值对人眼所产生的感觉。色相，即各类色彩的相貌称谓，如大红、普蓝、柠檬黄等，是颜色测量术语，颜色的属性之一，借以用名称来区别红、黄、绿、蓝等各种颜色。色相是色彩的首要特征，是区别不同色彩的最准确的标准。事实上任何黑白灰以外的颜色都有色相的属性，而色相是由原色、间色和复色构成的。

从表面现象来讲，如一束平行的白光透过一个三棱镜时，这束白光因折射而被分散成一条彩色的光带，形成这条光带的红、橙、黄、绿、青、蓝、紫等颜色，就是不同的色调。从物理光学的角度来讲，各种色调是由射入人眼中光线的光谱成分决定的，色调即色相的形成取决于该光谱成分的波长。

光源的色调取决于辐射的光谱组成和光谱能量分布及人眼所产生的感觉。物体的色调由照射光源的光谱和物体本身反射特性或者透射特性决定。例如，蓝布在日光照射下，只反射蓝光而吸收其他成分。如果分别在红光、黄光或绿光的照射下，它会呈现黑色。红玻璃在日光照射下，只透射红光，所以是红色的。

从光学意义上讲，色相差别是由光波波长的长短产生的。即便是同一类颜色，也能分为几种色相，如黄颜色可以分为中黄、土黄、柠檬黄等，灰颜色则可以分为红灰、蓝灰、紫灰等。光谱中有红、橙、黄、绿、蓝、紫六种基本色光，人的眼睛可以分辨出约 180 种不同色相的颜色。

2）明度

明度是指人眼对物体的明亮感觉，是光的亮度所引起的视觉的心理量。一般亮度越大，人们感觉物体就越明亮；但当亮度变化很小时，人眼不能分辨明度的变化，可以说明度没变，但不能说亮度没变。因为亮度是有标准的物理单位，而明度是人眼的感觉，在同样的亮度情况下，人们可能认为暗环境高反射率（如在较暗环境中的白色书页）的物体比亮环境较低反射率（如在光亮环境中的黑墨）的物体明度高。

明度是指色彩的明亮程度。各种有色物体由于它们的反射光量的区别而产生颜色的明暗强弱。色彩的明度有两种情况：一是同一色相不同明度。例如，同一颜色在强光照射下显得明亮，弱光照射下显得较灰暗模糊；同一颜色加黑或加白掺和以后也能产生不同的明暗层次。二是各种颜色的不同明度。每一种纯色都有与其相应的明度。黄色明度最高，蓝紫色明度最低，红、绿色为中间明度。色彩的明度变化往往会影响纯度，如红色加入黑色以后明度降低了，同时纯度也降低了；如果红色加白色则明度提高了，纯度却降低了。

3）饱和度

饱和度指色彩的纯洁性，也称饱和度或彩度。物体色调的饱和度取决于该物体表面反射光谱辐射的选择性程度，物体对光谱某一较窄波段的反射率很高，而对其他波长的反射率很低或不反射，表明它有很高的光谱选择性。各种单色光是最饱和的色彩。单色光中掺入的白光越多，饱和度越低，白光占绝大部分时，饱和度接近于零，白光的饱和度等于零。

不同的色别在视觉上也有不同的饱和度，红色的饱和度最高，绿色的饱和度最低，其余的颜色饱和度适中。在照片中，饱和度高的色彩能使人产生强烈、艳丽亲切的感觉；饱和度低的色彩则易使人感到淡雅中包含着丰富。对于人的视觉，每种色彩的饱和度可分为 20 个可分辨等级。

非彩色只有亮度的差别，而没有色调和饱和度这两种特性。

3. 颜色视觉理论

现代颜色视觉理论主要有两大类：一是扬-赫姆霍尔兹的三色学说；二是赫林的对立颜色学说。前者从颜色混合的物理规律出发，后者从视学现象出发，两者都能解释大量现象，但是各有欠缺之处。例如，三色学说的最大优点是能充分说明各种颜色的混合现象，最大的缺点是不能满意地解释色盲现象。对立颜色学说对于色盲现象能够得到满意的解释，但是最大的缺点是对三基色能产生所有颜色这一现象没有充分的说明，而这一物理现象正是近代色度学的基础。彩色电视技术是以三色学说为理论基础的。

一个世纪以来，以上两种学说一直处于对立地位，似乎要肯定一个，就要否定另一个不可。在一个时期，三色学说曾占上风，因为它有更大的实用意义。然而最近一二十年的发展，人们对这两种学说有了新的认识，证明两者并不是不可调和的。现代彩色视觉理论产生了一种"颜色视觉的阶段学说"，将这两个似乎完全对立的古老的颜色学说统一在一起。下面只介绍作为彩色电视理论基础之一的三色学说。

4. 三色学说

1）混色规律

不同颜色混合在一起，能产生新的颜色，这种方法称为混色法。混色分为相加混色和相减混色。相加混色是各分色的光谱成分相加，彩色电视就是利用红、绿、蓝三基色相加产生不同的彩色的原理。相减混色中存在光谱成分的相减，彩色印刷、绘画和电影中就是利用相减混色。它们采用了颜色料，白光照射在颜色料上后，光谱的某些部分被吸收，而其他部分被反射或透射，从而表现出某种颜色。混合颜料时，每增加一种颜料，都要从白光中减去更多的光谱成分，因此，颜料混合过程称为相减混色。

1853 年格拉斯曼总结出下列相加混色定律。

（1）补色律：自然界任一颜色都有其补色，它与它的补色按一定比例混合，可以得到白色或灰色。

（2）中间律：两个非补色相混合，便产生中间色。其色调取决于两个颜色的相对数量，其饱和度取决于二者在颜色顺序上的远近。

(3) 代替律：相似色混合仍相似，不管它们的光谱成分是否相同。

(4) 亮度相加律：混合色光的亮度等于各分色光的亮度之和。

还可以用麦克斯韦（Maxwell）提出的表示颜色的色度图来解释。麦克斯韦首先用等边三角形简单而直观地表示颜色的色度，这个三角形称为 Maxwell 颜色三角形。它的三个顶点分别表示[R]、[G]、[B]，三角形内任一点都代表自然界的一种颜色，如果设每个顶点到对边的距离为 1，则三角形内任一点 P 到三边距离之和等于 1（这由几何知识不难证明）。如果令 P 点到红、绿、蓝三顶点对应的三边的距离分别为 r、g、b，则 r、g、b 就是 P 点所代表彩色的色度坐标。

用如下公式可简便地说明相加混色和相减混色的规律。

(1) 相加混色：红+青=白；红+绿=黄；蓝+黄=白；绿+蓝=青；绿+品红=白；红+蓝=品红；红+绿+蓝=白。

(2) 相减混色：黄=白-蓝；黄+品红=白-蓝-绿=红；青=白-红；黄+青=白-蓝-红=绿；品红=白-绿；品红+青=白-绿-红=蓝；黄+青+品红=白-蓝-红-绿=黑色。

2）三基色原理

三基色原理是指自然界常见的多数彩色都可以用三种相互独立的基色按不同比例混合而成，独立的三基色是指其中任一色都不能由另外两色合成。三基色原理可用混色规律中的"中间律"证明：先让两种基色按不同比例合成出所有中间色，然后让第三基色与每一种中间色按不同比例再合成出所有中间色，这样三基色按不同比例就能合成出以三基色为顶点的三角形所包围的各种颜色。在彩色电视中，经过适当地选择，确定以红、绿、蓝为三基色，就可以合成出自然界常见的多数彩色。三基色原理对彩色电视有着极其重要的意义，它将传送成千上万、瞬息万变彩色的任务，简化为只需要传送三个基色图像信号。

为了实现相加混色，除了将三种不同的基色，同时投射到某一全反射面产生相加混色外，还可以利用人眼的某些视觉特性实现相加混色。

(1) 时间混色法：将三种不同的基色以足够快的速度轮流投射到某一平面，因为人眼的视觉惰性，分辨不出三种基色，而只能看到它们的混合色。时间混色法是顺序制彩色电视的基础。

(2) 空间混色法：将三种基色分别投射到同一表面上相邻的三点，只要这些点足够近，由于人眼分辨力的有限性，不能分辨出这三种基色，而只能感觉到它们的混合色。空间混色法是同时制彩色电视的基础。

(3) 生理混色法：两只眼睛同时分别观看不同的颜色，也会产生混色效应。例如，两只眼睛分别戴上红、绿滤波眼镜，当两眼分别单独观看时，只能看到红光或绿光；而当两眼同时观看时，正好是黄色，这就是生理混色法。

日常生活中，当我们走近看电视屏幕或是用放大镜看电视屏幕，会发现彩色图像是由很多红、绿、蓝三点构成的。这是利用人眼空间细节分辨力差的特点，将三种基色光分别投射在同一表面的红、绿、蓝三个荧光粉上，因点距很小，人眼就会产生三基色光混合后的彩色感觉，这就是空间相加混色法。人们在进行混色实验时发现：自然界中出现的各种彩色，几乎都可以用某三种单色光以不同比例混合而得到。具有这种特性的三个单色光称为基色光，这三种颜色称为三基色。电视技术中使用的三基色是红、绿、蓝三色，其主要原因是人眼对这三种颜色的光最敏感，且用红、绿、蓝三色混合相加可以配出较多的彩色。根据三基色原理，我们只需要把要传送的各种彩色分解成红、绿、蓝三种基色，再将它们转变成三种电信号进行传送就行了。在接收端，用彩色显像管将这三种电信号分别转换成红、绿、蓝三色光，就能重显原来的彩色图像。利用三基色原理，将彩色分解和重现，实现视觉上的各种彩色，是彩色图像显示和表达的基本方法。

4.1.5 视觉感受

视觉感受，要求感受者运用视觉器官去辨别光的明暗强弱、色的色素组成，以及物体的大小远近、状貌变化，从而准确把握事物的特征，真实反映客观事物。

1. 亮度视觉范围

人眼所能感觉到的亮度的范围称为亮度视觉范围，这一范围非常宽，明视觉时，从 1nit（尼特）到几百万尼特；暗视觉时，从千分之几尼特到几个尼特。这主要是靠人眼瞳孔的调节作用。当然，人眼并不能同时感觉这么宽的视觉范围。当人眼适应了某一环境的平均亮度之后，视觉范围就有了一定的限度。一般能分辨的亮度上下限之比为 1000∶1。当平均亮度很低时，这一比值只有 10∶1。这说明了人眼是不能同时观看那么宽的范围的，这也叫人眼感觉的局限性。另外，在不同的环境下，对同一亮度的主观感觉也不相同。例如，在白天（晴朗）环境亮度约 10000 尼特时，可分辨的范围（亮度）为 200～20000 尼特，这时低于 200 尼特的亮度就给人以黑色的感觉。但环境亮度由 10000 尼特变为 30 尼特时，可分辨的范围为 1～200 尼特，这时 200 尼特的亮度就能引起更亮的感觉，只有低于 1 尼特的亮度才能形成黑色的感觉。这就是人眼的相对性。

2. 人眼的适应性

适应是指感受器在刺激物的持续作用下所发生的感受性的变化。适应既可引起感受性的提高，也可使感受性降低。适应性是指人眼对外界光的强弱变化而产生的自动调节能力。视觉的适应最常见的有亮适应和暗适应。

1）暗适应

从亮处到暗处，人眼开始看不见周围东西，经过一段时间后才逐渐区分出物体，人眼这种感受性逐渐增高的过程称暗适应。暗适应所需时间较长，感受性的变化也较大。暗适应主要是棒体细胞的功能，但在暗视觉中锥体细胞和棒体细胞起作用的大小和阶段不同。在暗视觉中，中央视觉转变成了边缘视觉。由实验可得到暗适应曲线。在暗适应的最初 5～7min，感受性提高很快，之后出现棒、锥裂，但感受性仍上升，方向发生了变化。在实验中，如果将只使锥体细胞活动的红光投射在视网膜上，使得只有锥体细胞参与暗适应过程，就会发现棒、锥裂消失。可见，暗适应的头一阶段是锥体细胞与棒体细胞共同参与的；之后，只有棒体细胞继续起作用。

暗适应包括两种基本过程：瞳孔大小的变化及视网膜感光化学物质的变化。这个适应范围是很有限的，瞳孔的变化并不是暗适应的主要机制。暗适应的主要机制是视网膜的感光物质——视紫红质的恢复。人眼接受光线后，锥体细胞和棒体细胞内的一种光化学物质——视黄醛与视蛋白重新结合，产生漂白过程；当光线停止作用后，视黄醛与视蛋白重新结合，产生还原过程。由于漂白过程而产生明适应，由于还原过程使感受性升高而产生暗适应。视觉的暗适应程度是与视紫红质的合成程度是相适应的。

我们从阳光下走进电影院，就会感到一片漆黑。稍待片刻（几分钟乃至十几分钟），视觉才能逐渐恢复。人眼的这种功能称为暗适应力。该适应过程一般需要 30min 才能达到稳定。暗适应一方面依赖于瞳孔的调节作用，当从亮环境进入暗环境时，瞳孔直径可由 2mm 扩大到 8mm，进入眼球的光能量增加 16 倍，然而这种调节作用是有限的。另一方面，也是主要的方面，依靠完成视觉过程的光敏细胞的更换。从亮环境进入暗环境，由锥状细胞起作用转换为棒状细胞起作用，后者的视敏度约为前者的 10000 倍，分布在离黄斑区较远的部位。在棒状细胞内有一种呈紫红色的感光化学物质称视紫红质，它很像照相机底板上的感光乳剂，在曝光时会被破坏褪色。进入暗环境中，视紫红质在维生素 A 的参与下又重新合成而恢复，于是棒状细胞的高灵敏度作用也就恢复，人眼就有了暗视觉能力。

2）亮适应

亮适应又称光适应。由暗处到光亮处，特别是在强光下，最初一瞬间会感到光线刺眼发眩，几乎看不清外界物体，几秒钟之后逐渐看清物体。这种对光的感受性下降的变化现象称为亮适应。亮适应的时间很短，最初约 30s，感受性急剧下降，被称为 α 适应部分，之后感受性下降逐渐缓慢，称之为 β 适应部分，大约在 1min 亮适应就全部完成。眼睛在光适应时，一方面瞳孔相应缩小以减少落在视网膜上的光量；另一方面，由暗适应时棒状细胞的作用转到锥状细胞发生作用。当在黑暗的房间里打开电灯时，很快就能分辨出景物（包括明暗与彩色）。这说明环境由暗到亮时，锥状细胞很快（几秒钟）就恢复了作用，并在约 1min 内达到稳定（即由棒状细胞起作用转换到锥状细胞起作用）。

3）局部适应

当视网膜上某点受到强光照射时，这一点的视敏度就与其他部位的不同。当再看均匀亮度背景时，就会感到背景中相应点呈现黑色，这是强光照的光敏细胞的灵敏度还来不及恢复的缘故。

视觉适应有其特殊的意义。在工程心理学中，对视觉适应现象进行了更具体的研究，如改善工作环境的照明条件以提高工作效率等。

视觉对比分为无彩色对比和彩色对比。无彩色对比的结果是明度感觉的变化。例如，同样两个灰色正方形，一个放在白色背景上，一个放在黑色背景上，结果在白色背景上的正方形看起来比黑色背景上的正方形要暗得多。

彩色对比是指在视野中相邻区域的不同颜色的相互影响的现象。彩色对比的结果是引起颜色感觉的变化，它使颜色向其背景颜色的补色变化。例如，两块绿色纸片，一块放在蓝色背景上，一块放在黄色背景上，在黄色背景上的带上了蓝，在蓝色背景上的带上了黄，这是色调对比的结果。一种颜色与背景色之间的对比，会从背景中诱导出一种补色。因为黄和蓝是互补色，所以当绿纸片放在蓝色背景上时它会带上黄色。视觉对比对人类的生存和发展有着重要意义，由于视觉对比的存在，人类才能分辨出物体的轮廓和细节，识别物体的形状和颜色。

色觉缺陷包括色弱（color weakness）和色盲（color blindness）。色弱主要表现为对光谱的红色和绿色区的颜色分辨能力较差。色盲又分为两类：局部色盲和全色盲。局部色盲包括红绿色盲和蓝黄色盲。前者是最常见的色盲类型，后者则少见。红绿色盲的人在光谱上只能看到蓝和黄两种颜色，即把光谱的整个红、橙、黄、绿部分看成黄色，把光谱的青、蓝、紫部分看成蓝色。在 500 nm 附近，他们看不出它的颜色，只觉得是白色或灰色的样子。蓝黄色盲的人把整个光谱看成是红和绿两种颜色。全色盲（achromatism）的人把整个光谱看成是一条不同明暗的灰带，没有色调感。在他们看来，整个世界是由明暗不同的白、灰、黑所组成的，正如同正常人看到的黑白电视那样。全色盲的人是极为罕见的。

3. 对光强度的感受

在适当的条件下，视觉对光的强度具有极高的感受性，其感觉阈限是很低的。人眼能对 2~7 个光能量子起反应。视觉对光的强度的差别阈限在中等强度时近似于 1/60，但在光刺激极弱时，比值可达 1，光刺激极强时，比值可缩小到 1/167。

视觉对光强度的感受性与眼的机能状态、光波的波长、刺激落在视网膜上的位置等因素有关。眼睛对暗适应越久，对光的反应越敏感。波长 500 nm 左右的光比其他波长的光更容易被觉察到。光刺激离中央凹 $8°\sim12°$ 时，视觉有最高的感受性；刺激盲点时，对光完全没有感受性。

4. 对光波长的感受

视觉对光波长的感受性不同于对光强度的感受性。一般来说，看见哪里有光总比说出光的颜色要容易些。在任何一种确定的波长中都有这样一段强度区域，在这一区域中，人眼只能看出光亮却看不出颜色。

视网膜的不同部位对色调的感受性是不同的。视网膜中央凹能分辨各种颜色。从中央凹到边缘部分，视锥细胞减少，视杆细胞增多，对颜色的辨别能力逐渐减弱；先丧失红、绿色的感受性，最后黄、蓝色的感受性也丧失，成了全色盲。

人对颜色的辨别能力在不同波长是不一样的。在光谱的某些部位，只要改变波长 1 nm 就能看出颜色的差别，但在多数部位则要改变 1~2 nm 才能看出其变化。在整个光谱上，人眼能分辨出大约 150 种不同的颜色。

5. 视敏度

视觉辨别物体细节的能力称为视敏度，也称视力。一个人辨别物体细节的尺寸越小，视敏度就越高，反之视敏度越差。视敏度与视网膜物像的大小有关，而视网膜物像的大小则取决于视角的大小。视角（visual angle）就是物体的大小对眼球光心所形成的夹角。同一距离，物体的大小同视角成正比；同一物体，物体距离眼睛的远近同视角成反比。视角大，在视网膜的物像就大。分辨两点的视角越小，表示一个人的视敏度越高，视力越好。常用测定视敏度的视标有"C"字形和"E"字形。视角等于 1′ 时，正常的眼睛是可以分别感受到这两个点的。因为 1′ 视角的视像大小是 6.4 μm，相当于一个视锥细胞的直径。从理论上说，物体的两点便分别刺激到两个视锥细胞上，因而能把它们区分开来。如果视角小于 1′，物体两点便刺激在同一视锥细胞上，这样就觉察不出是两个点了。正常人的视力为 1.0，但有的人可达 1.5，甚至更大。这不仅取决于中央凹视锥细胞的直径，也取决于大脑皮质视区的分析能力，即对于两个相邻视锥细胞产生不同程度兴奋的分析能力。

影响视敏度的因素较多，起决定因素的是光线落在视网膜的哪个部位。如果光线恰好落在中央凹，这一部位视锥细胞密集且直径最小，因此视敏度最大。光线落在视网膜周围部分，视敏度就会大减。此外，明度不同，物体与背景之间的对比不同，眼的适应状态不同等也都对视敏度有一定的影响。在中等亮度和中等对比度的条件下，观察静止图像时，对正常视力的人来说，其视敏角在 1′~1.5′，观察运动图像时，视敏角更大一些。

人眼分辨图像细节的能力也称为"视觉锐度"，视觉锐度的大小可以用能观察清楚的两个点的视角来表示，这个最小分辨视角称为"视敏角"。视敏角越大，能鉴别的图像细节越粗糙；视敏角越小，能鉴别的图像细节越细致。

4.2 心理与心理物理学

4.2.1 心理学概论

1. 心理学

心理学是研究行为和心理活动的学科。"心理学"一词来源于希腊文，意思是关于灵魂的科学。灵魂在希腊文中也有气体或呼吸的意思，因为古代人们认为生命依赖于呼吸，呼吸停止，生命就完结了。随着科学的发展，心理学的对象由灵魂改为心灵。19世纪末，心理学成为一门独立的学科，到20世纪中期，心理学才有了相对统一的定义。

心理学研究涉及知觉、认知、情绪、人格、行为、人际关系、社会关系等许多领域，也与日常生活的许多领域——家庭、教育、健康等发生关联。心理学一方面尝试用大脑运作来解释个人基本的行为与心理机能，并尝试解释个人心理机能在社会行为与社会动力中的角色。另一方面，其与神经科学、医学、生物学等科学有关，因为这些科学所探讨的生理作用会影响个人的心智。

心理学研究方法是研究心理学问题所采用的各种具体途径和手段，包括仪器和工具的利用。心理学的研究方法很多，如自然观察法、实验法、调查法、测验法、临床法等。

（1）自然观察法。自然观察法是研究者有目的、有计划地在自然条件下，通过感官或借助于一定的科学仪器，对社会生活中人们行为的各种资料的搜集过程。

从观察的时间上划分，可以分为长期观察和定期观察；从观察的内容上划分，可以分为全面观察和重点观察，前者是观察被试在一定时期内全部的心理表现，后者是重点观察被试某一方面的心理表现；从观察者身份上划分，可以分为参与性观察和非参与性观察，前者是观察者主动参与被试活动，以被试身份进行观察，后者是观察者不参与被试活动，以旁观者身份进行观察；从观察的场所上划分，可分为自然场所的现场观察和人为场所的情境观察。

观察法的优点是保持了人的心理活动的自然性和客观性，获得的资料比较真实；不足之处是观察者往往处于被动的地位，带有被动性。另外，观察法得到的结果有时可能是一种表面现象，不能精确地确定心理活动产生和变化的原因。为了克服观察法的弱点，就出现了有控制的观察，即实验法。

（2）实验法。实验法是指在控制条件下操纵某种变量来考查它对其他变量影响的研究方法，是有目的地控制一定的条件或创设一定的情境，以引起被试的某些心理活动而进行研究的一种方法。①实验室实验法。这是指在实验室内利用一定的设施，创造一定的条件，并借助专门的实验仪器进行研究的一种方法，是探索自变量和因变量之间关系的一种方法。实验室实验法，便于严格控制各种因素，并通过专门仪器进行测试和记录实验数据，一般具有较高的信度。通常用于研究心理过程和某些心理活动的生理机制等方面的问题。②自然实验法。这是在日常生活等自然条件下，有目的、有计划地创设和控制一定的条件来进行研究的一种方法。

自然实验法比较接近人的生活实际，易于实施，又兼有实验法和观察法的优点，所以这种方法被广泛用于研究教育心理学、儿童心理学和社会心理学的大量课程。

（3）调查法。调查法是指通过书面或口头回答问题的方式，了解被试的心理活动的方法。调查法的主要特点是，以问题的方式要求被调查者针对问题进行陈述。根据研究的需要，可以向被调查者本人作调查，也可以向熟悉被调查者的人作调查。调查法可以分为书面调查和口头调查两种。

（4）测验法，即心理测验法，就是采用标准化的心理测验量表或精密的测验仪器，来测量被试有关的心理品质的研究方法。常用的心理测验有能力测验、品格测验、智力测验、个体测验、团体测验等。在管理心理学的研究中，心理测验常常作为人员考核、员工选拔、人事安置的一种工具。

（5）临床法。用实验方法去研究抑郁、精神错乱等精神障碍问题是很困难或是根本不可能的。事实上，很多心理学实验在道德上令人难以接受，或者在操作上是不可行的。在这种情况下，通过个案研究来获取信息或许是最好的方法。个案研究有时被认为属于自然临床检验，也就是对能够提供心理学数据的偶发事件或者自然事件的检验。

从科学心理学的角度对各种心理现象进行科学界定，以建立和发展心理学中有关心理现象的一个完整的、科学的概念体系，这涉及大至对整个心理现象、小至对某一具体心理现象的概念内涵和外延的确定。

科学的心理学不能只限于描述心理事实，而应从现象的描述过渡到现象的说明，即揭示某些现象所遵循的规律。一方面，研究各种心理现象的发生、发展、相互联系，以及表现出的特性和作用等；另一方面，研究心理现象所赖以发生和表现的机制。它包括心理机制和生理机制两个层面上的研究。前者研究心理现象所涉及的心理结构组成成分间相互关系的变化；后者研究心理现象背后所涉及的生理或生化成分的相互关系和变化。

心理学可以指导人们在实践中如何了解、预测、控制和调节人的心理。例如，可以根据智力、性格、气质、兴趣、态度等各种心理现象表现的情况，研制各种测试量表，借以了解人们的心理发展水平和特点，为因材施教和人职匹配提供依据。

2. 格式塔心理学理论

格式塔心理学理论是20世纪初由德国心理学家韦特海墨、苛勒和考夫卡在研究似动现象的基础上创立的。该学派反对把心理还原为基本元素，把行为还原为刺激-反应联结。他们认为思维是整体的、有意义的知觉，而不是联结起来的表象的简单集合；主张学习在于构成一种完形，是改变一个完形为另一完形。格式塔，是德语"Gestalt"的译音，意即"完形"；他们认为学习的过程不是尝试错误的过程，而是顿悟的过程，即结合当前整个情境对问题的突然解决。

格式塔心理学家把重点放在整体上，这并不意味着他们不承认分离性。事实上，格式塔也可以是指一个分离的整体。在与地理环境、行为环境相互作用的过程中，人被视为一个开放的系统。韦特海墨在1924年写道，人类是一个整体，其行为并非由作为个体的人所决定，而是取决于这个整体的内在特征，个体的人及其行为只不过是这个整体过程中的一部分罢了。格式塔理论恰好能解释整体的内在特征。格式塔理论的整体法则包括：①相近（proximity）。距离相近的各部分趋于组成整体。②相似（similarity）。在某一方面相似的各部分趋于组成整体。③封闭（closure）。彼此相属、构成封闭实体的各部分趋于组成整体。④简单（simplicity）。具有对称、规则、平滑的简单图形特征的各部分趋于组成整体。这些空间组织规律即"完形法则"（law of organization），是心理学家在认知领域中的研究成果。因此，格式塔理论也被称为"完形理论"。

似动现象是格式塔心理学的基础。似动知觉是指在一定的条件下人们把客观静止的物体看成是运动的，或把客观上不连续的位移看成是连续运动的。静止之物相继刺激视网膜上邻近部位产生物体正在运动的知觉，似动现象是一种错觉性的运动知觉。物体本身并未移动，而只是刺激在特定的时间间隔和空间间距条件下交替呈现所产生的运动知觉现象，它是最有代表性的似动现象。实际生活中的电影和霓虹灯的运动都属于运动知觉现象。运动知觉现象受两个刺激物先后呈现的时间间隔长度影响。一般情况下，间隔时间短于 0.03s 或长于 0.2s 都不会产生似动现象，此时将会看到前者为两个刺激物同时出现，后者为两个刺激先后出现。当间隔时间为 0.06s 时，能非常清楚地看到运动知觉现象，此时的似动现象称为最适似动现象。

科尔特定律：似动主要依赖于刺激物的强度、时间间隔和空间距离。这些物理参数的相互关系可以用科尔特定律来表示：①当刺激间的时距不变时，产生最佳运动的刺激强度和空间距离成正比；②当空间距离恒定时，刺激物的强度与时距成反比；③当强度不变时，时距与空间距离成正比。

（1）图形与背景。人们倾向于把知觉组织成被观察的对象（图形）和对象赖以产生的背景。图形似乎更加实在，从背景中凸现出来。在具有一定配置的场内，有些对象突现出来形成图形，有些对象退居到衬托地位而成为背景（详见图形背景论）。

（2）接近与连续。在时间或空间上紧密连在一起的部分似乎是相属的，倾向于被知觉在一起（图 4.2）。某些距离较短或互相接近的部分，容易组成整体。例如，距离较近而毗邻的两线，自然而然地组合起来成为一个整体。连续性指对线条的一种知觉倾向，尽管线条受其他线条阻断，却仍像未阻断或仍然连续着一样被人们所感觉到。

（3）完整与闭合。人们的知觉有一种完成不完善图形、填补缺口的倾向。知觉印象随环境而呈现最为完善的形式。彼此相属的部分，容易组合成整体；反之，彼此不相属的部分，则容易被隔离开来。这种完整倾向说明知觉者心理的一种推论倾向，即把一种不连贯的有缺口的图形尽可能在心理上使之趋合，那便是闭合倾向，如图 4.3 所示。完整和闭合倾向在所有感觉中都起作用，它为知觉图形提供完善的定界、对称和形式。

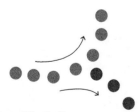

Law of Continuity:
Lines are seen as following the smoothest path. In the image above, the top branch is seen as continuing the first segment of the line. This allows us to see things as flowing smoothly without breaking lines up into multiple parts.

图 4.2 接近和连续

Law of Closure:
Objects grouped together are seen as a whole. We tend to ignore gaps and complete contour lines. In the image above, there are no triangles or circles, but our minds fill in the missing information to create familiar shapes and images.

图 4.3 完整和闭合

（4）相似性。如果各部分的距离相等，但它的颜色有异，那么颜色相同的部分就自然组合成为整体。这说明相似的部分容易组成整体。

（5）简单原则。尽可能地把图形知觉为完好形式。一个完好的格式塔是对称的、简单的和稳定的。

（6）共同方向运动。一个整体中的部分，如果作共同方向的移动，则这些作共同方向移动的部分容易组成新的整体。

3. 图形背景论

图形背景论是以突显原则为基础的一种理论。图形背景分离原则是空间组织的一个基本认知原则。图形背景论是由丹麦心理学家鲁宾首先提出来的，后由完形心理学家借鉴来研究知觉及描写空间组织的方式。当人们观看周围环境中的某个物体时，通常会把这个物体作为知觉上突显的图形，把环境作为背景，这就是突显原则（图 4.4 和图 4.5）。完形心理学家对视觉和听觉输入是如何根据突显原则来组织的这一问题很感兴趣。他们认为，知觉场总是被分成图形和背景两部分。图形这部分知觉场具有高度的结构，是人们所注意的那一部分，而背景则是与图形相对的、细节模糊的、未分化的部分。人们观看某一客体时，总是在未分化的背景中看到图形。图形和背景的感知是人类体验的直接结果，这是因为日常生活中人们总是会用一个物体或概念作为认知参照点去说明或解释另一个物体或概念，这里的背景就是图形的认知参照点。

一般来说，图形与背景的区分度越大，图形就越突出而成为人们的知觉对象。例如，人们在寂静中比较容易听到清脆的钟声，在绿叶中比较容易发现红花。反之，图形与背景的区分度越小，就越是难以把图形与背景分开，军事上的伪装便是如此。要使图形成为知觉的对象，不仅要使其具备突出的特点，还应使其具有明确的轮廓。

著名的鲁宾脸/花瓶（图 4.6）幻觉证明了图画中的确存在着知觉突显。人们不可能同时识别脸和花瓶，只能要么把脸作为图形，要么把花瓶作为图形。这一事实启发人们不得不问这样一个问题：是什么因素支配人们对图形的选择呢？当然，这里的脸/花瓶幻觉只是一个特殊的例子，因为它允许图形与背景相互转换。但日常生活中，大多数视觉情景只是图形-背景分离现象。例如，当人们看到墙上有幅画这样的情景发生时，画通常会被认为是图形，墙是背景，而不是相反。根据完形心理学家的观点，图形的确定应遵循普雷格郎茨原则，即通常是具有完形特征的物体、小的物体，容易移动或运动的物体用作图形。

  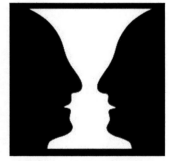

图 4.4　隐藏的王后轮廓　　　图 4.5　隐藏的拿破仑　　　图 4.6　鲁宾脸/花瓶

兰盖克根据感知突显的程度对图形和背景进行了这样的论述：从印象上来看，一个情景中的图形是一个次结构，它在感知上比其余部分要显眼些，并且作为一个中心实体具有特殊的突显，情景围绕它组织起来，并为它提供一个环境。他还揭示了图形与背景区别的一种自然体现：与环境形成鲜明对比的一个相对密集的区域，具有被选作图形的强烈倾向。兰盖克的这番话实际上道出了一个实质性的问题，那就是内包这一概念：图形必须恰当地包含在背景中，因此它比背景小。

图形和背景具有定义特征和联想特征。图形没有已知的空间或时间特征可确定，而背景具有已知的空间或时间特征，可以作为参照点用来描写，确定图形的未知特征，这就是图形和背景的定义特征。联想特征可以从不同的维度进行描写，如空间大小、时间长短、动态性、可及性、依赖性、突显性、关联性和预料性等。定义特征在确定图形和背景时起着决定性的作用，而联想特征只起辅助作用。当用它们来确定图形和背景时，如发生冲突，联想特征应服从于定义特征。

拓扑空间方位中的图形与背景的关系是不对称的，其中一个物体只能用作图形，另一个物体只能用作背景。拓扑空间方位中图形和背景的选择通常是根据定义特征、空间大小、突显性、复杂性、依赖性和预料性等联想特征决定的。

4. 视觉错觉

人的眼睛不仅可以区分物体的形状、明暗及颜色，而且在视觉分析器与运动分析器（眼肌活动等）的协调作用下，可产生更多的视觉功能，使各功能在时间上与空间上相互影响、互为补充，使视觉更精美、完善。因此，视觉为多功能名称，人们常说的视力仅为其内容之一，广义的视功能应由视觉感觉、量子吸收、特定的空间时间构图及心理神经一致性四个连续阶段组成。

错觉是指人们对外界事物的不正确的感觉或知觉，最常见的是视觉方面的错觉。产生错觉的原因，除来自客观刺激本身特点的影响外，还有观察者生理上和心理上的原因。来自生理方面的原因是与人们感觉器官的机构和特性有关；来自心理方面的原因与人们生存的条件以及生活的经验有关。

人们在实际生活中，经常是在不断纠正错误的过程中来感知和适应客观世界的。对外界刺激（信息）特征的辨别能力，是人们认识世界和习得知识的重要手段。在人们的视觉中，当物体的图像落在视网膜的盲点部分时，就会产生"视而不见"的错觉。例如，图4.7中的谢泼德桌面，这两个桌面的大小、形状完全一样，虽然图是平面的，但它暗示了一个三维物体，桌子边和桌子腿的感知提示，影响人对桌子的形状做出三维解释。这个奇妙的幻觉图形清楚地表明，人的大脑并不是按照它所看到的进行逐字解释。图4.8中线 AB 和线 CD 长度完全相等，虽然它们看起来相差很大。

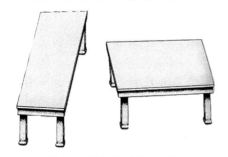

图 4.7　两个桌面完全一样

图 4.8　线 AB 和线 CD 长度完全相等

图4.9中，明暗和阴影的影响，使人们得到凸出或凹入的知觉。图4.10中正方形变形，图4.11中两条平行线弯曲，图4.12中圆的大小不一样，这些例子说明感觉和知觉都会受背景条件的影响而有所改变，都是生理性的现象造成的错觉。

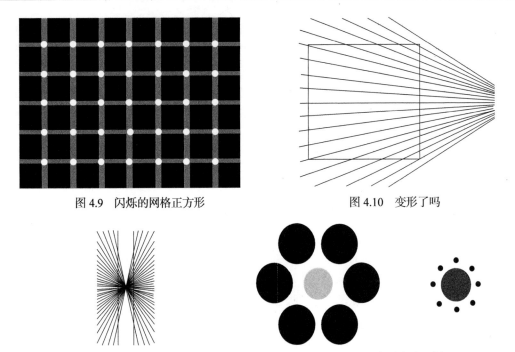

图 4.9 闪烁的网格正方形　　　　图 4.10 变形了吗

图 4.11 平行线向外弯曲了吗　　　图 4.12 两个圆大小一样吗

此外，在颜色知觉中，每一种颜色都有它相应的互补色（互补色如用混色轮混合时，会成为灰色白色，只有亮度而无彩色）。红和绿是一对互补色，黄和蓝也是一对互补色，其他颜色也都各有其相应的互补色。黑和白也有互补关系。如果互补色两者同时呈现在一个画面上，会显得分外鲜明。如果在周围充满一种颜色刺激时，无刺激的"空档"处便会产生互补色的感觉，从而产生"无中生有"的错觉。最常见的事实是在蓝色的天幕上出现的月亮（无色）会显黄色。汽车司机夜间行车时都有这样的经验，走在高压水银灯照明（蓝紫色光源）的道路上，自己的车灯（白炽灯）灯光显橙黄色；而走在钠灯照明（黄色光源）的道路上，自己的车灯显蓝色。

有些情况下，人们得到的知觉与事实不相符合，那是因为这种知觉是在特定的条件影响下形成的，并非错觉。例如，将筷子斜插在有水的水杯里，看上去筷子在水中的部分向下错开了，这是折射现象所引起的。又如，海市蜃楼、汽车上凸面的倒车镜以及哈哈镜，这些幻影或所产生变形的图像，都不能看成是错觉。

对错觉的了解使人们在观察上能摆脱它而不致将错觉认为是正确的。错觉在艺术上、技术上以及军事上都有积极作用。例如，电影摄制中用移动布景的方法造成交通工具的运行。又如，汽车、飞机以至宇宙航行等供训练驾驶员的模拟装置，军事上的各种伪装以及按形体的服装的设计、花色的匹配等和错觉都有一定的关系。

总之，错觉产生既有生理因素，又有心理因素。人们要防止错觉造成认识上的错误，但也可以利用错觉为自己服务。视觉错觉原理，可以有效地改变人对空间信息的接收，改变人和空间的交互感受。例如，可以通过视觉错觉原理改变"眼中"的方位、大小，甚至呈现美好的精致画面。众多设计师在做室内或者是室外广告设计的时候都会运用到视觉错觉原理。运用视觉错觉和透视原理可以设计出具有空间感的作品。

4.2.2 心理物理学

人类通过视觉获取地理信息时,不仅要获取地理物体和现象质量特征,还要获取地理对象的数量特征,真实地认识客观世界。人们感觉有量的差异,又怎么能像物理学那样对它进行精确的测量呢?回答这个问题的科学就是心理物理学。

心理物理学是研究心理量和物理量之间关系的科学。1860 年,德国物理学家费希纳出版《心理物理学纲要》一书,创立了心理物理学。他把心理物理学概括为"一门讨论心身的函数关系或相互关系的精密科学"。他把自然科学的研究方法引入心理学,为感觉的测量提供了方法和理论,为心理学的实验研究方法的发展奠定了基础。心理学的实验方法是现代心理学的主要研究方法,现代心理学是实验的心理学。直至今日,心理物理法仍然是实验心理学的核心。心理物理学创立 100 多年来,在理论上和方法上都有很大的发展和变化,特别是信号检测论、信息论和电子计算机在心理学中的广泛应用,为心理学的实验研究打开了新局面。心理物理学所要解决的问题是:①多强的刺激才能引起感觉,即绝对感觉阈限的测量;②物理刺激有多大变化才能被觉察到,即差别感觉阈限的测量;③感觉怎样随物理刺激的大小而变化,即阈上感觉的测量,或者说心理量表的制作。

美籍德裔心理学家考夫卡认为,世界是心物的,经验世界与物理世界不一样。观察者知觉现实的观念称作心理场(psychological field),被知觉的现实称作物理场(physical field)。心理场与物理场之间并不存在一一对应的关系,但是人类的心理活动却是两者结合而成的心物场,同样一把老式椅子,年迈的母亲视作珍品,它蕴含着一段历史、一个故事,而在时髦的儿子眼里,如同一堆破烂。

1. 韦伯-费希纳定律

韦伯-费希纳定律是表明心理量和物理量之间关系的定律,是以德国物理学家、心理物理学创始人费希纳与韦伯名字命名的用于揭示心理量与物理量之间数量关系的定律。该定律是在韦伯定律的基础上发展而来的。韦伯发现同一刺激差别量必须达到一定比例,才能引起差别感觉,即感觉的差别阈限随原来刺激量的变化而变化,而且表现为一定的规律性,这一比例是个常数,用公式表示为:ΔI(差别阈限)$/I$(标准刺激强度)$=k$(常数/韦伯分数),这就是韦伯定律。为了描述连续意义上心理量与物理量的关系,德国物理学家费希纳在韦伯研究的基础上,于 1860 年提出了一个假定:把最小可觉差(连续的差别阈限)作为感觉量的单位,即每增加一个差别阈限,心理量增加一个单位,这样可推导出如下公式:$S = k\log I + C$(S 为感觉量;k 为常数;I 为物理量;C 为积分常数),通式:$S = k\log I$。其含义是感觉量与物理量的对数值成正比。也就是说,感觉量的增加落后于物理量的增加,物理量呈几何级数增长,心理量呈算术级数增长,这个经验公式被称为费希纳定律或韦伯-费希纳定律,适用于中等强度的刺激。

心理物理定律(psychophysical law)是关于物理连续体上的变量和相应的感官反应之间的函数关系及其数量化的描述。这些定律的目的是解释感官系统的活动和预测感觉行为。心理物理定律描述的现象主要有两类:一类是对刺激探察力或阈限的测量;另一类是对阈限刺激分辨能力的测量。心理物理学的方法主要用于人类被试(传统上也称为观察者)的实验,但有些方法现在也用来研究动物的感觉。

2. 测量感觉阈限

与阈限测量一样,阈上感觉的测量也取决于行为反应。心理物理学理论的目的是试图解释刺激变量和有关反应间的关系。这些理论的基础是三个独立而相关的维度或连续体：①物理（刺激）连续体；②假设的主观或感觉连续体；③判断或行为反应连续体。经典的"感觉"概念指的是第二个连续体。但是必须指出，"感觉"其实不是一个心理存在，而是一个假设的结构，是一个根据刺激范围加以操作定义，并与反应范围相关的函数。假定每个向被试呈现的刺激都能产生一个辨别过程或中介连续体上的表象。心理物理学理论直接指向假设连续体上出现的事物，因此能够解释作为中介的感觉（行为）反应。假设连续体和判断反应连续体之间存在一个正线性相关的假定，获得的行为反应可以作为假设连续体的相关变量的测量。差别阈限测量的是观察者对刺激间阈上差异的辨别能力。根据韦伯定律，感觉辨别是相对的，即能引起感觉变化的刺激强度升高或降低的量（$\Delta\Phi$）是原始刺激（Φ）的强度的固定比率。用数学公式表示就是 $\Delta\Phi = K\Phi$，其中，K 为一个相应的常量。

测量感觉阈限的基本方法主要有极限法、调整法和恒定法三种，它们最早是 1860 年费希纳在他的《心理物理学纲要》上提出来的，费希纳用它们来测定绝对阈限和差别阈限。从操作的角度来说，绝对阈限（absolute threshold，RL）是指有 50%的次数能引起感觉，50%的次数不能引起感觉的刺激的强度；差别阈限（difference threshold，DL）是指有 50%的次数能觉察出差别，50%的次数不能觉察出差别的刺激强度的差异。

（1）极限法。刺激以相等间距变化，从远离阈限值开始，或渐增，或渐减，找被试从感觉不到到感觉到，或从感觉到到感觉不到的转折点，以此转折点的刺激强度作为阈限值的方法。

（2）调整法，也称平均差误法、复制法或均等法。这个方法的典型实验程序是让被试调整一个连续变化的比较刺激，使它与标准刺激相等。每次实验主试都让被试从一个明显大于或小于标准刺激的点开始，直到比较刺激看起来与标准刺激相等为止。比较刺激的起点是随机的，且大于和小于标准刺激的次数相等，交替呈现。调整法主要用于差别阈限的测量，有时也可用来测绝对阈限。

（3）恒定刺激法，也称正误法、恒定法、次数法。它的特点是只采用少数几个刺激（一般是 4～9 个），且这几个刺激在整个测定阈限的过程中是固定不变的，主试把这几个刺激以随机的方式反复向被试呈现。用恒定刺激法测感觉阈限之前，先要进行预备实验，以选定刺激并确定各刺激呈现的顺序。所选刺激的最大强度应为每次呈现几乎都能被感觉到的强度，被感觉到的可能性最好在 95%左右；所选刺激的最小强度应为每次呈现几乎都不能被感觉到的强度，被感觉到的可能性最好在 5%左右。选定刺激范围以后，再在这个范围内选出 4～9 个间距相等的刺激。

3. 制作心理量表

心理量表法是度量阈上感觉的方法。作用于人的物理刺激是用物理量表来测量的。例如，刺激的长度可以用米或尺来度量，刺激的重量可以用千克或克来度量。有了物理量表，人们可以根据需要改变刺激的强度。有一个工程师在进行照明设计时，需要使一间屋子的亮度看起来是另一间屋子的 2 倍，他把这间屋子里原来 15 W 的灯泡换成 30 W，却发现屋内的亮度并没有增加 1 倍。这说明物理刺激与心理感觉并不是对应的，只用物理量表不能解决这类问题，还得建立能够度量阈上感觉的心理量表。

从量表有无相等单位和有无绝对零点来说，心理量表可以分为顺序量表、等距量表和比例量表三类。顺序量表既没有相等单位，又没有绝对零点，它只是把事物按照某种标志排出一个顺序。等距量表有相等单位，但没有绝对零点。比例量表既有相等单位，又有绝对零点，可以用各种数学手段处理数据,是一种比较理想的量表。量表的性质不同,制作的方法也不同。

1) 顺序量表制作

顺序量表可以用等级排列法和对偶比较法来制作。等级排列法是一种制作顺序量表的直接方法。实验时把许多刺激同时呈现给被试,让被试按一定标准把它们排成一个顺序,然后把许多被试对同一刺激评定的等级加以平均,把各刺激按平均等级的大小排列,得到的就是顺序量表。

对偶比较法是把所有要比较的刺激配对呈现,让被试对刺激的某一特性进行比较,最后根据每个刺激的得分多少,排出顺序量表。

2) 等距量表制作

等距量表可以用感觉等距法和差别阈限法来制作。感觉等距法是制作等距量表的直接方法,它是通过把一个感觉分成主观上相等的距离来制作的。例如,有一种称为二分法的方法就是呈现两个刺激 R_1 和 R_5,$R_5 > R_1$,要求被试找出一个 R_3,使 R_3 的强度刚好在 R_1 和 R_5 之间,即 $R_5 - R_3 = R_3 - R_1$。然后要求被试找出 R_2,使 R_2 的强度刚好在 R_1 和 R_3 之间;找出 R_4,使 R_4 的强度刚好在 R_3 和 R_5 之间。这样,利用三次二分法把 R_1 和 R_5 之间的强度分成了四等分,就得到了一个刺激 R 的感觉等距量表。

差别阈限法是一种制作等距量表的间接方法。根据韦伯定律,差别阈限是标准刺激的物理强度随着标准刺激的增加按韦伯比例相应地增加,使主观增量始终保持在最小可觉差的水平上,这就是用差别阈限法制作等距量表的基本原理。

3) 比例量表制作

比例量表可以用分段法和数量估计法来制作。分段法是制作比例量表的直接方法,它是通过把一个感觉量加倍或减半或取任何其他比例来建立心理量表的。例如,人们可以以一个固定的阈上刺激作为标准,让被试调整比较刺激,使它所引起的感觉为标准刺激的 2 倍(也可以是 3 倍、1/2 倍、1/3 倍等,每个实验只能选一个比例进行比较)。用一个标准刺激比较以后,再换另外几个标准刺激进行比较,这样就能找出哪些刺激引起的感觉是哪些标准刺激的 2 倍。以这些数据为根据,就可以建立起一个感觉的比例量表。

数量估计法也是制作比例量表的直接方法。它的步骤是:主试先呈现一个标准刺激,规定它的主观值为某个数字,然后让被试以这个主观值为标准,把其他同类但强度不同的刺激放在这个标准刺激与主观值的关系中进行比较,并用一个数字表示出来。

心理物理量表的制作方法有两种:一是直接的方法,即在实验者设置的量表值和观察者的判断值之间存在直接的对应关系,如数量估计法;二是间接的方法,即量表值和观察值之间没有一一对应关系,如分类估计法。如果把这两种方法分别用于同一组数据,将会得到两个线性相关的量表,在它们构成的直角坐标系中,会产生一条直线。但是,事实上在实验过程中人们极难获得这种理想的相关关系,在分类量表(间接的方法)和比例量表(直接的方法)构成的坐标系中,绘出的通常都是一条向下的凹型曲线,位置介于对数函数和幂函数之间。这一结果表明,判断变量随刺激值在测验连续体上由低到高变化而不断增值。未能得到线性结果的另一个可能原因是,两种制作方法的反应范围或其他因素不同,影响了观察者的适应水平。

如果假定费希纳定律是正确的,那么二分法所得变异刺激的强度应该等于两个终端刺激的几何平均数。但是,许多研究结果发现中间那个值更接近于算术平均数而不是几何平均数。

因此，费希纳通过刺激辨别的间接方式测量感觉反应的结果，并没有得到相等感觉距离的直接测量证明。假如观察者能够有效地判断两个感觉的间距是否相等，那么直接测量程序产生的是感觉量的等距量表和感觉间距的比率量表。

用二分法制作感觉等距量表时，研究者向观察者呈现两个大小不同的刺激，要求观察者对与前两个刺激同在一个刺激连续体上的第三个刺激进行调节，直至第三个刺激在感觉上与前两个刺激的距离相等。观察者调整刺激的值取决于两个标准刺激呈现的方向、顺序。如果标准刺激按从大到小的顺序呈现，二分法结果的值将大于标准刺激按从小到大的顺序呈现测得的值。科索把这种滞后现象归因于观察者的反应倾向或适应水平。

既然量表值受各种非感觉因素（如刺激顺序、刺激范围、反应范围、标准刺激的值等）的影响，那么对物理量表及由此而来的心理物理定律的解释就难免不太准确。严格地说，心理物理定律与感觉大小并不是一回事，它所涉及的是刺激和相应的判断反应间的关系，并从中推测出感觉大小来。

有些研究者相信心理物理量表反映了感觉神经活动的某些特定方面，他们把心理物理函数看作是一种"转换"函数，它说明了感觉机制如何把刺激能量变成神经活动。但是，S.S.史蒂文斯在查阅了有关的研究文献后发现，虽然有些生理反应符合幂函数，但它们的指数常常不等于从心理物理实验中得到的幂函数指数。从理论的角度来看，"转换"函数的比喻只会把事情弄得更复杂，因为这样一来，心理物理定律涉及的就不只是三个连续体，而是四个：①物理刺激；②生理反应；③感觉反应；④判断反应。如果第三个连续体是不重要的，那么心理物理定律就不用保留主观大小这个潜在的参考框架。不论心理物理理论涉及的连续体究竟是三个还是四个，任何两个邻近的连续体之间总是存在一个非线性的心理物理量表（遵循对数定律或幂定律）。一些有限的研究结果表明，刺激在感受器发生了指数转换，感觉信息传向大脑的途中发生的是线性转换。不管怎样，即便神经系统中不存在一个刺激按幂定律转换的水平，感觉系统作为一个整体仍然遵循幂定律。

另一种可能的情形是，非线性不是边缘感觉系统的功能，而是在大脑中枢的信息加工过程中呈现出来的。因此，感觉量表实验中的判断反应会受到以前学习经验、刺激、反应方式、实验程序等因素的影响。

4. 信号检测法

用经典的心理物理法测感觉阈限时，常有一些非感觉的因素如动机、期望、态度等对阈限的估计产生影响，这些因素称为反应的倾向性。例如，在用恒定刺激法测阈限时，即便没有刺激呈现，被试有时也会做出"有"的反应。为了消除这些影响，心理物理学家想出了许多措施，如在实验前对被试加以训练，使他在实验中采取的反应标准前后一致；用统计方法校正实验结果，以除去判断比较中猜测的成分等。但这些措施主要是使影响阈限估计的因素保持恒定，并不能测量反应的倾向性，也不能把所测得的阈限和反应倾向性阶段分开。信号检测论对心理学的贡献就在于使实验者可以用一些方法测量反应的倾向性，并使所测得的被试的辨别力不受反应倾向性的影响。

信号检测论对被试的反应做了区分，把被试正确觉察到刺激的呈现称为"击中"，把没有刺激呈现而被误以为有刺激呈现的情况称为"虚报"。动机、期望、态度等反应倾向性的改变有时会提高击中率，但这种结果往往伴随着虚报率的上升。经典心理物理法总是试图把虚报率控制在较低的水平，以便在计算阈限时可以忽略不计。但信号检测论在计算辨别力时，兼顾了击中率和虚报率这两个指标，使实验的结果更客观、更可靠。

辨别力的计算程序取决于实验所用的方法。信号检测实验包括三种基本方法：有无法、评价法和迫选法。有无法的基本程序是，主试呈现刺激，让被试判断刚才呈现的刺激中有无信号，然后根据被试判断的结果来估计击中率和虚报率。评价法呈现刺激的方式和有无法一样，但要求被试反应的方式和有无法不同。在有无法做的实验中，只要求被试以"有信号"或"无信号"来反应，而在评价法中，还要求被试对信号出现的可能性做出评价。迫选法和有无法、评价法不同的地方在于，让被试判断以前，至少要连续呈现两次刺激。在两次或多次呈现的刺激中，只有一次有信号出现，但信号在哪一次出现则是随机的。被试的任务就是判断哪一次呈现的刺激中最可能有信号。

4.3 符号与地图符号

人类很早就学会了用地图图形科学地、抽象概括地反映自然界和人类社会各种现象空间分布、组合、相互联系及其随时间动态变化和发展。地图是空间信息的载体，是客观地理世界的一种最有效的表示形式，是人们认识所生存的空间世界环境的最有力工具。地图对空间信息的反映，是通过对现实世界的科学抽象和概括，依据一定数学法则，运用地图语言——地图符号实现的。现实世界中的各种现象（地理实体）之间的空间位置关系，如道路两旁的植被或农田及与之相邻的居民地等，都是通过读图者的形象思维从地图上获取的。

4.3.1 符号

符号是指具有某种代表意义的标识，来源于规定或者约定俗成，其形式简单、种类繁多、用途广泛，具有很强的艺术魅力。符号是表达观念、传输一定信息的工具，用来代表某种事物现象的代号，以约定关系为基础，表示抽象的概念。符号是人类第二种语言，是一种图形语言。它与文字语言相比较，最大的特点是形象直观。符号是人们共同约定用来指称一定对象的标志物，它可以包括以任何形式通过感觉来显示意义的全部现象。在这些现象中某种可以感觉的东西就是对象及其意义的体现者。

符号通常可分成语言符号和非语言符号两大类，这两类符号在传播过程中通常是结合在一起的。无论是语言符号还是非语言符号，在人类社会传播中都能起到指代功能和交流功能。符号具有三个基本特征。

（1）抽象性。卡西尔把符号理解为由特殊抽象到普遍的一种形式。在人那里已经发展起一种分离各种关系的能力。这种分离各种关系的能力在德国哲学家赫尔德那里，被称为"反思"，即人能够从漂浮不定的感性之流中抽取出某些固定的成分，从而把它们分离出来进行研究。这种抽象能力在动物中是没有的。这就说明关系的思想依赖于符号的思想，没有一套相当复杂的符号体系，"关系"的思想根本不可能。所以，"如果没有符号系统，人的生活就被限定在他的生物需要和实际利益的范围内，就会找不到通向理想世界的道路"。

（2）普遍性。普遍性是指符号的功能并不局限于特殊的状况，而是一个普遍适用的原理，这个原理包括了人类思想的全部领域。这一特性表明人的符号功能是不受任何感性材料的限制的。此时、彼时、此地、彼地，其意义具有相对的稳定性。由于每物都有一个名称，普遍适用就是人类符号系统的最大特点之一。这也就是聋、哑、盲儿童的世界比最高度发达的动物世界还要无比宽广和丰富的原因，这也是唯独人类能打开文化世界之门的奥秘所在。

（3）多变性。一个符号不仅是普遍的，还是极其多变的。人们可以用不同的语言表达同样的意思，也可以在同一种语言内，用不同的词表达某种思想和观念。"真正的人类符号并不体现在它的一律性上，而是体现在它的多面性上，它不是僵硬呆板的，而是灵活多变的"。

卡西尔认为，正是符号的这三大特性使符号超越于信号。卡西尔以巴甫洛夫所做的狗的第二信号系统实验为例来予以说明。他认为："铃声"作为"信号"是一个物理事实，是物理世界的一部分。相反，人的"符号"不是"事实性的"而是"理想性的"，它是人类意义世界的一部分。信号是"操作者"，而符号是"指称者"，信号有着某种物理或实体性的存在，而符号是观念性的、意义性的存在，具有功能性的价值。人类由于有了这个特殊的功能，才不仅仅是被动地接受世界所给予的影响做出事实上的反应，而是能对世界做出主动的创造与解释。正是有了这个符号功能，才使人从动物的纯粹自然世界升华到人的文化世界。

4.3.2 地图符号

地图符号就是用概括性、综合性和概念化的手段，通过归纳、分类、分级等方法，用抽象的具有共性的符号，来表示某一类（级）地理事物。地图符号是地图的图解语言，用来沟通客观世界、制图者和用图者，是传输地图信息的媒介。通过对地理事物的制图综合，地图表示了复杂繁多的地理事物，科学地反映了地理事物的群体特征和本质规律。地图符号的实质是以约定关系为基础，用一种视觉形象图形来代指事物现象的抽象概念，表示地理信息空间位置、大小、数量和质量特征的特定的点、线、几何图形、文字和数字等。广义的地图符号是指表示各种事物现象的线划图形、色彩、数学语言和注记的总和，也称为地图符号系统。狭义的地图符号由形状不同、大小不一、色彩有别的图形和文字组成，是具有空间特征的一种视觉符号，是直观形象表达某个事物的空间位置、大小、质量和数量特征的特定图形记号或文字。

1. 构成特点

地面上错综复杂的物体，经过归纳（分类、分级）进行抽象，并用特定的符号表示在地图上，不仅解决了逐一描绘各个物体的困难，还能反映物体全局的本质规律。地理事物是通过符号来表达的，地图符号是表示地理事物内容的基本手段，它由形状不同、大小不一、色彩有别的图形和文字组成。因此，符号具有如下特点。

（1）符号应与实际事物的具体特征有联系，以便于根据符号联想实际事物。
（2）符号之间应有明显的差异，以便相互区别。
（3）同类事物的符号应该类似，以便分析各类事物总的分布情况，以及研究各类事物之间的相互联系。
（4）简单、美观，便于记忆，使用方便。

作为符号，地图符号与其他符号的区别在于，它既能提供对象的信息，又能反映其空间结构，其主要特性是：①地图符号是空间信息和视觉形象复合体；②地图符号有一定的约定性；③地图符号可以等价变换。

就单个符号而言，它可以表示客观事物的类别、空间分布位置、数量多少。就同类事物而言，可以反映该类事物的分布特点。各类符号的总和，则可以表示各类事物之间的相互关系及区域总体特征。

2. 地图符号构成

图形、尺寸和颜色是地图符号构成的三要素。

(1)符号的图形是反映地理要素的外形和特征的,具有象征性、艺术性和表现力,要便于区分,又便于阅读记忆。常以图形区别事物的类别,以正射投影为主,以透视图形和几何图形为辅。

(2)符号的尺寸。尺寸大小与地图内容、用途、比例尺、分辨力、制图印刷有关,常以尺寸区别等级。

(3)符号的颜色提高了地图的视觉效果,增强了地理各要素分类分级的概念,简化了符号图形。

3. 地图符号量表

地理学者为了在地图上直接或间接描述空间信息的数量特征,应用心理物理学惯常采用的度量方法——量表法,对空间数据进行数学处理。根据被处理数据的属性,量表法可分为四种:定名量表、顺序量表、间距量表和比率量表。

(1)定名量表:对空间信息的处理只使用定性关系,一般不使用定量关系的量表,是最低水平的量表尺度。众数是最佳的数学统计量,它以一个群体中出现频率最高的类别定名。

(2)顺序量表:按某种区分标志把事物现象构成的数组进行排序,区分为一种相对等级的方法。顺序量表的运算方法是选择中位数,并以四分位法研究观测结果的排列位置或编号的离差。

(3)间距量表:是指利用某种统计单位对顺序量表的排序增加距离信息。采用间距量表可以区分空间数据量的差别,常用的统计量是算术平均值,而描述数据平均值的离散度是标准差。

(4)比率量表:它和间距量表一样,按已知数据的间隔排序,但呈比率变化,从绝对零值开始又能进行各种算术运算,它实际上是间距量表的精确化。

4. 符号分类

(1)按定位情况,符号可分为两种:①定位符号,即在地图上有确定的位置,一般不能任意移动的符号。地图上大部分符号都属于定位符号,如河流、居民地、道路、境界、地类界等。它们都可以根据符号的位置确定出相应物体的实地位置。②非定位符号,只表明某范围质量特征的一类符号,如森林、果园、沙漠等。它们的配置,有整列、散列两种形式,没有定位意义。

(2)按空间分布情况,符号有四种类型:点位分布、线状分布、面积分布、体积分布。①点位分布。存在于一个独立位置上的事物、离散的空间现象、一个测量控制点、一座城市等,代表一个地区的国民经济统计图形,也算作点位分布。因此,点状符号在地图上是一个定位点。②线状分布。指存在于空间的有序现象,如河流、河堤、道路、运输线,它们可能扩散成一个宽带,以具有相对长度和路线为主要特征。线状符号在地图上是一个线段。③面积分布。指事物的占有范围、连续的空间现象。区域性的自然资源、民族、语言和宗教分布、气候类型、城市的范围,都可以用面状符号表示。因此,面状符号在地图上是一个图斑。④体积分布。从某一基准面向上下延伸的空间体,如人口或一座城市,可以表示具有体积量度特征的有形实物或概念产物,这些空间现象可以构成一个光滑曲面。因此,体积符号在地图上可以表现为点状、线状或面状三维模型。

(3)按形状特征,符号可分为:①几何符号,指用简单的几何形状和颜色构成的记号性符号,这些符号能体现制图现象的数量变化。其特征为:形状特征,分为规则和不规则;符号尺寸，分为分级和比率；结构变化，分为组合结构和扩张结构。②透视符号，指从不同视点将地面物体加以透视投影得到的符号，根据观测制图对象的角度不同，可将地图符号分为正视符号和侧视符号。③象形符号，指对应于制图对象形态特征的符号。④艺术符号，指与被表示的制图对象相似、艺术性较强的符号。

（4）按对地图比例尺的依存关系，地图符号可分为比例符号、半比例符号、非比例符号。除依比例符号能反映地物的真实形状外，其余都是规格化了的符号，它们反映地物位置是通过规定它们的"主点"或"主线"即定位点或定位线与相应地物正射投影后的"点位"或"线位"即实地中心位置相适应实现的。①依比例符号，又称真形或轮廓符号，即能保持地物平面轮廓形状的符号，如街区、湖泊、林区、沼泽地、草地等。②不依比例符号，又称点状符号或记号性符号。无法显示其平面轮廓，按比例尺缩小后为一个小点子。只能放大表示，只表示位置、类别，不能表示其实际大小，如三角点、水井、独立树等。③半依比例符号，又称线状符号，只能保持地物平面轮廓的长度，不能保持其宽度，宽度不能依比例，只能夸大表示，如道路、堤、城墙、河流等。

（5）按表示的地理尺度，符号分为定性符号、定量符号和等级符号三种。①定性符号。表示制图对象质量特征的符号称为定性符号。这种符号主要反映制图对象的名义尺度，即性质上的差别。②定量符号。表示制图对象数量特征的符号称为定量符号。这种符号主要反映制图对象的定量尺度，即数量上的差别。③等级符号。表示制图对象大、中、小顺序的符号称为等级符号。这种符号主要反映制图对象的顺序尺度，即等级上的差别。

4.3.3　地图符号学

地图符号学是探讨用符号学的基本概念和原理来研究地图符号的特征、意义、本质、发展变化规律以及符号与人类多种活动之间关系的科学。地图符号被视为一种特殊语言，地图符号学是探讨其"语法"规则以及符号的"语义"和"语用"特征，从而研究地图符号的构图规律的理论。

地图符号学包括三方面内容：①地图符号的结构（句法），应形成相互联系的、完整的符号系统结构；②地图符号的意义（语义），符号系统应能表达任何信息内容，并保证符号明确代表所表达的内容；③地图符号的实用性（语用），符号系统应保证快速感受和牢固记忆。这三个方面涉及符号与符号间、符号与制图对象间及符号与用图者之间的关系。研究和设计地图符号时，应考虑和处理好这三者的关系。

4.4　地图符号感受

4.4.1　地图符号视觉变量

能引起视觉差别的图形和色彩变化因素称为视觉变量或图形变量。地图符号能成为种类繁多、形式多样的符号系统，是构成地图符号的各种基本元素变化组合的结果。地图上能引起视觉变化的基本图形、色彩因素称为视觉变量，也称图形变量。视觉变量是构成地图符号的基本元素。视觉变量通常是指能引起视觉差别的最基本的图形和色彩因素的变化。

视觉变量首先是由法国人贝尔廷于 1967 年提出的。他领导的巴黎大学图形实验室经 20 多年的研究,总结出一套图形符号规律——视觉变量,即形状、尺寸、方向、亮度、密度和色彩(图 4.13)。1984 年美国人鲁滨逊等在《地图学原理》一书中提出基本图形要素是:色相、亮度、尺寸、形状、密度、方向和位置。1995 年他又把基本图形要素改为视觉变量,认为其是由基本视觉变量(形状、尺寸、方向、色相、亮度、纯度)和从属视觉变量(网纹排列、网纹纹理、网纹方向)两部分组成的。

视觉变量作为地图图形符号设计的基础,在提高符号构图规律和加强地图表达效果方面起到很大作用,一经提出,即引起广泛重视,但目前国内外对符号视觉变量的看法并不一致,这是正常的。趋于相同的观点是:视觉变量是分析图形符号较好的方法;视觉变量至少应包括形状、尺寸、颜色、方向等变量。

笔者认为视觉变量应由七元素组成:位置 P(position)、形状 F(form)、尺寸 S(size,含大小 S1、粗细 S2、长短 S3 和分割比例 S4)、色彩 H(hue,含色相 H1、纯度 H2 和亮度 H3)、

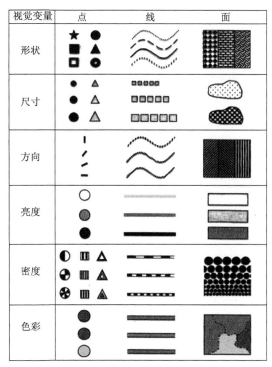

图 4.13　贝尔廷的 6 个视觉变量

网纹 T(texture,含排列 T1 和疏密 T2)、方向 D(direction)和亮度 B(brightness),可分别在点、线、面状符号形态中体现。

1. 位置

位置是指符号在图上的定位点或线,大多数情况下是由制图对象的坐标和相邻地物的关系所确定的,是被动的空间定位,所以往往不被认为是视觉变量。但位置并非不含符号设计意义,图上仍有某些可移动位置的成分。例如,可移位的区域内统计图表、符号;注记位置的变化;处理符号"争位"矛盾时的符号位置移动;符号的位置配置对整个图面效果的影响;有些线状、面状符号的线条、轮廓曲直变化,实际上反映的是特征点位置的变化。符号的位置常常表示了地理对象的空间分布。

2. 形状

形状是指符号的外形,是视觉上能够区别开来的几何单体。对于点状符号来说,符号本身就体现了形状的变量。点状符号有圆、三角形、椭圆、方形、菱形以及任何复杂的图形。线状符号有点线、虚线、实线等形状差异,形状变量在线状符号中是一个形状变量的连续。面状符号的形状变化是指填充符号的形状变化,是一排排形状的连续,如图 4.14 所示,点、小三角、小十字、小箭头等填充符号的形状差别。形状主要用于反映制图要素的质量差异,如用圆表示村镇、用★表示首都、用实线表示公路、用虚线表示小路等。

3. 尺寸

点、线、面状符号的最基本构成要素是点。因为面是由线组成的，而线是由点组成的。尺寸是指点状符号及其组成线、面状符号的大小、粗细、长短、分割比变化。符号的大小、粗细、长短主要用于区分制图对象的数量差异或主、次等级。如用大圆表示大城市，小圆表示小城市；粗实线表示主要公路，细实线表示次要公路等，如图 4.15 所示。分割比例主要用于表示制图要素的内部组成变化。

图 4.14　形状变量　　　　　　　　图 4.15　尺寸变量

4. 色彩

色彩的差异是视觉变量中应用最广泛、区别最明显的变量。颜色的变化主要体现在色相的变化上。点状、线状符号常用不同色相来表示事物。符号除了用色相的变化来表示外，还可用纯度、亮度的变化来表示。

符号的色彩主要用于区分制图对象的质量特征，它常与形状相配合增强表达效果，如图 4.16 所示，用蓝色表示河流，红色表示道路。色彩的纯度、亮度变化也可表示制图对象的数量差异。如用红色表示人口密度数值大的区域，用浅红色表示人口密度数值小的区域。

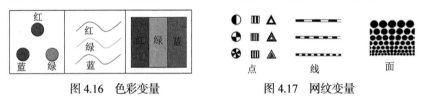

图 4.16　色彩变量　　　　　　　　图 4.17　网纹变量

5. 网纹

网纹即构成符号的晕线、花纹，它有排列方向、疏密、粗细、晕线组合、花纹、晕线花纹组合等几种形式（图 4.17）。不同排列方向、晕线组合、花纹、晕线花纹组合的网纹符号用于表示制图对象的质量特征。

不同疏密、粗细网纹符号用于表示制图对象的主、次等级或数量特征。晕线花纹也可有颜色变化，用来区分制图对象的质量特征。

6. 方向

方向指符号方向的变化。符号的方向常用于表示制图对象的空间分布或其他特征。点状、线状符号的方向变化指构成符号本身的指向变化，如图 4.18 所示。点状符号可以没有方向变化，如圆就无方向之分；也可以有方向变化，如桥梁符号。

7. 亮度

亮度指亮度不同而引起视觉上的差别，指色调的明暗程度。亮度差别并不限于消色。亮度也是各种色彩变化的因素之一。可以用不同亮度来表现地理对象的数量差异，特别是同一色相的不同亮度更能明显地表达数量的增减，如图 4.19 所示。

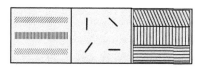
图 4.18 方向变量

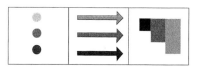
图 4.19 亮度变量

4.4.2 地图视觉感受

地图视觉感受理论主要是应用生理学、心理学和心理物理学的一些理论来探讨地图的读图过程和地图的视觉感受效果，为取得最好的地图信息传输效果，为最佳地图的图形与色彩设计提供科学依据。自 20 世纪 70 年代以来，地图视觉感受理论的研究就受到国内外地图学界的高度重视，他们进行了许多有关地图视觉感受方面的实验，如对各种形状的分级符号的感受特点、颜色的使用和等级灰度尺的视觉效果的实验，几种地图实际应用的检核等。地图视觉感受理论的研究内容主要是地图的视觉感受过程、视觉变量与视觉感受效果、地图视觉感受的生理与心理因素等。

地图是空间信息的可视化产品，地图的信息传输大部分是通过人的视觉感受来进行的，对地图信息的提取和地图质量的评价是由人的视觉系统将图形信息传送至大脑，由大脑加上一些心理因素而做出判定的。地图的视觉感受是个复杂的过程，但无论使用哪种类型的地图，读图都必须经过觉察、辨别、识别和解译过程。其中，察觉、辨别过程是视觉感受研究的重点，主要受生理、心理因素的影响。识别和解译过程是地图认知的研究重点，与读图者的知识水平、实践经验、思维能力有关。

地图视觉感受理论主要研究与地图视觉感受有关的一些生理与心理因素。读图者在阅读地图时，其视觉生理机能主要由三个参数确定：视力敏锐度、反差敏感度以及眼睛的运动反应。人们在阅读地图过程中，不自觉地受到一系列视觉心理因素的影响。这些视觉心理因素主要是：轮廓与主观轮廓、图形与背景、知觉的恒常性和视错觉。

地图视觉感受的实验方法主要是利用心物学的实验方法，寻求各种制图对象的刺激与视觉反应之间的关系。实验的对象是实际的地图或简化了的地图，目的是通过心物学实验，找出一些能够指导地图设计的实验根据。

地图视觉感受理论的研究对纸质地图的符号设计、色彩设计起到了重要的指导作用。地图感受论是地图符号学的基本理论之一，也是地图符号图形设计和地图整饰的理论基础，是研究用图者对地图图形（包括符号、色彩、注记）的感受过程和对图像的心理反应特征与地图视觉效果的理论。地图视觉感受理论从用图者的视觉感受机制入手，采用物理-心理-生理学方法，经过大量实验，为改进和提高地图设计和地图的表达功能提供科学依据，其与心理学、色彩学等有密切联系。

地图是运用易被人们感受的图形符号表示地面景物，使用符号具有以下功效。

（1）有选择地表示地理环境中的主要事物，因而在较小比例尺的地图上所表现的地面情况，仍能一目了然，重点突出。对于那些由于缩小而不能按比例尺表示的重要地面景物，可用不依比例的符号夸大表示。

（2）用平面的图形符号表示地面的起伏状况，也可以说是在二维平面上，能够表达出三维空间状况，而且可以量测其长度、高度和坡度等。

（3）除了用符号表示出地面景物的外形外，还能表示出景物的看不见的本质特征，如在海图上可以表示出海底地形、海底地质、海水的温度和含盐度等。

（4）用符号可以表示出地面没有外形的许多自然和社会经济现象，如气压、降水量、政区划分和人口移动等。此外，还可以表现出事物间的联系和制约关系，如森林分布和木材加工工业之间的联系。地图上还有说明作用的文字和数字，也是地图的重要组成部分，用以标明地面景物的名称、质量和数量。

地图感受论为地图整饰理论和方法的基础。它从视觉感受角度研究地图符号，从心理过程与美学观点研究地图色彩的选择与组合。一方面，人们对各种符号、图形、色彩及其组合的视觉感受效果不同；另一方面，不同读者对地图的视觉感受过程与效果也不同。研究感受论的目的在于建立地图整饰设计的理论依据，改变依靠经验与样图试验的传统方法，进一步提高地图表达力，使用图者获得最好的感受效果。

4.4.3 视觉变量的视觉感受效果

贝尔廷的视觉变量理论引起了地图学家的广泛兴趣，许多学者根据贝尔廷的理论提出了自己的见解。视觉变量是构成地图符号的基础，各种视觉变量引起的心理反应不同，就产生了不同的视觉感受效果。由视觉变量组合产生的视觉感受效果有整体感与选择感、等级感、数量感、质量感、动态感和立体感。

1. 整体感与选择感

整体感是指阅读不同视觉变量构成的符号图形时，感觉好像一个整体，没有哪一种显得特别突出。整体感可以表示一种现象、一个事物、一个概念或一种环境等。例如，在不同颜色表示的行政区划图上，应有行政区划分布的整体概念感受，不应产生哪一个行政区重要、不重要的感觉。整体感可通过调节视觉变量所构成符号的差异性和构图的完整性来实现。形状、方向、色彩、网纹、尺寸等变量都可产生符号图形的整体感。表达定名量表的视觉变量形成的整体感较强，如形状、色相、网纹等；而表达数量概念的视觉变量整体感相对较差，如尺寸、亮度等。与整体感相反的感受是选择感，整体感强则选择感就弱。要把某种要素的符号突出于其他符号之上，就要增大视觉变量所构成符号的差异感，即增强其视觉差别。例如，选用强烈对比的色相或增大亮度、纯度、尺寸差别，可起到增强选择感的效果。视觉变量的整体感与选择感如图 4.20 所示。

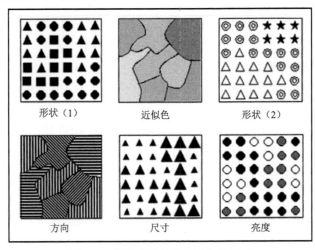

图 4.20　视觉变量的整体感与选择感

2. 等级感

等级感是指符号图形被观察时能迅速、明确地产生出的等级感受效果。客观事物现象有等级之分，普通地图、专题地图上的符号等级感是非常重要的。尺寸、亮度是形成等级感的主要视觉变量，如居民地图形符号的大小、道路的粗细等（图4.21）。色相、纯度、网纹和亮度变量结合，也可产生等级感，但等级感没有尺寸、亮度那么显著。

图 4.21　视觉变量的等级感

3. 数量感

数量感是指读图时从符号的对比中获得的数量差异感受效果。等级感易辨识，但数量感则需对符号图形进行认真比较、判断和思考，其受读者的文化素质、实践经验等影响较大。尺寸是产生数量感最有效的视觉变量。简单的几何图形，如圆、三角形、正方形、矩形等，因为其可量度性强，所以数量感较好（图4.22）。图形越复杂，数量感的差别准确率越低。

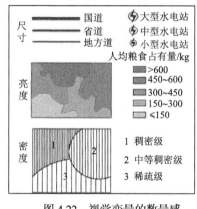

图 4.22　视觉变量的数量感

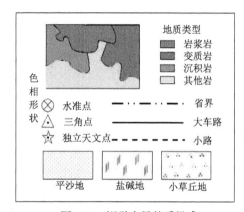

图 4.23　视觉变量的质量感

4. 质量感

被观察对象能被读者区分成不同的类别或性质的感受效果称为质量感。质量（主要指制图对象的类别、性质等）的概念主要依据形状和色相变量产生，如实心三角形表示铁矿，实心正方形表示煤矿；绿色表示平原，橙色、棕色表示山地，蓝色表示水体等。形状和色相结合产生的符号的质量感最有效（图 4.23）。网纹和方向在一定条件下也可产生质量感，但效果不如形状和色相明显，不宜单独使用。

5. 动态感

阅读符号图形能使读者产生一种运动的视觉感受称动态感。单视觉变量较难产生动态感受，但一些视觉变量有序排列和变化可产生运动感觉（图 4.24）。箭形符号是一种常用、特殊的反映动态感的有效工具。动态感与形状、尺寸、方向、亮度、网纹等视觉变量有关，位置变量也可产生动态感。例如，古、今河道位置的变化，则有河流变迁的动态感觉。

6. 立体感

立体感是指通过视觉变量组合，使读者从二维平面上产生三维空间的视觉效果（图4.25）。一般根据空间透视规律组织图形，利用近大远小（尺寸）、光影变化（亮度）、压盖遮挡、色彩空间透视、网纹变化等形成立体感。

地图符号的形成过程，可以说是一种约定的过程，经过很长时间的检验，由约定而达到俗成的程度，为广大用图者熟悉和承认。地图符号的作用在于：它能保证所表示的客观事物空间位置具有较高的几何精度，从而提供了可测量性；能用不依据比例符号或半依据比例符号表示出事物的质量和数量特征。

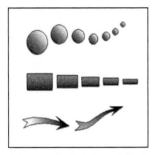

图 4.24　视觉变量的动态感

图 4.25　视觉变量的立体感

第 5 章 地理信息传输理论

信息传输是信息的基本特征。人类探索地理（生存）环境的历史同人类文明的历史一样悠长。人们研究地球的同时，也时刻不停地进行着信息的交换。通过信息的交流人们才能更深入地认识地球和利用地球，直到爱护地球。人们交流信息离不开信息传输，人们之间交流和传递地理信息需要载体（地理语言），它把人们需要的信息从空间中的一点传送到另一点，其核心问题是如何准确、迅速、安全、可靠地完成传输任务。人类相互传递地理信息需要地理语言的表达，文字表达、语言交流和地图都是地理语言的组成部分，地理语言描述真实的地理环境，能帮助人类更好地理解自己所生存的环境。地理信息传输包含了地理信息认知、表达、采集、变换、传递、存储、解译等过程。其中，地理信息可视化解译是地理信息传输的重要环节之一，研究信息接收者如何从地理信息载体（地图或地理空间数据）中获取地理信息。地理信息传输理论是地理信息科学理论的核心内容。

5.1 信 息 传 输

5.1.1 信息传输的起源与发展

信息只有共享和交换才有价值。通信是为信息共享和交换服务的，通信技术的任务就是要高速度、高质量、准确、及时、安全可靠地传递和交换各种形式的信息。信息的传输发展与通信技术的发展息息相关。

信息传输源起于人用语音、手势、旗号或烽火来表达意思、传送消息，已有数千年的历史，鲸鱼以声波沟通的习惯则更为久远。信息传输包括时间上和空间上的传输。时间上的传输也可以理解为信息的存储。例如，孔子的思想通过书籍流传到了现在，它突破了时间的限制，从古代传送到现代。空间上的传输，即人们通常所说的信息传输。例如，人们用语言面对面交流。19 世纪以前，漫长的历史时期内，人类传递信息主要依靠人力、畜力，也曾使用信鸽或借助烽火等方式来实现。长途通信的主要方法包括驿送、信鸽、信狗以及烽烟等。驿送是由专门负责的人员，乘坐马匹或其他交通工具，接力将书信送到目的地。建立一个可靠且快速的驿送系统成本十分高昂，首先要建立良好的道路网，然后配备合适的驿站设施，在交通不便的地区更是不可行。使用信鸽通信可靠性甚低，而且受天气、路径所限。另一类的通信方法是使用烽烟、灯号等肉眼可见的信号，以接力方法来传信。这种方法同样是成本高昂，而且易受天气、地形影响。以上这些通信方式效率极低，都极大地受到地理距离及地形限制。

19 世纪 30 年代，欧洲和美洲先后出现了商用电报机。在这方面有代表性的发明家是英国的高斯、韦伯和美国的莫尔斯。1833 年，高斯和韦伯制作出第一个可供实用的电磁指针电报机。此后不久，英国人库克和惠斯登发明了新型电报机，并取得第一个专利。1837 年，美国人莫尔斯将电报技术向前推进了一大步。经过不断地改进，电报技术于 1844 年达到实用阶段，巴尔的摩和华盛顿之间首次建立了电报联系，大大缩短了通信的时空距离。约 1851 年电报技术开始用于多佛和加莱之间的海底通信，然后发展到用于伦敦和巴黎之间的远距离通信。1857年，印度的独立战争中，主要靠电报保持联系。1861~1865年的美国南北战争，共发送了650万份电报。到了20世纪初，人们开始使用无线电拍发电报，电报业务基本上已能抵达地球上大部分地区。

由于电报在收发时需要转译电码，人们嫌它迟缓不便，于是进一步寻求更便捷的通信方式，电话也就应运而生。英国的胡克首先提出在远距离上传输语音的建议。1837年，美国医生佩奇发现，当铁的磁性迅速改变时，会发出一种音乐般的悦耳声音，这种声音的响度随磁性变化的频率而改变。他把这种声音称为"电流音乐"。大约在1860年，德国的赖斯第一次将一曲旋律用电发送了一段距离，他把这个装置称为"电话"，于是这个名称沿用下来。直到1876年，美国的贝尔终于发明了第一台电话机。电话及此前发明的电报的运用，使军事通信产生了革命性的变革。

通过无线电波或通过导线向广大地区播送音像、图像节目的传播媒介，统称为广播。只播送声音的，称为声音广播；播送图像和声音的，称为电视广播。狭义上讲，广播是利用无线电波和导线，只用声音传播内容的。广义上讲，广播包括人们平常认为的单有声音的广播及声音与图像并存的电视。早在19世纪时，人们就开始讨论和探索将图像转变成电子信号的方法。1900年，"television"一词就已经出现，广播诞生于20世纪20年代。电视的发展纷繁复杂，几乎同一个时期有许多人在做同样的研究。1939年世界上第一台黑白电视机出现，1953年彩电标准设定，1954年美国无线电公司（Radio Corporation of America，RCA）推出彩色电视机。1979年世界上第一个"有线电视"在伦敦开通，它能将计算机里的信息通过普通电话线传送出去并显示在用户的电视机屏幕上。

随着现代通信技术的发展，电信号、无线电信号、微波和激光信号等载体被广泛应用于信息传输，使信息传输距离更远、传输速度更快、抗干扰性更强。信息传输的基础设施包括终端设备、传输设备和交换设备，它们共同构成了通信网。终端设备包括移动电话（手机）、电话机、传真机、电报机、数据终端和图像终端等。有线通信的传输设备有电缆、海底电缆、光缆和海底光缆等。无线通信的传输设备有微波收信机、微波发信机和通信卫星等。交换设备处在通信网络的中心，是实现用户终端设备中信号交换、接续的装置，如电话交换机、电报交换机等。

随着信息发生量以及社会对信息需求量的大量增加，信息传输手段受到世界主要国家政府的高度重视，以信息处理技术为基础的信息传输手段现代化，就是目前社会信息化的主要内容。信息传输手段的现代化，以现代信息网络建设为核心。现代信息网络以速度快、容量大等特征，被称为信息高速公路，并成为信息化建设中的重点工程。现代信息网络的建设与使用，使信息传输手段有了质的改变，带动了信息产业化，极大地提高了社会信息化的程度。

5.1.2 信息传输模型

1. 信息传输基本模型

信息可以脱离其源事物独立存在，这种脱离可表现为两种状态：一是时间上的脱离，时间上的脱离需要对信息进行存储才能使信息继续存在；二是空间上的脱离，事物运动的状态和方式在脱离源事物的同时，就必然附着于另一事物（即载体）。信息传输的实质是某信息脱离源事物而附着于一个事物（物理载体）并通过载体的运动将信息在空间中从一点传送到另一点。信息传输的基本模型如图5.1所示。

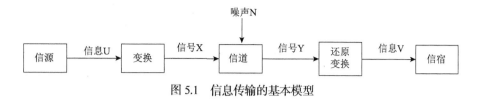

图 5.1 信息传输的基本模型

1）信源

产生某种运动状态和方式（即信息）的源事物，在信息理论中称为信息源，简称为信源。因为信息传输着眼于语法信息传输，不追究所传信息的内容和价值。所以，信息传输模型中的信源不必考虑它的物理内容和含义，只把它看作是某种运动状态和方式的形式化关系的发生源。

2）载体

信息传输过程中，信息脱离源事物而附着于另一事物，信息传输所依附的事物即携带信息的事物称为载体。载体必须有能力表示所要传输的信息，便于在空间中传播或移动，易于控制和处理。

载体有能力对所传输的信息进行表示就是指能够把源事物的运动状态和这些状态之间的关系（运动方式）用载体自身的某种物理量表示出来，而载体的某种物理量的各种取值及这些取值之间的关系，必须与所传递的源事物的运动状态以及这些状态之间的关系一一对应。因此，从传输形式上来看，信息的传输就是通过信号在空间的移动来完成的，一般来说，以实物或声音来表示信息是可以实现的，但不易于传输、处理和控制，如结绳记事、烽火狼烟和击鼓传音等。载体借助于物理传输媒体在空间中从一点移到另一点，这些物理传输媒体分为有线和无线两种，如双绞线、同轴电缆和光纤等属于有线物理传输媒体，而卫星、无线电通信、红外通信、激光通信和微波通信等传送的媒体和设备都属于无线物理传输媒体。

3）变换

一种事物运动的状态方式脱离源事物而附着于另一种事物的过程，称为信息变换过程。在信息理论中，把"运动状态和方式"映射为信号的过程称为变换。变换把要传输的信息从信源映射到某种物理载体上，在源事物的运动状态方式与载体的某种物理量之间建立恰当的映射关系，这种映射关系必须能够还原，如一一对应关系。实际上，信息在空间中传送的过程，可能要经过多次变换，要变更多种不同的载体。为了便于描述，把这些变换称为 n 级变换，而把这些载体称为 n 级载体。载体既要能够在空间中移动，从一点运动到另一点，又要有能力表示所传输的信息。

4）信道

载体能在其中进行时空移动的媒质（媒体）或设施称为信道，如声音在空气里传播、电子信号在电缆和光纤传播、无线电波在空间传播等。不论载体本身在信道中发生什么样的变化，在信道输出端都应当能够还原出满意的信息，这是信息传输对信道的基本要求。

5）信宿

信息的接收者或使用者称为信息宿，简称信宿，它是信息传输的目的地。信宿是相对于信源而言的。信宿是信息动态运行一个周期的最终环节。其功能是接收情报信息，并选择对自身有用的信息加以利用，直接或间接地为某一目的服务。信宿可以把信息资源转化为人类的巨大物质财富，在信息的再生产过程中，其还可以起到巨大的反馈作用。

在基本模型中，信源、信宿和信道是信息传播的三大要素。信源是信息的发源地。信道即传递信息的通道，是信源和信宿之间联系的纽带。信源产生的信息记为 U，信息经过变换后称为信号，记为 X，信号在信道中传输，并在信道中受到噪声 N 的干扰，在信道输出端得到 Y，它与 X 既有联系，又有区别，联系的程度和区别的大小，取决于噪声 N 对信号 X 的影响程度。噪声 N 的影响，使通过信道的信号 X 变成信号 Y，为了使最终还原出来的信息 V 尽可能和信息 U 保持一致，"还原变换"就不是简单的"变换"之逆了，而是要根据噪声 N 的特征和信号的特点，采取适当的措施来消除噪声的影响。

2. 信息传输一般模型

狭义的信息传输主要研究信号在信道中的传输过程，也就是研究图中由 X 到 Y 这一过程，着眼点为信道。事实上，信息传输模型中的"变换"在功能上至少要包括信息到信号的映射（换能）、放大、编码、调制等基本内容，才能实现信源与信道在性质上的匹配，达到满意地传输信息的目的。

从原则上说，当信源和信道确定之后，信息传输的质量主要取决于"变换"技术的水平，具体地说，主要取决于编码技术和调制技术的优劣。编码与调制，成了信息传输技术的关键。在信息传输的一般模型中，信息在整个传输过程中，包括信源和信宿，每次变化都可能存在噪声，为了分析的方便，可以把噪声全部等效地集中在信道这一环节上。因为事物是多样性的、有差异的，所以各种实际信源的信息含量效率是不同的，但信息传输中，总是希望信息传输的效率尽可能高，总是希望用最小的代价（如最短的时间、最少的信道信号等）传输尽可能多的信息量。往往通过改造，使信源原有的信息含量效率不高的情形变成较高或尽可能高的情形，从而做到单位时间或单位符号所传输的信息量尽可能大，这就是不考虑噪声影响的情况下信源的有效编码问题。

由于信道中存在噪声，因而信道传输信息的质量必然会下降。噪声越严重，传输信息能力就会越差，当噪声严重到一定程度时，信息就不可能传递。只要信息在空间上从一点传向另一点，就必须经过信道，理想的信道，也就是无噪声的信道是不存在的。通常，在有噪声存在的信道上传输信息，难免会发生差错。但是在同样的噪声条件下，如果降低信息传输的速度，或者把每个信息重复传送若干次，就可以改善信息传输的可靠性，减少接收到的信息的差错。

事实证明，经过信道编码，可改变信道的传输特性，降低信息传输的差错率，提高信息传输的可靠性。但信息传输的可靠性与信息传输率之间存在矛盾，要提高可靠性就必须牺牲传输率，也就是要增加重复传输的次数。信息传输的一般模型如图 5.2 所示。

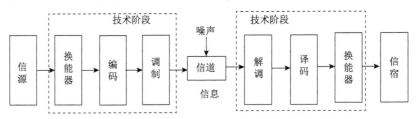

图 5.2　信息传输的一般模型

实际应用中，人们并不需要完全无失真地恢复信息，只要求在一定保真度下，近似恢复信源输出的信息。例如，人类主要通过视觉和听觉获取信息，人的视觉大多数情况下对于每秒获取 25 帧以上的图像就认为是连续的，通常只需传送每秒 25 帧的图像就能满足人类通过视觉感知信息的需求，而不必占用更大的信息传输率。在允许的失真条件下，信源通过数模转换、数据压缩等技术手段尽量减少数据量，达到满足应用的目的。

信息传输的目标就是高效率、高质量地传输信息，而高效率和高质量又相互矛盾。通过适当的编码可以把高效率（传输信息的速率无限接近于信道容量）和高质量（传输信息的差错无限接近于零或者失真低于规定的允许值）和谐完美地结合起来。

信息传输的性能指标主要表现为三种形式：

（1）有效性。有效性用频谱复用程度或频谱利用率来衡量。提高有效性的措施是，采用性能好的信源编码以压缩码率，采用频谱利用率高的调制减小传输带宽。

（2）可靠性。可靠性用信噪比和传输错误率来衡量。提高数字传输可靠性的措施是，采用高性能的信道编码以降低错误率。

（3）安全性。安全性用信息加密强度来衡量。提高安全性的措施是，采用高强度的密码与信息隐藏或伪装。

5.2 地图信息传输

地图经历几千年的发展而长盛不衰。从地图学的发展可以知道，即使在未来，地图仍然有不可替代的作用，这是一个值得深入思考的问题。地图的存在与发展，缘于地图本身具有很多强大的功能。从哲学角度来说，这些功能是人们认识客观规律，能动地利用客观规律并改造社会的必然结果，这不仅仅是依靠对地图制作技术、表示方法、艺术感染力的改进与提高所能解决的。现代科学技术的进步，电子计算技术与自动化技术的引进，信息论、模型论的应用，以及各门学科的相互渗透，促使地图学飞速发展，给地图的功能赋予了新的内容。地图信息表现为图形几何特征、多种彩色的总和及其相互联系的差别，可以说地图信息是以图解形式表达制图客体和其性质构成的信息。地图信息论就是研究以地图图形表达、传递、储存、转换、处理和利用空间信息的理论。该理论有助于人们认识地图的实质，并深化人们对地图信息的计量方法的研究。随着电子计算机、遥感技术、自动化技术的引进，信息论、模型论、认知论等的应用及各门学科的相互渗透，地图的功能也有了新的进展。

5.2.1 地图信息传输功能

地图是信息的载体，可容纳大量信息。地图是空间信息的图形传递形式，是信息传输工具之一。编图者必须充分掌握原始信息，研究制图对象，结合用图要求，合理使用地图语言，将信息准确地传递给用图者。用图者必须熟悉地图语言，深入阅读分析地图信息，形成对制图对象正确而深刻的认识。当前状况下，地图具有以下基本功能。

1. 地理世界符号模拟

地图作为再现客观世界的形象符号模型，不仅能反映制图对象空间结构特征，还可反映时间系列的变化。地图具有严格的数学基础，是采用符号系统和经过制图综合，按比例缩制而成的。地图上所表示的内容实际上就是以公式化、符号化和抽象化对地理环境中地理实体的一种模拟，用符号和注记描述地理实体的某些特征及其内在联系，使之成为一种模拟模型，如等高线图形就是对实际地形的模拟，从而使整个地图成为再现或预示地理环境的一种形象符号式的空间模型，其与地理实体保持着相似性。

人们把地图看成是地面客观存在的一种物质模型，这是容易理解的，因为地图，特别是用来表示各种基本地理要素（如水文、地形、交通网、居民点等）的普通地图，可以直观地感受到是制图区域的一种实体模型。作为物质模型的地图还可以代替实地调查与测量，用来做各种模拟量的测定或分析。那地图可以看作是一种"虚拟的模型"么？当然可以，"虚拟模型"称作概念模型，概念模型是对实体的一种抽象和概括，又可以分为形象模型与符号模型。形象模型是运用思维能力对客观存在进行的简化和概括；符号模型是运用符号和图形对客观存在进行简化和抽象的过程。地图兼具这两个方面的特点，被看作是一种"形象-符号模型"。地图所具有的模拟功能，能够在众多特征中，对所需要表示的对象抽取内在的、本质的特征与联系，即经过地图概括，制作成地图。因此，地图所具有的概念模型的特性，使得它在表示各种专题现象的分布规律、时空差异和变化特征时，是任何文字和语言描述所无法比拟的。因此，可以把专题地图都作为概念模型的一种实例。作为一种时空模型，地图还可以在科学预测中发挥强大的作用，如气象预报、灾害性要素的变迁以及过程预测等。

2. 地图信息载负

地图既然具有模拟功能，则必然能储存空间信息，成为空间信息的载体，无疑也具有载负信息的功能。这种载负功能是通过应用地图语言——符号与注记系统，将制图区域内有关空间信息储存于纸或其他介质平面上来实现的。地图能够容纳和储存的信息十分惊人，如一幅不太复杂的普通地形图，就能容纳储存1亿至几亿个信息单元的信息量。

地图作为地理信息的载体、传递地理环境信息的工具，是描述地理环境信息的一种有效语言。传统理论强调的是地图制图者与使用者之间的信息传递，所关心的是制图者如何使他想表示的信息被用户理解，地图被认为是一个传输通道或信息载体。

地图信息可以看作由直接信息（第一信息）和间接信息（第二信息）两个部分组成：直接信息是地图上用图形符号直接表示的地理信息（在地图的模拟功能中已经提及），分为语义信息、注记信息、位置信息和色彩信息四个部分，如道路、河流、居民点等；而间接信息则是经过分析解释而获得有关现象或物体规律的信息，如通过对等高线的量测、剖面图的绘制等获得与坡度、切割密度、通视程度相关的数据。专业知识素养会对地图信息传递产生较大的影响。

3. 地图信息传输

众所周知，信息的一个重要特点是可传递性。信息是客观与人的认识之间的媒介，其作用在传递过程中能得到充分的发挥。客观存在将大量的信息用一种易于被人们所接受的图形符号载负于地图上，然后"流向"人类，使人们从中获益。而在信息传递和接收的方式上，语言、电信号等常以线性方式进行，地图则具有不同的方式与特点。人们阅读地图时，通常是总览全图，然后根据自己的需要，按一定区域或某个要素分析、研究。换句话说，地图传递信息时，在传输方式上是具有层次性的，甚至是空间形式的，这一点相比于线性传递方式具有更宽的传输通道及更高的传输效率。

地图的信息载负功能为地图具备信息传输功能奠定了坚实基础。信息论被引进地图学中，形成了以研究地图图形获取、传递、转换、储存和分析利用的地图信息论。就地图的功能而言，地图是空间信息图形传输的一种形式，是信息传输的工具之一。

4. 地图认识功能

地图的认识功能是由地图的基本特性所决定的。地图用符号和注记系统这种图像语言，按比例塑造出再现的地理环境中的各个地理实体，给人一种形象直观和一目了然的视觉感受效果，而且几乎不受自然语言文字和行业知识的限制，易被社会各界人士所识别，因此地图不仅具有突出的认识功能，成为人类认识空间的工具，而且在很多方面优于其他传递空间信息的形式。

地图不仅能直观地表示任何范围制图对象的质量特征、数量差异和动态变化，还能反映各种现象的分布规律及其相互联系，所以地图不仅是区域性学科调查研究成果很好地表达形式，还是科学研究的重要手段，尤其是地理学研究不可缺少的手段，正如世界著名地理学家李特尔所说：地理学家的工作是从地图开始到地图结束。因此，地图也被称为"地理学第二语言"。近年来运用地图所具备的认识功能，把地图作为科学研究的重要手段，越来越受到人们的重视。

应用地图的认识功能，可以在以下几个方面发挥地图的作用。

（1）通过对地图上各要素或各相关地图的对比分析，可以确定各要素和现象之间的相互联系；通过同一地区不同时期地图的对比，可以确定不同历史时期自然或社会现象的变迁与发展；可以形成整体和全局的概念，确定地理信息明确的空间位置（定位功能、建立空间关系）。

（2）通过地图建立各种剖面、断面、块状图等，可以获得制图对象的空间立体分布特征，如地质剖面图反映地层变化，土壤、植被剖面图反映土壤与植被的垂直分布。

（3）通过在地图上对制图对象的长度、面积、体积、坐标、高度、深度、坡度、地表切割密度与深度、河网密度、海岸线曲率、道路网密度、居民点密度、植被覆盖率等具体数量指标的量算，可以更深入地认识地理环境（获得物体所具有的定性、定量特征）。

（4）通过数理统计分析可获得制图对象的各种变量及其变化规律；通过地图上相应要素的对比分析可认识各现象之间的相互联系；通过不同时期地图的对比分析，可认识制图对象的演变和发展。发挥地图认识功能，就要充分发挥地图在分析规律、综合评价、预测预报、决策对策、规划设计、指挥管理中的作用。

5.2.2 地图信息传输模型

英国地图学家 Keates 受心理学理论和方法的影响，于 1964 年最先定义了"地图传输"的概念，并建议通过地图把地图传输和信息论联合起来。捷克的柯拉斯尼于 1969 年在《制图信息——现代制图学的一个基本概念和术语》一文中提出了制图传输系统的模型，如图 5.3 所示。其认为地图的用途就是在地图作者和地图读者之间传递信息，试图把地图制作和使用结合成一个单一过程，"把地图的制作和使用看作是一个统一过程的两个阶段。在这一过程中，制图信息产生、传递、最终产生效能"。柯拉斯尼最早用模型法来研究地图信息传输的方式和途径，用信息科学的观点来阐述制图与用图的关系。柯拉斯尼的观点一经提出，立即引起广大地图学者和地理学者的极大兴趣，引起了国际制图学术界对这一问题的关注和重视。国际上对地图传输问题的讨论十分活跃，纷纷用信息传输理论来阐明地图和地图学的性质和作用，并提出了各种地图信息传递的模型。波兰的拉塔依斯基于 1973 年发表了题为《理论制图学的研究结构》的文章，并提出了一个地图传输模型，是柯拉斯尼模型的进一步发展。1976 年，美国的莫里森提出了一个更为详细的反映拉塔依斯基所描述的地图传输模型，还有其他一些学者提出的地图传输模型。这些模型虽各不相同，但都可以理解为：制图者（信息发送者)把对客观世界(制图对象)的认识加以选择、分类、简化等并经过符号化(编码),通过地图(通道)传递给用图者(信息接收者),用图者经过符号识别(译码),同时通过对地图的分析和解译形成对客观世界(制图对象)的认识,如图5.3所示。

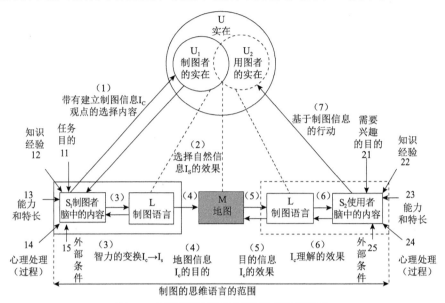

图 5.3　柯拉斯尼地图制图传输系统的模型

为了对地图传输的过程和原理有更深入的理解,下面对柯拉斯尼的传输模式做出具体的解释。

(1) 有选择地观察"实在"。制图者按照某种目的观察"实在",他必须具有一定的专业知识和技能,既可直接观察地理环境,又可通过地图和其他资料进行观察。

(2) 选择信息 I_s 的效果,即"实在"对制图者产生一种信息效应,组成制图者脑中的信息含量(S_1),此种信息仍是多维的信息模型。

(3) 知识转换 $I_c \rightarrow I_s$。制图者脑中的多维理性模型转换成二维的制图信息,在此过程中运用制图语言(L)的概念。

(4) 制图信息 I_c 的具体化(物化)。制图者将理性的制图信息用地图符号表示出来,产生地图(M)。

(5) 恢复制图信息 I_c 的效果,即地图对使用者产生信息效应。使用者阅读地图,将地图符号(L)转换成为他对"实在"的理解。

(6) 对制图信息 I_c 理解的效果,即在使用者脑中建立实在的多维模型,形成地图使用者脑中的信息含量(S_2)。

(7) 基于制图信息的行动。地图使用者用制图信息丰富了他的知识,形成地图用户的现实世界。它既能立刻转化为他的实际行动,又可在脑中保存此种知识为今后使用,体现了知识的力量。

以上(1)~(4)代表地图的制作阶段,(5)~(7)代表地图的使用阶段。

总体来说,地图传输就是从整体上研究制图者、地图信息、地图、地图使用者、使用地图的效果这五部分之间的相互作用与关系。用普通传输理论来解释就是:谁,以什么内容,通过什么渠道,传递给谁,收到了什么效果。

根据信息论的观点,早期的地图信息传输论认为地图创作者是地图信息的发送者,地图用户是接收者，地图创作者并不知道地图用户的感受。因此，地图信息传输的方向是单向的，虽然地图信息传输的基础模型不断扩展，但这一基本观点没有改变。地图作为信息的载体，意味着编制地图者把地球空间的环境信息资源经过取舍、概括，并采用一定的符号系统反映在纸质上，转换成读者易于接受和理解的地图信息。地图使用者根据自己的知识背景与读图能力，经过形象或抽象思维，重现制图者经过抽象的地学空间信息。地图使用者所获得的信息可能比制图者抽象的信息更丰富或者更深刻，这与地图使用者的知识背景和读图能力有关。在此基础上完成地图信息传输初级阶段的任务，但这还没有终结，它是一个不断循环且逐渐提高的过程。

从图 5.3 可看出，当编码信息得到辨认和解译时，地图信息的传递就完成了。地图作为传递通道，将地图作者和读者连接起来。制图者采用图形和文字相结合的方法将环境信息转换为地图信息，用图者又将地图信息转变为环境信息。正是这种转换，地理环境、制图者、地图和用图者组成了一个相互联系的完整系统。

传统的地图传输系统和模型是由四个部分组成的，它们之间相互作用，构成了地图信息传递的全部过程。

（1）获取地理环境信息。制图者根据一定的目的，通过自己的专业知识和技能来观察和认识地理环境（利用直接或间接的方法），并将得到的知识形成一种多维的心象地图。

（2）形成地理信息的载体。制图者根据用户的需求以及在自己头脑中形成的心象地图，运用符号系统和制图规则，也就是根据地图语言，形成了地理信息的载体地图。这个过程直接影响以下两个传输过程是否能够顺利进行，因此必须对这个过程给予高度重视。

（3）对地理环境信息的理解。地图使用者得到地图后，根据地图语言来阅读地图，并将地图符号进行解译后，就得到了他对地理环境及其属性的理解。

（4）形成地理空间信息的心象地图。地图使用者根据他对地理环境的理解，形成了一种心象地图。这种心象地图既可以变为他的实际活动，也可以进一步加工以扩大他对地理环境及其属性的认识。

5.2.3 地图信息传输过程

任何信息系统，实质上都是一个信息传输过程。如果把一般信息传输系统引进地图学领域，将地图创作者与地图用户之间看作一种通信，就可以得出一个最简单的地图信息传输系统。信息传输是一个复杂的过程，人的认识在信息传输过程中具有重要作用。

1. 地图信息传输过程中三个转换

（1）地图环境转换为理解了的地理信息，这一步是通过统计资料、实地量测、遥感及编辑资料的结合，从地理环境中收集信息来实现的。

（2）将这些资料转换成地图，这是利用制图抽象的原则（选取、分级、简化、符号化）来实现的。

（3）通过阅读、分析和解释地图，用图者把地图转换成地理环境的映像。

2. 地图信息传输的条件

在人们的日常生活中地图信息传输离不开四个基本的要素：客观世界、制图者、地图、用图者。地图信息传输中，必须具备以下几个条件才能使信息的传输顺利进行，否则可能使传输有障碍或中断。

（1）无论是从实地还是从地图上获得的空间关系，也不论是带有感受者的认识还仅仅是一个拷贝，必须在头脑中形成一定的心象地图。也就是说，不管是作者对现实的认识还是读图者对现实的认识都必须包含心象地图的成分。

（2）地图的制作者和使用者必须懂得同一种语言，即地图语言。这是地图信息传输区别于其他类型信息传输的一个显著特点。

（3）地图制作者和地图使用者双方的认识领域里都必须有地理环境空间关系方面的知识、经验、技能和特长。任何一方在这方面有缺陷都会造成地图信息传输的失败。

（4）地图制作者和地图使用者具有相同的或基本相同的目的、任务、需要，如一个需要交通信息的使用者会感觉一幅制作精良的地质图毫无用处。这就要求把地图的制作和使用看作是一个统一过程的两个阶段。

3. 地图信息传输中的信息量

地理信息的传输贯穿于从编图到用图，从制图者到用图者之间信息传递的整个过程。地图信息的载负有直接信息和间接信息。为确保地图的信息量适度，提高地图的清晰易读性，便于信息的转换，需研究测定地图信息量的方法。

了解某一信息的内容含义是研究利用信息的核心，因此，传输中语义信息量的大小至关重要。语义信息量是通过在内容含义的逻辑关系上分析信息的获取增值计量的。在此意义上，可以说，专题信息或综合信息的组织在于组织与专题或综合问题有关的语义信息，除了有图载符号表达的直接信息量外，还有既取决于编制水平，又取决于读图者智力水平，由符号间及各图幅间内容含义关系反映的客观的间接信息，它也是语义信息。因此，要靠图系分工设计及各幅图的信息组织的科学性来增加间接信息，从而增加传输中的总信息量。

4. 地图信息传输速率

制图信息传输速率主要是指图面信息感受效应的好坏。因而，感受设计和信息转换技术至关重要。感受设计可通过图的分析利用类的数学模型的应用，来检验计算图的感受优劣。要增加图面信息感受的直观性、易读性，促进图面信息的改善。以一幅城市遥感图像为例，图像上与城市建设密切相关的各种要素信息有不同的灰度及点线面组合特征。对于在图像上覆盖面积大和图系编制时使用频度大的要素，要以简单的代码表示，以使分类扫描时传输速度加快。

5.2.4 地图传输理论

地图传输论是研究地图信息传输的原理、过程和方法的理论。它将制图者、地图、用图者视为一个整体来研究地图信息传递过程的理论与方法。该理论认为：客观环境—制图者—地图—用图者—再认识的客观环境构成了一个统一的整体。客观环境被制图者认知，形成知识概念，通过符号化变为地图，用图者通过符号识别，在头脑中形成对客观环境的认识。这个过程是一个地图信息流传输的过程，地图制作和使用都包括在这个传输过程中。地图符号能有效传输地理信息，但传输过程中会受到"噪声"干扰。

地图信息传输论为地图学的发展奠定了坚实的理论基础。目前，国内外大多数学者都认为地图传输系统理论是现代地图学最基础的理论，也是地图学的核心问题。地图学的根本问题就是传输地理空间信息，制图过程就是传输地理空间信息的过程，即地理空间信息在地图上表现和转变的过程。

关于地图传输论在地图学中的地位我国有两种不同的观点：一种是把地图传输论与信息论、感受论等一起作为地图学的理论基础；另一种是把地图传输理论作为地图学的基础理论。传统地图学，侧重制图产品规格化和地图的完善性方面，绝大部分研究集中在制图的技术方法上，把地图投影理论、地图综合理论和地图符号理论作为地图学的基础理论研究得比较深入，时间比较长。这些理论把地图局限在技术方面，削弱了它与自然科学和社会科学的联系。现在人们用地图信息传输理论来研究地图的本质、制图用图的规律，并用其来指导地图学中的一些实践活动。这正好反映了地图学仍是一门发展中的科学，正处于"学科变革"阶段。

地图传输论在地图学中被提出后，使地理环境、制图者、地图作品、用图者这几个独立的事物构成了一个相互联系的整体，也可看作是一个系统，这个系统内进行着地理环境信息的交换。其基础理论应贯穿于地图学，研究地图学的基本运动规律。而地图学所研究的基本运动规律就是地图信息的传输。制作地图主要是为了提高信息传输速率。从地图制作的基本过程来看，地图信息传输贯穿于全过程。人们可以用地图信息传输理论来研究地图的本质、制图用图的规律。

地图作为信息的载体和传输的工具，地图学要解决的主要矛盾就是地图信息传输。地图从制作到使用，从客观到人的认识，实际上形成了一个以信息传输为特征的系统，而地图则是这个传输过程的中心环节。用图者能否在地图上获得最佳的自己所需求的地理环境信息，即地图的传输效果如何，关键在于地图作品制作的好坏。要生产出高质量的地图，就需要从技术上和理论上研究各要素的表示问题。所以，地图信息传输论是地图学唯一的基础理论。它解决的是地图学中的根本问题，贯穿于地图制作和使用的整个过程，是地图学研究的基础。

地图信息传输论导致人们对传统的地图学的认识产生了很大的变化，从而引起了对地图学的内容和地图作用的新探讨。这个问题的社会意义在于：引导人们用地图信息传递论来研究地图的本质、制图和用图的规律。对此，地图学家们用信息论的方法对地图信息的特性和度量方法进行了研究；传递模型强调地图使用者的作用，传递效果是制图者应当十分关心的问题，地图设计和编制应把注意力放在接收者的部分，使用者的要求决定地图的内容和形式，这促进了地图品种的增加、表示方法的创新。为了提高地图信息的传递效率，人们不再仅仅从技术的范畴研究地图，因此引出了一些新的课题，该理论对于地图最佳制作和地图有效使用具有积极作用。

这些传统的地图传输理论已经为人们所熟知和接受，并对地图学的理论和生产有着深远的影响，但是随着计算机技术在地图制图中的应用，这种理论需要进一步完善。

5.3 地理信息传输概述

随着计算机信息科学的介入，传统的地图传输理论遇到了新的挑战，地理信息的概念扩充了。特别是借助于近代数学、空间科学和计算机科学知识，科学工作者有可能迅速地采集到地理空间的几何信息、物理信息和人为信息，并定期和适时地识别、转换、存储、传输、显示和控制应用这些信息，这也已经成为现代地理学的重要任务之一。地理信息传输是一个被人们所认识、理解、转换、表示和利用的过程。地理圈或地理环境是客观世界最大的信息源，从地理实体到地理数据，从地理数据到地理信息的被认知，反映了人类从认识物质、能量到认识信息的一个巨大飞跃。

5.3.1 地理信息传输模型

地理信息传输模型如图 5.4 所示,信息加工者把对客观世界的认识,根据认知的目的加以选择、分类、简化等信息加工,用计算机可以识别的数据进行表达,并经过编码,通过传输通道发送给信息接收者。信息接收者一方面接收信息加工者发送的数据进行译码,变成地理空间信息数据,根据应用的需求,通过接收者选择、分类等加工成所需要的信息,一方面通过可视化手段被人感知;另一方面可以通过计算机查询、分析和计算获得接收者所需要的信息,完成接收者对客观世界的认识。接收者对空间信息接收的水平,受个人知识、专业素质、经验水平,以及任务目的等外部因素的影响。

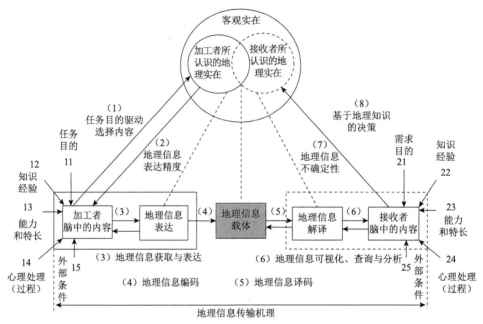

图 5.4 地理信息传输的模型

这个模型与地图信息传输模型最大的差距在于:地图图形是地图用户唯一的信息源,人类获取地理知识依据唯一的特定的图式规范通过视觉对地图符号编码进行解译操作,人的大脑与眼是解译地图的工具。在数字环境下地理信息传输模型不但保留地图信息传输的特征,同时强调计算机的自动理解和辅助分析决策辅佐工具,更强调人的接收信息的主观能动性。

地理信息传输模型把地理空间环境、空间信息加工者、空间信息产品、空间信息使用者这几个相互独立的事物构成了一个相互联系的整体,组成了一个系统。地理空间信息在这个系统内进行传递。加工者在地理信息传输模型中不是漫无目的地获取、处理和存储地理信息,而是根据地理信息应用需求、加工的任务和目的,并融入个人的知识背景、经验等因素,对空间信息进行挑选、过滤、组织等,接收者认知的目的是选取最主要的信息内容和最合适的表现形式,从而提高地理信息传输效率。接收者根据接收到的空间信息,结合自身的空间知识与背景,以及对空间信息和客观环境的实际对比,完成对接收到的信息认知,从而达到认知客观世界的目的。

5.3.2 地理信息认知与获取

1. 地理信息加工者

地理信息加工者是地理信息的主要信息源。人类对地理环境的认知主要通过两种途径：一种是实地考察，通过直接认知获得地理知识，但世界之大，人生有限，一个人在有限的生命里不可能阅历地球的方方面面；另一种是阅读文字资料。地理信息加工者获取和解读信息、调动和运用知识、描述和阐释事物、论证探讨地理的能力成为地理信息源质量的重要保证。因此，地理信息加工者必须具备以下条件。

1) 具有扎实的地理基础知识和基本技能

要想在大量的信息中自如地获取有效的地理信息，必须要有一定的知识厚度作为铺垫，即要有足够的地理基础知识的储备和一定的地理基础技能。知识是能力的基础，知识是能力的载体。只有具备了牢固扎实的地理知识基础，才能明确哪些地理信息是有用的，以及哪些知识有联系等。基本技能是通过提供的文字、图像、数据等资料，利用储备的学科基础知识和相关技能等，获取解决问题的条件，思考问题的线索，解答问题的提示等，并对这些信息进行分析、整合，形成准确而综合的信息系统的思维过程。

2) 具有敏锐的地理观察能力

达尔文曾说："我既没有突出的理解能力，也没有过人的机智。只是在观察那些稍纵即逝的事物，并对其进行精细观察的能力上，我可能在众人之上"。可见，具有敏锐而精确的观察能力是很重要的。在这一点上，人们要学会避免一些无效信息的干扰，从地理的视角来审视一切。人们是通过文字、图像、数据等资料获取和解读信息的。获取和解读信息能力包括三个不同层次和水平的要求：①获取提供的信息，理解要求以及考察意图；②提取信息的有效内容和价值，并对其进行分析和整合；③组织和应用相关学科的信息，形成综合性的信息解读。

3) 具有一定的知识迁移能力

要善于利用一些非地理的信息，通过学科间知识的迁移，为我所用；或者是在获取了某一方面的地理有效信息后，通过学科内知识的迁移，另作他用。将所学知识进行纵向、横向的串联、比较、发散、迁移、升华，深入理解、拓展思维，提高知识迁移能力。更重要的是要注重理论联系实际，特别是要有"热点"意识，强化知识的具体应用，加强综合分析问题和解决问题的能力。平时储备的知识要能及时、有效地迁移到新的情景中，进行知识与情景的迁移。因此，要加强对知识迁移能力的培养，通过重组知识网络，构建知识内置联系。

4) 有比较广泛的信息源

常见的地理信息源有地图、图表、图片、报纸杂志、电视广播、因特网等。获取地理信息的途径很多，大致可以分为三类：第一类是通过实地测绘、调查访谈等获取原始的第一手资料，这是最重要、最客观的地理信息来源。第二类是借助空间科学、计算机科学和遥感技术，快速获取地理空间的卫星影像和航空影像，并通过适时适地识别、转换、存储、传输、显示等技术手段获取地理信息。第三类是通过各种媒介获取人文经济要素信息，如各行业部门的综合信息、地图、图表、统计年鉴等。

现阶段，航空摄影测量仍然是我国测制地形图，获取地理信息数据的主要技术手段。随着高分辨卫星遥感技术的发展，高分辨率卫星图像将成为快速获取地理信息数据、更新基础地理信息系统数据库的主要信息源。为解决好基础地理信息主要数据源的问题，我国正在抓紧研究建设地理信息数据获取系统，包括对地观测系统（航空、航天遥感系统）、野外数据采集系统和人文经济要素信息搜集系统。目前，我国已经拥有了气象、资源、海洋等系列的卫星系统，并正在实施测绘、减灾等应用卫星计划，稳定的卫星遥感平台初步形成。

2. 地理信息获取方法

地理信息的载体各不相同，有的蕴藏在地理文字中，有的蕴藏在各种地理图形的表达语言中，有的蕴藏在各种地理统计图表的文字和数字中，还有的蕴藏在各种地理图形的主图和附图、各种地理图形的组合和整合的分析中。由于地理信息载体的不同，获取和解决地理信息的途径就存在差异。地理信息大致上可以分为三种类型：①地理文字信息；②地理图像信息；③地理表格信息。地理图表相对于文字表述而言，提供的地理信息更具有直观、形象的特点，以图表的形式提供地理信息体现地理学科的特色。

1）从文字背景材料中获取和解读地理信息

地理所涉及的门类较广，包罗万象，它甚至触及社会的各个领域：工业、农业、贸易、旅游、交通、城建、环保等。从文字材料中提取有效信息，首先要读懂，要领会文章主旨，要学会善于捕捉文中关键词。

2）从地理图形的表述中获取和解读地理信息

地图是地理的第二语言，阅读地图是地理人士的最基本能力。由地图的语言直观地表示出来的信息，称显性信息；由显性信息经逻辑推理或合理猜想得到的信息，称隐形信息。因此，一张貌似简单的地图它所含有的信息量可能是惊人的。从图上可以读出该示意图的比例尺、海域岛屿名称、河流分布、城市的分布、冬季风的来向、北回归线穿过的地区等显性信息。地球上位置决定气候（降水、热量），气候影响农业；地形影响河流的走向和流速，流速决定水能；地形和气候对人口分布与经济发展的影响等，这些隐性信息可从地理思维的角度获取。

地理图形语言是指气压、气温、降水等值线图、柱状图、区域图等各种图形所承载的地理信息。地理图形语言的解读和应用能力向来是从地理学科考查的重要能力之一，因为地理图表承载着非常丰富的地理信息，所以判读时要注意分清主次，在尽量短的时间内确定应该从地图上获取哪些方面的信息，如经纬度、大陆轮廓、国界线和省界线、等值线、特殊地名、特殊地理景观等。

3）从地理和表格的组合中获取和解读地理信息

表格是地理统计信息资料的分类列表展现形式。图表是为反映某种地理现象（事物）特征或比较某类地理现象（事物）的差异而提供的信息。表格中展示的各项地理要素均是紧密相关的，表格中的数据资料均是客观、真实的。将地图和表格组合起来构成一种新的情景提供信息，关键是从表格的数据中提取出有效的信息，如最高数值或最低数值、大小的变化规律、相互之间数据的比较等。

5.3.3 地理信息表达

地理信息表达是对地理世界特定的抽象过程，它主要解决描述哪些、如何描述地理对象与过程的问题，它是地理学的一个基本问题，也是地理信息科学研究面临的一个重大挑战。本质上，地理信息表达是一个空间认知、信息转换与信息传输的交互过程。地理信息表达内容涉及地理本体、地理实体及其空间关系、地理动态描述及地理信息表达不确定性等方面。

地理信息表达形式经历了从自然语言、地图到地理空间数据的演变过程。从实质上看，类似于地图，地理信息表达是信息传递的中间媒介，在制图学领域，地图被认为是进行信息传输的中间工具。它应用图形语言向用户传递经过抽象的地理信息，并由用户接收，进行分析、解释，形成用户自己对某一区域地理环境的理解。无论表达哪些地理现象，或采用哪一种表达形式，均由研究人员按照一定的表达规则与方法对地理现象与过程进行抽象，并以一定方式（语言、图形、符号等）进行描述；而应用人员对相应的地理现象与过程的感知、理解则以这一表达的结果为基础，通过用户自己的空间认知能力，将描述地理现象与过程的地理信息表达转换为自己的空间知识。

1. 地理信息表达内容

包含有位置信息的地理世界是纷繁复杂的，无论是现实地理空间还是赛博空间，均包含多种多样的空间对象，这些对象具有由不同测度方法测度的空间关系。对象之间的空间交互作用，又形成了不同时空尺度的、多样化的地理现象与地理过程。从系统的角度来看，空间实体的运动状态以及运动方式不断发生着变化，诸多组成系统的要素（实体）之间存在着相互作用、相互制约的依赖关系，反映出不同的空间现象和空间过程。从地理信息表达的内容来看，主要包括地理本体、地理概念、地理实体抽象及关系、地理动态、不确定性等方面。

1）地理本体表达

本体作为一个思想、理论和方法，它的概念包括四个主要方面：①概念化，客观世界的现象的抽象模型，把领域的知识抽象为一个个确定的对象；②明确的定义，对每一个对象的概念及它们之间的联系都进行合理的定义；③形式化，需对概念及它们之间的关系进行精确的数学描述且要达到计算机可读的水平；④共享，本体中反映的知识是其使用者（包括该领域的专家和一般用户）共同认可的。

由客观世界某一领域的事物或现象的本质（即本体）到人们对这些事物或现象的本质通过认识活动所形成的认识结果（即概念体系），再从概念体系到人们用特定的符号系统或语言将某一概念体系做出明确的、形式化的表示或表达，共涉及了三个层面的东西。因为这三者之间有联系，具有一致性或统一性，可以统称为本体。本体论思想被应用到科学技术领域时，就是要把现有的知识、信息与数据采用面向对象的形式还原成一个合理的语义体系，使计算机能够处理，使人们能够共享。地理本体是一个特殊领域本体，它具有一般领域本体的基本共性，也有其独特之处。

地理本体是从哲学经由信息科学再被引入地理信息科学而产生的一个概念，它是把有关地理科学领域的不同层次和不同应用方向上的地理知识、信息和数据抽象成由具有共识的对象（或实体），并按照一定的关系而组成的体系，同时进行概念化处理和形式化定义，最后用形式化表达的理论与方法。

地理本体包含丰富的语义，能够使相关概念定义和理解趋于标准化、规范化，有助于理解地理现象认知过程与地理信息交流，从而在表达地理实体时做到概念清晰化，真正实现地理信息语义层次上的共享、集成和互操作。与传统 GIS 重点关注空间几何数据的分析管理不同，地理本体侧重于地理概念与地理知识的表达，这种形式化的地理信息表达对于地理信息语义互操作、空间数据共享、地理信息服务及集成等智能地理信息处理具有重要意义。

地理本体兼有哲学本体和信息本体的双重特征。哲学本体表现在对地理目标域本身的关注，主要涉及地理概念、类别、关系和过程，通过对地理目标域中地理种类、实体类型的本体设计，产生关于地理世界结构的更好理解，从而使地理信息表达与人类空间认知机制更为接近。而信息本体则体现在通过对共享的地理概念进行明确的形式化定义。因此，从表达的内容来看，地理本体着重表达地理实体与地理现象的所有概念，并形成地理知识体系；这些概念包括前文所述的实体及其关系、动态过程等。其表达内容包括不同的粒度层次，粒度最粗的是顶层本体，表达通用的概念与概念关系。地理本体设计主要包括两个方面：一是设计建立各个领域内所有实体的种类；二是设计实体种类组织、整体关系和粒度等的形式化方法。

地理实体类型的组织目前主要采用各种等级结构进行。树状结构是目前组织地理实体类型的主流方法，其特点是各种实体类型根据其一般性程度被划分到某个一般性层次上，而且每个类型只有一个父类但可以有多个子类。这种以树状结构或概念等级组织的本体既有优势又有缺陷，其优点在于可以基于概念之间的距离来度量它们之间语义的相似性；缺陷是，一方面表现在这种本体只具有单一的继承关系；另一方面表现在这种结构不能抓住概念之间的某些关系，如概念的功能关系。

2）地理概念分类

地理概念是对地理实体特征类的抽象和概念化。地理概念是对地理事物进行客观描述的空间概念。基于地理分类的地理概念之间的概括、继承关系形成空间等级体系，这种地理概念体系反映了地理实体类别之间的有序性。根据面向对象的思想，地理空间存在的地理实体是一个个实例，具有相同实体特征的地理实体称为地理实体类（地理要素）。将一个对象纳入一个概念中，一般要按照属性的概括程度将对象分成不同的层次。分类是认识自然事物的重要途径。一般的分类是通过对自然界各种事物进行整理，使复杂无序的事物系统化，从而达到认识和区分客观世界，并进一步掌握客观世界的目的。

地理分类体系在遵循一般分类学原则的同时，要求将分类体系纳入一种由非空间属性所决定的空间体系中。从非空间属性出发研究地理空间，主要采用地理分类方法，分类体系可以被认为是从非空间属性出发的地理空间体系。

3）地理实体抽象

实体是现实世界中客观存在的，并可相互区别的事物。将地理空间中复杂的地理现象进行抽象得到的地理对象称为地理实体或空间实体。从其内涵上来看，凡是具有一定空间位置或者空间范围的对象，均可认为是地理实体。地理实体及其空间关系是地理信息表达的基础内容之一。其中，对空间实体的表达包括两种方法：基于离散对象的表达方法与基于连续场的表达方法（详见第7章）。基于离散对象（要素）的表达方法强调其离散性，将世界表达为具有明确边界的对象的集合；基于场的表达方法强调的是连续变化的数据，将世界表达为连续变化的一系列变量，每个变量定义在任何可能的位置上。

4）地理实体关系

地理实体之间存在单目标之间以及群目标之间丰富的空间关系。从类型上来看，包括拓扑关系、方位关系、度量关系与邻近关系四种类型。对这四种类型空间关系的表达是进行地理空间分析与推理的基础。其中，拓扑关系是目标关系在旋转、平移以及比例变换下的拓扑不变量，其表达方法包括基于点集拓扑的4交与9交模型/DE-9IM模型、基于区域连接演算的RCC模型、基于符号投影的2D-String模型以及基于Voronoi的9交模型等。方位关系用来描述目标在空间中的方位排序关系，可以基于方位角进行定量表达，也可以使用顺序量来定性表达，这种定性表达的模型包括MBR模型、锥形模型、四半区模型、方向关系矩阵模型等。

度量关系主要是距离关系,常用的表达方法是欧氏距离,也可以使用曼哈顿距离、旅行时间距离、词典编纂距离等进行表达。邻近关系也是非常重要的一类空间关系,在空间内插、邻近查询等方面有重要价值,其表达方法包括定性描述、基于 Voronoi 的邻近关系表达等。

5) 地理动态表达

地理动态是地理事物或现象随时间推移而出现的动态变化过程,这种变化往往会导致地理事物或现象的空间分布或格局的变化,具有时空特性。从类型上来看,地理动态过程主要包括地理循环过程、地理演变过程、地理波动性变化过程和地理扩散过程四个方面。对这种同时具有时空维的地理事物或现象动态演化过程的表达也是地理信息表达的重要内容,正受到地理与地理信息科学领域的关注。观测技术尤其是地理传感器网络技术的发展,也为研究地理动态提供了有力的支持。

地理动态的研究集中于对象、人、现象以及位置之间的交互作用,这种交互产生了包括时空活动、事件、过程、变化以及移动五类地理动态的驱动因子。其中,时空活动是个体在一定时刻、一定空间范围内所进行的动作,个体的动作序列将会产生个体位置的移动或个体特征的变化。事件是在某一时刻、某一位置发生的、引起了显著变化的事情,这一显著变化需要结合位置与具体问题来加以界定。过程是地理属性、形式与模式的一个渐进的转换,这种渐进过程与时空尺度密切相关。变化是对象在某一位置、某一状态下属性的替代与置换,它可以发生在群体数量、标识、专题属性以及时空特征等多个方面。移动是地理对象随时间变化而发生的位置的转变,在移位过程中,地理对象必须保持同样的实体标识。这五种地理动态因子均具有时空维,较全面地涵盖了地理空间不同尺度的时空过程,对其的描述形成了包含时间维度信息的 GIS 表达方法。

6) 不确定性表达

随着 GIS 在决策支持领域的快速发展,如何表达数据的可靠程度与精确度,即不确定性成为地理信息表达的一个重要问题。一般来说,不确定性的存在是由地理现象概念的不确定性以及对地理世界表达、测度以及分析所决定的,并造成了地理信息在一定程度上存在的不完备、不精确即模糊的特点。从地理现象自身来看,部分地理实体缺乏确定的边界,难以确定其自然的分析单元,其属性数据尤其是表征类别的属性数据存在着分类的主观性以及二义性。从测量、表达来看,观测时的不正确或存在误差导致了观测结果的不精确,对地理空间细节表达存在的缺失与不完善造成了不完备性的特征,如由混合像元造成的影像不确定性;不同的文化背景对同一地理概念的描述也会造成地理信息语义的不确定性。从分析的角度来看,上述现象的存在,加上空间自相关现象、地理空间尺度以及分析方法自身的原因,使得分析结果也存在不确定性,如著名的可变面积单元问题(modifiable area unit problem,MAUP),选择不同尺度的统计单元,具有不同的分析结果。

上述种种不确定性问题广泛存在于地理对象的空间维(空间不确定性)、时间维(时间不确定性)以及属性维(属性不确定性)。为更有效地进行决策与分析,地理信息表达要吸取数据质量以及不确定性的内容,研究处理模糊以及不精确问题,研究地理空间数据精确性的测度方法。对于不确定性的表达,主要包括统计方法(如均方根误差、卡帕指数等统计指标)、基于模糊隶属度的模糊集方法,以及三值逻辑方法(如粗集)等。

2. 地理信息表达形式

常见的地理信息表达形式包括语言、视觉、数学、数字、认知等。从演变的角度来看,地理信息表达经历了从早期的自然语言描述到地图表达再到 GIS 对地理空间与对象的格局与过程表达的变化，并且随着地理信息表达的扩展，出现了新型表达形式，包括虚拟地理环境、地理增强现实及地理超媒体等。

1）自然语言表达

自然语言表达是通过翔实的语言描述来重建景观，这种方式几乎是早期的地理学所唯一依赖的表达方式。它通过对地理现象的多角度、全方位的、以定性描述为主的语言表达，来向人们传递地理对象或现象的相关信息。因为自然语言也是人类进行日常交流的媒介，所以，基于自然语言进行地理信息表达易于被人们接受与理解。同时，基于机器学习与自然语言识别技术，可以利用自然语言进行地理信息的语义描述与表达，而不仅仅是数字表达方式下一些抽象的符号。因此，自然语言描述是基于计算机的数字表达与人类自然表达方式之间的桥梁。Wawrzyniak 等研究了基于空间关系识别的二维图形对象间集合关系、拓扑关系以及方位关系等空间关系的自然语言描述系统，即为自然语言表达的典型案例。

2）地图表达

地图是地理研究的基础，是表达地理空间最重要的方式之一，是基于特定的数学基础对具有时空维度的地理空间进行的平面的、二维的、静态的表达。根据一定的制图符号系统，基于对地理对象与现象特定的选择、概括与抽象，地图能够描述与表达纷繁复杂的地理世界；而基于地图，用户可以进行分析与图解，获取对地理世界的与个人经验相关的地理知识。无论从尺度上还是抽象级别上，地图都占据着地理信息表达形式的中心。由于地图在地理信息表达中的核心地位，与地图有关的相关概念影响了其他所有的表达形式，并且地图学也成为 GIS 的基础学科之一。同时，地图也是 GIS 进行成果表达的主要形式。与自然语言表达相比，地图更有信息表达的优越性，特定的符号系统包含了丰富的信息，严密的数学基础使其可以进行相应的量算与分析，而地图概括又为地理要素表达提供了选择表达对象的依据。相对于传统纸质地图，近年来地图表达又出现了许多新形式与新概念，如电子地图、心象地图、实景地图、立体地图、地学信息图谱等。其中，地学信息图谱是由陈述彭先生首创的地理信息表达方法，是应用地学分析的系列多维图解来描述现状，并通过建立时空模型来重建过去和虚拟未来；不仅可表达地理现象，还可描述地理过程。这一表达形式对于地理信息表达具有重要价值。

3）地理空间数据的表达

随着计算机图形技术的发展，脱胎于地图的 GIS 应运而生，成为地理信息的又一种新的表达形式。基于地理信息表达的数据模型是地理信息系统发展过程中的焦点。从面条模型到拓扑模型，地理空间数据的表达继承了传统地图学以纸张作为表达媒介的研究范式。

从二维角度来看，地理空间数据提供了基于要素的矢量数据模型与基于场的栅格数据模型进行二维地理实体及其关系的表达，依据其实现方法，又延伸出不同的数据结构，如面条结构、拓扑结构、对象结构、四叉树结构。

从三维角度来看，由于传统地图学研究范式无法直接处理三维对象，地理空间数据提供了不同的三维表达模型，包括：①基于表面表示的模型，如格网、不规则三角网、边界模型、参数表面等；②基于体素表示的模型，如三维格网、八叉树、实体结构几何以及四面体格网等。这些表达方法适用于不同的应用需求。

从时间维角度来看，地理空间数据提供了多样化的表达时空信息的模型，包括：①基于时间戳的模型,如基于表级时间戳的序列快照模型、基于元组级时间戳的时空复合模型、基于分量级时间戳的时空对象模型等;②基于事件的模型,如地理事件模型、基于事件的时空数据模型等;③基于移位的模型,如地理生命线(geospatial life line)模型、潜在路径区域(potential path area, PPA)模型以及时态地图集(temporal map set, TMS)模型;④基于过程的模型,如基于元胞自动机(cellular automata, CA)、智能体等数学模型表达地理过程等。除上述四类之外,地理空间数据中进行时空信息表达的模型还包括基态修正模型、时空三域模型(three domain model)、面向对象的时空数据模型等。这些模型为通过地理空间数据表达地理动态提供了有效工具。

4) 新型表达形式

因为地理信息表达确定了处理与分析地理现象的框架,所以其扩展对于地理与地理信息科学的发展具有重要价值。当前的主流表达方式 GIS 脱胎于地图,也继承了地图范式的众多局限性,它限制了表达时间信息以及数据不确定性、进行全球数据集成的能力,形成了强制的以二维几何为中心的表达框架。由于地理世界是丰富多彩和纷繁复杂的,在地理信息应用日益普及的今天,地理信息表达存在三个挑战:从高空看世界(二维正射)与从侧面看世界(三维透视)相统一;基于地图的抽象理解与基于多媒体的形象理解相统一;专业化表达方式与大众化表达方式相统一。为解决此类问题,需要研究更为接近人的空间认知特点的地理信息表达方式。而地理信息科学研究领域一直在尝试突破以上挑战,将三维模型、多媒体、虚拟现实、增强现实、立体地图等技术引入地理领域,发展了虚拟地理环境、地理增强现实以及地理超媒体等新的地理信息表达形式。这些新型方式在大众 GIS 中以及部分专业 GIS 应用中有广阔的发展前景。

虚拟地理环境是基于地理模型的虚拟环境系统,是地学工作者表达与描述、研究与分析、获取与共享关于地理过程及空间现象的空间分布、相互作用、演变规律和发展机制的地理知识的多用户、分布式三维虚拟地理信息世界。作为一个可用于模拟、分析复杂地学过程与现象,支持协同工作、知识共享和群体决策的集成化虚拟地理实验环境与工作空间,基于虚拟地理环境的地理信息表达有助于应用人类多种感官通道进行人机交互,使人们更好地理解和分析地理环境,交流地理信息与知识。虚拟地理环境是地理学研究的新工具和手段。

增强现实是基于真实环境与计算机产生的虚拟对象(视觉、听觉、触觉)之间的融合,这一融合保持了现实环境与虚拟对象之间的空间关系,并支持实时交互。其目的是进行现实世界的导航,增强用户与现实世界的感知与交互能力。因为增强现实融合了现实世界与虚拟对象,而现实世界几乎无不与地理信息发生关联,所以增强现实尤其是户外增强现实技术与地理信息系统的结合进行地理信息表达将是非常自然也是非常重要的,即地理增强现实。基于虚实融合,虚拟对象对真实场景起到增强作用,地理增强现实能够提高人们对真实地理世界的感知能力与交互能力,进而支持复杂地学分析、管理与决策。这一表达方式对于地学三维可视化及获取地学知识、研究地学规律具有重要价值。

地理超媒体是在地理信息科学领域中对 Web 技术与多媒体技术的整合,是多媒体地理信息表达的新形式。从形式上来看,地理超媒体是内容丰富、交互性强的地图文档,包含类型多样的多媒体元素,如图像、音频、视频等。这些多媒体均具备地理位置标签,位置信息对应于多媒体数据的数据结构(如具有空间位置的视频帧),能够在地图或 GIS 数据库中进行空间定位,并对特定位置或特定设施进行更为直观的地理信息表达,如武汉大学推出的基于移动测量系统的可量测实景影像（digital measurable image，DMI）即地理超媒体表达典型案例。多媒体及 GPS 采集硬件日益普及，使得地理超媒体成本相对低廉，在线性设施（公路、河道等）管理以及社会化 GIS 中（可定位照片、视频及全景等）具有应用价值。将多种媒体资源按照统一的位置参照与语义参照同空间数据进行集成形成对地理空间的地理超媒体表达，则能够充分利用各种媒体的优点，这必将成为新的有效的地理信息表达手段。

尽管当前的地理信息表达形式在不断拓展，但受传统地图学范式的影响，其在表达多维、多尺度、异质、动态以及模糊的地理世界方面存在着众多局限性。从三维角度来看，尽管发展了一些三维地理世界的表达形式，但在大数据量、数据快速获取、三维空间分析等方面仍存在诸多问题。从时间角度来看，当前的表达多是时间标记方式，这些离散性的时间标记作为空间实体的时态属性，对于连续渐变的时间缺乏有效表达方法，由此也造成了对时空过程表达的不完备。从异质空间数据的角度来看，当前的地理信息表达缺乏处理全球范围的、海量的、异质的多尺度数据的能力等。就国内来看，我国学者从多个角度对地理信息表达进行了拓展研究，并在虚拟地理环境、可量测实景影像、地理视频等的理论与应用方面取得了相应的研究成果。

5.3.4 地理信息传输

传统地理信息传输载体是地图。在数字环境下人们把地理信息转换成地理数据。数据是载荷或记录的信息按一定规则排列组合的物理符号，可以是数字、文字、图像，也可以是计算机代码。在计算机科学中，数据是所有能输入计算机程序处理的符号的介质的总称，是用于输入电子计算机进行处理，具有一定意义的数字、字母、符号和模拟量等的通称。

地理数据是直接或间接关联着相对于地球的某个地点的数据，是表示地理位置、分布特点的自然现象和社会现象的诸要素文件，包括自然地理数据和社会经济数据，如土地覆盖类型数据、地貌数据、土壤数据、水文数据、植被数据、居民地数据、河流数据、行政境界及社会经济方面的数据等。地理数据是各种地理特征和现象间关系的符号化表示。地理数据包括空间位置、属性特征以及时态特征三个部分。

数字形式表示的地理信息脱胎于地图，但比地图更丰富。如果说地图信息是地图上表示的可以被读者认识、理解并获得新知识的事物和现象及其时、空关系的内容与数据，那么，地理信息是指与空间地理分布有关的信息，是地表物体和环境固有的数量、质量、分布特征、联系和规律的数字、文字、图形、图像等的总称。

地理信息相比地图信息具有以下几个特征。

1. 信息表现内容精细化

地图作为现实的一种模型，与现实具有相似性，但受地图比例尺影响，地图容量受到图形符号的结构、大小和色彩的限制。对具体的一幅地图来说其所携带的信息载负量有限，往往采用制图综合的手段，这样不仅地理现象的几何形态位置精度降低，而且地图内容需进行高度抽象概括。数字环境下的地理信息是以数字的形式描述地理世界，因此，地理信息数据表达的信息载负量大、精度高、内容也详尽。地理信息的几何形态的精度可以不受地图比例尺的限制，位置精度可以保留原始测量精度，属性内容、分类分级不变。

2. 信息表现形式多样化

传统的地图制作其最终的产品是一张图（包括电子地图）。信息表达方式是由各种符号、色彩与文字构成表示空间信息的一种图形视觉语言，受人类视觉的影响，地图符号的类型和级别有限，地图产品形式比较单一。而数字环境下的地理信息则能够改善以上传统地图的不足，主要表现在：①从地形图信息扩展到各类专题信息，可针对不同用户快速制作各种相应的专题地图，如交通部门的用户就可为其提供交通图，水利部门的用户可为其提供水利图等。②从静态信息扩展到动态信息，反映地理现象时序状态。传统地图只能展现地理现象的某一时刻的静态状态信息，而地理信息可以描述地理现象的时间、空间变化特征，跟踪描述地理现象变化的过程性信息。③从二维信息扩展到三维、四维和多维信息。传统的地图局限于二维空间，地理信息数据可以将地形高程值当作一个变量表示三维现象（数字高程模型），也可以把时间 t 作为一个变量表示地理现象在地球三维空间动态变化的过程，应用于矿山、地质以及气象、环境、地球物理、水文等众多领域。图像、动画、声音、文字等一体化，大大增强了地理信息表现力。

3. 信息接收方式由被动变主动

传统地图信息传输模式中，地图上的信息是制图者主动地表达出来，表达作者的意图，接收者被动地从地图中译出符号信息，形成对客观世界的认识。由于不同的用图者所关注的地理信息是不同的，往往接收者所需要的感兴趣的信息没有表达，或者想要得到的信息又不够详细。数字环境下地理信息主动性主要体现在地理信息系统具有交互性，地理空间数据可以灵活地被检索，地理空间数据可视化与其他图形表示可以交互地被改变，地理信息系统的空间决策功能就是传统地图由被动到主动的最直接的应用。地理信息在计算机技术支持下显示出其独特的优越性，与传统地图相比，地理现象可视化表达在内容和形式上都有扩展，地图使用者已经不是纯粹意义上的使用者，他们和制图者已经融为一体，没有严格的界限了。

4. 信息传输方式多样化

地图是信息的载体和通道，地图信息的传输受地图使用方法、图幅大小、纸张质量和印刷技术等限制，地图传输的成本和效率受一定影响。伴随着现代计算机技术，尤其是计算机图形技术、通信网络技术和嵌入式技术的发展，信息载体在传输过程中实现了由静态、交互到动态传输的演变。地理信息的传输已经实现了网络化、实时化、智能化和个人化。

传统的地图信息传输的观念正在逐渐被摒弃，代之的是一种集动态性、交互性和超媒体结构等特征于一体的地理信息传输模式。未来的地理信息传输将缩短信息加工人员和信息用户之间的距离，促使信息加工人员向应用领域渗透，促进地理信息应用的研究。

5.4 地理信息解译

地理信息解译是从地理信息载体（地图，地理空间数据）中提取可信的、有效的、有用的地理信息（知识）的理论、方法和技术，是地理信息传输中重要的、最后的、高级的处理过程，也是地理信息认知过程。

5.4.1 地图可视化目视解译

地图是空间信息的图形表达形式，是一种视觉语言，利用人类的视觉特征获取知识。地图具有直观一览性、地理方位性、抽象概括性、几何精确性等特点，以及信息传输、信息载负、图形模拟、图形认识等基本功能。

自从有了地图，人们就自觉或者不自觉地进行着各种类型的空间分析。例如，在地图上测量地理要素之间的距离、面积，以及利用地图进行战术研究和战略决策等。空间分析主要通过空间数据和空间模型的联合分析来挖掘空间目标的潜在信息，而这些空间目标的基本信息，无非是其空间位置、分布、形态、距离、方位、拓扑关系等，其中，距离、方位、拓扑关系组成了空间目标的空间关系，它是地理实体之间的空间特性。

地图作为信息的载体，使人们通过视觉直接感受读取信息。制图者通过形象直观的图形符号传递地理信息，用图者也通过读图和目视分析来认识制图对象。目视解译是用图者视觉感受与思维活动相结合的分析方法，可以获得对制图对象空间结构特征和时间系列变化的认识，包括分布范围、分布规律、区域差异、形状结构、质量特征和数量差异。利用同一地区相关地图的对比分析，可以找出各要素或各现象之间的相互联系，利用同一地区不同时期地图的对比分析，可以找出同一要素或同一现象在空间与时间中的动态变化。通过综合系列地图或综合地图集的分析，可以全面系统地了解和认识制图区域的全貌和各项特征。

1. 各种现象的分布规律

各种现象的分布规律包括一种要素或现象的分布特点与区域差异，或同一要素中各种类型现象的交替与变化。首先，分析地图的分类、分级与图例符号，了解制图对象的内在联系和从属关系。其次，分析制图现象的分布范围、质量特征、数量差异和动态变化等方面的分布特征和规律，如分布范围分散或集中程度、固定范围或迁移变动的特点；质量特征的形态结构及其成因规律；数量在空间和时间上的差异与变化规律；动态变化的范围、强度、趋势及形成原因等。在分析中，对制图现象轮廓界线的形状结构应予以注意，因为轮廓界线是制图对象及其不同类型不同区划的分界，分析其形状结构不仅能够揭示制图现象的分布特征和规律，还在一定程度上反映同其他要素与现象之间的联系。各现象分布的形状结构是现象本身内在机制和外界条件综合影响的结果，在一定程度上可以揭示制图现象形成的原因与发展趋势。

2. 各种现象的相互联系

利用地图的可比性，分析相关地图，可以发现各要素和现象之间的内部联系。例如，把植被图、土壤图与气候图、地形图作对比分析，可以了解植被和土壤的水平地带分布与气候的关系、垂直地带变化与地形的关系，同时可了解植被与土壤之间的具体联系，并且通过图解分析与相关系数的计算，确定各要素和现象之间相互联系的程度。

3. 各种现象的动态变化

各种现象的动态变化分析有两种情况：一是利用地图上所表示的同一现象不同时期的分布范围和界线，或对采用运动符号法、等变量线、等位移线所表示的制图现象的动态变化进行分析研究，如用以运动符号法制作的地图可直观地分析台风路径、动物迁移、货运流通、军队行动等动态变化；二是利用不同时期的地形图可以确定居民点的变化、道路的改建和发展、水系的变迁、地貌的变动等。同时，通过地图量算可以具体确定各现象的变化强度与速度。

5.4.2 矢量数据的解译

地理信息解译就是地理信息接收者（用户）把地理空间数据解释成能理解的地理信息知识的过程。地理空间数据中蕴藏着海量的地理信息，人们通过地理空间数据矢量可视化、分析和挖掘等技术手段获取更多的地理知识。

1. 地理空间矢量数据可视化解译

在数字环境下，地理信息的载体是地理空间数据，相比纸介质其能储存数量更为巨大的地理信息。地理空间矢量数据对于计算机来说是可识别的，但对于人的肉眼来说是不可识别的，必须将这些数据转换为人可识别的地图图形才能被人感知。地理空间数据可视化是将地理空间数据转换为人们容易理解的图形图像方式。地图就是地理空间数据可视化表达的成果。随着计算机、图形、图像技术的飞速发展，人们现在已经可以用丰富的色彩、动画技术、三维立体显示及仿真等手段，形象地表现各种地形特征。

地理空间数据通过可视化技术处理转换为直观的地图称为数字地图，或电子地图。数字地图不仅可以显示在计算机屏幕上，也可存储在计算机里，必要时绘制在纸上。地图内容是通过数字来表示的，需要通过专用的计算机软件对这些数字进行显示、读取、检索、分析。数字地图上可以表示的信息量远大于普通地图。数字地图可以非常方便地对普通地图的内容进行任意形式的要素组合、拼接，形成新的地图，也可以进行任意比例尺、任意范围的绘图输出。它易于修改，可极大地缩短成图时间；可以很方便地与卫星影像、航空照片等其他信息源结合，生成新的图种。利用数字地图记录的信息，可派生新的数据。

数字电子地图的特点有：①可以快速存取显示；②可以实现动画；③可以将地图要素分层显示；④利用虚拟现实技术将地图立体化、动态化，使用户有身临其境之感；⑤利用数据传输技术可以将电子地图传输到其他地方；⑥可以实现图上的长度、角度、面积等的自动化测量。

电子地图是地图制作和应用的一个系统，是由电子计算机控制所生成的地图，是基于数字制图技术的屏幕地图，是可视化的实地图。"在计算机屏幕上可视化"是电子地图的根本特征。电子地图的显示受计算机屏幕尺寸和屏幕分辨率的限制，以分块分层显示为主，读者阅读时很难建立区域的整体感。而传统纸质地图以图幅为单位整页出版印刷，幅面大，读图的整体印象深刻，地理要素相互之间的关系较清楚。

电子地图的制作、管理、阅读和使用能实现一体化，人们不满意的地方能够方便实时地对其进行修改，电子地图显示地图内容的详略程度可以随时调控。而传统纸质地图的生产、管理和使用都是分开的。这种具有交互性和动态性的电子地图使传统地图进入了数字制图的崭新时代，这是传统地图制作和表现的一次质的飞跃，它改变了传统地图表达和传输空间信息的方式，拓宽了地图的应用和研究领域。

2. 地理空间矢量数据分析解译

地理空间矢量数据分析提供了一种认识和理解地理信息的新方式。从某种意义来说，人们对地图所表达的空间信息理解和解译的过程，就是进行空间分析的过程。

传统地理学分析方法所采用的推理方式以经验归纳型综合为主，以观察材料和事实为基础，由直接的类推得出现实世界的结论，这一方法难以回避特殊情况或解释者的主观好恶问题；而计量地理学以理论演绎为主，把人们感知到的地理事物通过假设予以条理化，继而经过模式化得出数据进行检验，在成功的情况下建立法则和理论，否则反馈回去重新制定假设。应用计算机对地理空间数据查询和空间分析是指从目标之间的空间关系中派生出信息和新的知识。它是集空间数据分析和空间模拟于一体的技术，通过地理计算和空间表达挖掘潜在空间信息，以解决实际问题。由于空间分析对空间信息（特别是隐含信息）具有提取和分析功能，它已成为地理信息系统区别于一般信息系统或地理数据库的主要功能特征。

利用计算机分析地理空间数据可以分为两种类型：空间数据的分析和数据的空间分析。空间数据的分析着重于空间物体和现象的非空间特性分析，如城市经济发展类型的聚类分析、战略打击目标的评估等，它并不将空间位置作为限制因素加以考虑，从这个意义上说，它与一般的统计分析并无本质的区别，但对结果的表示和解释上，空间数据的分析依托于空间位置进行，通常用地图的形式加以表示。数据的空间分析是基于地理对象的位置和形态特征的分析，直接从空间物体的空间位置、联系等方面去研究空间事物，以期对空间事物做出定量的描述，它需要复杂的数学工具，如空间统计学、图论、拓扑学、计算几何，主要任务是空间构成的描述和分析（消防站点的选址、最短路径分析），其目的在于提取和解译空间信息，简单地说，就是提取和挖掘有用的信息（知识）。

根据空间分析的对象及分析技术方法的不同，可将空间分析分为三种基本类型：空间图形分析、空间数据分析和地理模型分析。①空间图形分析。空间图形分析的对象为地理空间物体的空间变量与空间属性，主要包括空间位置分析、空间分布分析、空间形态分析、空间关系分析和空间相关分析等基本内容，主要采用计算几何、拓扑学、图论等学科的基本技术方法。②空间数据分析。空间数据分析主要是对空间物体的属性信息进行的相关分析功能，其分析技术方法主要是利用统计学的基本方法进行统计和分类分析，如空间群目标属性的均值、众数、中位数求取分析等。③地理模型分析。地理模型分析侧重于对空间过程建模分析和空间现象发生机理的解释分析，其分析技术方法主要是仿真技术、虚拟现实技术、地统计分析技术等。

地理空间矢量数据分析解译方法如下。

（1）地理空间数据量算方法。通过地理空间数据的量测和计算，可以得到地理信息各要素数量特征，包括坐标位置、长度、距离、面积、体积、高度、坡度、密度和梯度等。地理空间数据的量算精度主要取决于地理空间数据的精确性和量测的技术精度。因此，需要采用最新的大中比例尺地理空间数据（国家基础地理空间数据或专题地理空间数据），并标定需量测的准确界线和轮廓。

（2）地理空间数据分析方法。通过利用地理空间数据建立各种剖面、断面、块状图等，可以获得地理对象的空间立体分布特征，如地质剖面图反映地层变化，土壤、植被剖面图反映土壤、植被的垂直分布。

通过地理空间数据的剖面图、断面图、块状剖面图、过程线、柱状图等，直观显示各制图对象的主体分布与垂直结构，对认识制图对象与地球表面起伏的关系有重要意义，如自然综合剖面可以较好地反映各要素和现象的垂直变化及其相互联系。块状断面图不仅可以表示地下部位的地质构造与地层变化，还能反映地貌的形成变化与地质构造及岩性的关系。过程线能较好地显示各自然现象周期变化的过程与幅度；玫瑰图能较好地表示风向的或然率。

（3）缓冲区分析。缓冲区分析是针对点、线、面等地理实体，自动在其周围建立一定宽度范围的缓冲区多边形。邻近度描述了地理空间中两个地物距离相近的程度，其确定是空间分析的一个重要手段。交通沿线或河流沿线的地物有其独特的重要性，公共设施的服务半径，大型水库建设引起的搬迁，铁路、公路以及航运河道对其所穿过区域经济发展的重要性等，均是一个邻近度问题。缓冲区分析是解决邻近度问题的空间分析工具之一。缓冲区就是地理空间目标的一种影响范围或服务范围。

（4）叠加分析。大部分 GIS 软件是以分层的方式组织地理景观的，将地理景观按主题分层提取，同一地区的整个数据层集表达了该地区地理景观的内容。地理信息系统的叠加分析是将有关主题层组成的数据层面进行叠加产生一个新数据层面的操作，其结果综合了原来两层或多层要素所具有的属性。叠加分析不仅包含空间关系的比较，还包含属性关系的比较。叠加分析可以分为以下几类：视觉信息叠加、点与多边形叠加、线与多边形叠加、多边形叠加、栅格图层叠加。

（5）网络分析。对地理网络（如交通网络）、城市基础设施网络（如各种网线、电力线、电话线、供排水管线等）进行地理分析和模型化，是地理信息系统中网络分析功能的主要目的。网络分析是运筹学模型中的一个基本模型，它的根本目的是研究、筹划一项网络工程如何安排，并使其运行效果最好，如一定资源的最佳分配，从一地到另一地的运输费用最低等。网络分析包括路径分析（寻求最佳路径）、地址匹配（实质是对地理位置的查询）以及资源分配。

（6）地理数学模型分析。地理数学模型是运用数字表达式阐明地理对象之间存在的空间或时间的函数关系。例如，描述某地理现象和其他地理现象因果制约关系的回归模型；说明多种地理现象中存在的主要要素及其组合的主因子模型；反映地理现象亲疏关系和分类分级的聚类模型；反映地理现象空间分布总体规律的趋势面模型等。主要应用现代数学构建空间统计指标、空间回归及自适应模型、空间机理模型、空间统计与空间机理相结合的模型和空间复杂系统模型，利用计算机强大的计算能力，分析、模拟、预测和调控空间过程。主要分析各要素和现象之间的相互联系，建立系统的完整的认识，也可先从整体入手，初步建立总的概念和认识，再仔细分析对象的空间分布、内部结构、相互联系与动态变化。

（7）地图数理统计分析。地图数理统计法是对地图上表示的现象使用数理统计方法进行数量特征的分析，主要是研究它们在空间分布或一定时间范围内存在的变异，从中找出事物内在的规律。应用较多的是研究制图对象的统计特征、分布密度函数的性质和各制图对象之间的相关性。例如，统计数列集中趋势的数字特征值有算术平均值、加权平均值、中位数、百分位数、众数值等；统计数列离散程度的数字特征值有极差、四分位偏差、平均差、标准差、方差、变差系数等；统计数列分布密度函数的直方图分析；两种以上制图对象的相关系数、偏相关系数、复相关系数、相关比率等的计算与分析。

（8）地形分析。鉴于地形信息在地质、地形、水文、自然灾害监测、自然资源调查等诸多领域的重要性，人们从很早以前就开始研究地形信息的获取、表示、管理与分析技术。数字地形分析是基于数字高程模型发展而来的地形分析方法，主要包括基本地形参数计算、地形形态特征分析、地形统计特征分析、水系特征分析、道路分析、复合地形属性和地形可视化及分析。

（9）空间数据挖掘分析，是将空间数据中的原始数据转化为更为简洁的信息，发现隐含的、有潜在用途的空间或非空间模型和普遍特征的过程。包括数据选择、数据预处理、数据缩减或者数据变换、确定数据挖掘目标、确定知识发现算法、数据挖掘、模式解释、知识评价等数据处理过程，数据挖掘只是其中的一个关键步骤。

5.4.3 遥感图像的解译

遥感图像解译就是从遥感图像中得到地物信息。遥感信息是运用遥感技术获得的地物电磁波特征的信息，它能正确反映地物的属性、形状和位置。但遥感信息在传播中消耗能量，并有噪声介入，因此，遥感图像无论是模拟的还是数字的，都是信息而不是实物或现象本身。

这里实物指地面实况，如土地、水体、植被、岩石、城镇、道路等；现象指自然和社会在发展、变化过程中的存在形式和联系，如台风、环境污染等。光谱信息是遥感的基础。地物波谱特征是复杂的，它受多种因素影响，而且地物波谱特征本身也往往因时因地在变化着，所以，实物、现象与遥感图像信息之间的关系确实是一个非线性的过程。

遥感图像解译的基础是遥感数据。随着遥感技术的发展，获取空间和环境信息的手段越来越多，数据也就越来越丰富。它们可以来源于各种遥感平台，其高度、运行速度、观察范围、图像分辨率等都不相同，因而也导致对其解译的方法发生变化，如图 5.5 所示。

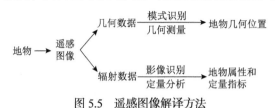

图 5.5 遥感图像解译方法

遥感实际上是通过接收（包括主动接收和被动接收方式）探测目标物电磁辐射信息的强弱来表征的，它可以转化为图像的形式以相片或数字图像表现。多波段影像是用多波段遥感器对同一目标（或地区）一次同步摄影或扫描获得的若干幅波段不同的影像。

长期以来，目视解译一直是遥感图像解译的主要实现方式，是在掌握影像特征的基础上，依据地物形状、大小、阴影、色调（黑白深浅）、颜色（色阶、色别）、纹理（影像结构）、图案（图形结构）、位置（特定环境）、布局（相关位置）等特征，根据经验进行判读和识别像片上的各种影像所反映的属性特征。其优点是解译类别详细；缺点是劳动强度大，对人员专业要求高。遥感图像信息提取和解译过程中，一方面要使图像解译人员能充分运用他们的解译经验，另一方面要发挥计算机处理图像信息的优势。越来越多的人采用人机交互图像解译方法，其是在计算机算法和法则支持下，自动实现属性识别和分类的目的，优点是快速、方便；缺点是类别不详细。

遥感图像解译主要研究如下内容。

（1）地理遥感信息的传递过程。遥感技术系统所代表的过程是一个从地表实体原型到遥感图像信息模型，再到地表实体模型的过程，并受到许多因素影响，这些因素的变化造成遥感信息本身具有不同的物理属性。遥感器接收的辐射能量并不等于地物反射能与地物发射能之和，而是两者之和减去大气二次吸收能、散射能、反射能，再加上到达遥感器的大气散射能和大气自身辐射能，其中，到达遥感器的大气散射能并不提供任何地面目标信息。不同的遥感机理所获取的物理属性的遥感图像都伴随着不同的几何和辐射畸变。遥感图像信息处理的主要目的是：①消除各种辐射畸变和几何畸变，使经过处理后的图像能更真实地表现原景物真实面貌；②利用增强技术突出景物的某些光谱和空间特征，使之易于与其他地物区分和判释；③进一步理解、分析和判别经过处理后的图像，提取所需要的专题信息。

（2）遥感数据的信息性能及其特征。图像的信息性能可理解为图形的一种能力，这种能力是指在可理解的形式中反映地物和现象的详尽程度，如何用人工或机器的方式将图像所传递的这些目标信息的质量和数量提取出来。

在遥感影像分析提取过程中，可供利用的影像特征包括：光谱特征、空间特征、极化特征和时间特性。在影像要素中，除色调/彩色与物体的波谱特征有直接的关系外，其余大多与物体的空间特征有关。像元的色调/彩色或波谱特征是最基本的影像要素，如果物体之间或物体与背景之间没有色调/彩色上的差异，它们的鉴别就无从说起。第二级影像要素有大小、形状和纹理，它们是构成某种物体或现象的元色调/彩色在空间（即影像）上分布的产物。物体的大小与影像比例尺密切相关；物体影像的形状是物体固有的属性；而纹理则是一组影像中的色调/彩色变化重复出现的产物，一般会给人以影像粗糙或平滑的视觉印象，在区分不同物体和现象时起重要作用。第三级影像要素包括图形、高度和阴影三者，图形往往是一些人工和自然现象所特有的影像特征。

（3）遥感图像解译的方法，指遥感图像解译中的一些重要思维方式和研究思路，如地学分析、形象思维和空间推理、图像模拟、数据反演等。常用的遥感信息提取的方法有两大类：一是目视解译；二是计算机信息提取。

1. 目视解译

目视解译是指利用图像的影像特征（色调或色彩，即波谱特征）和空间特征（形状、大小、阴影、纹理、图形、位置和布局），与多种非遥感信息资料（如地形图、各种专题图）组合，运用其相关规律，进行由此及彼、由表及里、去伪存真的综合分析和逻辑推理的思维过程。早期的目视解译多是纯人工在像片上解译，后来发展为人机交互方式，并应用一系列图像处理方法进行影像的增强，提高影像的视觉效果，后在计算机屏幕上解译。

1）遥感影像目视解译原则

遥感影像目视解译的原则是先"宏观"后"微观"；先"整体"后"局部"；先"已知"后"未知"；先"易"后"难"等。一般判读顺序为，在中小比例尺像片上通常首先判读水系，确定水系的位置和流向，根据水系确定分水岭的位置，区分流域范围，然后判读大片农田的位置、居民点的分布和交通道路。在此基础上，进行地质、地貌等专门要素的判读。

2）遥感影像目视解译方法

（1）总体观察。观察图像特征，分析图像对判读目的任务的可判读性和各判读目标间的内在联系。观察各种直接判读标志在图像上的反映，从而可以把图像分成大类别以及其他易于识别的地面特征。

（2）对比分析。对比分析包括多波段、多时域图像、多类型图像的对比分析和各判读标志的对比分析。多波段图像对比有利于识别在某一波段图像上灰度相近但在其他波段图像上灰度差别较大的物体；多时域图像对比分析主要用于物体的变化繁衍情况监测；而多个类型图像对比分析则包括不同成像方式、不同光源成像、不同比例尺图像等之间的对比。

各种直接判读标志之间的对比分析，可以识别标志相同（如色调、形状），而另一些标识不同（纹理、结构）的物体。对比分析可以增加不同物体在图像上的差别，以达到识别目的。

（3）综合分析。综合分析主要应用间接判读标志、已有的判读资料、统计资料，对图像上表现得很不明显，或毫无表现的物体、现象进行判读。间接判读标志之间相互制约、相互依存。根据这一特点，可作更加深入细致的判读。例如，对已知判读为农作物的影像范围，按农作物与气候、地貌、土质的依赖关系，可以进一步区别出作物的种属；河口泥沙沉积的速度、数量与河流汇水区域的土质、地貌、植被等因素有关，长江、黄河河口泥沙沉积情况不同，正是流域内的自然环境不同所致。

地图资料和统计资料是前人劳动的可靠结果，在判读中起着重要的参考作用，但必须结合现有图像进行综合分析，才能取得满意的结果。实地调查资料，限于某些地区或某些类别的抽样，不一定完全代表整个判读范围的全部特征。只有在综合分析的基础上，才能恰当应用，正确判读。

（4）参数分析。参数分析是在空间遥感探测的同时，测定遥感区域内一些典型物体（样本）的辐射特性数据、大气透射率和遥感器响应率等数据，然后对这些数据进行分析，达到区分物体的目的。

大气透射率的测定可同时在空间和地面测定太阳辐射照度，按简单比值确定。仪器响应率由实验室或飞行定标获取。

利用这些数据判定未知物体属性可从两个方面进行：其一，用样本在图像上的灰度与其他影像块比较，凡灰度与某样本灰度值相同者，则与该样本同属性；其二，由地面大量测定各种物体的反射特性或发射特性，然后把它们转化成灰度，根据遥感区域内各种物体的灰度，比较图像上的灰度，即可确定各类物体的分布范围。

2. 计算机信息提取

利用计算机进行遥感信息的自动提取则必须使用数字图像，地物在同一波段、同一地物在不同波段都具有不同的波谱特征，通过对某种地物在各波段的波谱曲线进行分析，根据其特点进行相应的增强处理后，可以在遥感影像上识别并提取同类目标物。早期的自动分类和图像分割主要是基于光谱特征，后来发展为结合光谱特征、纹理特征、形状特征、空间关系特征等综合因素的计算机信息提取。

1）自动分类

常用的信息提取方法是遥感影像计算机自动分类。首先，对遥感影像室内预判读，然后进行野外调查，旨在建立各种类型的地物与影像特征之间的对应关系并对室内预判结果进行验证。工作转入室内后，选择训练样本并对其进行统计分析，用适当的分类器对遥感数据分类，对分类结果进行后处理，最后进行精度评价。遥感影像的分类一般是基于地物光谱特征、地物形状特征、空间关系特征等，目前大多数研究还是基于地物光谱特征。

在计算机分类之前，往往要做些预处理，如校正、增强、滤波等，以突出目标物特征或消除同一类型目标的不同部位因照射条件不同、地形变化、扫描观测角的不同而造成的亮度差异等。

利用遥感图像进行分类，就是对单个像元或比较匀质的像元组给出对应其特征的名称，其原理是利用图像识别技术实现对遥感图像的自动分类。计算机用以识别和分类的主要标志是物体的光谱特性，图像上的其他信息如大小、形状、纹理等标志尚未充分利用。

计算机图像分类方法，常见的有两种，即监督分类和非监督分类。监督分类，首先要从欲分类的图像区域中选定一些训练样区，在这些训练区中地物的类别是已知的，用它建立分类标准，然后计算机将按同样的标准对整个图像进行识别和分类。它是一种由已知样本外推未知区域类别的方法。非监督分类是一种无先验（已知）类别标准的分类方法。对于待研究的对象和区域，没有已知类别或训练样本作标准，而是利用图像数据本身能在特征测量空间中聚集成群的特点，先形成各个数据集，再核对这些数据集所代表的物体类别。

与监督分类相比，非监督分类具有下列优点：不需要对被研究的地区有事先的了解，对分类的结果与精度要求相同的条件下，在时间和成本上较为节省，但实际上，非监督分类不如监督分类的精度高，所以监督分类使用更为广泛。

2）纹理特征分析

细小地物在影像上有规律地重复出现，它反映了色调变化的频率，纹理形式很多，包括点、斑、格、垅、栅。在这些形式的基础上根据粗细、疏密、宽窄、长短、直斜和隐显等条件还可再细分为更多的类型。每种类型的地物在影像上都有本身的纹理图案，因此，可以从影像的这一特征识别地物。纹理反映的是亮度（灰度）的空间变化情况，有三个主要标志：某种局部的序列性在比该序列更大的区域内不断重复；序列由基本部分非随机排列组成；各部分大致都是均匀的统一体，在纹理区域内的任何地方都有大致相同的结构尺寸。这个序列的基本部分通常称为纹理基元。因此，可以认为纹理是由基元按某种确定性的规律或统计性的规律排列组成的，前者称为确定性纹理（如人工纹理），后者称为随机性纹理（或自然纹理）。对纹理的描述可通过纹理的粗细度、平滑性、颗粒性、随机性、方向性、直线性、周期性、重复性等这些定性或定量的概念特征来表征。

相应的众多纹理特征提取算法也可归纳为两大类，即结构法和统计法。结构法把纹理视为由基本纹理元按特定的排列规则构成的周期性重复模式，因此常采用基于传统的傅里叶频谱分析方法确定纹理元及其排列规律。此外，结构元统计法和纹理分析也是常用的提取方法。结构法在提取自然景观中不规则纹理时就遇到困难，这些纹理很难通过纹理元的重复出现来表示，而且纹理元的抽取和排列规则的表达本身就是一个极其困难的问题。在遥感影像中纹理绝大部分属随机性，服从统计分布，一般采用统计法纹理分析。目前用得比较多的方法包括：共生矩阵法、分形维方法、马尔可夫随机场方法等。共生矩阵是一种比较传统的纹理描述方法，它可从多个侧面描述影像纹理特征。

3）图像分割

图像分割就是指把图像分成各具特性的区域并提取出感兴趣目标的技术和过程。此处，特性可以是像素的灰度、颜色、纹理等预先定义的目标，可以对应单个区域，也可以对应多个区域。

图像分割是由图像处理到图像分析的关键步骤，在图像工程中占据重要的位置。一方面，它是目标表达的基础，对特征测量有重要的影响；另一方面，图像分割及其基于分割的目标表达、特征抽取和参数测量将原始图像转化为更抽象更紧凑的形式，使得更高层的图像分析和理解成为可能。

图像分割是图像理解的基础，而在理论上图像分割又依赖于图像理解，彼此是紧密关联的。图像分割在一般意义下是十分困难的，目前的图像分割一般作为图像的前期处理阶段，是针对分割对象的技术，是与问题相关的，如最常用到的利用阈值化处理进行的图像分割。

图像分割有三种不同的途径：其一是将各像素划归到相应物体或区域的像素聚类方法，即区域法；其二是通过直接确定区域间的边界来实现分割边界的方法；其三是先检测边缘像素再将边缘像素连接起来构成边界形成分割。

（1）阈值与图像分割。阈值是在分割时作为区分物体与背景像素的界限，大于或等于阈值的像素属于物体，而其他属于背景。这种方法对于在物体与背景之间存在明显差别（对比）的景物分割十分有效。实际上，在任何实际应用的图像处理系统中，都要用到阈值化技术。为了有效地分割物体与背景，人们发展了各种各样的阈值处理技术，包括全局阈值、自适应阈值、最佳阈值等。

（2）梯度与图像分割。当物体与背景有明显对比度时，物体的边界处于图像梯度最高的点上，通过跟踪图像中具有最高梯度的点的方式获得物体的边界，可以实现图像分割。这种方法容易受到噪声的影响而偏离物体边界，通常需要在跟踪前对梯度图像进行平滑等处理，再采用边界搜索跟踪算法来实现。

（3）边界提取与轮廓跟踪。为了获得图像的边缘，人们提出了多种边缘检测方法，如 Sobel、Cannyedge、LoG。在边缘图像的基础上，需要通过平滑、形态学等处理去除噪声点、毛刺、空洞等不需要的部分，再通过细化、边缘连接和跟踪等方法获得物体的轮廓边界。

（4）霍夫（Hough）变换。对于图像中某些符合参数模型的主导特征，如直线、圆、椭圆等，可以通过对其参数进行聚类的方法，抽取相应的特征。

（5）区域增长。区域增长方法是根据同一物体区域内像素的相似性质来聚集像素点的方法，从初始区域（如小邻域或甚至每个像素）开始，将相邻的具有同样性质的像素或其他区域归并到目前的区域中从而逐步增长区域，直至没有可以归并的点或其他小区域为止。区域内像素的相似性度量可以包括平均灰度值、纹理、颜色等信息。

区域增长方法是一种比较普遍的方法，在没有先验知识利用时，可以取得最佳的性能，用来分割比较复杂的图像，如自然景物。但是，区域增长方法是一种迭代的方法，空间和时间开销都比较大。

4）面向对象的遥感信息提取

基于像素级别的信息提取以单个像素为单位，过于着眼于局部而忽略了附近整片图斑的几何结构情况，从而严重制约了信息提取的精度，而面向对象的遥感信息提取，综合考虑了光谱统计特征、形状、大小、纹理、相邻关系等一系列因素，因而具有更高精度的分类结果。面向对象的遥感影像分析技术进行影像的分类和信息提取的方法如下。

首先，对图像数据进行影像分割，从二维化了的图像信息阵列中恢复出图像所反映的景观场景中的目标地物的空间形状及组合方式。影像的最小单元不再是单个的像素，而是一个个对象，后续的影像分析和处理也都基于对象进行。然后，采用决策支持的模糊分类算法，并不是简单地将每个对象分到某一类，而是给出每个对象隶属于某一类的概率，便于用户根据实际情况进行调整。同时，也可以按照最大概率产生确定分类结果。在建立专家决策支持系统时，建立不同尺度的分类层次，在每一层次上分别定义对象的光谱特征、形状特征、纹理特征和相邻关系特征。其中，光谱特征包括均值、方差、灰度比值。形状特征包括面积、长度、宽度、边界长度、长宽比、形状因子、密度、主方向、对称性、位置，对于线状地物，包括线长、线宽、线长宽比、曲率、曲率与长度之比等；对于面状地物，包括面积、周长、紧凑度、多边形边数、各边长度的方差、各边的平均长度、最长边的长度；纹理特征包括对象方差、面积、密度、对称性、主方向的均值和方差等。通过定义多种特征并指定不同权重，建立分类标准，然后对影像分类。分类时先在大尺度上分出"父类"，再根据实际需要对感兴趣的地物在小尺度上定义特征，分出"子类"。

5.4.4 遥感数据反演

遥感图像数据是根据电磁波的理论，应用各种传感仪器对远距离目标所辐射和反射的电磁波信息，进行收集、处理，并最后形成遥感图像数据，从而对地面各种景物进行探测和识别。地物的电磁波的发射、辐射、经大气的传输过程以及遥感器对它的探测、处理、分析是一个复杂过程，受诸多因素影响，常出现"同物异谱"和"同谱异物"现象。

遥感的本质是反演，而从反演的数学来源讲，反演研究所针对的首先是数学模型。因此，遥感反演的基础是描述遥感信号或遥感数据与地表应用之间的关系模型，也就是说，遥感模型是遥感反演研究的对象。进行遥感反演研究，首先要解决的问题就是对地表遥感像元信息的地学描述。因为地球表面是一个复杂的系统，对地观测得到的遥感像元的空间分辨率从几米到几千米都有，所以人类对地表真实性的了解需要用多种参数来描述。一般来说，遥感模型描述像元的观测量与地表实用参数之间的定量关系。这种描述模型的精度与参数量成正比，而精确的模型需要较多的参数。因此，定量遥感面临的首要问题是对地表的精确、实用的地学描述。地学描述有两个方面的要求，第一是精确性，即对地学描述模型的精度要求，精确的模型具有科学性和定量性；第二是实用性，即地学描述模型参数的应用性，建立模型需要考虑遥感与应用的衔接，由于模型反演精度常受到数据源的限制，要注意发挥多种数据组合的优势。

模型的选择对反演的成功可能是决定性的。因此，在反演问题中，关于模型的选择应尽可能地精心、谨慎。选择模型时如下要求应予考虑。

（1）精确性。反演问题的目的在于"还原"，以恢复"目标"的原来面貌，所以，模型应以尽可能近似真实结构，过于简化的模型将使结构的一些有意义的性质被遗漏。

（2）稳定性。显然，这是根据实验数据确定反演问题的解所必须的要求。

（3）实用性。反演问题的计算与模型选择的关系极大，保证计算的经济实用无疑是选择模型时需要顾及的。

实际上，这些要求之间并不协调，明显的事实是精确性与实用性往往存在矛盾。于是，不得不在选择模型时在这三个要求之间折中。对于具体的反演问题，模型的选择当然要顾及解决问题的可能性。

第 6 章　地理本体与全息论

在唯物辩证法中，任何事物都有自己的现象和本质，本质和现象揭示的是事物内在实质和外在表现之间的关系。本质指的是事物内部的联系，是决定事物根本性质的内在依据。现象指的是事物的外部联系和表面特征，是本质的表现，本质总要表现为现象。世界的本质（或本源）是什么？人类不能感知世界的本质，只能通过五官感知事物现象。人们通过现象与现象之间的关系，透过现象看本质，就像盲人摸象，寻求客观存在之"本"，通过思维认识事物的必然性和规律性。然而，现实中现象和本质的关系不是完全一一对应的，同一现象可以表现不同的本质。客观世界的复杂性和人类认知的局限性，通过客观世界的表象获取反映客观实际的信息，找到事物发展的规律，是人类最基本的渴望。所以，本章通过引入本体论和全息论的概念，帮助人们更深刻地理解地理信息的主观和客观两重性。

6.1　本体论与地理本体

本节将本体论和地理本体论引入地理信息科学中，研究如何构建地理本体所涉及到的概念问题以及地理本体形式化的方法和工具。通过研究地理信息的语义理论，探索研究地理现实世界、人类思维认知和地理信息系统之间的关系。在地理信息服务中为了实现所建立的本体能够方便地被共享和重用，研究不同本体的集成和不同本体之间的转换方法，提供不同本体之间互操作的手段。最终目的是要实现计算机与人之间或计算机系统与计算机系统之间能够相互理解，实现智能的人机交互、计算机系统之间的互操作，为地理知识服务提供知识重用。本体论研究是高度跨学科的交叉研究，与地理信息的认知、表达、互操作、尺度和不确定性密切相关。

6.1.1　哲学本体

本体论一个最常见的解释就是关于存在及其本质和规律的学说。持这种观点的人认为本体论关注的是存在，即世界上在本质上有什么样的东西存在，或者世界存在哪些类别的实体，所以哲学上的本体论是对客观世界任何领域内的真实存在所做出的客观描述。本体论是哲学研究中最常用也是歧义最多、意义最为模糊的概念之一。尽管本体论存在的历史悠久，但是它的概念却不够清晰，始终未能达到一般的确定性，换言之，哲学家们在本体论究竟研究什么问题、它的对象是什么等这样一些构成了一门学科的基本规定的问题上从来就没有达到过最起码的共识，这就使本体论在哲学中乃至人类知识的领域中形成了一道十分奇特的景观。在众多的解释中，本质论、是论和本体承诺论最具代表性。

1. 本质论

本体起源于哲学，一般指的是事物的本原、本质或存在，与（事物的）现象、表象相对。也就是当你问事物源于什么，或者事物本质上是什么，或者是什么把握着事物的存在时，回答就应该是事物的本体。本体论（ontology）相关解释可以追溯到古希腊哲学家亚里士多德的本体解释。它在哲学中的定义为"对世界上客观存在物的系统地描述,即存在论",是客观存在的一个系统的解释或说明,关心的是客观现实的抽象本质,现在较多的翻译为本体论。《辞海》中,本体论被解释为"哲学中研究世界的本原或本性的问题的部分"。《哲学大辞典》中,本体论被解释为"研究一切实在的最终本性"。哲学教科书更认为本体论就是关于世界包括自然界、人类社会和思维的最一般规律的科学,充当世界本体的即具有客观实在性的物质。

从广义上来说,本体指一切实在的最终本性,这种本性需要通过认识论而得到认识,因而研究一切实在最终本性的为本体论,研究如何认识的则为认识论,这是以本体论与认识论相对称。从狭义上来说,则在广义的本体论中又有宇宙的起源与结构的研究和宇宙本性的研究之分,前者为宇宙论,后者为本体论,这是以本体论与宇宙论相对称。马克思主义哲学不采取本体论与认识论相对立或本体论与宇宙论相对立的方法,而以辩证唯物主义说明哲学的整个问题。

本质论(德 lehre vom Weson)是德国黑格尔用语,是指逻辑学的第二部分。黑格尔认为,在第一阶段中,即在"存在论"中所谈的范畴都是直接的,而"本质论"中的范畴是间接的。因为本质是在现象背后的东西,黑格尔称其为"过去了的存在"。由于本质是深入到了直接的东西内部的间接的东西,因此,"本质论"中的范畴都是"双层的",是彼此对立而又相互依存的:甲范畴的本质要在和它对立的乙范畴中才能反映出来,反之亦然。黑格尔称范畴间的这种关系为"反思",把两个相互对立又相互依存、相互映现的概念或规定性称为"反思的概念"或"反思的规定"。

按照"存在"和"本质"间关系的深浅程度,黑格尔把本质的运动过程分为三个阶段:第一阶段是"作为实存的根据的本质"。在这里,本质一开始是"映现于自身内",自己与自己联系,即"自身同一"。黑格尔认为同一不能停留在单纯形式的同一(即"知性的同一")里面,即不能停留在单纯抽象的同一里面。同一并不排斥差别,相反,它是包含差别于自身之内的。而本质的差别就是对立。对立就是矛盾。黑格尔在这里断言:"矛盾是推动整个世界的原则。"不过,概念的发展并不停留在矛盾和对立中,它必然发展成为根据。因为对立就是在自身内既包含自身又包含其反面,而本质内的这种规定就是"根据"。根据则进一步映现出存在,有根据的存在就是实存。而实存与根据的对立统一的全体就是"物"。物是形式与质料的对立统一体,而物作为一种在自己本身内扬弃自己的本质的实存,就是"现象"(第二阶段)。在现象阶段,又有"现象界""内容和形式""关系"三个环节。最初映现出来的本质是现象界,其中形式与质料的矛盾就转化为形式与内容的矛盾,而这种"设定起来的现象"就是"关系"。"关系"包含"全体与部分""力和力的表现""内与外"三个不断深入的环节。内与外的关系实际上就是本质与实存的关系,这种内与外或本质与实存所形成的统一就是"现实"。于是,黑格尔又引出了本质论中的第三个大的环节"现实"。现实是本质与现象的统一。在"现实"阶段(第三阶段),黑格尔论述了可能性与现实性、偶然性与必然性以及实体关系、因果关系、相互关系等辩证法的诸重要范畴。本质论中所说的一切范畴都是一种对立的统一关系;全部过程就是一个对立面统一的过程。这种对立统一的进一步展开就是"概念"。这是第三部分"概念论"的内容。

2. 是论

根据词源学的考察,ontology 是一门关于 being 的学问,而且不少哲学家也认可这个观点或者提出了类似的观点。问题的关键就是这个"being"究竟是什么意思，学者们对此争论颇多。最有代表性的两种理解就是"存在"和"是"。表面上是简单的译名之争，实际上在"存在"和"是"这两个译名之后隐藏着哲学思维方式的重大差异。因为"是"是系词，由此很容易想到它是一种思维活动。"存在"在人们心目中则刚好是与主观思维相对立的"客观存在"乃至"物质存在"。这样，在西文里本来是同一个词，在中文里却被判为主客两界。

"是论"者认为，本体论是活动在先验领域之中的。这片先验的领域最初是由柏拉图设立的，称为理念世界，它与人们的表象世界是分离存在的，然而却是表象世界的本质、原理。到了黑格尔那里，这片领域成为绝对理念或绝对精神，黑格尔虽然不同意在绝对理念和人们的表象世界之间有不可逾越的鸿沟，但他同样认为，绝对理念是纯粹的原理，自然界和人类社会的一切表象都是绝对理念的外化或展开。这样的原理由于不是从经验中得出的认识，而是先于经验的，它必定是从概念到概念构造出来的体系。本体论就是这样与经验世界隔绝或者先于经验世界的理念世界、绝对精神、纯粹理性的领域，它是纯粹的原理，称为"第一哲学"。"第一哲学"也称形而上学。

从这一总体性理解出发，把系词"是"以及分析"是"的种种"所是"（或"是者"）作为范畴，通过逻辑的方法构造出先验原理体系。本体论归纳为三个最根本的特征。在理论实质上来说，本体论是与经验世界相分离或先于经验而独立存在的原理系统，这种哲学应该归入客观唯心主义之列。在研究方法上，本体论采用的是逻辑的方法，主要是形式逻辑，到了黑格尔发展为辩证逻辑的方法，但无论怎样，离开逻辑的方法就没有本体论。在表现形式上，本体论是关于"是"的哲学，"是"是经过哲学家改造以后而成为的一个具有最高、最普遍的逻辑规定性的概念。因之而得以命名，即它是一门关于"是"的学问，其较适当的译名应为"是论"。

3. 本体承诺论

本体论发展到后来，不再在本真意义上讨论存在问题，而是变成了一种承诺，一种约定。在实证主义者看来，本体是否真实存在，人们不可能知道，也无法言说。"某个实体实际是什么"这个陈述，人们既不能通过逻辑分析确定其真假，也不能通过经验验证其真假。所以，它是一个伪陈述。因此，任何关于本体、实体的陈述或理论系统均是毫无意义的形而上学，应该将其逐出科学的哲学探索。实证主义在拒斥形而上学的过程中摄取合理因素为：作为本体论的哲学不是一种知识性的理论体系，人们没有充分根据在本真意义上讨论本体。

20世纪分析哲学家蒯因则把本体论问题分为两类：本体论事实问题和本体论承诺问题。本体论事实问题是指实际上有什么东西存在；本体论承诺问题是指一个理论说有什么东西存在。他认为，哲学应该研究第二类问题，它实际上是一个语言问题。蒯因说：当我探求某个学说或一套理论的本体论承诺时，我所问的是，按照那个理论有什么东西存在。一个理论的本体论承诺问题，就是按照那个理论有什么东西存在的问题。

本体论承诺问题与实际上有什么东西存在无关，只与人们说有什么东西存在，承诺什么东西存在有关。这种承诺其实是一种约定，即当人们断言某某事物存在时，其实是在约定该事物的存在。本体论承诺问题所要问的就是，人们在一个理论体系中到底约定了或承诺了什么东西存在。至于该事物是否真的存在，人们的存在断言是否与事实相符，这个问题在蒯因看来实际上是不可回答的，而且对于构造人们的理论来说，也是不重要的。蒯因进而指出，既然本体论承诺问题归根到底不过是一个语言学的范围问题，那么哲学家应该成为语言学家，即要从形而上学退回到语言学的范围内来考虑问题。哲学家需要做的是这样一些工作：考察一个理论体系中人们究竟承诺了什么东西存在，以及不同理论体系的本体论承诺的差别与变化。通过对它们的比较，选择出更可接受的本体论承诺。

蒯因实际上把形而上学的本体论问题转换为本体论承诺问题，力求在语义学的领域内来讨论本体论命题的意义和选择。蒯因的这种改变实际上是对传统本体论的一种重建，是经过严格语言分析以后，对本体论性质的重新思考和重新规定。

哲学本体从最初在本真意义上探讨本体问题发展到后来的本体论承诺问题，与西方哲学的两次转向不无关系。传统本体论关注的主要是"存在是什么""构成世界的本质要素是什么"等本真意义上的问题，而近代本体论关心的是"人们能够认识什么""人们有什么样的认识能力"，或者说是知识的根据问题，这就是哲学上的"认识论转向"。现代西方哲学尤其是分析哲学关注的问题不再是存在问题和认识问题，而是语言问题，也就是语句陈述的意义问题，这就是哲学上的"语言的转向"。哲学本体的这种演变无疑是有积极意义的，使得它已经被终结的命运发生了改变，在当代又得到了复兴，哲学领域的学者们又重新对本体给予了极大的关注。也正是因为哲学本体的含义发生了改变，变成了本体论承诺，哲学本体才有契机被人工智能领域的学者们引入信息科学领域，信息本体这个概念才出现了。

6.1.2 信息本体

信息本体的概念源于哲学本体，毫无疑问，信息本体的含义同哲学本体有着千丝万缕的联系，但同时也要注意到信息本体同哲学本体已经有了很大的区别。信息本体的概念之所以被提出，其最主要的目的是便于知识的共享和重用。20 世纪末人工智能的发展陷入了困境，原因在于不可能建立一个万能的逻辑推理系统来实现人工智能的目标，于是学者们开始研究专门领域的知识表达来支持自动推理，这样知识工程就应运而生。但知识工程的发展同样面临诸多困难，其中最突出的就是知识重用以及知识共享问题。而学者们认识到信息本体概念的出现为解决这个问题提供了新的契机，因为本体使得人与人、人与机器、机器与机器之间的交流建立在对领域的共识的基础之上。本体在知识库系统中经常应用于开发领域模型，它提供了建模所需的基本词汇并说明了它们之间的关系，不仅包含了领域中的知识，还提供了对领域的一致理解。建立大型知识库的第一步就是设计相应的本体，这对整个知识库的组织至关重要。

1. 知识表达

本体论在计算机科学中应用时，体现了其自身的方法逻辑和架构特性。在方法论方面，其主要特性是采用高度跨学科方法，其中，哲学和语言学起基础作用，用于在高度一般的层次上分析给定真实世界的结构和形成一套清晰、严格的词汇。在架构方面，最有趣的特性是本体论在信息系统中的中心化，导致本体驱动的信息系统。本体论在计算机领域的广泛使用与计算机在日新月异发展的同时所面临的许多困难密切相关，这些困难包括知识的表示、信息的组织、软件的复用等，尤其是网络的快速发展，面对信息的海洋，如何组织、管理和维护海量信息并为用户提供有效的服务成为一项迫切而重要的研究课题。

智能系统以逻辑概念为基础，必须列出所存在的事物，构建一个可能世界的本体，尽可能包含世界的所有事物、它们之间的联系以及相互影响的方式。知识表达是一个跨学科的交叉领域，至少要用到三个领域的知识：第一是逻辑，为知识表达提供形式化的结构和推理规则；第二是本体，定义存在于应用领域的事物类别；第三是计算，支持应用从而把知识表达和纯粹的哲学区分开来。尽管哲学本体的内涵发生了很大的变化，但哲学领域之外的其他学科领域的人在提到哲学本体时，一般还是在本真意义上理解哲学本体，认为哲学本体侧重于反映现实，是对客观存在的一个系统的解释和说明。

本体是描述概念及概念之间关系的概念模型，通过概念之间的关系来描述概念的语义。作为一种能在语义和知识层次上描述信息系统的概念模型，本体被广泛地应用到计算机科学的众多领域，如知识工程、数字图书馆、软件复用、信息检索和 Web 上异构信息的处理、语义 Web 等。

2. 信息本体概念化

科学技术的发展，知识共享、重用的需求，迫使人们对人类所共同拥有的知识、信息与数据进行本体重建和网络共享及计算机协助整合。信息是一类普遍的研究对象。从本体论的意义来说，它是事物运动的状态及其变化的方式；从认识论的意义来说，它是认识主体所感受（输入）和表述（输出）事物运动状态及其变化的方式。这里，"事物"可以指物体在空间的位移，也可以指一切意义上的变化。因此，信息存在于自然界，存在于人类社会，也存在于人的思维领域。哪里有事物，哪里有事物的运动，哪里就存在信息。

本体论思想被应用到科学技术领域时，就是要把现有的知识、信息与数据采用面向对象的形式还原成一个合理的语义体系，使计算机能够处理，使人们能够共享。

"概念化"是指通过确定某个现象的相关概念而得到的这个现象的抽象模型，"明确"是指所用到的概念以及对概念使用的约束都要有明确的定义，"形式化"是指本体应该是计算机可读的，"共享"是指本体获取的是共同认可的知识，它不是某个个人私有的，而是可以被一个群体所接受的。

从以上定义可以看出，不同于哲学中的本体定义，信息科学中的本体是指工程上的人造物，其目标是确定领域内共同认可的词汇，并从不同层次的形式化模型上给出这些词汇和词汇间相互关系的明确定义，从而获取相关领域的知识，提供对该领域知识的共同理解。同时也要注意到，本体是通过描述概念及概念之间关系反映现实世界的概念模型，因此本体中的概念必须真实地反映现实世界。

还有一点可以明确，尽管定义的方式不同，在内涵上也有差异，但学者们似乎在这一点上达成了共识，那就是把本体当作是领域，可以是特定领域，也可以是更广范围内的不同主体——人、机器、软件系统等之间进行交流对话的一种语义基础，即由本体提供一种明确定义的共识。更进一步，在网络环境下，本体提供的这种共识更主要的是为机器服务，机器并不能像人类一样理解自然语言中表达的语义。因此，在计算机领域讨论本体，就要讨论本体究竟是如何表达共识的，也就是概念的形式化问题。这就涉及本体的描述语言、本体的建设方法等具体研究内容。

概念化定义为一个结构 (D, R)，其中，D 是领域；R 是 D 领域上关系的集合；R 是普通的数学关系，或者说是外延关系。关系 R 只描述了世界的一个特定状态，而不是全部状态。也就是说，这种概念化只适合于表示事物的状态，而不是概念的真正内涵。概念化结构更适合于表示事物的状态，并不是真正意义上的概念化。对于关系 R，人们需要关注的是本身的内涵，而不是它所表现出来的具体的状态。因此，需要一种方法来表示关系 R 的内在含义，一种标准的方法就是将其定义为从所有可能世界到集合上的函数。

3. 信息本体建模原语

从本质上说，本体是概念化的形式化、显式规范，概念化是通过识别世界中现象的相关概念而建立的关于现象的抽象模型；显式指概念的类型和应用的约束条件是显式定义的；形式化指机器可以理解、处理；共享指所要表达的概念化是某个领域所固有的，被广泛接受的。本体的逻辑结构指的就是一个集合 $O<A,B,C,\cdots>$，集合 O 代表的是构成一个完整本体的诸多要素或建模原语的总和，O 中每一元素代表的是本体的构成要素或建模原语。本体建模的核心是明确领域中的概念、概念的属性和约束条件、概念之间的层次关系等。关于本体的逻辑结构的概念，到目前为止没有统一的定义。不同的学者从不同的实践出发，有很多不同的见解。

1）本体五元组结构

本体的建模原语可以表示为五元组：$O=<C,R,F,A,I>$。五元组结构具体含义如下：

C 代表类（classes）或概念（concepts），概念的含义很广，从语义上讲，它表示的是对象的集合，其定义一般采用框架结构，包括概念的名称以及用自然语言对概念的描述，指任何事务，如工作描述、功能、行为、策略和推理过程。从语义上讲，它表示的是对象的集合，其定义一般采用框架（frame）结构，包括概念的名称、与其他概念之间的关系的集合，以及用自然语言对概念的描述。

R 代表关系（relations），类与个体之间的彼此关联所可能具有的方式，表示领域内概念之间的相互作用，形式上定义为 n 维笛卡儿积的子集，R：$C_1 \times C_2 \times \cdots \times C_{n-1} \to C_n$。本体是描述概念及概念之间关系的概念模型，通过概念之间的关系来描述概念的语义，是一种有效表现概念层次结构和语义的模型。从语义上讲，基本的关系有四种：①部分、整体关系（part of）；②继承关系（kind of）；③实例、概念关系（instance of）；④属性关系（attribute of）。在实际建模过程中，概念之间的关系可以根据领域的具体情况再增加相应的关系。本体关系描述如图6.1所示。

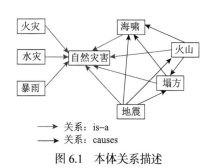

图6.1 本体关系描述

F 表示函数（functions），函数也是一种关系，这种关系比较特殊，它的前 $n-1$ 个元素可以唯一决定第 n 个元素，形式化定义 F 为 $C_1 \times C_2 \times \cdots \times C_{n-1} \to C_n$。在声明语句当中，可用来代替具体术语的特定关系所构成的复杂结构。

A 表示公理（axioms），表示永真断言，对概念和关系进行约束，如概念乙属于概念甲的范围。采取特定逻辑形式的断言（包括规则在内）所共同构成的就是其本体在相应应用领域当中所描述的整个理论，这种定义有别于产生式语法和形式逻辑中所说的"公理"。在这些学科当中，公理之中仅仅包括那些被断言为先验知识的声明。就这里的用法而言，"公理"之中还包括依据公理型声明所推导得出的理论。用于描述可以依据特定形式的某项断言所能够得出的逻辑推论的规则，用 if-then（前因-后果）式语句形式的声明。约束（限制）是采取形式化方式所声明的，是关于接受某项断言作为输入而必须成立的情况的描述。

I 表示实例（instances），代表元素，从语义上讲实例表示的就是对象。

本体构成要素，就现有的各种本体而言，无论其在表达上采用的究竟是何种语言，在结构上都具有许多的相似性。如前所述，大多数本体描述的都是个体（实例）、类（概念）、属性以及关系。

2）本体六元组结构

本体的逻辑结构可采用六元组结构描述，$O=<C, A^C, R, A^R, H, X>$，各元组具体含义如下：

C 表示概念的集合，每一个概念 C_i 表示同一类型的对象。

A^C 表示多个属性集合组成的集合，同一个概念 C_i 可以用同一个属性集中的属性 $A^C(C_i)$ 表示。

R 表示关系的集合，领域中概念之间的相互作用形式上定义为 n 维笛卡儿积的子集，R：$C_1 \times C_2 \times \cdots \times C_n$，在语义上关系对应于对象元组的集合，其中每一个关系 $R(C_1, C_2)$ 表示概念 C_1、C_2 之间的二元关系，其关系的实例就是概念对象的元组 (C_1, C_2)。

A^R 表示关系属性集的集合，每一个属性集都对应于一个关系。

H 表示概念之间的层次关系，是 $C \times C$ 的一个子集，表示概念之间的父子关系，$H(C_1, C_2)$ 表示 C_1 是 C_2 的子概念。

X 表示公理集，公理表示永真断言，每一个公理都对概念和关系的属性值进行约束，可使用适当的逻辑语言，如一阶逻辑来表示。

3）本体七元组结构

不同的应用目的对本体的逻辑结构有着不同的理解，从宏观结构看，人们所定义的只有类、属性和个体，其他的诸如公理约束、属性特征、语义关系等都依附于所定义的类、属性和个体。本体的逻辑结构虽然完全可以用三元组的形式表示，但是这只是对本体构成元素的一个最高层次的概括，在构建本体的过程中不具有太大的现实指导意义。除了概念、属性和个体要考虑之外，还要考虑概念之间的语义关系、概念的层次关系、属性的限制以及属性的特征等。本体结构的七元组表示，$O=<C, R, H, P, R^P, C^P, I>$，各元组具体含义如下：

C 表示概念，表示一组共享某些相同属性的对象的集合。

R 表示概念之间的语义关系，诸如概念之间的相交、不相交、等价等关系，这类关系可以理解为概念之间的横向关系。

H 表示概念之间的层次关系，层次关系主要是指父类-子类关系（sub class of），层次关系也是一种语义关系，这里之所以单独表示是因为层次关系在本体的树状组织结构中具有举足轻重的作用，是为了强调层次关系在本体中的重要性，这种关系可以理解为一种纵向关系。

P 表示属性，属性分为对象属性和数据属性，前者表示个体之间的关系，后者表示个体到数值之间的关系，如多边形的"包含"（contain）属性、"相离"（disjoint）属性都是对象属性，而多边形的"名称"（name）则属于数据属性。

R^P 表示对属性的限制，主要是对属性取值的类型、范围以及属性取值最多最少的限制。例如，对于多边形的"包含"属性，可以限定其取值类型为一个集合 $D<$点，线，面$>$，因为一个多边形实例可以包含点、线、面任何一个或多个对象的实例；对于多边形的"名称"，是一种数据属性，取值范围是字符串，可以限定字符串的长度不超过 10。

C^P 表示属性的特征，指的是属性本身具有的特性。例如，多边形的"包含"属性具有传递性，因为假设现有多边形实例 A、B、C，如果 A 包含 B，B 包含 C，那么，从空间关系的常识可以判断 A 也包含 C，这就说明"包含"这种属性具有传递性。再如，多边形的"邻接"(touch)属性具有对称性,因为如果 A 与 B 是"邻接"的,那么,很显然 B 与 A 也是"邻接"的。

I 表示的是类(概念)的实例,如上例中的 A、B、C 都是多边形这个类的实例。

以上介绍了三种比较有代表性的逻辑结构,这三种逻辑结构本身都能够完整地概括本体的组成要素,除了在是否把实例包括在结构之内有本质上区别外(如六元组结构没有包括实例,而七元组结构则包括了实例),其他区别只不过是形式上的不同。这些形式上的不同指的是根据不同的分类,组合本体的组成要素形成不同的层次集合。但是,根据不同的需要可以对某一逻辑结构进行不同程度的细化或者概括。

4. 信息本体建模方法

本体建模是一个复杂的过程,涉及哲学、逻辑学、知识工程等多个学科,目前尚没有被广泛接受的工程化方法。本体的本质是概念模型,表达的是概念及概念之间的关系,本体结构是按层次方式组织的。因此,本体建模的核心是要明确研究领域的概念、概念的属性和约束条件,以及概念之间的层次关系。

1)构建原则

1995 年 Gruber 提出了构建本体的五条准则:明确性与客观性、一致性、可扩展性、最小编码差和最小本体约定。明确性和客观性是指本体应该有效地传达所定义的术语的内涵;一致性是指一个本体应该是前后一致的,概念定义要一致,所有的公理也应该具有逻辑一致性;可扩展性是指一个本体提供一个共享的词汇,人们能够在不改变原有定义的前提下,以这组词汇为基础定义新的术语;最小编码差是指本体与特定的符号编码无关,本体的编码差应该控制在尽可能小的范围内;最小本体约定是指一个本体应该对所模拟的事物产生尽可能少的推断,让共享者自主地根据需要去专门化和实例化这个本体。除了上述的本体设计原则,不同的研究者根据自己的实践,也提出了其他本体设计原则。

2)构建方法

遵循上述构建原则,现有的建模方法,一般是根据本体建模经验总结提出的,具有代表性的建模方法主要包括以下几种。

(1)顶向下(TopDown)方法。它是在较高的起点上建立起宏观的、抽象的概念体系框架,通过决定最顶层的概念并根据应用需要进一步具体化,以此构建本体,倾向于本体重用,含有较高层次的哲学思考。

(2)底向上(BottomUp)方法。从最具体的概念开始,通过归纳构建概念的级别,通过决定最具体的概念并予以概括构建本体,通过实际应用不断地扩充本体。

这样,本体就有单一本体、多个本体以及混合本体之分,本体之间存在合并,即由小本体生成大本体,由多个局部本体互相合并,生成一个全局本体。

(3)间展开(MiddleOut)方法。识别每个领域的核心概念,然后将它们专门化、具体化。这种方法倾向于促进专题领域的出现并增强模块性和结构的稳定性。

值得注意的是,各种构建方法都需要明确本体的目的和领域范围,所有的方法都很重视模型评估,因为通过评估可以保证本体的质量。

5. 信息本体作用

信息本体在计算机科学中日益受到重视,目前在人工智能、计算语言学和数据库理论中得到了广泛的应用,其重要性尤其在诸如知识工程、知识表达、数据库设计、信息建模、信息检索与提取、知识管理与组织等不同领域得到认识。只要有信息出现的地方，就有信息本体出现的理由。

本体详细说明了特定领域的词汇库，包括了所有的实体、类、特性、谓词、函数以及上述各项之间存在的关系。本体分析澄清了领域知识的结构，识别出领域概念的本质和联系，从而为知识共享打好了基础，而且本体采用语义明确、定义统一的术语和概念使知识共享成为可能。本体尤其强调在多任务和分布式环境中的可用性，如本体突出描述对象的类而不是特定的个体，更突出表示关系和函数的一般特性而不是描述特定的情况。

从本体的作用来看，其最重要的一点就是起交流的作用，这种交流又分为三种（表6.1）：第一种是人与人之间的交流；第二种是人与计算系统之间的交流；第三种是计算系统与计算系统之间的交流。人与计算系统以及计算系统与计算系统之间的交流确实需要形式化的本体，但是人与人之间的交流更多的时候需要非形式化定义的本体。形式化的本体计算系统能够理解，但对于人来说，要看懂形式化的本体却比较麻烦甚至困难，必须辅之以非形式化本体。明白这一点对于人们建立本体具有非常重要的指导意义，不能一味地追求本体的形式化而忽略了本体的非形式化定义。

表 6.1 信息本体的主要作用

作用	表现
交流	人与人之间的交流
	计算系统与计算系统之间的交流
	人与计算系统之间的交流
计算推理	内部表达与处理规划和规划信息
	以理论和概念的术语分析实现系统的内部结构、算法、输入和输出
知识重用和组织	结构化或组织规划信息库和领域信息库

在网络技术快速发展的信息高速公路时代，组织和个人之间，以及软件系统之间的交流与协作越来越重要，但是这往往受到彼此之间不同的背景、语言、协议和技术的制约。而本体论是概念化的明确地表示和描述，对某一领域中的概念有共同理解，可以提高交流和协作的效率，从而提高了软件的重用性、互操作性和可靠性。

6. 与哲学本体区别

哲学本体侧重于反映现实，是对客观存在本质的一个系统的解释和说明，它更多地表现为一个分类体系。而信息本体是概念化的明确的说明，侧重于概念的规范定义，侧重于制定规范。也就是说，哲学本体关注的是世界上在本质上有什么样的东西存在，或者世界存在哪些类别的实体，所以哲学本体是对客观世界任何领域内的真实存在所做出的客观描述。而信息本体更关注的是现实世界中的概念、概念的定义以及概念之间的相互关系。哲学本体的建立是异常困难的，因为人们很难知道客观世界本质上到底有什么样的东西存在。信息本体因为其关注的重心是概念，更大程度上是一种约定和承诺，所以其建立难度相对于哲学本体而言会小一点。

哲学本体因为是对客观世界的真实存在所做出的客观描述，而客观世界是实实在在存在的，并且只有一个，所以哲学本体理应也只有一个，而信息本体则不然。信息本体是工程上的人造物，反映了人们对客观事物的认识，这种认识必然受文化、语言以及学科领域等因素的影响，所以信息本体往往有多个。不同民族或国家往往具有不同的文化，处于不同文化背景中的人们对于客观世界的认识必然受其文化的影响，所以由不同民族或国家的人们建立的信息本体自然会有所差异，这种差异反映了他们对于客观世界认知的差异。同时，信息本体总是要由特定语言的术语和词汇来表达，不同的语言与不同的文化也紧密相关，它们的术语和词汇并不能完全对应，所以基于特定语言表示的信息本体也与这种语言紧密相关。还有一点尤其要注意，不同学科领域的人对于相同的客观世界其关注的重点往往是不一样的，其对客观世界的认识往往也是有重大差异的，所以由不同学科领域的人建立的信息本体难免就会有所差异。

图 6.2 给出了这种差异的形象说明，客观世界是唯一的，也就是说，哲学本体是唯一的，但是对于客观世界的认识是不唯一的，因而就产生了具有差异的各种各样的信息本体[图 6.2（a）]。但是，这些信息本体之间是不是就毫无关系呢？显然不是。它们都是对同一个客观世界的概念化的定义，它们必然以客观世界为联系纽带而有或多或少的关系。也就是说，这些信息本体之间并不是相互孤立的，而是互相之间存在着映射关系[图 6.2（b）]。而且，哲学本体对于客观世界的真实描述有助于在这些不同的信息本体之间建立正确的映射关系。所以，哲学本体和信息本体并不是处于孤立的两端，而是紧密相关的。

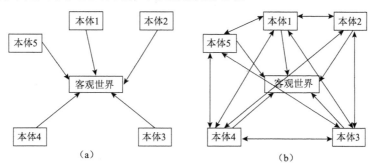

图 6.2 哲学本体与信息本体关系

总之，哲学本体关注的是现实世界中的实体本身，更多地表现为对现实世界中实体的详尽分类，所以是对现实世界的客观描述而不是解释，而信息本体关注的是实体的概念以及对于概念的定义和表达。

6.1.3 地理本体概念

地理知识、信息与数据是客观知识世界的重要组成部分，地理本体是一个特殊领域本体，它具有一般领域本体的基本共性，也有其独特之处，最大不同就在于其具有空间特征。地理实体之间的关系除了一般的概念和逻辑关系外，还有一些地理实体之间具有拓扑、几何、位置和方位等空间特征的关系，它反映了实体内部或实体与实体之间的空间存在关系。空间关系主要由空间实体的两个几何特征位置和形状所决定。这些空间特征对于地理本体的构建往往很重要，甚至有决定性的影响。同时，也给地理本体的构建带来复杂性和难度。

1. 地理本体内涵

地理本体是一个非常复杂而又难以把握的概念。作为一个从哲学被引入信息科学进而被引入地理信息科学中的概念，地理本体涵盖了地理哲学本体、地理信息本体以及地理空间本体三个层面的含义。地理哲学本体突出表现在对地理目标域本身的关注，主要涉及地理概念、类别、关系和地理过程、地理现象的研究，地理时空本体、不确定性本体、尺度本体也是哲学本体的重要体现。而地理信息本体的含义主要体现在通过对共享的地理概念的明确的形式化定义，应用于地理信息共享与互操作、基于语义的地理信息集成以及地理信息服务等方面。地理空间本体是地理本体区别于其他的一般信息本体最大的不同之处，因为地理本体不仅具有一般的属性特征，而且具有重要的空间特征。地理空间本体主要表现为与地理信息空间特征相关的本体，具体来说也就是与空间位置、空间形状和大小等几何特征，以及空间关系等相关的本体。

1）地理本体语义

地理本体基本上就是把本体在信息科学中的含义移植到地理信息科学中来，关注的是地理本体的属性特征。地理本体语义异质主要表现为三种情况：第一种是同义不同名，就是同一地理实体采用完全不同的命名；第二种是同名不同义，就是同一名称表达完全不同的地理实体；第三种是同一地理实体在不同分类体系中处于不同的分类位置。本体通过属性表达语义，本体概念的内涵可由属性集描述。因此，可以通过比较两个概念的属性集来衡量不同本体系统间的语义关系。即使概念的名称不同，但如果它们有完全相同的属性集，而且每个属性集的值域相同，则可以认定这两个概念是相同的。反之，即使两个地理概念具有相同的名称，但如果它们的属性集不同，那么实质上它们是不同的地理概念。所以，可以把地理概念语义相似性计算问题转化为概念的属性集的相似程度，从而得出语义相似值。

地理本体的信息体现，就是从信息本体的角度来研究地理本体。信息本体的含义体现在通过对共享的地理概念的明确的形式化定义，应用于地理信息共享与互操作、基于语义的地理信息检索、集成以及地理信息服务等方面。

2）地理空间本体

地理本体除了要表达属性信息之外，还要表示极其重要的空间特征。空间特征是指空间地物的位置、形状和大小等几何特征，以及与相邻地物的空间关系。拓扑、几何、位置和方位等空间特征对于地理本体的构建具有重要甚至决定性的影响，也是地理本体有别于一般信息本体的本质之所在。因此，构建地理本体必须考虑其复杂的位置关系、拓扑关系、量度关系以及部分-整体关系，而不像一般本体主要是考虑子类-父类这种继承关系。空间关系是指地理实体之间存在的与空间特性有关的关系，如度量关系、方向关系、顺序关系、拓扑关系、相似关系、相关关系等，是刻画数据组织、查询、分析和推理的基础。

空间关系主要包括拓扑关系、方位关系和度量关系三种基本类型。拓扑空间关系指的是目标关系在旋转、平移与比例变换下的拓扑不变量方位空间关系，以矢量地理空间为基础，在旋转变换下会产生变化，而在平移与比例变换下具有不变性。度量空间关系则表达了地理空间属性在比例变换下会产生变化，而在平移与旋转变换下具有不变性。其中，拓扑关系是最重要的空间关系，但拓扑关系并不能完整地表达地理空间的所有实质性关系，必须对拓扑关系进行精化，同时还要考虑空间目标或目标之间的面积、长度等度量空间关系和方位空间关系。

2. 地理本体建模原语

因为空间特征是地理实体和现象区别于其他事物和现象的本质特征，所以在分析地理本体逻辑结构的时候，可以把本体概念之间的空间关系单独组成一个元组加以强调，从而形成一个新的八元组结构 $O=<C,R,S^R,P,R^P,C^P,C^H,R^H>$，其各元组含义如下：

C 表示概念，表示一组共享某些相同属性的对象的集合。

R 表示概念之间的普通语义关系（不包括空间语义关系），如概念之间的相交、不相交、等价等关系，这是一种横向关系。

S^R 表示概念之间的空间语义关系，包括相交、包含、相离等拓扑关系，东南西北等方向关系以及度量关系，这里的关系根据不同的模型而定。

P 表示属性，分为对象属性和数据属性。

R^P 表示对属性的限制，主要是对属性取值的类型、范围以及属性取值最多最少的限制。

C^P 表示关系的特征，这里包括 R 和 R^S 关系的特征。例如，R^S 中相交是一种对称的关系，包含是一种传递关系等。

C^H 和 R^H 分别表示概念之间的层次关系和属性之间的层次关系。

3. 空间关系形式化表达模型

空间关系指的是空间实体之间的一些具有空间特性的关系，常用来定量地描述事物在空间上的依赖关系。空间关系分为：①表示空间顺序的方向关系，如东、西、南、北等；②表示邻近和关联的拓扑关系，如空间实体间的相离、相交关系等；③表示包含或优先的比较或顺序关系，如在内、在外等；④距离关系，用度量空间中的某种度量表示目标间的关系，如目标间的远近或亲疏程度等；⑤模糊关系，如贴近、接近等。人们对空间关系的研究主要包括拓扑、方向和距离三大类空间关系，这三类空间关系又分别称为拓扑、顺序和度量关系。在空间关系的形式化表达模型的研究中，由于度量关系的特殊性，目前研究者们关注更多的是拓扑关系和方向关系，研究成果较多的也是拓扑关系模型和方向关系模型。

1）拓扑关系经典模型

拓扑关系指的是在延展、移动、旋转等变换下保持不变的一种定性关系。很多学者对空间拓扑关系的表达进行了大量的研究，并取得很多研究成果，很多拓扑关系模型被相继提出，其中最为经典的模型有四交模型和九交模型、区域连接演算（region connection calculus, RCC）拓扑关系模型。

在四交模型（four intersection, 4I）中，用两个对象 A、B 的内部（$A°$）和边界（∂A）子集是否相交来刻画两个对象间的拓扑关系：

$$I(A,B)=\begin{bmatrix} A°\cap B° & A°\cap \partial B \\ \partial A\cap B° & \partial A\cap \partial B \end{bmatrix}$$

矩阵中每个"元组"有空和非空两种取值，分别表示相离或相交。因此，四交模型矩阵共有 $2^9=512$ 种可能的取值，包括了所有的拓扑关系，具备了理论上的完备性。排除现实世界中没有物理意义的关系，可以导出 8 种面-面关系、11 种面-线关系、3 种面-点关系、16 种线-线关系、3 种点-线和 2 种点-点关系。

九交模型（nine intersection, 9I）是针对四交模型的不足通过进一步考虑空间目标的外部来描述空间拓扑关系的：

$$9I(A,B)=\begin{bmatrix} A°\cap B° & A°\cap \partial B & A°\cap B^- \\ \partial A\cap B° & \partial A\cap \partial B & \partial A\cap B^- \\ A^-\cap B° & A^-\cap \partial B & A^-\cap B^- \end{bmatrix}$$

与四交模型类似，矩阵中每个"元组"有空和非空两种取值，分别表示相离或相交。因此，四交模型矩阵共有 2^9=512 种可能的取值。排除现实世界中没有物理意义的关系，可能的拓扑关系有 60 余种，包括 8 种面-面关系、19 种面-线关系、3 种面-点关系、33 种线-线关系、3 种点-线关系和 2 种点-点关系、2 种线-面关系、2 种线-线关系。

RCC 模型以区域为基元，而不像传统拓扑中以点为基元，区域可以是任意维，但在特定的形式化模型中，所有区域的维数是相同的，如在考虑二维模型时，区域边界和区域间的交点不被考虑进来。RCC 模型假设一个原始的二元关系 $C(x, y)$ 表示区域 x 与 y 连接。关系 C 具有自反性和对称性，可以根据点出现在区域中来给出关系 C 的拓扑解释。$C(x, y)$ 表示 x 和 y 的拓扑闭包共享至少一个点，使用关系 C 可以定义 8 个基本关系。

在 RCC 模型中，定义在区域上的关系通常被分组为关系集合，集合中的元素互不相交且联合完备（jointly exhaustive and pairwise disjoint，JEPD），即对于任何两个区域，有且仅有一个特定的 JEPD 关系被满足，其中，最有代表性的是 RCC-8 和 RCC-5 关系集。RCC-8 包括不连接（DC）、外部连接（EC）、部分交叠（PO）、正切真部分（TPP）、非正切真部分（NTPP）、相等（EQ）、反正切真部分（TPPI）和反非正切真部分（NTPPI）。RCC-5 没有考虑区域的边界，即将 DC 和 EC 合并为分离（DR），TPP 和 NTPP 合并为真部分（PP），TPPI 和 NTPPI 合并为反真部分（PPI），如图 6.3 所示。

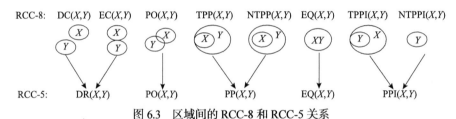

图 6.3 区域间的 RCC-8 和 RCC-5 关系

2）方向关系经典模型

空间方向关系是指空间实体之间的相对位置，如在北边、在南边等。空间方向是在一定的参考系统中从一个空间目标到另一个空间目标相对于参考方向的指向，常用东、南、西、北来定性描述。空间方向关系只强调空间参考目标和空间源目标，在语义上还有一个相反的方向关系，但是，空间方向关系是建立在空间描述的基础上的。确定方位和方位关系的基础是参考框架，将参考框架分为三类，如图 6.4 所示。

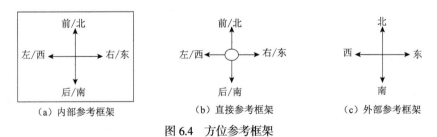

图 6.4 方位参考框架

内部参考框架（intrinsic reference frame）：在空间对象内部建立的方位参照系统，多用前后左右、位于……方位表示。

直接参考框架（direct reference frame）：以观测者所在位置建立的方位参照系统，多用前后左右等方位表示。

外部参考框架（extrinsic reference frame）：主要指就地球范围而言，通过选择不同的北方向（如磁北、正北），并经由二维投影变换得到的由东南西北等方位描述的方向系统。

为了分析空间方向关系，很多学者提出了许多具有代表性的经典方向关系模型，如锥形模型、MBR 模型、基于 Voronoi 图方向关系模型等。

锥形模型类似于解析几何的直角坐标系把平面分解成 4 个象限一样，将空间参考点及其周围的区域划分为若干具有方向性的子区域，并根据源目标和这些子区域相交的结果来确定源目标与其空间参考目标之间的方向关系。四方向划分用定性方向符号 E、W、S、N 分别表示所对应的地理空间中的东、西、南、北四个方向；八方向划分在此基础上加入 NE、SE、SW、NW 表示对空间更细的划分，对应于地理空间中的东北、东南、西南、西北。两个方向间的边界被系统地指派其方向性，如可以指定边界的方向为其顺时针邻域的方向，如在八方向划分中 W 和 SW 间边界的方向为 W。由图 6.5 中目标对象 B 所处的方向来确定目标对象相对于参考对象的方向关系，如果目标对象与参考对象的位置相同，它们间的方向关系称为 same（同一关系），即八方向模型能够区分 8+1 种不同的方向关系。常用的"圆锥"方向模型是八方向模型。

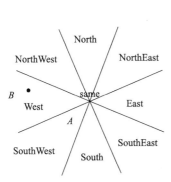
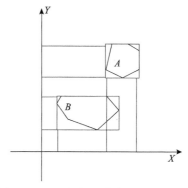

图 6.5 "八方向"锥形方向关系模型　　图 6.6　MBR 方向关系模型原理图

最小边界矩形（minimum bounding rectangle，MBR）指的是几何对象的最小外切矩形。MBR 方向关系模型的基本思想是：先建立空间目标的 MBR，然后分别把参考目标和源目标投影到两坐标轴上，向 X 轴的投影 X 和向 Y 轴的投影 Y。R 表示一个基本方向关系矩阵，通过 R 就可大致确定两目标间的方向关系，如图 6.6 所示。该模型适用于判断面状空间目标的方向关系。

Voronoi 图，又称泰森多边形或 Dirichlet 图，它由一组由连接两邻点直线的垂直平分线组成的连续多边形组成。N 个在平面上有区别的点，按照最邻近原则划分平面；每个点与它的最近邻区域相关联。Delaunay 三角形是由与相邻 Voronoi 多边形共享一条边的相关点连接而成的三角形。Delaunay 三角形的外接圆圆心是与三角形相关的 Voronoi 多边形的一个顶点。Voronoi 三角形是 Delaunay 图的偶图，如图 6.7 所示。

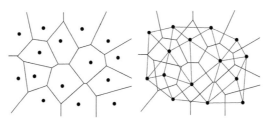

图 6.7　Voronoi 图方向关系模型原理图

对于给定的初始点集 P，有多种三角网剖分方式，其中，Delaunay 三角网具有如下特征：①Delaunay 三角网是唯一的；②三角网的外边界构成了点集 P 的凸多边形"外壳"；③没有任何点在三角形的外接圆内部，反之，如果一个三角网满足此条件，那么它就是 Delaunay 三角网；④如果将三角网中的每个三角形的最小角进行升序排列，则 Delaunay 三角网的排列得到的数值最大，从这个意义上讲，Delaunay 三角网是"最接近于规则化的"的三角网。

Delaunay 三角网的特征又可以表达为以下特性：①在 Delaunay 三角网中任一三角形的外接圆范围内不会有其他点存在并与其通视，即空圆特性；②在构网时，总是选择最邻近的点形成三角形并且不与约束线段相交；③形成的三角形网总是具有最优的形状特征，任意两个相邻三角形形成的凸四边形的对角线如果可以互换的话，那么，两个三角形 6 个内角中最小的角度不会变大；④不论从区域何处开始构网，最终都将得到一致的结果，即构网具有唯一性。

4. 空间特征形式化描述三个公理

对于一般本体来说，使用建模原语表达语义关系。但是，对于地理本体来说，除了表示地理概念的属性特征外，更为重要的是要表示地理概念的空间特征，尤其是空间关系。地理本体空间特征的形式化表达机制主要是研究地理本体中拓扑关系的表达机制，同时要兼顾部分整体关系、位置关系等。空间关系描述的基本任务是以数学和逻辑的方法区分不同的空间关系，并给出形式化的描述。利用部分整体学、位置论和拓扑学这三个理论对地理本体概念的空间关系、空间位置和空间边界进行形式化表达，并建立一套公理体系。

1）部分整体理论

部分整体理论用来描述部分与整体之间的关系，其核心关系表示为 part-of（A，B），表示的含义为"A 是 B 的一部分"。人们对于空间的认知以及空间的推理在很大程度上依赖于部分整体关系，部分整体关系在地理空间表达中具有特殊的意义。与此关系有关的两个地理目标的重叠（overlap）关系定义以及五个公理可以用一阶谓词的形式表示如下：

定义 DP1： $O(x,y) := O(x,y) := \exists z(\text{part-of}(z,x) \wedge \text{part-of}(z,y))$；

公理 AP1： $\text{part-of}(x,x)$；

公理 AP2： $\text{part-of}(x,y) \wedge \text{part-of}(y,x) \longrightarrow x = y$；

公理 AP3： $\text{part-of}(x,y) \wedge \text{part-of}(y,z) \longrightarrow \text{part-of}(x,z)$；

公理 AP4： $\exists z(\text{part-of}(z,x) \longrightarrow O(z,y)) \longrightarrow \text{part-of}(x,z)$；

公理 AP5： $\exists x(\phi x) \longrightarrow \exists y \forall z(O(y,z) \longleftrightarrow \exists x(\phi x \wedge O(x,z)))$。

公理 AP1 和公理 AP2 表明部分-整体关系具有自反性和反对称性；公理 AP3 表明该关系具有传递性；公理 AP4 说明了该关系是扩展的；公理 AP5 保证了每一个满足性质 ϕ 的对象，它们的和恰好构成了满足性质中的所有对象的集合。

2）位置理论

位置理论用来研究地理目标与地理目标所占据的空间位置之间的关系，它建立在部分学基础之上。地理目标与其所占据的空间位置之间的关系是相当复杂的，也是地理本体表达的一个重点。位置理论的基本关系是"恰好位于"（exact location），用 L 来表示，$L(x,y)$ 意为"对象 x 恰好位于区域 y"。位置理论的基本定义和公理如下：

定义 DL1（完全位于）：$FL(x,y) := \exists z(\text{part-of}(z,y) \wedge L(x,z))$

定义 DL2（部分位于）：$PL(x,y) := \exists z(\text{part-of}(z,x) \wedge L(z,y))$

定义 DL3（相合）：$x \approx y := \exists z(L(x,z) \wedge L(y,z))$

公理 AL1：$L(x,y) \wedge L(x,z) \rightarrow y = z$

公理 AL2：$L(x,y) \wedge \text{part-of}(z,x) \rightarrow FL(z,y)$

公理 AL3：$L(x,y) \wedge \text{part-of}(z,x) \rightarrow PL(x,z)$

公理 AL4：$L(x,y) \rightarrow L(y,y)$

公理 AL5：$y \approx z \wedge \text{part-of}(x,y) \rightarrow \exists \omega(\text{part-of}(\omega,y) \wedge x \approx \omega)$

公理 AL6：$\exists y(\phi y) \wedge \forall y L(\phi y(x \approx y)) \rightarrow x \approx \sigma y(\phi y)$

定义 DL1 是 L 的扩展，$FL(x,y)$ 解释为"x 完全位于 y"；DL2 为 L 的弱化，$PL(x,y)$ 意为"x 部分位于 y"；DL3 定义两个地理对象之间的"相合"（coincidence），即占据相同的空间位置；公理 AL1～AL4 是位置理论的最小公理集合；公理 AL5 说明，如果两个地理对象是相合，则它们也存在相合的部分；公理 AL6 表明，如果 y 具有性质 ϕ，并且 y 具有性质 ϕ 蕴含 x 与 y 相合，那么 x 与具有性质 ϕ 的 y 相合。

3）拓扑学理论

拓扑学理论一般用来描述地理目标之间的相对位置关系。地理目标之间的相对位置关系可以用连通关系来描述，而连通关系可以用边界来定义。边界问题在地理本体中是一个非常复杂的问题，可以分为真实边界和人为边界。这里仅给出以真实边界为基础的拓扑学定义和公理，真实边界关系可以用 B 来表示，$B(x,y)$ 的含义为"x 是 y 的真实边界"。

定义 DB1（真实闭包）：$c(x) := x + \sigma z(B(z,x))$

公理 AB1：$\text{part-of}(x,c(x))$

公理 AB2：$\text{part-of}(c(c(x)),c(x))$

公理 AB3：$c(x+y) = c(x) + c(y)$

定义 DB2（真实连接）：$C(x,y) := O(c(x),y) \vee O(c(y),x)$

定义 DB1 表示以真实边界为边界的封闭区域，为区域 x 和 x 真实边界的和；公理 AB1～AB2 从公理 AP1 派生而来；公理 AB3 是封闭区域的和操作；定义 DB2 表示真实边界连通。也可以根据人为边界给出相应的定义和公理。

由真实边界的定义和覆盖的定义，可以给出当实体的边界为真实边界情况下"内部部分关系"的定义，用 IP 表示如下：

定义 DB3：$IP(x,y) := \text{part-of}(x,y) \wedge \forall z(B(z,y) \rightarrow \neg O(x,z))$

将这三个理论结合起来，可以在地理本体中对空间拓扑关系、空间位置、地理目标的边界以及部分-整体关系等进行形式化描述，还可以根据这些形式化的公理来实现空间推理操作。

5. 空间关系推理公理

基于上述三个理论的相关定义和公理，可以在地理本体中表达其空间特征。地理本体中空间拓扑关系的形式化描述和表达如图 6.8 所示，常见八种空间关系就可以定义新的公理。

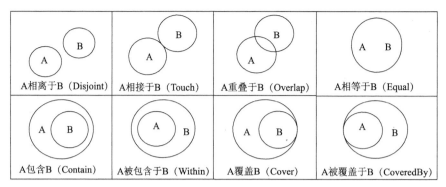

图 6.8　常见八种空间关系定义新的公理

相离关系（Disjoint）的定义与 DP1 的定义刚好相反，如果不存在 z，使得 part-of(z,x) 和 part-of(z,y) 都成立，那么，x 就与 y 相离，即 Disjoint(x,y)。

$$\text{Disjoint}(x,y) := \neg \exists z(\text{part-of}(z,x) \wedge \text{part-of}(z,y))$$

相接（Touch）的定义则复杂一些，要借助于重叠的定义和内部部分定义 DB3。Touch(x,y) 表示 x,y 仅在边界部分重合，而内部没有重合，所以，如果 x,y 存在重叠关系，并且不存在 z，使得 z 既在 x 的内部，又在 y 的内部，那么，x,y 就是相接关系。

$$\text{Touch}(x,y) := O(x,y) \wedge \neg \exists z(\text{IP}(z,x) \wedge \text{IP}(z,y))$$

重叠关系（Overlap），可运用定义 DP1 进行定义，但 DP1 是不严格的重叠关系。为了定义一个严格的重叠关系，必须在定义的基础上加上如下限制：x 不是 y 的一部分，y 也不是 x 的一部分，并且存在 z，使得 z 既在 x 的内部，也在 y 的内部。

$$\text{Overlap}(x,y) := O(x,y) \wedge \neg\text{part-of}(x,y) \wedge \neg\text{part-of}(y,x) \wedge \exists z(\text{IP}(z,x) \wedge \text{IP}(z,y))$$

如果 x 是 y 的一部分，并且 y 也是 x 的一部分，即 part-of(x,y) 和 part-of(y,x) 都成立，那么，x 和 y 就是相等关系（Equal）。

$$\text{Equal}(x,y) := \text{part-of}(x,y) \wedge \text{part-of}(y,x)$$

被包含（Within）和包含（Contain）定义只要借助于内部部分关系定义 DB3，Within(x,y) 意为 x 在 y 的内部，所以用内部部分关系定义 IP(x,y) 即可表示，而 Contain(x,y) 则与 Within(x,y) 相反，意为 x 包含 y，也就是 y 在 x 的内部，用 IP(y,x) 即可定义。

$$\text{Contain}(x,y) := \text{IP}(y,x)$$

$$\text{Within}(x,y) := \text{IP}(x,y)$$

覆盖关系（Cover）实际上是一种被内切的关系。这里的覆盖与人们常规理解的覆盖大不一样。Cover(x,y) 意为 x 覆盖 y，也就是 x 被 y 内切，所以 y 必须在 x 的内部，并且 y 的边界和 x 有重叠。

$$\text{Cover}(x,y) := \text{part-of}(y,x) \wedge \forall z(B(z,x) \rightarrow O(y,z))$$

被覆盖关系（CoveredBy）实际上是一种内切于的关系，CoveredBy(x,y) 意为 y 覆盖 x，也就是 x 内切于 y，所以 x 必须在 y 的内部，并且 x 的边界和 y 有重叠。其定义刚好和 Cover(x,y) 相反。

$$\text{CoveredBy}(x,y) := \text{part-of}(x,y) \wedge \forall z(B(z,y) \longrightarrow O(x,z))$$

6. 地理本体应用

地理本体的研究可以为地理信息网络服务提供重要的理论与方法支撑。

（1）语义互联网。语义互联网的基础就是本体，为使计算机能够理解，必须用形式化的本体来定义互联网资源中的数据和元数据的意义。地理信息资源作为语义互联网的重要资源，融入语义互联网是地理信息科学的重要课题。地理本体的抽象与构建是其重要基础。地理空间数据定义共享和互操作需要借助本体数据库思想建立一个统一的语义网络，来描述同一个客体在不同专业空间数据库中的语义描述及其转换。语义互联网提出后发现必须定义好底层的领域本体才可能顺利构造出语义互联网。

（2）地理信息系统之间的语义互操作。实现地理信息资源共享与互操作是地理信息技术发展的一个重要方向。从信息观点看，为了实现互操作，两个系统必须是信息模型可互操作；为了实现信息模型互操作，两个系统必须在语法上和语义上可互操作。语法互操作是指两个系统流动和被处理的信息使用相同的结构，这个问题已基本解决。语义互操作是指两个系统对其中流动和被处理的信息有相同的语义理解。语义互操作问题刚开始引起研究人员的重视，是今后的研究重点。

（3）知识级地理信息共享与知识重用。随着大量地理知识、信息与数据的丰富和 GIS 与互联网技术的发展，实现信息、数据和知识的共享是完全可能的。由于主体（人）对客观地理事物的认识存在较大差异，经常造成可能共有，但不能真正的共享与重用。例如，土地覆盖分类数据，不同国际组织、不同国家、不同部门和不同群体等具有不同的认识，并按照各自的认识进行数据生产和信息提取，造成相互之间的交流与实质性共享和重用非常困难，为此国际上也召开专题协调会议。因此，在某些地理领域抽象一个合理和共识性地理本体是非常重要的，同时建立不同认识之间的语义映射机制也是非常必要的。

（4）地球科学中语义建模。在对地球系统的过程进行建模时，需要 ontology 的辅助使得不同领域的模型能够互相交互、重用和共享。描述这些过程，需要将过程的行为、时空特性与其他过程的关系等描述出来。这些过程描述的集合构成一个过程库，称为模拟框架的基础。在地球系统建模中使用和表达语义将增强人们对环境系统进行科学研究和考察的能力，语义网为人们描述的各种解决方法提供平台和模型以及模型结果的使用带来了新的有趣的途径。

6.2 全息论与全息地理

现代地理学是信息时代的产物，借助信息科学理论、方法和信息技术，可以从传统的定性描述到定位、定量的分析，从静态到动态，从单要素到综合，从局部到整体，实现对过去无法想象的许多过程的分析、模拟及规律的探讨。地理学的研究目标是地理环境变化规律，然而它是通过地理信息重构来实现的。

6.2.1 全息理论

在自然界和人类社会中，客观变化的事物不断地呈现出各种不同的信息。全息理论认为，人们的思维外界是遥远地方的全息投影，人们感受到的宇宙其实是外界的信息。信息是人类与客观世界沟通的唯一渠道。

1. 全息概念

"全息"一词是物理学上的特殊产物。全息说白了就是全部信息。光的全部信息包括光强和相位，普通照相只能保有前者（一般普通照片只能看到物体一个角度的影像），因而只是个平面图形，全息照相能把物光的两个信息都表达出来，通过一定手段使人能通过底片看到物体的三维立体图，全息利用的是光的干涉原理。最初来源于英国电气工程师盖伯所创建的一种能够拍摄立体照片的技术，这种拍摄技术在记录被摄物体反射光强度的同时记录其光波的相位状态，因此能够反映被摄物体的立体信息，即全息照相。"全息照片"能提供可以无限多个角度观察的立体影像。利用全息技术拍摄的照片不仅能够真实再现物体的三维立体形象，而且因为全息照片上每一点的信息都由各自发出的子波传播到整幅全息底片上，所以全息照片上任意一点都存储了整个物体的信息，每个点都能独立地再现它所拍摄的完整图像。其形成原理是利用光学的衍射原理，在全息照片的底片上记录单一频率的光束照射到物体上反射出来的衍射波纹。观看全息照相时，需要与记录影像时相同频率的光波照射到全息底片上，方能产生物品的影像。全息照相不仅记录了被摄物体反射波的振幅，还记录了光的相位信息，利用光的干涉和衍射原理再现物体表面的三维图像。因为激光波长分布范围非常窄、定向性好，较好地满足了产生光的干涉条件，所以全息照相常常选用激光作为光源，将同一激光源分为两束，一束激光直接射向感光片，另一束激光经被摄物体表面的反射后折向感光片，两束激光在感光片上叠加产生干涉。感光片记录了激光的振幅信息（物体的反光强度）和两束光的位相信息（物体的三维形态）。在日常光下人眼直接观察感光底片，只能看到感光底片上像指纹一样的干涉条纹。如果用激光去照射感光底片，把物体光波上各点的位相和振幅转换成在空间上变化的强度，人眼透过感光底片就能看到与原来被拍摄物体完全相同的三维立体像。这种三维立体像称为全息图，或称全息照片。

因其构成的特殊性，"全息照片"（实际上就是记录衍射波纹的底片）有个特性：如果将底片打碎，利用底片的任何一个碎片都能还原出该物品的整体影像。例如，一张照片，里面有一个人像，如果把这张照片切成两半，从任何一半中都能看到原先完整的人像，如果再把它撕成许多许多的碎片，人们仍能从每块小碎片中看到完整的影像。这样的照片就称全息照片。因为这一特性与全息论认为的"机体的每一个局部都是整体的缩影，储存着整个物像的全部信息"的意思一致，所以该理论被冠以"全息"二字。1947年盖伯发明全息照相术时由希腊字"holos"来定义的，意即完全的信息。

全息照的"像"不是物体的"形象"，而是物体的光波，即使物体已经不存在了，但只要照明这个记录，就能使原始物体"再现"。全息图储备了大量的信息，图中任何部分，都可以重现全部景物。局部能映射整体是全息照片的最大特征，但感光底片上各点的容量是有限的，随着感光片的碎片变小，成像的模糊性增加，仅呈现整个物体的近似图形，到达某一阈值时就完全不能再现整个物体的图像。

这是"全息"一词最初的科学含义，那时它只是一个单纯的人工技术方面的概念，并不属于自然现象的范畴。后来随着对自然现象研究的逐渐深入，人们对全息现象的研究很快超越了光学领域向着更加广阔的范围发展，当今广义上的"全息"已经不是一个技术名词，而成为指示自然界中"局部包含整体"或者"整体与局部互相包含"这种现象的哲学概念。如果将物理学的全息摄影概念泛化,就形成了一门研究"部分"如何重现"整体"的科学——全息学。

2. 全息论

根据王存臻、严春友在《宇宙全息统一论》中的论述,"全息"的含义是:部分与部分、部分与整体之间包含着相同的信息,或部分包含着整体的全部信息。包含着整体全部信息的部分,称为全息元。每一部分都包含了其他部分,同时它又被包含在其他部分中,构成了其他部分,又为其他部分所构成,小的部分之中包含有大的整体信息,由此发展而来的理论,称为全息论。

1) 全息论的体系框架

全息论的体系框架是系统全息律。全息论是研究系统的科学,既研究一般的全息理论,又研究一切科学领域的全息现象与全息规律。全息论的核心是系统全息律。系统全息律在空间、时间和过程上构成了宇宙间各种事物的全息关系,称为空间全息、时间全息和过程全息。在全息内涵上,可归结为全息相关、全息相似、全息对应、全息控制。

部分与部分、部分与整体之间发送和接收各种信息,使得局部与整体的有关信息传给对方,因而任何一部分映现了另外的部分和系统整体,从而在部分上都能得到系统整体的信息。这种信息交换,构成了局部整体之间的全息特性,因为是由局部整体之间的相关性而产生的,所以称为全息相关。

全息相似是指整体和部分之间的相似性。这样,部分就犹如整体的缩影。这种系统整体呈现多级相似嵌套结构,称为"全息系统"。既然整体与部分相似,由相似的传递性,便可导出部分和部分的相似、系统与系统之间的相似性。整体和部分以及部分与部分之间在形态、结构方面都具有相似性,在"整体"里面寻找浓缩的信息的"局部",也能反过来,寻找"部分"所隶属的"整体",并存在信息的对应性。如果单纯把全息归结为全息相似,或者全息对应,是片面的,全息相似只是全息性的一种。

全息控制可以说是全息论的一种手段和策略,指通过控制部分达到控制整体的目的,并通过该部分对整体的辐射作用,达到改善整体状况,提高整体效益的目的。全息元对全息系统的控制能力有强有弱,受两个条件影响:一是信息本身的类别;二是整体,即全息系统的复杂程度。

2) 全息论的理论基础

全息论是研究事物间所具有的全息关系的特性和规律的学说。全息论的核心思想是,宇宙是一个不可分割的、各部分之间紧密关联的整体,任何一部分都包含整体的信息。全息论的理论基础是普遍联系。全息论的主要内容在于它揭示了事物相互联系的一种新渠道、新机制,使人们对世界的统一性、生命的有机性有了全新的认识。

普遍联系的原则告诉我们:任何事物都不是孤立存在的,而是处于与其他事物的相互联系之中;事物只有处于内、外部的相互联系之中,才能产生、存在和发展。人们面对的客观世界由一系列大小不同、等级有高低、复杂程度有差别、彼此交错重叠并可以互相转化的层次系统所构成,是一个从宏观到微观的非常复杂的多层次系统。恩格斯指出:"我们所面对着的整个自然界形成一个体系,即各种物体相互联系的总体"。

事物是由部分相互联系构成的整体,事物的整体又与其他的事物相联系。正是由于事物的部分与该事物整体之间存在本质的、必然的联系,就出现了信息的交换和信息的包含,产生了全息的世界。全息论的前提是宇宙中所有的物质相互关联，构成一个有机整体，而物质的每一个局部都带有能反映整体的核心特征。通过局部与整体之间的联系，全息构成了事物之间及内部各层次、各部分的内在联系和有机统一。普遍联系是全息论的产生根源和理论基础。

从全息系统结构来看，每一系统的内外结构存在着相关联系，通过内外反馈联系，形成互为映射的相关、相似或同构关系。联系不仅具有多因素、多层次性、多方向性以及非线性、相干性、有机性、整体性，而且方式也极为复杂多样，内容相当丰富。全息系统存在着横向联系（空间）和纵向联系（时间）两种形式：在横向上，全息系统中部分与部分、部分与整体存在着种种相互联系。这些联系是通过信息来实现的，部分之间以及部分与整体之间都进行着物质、能量、信息的交流。在普遍联系中，往往局部与整体之间发生的相互作用不是单一地存在着，而是相互交织在一起，在局部与整体之间、低水平与高水平之间相互进行着。

在纵向上，对于普遍联系的世界，"现在"是对"过去"的沉淀和保存，实现了时间在空间中的停留，现实中的空间储存着消失了的随时间演化流逝了的属性。全息不仅是一个空间概念，还是一个时间概念，现实和历史的关系，也是部分和整体的关系。

全息论既是理论科学，又是应用科学；既研究一般的全息理论，又研究一切科学领域的全息现象与全息规律。深入全息论可以看到该理论有几点特性是应该特别注意的：①所谓的"机体的每一个局部都是整体"中的"局部"和"整体"两者应该都是相对独立的系统，而不是任意范围、任意大小的局部都能与整体存在信息的对应性。②全息论未必只能应用于在"整体"里面寻找浓缩的信息的"局部"，也能反过来，寻找"局部"所隶属"整体"，并运用其之间存在的信息对应性。③"整体"与"局部"的信息变化速度存在"同步性"或"成比例性"。同步性指两系统相应的信息变化速度基本一样；成比例性指两系统的信息变化速度不一致，但各种相应信息之间的变化速度比值基本恒定，这个恒定的比值，具体由系统特性决定。

3）全息论的辩证特性

全息论的辩证特性是全息不全。按照全息学的观点，人类的各种活动，都会对周围环境发生影响，使这些环境带上人类活动留下的遗痕。但在人们观测客观事物活动中，不可能收集所有的全息元，普遍存在着全息不全的实际情况。少量的全息元再现时，反映不了现实状况。就像全息照片的一个碎片虽能再现全象，却不如整张照片清晰一样，"全息"只是显示了事物的"相似性"，而差异更具有绝对性。宇宙中的任一过程都是从潜在到显现，或从显现到潜在，即任一过程都是从潜在信息态不断向显现信息态转化，或从显现信息态不断向潜在信息态转化。简言之，过程是潜在信息态和显现信息态相互转化的结果。因此，任一系统都是潜在信息和显现信息之总和的综合效应的表现形式。人们所说的"全息"并非"全息不全"，而是真正全息，即包含的信息完全相同。但这样的全息不能单从显现态上来看，只能从潜在信息与显现信息之总和上来看，否则就得不出宇宙全息的结论。

全息论认为，组成一个有机事物的任何一个微小部分都可以反映出该事物的整体。同理，一个有机事物的整体可以反映它的各组成部分的特点。但是，全息论揭示了物质世界发展的对立统一，不同系统的信息结构又有差别，是有差别的全息，而统一中也是多样性的。全息论是全息与非全息的辩证统一，不能因为非全息否定全息，或者相反。但全息性大多只是从"有"的方面去理解。事实上，任何系统都是差异与协同的整体、同一体。这表达了全息不全的系统辩证规律。例如，作为全息来源的全息照片，本身在每一点上又都含有一个非全息像，全息图的每一点都可以再现整个全息图，只是一种理想的或理论上的说法，在不断发展的技术上也很难做到，只能是对这种理想的某种逼近。即使突破了技术缺陷，还有新的或者别的非全息性摆在人们面前。可以说，任何一种确定的全息术都将带有不全息的一面。

全息性和无息性之间不是"非此即彼"的关系。只讲部分蕴含整体、整体蕴含部分的全部信息，难免不带预成性、确定性。因为不论是物质世界还是精神世界，也不论是微观世界还是宏观世界，生命体还是非生命体，系统形态都存在着对称与非对称性的问题。"整体中任一部分的信息都完全相同"，既然每个部分蕴含整体的全部信息，就表明整体自身可以算作绝对无息。有时"无"的全息总是会被人理解为"非全息"，谈到不全就是与全息不相容，只承认"有"的全息性，不承认"无"的全息性，只承认"信息"的全息性，不承认"无息"的全息性，这是绝对片面的，不符合辩证法。缺陷作为"缺乏某种信息"来解释，那么这种解释也同时表达了另一种信息，所以缺陷或者无息也具有某种信息，这就是缺陷或无息的全息性。

全息与非全息的关系，要辩证地对待片面中潜含着全面，每个片面并不只是外在地联系而成为一个全面，它们同时也包含自己的对立面于自身之内，因而内在地就是一个全面的东西。全息论认为部分包含整体信息，这个"包含"更多指隐含，而不是指显含，全息的显态信息永远不全。

3. 全息元

全息元就是在物体和宇宙中，物质、功能和结构与周围的部分有相对边界的相对独立部分。全息元是指物体具有一定形态和基本功能的结构单位，能反映整个物体的信息，且与其周围的部分有相对明显的边界。全息元的物体特性相似程度较大，各部位全息元上的分布规律与各对应部位全息元上分布规律基本相同，使每个全息元在不同程度上成了整体的缩影。

1）全息元本质上是一个信息包

人们用全息元作为意义更广泛的一个表达事物全息性的基本概念。"包"是一个单位，有它的外壳，即界限。但包又有包含、包容的意义，表明它是有内涵、有内容的东西。包可大也可小，可以分开也可以合并。所以，它是一个既具体又形象的概念。

什么是信息?笔者认为，信息就是"意义"，是由物质的存在和运动（能量）构成的意义世界。"意义"就是事物的存在和运动的性质、结构、状态、相互关系、运动规律和发展趋势等。用哲学的语言来说，意义就是事物的质和量、肯定和否定、同一和差别、现象和本质、偶然和必然等。对人类来说，意义就是人们通过物质的存在和运动所能够了解的东西。所以，信息是人类认识的基础。正是由于存在着这样的一个信息世界，人们才能够认识事物。一个全息元就是一个这样的信息世界或意义世界。

2）全息元的存在形式是各种事物

宇宙间的一切事物，首先是物质的存在，包括事和物。事，就是事件；物即物质客体。除了这些物质的存在以外，人们的思想、心理活动及其产品，诸如一个概念、一个判断、一个推理等，乃至于文学、艺术、哲学、宗教、科学、理论、道德伦理观念等，它们虽然不是物质的存在，但都以物质的存在为依托，所以也都是事物，它们也都可以被看作一个个的全息元。所以，全息元这一概念，适用于自然、社会和思想文化等各个领域，是一个超越于物质和精神的对立的范畴。从一定意义上说，宇宙间的一切事物都是全息元，宇宙间的一切事物都是无差别的、等价的。从天体到粒子，从无机物到有机物，从自然界到人类社会，万物皆同。

信息虽然不是物质和能量，但又离不开物质和能量。离开了物质和能量，也就不可能有信息。物质是客观的存在，而能量不过是物质运动的量。物质和运动的统一，就构成了宇宙间的各种事物。所以，宇宙间的一切事物都是全息元，或者说是全息元的存在形式。

3) 全息元间的相对独立性

全息元之间的同，并非绝对的等同，否则，就没有全息元之间的区分，全息元也就不称其为全息元。

（1）全息元有大有小，有等级。全息元的大小，就是全息元所包含的宇宙信息在量上的多少。全息元越小，所包含的宇宙信息也就越少。其规模越大，复杂程度越高，所包含的信息量也就越多。时间规模，就是全息元存在时间的长短。例如，太阳系存在的时间已经上百亿年，而人类存在的时间才几百万年。空间规模，就是事物存在的空间尺度。事物存在的时间规模和空间规模越大，所包含的信息量也就越多。事物的有序度越高，所包含的信息量也就越大。例如，人脑是有序度最高的事物，所以它包含的信息量也就最大。因为物质在时空上可以无限分割，所以任何大的全息元都可以分为若干小的全息元。小全息元还可以划分为更小的全息元。全息元作为一个事物，作为一个时空的统一体，也可以无限分割。每一个全息元都是更大的全息元的一部分，也都包含着更小的全息元，由此构成了一个具有无限等级的全息元系列。在这个等级系列中，每一个全息元都既是一个整体，又是一个部分。因为它是整体，所以又有相对的独立性，并可以在一定条件下独立存在和发展。

（2）全息元有信息结构的差异。全息元作为信息的接收和存储单位，是有其信息结构的。全息元的信息结构，就是全息元中所包含的各种不同的宇宙信息在量上的比例，这也好比人的大脑。虽然每一个人的大脑都可以记忆各种信息，但是不同的人所记忆的东西是不相同的。造成全息元之间信息结构差异的原因，在于全息元之间的全息相关性是不同的。全息相关，就是全息元之间的信息交换。全息元首先是一个信宿，一个全息的接收和储存单位，接收并储存着来自宇宙其他部分，即其他全息元的信息；同时，它也是一个信源，一个全息的发送单位，向其他全息元发送着各种信息。因为如果它不能向其他全息元发送信息，它也就不可能接收其他全息元的信息。正是全息元之间的全息接收和全息发送，构成了全息元之间的"全息相关性"。

4. 全息重构

全息学认为，宇宙是一个不可分割的、各部分之间紧密关联的整体，任何一个部分都包含整体的信息。在宇宙整体中任何事物或部分都是按全息构成的，部分是整体的缩影，所有事物间相互联系，各子系统与系统、系统与宇宙间全息对应。凡相互对应的部位较之非相互对应的部位在物质、结构、能量、信息、精神与功能等宇宙要素上相似程度较大。可以通俗地说，一切事物都具有时空四维全息性；同一个体的部分与整体之间、同一层次的事物之间、不同层次与系统中的事物之间、事物的开端与结果、事物发展的大过程与小过程、时间与空间，都存在着相互全息的对应关系；每一部分中都包含着其他部分，同时它又被包含在其他部分之中；物质普遍具有记忆性；全息是有差别的全息。

全息论已成为极为重要的方法论。运用这一新的方法去认识世界、改造世界，可以收到事半功倍的效果。全息重构就是从全息元认识整体的思维过程，通过分析研究对象的全息元、全息元与全息元之间、全息元与整体之间的相关性关系，认知研究对象的显态信息，又从相关性关系中挖掘隐含在全息元中的事物所没发现的"潜信息"，并在此基础上推测出全息联系，从而发现研究对象的时空变化规律。

科学研究过程中，为了克服全息不全的实际情况，一方面科学随机采样，尽量选取有代表性的样本，也就是说，选取全息元尽可能与母体接近，小数据时代的采样，以最少的数据获得最多的信息；另一方面采用大数据分析方法，不是随机样本，而是全体数据，要让数据"说话"，这里数据就是全息元。利用大数据发现和理解信息内容及信息与信息之间的关系（全息重构）时，首先不是依靠分析少量的数据样本，而是要分析与某事物相关的所有数据；其次不再追求数据的精确性，乐于接受数据的全息不全现象；最后不再探求数据因果关系，转而关注数据的相关性。

6.2.2 全息地理学

地理学者将物理学全息概念应用于地理学产生了一种全息地理学（holographic geography）研究方法。

1. 地理学方法论

20 世纪中晚期，系统论的思想被引入地理学，从还原论与整体论的观点出发，有分析与综合、局部与整体、区域与系统以及简单与复杂等各种方法论。

地理学方法论研究的重要范畴是主观与客观，从客观与主观对立的角度看，地理学者的地理研究是主观的，地理研究的对象是客观的；从客观与主观统一的角度看，方法论是科学发展的一般规则与研究者个性和目的相结合的产物。整体科学方法论和地理学方法论的演变表明，将这一结论应用到地理学方法论是合适的，也是必要的。因为它不但表明地理学方法论本身实际上是一种主观与客观相结合的产物，而且揭示了哲学与价值判断影响地理学方法论形成与演变的实质。

归纳与演绎是一对相辅相成、功能互补的方法论范畴。归纳就是从特殊到一般的过程，即由特殊的事实或案例总结出普遍规律的过程，它以陈述观察到的事实为前提，以陈述理论为归属；演绎则是从一般到特殊的过程，即从不证自明的公理或者普遍认可的事实推导出特殊结论的过程。归纳与演绎是科学认识中的两种推理形式，也是两种基本思维方法。

归纳与演绎在地理学中的一种重要表现是定性与定量分析。定性分析的目的是说明研究对象的构成与属性，定性方法的数据分析主要是说明研究对象的内在意义；定量分析的目的是测量系统成分及其比例关系，定量方法的数据分析则是为了证实或者否定某个命题。

可能与现实也是方法论的范畴，可能与现实之间主要通过认识过程沟通起来，地理学中的模型就属于这种认识，地理学的建模和模拟主要基于现实世界来描绘与思考可能的世界，或者根据可能的世界来反思、预测或者规划现实的世界。

静态分析方法与动态分析方法在地理研究中既对立又统一，静态和动态联系着格局和过程，分别代表着私立研究中两种不同的方法论，但并非截然对立，两种方法可有机结合、相辅相成。通过地理系统的动态分析，可以更有效地揭示不变的规则和稳定的模式，认识不变的规则和稳定的模式。地理系统的静态特征可以定性地描述，也可以采用数学方法简明地刻画；地理系统的动态演化既可以借助数学工具建模分析，也可以利用计算机技术开展数值试验或者模拟实验。现在采用定性-定量相结合的方法，借助数学建模和计算机模拟，可以更为全面而深入地探索地理系统的复杂发育过程及其内在规律。

地理研究的微观与宏观，由地理研究视野的微观与宏观以及地理研究对象的微观与宏观构成，其关键是地理时空尺度，即地理研究的具体时空标志。地理空间尺度包括微观空间尺度、中观空间尺度、宏观空间尺度。地理时间尺度包括微观时间尺度、宏观时间尺度、超宏观时间尺度。地理时空尺度分为客观存在的本征尺度与主观设定的非本征尺度。地理研究对象的微观与宏观以地理本征时空尺度为基础；地理研究视野的微观与宏观以地理非本征时空尺度为基础。实际地理研究中，情况更为复杂，并不能将微观与宏观地理研究模式做清晰地划分。

地理学思想史是研究方法论的主要途径之一。地理学思想史的任务并不仅仅是讲述地理思想和知识的产生、形成和演变过程，而是要通过这一过程使人们达到对地理学性质的把握和准确认识，这实际上是一个方法论问题。因此，具备地理学思想史的学识是地理学方法论研究的基础和必要条件。

2. 地理学整体性思想

地理学科发展中，基本的学科思想有整体性、差异性、区域性、因地制宜、可持续发展等。其中，"整体性"是最为核心的思想，地理系统很好地体现了"整体大于部分之和"的概念，不揭示地理系统所具有的整体效应，就谈不上理论地理学的建立，其他几个思想都是它的延伸和推广。这是因为：

（1）地理要素间的相互作用和联系是整体性的根本所在。从系统论的观点来说，自然地理环境中的各要素（大气、水、岩石、生物、土壤、地形等），通过水循环、生物循环和岩石圈物质循环等过程，进行着物质迁移和能量交换，形成一个相互渗透、相互制约和相互联系的整体。在地理环境这个系统中，各组成要素之间是由一种非线性的相互作用而联系起来的，也就是说，人们不可能把任何一个地理要素在不对地理环境整体造成影响的情况下从整体中剥离出来。地理要素之间这种有机的、复杂的相互作用和联系使得地理环境整体产生了一些单个要素或某几个要素所不具备的新功能，如生产功能、平衡功能等。当某一个地理要素发生演变时，又由于这种相互作用和联系，必然伴随着其他要素的演变，即自然地理环境具有统一的演化过程。所以说，要深刻理解"整体性思想"的内涵，关键在于把握地理环境各要素之间的联系。因此，理解"整体性思想"有利于从整体上、内在联系上去认识地理事物和现象的本质。

（2）除大气、水、岩石、生物、土壤、地形等自然地理要素外，人文地理要素（人口、城市、农业、工业、商业、交通等）也是地理环境整体的重要组成部分。从人类社会出现以后，自然地理环境的演变就始终受到人类活动的重大影响，而人类活动也是在一定的环境中进行的，必然受到各自然地理要素的制约。因此，"整体性思想"所强调的联系是一种普遍的联系，不能把它的内涵局限于自然地理环境的一个基本特征。

（3）联系不仅仅是地理环境各要素之间的联系，还涉及区际联系。全球地理环境作为一个整体，可以按照一定的指标和方法，进一步划分为若干区域，区域之间也存在着广泛的相互作用和联系，如热带雨林的全球环境效应、污染扩散、产业转移等。尤其是在当前经济全球化的大背景下，任何一个国家和地区的发展，都不可避免地会受到其他国家和地区的影响。

因此，理解"整体性思想"的内涵除了把握地理要素之间的影响外，还应重视区域之间的联系问题。

（4）整体与部分辩证关系。唯物辩证法认为，一切事物都是由各个局部构成的有机联系整体。整体是构成事物的诸要素的有机统一，部分是整体中的某个或某些要素。整体与部分的辩证关系：

a. 整体和部分是相互区别的，表现在三个方面：一是含义不同，二者有严格的界限。在同一事物中，整体就是整体而不是部分，部分就是部分而不是整体，二者不能混淆。二是二者的地位不同。整体居于主导地位，整体统率着部分，部分在事物的存在和发展过程中处于被支配的地位，部分服从和服务于整体。三是二者的功能不同。整体具有部分所不具备的功能；当部分以有序合理优化的结构形成整体时，整体功能大于局部功能之和；当部分以无序欠佳的结构形成整体时，整体功能小于部分功能之和。

b. 整体和部分是相互联系的，表现在四个方面：一是整体和部分不可分割，相互依存。整体是由部分构成的，离开了部分，整体就不复存在；部分是整体中的部分，离开了整体，部分就不成其为部分，就要丧失其功能。二是整体与部分相互影响，部分制约整体，整体功能状态及其变化也会影响部分，部分的功能及其变化甚至对整体的功能起决定作用。三是整体居于主导地位，统率着部分。整体具有部分根本没有的功能。当各部分以合理结构形成整体时，整体功能就会大于部分之和。当部分以欠佳的结构形成整体时就会损害整体功能的发挥。四是在一定条件下整体和部分可以相互转化。

3. 地理学研究全息方法论

科学研究的方法论与世界观存在内在的联系，有什么样的世界观，就有什么样的方法论。而地理学方法论的主流思想依然是还原论。

地理全息研究方法，就是通过部分揭示整体性质、由有限认识无限的方法。人类所经常运用的这种方法的前提就是部分、有限包含着整体、无限的信息，否则这种认识就绝对不可能。人类的所有地理认识，永远只是对地球某些有限局域的认识。但是，地球是复杂的，因此人们永远不可能将一个哪怕是最微小的区域中的全部信息都揭示出来，从而也就不可能对任一有限区域有一个完整、彻底的认识。

全息地理学是将"部分能反演整体，时段能反演过程"的物理学全息概念应用于地理学的一种研究方法。全息地理学是指将全息大统一论与光学全息思想引入地理研究领域，探索全息地理规律的学科。因为地理学的研究对象地球表层或地理环境是一个复杂的多级系统，存在着普遍的相互联系，所以可成为全息理论渗入的适宜领域；地域系统（类型或分区）的内外结构互为映射构成地理相关法的理论基础，各个等级的地域系统，在空间组合上要映射相应高级系统的整体特征，在时间发展上要映射过程演变；可通过地域系统的全息元多级层次性的分析去确定地域系统的全息联系，进而建立全息地理规律。例如，在建设地理学的基础上研究全息发展战略，可建立应用全息地理学，拟定区域发展战略和区域规划。地理相关法与地域分异规律相结合，可建立地域结构的对应变换分析方法，以分析区域的全息联系和研究不同等级地域系统的全息关系。

现实世界不只存在着复杂的网络关系，而且具有分级的层次结构，如在一定地域范围内，地球表层各组成成分都具有相应的确定性关系。可以根据各成分间复杂的确定性相互关系，从一个成分的特征相继推导出其他成分的特征，这一方法在地理学中称为地理相关分析方法。

在人文地理学中对于区域开发研究，也存在纵横与时段关系。纵向表现为社会、经济和文化各部门的关系；横向表现为各级行政区域或其组合的等级系统关系；时段表现为近、中、远期以及年度计划、月计划和每日工作安排等。在某个区域内纵横结构与时段间互为对应变换分析是区域全息研究的基础，可以通过地域系统的地理全息元多级层次性分析确定地域系统的全息联系，进而建立全息地理规律，拟定区域发展战略和区域规划。

现实世界是由无穷无尽的联系交织而成的，与此相似，地理全息元之间也存在着各种联系，地理研究中，要对这种全息元之间的相关性关系进行研究，所有这些相关性关系都隐含着某些信息，地理研究要善于揭示出这些隐含信息，从而进行合理的全息重构，使人们能揭示更多的隐态信息。透过现象看本质，很多现象是有规律可循的。在百度百科中，这样描述全息论的基本原理："一个系统原则上可以由它的边界上的一些自由度完全描述"，从潜显信息总和上看，任一部分都包含着整体的全部信息。人们对地理现象的认识是一个从感性认识到理性认识的抽象过程。在地理认识过程中，把所感知事物的共同本质特点抽象出来并加以概括即获得地理信息。地理信息表示地表物体和环境固有的数量、质量、空间分布、联系和规律。人类在表达地理信息的过程中形成地理语言，包括自然语言、文字和图形。地理语言表达不同地理全息元，地理全息元包含着能映射整体特征的信息，地理全息元也存在全息不全现象。人们通过多元地理信息重构，认知探索地理规律。

地理学家十分重视各种地球表层的"记忆痕迹"，地壳晶体异常、矿物质形成序列、岩相、同位素比例、树木年轮、海洋贝壳纹理、冰川纹泥等都是他们十分注重的研究对象。因为这些记忆痕迹能够全息地球运动或组织结构等更高层次的信息，据此而展开合理的推理和全息重构。从大量的地理全息元中，明确各种相关性关系，揭示出隐态信息都需要各种综合分析能力。地理研究分析是一个全息构建的过程，是运用科学方法进行求知的过程。一方面，由于地理研究能够超越时空限制，将不同时间、地点发生的地理现象做到集聚研究，从而能保证比其他研究有更宏观的视野，发现其他研究者所不能了解的新知；另一方面，地理全息元之间的各种相关性关系中隐藏着各种隐态信息，地理研究能够将这些隐态信息揭示出来，由此求得新知。全息重构的过程实际是一个基于信息联系问题的求解过程。

6.2.3 地理全息系统

人类借助于外感官了解外面的地理信息，在地理环境认识过程中，把所感知的事物的共同本质特点抽象出来，加以概括，就成为地理概念。地理信息是指与空间地理分布有关的信息，它表示地表物体和环境固有的数量、质量、分布特征、联系和规律。依据地理本体理论，哲学上地理本体是客观存在本质的一个系统的解释和说明，它更多地表现为一个分类体系；而地理信息本体是概念化的明确说明，侧重于概念的规范化定义和表达。哲学上地理本体是客观存在的，是唯一的；而地理信息本体反映人们对客观事物的认识，受人的因素影响，往往一个地理本体会由多个地理信息本体描述。所以，地理信息是全息的，任何地理信息都是地理物体整体的信息元，这是因为：①人们认知和获取地理信息是多角度的；②地理现象的变化是持续的；③地理实体是多维的；④人们认知地理信息是多尺度的。

地理全息并非普遍存在。按照全息学的观点，人类的各种活动都会对周围环境产生影响，从而使这些环境烙上人类活动的印迹。但地理研究活动不可能收集所有的地理全息元，普遍存在着全息不全的实际情况。随着地理学的发展，专业越来越细化，人们受专业知识的限制，搜集的地理全息元仅仅反映地理现象的一个侧面，反映不了真实状况。全面、综合、大量收集地理全息元是非常必要的，通过时空大数据各种相关性关系分析，挖掘潜在的、反映更为丰富的隐藏信息，从而揭示地理现象变化过程的规律。

相关性作为系统的一种根本属性，已成为系统方法论的一个基本原理。相关联系是系统之源，它决定着系统的整体性、结构、功能、发展动力、运行机制、复杂性及协调性。

现实世界由无穷无尽的联系交织的全息元构成，地理对这种全息元间的相关性关系进行研究，而所有这些相关性关系都隐含着某些信息，人们运用各种综合分析能力，揭示出这些隐含信息，从而进行合理的全息重构。地理全息重构就是利用地理全息元及地理全息元间存在的各种联系，运用科学方法进行求解地理问题的过程。综合分析是全息构建的灵魂，将超越时空限制的地理现象进行集聚研究，由此求得新知。

全息重构的过程实际是一个基于信息联系问题的求解过程，从信息关联中求解问题有三种推理模式。

第一种推理模式为空间结构型推理模式，这种推理模式利用全息元间的空间结构关系求解问题，通过地理全息元的形状、大小、方位、位置、维数和相互关系的空间结构得到一个空间排列结构，从而揭示地理要素空间布局，为进一步决策提供支持。

第二种推理模式为地理过程推理模式，从时间角度对地理全息元进行演化推理，通过建立全息元的地理过程模型求解问题。

第三种推理模式为时空推理模式，地理现象既包括在空间上的性质，又包括时间上的性质，地理研究中只有同时把时间和空间纳入统一基准之中，才能真正发现地理时空演变规律。在建立各种地理全息元的相关性关系基础上，探索全息元的时间全息（过程全息）、空间全息（结构全息）和时空全息是地理研究中最基本的推理模式。

地理信息系统作为一个空间的信息系统，以地理空间数据为基础，以地理空间数据模型为灵魂，以地理空间分析方法和地理过程建模为手段，以地理研究和地理决策为目的，以独特的空间思维揭示各种地理现象的空间分布特征、各要素相互影响和发展变化规律，具有区域多要素综合分析和动态预测能力，能产生高层次的地理信息。随着地理信息系统的应用从地球空间拓展到宇宙空间、从室外空间延伸到室内空间、从宏观空间到微观空间、从小数据到大数据、从静态变化到动态变化、从数据处理计算到智能分析和智慧决策，其正面临时空数据挖掘和知识发现的智能化时代的发展机遇和新的挑战。

地理全息系统是一种对复杂且动态变化的地理世界（从微观到宏观）中各类时空地理实体信息进行描述、表达、采集、处理、管理、分析和应用的空间信息系统，尺度从微观空间扩展到了宏观空间，具有处理多尺度的能力；将静态的地理数据扩展到时空大数据，具有处理时态的能力；将点、线、面形态扩展到点、线、面、体，从而具有处理室内和室外空间的能力；将单一属性的地理数据扩展到多属性数据，具有处理综合地理变量的能力；将空间分析扩展到大数据空间挖掘，具有地理空间数据关联、知识发现和智能决策的能力。最终目标是借助信息技术实现地理全息重构，通过地理全息元间的各种相关性关联分析，揭示隐藏的地理知识和求解各种地理问题。

从传统地理信息系统发展地理全息系统需要一些技术突破：①研究地理全息元抽象概括（制图综合）和提取的方法，采用对空间物体作分类分级编码的方法，进行不同尺度的抽象，选择输入不同比例尺属性，借此提取不同尺度（比例尺）的地理全息元；②建立地理全息元的存取和索引，实现地理全息元的采集、处理、存储、查询、检索和更新等功能；③研究地理全息元的统一查询语言，建立地理全息元的基本操作算子和函数，实现地理全息元的基本操作和基本计算；④构建尺度、位置、形态、属性和行为等地理全息元特征的计算模型，研究地理全息元在空间、属性和时间等维度上的关联模型和时空分析方法，实现地理全息重构。

第 7 章 地理信息数据表达

人们在认识自然和改造自然活动中，长期以来用语言、文字、地图等手段描述自然现象和人文社会现象发生和演变的空间位置、形状、大小范围及其分布特征等方面的地理信息。随着计算机技术和信息科学的引入，为了使计算机能够识别、存储和处理地理实体，人们不得不将以连续的模拟方式存在于地理空间的物体离散化、数字化，将以连续图形模拟表示的物体表示成计算机能够接受的离散的数字形式，用数据描述地球表面地理信息，由此产生了用来表示地理实体位置、形状、大小及其分布特征诸多方面信息的地理空间数据。但这些地理空间数据只能从某一个（些）侧面或角度描述地理事物的属性特征，是地理客观世界的近似表达，只能满足某个方面的应用需求。全面客观地表达地理实体是地理信息科学的核心内容。

7.1 地理现象抽象描述

现实世界是复杂多样的，正确地认识、掌握与应用这种广泛而复杂的现象，需要进行去粗取精、去伪存真的加工，这就要求对地理环境进行科学的认识。对复杂对象的认识是一个从感性认识到理性认识的抽象过程。抽象性是指地理信息已经脱离地理客体本身，是地理客体的抽象或反映。因为各种抽象的信息又是地理客体的真实反映，所以可以通过这种抽象体来研究客观实体。

7.1.1 地理现象抽象

抽象概括是形成地理概念的基本方法。抽象就是把地理事物的非本质属性加以舍弃，而将其本质属性抽取出来；概括就是在头脑中把抽象出来的地理事物本质属性再推广到具有同类属性的一切事物中去，从而获得地理事物的普遍概念。地理概念是对地理感性材料进行分析比较和抽象概括，然后用定义的形式表示出来。此外，在逻辑上减少概念的内涵，扩大其外延，也是一种概括。

1. 地理现象的抽象方法

在科学研究中，科学抽象的具体程序是千差万别的，绝没有千篇一律的模式，但是一切科学抽象过程都具有以下环节：分离、提纯和简略。

（1）分离，就是暂时不考虑人们所要研究的对象与其他各个对象之间各式各样的总体联系，这是科学抽象的第一个环节。因为任何一种科学研究，都需要首先确定自己所特有的研究对象，而任何一种研究对象就其现实原型而言，它总是处于与其他事物千丝万缕的联系之中，是复杂整体的一部分。但是，任何一项具体的科学研究课题都不可能对现象之间各种各样的关系都加以考察，所以必须进行分离，而分离就是一种抽象。例如，要研究落体运动这一种物理现象，揭示其规律，就首先必须撇开其他现象，如化学现象、生物现象以及其他形式的物理现象等，而把落体运动这一种特定的物理现象从现象总体中抽取出来。

把研究对象分离出来，实质就是从学科的研究领域出发，从探索某一种规律出发，撇开研究对象同客观现实的整体联系，这是进入抽象过程的第一步。

（2）提纯，就是在思想中排除那些模糊基本过程、掩盖普遍规律的干扰因素，从而使人们能在纯粹的状态下对研究对象进行考察。大家知道，实际存在的具体现象总是复杂的，多方面的因素错综交织在一起，综合地起着作用。如果不进行合理的纯化，就难以揭示事物的基本性质和运动规律。马克思说："物理学家是在自然过程表现得最确实、最少受干扰的地方考察自然过程的，或者，如有可能，是在保证过程以其纯粹形态进行的条件下从事实验的。"（《马克思恩格斯选集》第2卷）这里，马克思所说的是借助于某种物质手段将自然过程加以纯化。由于物质技术条件的局限性，有时不采用物质手段去排除那些干扰因素，这就需要借助于思想抽象做到这一点。伽利略本人对自由落体运动的研究就是如此。

大家知道，在地球大气层的自然状态下，自由落体运动规律的表现受空气阻力因素的干扰。人们直观的印象是重物比轻物先落地。正是这一点，使人们长期以来认识不清落体运动的规律。古希腊伟大学者亚里士多德做出了重物体比轻物体坠落较快的错误结论。要排除空气阻力因素的干扰，也就是要创造一个真空环境，考察真空中的自由落体遵循什么样的规律运动。在伽利略时代，人们还无法用物质手段创设真空环境来从事落体实验。伽利略就依靠思维的抽象力，在思想上撇开空气阻力的因素，设想在纯粹形态下的落体运动，从而得出了自由落体定律，推翻了亚里士多德的错误结论。在纯粹状态下对物体的性质及其规律进行考察，这是抽象过程关键性的一个环节。

（3）简略，就是对纯态研究的结果必须进行的一种处理，或者说是对研究结果的一种表述方式，它是抽象过程的最后一个环节。在科学研究过程中，对复杂问题作纯态的考察，这本身就是一种简化。另外，对考察结果的表达也有一个简略的问题。不论是对考察结果的定性表述还是定量表述，都只能简略地反映客观现实，也就是说，它必然要撇开那些非本质的因素，这样才能把握事物的基本性质和它的规律。所以，简略也是一种抽象，是抽象过程的一个必要环节。例如，伽利略所发现的自由落体定律就可以简略地用一个公式来表示：

$$S = 1/2 g t^2$$

这里，"S"为物体在真空中的坠落距离；"t"为坠落的时间；"g"为重力加速度常数，它约等于$981 cm/s^2$。伽利略的自由落体定律刻画的是真空中自由落体的运动规律，但是，一般所说的落体运动是在地球大气层的自然状态下进行的，因此，要把握自然状态下的自由落体运动的规律表现，就不能不考虑空气阻力的影响，所以，相对于实际情况来说，伽利略的自由落体定律是一种抽象的简略的认识，任何一种科学抽象莫不如此。

综上所述，分离、提纯和简略是抽象过程的基本环节，也可以说是抽象的方式与方法。

2. 地理现象的抽象过程

概念化研究是理论研究的基础。地理概念是对地理实体特征类的抽象和概念化。地理概念是地理事物、现象或地理演变过程的本质属性。它是认识各种地理事物的基础，区分不同地理事物的依据，也是进行地理思维的"细胞"。可以说，地理概念的理解是地理认知的中心环节，地理知识起始于一般的基础的地理概念，即地理概念中的"地理术语""地理名词""地理名称"等基本单元地理空间信息。概念化指某一概念系统所蕴含的语义结构，可以理解或表达为一组概念（如实体、属性、过程）及其定义和相互关系。

地球表面上的任何现象都可称为地理现象。地理现象是指地理事物在发生、发展和变化中的外部形式和表面特征。一种地理现象可以是一个真实的地理客观存在，如建筑物、河流等；也可能是一种分类结果，如林地、园地等；还可能是一种对某种现象的度量结果，如高温区、高雨区等。地球上，有些地理事物的形成和分布不符合一般规律，而是表现出"与众不同"的特殊性——个性特征，从而形成了独特有趣的地理现象。地理对象是一个广泛的概念，凡是地理学研究的东西，都可以称为地理对象。地理对象是用地理学理论、方法研究的客体。

地理现象的抽象过程比较复杂，随着认识方法、手段等的差异，不同的人对地理现象的认识结果可能有明显的不同。开放地理空间信息联盟（OGC）认为地理现象的抽象过程可以分为九个层次，这九层抽象包括现实世界、概念世界、地理空间世界、尺度世界、项目世界、地理点世界、几何特征世界、地理要素世界、地理要素集世界，如图 7.1 所示。这九层模型实现了由现实世界到地理要素集合世界的抽象和转换。

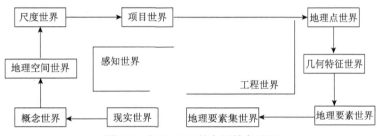

图 7.1 地理 OGC 的九层抽象过程

OGC 九层模型的产生就是为了有效利用计算机技术来模拟现实世界中各种具有空间信息的现象和事物，首要任务是对现实世界中各种地理实体和现象进行抽象，归纳出尽可能简单的规则来描述尽可能多的事物，面向对象是一种非常适合的方法。在 OpenGIS 的简单要素规范中定义了九层的抽象过程，从而达到从现实世界实体到能够通过计算机程序语言加以描述的地理要素进行转换的目的。

在这九层抽象模型中，其中 5 个抽象模型是对现实世界的一种程度较低的抽象，这种抽象具有一般性和广泛性，不能通过计算机技术加以实现，而后 4 个模型是对现实世界进行数字化和符号化抽象的结果，在 OGC 的规范中有相关的编码规范与之对应，因此可以通过某种计算机程序设计语言加以实现。

7.1.2 地理实体描述

抽象是人们观察和分析复杂事物和现象的常用手段之一，将地理系统中复杂的地理现象进行抽象得到的地理对象称为地理实体（geographic entity，GeoEntity）或空间实体、空间目标。地理实体是地球上的一种真实现象，它是客观存在的具有一定特征的对象，不能再细分为同一种类型的现象，一个地理实体可以由对它的标识和对它的属性描述来定义。地理实体具有相同类别，即具有共同特征和关系的一组现象。实体可以指个体，也可以指总体，即个体的集合。

1. 地理实体描述与划分

地理实体是占据一定空间的地物或现象。《基础地理信息要素数据字典 第 1 部分：1∶500

1∶1000 1∶2000比例尺》（GB/T20258.1—2019）明确指出："实体指现实世界的一种现象。它不能再细分为同种类型的现象"。地理实体是不可再分的，也就是说此类现象仅此一个，有其独有的特征。关于地理实体有多种描述：①地理实体是指在地球表层系统中与人类活动有关的物质实体，如城市、资源中心、企业等，它们的显著特点就是具有内在的结构、独占的地理位置和相对高的密度，呈离散分布状态。②地理实体是指现实中的地理物体和地理现象，它表现在地图上称为地图元素。从图形学的角度看，地理实体可看作基本的图元，地图则是图元按地理位置组成的复合图形。③地理实体是一种对某种现象的度量结果，如高温区、高雨区等。④地理实体一般表现为一个物质区域。用地理属性区域加以精确定义将有助于人们精确地描述各种地理实体，也有助于人们精确地研究各种地理实体的运动与变化规律。

通过对上述描述分析可见，不同的背景其认知角度不同，因而对地理实体的认识也不同；但也可看出，这些认识对地理实体认知的本质是一致的，即地理实体是以某种或多种属性特征作为划分标准的，同类地理实体具有相同的地理属性特征。通过分析研究笔者认为，关于地理信息中的地理实体组成，可从以下几个主要方面来考虑。

（1）地理实体属性特征可为单一性，也可能为多种特性，但是其中作为划分的依据的属性是唯一的、稳定的，并且为关键性的属性，是地理实体区别于其他地理实体的依据。

（2）划分地理实体特征的依据可为自然特征，如河流、山脉等，也可为社会经济等人文特征，如各种政治、经济及各种文化特征区域，如城市、道路等。但是，也有同时具有自然和人文特征的地理实体，如在自然基础上改造的水库、人工湖、运河等，具体可根据其主要属性和数据应用领域需要加以界定。

（3）地理实体是可辨认的，可以通过唯一标识符标识。

（4）现实世界是由不同类别的地理实体组成的，地理实体的存在离不开其他地理实体，所以各种地理实体之间的关系是其重要属性。

（5）不同的地理实体具有不同的行为方法。

（6）地理实体是一个概括、复杂、相对的概念，划分地理实体一般是人为的。地理实体类别及实体内容的确定是从具体需要出发的，是人们根据自己研究问题的需要而定的。因此，地理实体的划分方式与数量可以是无穷多的，如省区可看成一个地理实体，对于以省区为单元的地理实体它是不可分割的；若按其他单元来划分则可划分成若干部分，但这些部分不是省区地理实体，只能是其他单位的地理实体，如市、县地理实体等。

（7）地理实体具有层次性，或称其具有粒度性。例如，京广线为一公路实体，但京广线由不同的路段组成；长江从发源地开始实际上是由不同的河流组成的，这些组成部分是由认知的不同层次/粒度而产生的；不同的层次因分析问题的需要而确定其粒度的大小。

（8）任何地理实体都是历史性的，它的存在具有时间性。

由此可见，地理实体是指自然界现象和社会经济事件中具有确定的位置和形态特征，并具有地理意义的不能再分割的地理空间物体单元。确定的位置和形态特征是指至少在给定的时刻，地理实体具有确定的形态，但是，"确定的形状"并不意味着地理实体必须是可见的、可触及的实体，也可以是不可见的东西。地理意义是指在特定的地学应用环境中，被确认为有分析的必要。河流、道路、城市是看得见摸得着的地理实体，而境界、航线等则是不可见的地理实体。地理实体是客观存在的，不以人为的描述形式而改变其存在方式。地理实体可以用表格、图形、数据等方式来表达，但其本质不能改变。

2. 地理实体维数和延展度

地理实体的维数随应用环境而定，取决于分析空间的维数。在应用环境可变的情况下，分析空间可能是二维的，也可能是三维的，从三维空间向二维空间投影是容易的，而其逆在很多情况下是不可能的，也是没有意义的。

空间物体的延展度反映了地理实体的空间延展特性。在二维分析空间中，人们区分点、线、面这三类地理实体，在三维分析空间中，则区分点、线、面、曲面（体）这四类地理实体，相应地将点、线、面、曲面（体）的延展度分别记为 0、1、2、3。一般，地理实体显然可看作是分析空间的点集，可以 R2（或 R3）的点集描述，但在地理实体的数值表示中，这种描述实施起来相当困难，如维数为 2，延展度为 2 的地理实体是一个平面域，人们无法用 R2 中的一个子集给予确定地描述，而代之以一个多边形即闭合曲线来表示，而同样维数但延展度为 1 的地理实体用曲线表示（闭合或不闭合）。

地理实体的维数和延展度构成了对地理实体的几何特征的概括与描述，是对地理实体以数值表示的坐标串的补充，可以用来进行空间分析运算、语法正确性的检验以及数据正确性的检验。例如，延展度为 2 的地理实体的坐标串，其首末点必须闭合，三维物体的坐标必须是三元组。

3. 地理实体的变量和属性

以地理实体为定义域，随地理实体的延展而变化的地理现象（变量）是空间变量，相反，不随地理实体的延展而变化的地理现象是地理实体的属性。空间变量的例子，如河流的深度、水流的速度、水面宽度、土壤类型等；地理实体属性的例子，如河流的名称、长度、区域的面积、城市人口等。空间变量是对作为其定义域的地理实体的局部描述，而地理实体的属性则是对其全局的描述。

地理实体的属性即描述的内容，通常需要从如下方面对地理实体进行属性描述：①位置。通常用坐标的形式表示地理实体的空间位置。位置是地理实体最基本的属性。②类别。指明该地理实体类型；不同类别的地理实体具有不同的属性。③编码。用于区别不同的地理实体的标识码。编码通常包括分类码和识别码。分类码标识地理实体所属的类别，识别码对每个地理实体进行标识，是唯一的，用于区别不同的地理实体。④行为。指明该地理实体可以具有哪些行为和功能。⑤属性。指明该地理实体所对应的非空间信息，如道路的宽度、路面质量、车流量、交通规则、时间等。⑥说明。用于说明实体数据的来源、质量等相关的信息。⑦关系。与其他地理实体的关系信息。

地理实体（包括定义其上的空间变量和地理实体属性）的全体构成了现实的地理空间，但在空间分析中，人们只是对其部分内容进行分析。地理实体是空间变量的定义域，如地形，一般来说可以认为是定义于分析区域（多边形）上的二维空间变量，也可以认为是一种三维空间物体、一个三维空间变量。

一个空间变量是定义于一个地理实体上的，人们完全可以根据变量的变化情况将实体进行分解。分解的原则是每一部分，变量是不变的实体或者可看作是不变的，这时地理实体就被分解成了若干空间变量，而空间变量则转化成地理实体的属性。地理实体的分解、变量与属性的转化，是空间分析内容之一。

4. 地理实体之间的关系

现实生活中的实体大多数都不是孤立存在的，国道可能和省道相接，河流可能穿过城市，学校可能和工厂为邻，这些地理实体在地理空间中的空间分布简称为空间关系。地理实体关系描述为拓扑关系、方向关系和度量关系三种基本类型。

（1）拓扑关系。拓扑关系描述地理实体之间的相邻、关联和包含等空间关系。拓扑关系模型建立元素间拓扑关系的描述，最基本的拓扑关系包括以下几种：①邻接，借助于不同类型拓扑元素描述相同拓扑元素之间的关系，如多边形和多边形的邻接关系。②关联，不同拓扑元素之间的关系，如结点与链、链与多边形等。③包含，面与其他拓扑元素之间的关系，如结点、线、面都位于某一个面内，则称该面包含这些拓扑元素。④连通关系，拓扑元素之间的通达关系，如点连通度、面连通度的各种性质（如距离等）及相互关系。⑤层次关系，相同拓扑元素之间的等级关系，如国家包含省、省包含市等。

（2）方向关系。方向关系即一个物体相对于另一个物体的方向。方向关系常用八个方向来描述，它们分别为正北、东北、正东、东南、正南、西南、正西、西北。每个方向可以用方位角区间来定量表示。

地理学上所讲的方向和平时所说的方向不完全一样，它主要指东、西、南、北四个方位。东是与地球自转一致的方向，西是与地球自转相反的方向，东西向也是纬圈的方向。东西方向在地球上是没有尽头的，如果沿着纬线方向自某地出发，一直朝东方走去，永远不可能走到东方的尽头，而只是绕着纬圈一直转圈圈。相反，地球上的南北方向是有极点的，当人们从赤道出发向正北或向正南一直走去，最后将走到北极或南极，越过北极或南极，方向将发生改变。

方向关系又称为方位关系、延伸关系，它定义了用来描述边界并不相互接触的两个物体之间方向与位置的相对关系，地理实体对象之间的方位。通常以一个物体为中心，描述另一个物体位于它的哪个方向上，距离它有多远。

（3）度量关系。度量关系主要是指空间对象之间的距离关系，可以用欧几里得距离、曼哈顿距离和时间距离等来描述。距离关系即一个物体到另一个物体的直线距离。由于空间分布的地物具有三种类型，因此，各种物体之间的距离关系定义也不相同。点状地物之间的距离则是两点间的距离，点状地物到线状地物的距离是该点到该线上某一点的最短垂直距离。点状地物到面状地物的最短距离为该点到面状地物边界的最短距离，线状地物到面状地物的最短距离是线上一点到面状地物边界点的最短距离，面状地物到面状地物的距离是两个面状地物边界点的最短距离。

5. 地理实体的时空变化

时间、空间和属性是地理实体和地理现象本身固有的三个基本特征，是反映地理实体的状态和演变过程的重要组成部分。严格地说，空间和属性数据总是在某一特定时间或时间段内采集或计算产生的。空间、时间和变化已经成为客观世界中不可分割的一部分，客观世界每时每刻都在发生变化。那么，什么是变化？如果地理实体对象 O 有且仅有一个属性 P，在不同的时间 t 和 t'，对象 O 在 t 具有属性 P，在 t' 不具有属性 P，则认为对象 O 发生了变化。时空变化是对一个或者多个地理实体状态的改变。本书将时空变化分为两大类，即影响单个实体的时空变化和影响多个实体的时空变化。变化发生前后的实体集可包括 $n(n>0)$ 个实体，因此，可按变化前后实体集中实体数量来划分：

（1）变化前的实体集中实体个数为 0，变化后的实体集中实体个数为 1；

（2）变化前的实体集中实体个数为 1，变化后的实体集中实体个数为 0；

(3) 变化前的实体集中实体个数为 1，变化后的实体集中实体个数为 1；

(4) 变化前的实体集中实体个数为 1，变化后的实体集中实体个数为 $n(n>1)$；

(5) 变化前的实体集中实体个数为 $n(n>1)$，变化后的实体集中实体个数为 1；

(6) 变化前的实体集中实体个数为 $n(n>1)$，变化后的实体集中实体个数为 $m(m>1)$。

前三类可看作是影响单个地理实体的变化，后三类则是影响多个地理实体的变化。其中，第六种变化可以利用前五种变化组合表达实现。因此，本书只考虑前 5 种情况。其中，影响单个地理实体的时空变化基本类型如图 7.2 所示。图 7.2 中叶子节点就是时空变化的基本类型，包括出现、消失、突变、属性项减少、属性项增加、属性值减少、属性值增加、属性值改变、变形、扩张、收缩、延长和缩短 13 种。

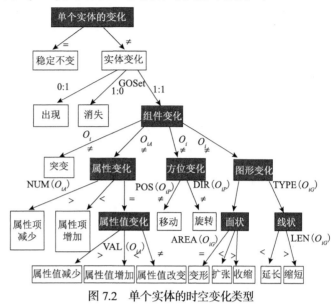

图 7.2 单个实体的时空变化类型

7.1.3 地理实体分类

分类是认识自然事物的重要途径。一般的分类是通过对自然界各种事物进行整理，使复杂无序的事物系统化，从而达到认识和区分客观世界，并进一步掌握客观世界的目的。以地理要素为基础发展起来的空间概念称基于地理要素的空间概念。地理概念是对地理事物进行客观描述的空间概念。空间概念一般可以分为三类：第一类为原子空间概念，包括点、线、面等空间目标，描述地理事物的空间分布特征和位置特征；第二类为地理概念，是对地理事物进行客观描述的空间概念，如桥、森林、丘陵等；第三类为应用性地理概念，是具有很强应用色彩的地理概念，如资源、环境等。满足地理信息语义共享要求的空间概念既不是几何空间概念，也不是随着应用目的的不同结构发生变化的各种资源环境等应用概念，而应该是与几何空间概念和资源环境等应用概念具有继承关系，但又具备相对独立性的地理概念。

地理空间体系反映了一种有序性。基于地理分类的地理概念之间的概括、继承关系形成空间等级体系，这种地理概念体系反映了地理实体类别之间的有序性。面对纷繁复杂的地理空间，首先要在概念上进行有序化研究。这里所指的地理分类体系是指基于地理分类的地理概念之间概括、继承关系所形成的空间等级体系。

现实世界非常复杂，虽然地理科学领域已经建立了很多分类系统和标准，如地貌学中各种地貌的分类系统等，但这些分类系统的合理性和科学性评价方面的研究还相对滞后。人们对世界认知的不同，导致其对同一地理现象观察描述会侧重于对象不同的切面，从而产生表述语言上的差异，形成语义异构，导致建立各个领域内所有实体的统一分类很难，所以根据人们对同一地理对象描述的异同将其分为不同地理分类体系，保留对现实世界的不同看法，通过集成并转换各种分类系统以及解决这些不同分类系统之间语义异质性的科学方法可能是一个比较合理的研究方向。

对地理实体的描述，需要从语义学和逻辑学的角度来解决，而且需要一种能把某些实体或信息表达清楚的形式化系统，以及说明该系统不同组成间相互关系和作用的若干规则。在较高的抽象层次上研究地理空间，需要解决以下地理实体特性的表达：①地理空间存在着地理实体（地理实体不可分解成其他单元）；②地理实体具有属性（属性可以赋值）；③地理实体之间存在着不同的关系；④地理实体具有不同的状态（属性和关系随着时间的推移而改变）；⑤不同的时刻会有事件发生（事件能导致其他事件发生或状态改变）。

7.2 地理信息地图表达

虽然地图在技术、形态、功能、内容等方面已经发生了许多变化，但其基本原理的不变性仍需要强调。地图是描述和表达地球空间数据场和信息流的科学工具，是地（星）球空间信息抽象、概括、表达与传输的科学表达，这些信息包括空间分布、空间关系及其发展变化等。人们用数据表达地理信息时，往往先用地图思维将地理现象抽象和概括为地图，再进行数字化转变，成为地理空间数据。地理空间数据没有改变地图的基本特性。因为地图的基本特性是由地图的三个基本矛盾决定的，即地球曲面与地图平面之间的矛盾及解决这一矛盾产生的数学法则——地图投影；地球表层原貌与地图抽象性之间的矛盾及解决这一矛盾产生的符号法则——符号系统；地理要素（现象）的复杂性与地图的概括性之间的矛盾及解决这一矛盾产生的综合法则——制图综合。地图是人类表达地理信息图形语言，是按照比例建立的客观存在的地理空间模型。地图是反映自然和社会现象的符号模型，是在一定的载体上表达地球上各种事物的空间分布、联系及发展变化状态的图形。地图在抽象概括表达过程中基于对象和场两种观点描述现实世界。

7.2.1 地理实体的地图抽象

随着地图制图技术数字化的进步和地图品种的多样化，地图出现了某些外延性特性，如表现形式多样化、地图信息的多维动态化等，但其基本特性并没有变，这也正是地图的价值之所在。

1. 地图的抽象和概括

地图是人类对地理世界抽象和概括表达的结晶。概括是对地理物体的化简和综合以及对物体的取舍。地图概括性主要表现为：①空间概括性。根据空间数据比例尺或图像分辨率对地图内容按照一定的规律和法则，通过删除、夸大、合并、分割和位移等综合手法实现对图形的化简，用以反映地理空间对象的基本特征和典型特点及其内在联系的过程。②时间概括性。包括统计的周期和时间间隔的大小。③质量概括性。通过扩大数量指标的间隔（或减少分类分级）和减少地理对象中的质量差异来体现。④数量概括性。包括计量的单位、分级情况和使用量等信息。

2. 地图降维表示

地球表面物体在地理空间场中维度延伸，地物形态决定了空间物体具有方向、距离、层次和地理位置等。早期利用二维地图表达地理物体，无法真实表达三维地理空间。三维地物映射到平面而形成曲线和平面，只能将地理物体抽象为点状、线状和面状几何形态。基于地图思维的地理信息图形表达就是四维时空域的地理信息映射二维平面的过程,它具有严格的数学基础、符号系统和文字注记,并能依据地图概括原则,运用符号系统和最佳感受效果表达人类对地理环境的认知。

3. 地图内容选择

对于同一客观世界,不同社会部门和学科领域的研究人员通常在所关心的问题和研究对象等方面存在差异,从而产生不同的环境映象。地理信息的获取、处理和存储是以应用为主导的,根据不同专业的需求,着重突出并尽可能完善、详尽地表示自然和社会经济现象中的某一种或几种要素,集中表现某种主题内容。

4. 地图比例尺选择

人们认知世界、研究地理环境时,往往从不同空间尺度(比例尺)上对地理现象进行观察、抽象、概括、描述、分析和表达,传递不同尺度的地理信息,这就需求多种比例尺地图的支撑。尺度变化不仅引起地理实体的大小变化,还会引起地理实体的形态变化和空间位置关系(制图综合中位移)的变化。在不同尺度背景下,地图要素往往表现出不同的空间形态、结构和细节。一般讲,大比例尺地图,内容详细,几何精度高,可用于图上测量。小比例尺地图,内容概括性强,不宜于进行图上测量。

5. 地图时态表达

地球上自然和人文现象是随时间发展变化的。地图只能表达地理现象某一时刻的状态,地理现象变化信息需要通过不同地图版本来反映,时间因素也是评价地图质量的重要因素。

7.2.2 基于对象的地理实体表达

基于对象观点,采用面向实体的构模方法将地理现象抽象为点、线、面、体的基本单元,每个基本单元表示为一个实体对象,实体对象指自然界现象和社会经济事件中不能再被分割的单元。对象之间具有明确的边界,每个对象可用唯一的几何位置形态和一系列的属性进行表示。几何位置形态在地理空间中可以用经纬度或坐标来表达。属性则表示对象的质量和数量特征,说明其是什么,如对象的类别、等级、名称和数量等。

1. 地理实体的几何表示

地理信息在图形上表示为一组地图元素。位置信息通过点、线和面来表示。点称为点状要素,如井和电线杆位置等;线称为线状要素,如水系、管道和等高线等;面称为面状要素,如湖、县界和人口调查区界等。

(1)点状要素:一个整个界线或形状很小以至不能表现为线状和面状要素,通常用一个特征符号或标识号来描绘一个点位。由此规定一个点状要素是由单个位置表示的地理实体。

(2)线状要素:地理实体和现象太窄而不能表示为一个面,可以抽象为一个没有宽度的要素,用一串点连接起来的线段表示线状地理实体。

(3)面状要素:一个面状要素是一个封闭的图形,其界线包围一个同类型区域,如州、县和水体。

2. 地理实体的属性表示

地图用符号和标记来表示属性信息。下面列举了一些地图表示描述性信息的常用方法:

①道路采用不同线宽、颜色和标识号进行描述，用以表示不同类型的道路；②河流和湖泊绘成蓝色；③机场以专门的符号表示；④山峰标注高程；⑤市区图标出街道名字。

3. 地理实体的关系表示

地图要素之间的空间关系以图形表示于地图上，依靠读者去解释它们。例如，观察地图可以确定一个城市的邻近湖泊；确定沿某条道路两个城市间的相对距离及两者间最短路径；识别最近的医院，以及开车去的街道；等高线组可以确定一个地形高程起伏；等等。这些信息并不是明显地表示在地图上，但是，读者可由地图来派生或解释出这些空间关系。

7.2.3 基于场的地理实体表达

地理现象借助物理学中场的概念进行表示，场表示一类具有共同属性值的地理实体或者地理目标的集合。根据应用的不同，场可以表现为二维或三维，如果包含时间即为四维空间。基于场模型的地理现象任意给定的空间位置都对应一个唯一的属性值。根据这种属性分布的表示方法，场模型可分为图斑模型、等值线模型和选样模型。

1. 图斑模型

将地貌、土地利用类型基本相同、水土流失类型基本一致的地理单元分为一类，以其为调查研究对象，然后将单元勾绘到地图上就成为图斑。图斑模型将一个地理空间划分成一些简单的连通域，每个区域用一个简单的数学函数表示一种主要属性的变化。根据表示地理现象的不同，可以对应不同类型的属性函数。比较简单的情况，每个区域中的属性函数值保持一个常数。图斑模型常常被用于描述土壤类型、土地利用现状、植被以及生物的空间分布。除了单一属性值，还有多属性值的情况。

2. 等值线模型

等值线模型经常被视为由一系列等值线组成，一条等值线就是地面上所有具有相同属性值的点的有序集合。用一组等值线将地理空间划分成一些区域，每个区域中的属性值的变化是相邻的两条等值线的连续插值。等值线模型常表示等高线、等温线、大气压、地下水文线等。

表示高程场常用等高线。等高线是通过对地球表面的水平切割而产生的连续曲线，也称等值线、水平曲线。相同曲线上的高程值相同，相同高程的等高线至少有一条或多条。用等高线表示连续的地球表面的主要不足是在经过不同的高程面进行水平切割的过程中丢失了大量详细的地表信息，这些地表信息是不可能从等高线中恢复的。

3. 选样模型

选样模型是以有限的抽样数据表达地球表面无限的连续现象，地理现象在地理空间上任何一点属性值是通过有限个点的属性值插值计算的。按采样点分为无规律的离散点（如地形图上高程点）、等值线（如地形图上等高线）和规则格网点等。

7.2.4 地理实体的三维描述

地图上地理实体的三维描述是将地球表面起伏不平的地形以抽象图形和视觉感知再现的图像形式表示在平面图（地形图）上，如写景（描景）法（scenography）、晕瀚法（hachuring）、晕渲法（shading）、等高线法（contouring）、分层设色法（layer tinting）等。

1. 地形的写景表达

古代，人们用写意的山脉图画表示山势。常常以绘画为主要形式的写景（描景）表达，如以侧视写景的符号表达山脉、用闭合的山形线表示山脉的位置及延伸方向（图 7.3）。直到 18 世纪前，人们用透视或写景法以尖锥形（三角形）或笔架形符号表示山势和山地所在的位置。虽然图画可以把人们看到的和接触到的各种地形景观生动地描绘出来，但这些信息仅能粗略地展示地形起伏的形态特征和地物的色彩特性，精确的定量描述能力非常有限。

图 7.3 以写意绘画形式表达地形的古代地图

2. 地形的图形表达

地形的图形表达主要是指用线画或符号来表达，如晕滃法和等高线等。晕滃图在早期西方地图中很常用。早在 1749 年，晕滃法就由帕克用在《东肯特地区自然地理图》中显示河谷地区的地表形态；德国人莱曼于 1799 年正式提出了具有统一标准的科学地貌晕滃法。晕滃法的表达方式是坡度线。线段的长度表示坡线长度，线段的方向表示坡线方向，线段粗细表示坡度陡缓（线段越粗，坡度越陡）。晕滃法表示的地形图具有很好的立体效果，坡度低平的地方颜色明亮，而坡度陡峭的地方颜色阴暗，并建立一定的立体感（图 7.4）。

 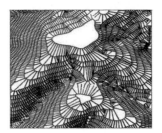

（a）手工绘制晕滃图　　　　　　　　　（b）计算机绘制晕滃图

图 7.4 地形的晕滃法表示

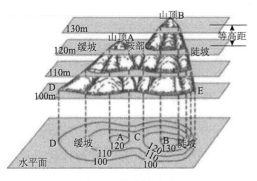

图 7.5 等高线表示

等高线被认为是地图史上的一项重大发明（图 7.5）。1791 年，杜朋-特里尔最早用等高线显示了法国的地形。等高线将地形表面相同高度（或相同深度）的各点连线，按一定比例缩小投影在平面上呈现为平滑曲线。地形等高线的高度是以海平面的平均高度为基准起算，并以严密的大地测量和地形测量为基础绘制而成，它能把高低起伏的地形表示在地图上。可量测性使得等高线表达在过去、现在及将来都很重要。

等高线是通过对地球表面的水平切割而产生的连续曲线。用等高线表示连续的地球表面的主要不足之处在于：①在经过不同的高程面进行水平切割的过程中丢失了大量详细的地表信息，这些地表信息是不可能从等高线中恢复的。②单条等高线无法直接反映地貌形态，必须通过等高线组间接地表示地貌形态。③地球表面的微型地貌（岩峰、冲沟、陡崖、崩崖、滑坡、岩墙、梯田坎等）无法用等高线表示，只能用地貌符号补充。④地性线只能简单表示地形结构信息，不能表示地形的坡面信息，它与等高线组合利用，才能对地貌形态重构起作用。

3. 地形的图像表达

广义上，图像就是所有具有视觉效果的画面，如晕渲图（图 7.6）和景深图。早在 1716 年，德国人高曼首先采用晕渲法绘图。晕渲法是应用光照原理，以色调的明暗、冷暖对比来表现地形的方法，又称阴影法。基本原理是"阳面亮、阴面暗"。它的最大特点是立体感强，在方法上有一定的艺术性。晕渲通常以毛笔及美术喷笔为工具，用水墨绘制，也可用水彩（或水粉）绘制成彩色晕渲。晕渲法对各种地貌进行立体造型，能得到地形立体显示的直观效果，便于计算机实现且具有良好的真实感，成为当今应用较多的一种地形表示法。

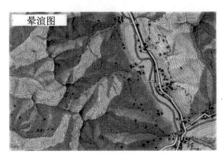

图 7.6 晕渲图示例

深度图（景深图）是指包含从视点到场景中对象表面的距离的图像。深度图用亮度成比例地显示从摄像机（或焦平面）到物体的距离，越近的物体颜色越深。根据这种原理，假设视点无限高，用不同的灰度值来表达不同的高程的影像也是一种深度图。根据高低用颜色来表示，称为分层设色法。

与各种线划图形相比，影像无疑具有自己独特的优点，如细节丰富、成像快速、直观逼真等，因此，摄影术一出现就被广泛用于记录人们周围这个绚丽多彩的世界。1849 年，就出现了利用地面摄影像片进行地形图的编绘。航空摄影由于周期短、覆盖面广、现势性强而被广泛采用。但仅仅利用单张像片，虽然可以得到粗略的地面起伏信息，但难以得到高精度的地面点信息。要完全重建实际地面的三维形态，需要利用两张以上具有一定重叠度的像片，并在此基础上进行精确的三维量测，这种技术被称为摄影测量。

4. 图形与图像结合表达

地形图形表达方式主要是等高线法、分层设色法和晕渲法。在实际应用时，可根据不同用途、不同目的选择不同的方法，或者结合使用，如等高线加分层设色、等高线加晕渲、分层设色加晕渲等。有些特殊地形及地形目标还必须用符号法加以补充，如等高线加分层设色、等高线加晕渲地形、具有晕渲效果的明暗等高线等。

5. 地形的模型表达

模型是指用来表现事物的一个对象或概念，是按比例缩小并转变到人们能够理解的形式的事物本体。建立模型可以有许多特定的目的，如定量分析、可靠预测和精准控制等。在这种情况下，模型只需要具备足够重要的细节以满足需要即可。同时，模型也可以用来表现系统或现象的最初状态，或者用来表现某些假定或预测的情形等。实物模型通常是一个模拟的模型，如用橡胶、塑料或泥土制成的地形模型等。摄影测量中广泛使用的基于光学或机械投影原理的三维立体模型,以及全息影像都属于实物模型。

7.3 地理信息数据表达

为了使计算机能够识别、存储和处理地理实体,人们不得不将以连续的模拟方式存在于地理空间的空间物体离散化。空间物体离散化的基本任务就是将以图形模拟的空间物体表示成计算机能够接受的数字形式。空间物体数据的表示必然涉及数据模型和数据结构的问题。

7.3.1 地理实体数据抽象

数据是对事物的描述,可以以文字、数字、图形、影像、声音等多种方式存在,但是数据不是事物本身。数据是以诸如人工统计、仪器测量、社会调查等多种方式获取的,这就必然导致甚至可能是必然存在各种误差,如人为差错、仪器的系统误差等。因此,数据只能从有限的方面描述事物,而不可能也没有必要全面、详尽、保真地复制事物本身。

1. 数据抽象

数据是被描述事物的另一种存在方式。这种转换经历了三个领域:现实世界、观念世界和数据世界,如图 7.7 所示。现实世界是存在于人们头脑之外的客观世界,事物及其相互联系就处在这个世界之中。事物可分成"对象"与"性质"两大类,又分为"特殊事物"与"共同事物"两个重要级别。观念世界是现实世界在人们头脑中的反映。客观事物在观念世界中称为实体,反映事物联系的是实体模型。数据世界是观念世界中信息的数据化,现实世界中的事物及联系在这里用数据模型描述。

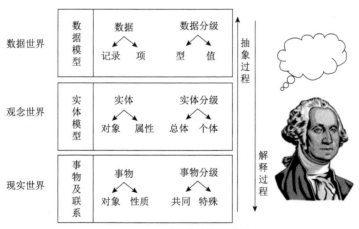

图 7.7 地理实体的数据描述

2. 地理数据表达方式

基于场模型在计算机中常用栅格数据结构表示;基于对象模型在计算机中常用矢量数据结构表示,如图 7.8 所示。

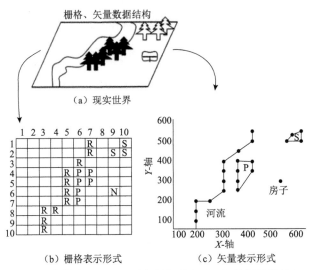

图 7.8 实体表示（基于对象的矢量和基于场的栅格结构）

3. 地理数据表达产品

地理实体数据表达过程分为两种途径：一是将地理现实世界感知的信号，经过人工抽象加工成地图（栅格地图）、地理矢量数据和地物三维模型数据产品；二是将地理现实世界感知的信号直接处理为影像和点云数据产品，如图 7.9 所示。

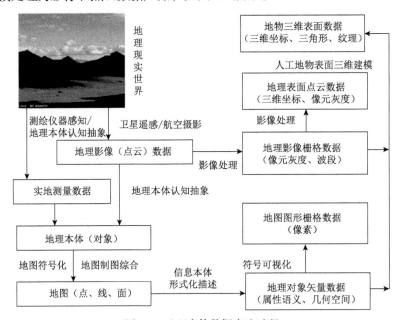

图 7.9 地理实体数据表达过程

1）地理信息感知

人们认识地理总是从感知开始的，没有感知地理事物和现象，就不能获得丰实的地理感性知识，更不能获取地理信息。为了解决人类世界和物理世界的地理信息获取问题，人们发明了经纬仪、水准仪和电子全站仪等测量仪器，基于无线电测距和空间交会原理的全球卫星定位系统。另外，人们通过基于卫星平台搭载可见光、多光谱、热红外和合成孔径雷达干涉等各类传感设备获取遥感图像；基于有人/无人飞机搭载的各类传感平台获取各类摄影图像；基于车载/机载三维激光雷达获取三维点云图像；基于定位定姿系统（position and orientation system，POS）和声呐组合获取水深数据。随着地理信息技术的发展，地理感知手段的多样化和智能化水平不断提高，这不仅提高了人们获取地球表面数据的效率，也降低了地理信息采集的成本，缩短了采集周期。

2）地理信息本体抽象

将地理空间中复杂的地理现象进行抽象得到的地理对象称为地理实体或地理本体。地理实体分为客观的地理本体和抽象的地理信息本体。客观地理本体是指客观存在的对象，地理信息本体是指为方便信息决策者分析与决策而进行抽象的能独立反映空间信息的实体，是地理空间中具有完整实际意义的最小地理单元，它在地理空间中具有确定的位置、属性和空间关系三个基本特征。

3）地图地理要素

地图描述的地理信息本体（实体）称为地图要素。地图地理要素是地图上最基本的地理内容，是具有位置、分布特点和相互关系的地理实体，是普通地图上的基本要素，包括水体、地貌、土质和植被等自然要素和居民地、交通网、政治行政界线、工农业设施和文化遗迹等社会经济要素。水体有江、河、湖、海等；地貌有各类平原、山地、丘陵及各种特殊地貌；土质植被有沙漠、森林、灌丛、草地、沼泽等；居民地包括城市、集镇、乡村等；交通网包括铁路、公路、航运等及机场、车站、港口等附属建筑。它们在地图上的详细程度、精度、完备性主要取决于地图比例尺，比例尺越大，表示地理要素越详细，随着比例尺的缩小，内容概括程度也相应增加。此外，地图性质和用途不同，地理要素内容也有很大差别。例如，政区图一般强调行政区划界线和各级政治中心；旅游地图强调风景点、游览区及旅游服务设施。地图地理要素抽象为点、线和面三种类型，用点状符号、线状符号和面状符号表示。

4）地理矢量数据

地理矢量数据是利用欧几里得几何学中点、线、面及其组合体来表示地理实体空间分布的一种数据组织方式。点数据可直接用坐标值描述；线数据可用均匀或不均匀间隔的顺序坐标链来描述；面状数据（或多边形数据）可用边界线来描述。矢量数据的组织形式较为复杂，以弧段为基本逻辑单元，而每一弧段被两个或两个以上相交结点所限制，并被两个相邻多边形属性所描述。矢量数据结构分为：简单数据结构（最典型的是面条数据结构）、拓扑数据结构（弧段是数据组织的基本对象）、曲面数据结构。地理矢量数据基于地图要素人工数字化。

5）数字栅格地图

数字栅格地图（digital raster graphic，DRG）是根据现有纸质、胶片等地形图经扫描和几何纠正及色彩校正后，形成在内容、几何精度和色彩上与地形图保持一致的栅格数据集。也可以使用 GIS 的地图制图功能将地理矢量数据转化为数字栅格地图。

6）正射遥感影像

正射影像是具有正射投影性质的遥感影像。原始遥感影像成像时受传感器内部状态变化（光学系统畸变、扫描系统非线性等）、外部状态（如姿态变化）及地表状况（如地球曲率、地形起伏）的影响，均有不同程度的畸变和失真。对遥感影像的几何处理，不仅提取空间信息，如绘制等高线，也可按正确的几何关系对影像灰度进行重新采样，形成新的正射影像。

各种动态成像的遥感影像，由于构象过程动态条件复杂，通常采用全数字式影像纠正或光机与数字混合式影像纠正来制作正射影像。例如，用解析测图仪器配以专门软件，可纠正陆地卫星或地球观测系统卫星扫描影像，制作正射影像。正射影像可直接用于影像判读、量测和专题制图，为资源与环境调查研究服务，也可用于制作各种影像地图和地图更新。

7）地物点云数据

点云数据（point cloud）是通过三维扫描仪所取得的。点云数据除了具有几何位置以外，还有强度（intensity）信息，强度信息的获取是激光扫描仪接收装置采集到的回波强度，此强度信息与目标的表面材质、粗糙度、入射角方向，以及仪器的发射能量、激光波长有关。每一个点包含有(X,Y,Z)三维坐标，有些可能含有色彩信息（R, G, B）或物体反射面强度。点云数据往往通过测量直接获取地球表面的原始或没有被整理过的数据，采样点往往是非规则离散分布的地形特征点。特征点之间相互独立，彼此没有任何联系。因此，(X_i,Y_i,Z_i)坐标值往往存储其绝对坐标。在计算机中仅仅存放浮点格式的$\{(X_1,Y_1,Z_1),(X_2,Y_2,Z_2),\cdots,(X_i,Y_i,Z_i),\cdots,(X_n,Y_n,Z_n)\}$ n个三维坐标。点云数据的获取方法分为两类：一类是激光雷达扫描技术获得的扫描点云数据，其应用面窄、周期长、效率低，不适用于大面积的地形信息采集；另一类是倾斜摄影测量密集匹配技术获得的匹配点云数据，适用于较大区域的地形信息采集。

点云数据经过处理转换为数字表面模型（digital surface model，DSM）。DSM是包含了地表建筑物、桥梁和树木等高度的地面高程模型。DSM是将连续地球表面形态离散成在某一个区域D上的以X_i、Y_i、Z_i三维坐标形式存储的高程点Z_i（$(X_i,Y_i)\in D$）的集合，其中，（$(X_i,Y_i)\in D$）是平面坐标；Z_i是(X_i, Y_i)对应的高程。地球表面上任意一点(X_i, Y_i)的高程Z是通过其周围点的高程进行插值计算求得的。DSM可最真实地表达地面起伏情况，广泛应用于各行各业。

8）三维地物模型

三维地物模型（3D object models）或称建筑信息模型（building information modeling，BIM）是地理信息由传统的基于点、线、面的二维表达向基于对象的三维形体与属性信息表达的转变。一般采用3DMAX软件进行三维模型的建模。首先采用已有的二维数字线划图或正射影像构建地物平面形态，利用激光探测与测量（light detection and ranging，LiDAR）点云数据或实地测量获得地物的高度对地物立面细节进行建模，构建地理几何模型。通过人工或车载全景摄影设备采集地物的图像，经处理获取地物的纹理图片。地物几何模型与纹理图片合成形成三维地物模型。三维地物模型由3DMAX导出为3DS格式，并将3DS文件与其相应的纹理文件存放在同一文件夹内。三维地物模型经三维GIS渲染可视化给人以真实感和直接的视觉冲击。

7.3.2 地理实体矢量表示

基于对象的地理实体矢量数据表示将现象看作原形实体的集合，强调离散现象的存在，且组成地理实体。在二维模型内，原型实体是点、线和面，由边界线（点、线、面）来确定边界；而在三维中，原型还包括表面和体。

1. 地理实体的几何表示

地球表面的特征都可以绘制到一个由点、线、面组成的二维地图上。利用笛卡儿坐标系，地面上的位置可以用X，Y坐标表示在地图上。为了使空间信息能够用计算机来表示，必须把连续的空间物体离散成数字信号然后用离散的数据表示地图要素及其相互联系。

1）点

单个位置或现象的地理特征表示为点特征。点可以具有实际意义,如水准点、井、道路交叉点、小比例尺地图上的居民地等,也可以无实际意义。点由一对坐标对 (x,y) 来定义,记作为 $P\{x,y\}$,没有长度和面积。没有线状要素相联结的点称为孤立点;有一条线状要素相联结的点称为悬挂点;有两条或两条以上的线状要素相联结的点称为结点。

2）链(弧段、边)

线状物体的几何特征用直线段来逼近,链以结点为起止点,中间点是一串有序的坐标对 (x,y),用直线段连接这些坐标对,近似地逼近了一条线状地物及其形状。链可以看作点的集合,记为 $L\{x,y\}n$,n 表示点的个数。特殊情况下,线状地物用 $L\{x,y\}n$ 作为已知点所建立的函数来逼近。链可以是道路、河流、各种边界线等线状要素。

3）面(Spaghetti 方式)

一个面状要素是一个封闭的图形,其界线包围一个同类型区域。因此,面状物体界线的几何特征用直线段来逼近,即用首尾连接的闭合链来表示,记为 $F\{L\}$。面状地理要素以单个封闭的 $F\{L\}$ 作为一个实体。由面边界的 x、y 坐标对集合及说明信息组成,是最简单的一种多边形矢量编码。

图 7.10 记为以下坐标文件:

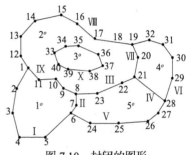

图 7.10 封闭的图形

1°: x_1, y_1; x_2, y_2; x_3, y_3; x_4, y_4; x_5, y_5; x_6, y_6; x_7, y_7; x_8, y_8; x_9, y_9; x_{10}, y_{10}; x_{11}, y_{11};

2°: x_1, y_1; x_{12}, y_{12}; x_{13}, y_{13}; x_{14}, y_{14}; x_{15}, y_{15}; x_{16}, y_{16}; x_{17}, y_{17}; x_{18}, y_{18}; x_{19}, y_{19}; x_{20}, y_{20}; x_{21}, y_{21}; x_{22}, y_{22}; x_{23}, y_{23}; x_8, y_8; x_9, y_9; x_{10}, y_{10}; x_{11}, y_{11};

3°: x_{33}, y_{33}; x_{34}, y_{34}; x_{35}, y_{35}; x_{36}, y_{36}; x_{37}, y_{37}; x_{38}, y_{38}; x_{39}, y_{39}; x_{40}, y_{40};

4°: x_{19}, y_{19}; x_{20}, y_{20}; x_{21}, y_{21}; x_{28}, y_{28}; x_{29}, y_{29}; x_{30}, y_{30}; x_{31}, y_{31}; x_{32}, y_{32};

5°: x_{21}, y_{21}; x_{22}, y_{22}; x_{23}, y_{23}; x_8, y_8; x_7, y_7; x_6, y_6; x_{24}, y_{24}; x_{25}, y_{25}; x_{26}, y_{26}; x_{27}, y_{27}; x_{28}, y_{28}。

面结构最大的优点是保留了地理要素的完整性,数据结构简单,便于软件系统设计和实现。这种方法的缺点是:①多边形之间的公共边界被数字化和存储了两次,不仅产生冗余和碎屑多边形,而且造成共享公共链的几何位置不一致;②每个多边形自成体系而缺少邻域信息,难以进行邻域处理,如消除某两个多边形之间的共同边界,无法管理共享公共链的面状要素之间的空间关系;③岛只作为一个单个的图形建造,没有与外包多边形的联系;④不易检查拓扑错误。这种方法可用于简单的粗精度制图系统中。为了克服上述缺点,按照拓扑学的原理,人们提出了多边形的结构。

4）多边形

多边形由一组或多组链首尾连接而成。"多边形"这一术语即来源于此,它的意思是"具有多条边的图形",记作 $P\{L\}n$,n 表示链个数。它可以是简单的单连通域,也可以是由若干个简单多边形嵌套的复杂多边形,如地图的行政区域、植被覆盖区、土地类型等面状要素。多边形数据是描述地理信息最重要的一类数据。在区域实体中,具有名称属性和分类属性的,多用多边形表示,如行政区、土地类型、植被分布等;具有标量属性的,有时也用等值线描述(如地形、降水量等)。

多边形结构采用树状索引以减少数据冗余并间接增加邻域信息，方法是对所有边界点进行数字化，将坐标对以顺序方式存储，由点索引与边界线号相联系，以线索引与各多边形相联系，形成树状索引结构。图7.11和图7.12分别为图7.10的多边形文件和线文件树状索引示意图。

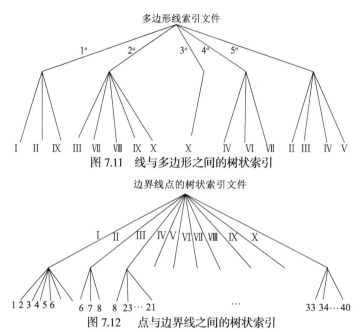

图7.11　线与多边形之间的树状索引

图7.12　点与边界线之间的树状索引

采用上述的树状结构，图7.10的多边形数据记录如下。
（1）点文件数据记录如表7.1所示。
（2）线文件数据记录如表7.2所示。

表7.1　点文件数据记录

点号	坐标
1	x_1, y_1
2	x_2, y_2
⋮	⋮
40	x_{40}, y_{40}

表7.2　线文件数据记录

线号	起点	终点	特征点号
I	1	6	1, 2, 3, 4, 5, 6
II	6	8	6, 7, 8
⋮	⋮	⋮	⋮
X	33	33	33, 34, 35, 36, 37, 38, 39, 40, 33

表7.3　多边形文件数据记录

多边形编号	多边形边界
1°	I, II, IX
2°	III, VII, VIII, IX, X
3°	X
4°	IV, VI, VII
5°	II, III, IV, V

（3）多边形文件数据记录如表7.3所示。

树状索引编码消除了相邻多边形边界数据冗余和不一致的问题，在简化过于复杂的边界线或合并相邻多边形时可不必改造索引表，邻域信息和岛状信息可以通过对多边形文件的线索引处理得到，但是比较繁琐，因而给相邻函数运算、消除无用边、处理岛状信息以及检查拓扑关系带来一定的困难。

多边形矢量编码不但要表示位置和属性，更为重要的是要能表达区域的拓扑性质，如形状、邻域和层次等，以便使这些基本的空间单元可以作为专题图资料进行显示和操作。因为要表达的信息十分丰富，基于多边形的运算多而复杂，所以多边形矢量编码比点和线实体的矢量编码要复杂得多，也更为重要。

多边形矢量编码除有存储效率的要求外,一般还要求所表示的各多边形有各自独立的形状,可以计算各自的周长和面积等几何指标;各多边形拓扑关系的记录方式要一致,以便进行空间分析;要明确表示区域的层次,如岛-湖-岛的关系等。

2. 地理实体的属性描述

地图属性数据对地理要素进行定义,表明其"是什么",属性数据实质是对地理信息进行分类分级的数据表示。与地图特性有关的描述性属性,在计算机中的存储方式是与坐标的存储方式相似的,属性以一组数字或字符的形式存储。例如,表示道路的一组线的属性包括:道路类型,1表示高速公路,2表示主要公路,3表示次要公路,4表示街区道路;路面材料,混凝土,柏油,石;路面宽度,12m;行车道数,4道;道路名称,中原路。

每个地理实体对应一个坐标对序列和一组属性值。为了使坐标和属性建立关系,坐标记录块和属性记录共享一个公共的信息——用户识别号。该识别号将属性与几何特征联系起来。

地理信息的编码过程,是将信息转换成数据的过程,前提是首先对表示的信息进行分类分级。

1) 信息分类分级

信息分类,就是将具有某种共同属性或特征的信息归并在一起,将不具有上述共性的信息区分开来的过程。分类是人类思维所固有的一种,是人们在日常生活中用以认识事物、区分事物和判断事物的一种逻辑方法。人们认识事物就是由分类开始的,必须把相同的与不同的事物区别开来,才能确认是这一种,还是那一种事物。

信息分类必须遵循的基本原则:①科学性。选择事物或概念(分类对象)最稳定的属性或特征作为分类的基础和依据,同时尽量避免重复分类。②系统性。将选择的事物或概念的属性或特征按一定排列加以系统化,并形成一个合理的科学分类体系。低一级的必须能归并和综合到高一级的系统体系中去。③可扩延性。通常要设置收容类目,以便保证在增加新的事物或概念时,不至于打乱已建立的分类系统。④兼容性。与有关分类分级标准协调一致,已有统一标准的应遵循。⑤综合实用性。既要考虑反映信息的完整、详尽,又要顾及信息获取的方式、途径,以及信息处理的能力。

信息分级是指在同一类信息中对数据的再划分。从统计学角度看,分级是简化统计数据的一种综合方法。分级数越多,对数据的综合程度就越小。信息分级主要解决如何确定分级数和分级界线。确定分级一般根据用途和数据本身特点而定,没有严格标准,如空间数据的分级既要考虑比例尺、用途,还要考虑尽量反映数据的客观分布规律。分级界线的确定,随着计算机技术的普及,出现了许多数学方法和分级数学模型,人们用各种统计学方法寻求数据分布的自然裂点作为分级界线。无论采用何种方法,都应遵循确定分级界线的基本原则,即任何一个等级内部都必须有数据,任何一个数据都必须属于相应的等级。此外,在分级数一定的条件下,应使各级内部差异尽可能小,保持数据分布特征,同时,尽可能使分级界线变化有规则。

2) 信息的编码

编码,是确定信息代码的方法和过程,但实际工作中,有时也视编码为代码。代码是一个或一组有序的易于被计算机或人识别与处理的符号,简称"码"。

编码必须遵循的基本原则:①唯一性。一个代码只唯一表示一个分类对象。②合理性。

代码结构要与分类体系相适应。③可扩充性。必须留有足够的备用代码，适应扩充的需要。④简单性。结构应尽量简单，长度尽量短，减少计算机存储空间和录入差错率，提高处理效率。⑤适用性。代码尽可能反映对象的特点，以助记忆，便于填写。⑥规范性。一个信息分类编码标准中，代码的结构、类型以及编写格式必须统一。

3）代码的功能

代码的基本功能有：①鉴别。代码代表分类对象的名称，是鉴别分类对象的唯一标识。②分类。当按分类对象的属性分类，并分别赋予不同的类别代码时，代码又可以作为区分分类对象类别的标识。③排序。当按分类对象产生的时间、所占的空间或其他方面的顺序关系分类，并分别赋予不同的代码时，代码又可以作为区别分类对象排序的标识。

代码的类型指代码符号的表示形式，一般有数字型、字母型、数字和字母混合型三类：①数字型代码是用一个或若干个阿拉伯数字表示分类对象的代码。特点是结构简单，使用方便，排序容易，但对于分类对象特征描述不直观。②字母型代码是用一个或多个字母表示对象的代码，其特点是比用同样位数的数字型代码容量大，还可以提供便于识别的信息，便于记忆。③数字、字母混合型代码是由上述两种代码或数字、字母、专用符号组成的代码，其特点是兼有数字型、字母型代码的优点，结构严密，直观性好，但组成形式较复杂。

4）常用编码方法

对空间信息的编码也常采用字符或数字代码。通常，编码可以视用途决定其规模，例如，以制图为目的的地图数据，可以采用简单编码方案，而空间数据库要用于信息查询，应尽量详细表示信息，编码就比较复杂。一种简单的编码方案是采用三级、六位整数代码描述地图要素。

第一级表示地图要素类别。可以按相应地图图式，将地图要素分成水系、居民地、交通网、境界、地貌、植被和其他要素七类，分别用六位编码的前两位依次由 01 至 07 定义。这保留了传统的地图符号分类结构，便于用户检索、查询地图信息。

第二级表示要素几何类型，便于计算机进行处理。将每类要素按点、线、面划分，分别用六位编码的中间两位数，划分为三个区间表示。其中，00～39 作为点符的区间，40～69 作为线符区间，70～99 用来定义面符。划分区间是为了避免分类层次较多时，造成编码位数较长。

第三级区分一种要素的某些质量特征，这些质量特征多用于不同符号表示。例如，道路的等级，是普通道路还是简易公路；干出滩的质地，是沙滩还是珊瑚滩；沙地的形态，平沙地还是多垄沙地等。

这种编码方案对地图要素符号具有定义的唯一性，并且简单、合理，可以扩充，不足之处是不便于记忆，且与图式符号编号不一一对应。这会影响检索速度，该编码方案中，未包括地理名称注记，是因为地名有其相对独立性、特殊性，宜单独建立地名库。

因第一级只分了七类，实际该编码方案只用五位整数表示即可。

3. 地理实体关系的表示

空间关系研究的是通过一定的数据结构或一种运算规则来描述与表达具有一定位置、属性和形态的地理实体之间的相互关系。当人们用数字形式描述地图信息，并使系统具有特殊的空间查询、空间分析等功能时，就必须把空间关系映射成适合计算机处理的数据结构，借助拓扑数据结构来表示地图要素间的关联关系、邻接关系、重叠关系（包含关系）。由此可以看出，空间数据的空间关系是空间数据库的设计和建立，进行有效的空间查询和空间决策分析的基础。要提高空间数据分析能力,就必须解决空间关系的描述与表达等问题。

1) 地理要素的基本元素

不考虑空间关系的空间数据往往以地理实体作为管理、存储和处理的对象,例如,道路往往不考虑道路交叉的情况,面状地理要素以单个封闭的多边形作为一个实体。其最大的优点是保留了地理要素的完整性,数据结构简单,便于软件系统设计和实现。缺点是道路无法进行网络分析。多边形地理实体的公共弧段存储两次,不仅造成共享公共弧段的几何位置不一致,而且无法管理共享公共弧段的多边形之间的空间关系,这种重复数据存储方式很难进行地理分析。为了克服上述缺点,针对所研究的地理现象,按照拓扑学的原理,人们提出了拓扑关系(topological relations),将完整的地理实体进一步进行离散,以点(point, node)、链(line, edge)、多边形(face)这三种基本空间特征类型来记录地理位置和表示地理现象。

2) 基本元素的空间关系

为了便于计算机的管理、分析和查询,对要素进行分层存储,但这样又破坏了不同层间要素的相互关系,因为拓扑关系只适合在同一层中建立。建立拓扑数据结构的关键是对元素间拓扑关系的描述,最基本的拓扑关系包括:①关联,指不同拓扑元素之间的关系;②邻接,指借助于不同类型的元素描述的相同拓扑元素之间的关系;③包含,指面与其他元素之间的关系;④几何关系,指拓扑元素之间的距离关系;⑤层次关系,指相同拓扑元素之间的等级关系。

3) 基本元素的拓扑关系

在拓扑结构中,多边形(面)的边界被分割成一系列的线(弧、链、边)和点(结点)等拓扑要素,点、线、面之间的拓扑关系在属性表中定义,多边形边界不重复。具体表示拓扑元素之间的各种基本拓扑关系则构成了对实体的拓扑数据结构表达,如图7.13中基本元素的拓扑关系用表7.4~表7.7表示。

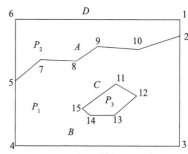

图 7.13 拓扑数据结构建立

表 7.4 弧段坐标

弧段号	坐标系列(变长字段)
A	$x_2, y_2, x_{10}, y_{10}\ldots$
⋮	⋮

表 7.5 弧段与多边形和结点关系

弧段号	左多边形	右多边形	起点	终点
A	P_1	P_2	2	5
⋮	⋮	⋮	⋮	⋮

表 7.6 多边形与弧段(−表示与坐标串方向相反)

多边形号	弧段号(变长字段)
P_1	A, B, −C
⋮	⋮

表 7.7 结点与链关系

点号	弧段号(变长字段)
2	A, B, D
⋮	⋮

在基于矢量的数据结构中,地理实体之间的拓扑关系是许多年来人们研究的重点。虽然还没有完全统一的拓扑数据结构,但通过建立边与结点的关系以及面与边的关系、面包含岛的关系,隐含或显式地表示几何目标的拓扑结构已有了近似一致的方法。

几何数据的离散存储使整体的线目标和面目标离散成了弧段,破坏了要素本身的整体性。创建要素,就是把离散后的数据再集合成要素,恢复要素的整体性,建立要素拓扑,找出要素间的关系。

4）基本元素的网络关系

现实世界许多地理事物和现象可以构成网络,如铁路、公路、通信线路、管线、自然界中的物质流、能量流和信息流等,都可以表示为相应的点之间的连线,由此构成现实世界中多种多样的地理网络。按照基于对象的观点,网络是由点对象和线对象之间的拓扑空间关系构成的。

网络模型是从图论中发展而来的。在网络模型中,空间要素被抽象为链、结点等对象,同时还要关注其间的连通关系。这种模型适合用于对相互连接的线状现象进行建模,如交通线路、电力网线等。网络模型可以形式化定义为

$$\text{网络图} = (\text{结点}, \{\text{结点间的关系,即链}\})$$

网络图由于其复杂性,不易在空间数据库中表达,一般是在进行网络分析时基于对象模型数据(矢量数据)进行重构。

交通地理信息基于网络描述主要表示道路和道路交叉口的关系。上述模型难以表达交通控制中的转弯限制,扩展为

$$R_w = (N, R, L_R)$$
$$R = <x, y> | x, y \in N, 且 L(x, y)$$
$$L_R = <m, n> | m, n \in N, 且 L(m, n), 且 m 与 n 存在公共结点$$

式中,R_w代表道路网络;N代表结点集;R代表道路集合,其元素是有序对(x, y),谓词$L(x, y)$表示结点x到结点y存在一条有向通路;L_R代表转弯限制的集合,其元素是有序对(m, n),谓词$L(m, n)$表示从道路m到道路n存在转弯限制。

4. 地理实体矢量的表示分类

地理实体的矢量数据表达也有两种侧面:一是基于图形可视化的地图数据。地图数据是一种通过图形和样式表示地理实体特征的数据类型,其中,图形是指地理实体的几何信息,样式与地图符号相关。二是基于空间分析的地理数据。这种数据主要通过属性数据描述地理实体的定性特征、数量特征、质量特征、时间特征和地理实体的空间关系(拓扑关系)。

1)地图数据

早期的计算机制图(地图制图自动化)只是把计算机作为工具来完成地图制图的任务。计算机辅助制图的迅速发展,从试验阶段过渡到了应用阶段,它利用软件系统解决了地图投影变换、比例尺缩放和地图地理要素的选取与概括,实现了地图编辑的自动化。地图数据的主要来源是普通地图,早期地图数字化的主要驱动力是地图制图。因此,地图数据有以下几个特点。

(1)地图比例尺影响。地图数据是某一特定比例尺的地图经数字化而产生的。地理物体表示的详细程度,不可避免地受地图综合的影响。经过了人为制图综合,地理物体的几何精度(形状)和质量特征已经不是现实世界中的真实反映,只是现实世界的近似表达。为了满足地图应用的需要,对不同比例尺地图建立不同地理数据库,如1∶5万数据库、1∶25万数据库和1∶100万数据库等。

(2)强调数据可视化,忽略了实体的空间关系。地图数据主要是为地图生产服务的,强

调数据的可视化特征，主要采用"图形表现属性"的方式。地图上地理物体的数量特征和质量特征用大量的辅助符号表示，包括线型、粗细、颜色、纹理、文字注记、大小等数十种。地图数据是以相应的图式、规范为标准的，依然保留着地图的各项特征。数据中不表示各种地理现象之间的空间位置关系，如道路两旁的植被或农田、与之相邻的居民地等，各种地理现象之间的关系是通过读图者的形象思维从地图上获取的。地理物体如道路、居民地和河流在空间关系上是相互联系的有机整体，但在地图数据表示中是相互孤立的。因此，地图数据不强调实体的关系表示。

（3）按地图印刷色彩分层管理。为满足地图印刷的需求，依据地图制图覆盖理论，对地图数据按色彩分层管理，而不按照地理物体的自然属性进行分类分级。这种分层不仅割裂了地理物体之间的有机联系，也导致了同一地物在不同层内重复存储，如河流两岸的加固陡坎隐含着河流的水涯线信息，道路与绿化带平行接壤使道路边沿线隐含着绿化带的边沿，河流、道路和铁路等线状地物可能隐含着区划界线。

（4）地图图幅限制了数据范围。受印刷机械、纸张和制图设备的限制，传统地图用图幅限制地图的大小，地图数据用图幅来组织和管理。地图图幅割裂了大区域地理物体的完整性和连续性，如一条境界线因为地图的分幅而断作几条记录存储在不同的图幅内。

2）地理数据

随着信息科学技术的发展和地图数据应用的深入，地图数据仅仅把各种空间实体简单地抽象成点、线和面，这远远不能满足实际需要，地图数据应用已不再局限于地图生产，而广泛应用于环境监测、社会管理、公共服务、交通物流、资源考察和军事侦察等。地图数据与其他专题地理信息结合产生各种地理数据，包括资源、环境、经济和社会等领域的一切带有地理坐标的数据，用于研究解决各种地理问题，由此产生了反映自然和社会现象的分布、组合、联系及其时空发展和变化的地理数据。地理数据利用计算机地理数据科学、真实地描述、表达和模拟现实世界中地理实体或现象、相互关系以及分布特征。空间关系是通过一定的数据结构来描述与表达具有一定位置、属性和形态的空间实体之间的相互关系的，如图7.14所示。

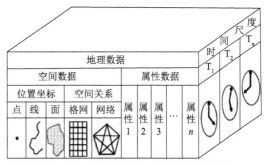

图7.14 地理数据的多维结构示意图

地理数据是一类具有多维特征，即时间维、空间维以及众多的属性维的数据。其空间维决定了空间数据具有方向、距离、层次和地理位置等空间属性；属性维则表示空间数据所代表的空间对象的客观存在的性质和属性特征；时间维则描绘了空间对象随着时间的迁移行为和状态的变化。

地理世界属性数据表达。属性数据指的是实体质量和数量特征的数据，描述或修饰自然资源要素属性，包括定性数据、定量数据和文本数据。定性数据用来描述自然资源要素的分类、归属等，一般都用拟定的特征码表示，如土地资源分类码、权属代码。定量数据说明自然资源要素的性质、特征或强度等，如耕地面积、产草量、蓄积、河流的宽度、长度等。文本数据进一步描述自然资源要素特征、性质、依据等，主要包括各种文件、法律法规条例、各种证明文件等。一般通过调查、收集和整理资料等方式获取属性数据。属性数据是自然资源评价分析的基础数据。

地理世界关系数据表达。拓扑关系反映了地理实体之间的逻辑关系，可以确定一种地理实体相对于另一种地理实体的空间位置关系，它不需要坐标、距离信息，不受比例尺限制，也不随投影关系变化。空间拓扑关系描述的是基本的空间目标点、线、面之间的邻接、关联和包含关系。基于矢量数据结构的结点-弧段-多边形，用于描述地理实体之间的连通性、邻接性和区域性。这种拓扑关系难以直接描述空间上相邻但并不相连的离散地物之间的空间关系。

地理世界时序数据表达。时间问题是人类认知领域的一个最基本、最重要的问题，也是永恒的主题。在地理学中，时间、空间和属性是地理实体和地理现象本身固有的三个基本特征，是反映地理实体的状态和演变过程的重要组成部分。地理数据是描述地理区域的一个快照，没有对时态数据作专门的处理，因而是静态的，它只反映事物的当前状态，无法反映对象的历史状态，更无法预测未来发展趋势。而客观事物的存在都与时间紧密相连，因此，在地理数据中增加对时间维的表达，是时空地理研究的一个独特优势。时空数据是指具有时间元素并随时间变化而变化的空间数据，是地球环境中地物要素信息的一种表达方式。狭义上讲，时空数据就是该地物对象的变化历程集合。时空数据即描述地理实体对象空间和属性状态信息随时间变化的信息。

3）地理与地图数据差异

地理数据是面向计算机系统的分析型数据，而地图数据是面向人类视觉的可视化数据。归纳起来，两者的差异主要表现在：

地理数据能够真实反映客观世界，而地图数据在形成过程中有可能改变原有的空间信息，导致部分地图数据不能真实映射实际的地理实体。例如，在制图综合过程中，为了避免一些地物的互相压盖，在编辑过程中必须位移相应的地理要素，这将改变原有制图对象的空间位置，使地理空间数据与地图数据产生一定的偏差。

地理数据将客观世界作为一个整体来看待，表达的是实体的"本质"，要求保证地理要素完整的地理意义。为了符合读者视觉的要求，地图数据无须考虑地理实体的完整性，它强调的是实体"形式"。在表达一个独立的地理要素时，地理数据一般采用一个目标表示，以保证其目标的完整性，而地图数据可能习惯性地采用多个目标表示，如道路通过居民地和桥梁时应断开。

地理数据可以没有分幅和比例尺的概念。地理数据中的要素应该是完整、不间断的，例如，对于一条道路，不会因为地图分幅的原因而被分割成几条记录。理论上，通过地理数据可以产生任意分幅的地图数据。虽然在实际应用中将地理数据划分为不同的比例尺进行管理，但从理论上讲，地理数据本身没有比例尺的含义。比例尺是人类认知局限性产生的结果，它含有人类模拟客观世界的主观因素。在可视表达实体时，每个实体的地图信息都对应于某一特定的比例尺，同种要素在不同比例尺下展现的细节不同。

两者表达属性信息的方式不同。地图数据强调的是"图形表现属性"，包括符号、线型、粗细、颜色、文字和大小等，所表达的属性内容有限。在地理数据中，可以用属性表的形式表示任何属性信息。属性信息描述了地理要素的属性特征，也称非几何信息，它说明了要素的名称、类型、等级和状态等信息。

地理数据不包含地图符号。地理数据是对地理世界的抽象表达，它考虑的重点是便于计算机识别和处理。地理数据可视化是为了满足人眼的视觉识别要求，计算机不需要在可视化的基础上进行空间分析，也很难根据这些可视化后产生的地图信息进行分析。因此，地图数据必须包含地理实体的符号信息才能完成制图显示。另外，要素的符号化将会改变要素的几何形态，如对于一个线状空间目标的位置坐标，在地理数据中表现为一串有序的几何特征点，而在地图数据中则可能表现为单线、双线、虚线等不同的形式。

两者的数据分层方式不同。为了便于计算机的识别、处理和查询，地理数据中通常以要素分类为依据对地理要素进行分层存储和管理，也称地理分层方式。由于地图数据考虑更多的是图形效果，它分层的主要依据是要素压盖关系、颜色压印等影响图形显示效果的因素，这种方式称为地图分层方式。

为了进行有效的空间分析，地理数据中还必须包含拓扑关系。依据拓扑关系提高地理数据的拓扑查询的效率，也是地理数据网络分析的基础。而地图数据并不包含拓扑关系。

地图数据和地理数据都是带有地理坐标的数据，是地理空间信息两种不同的表示方法，地图数据强调数据可视化，采用"图形表现属性"的方式，忽略了实体的空间关系，而地理信息数据主要通过属性数据描述地理实体的数量和质量特征。地图数据和地理信息数据所具有的共同特征就是地理空间坐标，统称为地理空间数据。与其他数据相比，地理空间数据具有特殊的数学基础、非结构化数据结构和动态变化的时间特征。

地理空间数据代表了现实世界地理实体或现象在信息世界的映射，是地理空间抽象的数字描述和离散表达。地理空间数据是描述地球表面一定范围（地理圈、地理空间）内地理事物（地理实体）的位置、形态、数量、质量、分布特征、相互关系和变化规律的数据，是地理空间物体的数字描述和离散表达。地理空间数据作为数据的一类，除了具有空间特征、属性特征和时间特征三个基本特征外，还具备抽样性、时序性、详细性与概括性、专题性与选择性、多态性、不确定性、可靠性与完备性等特点。这些特点构成了地理空间数据与其他数据的差别。

7.3.3 地理实体栅格表示

场模型在计算机中常用栅格（raster）数据结构表示。栅格数据结构把地理空间划分成均匀的网格。由于场值在空间上是自相关的（它们是连续的），所以每个栅格的值一般采用位于这个格子内所有场点的平均值表示。这样，就可以利用代表值的矩阵来表示场函数。基于场的地理实体栅格表示主要包括栅格坐标系的确定、栅格单元的尺寸（分辨率）、栅格代码（属性值）的确定、栅格数据的编码和栅格数据的操作方法五个方面。

1. 地理实体的栅格表达

基于栅格的空间模型把空间看作像元（pixel）的划分，每个像元都与分类或者标识所包含的现象的一个记录有关。像元与"栅格"两者都来自图像处理的内容，其中单个图像可以通过扫描每个栅格产生。栅格数据经常来自人工和卫星遥感扫描设备中，以及用于数字化文件的设备中。

用栅格格式描述的地理信息通常用点表示为一个像元，线表示为在一定方向上连接成串的相邻像元集合，面表示为聚集在一起的相邻像元集合。地图点状要素的几何位置可以用其定位点所在单一的像素坐标表示，线状要素可借助于其中心轴线上的像素来表示，这种中心轴线恰为一个像素组，即恰有一条途径可以从轴线上的一个像素到达相邻的另一个像素。因为表示像素相邻的方法有两种，即"4向邻域"和"8向邻域"，因而由一像素到另一像素的途径可以不同，所以对于同一线状要素，其中心线在栅格数据中，可得出不同的中心轴线。

面状要素可借助于其所覆盖的像素的集合来表示，如图 7.15 所示。

图 7.15　点、线和面的栅格表达

点：由一个单元网格表示，其数值与近邻网格值有明显差异。

线段：由一串有序的相互连接的单元网格表示，其上数值近似相等，且与邻域网格值差异较大。

区域：由聚集在一起的、相互连接的单元网格组成。区域内部的网格值相同或差异较小，而与邻域网格值差异较大。

2. 栅格数据结构表示

栅格数据是基于连续铺盖空间的离散化，即用二维覆盖或划分覆盖整个连续空间，地理表面被分割为相互邻接、规则排列的结构体，如正方形方块、矩形方块、等边三角形、正多边形等。在边数从 3 到 N 的规则铺盖（regular tessellations）中，方格、三角形和六角形是空间数据处理中最常用的。三角形是最基本的不可再分的单元，根据角度和边长的不同，可以取不同的形状，方格、三角形和六角形可完整地铺满一个平面（图 7.16）。

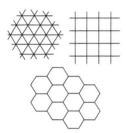

图 7.16　三角形、方格和六角形划分

在栅格数据中，常规为正方形网格（regular square grids）。把像元换成网格，则像元值对应地物或空间现象的属性信息。如果给定参照原点及 XY 轴的方向以及网格的生成规则，则可以方便地使网格位置与平面坐标对应起来，即每个网格都具有明确的平面坐标，用行列式方式直接表示各个网格属性值。

在栅格数据中，每个栅格只能赋予唯一的值，若某一栅格有多个不同的属性，则分别存储于不同层，分为不同的文件存储。文件中每个代码本身明确地代表了实体的属性或属性的编码。

3. 栅格坐标系确定

正方形网格数据结构实际就是像元阵列，每个像元行列确定它的位置。因为栅格结构是按一定的规则排列的，所以其所表示的实体位置很容易隐含在数据结构中，且行列坐标可以很容易地转换为其他坐标系下的坐标（图 7.17）。

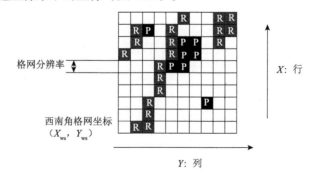

图 7.17　栅格数据坐标系

因为栅格编码具有区域性，所以原点（X_{ws}，Y_{ws}）的选择常有局部性质，但为了便于区域的拼接，栅格系统的起始坐标应与国家基本比例尺地形图公里网的交点相一致，并分别采用公里网的纵横坐标轴作为栅格系统的坐标轴。

表示具有空间分布特征的地理要素，不论采用什么编码系统、什么数据结构（矢、栅），都应在统一的坐标系统下，而坐标系的确定实质是坐标系原点和坐标轴的确定。

为了空间数据处理，栅格模型的一个重要特征就是每个栅格中的像元位置被预先确定，这样很容易进行重叠运算以比较不同图层中所存储的特征。由于像元位置是预先确定的，且是相同的，在一个具体应用的不同图层中，每个属性可以从逻辑或者算法上与其他图层中的像元的属性相结合以便产生相应的重叠中的一个属性值。其不同于基于图层的矢量模型之处在于图层中的面单元彼此是独立的，直接比较图层必须作进一步处理以识别重叠的属性。

4. 栅格单元代码的确定

因为像元具有固定的尺寸和位置，所以栅格趋向于表现在一个"栅格块"中的自然及人工现象。因此，分类之间的界线被迫采用沿着栅格像元的边界线。一个栅格图层中每个像元通常被分为一个单一的类型，这可能造成对现象分布的误解，其程度取决于所研究的相关像元的大小。如果像元针对特征而言是非常小的，栅格可以是一个用来表现自然现象的边界随机分布的特别有效的方式，该现象趋于逐渐地彼此结合，而不是简单地划分。如果每个像元限定为一个类，栅格模型就不能充分地表现一些自然现象的转换属性。除非抽样被降低到一个微观的水平，否则许多数据类事实上都是混合类。模糊的特征通过混合像元，在一个栅格内可以被有效地表达，其中，像元组成成分通过像元所有组成度量的或者预测的百分比来表示。尽管如此，也应该强调一个栅格的像元仅仅被赋予一个单一的值。

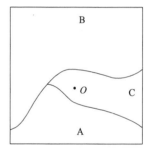

图 7.18 栅格单元代码的确定

在决定栅格代码时尽量保持地表的真实性，保证最大的信息容量。图 7.18 所示的一块矩形地表区域，内部含有 A、B、C 三种地物类型，O 点为中心点，将这个矩形区域近似地表示为栅格结构中的一个栅格单元时，可根据需要，采取如下的方式之一来决定栅格单元的代码。

（1）中心点法。用处于栅格中心处的地物类型或现象特性决定栅格代码，在图 7.18 所示的矩形区域中，中心点 O 落在代码为 C 的地物范围内，按中心点法的规则，该矩形区域相应的栅格单元代码为 C。中心点法常用于具有连续分布特性的地理要素，如降水量分布、人口密度图等。

（2）面积占优法。以占矩形区域面积最大的地物类型或现象特性决定栅格单元的代码，在图 7.18 所示的例子中，显然 B 类地物所占面积最大，故相应栅格代码定为 B。面积占优法常用于分类较细、地物类别斑块较小的情况。

（3）重要性法。根据栅格内不同地物的重要性，选取最重要的地物类型决定相应的栅格单元代码，假设图 7.18 中 A 类是最重要的地物类型，即 A 比 B 和 C 类更为重要，则栅格单元的代码应为 A。重要性法常用于具有特殊意义而面积较小的地理要素，特别是点、线状地理要素，如城镇、交通枢纽、交通线、河流水系等，在栅格代码中应尽量表示这些重要地物。

（4）百分比法。根据矩形区域内各地理要素所占面积的百分比数确定栅格单元的代码，如可记面积最大的两类 BA，也可以根据 B 类和 A 类所占面积百分比在代码中加入数字。

因为栅格数据可以表示不同的数据类型，如遥感图像、图形和各种数字模型等，所以栅格数据的获取途径也各不相同。目前，主要有矢量数字化法、扫描数字化法、分类影像输入和数值计算法等。由此可知，栅格格式和遥感图像及扫描输入数据的数据格式基本相同。在空间数据库中用这种数据结构来存储图像数据。因为栅格数据结构表达的数据是由一系列的网格按顺序有规律排列组成的，所以很容易用计算机处理和操作。

明显地，栅格数据结构具有以下优点：通过网格位置直接表征空间地理实体的位置、分布信息；而结合网格位置及属性值则可以直观表示地理实体之间的空间关系；多元数据叠合操作简单；不同数据源在几何位置上配准，将代表地理实体属性值的网格值按一定规则进行简单的加、减等处理，便可得到异源数据叠合的结果；容易实现各类空间分析（除网络分析）功能及数学建模表达，可以快速获取大量相关数据。但同时也有一些不便之处，如精度取决于原始网格（像元）的尺寸大小；处理结果的表达受分辨率限制；数据相关造成冗余，当表示不规则多边形时数据冗余度更大；在遥感影像中存在大量的背景信息；不同数据有各自固定的格式，处理时需要加以适当转换；建立网络连接关系比较困难；几乎不可能对单个地理实体进行处理；数学变化针对所有网格（像元）时，耗时较多。

针对上述栅格数据结构的优势及不便之处，许多学者在设计具体系统时采取扬长避短策略，并采用了多种不同的编码方法来表达原有空间数据。

5. 栅格数据编码方法

自从 1948 年 Oliver 提出 PCM 编码理论开始，迄今已有上百种，如 Huffman 码、Fano 码、Shannon 码、行程（游程）编码、Freeman 码、B 码等。总体而言，可分为两大类：信息保持编码；失真及限失真编码。

1）直接栅格编码

这是最简单最直观而又非常重要的一种栅格结构编码方法。直接编码就是将栅格数据看作一个数据矩阵，逐行或逐列逐个记录代码。其优点是编码简单、信息无压缩、无丢失，缺点是数据量大。通常称这种编码的图像文件为网格文件或栅格文件，栅格结构不论采用何种压缩编码方法，其逻辑原型都是直接编码网格文件。直接编码就是将栅格数据看作一个数据矩阵，逐行（或逐列）逐个记录代码，可以每行都从左到右逐个像元记录，也可以奇数行从左到右而偶数行从右到左记录，为了特定目的还可采用其他特殊的顺序（图 7.19）。

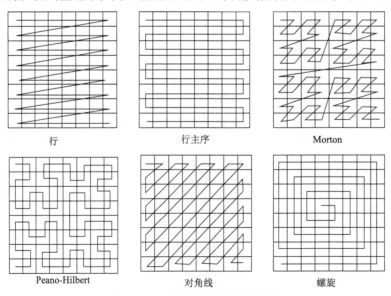

图 7.19　一些常用的栅格排列顺序

2）压缩编码方法

栅格数据压缩编码是指在满足一定的数据质量的前提下，用尽可能少的数据量来表示原栅格信息。其主要目的是消除数据间冗余，用不相关的数据来表示栅格图像。目前有一系列栅格数据压缩编码方法，如链码、游程长度编码、块码和四叉树编码等。其目的就是用尽可能少的数据量记录尽可能多的信息，其类型又有信息无损编码和信息有损编码之分。信息无损编码是指编码过程中没有任何信息损失，通过解码操作可以完全恢复原来的信息；信息有损编码是指为了提高编码效率，最大限度地压缩数据，在压缩过程中损失一部分相对不太重要的信息，解码时这部分难以恢复。GIS 多采用信息无损编码，而对原始遥感影像进行压缩编码时，有时也采取有损压缩编码方法。

（1）链码（chain codes）。又称 Freeman 编码或边界编码，主要记录线状地物或面状地物的边界。它把线状地物或面状地物的边界表示为：由某一起始点开始并按某些基本方向确定的单位矢量链。前两个数字表示起点的行列号，从第三个数字开始的每个数字表示单位矢量的方向，如图 7.20 所示。

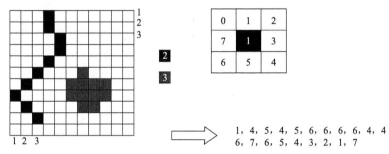

图 7.20　栅格数据链码编码方法

优点：很强的数据压缩能力，并具有一定的运算功能，如面积、周长等的计算，类似于矢量数据结构，比较适合于存储图形数据。

缺点：叠置运算，如组合、相交等很难实施，对局部的改动涉及整体结构，而且相邻区域的边界重复存储。

（2）游程长度编码（run-length codes）。游程长度编码是栅格数据压缩的重要编码方法，游程是指连续的具有相等属性值（灰度级）网格的数量。游程编码的基本思想是：合并具有相同属性值的邻接网格，记录网格属性值的同时记录等值相邻网格的重复个数。其方法有两种方案：一种是只在各行（或列）数据的代码发生变化时依次记录该代码以及相同的代码重复的个数，从而实现数据的压缩。另一种是逐个记录各行（或列）代码发生变化的位置和相应代码。对于一个栅格图形，常常有行（列）方向上相邻的若干栅格单元具有相同的属性代码，因而可采取某种方法压缩那些重复的内容。

若顾及邻域单元格网，把栅格数据整体当成一行向量（或列向量），将这一行向量映射成各个属性值与相应游程的二元组序列（属性值、游程），并将映射结果加以记录，则得到此栅格数据的游程编码。图 7.21 表示的是栅格数据的游程长度编码。

游程编码压缩数据量的程度主要取决于栅格数据的性质。属性的变化越少，行程越长，压缩比例越大，即压缩比的大小与图的复杂程度成反比。对图像而言，若图像灰度级层次少，相等灰度级的连续像元数多（如洪水图、广大的水域等），则图像数据的压缩效果明显，所以这种方法特别适用于二值图像的编码处理。

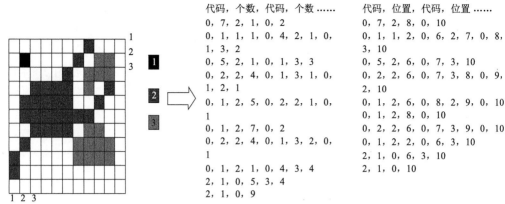

图7.21 栅格数据的游程长度编码

游程编码压缩效率高（保证原始信息不丢失），易于检索、叠加、合并操作。缺点是只顾及单行单列，没有考虑周围的其他方向的代码值是否相同，压缩受到一定限制。

游程编码针对所有网格处理，它是一种信息熵保持编码方法，通过解码，可以完全恢复原始栅格模式。实际应用中，除着重考虑数据的压缩效果外，还应顾及实际可行性及方便性，常需与其他编码方法结合使用。

（3）块状编码。块码是游程长度编码扩展到二维的情况，采用方形区域作为记录单元，每个记录单元包括相邻的若干栅格，数据结构由初始位置（行、列号）和半径，再加上记录单位的代码组成。对图7.22（a）所示图像的块码编码如下：

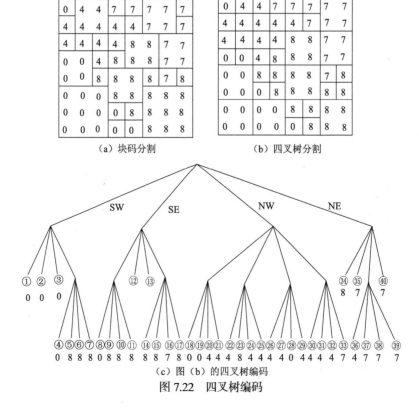

图7.22 四叉树编码

(1,1,1,0), (1,2,2,4), (1,4,1,7), (1,5,1,7),
(1,6,2,7), (1,8,1,7), (2,1,1,4), (2,4,1,4),
(2,5,1,4), (2,8,1,4), (3,1,1,4), (3,2,1,4),
(3,3,1,4), (3,4,1,4), (3,5,2,8), (3,7,2,7),
(4,1,2,0), (4,3,1,4), (4,4,1,8), (5,3,1,8),
(5,4,2,8), (5,6,1,8), (5,7,1,7), (5,8,1,8),
(6,1,3,0), (6,6,3,8), (7,4,1,0), (7,5,1,8),
(8,4,1,0), (8,5,1,0)。

该例中块码用了 120 个整数，比直接编码还多，这是因为为描述方便，栅格划分很粗糙。在实际应用中，栅格划分细，数据冗余多，才能显出压缩编码的效果。还可以做一些技术处理，如行号可以通过行间标记而省去记录，行号和半径等也不必用双字节整数来记录，可进一步减少数据冗余。

块码具有可变的分辨率，即当代码变化小时图块大，就是说在区域图斑内部分辨率低；反之，分辨率高以小块记录区域边界地段，以此达到压缩的目的。因此，块码与游程长度编码相似，随着图形复杂程度的提高而降低效率，就是说图斑越大，压缩比越高；图斑越碎，压缩比越低。块码在合并、插入、检查延伸性、计算面积等操作时有明显的优越性。然而在某些操作时，则必须把游程长度编码和块码解码转换为基本栅格结构进行。

3）四叉树编码

四叉树又称四元树或四分树，是最有效的栅格数据压缩编码方法之一，绝大部分图形操作和运算都可以直接在四叉树结构上实现，因此，四叉树编码既压缩了数据量，又可大大提高图形操作的效率。四叉树将整个图像区逐步分解为一系列单一类型区域的方形区域，最小的方形区域为一个栅格像元，分割的原则是，将图像区域划分为四个大小相同的象限，而每个象限又可根据一定规则判断是否继续等分为次一层的四个象限，其终止依据是，不管是哪一层上的象限，只要划分到仅代表一种地物或符合既定要求的少数几种地物时，则不再继续划分，否则一直划分到单个栅格像元为止。四叉树通过树状结构记录这种划分，并通过这种四叉树状结构实现查询、修改、量算等操作。图 7.22（b）为图 7.22（a）的四叉树分解，各子象限尺度大小不完全一样，但都是同代码栅格单元，其四叉树如图 7.22（c）所示。

7.3.4 栅格与矢量结构比较

栅格结构与矢量结构似乎是两种截然不同的空间数据结构，栅格数据结构具有"属性明显、位置隐含"的特点，它易于实现，操作简单，有利于栅格的空间信息模型的分析，但栅格数据表达精度不高，数据存储量大，工作效率低。因此，基于栅格结构的应用来说，需要根据应用项目的自身特点及其精度要求来恰当地平衡栅格数据结构的表达精度和工作效率两者之间的关系。矢量数据结构具有"位置明显、属性隐含"的特点，它操作起来比较复杂，许多分析操作（如叠置分析）用矢量数据结构难以实现；但它的数据表达精度高，数据存储量小，工作效率高。无论哪种结构，数据精度和数据量都是一对矛盾，要提高精度，栅格结构需要更多的栅格单元，而矢量结构则需记录更多的线段结点。一般来说，栅格结构只是矢量结构在某种程度上的一种近似，如果要使栅格结构描述的图件取得与矢量结构同样的精度，甚至仅仅在量值上接近，则数据也要比后者大得多。

1. 在数据结构方面

矢量方法是面向实体的表示方法，以具体的空间物体为独立描述对象，因此，物体越复杂，描述越困难，数据量也随之增大，如线状要素越弯曲，抽样点必须越密；栅格方法是面向空间的表示方法，将地理空间作为整体进行描述，具体空间物体的复杂程度不影响数据量的大小，也不增加描述上的困难。一般来说，栅格方法导致更大的数据量。

栅格结构在某些操作上比矢量结构更有效、更易于实现，如按空间坐标位置的搜索，对于栅格结构是极为方便的，尤其是作为斑块图件的表示更易于被人们接受；而矢量数据操作则比较复杂，许多分析操作（如两张地图的覆盖操作、点或线状地物的邻域搜索等）用矢量结构实现十分困难，矢量结构表达线状地物是比较直观的，而面状地物则是通过对边界的描述而表达的。

对于矢量结构，搜索时间要长得多；在给定区域内的统计指标运算，包括计算多边形形状、面积、线密度、点密度，栅格结构可以很快算得结果，而采用矢量结构则由于所在区域边界限制条件难以提取而降低效率，对于给定范围的开窗、缩放，栅格结构也比矢量结构优越。另外，矢量结构用于对拓扑关系的搜索则更为高效，如计算多边形形状时搜索邻域的实体；对于网络信息只有矢量结构才能完全描述；矢量结构在计算精度与数据量方面的优势也是矢量结构比栅格结构受欢迎的原因之一。

矢量数据结构表示的地理空间数据明显具有如下优势：

（1）较高的空间分辨率。当地理实体的几何数据由外业测量获得时，则对应于实际测量结果的精度；当由跟踪数字化地图获得时，则具有与原图相近的精度。

（2）结构严谨，数据量小。特别对线状或面域目标进行描述时，只记录组成目标的特征点，从而省略了大量的中间过渡连接点。

（3）网络分析。可以显式或隐式地获得地理实体之间的拓扑关系，便于进行网络分析。

其不足主要表现在：多边形叠置和空间均值处理等操作实现起来比较困难。

栅格结构除了可使大量的空间分析模型得以容易实现之外，还具有以下两个特点：①容易与遥感相结合。遥感影像是以像元为单位的栅格结构，可以直接将原始数据或经过处理的影像数据纳入栅格结构的地理信息系统。②易于信息共享。目前还没有一种公认的矢量结构空间数据记录格式，而不经压缩编码的栅格格式即整数型数据库阵列则易于为大多数程序设计人员和用户理解及使用，因此，以栅格数据为基础进行信息共享的数据交流较为实用。

许多实践证明，栅格结构和矢量结构在表示空间数据上可以是同样有效的，较为理想的方案是采用两种数据结构，即栅格结构与矢量结构并存，对于提高地理信息系统的空间分辨率、数据压缩率和增强系统分析、输入输出的灵活性十分重要。

2. 在空间关系表达方面

矢量方法显式地描述空间物体之间的关系，关系一旦被描述，运用起来就相当方便，如网络分析在矢量方法表示的数据上，只要记录了线段之间的连接关系，就比较容易处理了。但是，空间物体之间的关系极为复杂，要完备地描述几乎是不可能的，描述空间物体之间的关系，使得矢量方法下的数据结构极为复杂；栅格方法是对投影空间的直接量化，隐式描述空间物体之间的关系，这种隐式描述既可以认为是"零"描述，即没有记录物体间的关系，又可以认为是"全"描述，即空间物体的一切关系都照实复写了。绝大多数情况下，栅格数据结构要比矢量数据结构简单得多。

3. 在数据分析方面

因为矢量方法是以具体空间物体为基本描述对象的，所以，一切基于物体的分析就比较容易，如根据物体的属性分类排序，检索查询。栅格方法是对空间的整体描述，所以基于空间位置的分析则相对容易些，如给定空间位置（范围），用栅格方法可以非常容易地计算（检索）出相应的空间物体及其属性值，但在矢量方式下，这一定位检索是相当耗时的，算法当然也相当复杂。鉴于矢量方法是面向物体的描述，一般地说物体间关系尤其是几何关系的分析比较困难，如计算两个多边形的交，在矢量方式下远比在栅格方式下困难。相反，对物体自身属性的分析，如曲线长度、多边形面积、曲率，矢量方法更为方便。就大多数情况而言，栅格数据分析的结果以图形（像）方式表示既直接又方便。

7.3.5 地理实体三维描述

现实世界中所遇到的现象和问题从本质上说是三维连续分布的。地质、地球物理、气象、水文、采矿、地下水、灾害、污染等方面的自然现象是三维的，当这些领域的科学家试图以二维系统来描述它们时，就不能够精确地反映、分析或显示有关信息。地理三维实体可分为地形与地物。

1. 地形三维数字表达

数字地形模拟是针对地形表面的一种数字化建模过程，这种建模的结果通常就是一个数字高程模型（digital elevation model，DEM）。DEM 是用规则的小面块集合来逼近不规则分布的地形曲面。DEM 的理论基础是采样理论、数学建模、数值内插与地形分析。它吸取了统计学、应用数学、几何学及地形学的一些理论而形成了一个自成一体的科学分支。数值逼近、计算几何、图论和数学形态学等数学分支的有关理论和方法则奠定了数字高程模型的数学基础。数学模型一般是基于数字系统的定量模型，地形是复杂的，一个数学模型很难准确描述大范围的地形变化。地理学也对 DEM 的发展有极大的推进作用，基于 DEM 进行各种地学分析，如地形因子的提取、可视度分析、汇水面积的分析、地貌特性分析等。

DEM 数据结构主要有五种不同的形式：离散点、不规则三角网（triangulated irregular network，TIN）结构、断面线、规则格网（grid）和 Grid 与 TIN 的混合结构。

1）离散点

数字高程模型是将连续地球表面形态离散成在某一个区域 D 上的以 X_i、Y_i、Z_i 三维坐标形式存储的高程点 Z_i（$(X_i, Y_i) \in D$）的集合。其中，$(X_i, Y_i) \in D$ 是平面坐标；Z_i 是 (X_i, Y_i) 对应的高程。离散点数字高程模型往往是通过测量直接获取地球表面的原始或没有被整理过的数据，采样点往往是非规则离散分布的地形特征点。特征点之间相互独立，彼此没有任何联系。因此，(X_i, Y_i) 坐标值往往存储其绝对坐标，它是数字高程模型中最简单的数据组织形式。地球表面上任意一点 (X_i, Y_i) 的高程 Z 是通过其周围点的高程进行插值计算求得的。在这种情况下，离散点 DEM 在计算机中仅仅存放浮点格式的 $\{(X_1, Y_1, Z_1), (X_2, Y_2, Z_2), \cdots, (X_i, Y_i, Z_i), \cdots, (X_n, Y_n, Z_n)\}n$ 个三维坐标。

2）不规则三角网

对于非规则离散分布的特征点数据，可以建立各种非规则的采样，如三角网、四边形网或其他多边形网，但其中最简单的还是三角网。最常用的表面构模技术是基于实际采样点构造 TIN。TIN 方法将无重复点的散乱数据点集按某种规则（如 Delaunay 规则）进行三角剖分，使这些散乱点形成连续但不重叠的不规则三角面片网,并以此来描述三维物体的表面。TIN 是按一定的规则将离散点连接成覆盖整个区域且互不重叠、结构最佳的三角形,实际上是建立离散点之间的空间关系。数字高程由连续的三角面组成,三角面的形状和大小取决于不规则分布的测点的密度和位置,这样既能够避免地形平坦时的数据冗余,又能按地形特征点表示数字高程特征。TIN 常用来拟合连续分布现象的覆盖表面。

(1) 直接表示网点邻接关系。这种数据结构由离散点号(可以显示和隐示表示)、坐标与其他离散点邻近关系指针链构成。离散点邻接的指针链是用每个点的所有邻接点的编号按顺时针(或逆时针)方向顺序存储构成的(图 7.23)。这种数据结构的最大特点是存储量小,编辑方便。但是,三角形及邻近关系都需要实时生成,且计算量较大,不便于 TIN 的快速检索与显示。

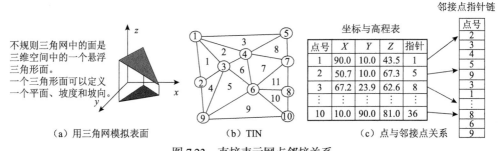

图 7.23 直接表示网点邻接关系

(2) 直接表示三角形及邻接关系。这种数据结构由离散点三维坐标、三角形及邻接三角形等三个表构成(离散点号和三角形号可以显性和隐性表示),每个三角形都作为数据记录直接存储,并用指向三个离散点的编号定义。三角形中三边相邻接的三角形都作为数据记录直接存储,并用指向相应三角形的编号来表示。这种数据结构的最大特点是检索网点拓扑关系效率高,便于等高线快速插绘、TIN 快速显示与局部结构分析。其不足之处是需要的存储量较大,且编辑也不方便(图 7.24)。

点号	X	Y	Z	△号	P_1	P_2	P_3	△号	△1	△2	△3
1	90.0	10.0	43.5	1	1	2	3	1	2	4	
2	50.7	10.0	67.3	2	3	2	4	2	1	3	6
3	67.2	23.9	62.6	3	1	4	5	3	2	8	
⋮	⋮	⋮	⋮	⋮	⋮	⋮	⋮	⋮	⋮	⋮	⋮
10	10.0	90.0	81.0	11	6	7	8	10	9	11	

(a) 离散点三维坐标　　　(b) 三角形表　　　(c) 邻接三角形表

图 7.24 直接表示三角形及邻接关系

3) 断面线

断面线采样是对地球表面进行断面扫描,断面间通常按等距离方式采样,断面线上按不等距离方式或等时间方式记录断面线上点的坐标。断面线数字高程模型往往是利用解析测图仪、附有自动记录装置的立体测图仪和激光测距仪等航测仪器或从地形图上所获取的地球表面的原始数据来建立。

断面线数字高程模型的基本信息应包括 DEM 起始点(一般为左下角)坐标 X_o、Y_o,断面线 DEM 在 X 方向或 Y 方向的断面间隔 D_x 或 D_y,以及断面线上记录的坐标个数 N_x 或 N_y,断面线上记录的坐标串 Z_1、X_1、Z_2、X_2、⋯、ZN_x、XN_x 或 Z_1、Y_1、Z_2、Y_2、⋯、ZN_y、YN_y 等。

断面线在 X 方向的平面坐标 Y_i 为

$$Y_i = Y_o + i \cdot D_y (i = 0, 1, \cdots, N_y - 1)$$

在 Y 方向的平面坐标 X_i 为

$$X_i = X_o + i \cdot D_y (i = 0, 1, \cdots, N_x - 1)$$

4）规则网格

规则网格通常是正方形，也可以是矩形、三角形等。规则网格将区域空间切分为规则的格网单元，每个格网单元对应一个数值。数学上可以表示为一个矩阵，在计算机实现中则是一个二维数组。每个格网单元或数组的一个元素，对应一个高程值。对于每个格网的数值有两种不同的解释：第一种是格网栅格观点，认为该格网单元的数值是其中所有点的高程值，即格网单元对应的地面面积内高程是均一的高度，这种模型是一个不连续的函数。第二种是点栅格观点，认为该网格单元的数值是网格中心点的高程或该网格单元的平均高程值，这样就需要用一种插值方法来计算每个点的高程。

规则格网模型与断面线模型不同的是，断面线模型在 X 方向上和在 Y 方向上按等距离方式记录断面上点的坐标，规则格网模型是利用一系列在 X、Y 方向上都是等间隔排列的地形点的高程 Z 表示地形，形成一个矩阵格网 DEM。矩阵格网 DEM 可以由直接获取的原始数据派生，也可以由其他数字高程模型数据产生。其任意一点 P_{ij} 的平面坐标可根据该点在 DEM 中的行列号 i, j 及存放在该 DEM 文件头部的基本信息推算出来。这些基本信息应包括 DEM 起始点（一般为左下角）坐标 X_o、Y_o，DEM 格网在 X 方向与 Y 方向的间隔 D_x、D_y 及 DEM 的行列数 N_x、N_y 等。点 P_{ij} 的平面坐标 (X_i, Y_i) 为

$$Y_i = Y_o + i \cdot D_y (i = 0, 1, \cdots, N_y - 1)$$

$$X_j = X_o + j \cdot D_x (j = 0, 1, \cdots, N_x - 1)$$

在这种情况下，除了基本信息外，模型成一组规则存放的高程值。由于矩阵格网模型量最小（还可以进行压缩存储），非常便于使用且容易管理，因而是目前运用最广泛的一种数据结构形式。但其缺点是不能准确地表示地形的结构，在格网大小一定的情况下，无法表示地形的细部。

一个 Grid 数据一般包括三个逻辑部分：①元数据，描述 DEM 一般特征的数据，如名称、边界、测量单位、投影参数等；②数据头，定义 DEM 起点坐标、坐标类型、格网间隔、行列数据等；③数据体，沿行列分布的高程数据阵列。

Grid 数据结构为典型的栅格数据结构，非常适于直接采用栅格矩阵进行存储，采用栅格矩阵不仅结构简单，占用存储空间少，还可以借助于其他简单的栅格数据处理方法进行进一步的数据压缩处理。常用的栅格编码方法包括：行程编码、四叉树方法和霍夫曼编码法。

2. 地物三维数字表达

地物三维模型是地表景观的三维表达，是地物几何、纹理和属性信息的综合集成。地物三维模型构建过程中，着重于道路、水系和建（构）筑物等的构造，其中最重要的是建（构）筑物的构建。地物实体几何模型是根据建筑物的位置、顶面形状（或底面形状）以及高度信

息构建的。地物实体几何信息主要来源是大比例尺地形图、建筑物楼层（楼高）数据、航空摄影（包括倾斜摄影）、LiDAR 在空中和地面扫描获取地物实体的点云数据。纹理数据有虚拟纹理和实景拍摄两种方法。三维实体模型在计算机内部存储的信息不是简单的边线或顶点的信息，而是比较完整地记录了生成物体的各个方面信息的数据。

三维实体模型是在计算机内部以实体的形式描述现实世界的实体。它具有完整性、清晰性和准确性。它不仅定义了形体的表面，还定义了形体的内部形状，使形体的实体物质特性得到了正确的描述。从理论上讲，对于任意的三维物体，只要它满足一定的条件，总可以找到一个合适的平面多面体来近似地表示这个三维物体，且使误差保持在一定的范围内。一般来讲，如果要表示某个三维物体，首先要从这个物体表面 S 上测得的一组点 $P_1, P_2, \cdots, P_N$ 的坐标。其次，就是要为这些点建立起某种关系，这种关系有时被称为这些点代表的物体的结构。通常这种近似（或称逼近）有两种形式：一种是以确定的平面多面体的表面作为原三维物体的表面 S 的逼近；另一种则是给出一系列的形体（体元，voxels）。这些体元的集合就是对原三维物体的逼近。前者着眼于物体的边界表示（类似于三维曲面的表示），而后一类着眼于三维物体的分解，就像一个三维物体可以用体元来表示一样，如图 7.25 所示。

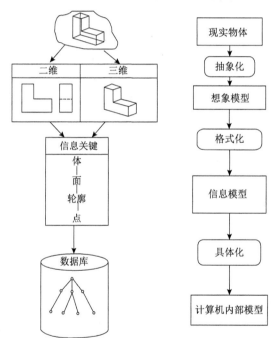

图 7.25 三维物体的信息

过去 10 多年，人们研究提出了 20 多种空间构模方法。与二维一样三维模型表示可分为面向对象和面向场两种方式。

1）面向对象三维模型表示

若不区分准 3D 和真 3D，则可以将现有面向对象空间构模方法归纳为基于面模型（facial model）、基于体模型（volumetric model）和基于混合模型（mixed model）的三大类构模体系。

（1）基于面模型。在形形色色的三维物体中，平面多面体在表示与处理上均比较简单，而且又可以用它来逼近其他各种物体。平面多面体的每一个表面都可以看成是一个平面多边形。为了有效地表示它们，总要指定它的顶点位置以及由哪些点构成边，哪些边围成一个面这样一些几何与拓扑的信息。这种通过指定顶点位置、构成边的顶点以及构成面的边来表示三维物体的方法称为三维边界表示法。

边界表示法（boundary representation，BRep）是一种以物体的边界表面为基础，定义和描述几何形体的方法。它能给出物体完整、显示的边界的描述（图 7.26）。

一个形体可以通过包容它的面来表示，而每一个面又可以用构成此面的边描述，边通过点，点通过三个坐标值来定义。这种方法的理论是：物体的边界是有限个单元面的并集，而每一个单元面都必须是有界的。边界描述法必须具备如下条件：封闭、有向、不自交、有限、互相连接、能区分实体边界内外和边界上的点。边界表示法其实就是将物体拆成各种有边界的面来表示，并使它们按拓扑结构的信息来连接。计算机内部存储了这种网状的数据结构。

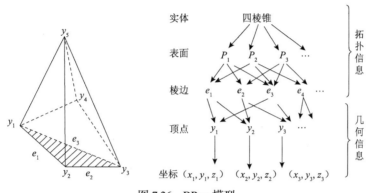

图 7.26　BRep 模型

BRep 中必须表达的信息分为两类：一类是几何信息，描述形体的大小、位置、形状等基本信息，如顶点坐标、边和面的数学表达式等。另一类是拓扑信息。拓扑信息描述形体上的顶点、边、面的连接关系。拓扑信息形成物体边界表示的"骨架"，形体的几何信息犹如附着在"骨架"上的"肌肉"。在 BRep 中，拓扑信息是指用来说明体、面、边及顶点之间连接关系的这一类信息，如面与哪些面相邻；面由哪些边组成等。描述形体拓扑信息的根本目的是便于直接对构成形体的各面、边及顶点的参数和属性进行存取和查询，便于实现以面、边、点为基础的各种几何运算和操作。

实体的边界将该实体分为实体内点集和实体外点集，是实体与环境之间的分界面。确立了实体的边界，实体就被唯一定义。实体的边界通常是由面的并集来表示的，面可以是一组曲面（或平面），而每个面又由它的数学定义加上其边界来表示，面的边界是环边的并集，而边又是由点来表示的。点用三维坐标表示，是最基本的元素，边是形体相邻面的交界，可为空间直线或曲线。环是由有序、有向的边组成的封闭边界。环有内、外环之分，外环最大且只有一个；内环的方向和外环相反，外环边通常按逆时针方向排序，内环边通常按顺时针方向排序。

面是一个单连通区域，可以是平面或曲面，由一个外环和若干个内环组成。根据环的定义，在面上沿环的方向前进，左侧总在面内，右侧总在面外。面的方向用垂直于面的法线矢量表示，法线矢量向外为正向面。实体是由若干个面组成的闭包，实体的边界是有限个面的集合。

BRep 表示法的优点：①表示形体的点、线、面等几何元素是显性表示，使得形体的显示很快并且很容易确定几何元素之间的连接关系；②可对 BRep 法的形体进行多种局部操作；③便于在数据结构上附加各种非几何信息，如精度、表面粗糙度等；④BRep 表示覆盖域大，原则上能表示所有的形体。

BRep 表示法的缺点：①数据结构复杂，需要大量存储空间，维护内部数据结构及一致性的程序较复杂；②对形体的修改操作较难实现；③BRep 表示不一定对应一个有效形体。

（2）基于体模型。基于体表示的模型是用体元信息代替表面信息来描述对象的内部，是基于三维空间的体元分割和真三维实体表达，侧重于三维空间实体的边界与内部的整体表示，如地层、矿体、水体、建筑物等。

构造实体几何模型（construction solid geometry，CSG）是以简单几何体素构造复杂实体的造型方法，也称几何体素构造法。CSG 的基本思想是：一个复杂物体可以由比较简单的一些形体（体素），经过布尔运算后得到，它是以集合论为基础的。在构造实体几何中，建模人员可以使用逻辑运算符将不同物体组合成复杂的曲面或者物体。通常 CSG 都是表示看起来非常复杂的模型或者曲面，但是它们通常都是由非常简单的物体组合形成的。

最简单的实体表示称为体元，通常是形状简单的物体，如立方体、圆柱体、棱柱、棱锥、球体、圆锥等。在物体被分解为单元后，又通过拼合运算（并集）使之结合为一体。CSG 可进行既能增加体素，又能移去体素的布尔运算。一般造型系统都为用户提供了基本体素，它们的尺寸、形状、位置都可由用户输入少量的参数值来确定，因此非常便捷。首先是定义有界体素（集合本身），然后将这些体素进行交、并、差运算。CSG 可以看成是将物体概括分解成单元的结果。在建模软件包中，如立方体、球体、环体以及其他基本几何体都可以用数学公式来表述，它们统称为体元。通常这些物体用可以输入参数的程序来描述，如球体可以用球心坐标及半径来表示。这些体元都可以经下面的操作组合成复杂的物体：①将两个物体组合成一个；②从一个物体中减去另一个；③两个物体共有的部分。因为可以用相对简单的物体来生成非常复杂的几何形状，所以构造实体几何得到了广泛的应用。如果构造实体几何是程序化的或者参数化的，那么用户可以通过修改物体的位置或者逻辑运算对复杂物体进行修改。

CSG 表示法是先定义体素，然后通过布尔运算将它们拼合成所需要的几何体。拼合过程中的几何体都可视为半成品，其自身信息简单，处理方便，并详细记录了构成几何体的原始特征和全部定义参数，甚至可以附加几何体的体素的各种属性。CSG 表示的几何体具有唯一性和明确性。然而，一个几何体的 CSG 表示方式却是多样的，可用几种不同的 CSG 树表示。就像一个半球体，既可以看作是一个球减去一半，也可以看作是两个相同的 1/4 个球拼合而成。

CSG 中物体形状的定义以集合论为基础，先定义集合本身，其次是集合之间运算。最简单的实体表示称为体元，通常是形状简单的物体，如立方体、圆柱体、棱柱、棱锥、球体、圆锥等。根据每个软件包的不同这些体元也有所不同，在一些软件包中可以使用弯曲的物体进行 CSG 处理，在另外一些软件包中则不支持这些功能。

构造物体就是将体元根据集合论的布尔逻辑组合在一起，这些运算包括并集、交集以及补集（图 7.27）。

(a) 并集　　(b) 交集　　(c) 补集

图 7.27　CSG 布尔逻辑组合

CSG 是通过基本体素及它们的集合运算进行表示的，也称体素拼合法。CSG 主要存储物体的生成过程，所以也称为过程模型。在计算机内部，形体的 CSG 用一棵有序的二叉树记录一个实体的所有组合基本体素以及正则集合运算和几何变换过程。其中，树的叶结点是基本体素或刚体运动的变换参数，中间结点是正则的集合算子或是刚体的几何变换，树的根结点则表示得到的实体。

（3）基于混合模型。CSG 与 BRep 的混合表示法建立在边界表示法与构造实体几何法的基础之上，在同一系统中，将两者结合起来，共同表示实体。混合表示法以 CSG 法为系统外部模型，以 BRep 法为内部模型，CSG 法适于做用户接口，方便用户输入数据、定义体素及确定集合运算类型，而在计算机内部转化为 BRep 的数据模型，以便存储物体更详细的信息。

混合模式由两种不同的数据结构组成，以便互相补充或应用于不同的目的，即在原来 CSG 树的结点上再扩充一级边界表示法数据结构，以便达到实现快速显示图形的目的。因此，混合模式可理解为是在 CSG 系统基础上的一种逻辑扩展。起主导作用的是 CSG 结构，结合 BRep 的优点可以完整地表达物体的几何、拓扑信息，便于构造产品模型，使造型技术大大前进了一步。

用 CSG 作为高层次抽象的数据模型，用 BRep 作为低层次的具体表示形式。CSG 树的叶子结点除了存放传统的体素的参数定义，还存放该体素的 BRep 表示。CSG 树的中间结点表示它的各子树的运算结果。用这样的混合模型对用户来说十分直观明了，可以直接支持基于特征的参数化造型功能，而对于形体加工，分析所需要的边界、交线、表面不仅可显式表示，且能够由低层的 BRep 直接提供。

2）基于场地物三维模型表示

基于场表示的模型通过体信息来描述对象的内部，而不是通过表面信息来描述。运用这样的表示，对象的体信息能够被表示、分析和观察。基于场表示的模型是用体元信息代替表面信息来描述对象的内部，是基于三维空间的体元分割和真三维实体表达，侧重于三维空间实体的边界与内部的整体表示，如地层、矿体、水体、建筑物等，体元的属性可以独立描述和存储，因而可以进行三维空间操作和分析。体元模型可以按体元的面数分为四面体、六面体、棱柱体和多面体共 4 种类型，也可以根据体元的规整性分为规则体元和非规则体元两个大类。实际应用中，规则体元通常用于水体、污染和磁场等面向场物质的连续空间问题构模，而非规则体元均是具有采样约束的、基于地质地层界面和地质构造的面向实体的三维模型。这类数据模型包括三维栅格结构、八叉树、结构实体几何法和不规则四面体结构。

（1）四面体格网（tetrahedral network，TEN）。四面体格网是将目标空间用紧密排列但不重叠的不规则四面体形成的格网来表示，四面体的集合（又称为四面体格网）就是对原三维物体的逼近。其实质是二维 TIN 结构在三维空间上的扩展。在概念上首先将二维 Voronoi 格网扩展到三维，形成三维 Voronoi 多面体，然后将 TIN 结构扩展到三维形成四面体格网。用四面体格网表示三维空间物体见图 7.28。

（2）体元模型。地理数据的一些类型，并不总是由边界表示的，因为数据值可能与一个属性相关，而该属性随着位置的变化而变化，而且并不是清楚地知道边界。这类数据的一个比较合适的模型就是体元模型。二维的栅格表示被扩展到三维产生了体元模型，其中像元是由长方形，典型是立方体、立体元素所组成的。该模型很好地表现了渐进的、特殊的位置变化，并适于产生这种变化的剖面图。

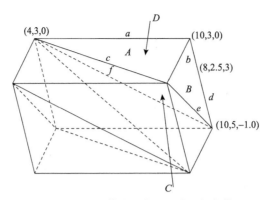

图 7.28 四面体格网表示三维空间物体

7.3.6 地理数据基本特性

地理空间数据代表了现实世界地理实体或现象某一时刻在信息世界的静态映射，是地理空间抽象的数字描述和连续现象的离散表达，也是描述地球表面一定范围（地理圈、地理空间）内地理事物（地理实体）的位置、形态、数量、质量、分布特征、相互关系和变化规律的近似模型。地理空间数据作为数据的一类具有数据的一般特性外，还具有空间性、时序性、尺度多态性、不确定性等基本特征，以及抽样性、详细性与概括性、专题性与选择性、可靠性与完备性等特点。这些特点构成了地理空间数据与其他数据的差别。

1. 概括性

地理空间认知与概括是地理信息传输过程中两个不同层次的信息处理子过程。地理空间认知偏重于心理感知和分析，认知者既感知图上明显的信息，也挖掘潜在的信息，不仅仅要探测、识别或区分信息，更要主动地解译信息，形成对客观世界的整体认识。从地图学者在编制地图时的地理认知，到用图者在读图时的地理认知，这个过程反映了人们对地理客体的认识由浅入深的特点。因为从原始制图资料到地图再到新地图的地理信息传输过程，正是人们对地理事物的认知深度的螺旋式上升过程。制图概括则在地理认知的基础上对上述信息进行抽象和概括，形成对应于特定的制图目的，适合于在一定比例尺下显示的地理要素的分类、分级和空间图形格局。因此，地理认知是制图概括的主客观依据，而制图概括则是在认知过程中对地理客体的科学抽象和概括。

地理空间数据只有恰当地表达地理对象，才具有最优化的可读性，而按应用要求进行表达，就必然要使用概括手段。概括是空间数据处理的一种手段，是对地理物体的化简和综合以及对物体的取舍。空间物体的概括性区别于前面所述的数据的详细性。空间数据的空间详细性反映人为规定的系统的数据分辨力，也就是可描述最细微差异的程度以及最细小物体的大小。详细性的对偶是概括性。地理物体的概括性指对物体形态的化简综合以及对物体的取舍。在地理空间数据中，由于主题不同，人们可能会舍去较为次要的地物，尽管这些地物如果用空间详细性来衡量是应该描述和记录的，或者人们对一些地物的形态在抽样的基础上进行进一步化简，这种化简并不是比例尺的限制使然，而是地理数据应用环境和任务的要求。

（1）空间概括性：根据地理空间数据比例尺或图像分辨率对数据内容按照一定的规律和法则，通过删除、夸大、合并、分割和位移等综合手法实现对图形的化简，用以反映地理空间对象的基本特征和典型特点及其内在联系的过程。

（2）时间概括性：统计的周期、时间间隔的大小。

（3）质量概括性：是以扩大数量指标的间隔（或减少分类分级）和减小地理对象中的质量差异来体现的。在地理空间数据表达选择主题时和在分类指标体系的概括时，数据内容简略表示或直接舍去与表达主题无关的地物。

（4）数量概括性：指计量的单位、分级情况、使用的量。

2. 抽样性

空间物体以连续的模拟方式存在于地理空间，为了能以数字的方式对其进行描述，必须将其离散化，即以有限的抽样数据表述无限的连续物体。

1）矢量地理空间数据的抽样性

矢量地理空间数据将地理现象作为实体对象的集合，用构成现实世界空间对象的边界来表达地理实体，其边界可以划分为点、线、面等三种类型，空间位置用采样点的地理空间坐标表达，地理实体的集合属性如线的长度、区域间的距离等均通过点的空间坐标来计算。空间对象的边界形态是"以直代曲"表示，即连续的曲线用直线线段逼近。人们在数字化时，抽样选择曲线的特征点，用特征点连线逼近原始连续的曲线。空间物体的抽样不是对空间物体的随机选取，而是对物体形态特征点的有目的的选取，其抽样方法根据物体形态特征的不同而不同，抽样的基本准则就是能够力求准确地描述物体的全局和局部的形态特征。所以说，地理空间数据是地理空间物体的近似表达。同一物体曲线，即使同一个人，用同样方法和同一设备，每次操作的结果也绝不相同。矢量地理空间数据表达地理现象的实体不是唯一的。

2）数字高程模型的抽样性

地球表面高低起伏，呈现一种连续变化的曲面。用数字高程模型描述地球表面形态，一般用等高线、离散点、规则格网和不规则三角网等多种方法表示。不管采用哪种方法，都是对地球表面抽样，都是对地球表面的近似描述。数字高程模型对地球表示的精度取决于抽样的密度。密度越高，逼近度越高。对于规则格网数字高程模型而言，其分辨率是刻画地形精确程度的一个重要指标，同时也是决定其使用范围的一个主要的影响因素。分辨率是指规则格网数字高程模型最小的单元格的长度。因为规则格网数字高程模型是离散的数据，所以，(X, Y) 坐标其实都是一个一个的小方格，每个小方格上标识出其高程。这个小方格的长度就是规则格网数字高程模型的分辨率。长度数值越小，分辨率就越高，刻画的地形程度就越精确，同时数据量也呈几何级数增长。所以，规则格网数字高程模型的制作和选取要依据需要，在精确度和数据量之间做出平衡选择。

3）遥感图像数据的抽样性

遥感是通过传感器这类对电磁波敏感的仪器，在远离目标和非接触目标物体条件下探测目标地物，获取其反射、辐射或散射的电磁波信息（如电场、磁场、电磁波、地震波等信息），并进行提取、判定、加工处理、分析与应用的一门科学和技术。遥感探测能在较短的时间内，从空中乃至宇宙空间对大范围地区进行对地观测，并从中获取有价值的遥感数据。遥感探测所获取的是同一时段、覆盖大范围地区的遥感数据，这些数据综合地展现了地球上许多自然与人文现象，宏观地反映了地球上各种事物的形态与分布，真实地体现了地质、地貌、土壤、植被、水文、人工构筑物等地物的特征，全面地揭示了地理事物之间的关联性，并且这些数据在时间上具有相同的现势性。遥感图像像素大小（也称图像空间分辨率）从 1km、500m、250m、80m、30m、20m、10m、5m 发展到 1m，军事侦察卫星传感器可达到 15cm 或者更高的分辨率。同数字高程模型一样，不同时空尺度的遥感数据也是对地球表面自然现象的抽样。正是遥感图像的这种抽样性，同一地区两次（相同传感器、相同的轨道高度和摄影位置）获取的遥感图像不可能相同。

3. 选择性

数据只能从某一个（些）侧面或角度描述地理事物的属性特征，而事物的属性特征是多个方面的。获取地理信息是为了某种需要，任何没有行业需要的信息，毫无价值可言。因此，地理空间数据的获取、处理和存储是以应用为主导的。选择性不仅仅指从这些侧面进行内容的取舍，还存在描述方式的选择，如用文字和数字描述事物或用图像来描述事物。

地理空间数据的选择性，又称专题性，就是根据不同专业的需求，着重突出并尽可能完善、详尽地表示自然和社会经济现象中的某一种或几种要素，集中表现某种主题内容。

1）按内容性质分类

按内容性质地理数据可分为自然要素、社会经济（人文）要素和其他专题要素。

（1）自然要素：反映区域中自然要素的空间分布规律及其相互关系。主要包括地质、地貌、地势、地球物理、水文、气象气候、植被、土壤、动物、综合自然地理（景观）、天体、月球、火星等。

（2）社会经济（人文）要素：反映区域中的社会、经济等人文要素的地理分布、区域特征和相互关系。主要包括人口、城镇、行政区划、交通、文化建设、历史、科技教育、工业、农业、经济等。

（3）其他专题要素：不宜直接划归自然或社会经济的，而用于专门用途的专题要素。主要包括航海、规划、工程设计、军事、环境、教学、旅游等。

2）按内容结构形式分类

按内容结构形式地理数据可分为分布、区划、类型、趋势、统计。①分布反映地理对象的空间分布特征，如人口分布、城市分布、动物分布、植被分布、土壤分布等。②区划反映地理对象的区域结构规律，如农业区划、经济区划、气候区划、自然区划、土壤区划等。③类型反映地理对象类型结构特征，如地貌类型、土壤类型、地质类型、土地利用类型等。④趋势反映地理对象动态规律和发展变化趋势，如人口发展趋势、人口迁移趋势、气候变化趋势等。⑤统计反映不同统计区地理对象的数量、质量特征、内部组成及发展变化。

第8章 地理信息时空基准

地球是一个时空变化的巨系统，地理学的研究对象处于不断变化的过程中，地理学重视研究地球表面上时空变化的自然物体和人文现象。人类认知与表达地理现象需要一个时间和空间基准，没有时空基准将无法实现地理信息处理，也无法进行地理信息传播、共享及分析应用。地理学关注各种事物在空间中的联系，即在空间维度上关注各种事物及其相对位置和相互联系，在空间的框架中对各种现象进行描述、解释和预测。传统的地图只是表示某个时间的静态信息，从地图母体脱胎出来的地理数据也是某个时间地理现象的静态描述。随着地理学的研究深入，迫切要求地理数据能够表达时序的地理现象。这就要求采集和更新地理信息时，要记录时间信息。

8.1 地理信息时空特征

空间性和时序性是地理信息的基本特征。地理信息的时空特性是指在地理系统实体中，无论是自然地理要素，还是经济地理要素、人文地理要素，都具有空间分布的差异、时间过程的不同，总体反映为物质世界的层次等级和物质之间相互作用的网络结构特征，世界呈现从无序到有序、从简单到复杂、从低级的复杂到高级的简单发展的变化趋势。地理信息的空间特性是区别于其他信息的根本性标志。地理信息时空特征特指形态、结构、过程、关系、功能的分布方式和分布格局同时在"暂时"时间的延续（抽象意义上的静止态）。地理信息时空特征的研究是地理学的基本核心之一，主要内容包括：①地理空间的宏观分异规律与微观变化特征；②地理事物在空间中的分布形态、分布方式和分布格局；③地理事物在空间中互相作用、互相影响的特点；④地理事物在空间中所表现的基本关系以及此种关系随距离的变化状况；⑤地理事物的空间效应特征；⑥地理事物的空间充填原理及规则；⑦地理事物的空间行为表现；⑧地理空间对物质、能量和信息的再分配问题；⑨地理事物的空间特征与时间要素的耦合；⑩地理空间的优化及区位选择的经济价值。

8.1.1 地理信息空间分布特征

地球表层在不断变化和发展，地貌发育、土壤形成、植被演替、水土流失、气候变化等一直是地理学的主要研究内容。地理学的空间单元有流域、气团、植物群落、土地系统、社区、企业、聚落、城市和区域等，各种地理单元具有不同的空间尺度，并构成一个具有层次结构的地域系统。地理学聚焦"格局"来进行空间综合、认识空间关系，而要解释格局又离不开时间。空间分布特征是地理信息的最主要特征。地理信息空间分布主要表现为地理实体的形状、大小、方位、距离等空间位置、空间布局、空间组合和空间联系。地理信息空间分布不仅包含空间物体的位置和形态的分析处理，还包含空间相互关系的分析处理。

1. 空间位置

空间位置数据描述事物或现象的所在位置。在地理空间中的任何一个客观实体，都占有一定的位置，具有一定的形体，它和其他形体之间都有相对位置，这种空间特性反映了地理环境的基本特征。在数学中为了确定空间几何点的位置，需要采用坐标系；有了坐标系，就可以利用称为坐标的一组数来表示一个几何点的位置。

2. 空间分布

空间分布也称地理分布，是地理现象在一定地区或范围内的集聚或扩散。地理分布的研究主要是随分类学而进展的，结果是把自然环境的地理差异也同时考虑进去而确定地理区。地理分布是在一定地域范围内，各种地理要素之间相互联系、相互作用而形成的空间组织形式。它们在地理空间上所表现出的形态是不一样的，如工业、商业等表现为点状，交通、通信等则表现为线状，农业多表现为面状。这些具有不同特质或地理意义的点、线、面依据其内在的联系和空间位置关系，相互连接在一起，就形成了有特定功能的区域性，区域性即指按照特定的空间区域建立的地理坐标来实现空间位置的识别，并可以按照指定的区域进行信息的并或分。空间分布就是由各种点、线、网络和域面相互结合在一起构成的。

3. 空间形态

地理事物存在的形态，可分为点状、线状、面状三种。

（1）点状地理事物的描述：位置、疏密（多少）。点状地理分布图表示的地理事物是标定在图上离散的点。①表示分布地点，如我国特大城市的分布（只表示其空间位置）；②表示类别，用不同图例，如我国矿产资源分布、不同等级的城市分布等；③表示数量，用定位符号的大小来区分（或同时在符号旁边注明绝对数量）。

（2）线状地理事物的描述：位置、疏密、渐变方向、走向（延伸方向），等值线类的还需说明量的大小。线状地理分布图常用线状符号来表示交通线、河流、山脉、等值线等。带箭头的表示动态，不带箭头的表示静态。线段的长短、粗细表示量的大小（或标上数值）。读图时要注意事物的起止点、事物沿途的变化和事物的走向。注重同一空间不同地理知识之间的联系，认识不同事物之间的内在联系，形成地理事物空间位置和相互影响的结构体系。

（3）面状地理事物的描述：位置、形状、面积大小、延伸方向。面状现象的空间分布形态呈现为面状的地理现象，其空间分布表现为三种基本形态：全域连续分布、局域成片分布和离散分布。全域连续分布是指布满整个地表空间域且连续的二维及三维分布现象；局域成片分布是指仅在局部空间范围内存在且间断成片的二维、三维面状分布现象；离散分布是指在制图区域内整体呈二维或三维面状，但个体单元相对独立且存在间隔分布现象。

8.1.2 地理信息空间关联特征

地理环境各要素相互联系、相互影响，构成了一个有机整体。地理对象的空间关系可以是由地理对象的几何特性（空间现象的地理位置与形状）引起的空间关系，如距离、方位、连通性、拓扑等。其中，拓扑关系是研究得较多的关系；距离是内容最丰富的一种关系；连通用于描述基于视线的空间物体之间的通视性；方向反映物体的方位。地理对象的空间关系也可以是由地理对象的几何特性和非几何特性共同引起的空间关系，如空间分布现象的统计相关、空间自相关、空间相互作用、空间依赖等，还有一种是完全由地理对象的非几何属性所导出的空间关系。地理要素之间的空间区位关系可抽象为点、线（或弧）、多边形（区域）之间的空间几何关系，点、线、面相互之间的邻接、相交、包含等各种空间关系。用于研究基于地理对象的位置和属性特征的空间物体之间的关系，包括距离、方向、连通和拓扑等四种空间关系。

从空间关系的内涵来看，空间关系模型应该能够反映目标尺度、人类认知、目标层次、现象的不确定以及随时间变化等特性对空间关系的影响；从数学角度来看，空间关系模型必须是可形式化和可推理的，以方便操作和实现。空间关系从人们认知的角度对空间现象和目标间的关系进行建模，因而在空间数据查询、检索、空间数据挖掘、空间场景相似性评价以及图像理解等领域得到了广泛应用。

空间关系描述的是空间目标间的相对位置关系，受空间认知、空间对象、空间数据组织等因素的影响，具有认知、尺度、层次、动态、不确定性等特征。

（1）空间关系的认知特征。空间关系是人类对地理现象或环境的认知概念在 GIS 中的直接反映，因此与人类的认知密切相关。GIS 必须能够接受人们对地理现象或环境的认知和描述结果，能够正确理解用户输入的概念，并把处理的结果按照符合认知要求的形式输出。空间关系认知特征研究内容主要包括：认知对空间关系描述与处理的影响；用户与 GIS 友好交流的接口设计；自然语言中空间关系的处理等。

（2）空间关系的尺度特征。地理实体或现象随着空间尺度的变化，其形态可能发生变化（如形状简化、合并、聚集等），从而可能导致不同时空尺度上空间目标间的空间关系发生变化。空间关系尺度特征研究内容主要包括：不同尺度下空间关系的描述；不同尺度下空间关系的差异、变化、推理及一致性等。

（3）空间关系的层次特征。空间关系的层次特征表现在两个方面：一个是由空间关系语义引起的层次性；另一个是由空间对象引起的层次性。主要研究内容包括：层次空间关系的描述、联系和推理等。

（4）空间关系的动态特征。空间目标随时间的推移在形状、尺寸等方面发生移动、扩张、收缩、分割、合并、消失等时空变化，进而导致空间目标间空间关系发生变化，空间关系的这种随时间而变化的特征称为时间特征。主要研究内容包括：时空关系的描述和操作、时空组合关系描述和操作、时空关系在时空数据库中的实现和查询等。

（5）空间关系的不确定性特征。主要表现为人的认知不确定性和空间数据本身的不确定性，还包括空间关系在分析处理和应用中产生的不确定性。空间关系的不确定性反映了空间关系的复杂性，是现实世界中地理现象和复杂性在 GIS 中的具体表现。主要研究内容包括：不确定空间关系和精确空间关系的统一描述与处理；不确定空间关系的推理方法等。

8.1.3 地理信息时间序列特征

地理环境及其中的任何一个客观实体，都在永远不停的变化之中，人们研究它的某个特征，只是相对于一个特定的时刻，因此要研究它的变化过程，就是一个时间序列的集合。地理现象的动态变化特征，即时序特征。

地理学中的时间概念包括"物理时间"和"社会时间"。前者是对事物运动、变化的延续性和顺序性的精确度量，这种研究依赖于时间序列数据及其分析；后者指社会变化过程，其研究依赖于用以界定社会变化性质的社会理论。

时序变化分析是指同一地理区域同一要素在不同时间的比较分析。通过时序比较分析，可以了解某一地理现象的发生、发展过程，推断相关要素的变化，预测其发展趋势。应用时序变化分析，既可分析缓慢变化的地理现象，如湖岸、海岸的变迁；也可分析快速变化的地理现象，如天气状况的快速变化；还可分析瞬间偶然变化，如洪水、地震、火灾等的成灾面积、灾害程度等。地理学研究根据多时相区域性得到的数据和信息来寻找时间分布规律，进而对未来做出预测和预报。

时间也分为不同的尺度，从日变化、季节变化、年变化到多年变化，可以按照时间尺度将地理现象划分为超短期的（如台风、地震）、短期的（如江河洪水、秋季低温）、中期的（如土地利用、作物估产）、长期的（如城市化、水土流失）、超长期的（如地壳变动、气候变化）等。

时间变化的研究涉及变化的状态、变化的驱动力（原因）、变化的机制、变化的后果等方面。地理学特别关注与此有关的"周期""发育""演化""演替""平衡""循环""阈限""突变"等概念。时间是推断因果关系的一个重要维度，地理学在这个维度上重构过去，解释现在，预告未来；在此基础上做出规划，规划就是控制和管理变化。时间研究也离不开空间，"全球化和本土性"就是一个典型的时空概念。传统的时间序列以经验分析为基础来解释格局的变化，但时间变化充满不确定性，因此，当前特别注重非线性、混沌、复杂性、平衡稳定性等方法在时间变化研究上的重要性。

8.2 时间和空间关系

关于空间的概念实际上是一个人类的原初理念，空间知觉和时间知觉在人类早期就已形成，这些原初理念是人类思维发展的基础。空间用以描述物体的位形；时间用以描述事件之间的顺序。空间和时间的依存关系表达着事物的演化秩序。时、空都是绝对概念，是存在的基本属性，其测量数值却是相对于参照系而言的。"时间"内涵是无尽永前；外延是各时刻顺序或各有限时段长短的测量数值。"空间"内涵是无界永在，外延是各有限部分空间相对位置或大小的测量数值。空间和时间的物理性质主要通过它们与物体运动的各种联系而表现出来。

8.2.1 时间和空间理论

在物理学中，对空间和时间的认识可以分为三个阶段：经典力学阶段、狭义相对论阶段及广义相对论阶段。

1. 经典力学阶段

在经典力学中，空间和时间的本性被认为是与任何物体及运动无关的，存在着绝对空间和绝对时间。描述运动物体，瞬间位置不够，还需要知道瞬间的速度和加速度。物体的运动性质和规律，与采用怎样的空间坐标系和时间坐标来度量有着密切的关系。相对于惯性参考系（惯性系），惯性定律才成立。为了确定惯性系，牛顿抽象出三维绝对空间和一维绝对时间的观念。绝对空间满足三维欧几里得几何，绝对时间均匀流逝，它们的本性是与在其中的任何具体物体及其运动无关的。相对于绝对空间的静止或匀速直线运动的物体为参照物的坐标系，才是惯性系。

在经典力学中，任意一个物体对于不同的惯性坐标系的空间坐标量和时间坐标量之间满足伽利略变换。在这组变换下，位置、速度是相对的；空间长度、时间间隔、运动物体的加速度是绝对的或不变的。牛顿力学定律及其在伽利略变换下的不变性，促成对牛顿的绝对空间概念的怀疑。如果存在绝对空间，物体相对于绝对空间的运动就应当是可以测量的。这相当于要求某些力学运动定律中应含有绝对速度。但是，牛顿力学规律中并不含绝对速度。事实上，没有有力的证据表明存在绝对空间。然而，随着牛顿力学和万有引力定律的极大成功，牛顿的绝对空间和绝对时间的概念，也一直在自然科学界和哲学界占据主导地位。

2. 狭义相对论阶段

20 世纪初，爱因斯坦提出了狭义相对论，扩展了伽利略相对性原理，不仅要求力学规律在不同惯性参考系（惯性系）中具有同样形式，而且要求其他物理规律在不同惯性系中也具有同样的形式。爱因斯坦还假定在不同惯性参考系中单程光速 C 是不变的。据此，不同惯性系的空间坐标和时间坐标之间不再遵从伽利略变换，而是遵从非齐次洛伦兹变换。根据这类变换，尺的长度和时间间隔（即钟的快慢）都不是不变的：高速运动的尺相对于静止的尺变短，高速运动的钟相对于静止的钟变慢。同时性也不再是不变的（或绝对的）：对某一个惯性系同时发生的两个事件，对另一高速运动的惯性系就不是同时发生的。在狭义相对论中，光速是不变量，因而时间-空间间隔（简称时空间隔）也是不变量；一些惯性系之间，除了对应于时间平移和空间平移不变性的能量守恒和动量守恒之外，还存在时间-空间平移不变性。因而，存在能量-动量守恒律。根据这一守恒律，可导出爱因斯坦质量-能量关系式。

3. 广义相对论阶段

狭义相对性原理要求所有的物理规律对于惯性系具有相同的形式。然而，把引力定律纳入这一要求并不符合观测事实。爱因斯坦进而提出描述引力作用的广义相对论，再一次变革了物理学的时间-空间观念。

按照广义相对论，如果考虑物体之间的惯性力或引力相互作用，就不存在大范围的惯性系，只在任意时空点存在局部惯性系；不同时空点的局部惯性系之间，通过惯性力或引力相互联系。存在惯性力的时空仍然是平直的四维闵可夫斯基时空。时空的弯曲程度由在其中物质（物体或场）及其运动的能量-动量张量，通过爱因斯坦引力场方程来确定。在广义相对论中，时间-空间不再仅仅是物体或场运动的"舞台"，弯曲时间-空间本身就是引力场。表征引力的时间-空间的性质与在其中运动的物体和场的性质是密切相关的。一方面，物体和场运动的能量-动量作为引力场的源，通过场方程确定引力场的强度，即时空的弯曲程度；另一方面，弯曲时空的几何性质也决定在其中运动的物体和场的运动性质。例如，太阳作为引力场的源，其质量使得太阳所在的时空发生弯曲，其弯曲程度表征太阳引力场的强度。最邻近太阳的水星的运动轨迹受到的影响最大，经过太阳边缘的星光也会发生偏转，等等。广义相对论提出不久，天文观测就表明，广义相对论的理论计算与观测结果是一致的。然而，20 世纪中后期的研究表明，在物理上可以实现的条件下，广义相对论的时间-空间必定存在难以接受的奇异性。在奇点处时间-空间即引力场完全失去意义，这是广义相对论在理论上存在问题的表现。

4. 量子理论影响

量子理论对空间和时间理论的影响。20 世纪初物理学发生了从经典力学到量子理论的变革，同样引起了人们空间和时间观念的革命性变化。量子力学描述的系统的空间位置和动量、时间和能量无法同时精确测量，它们满足不确定度关系；经典轨道不再有精确的意义等，如何理解量子力学以及有关测量的实质，一直存在争论。20 世纪末，关于量子纠缠、量子隐形传输、量子信息等的研究对与时间-空间密切相关的因果性、定域性等重要概念，也带来新的问题和挑战。

8.2.2 宇宙三公理

空间和时间的依存关系表达着事物的演化秩序。时、空都是绝对概念，是存在的基本属性。空间用以描述物体的位形；时间用以描述事件之间的顺序。但其测量数值却是相对于参照系而言的。"时间"内涵是无尽永前；外延是各时刻顺序或各有限时段长短的测量数值。"空间"内涵是无界永在，外延是各有限部分空间相对位置或大小的测量数值。空间和时间的物理性质主要通过它们与物体运动的各种联系而表现出来。在《宇宙哲学》中，人类的所有概念都可以由下述三条公理直接定义或演绎定义。

1. 时间公理

时间无尽永前。表达式：$T = \{t \in (-\infty, +\infty)\} \cap \{\Delta t > 0\}$。时间公理分为时刻分理和时段分理两部分。

（1）时刻分理：$t \in (-\infty, +\infty)$ 为"无尽"，指"时间没有起始和终结"。时刻无限多、刻刻不同是时间本性之一。t 为时刻，其测量数值为实数。

（2）时段分理：$\Delta t > 0$ 为"永前"，指"时间的增量总是正数"。时段单向延续是时间本性之二。Δt 为时段，其测量数值为大于 0 的实数。

2. 空间公理

空间无界永在。表达式：$U = \{r \in [0, +\infty)\} \cap \{r = ct\}$。空间公理分为点分理与空时关系分理两部分。

（1）点分理：$r \in [0, +\infty)$ 为"无界"，指"空间里任一点都居中"。点数无限多、点点不同又点点平权是空间本性。这里，点 $P = (r, \theta, \varphi)$ [球坐标]，r 为 P 点到球坐标系原点的距离，其测量数值为非负实数，$\theta \in [0, \pi]$，$\varphi \in [0, 2\pi]$。

（2）空时关系分理：$r = ct$ 为"永在"，指"空间永现于当前时刻"。任何空间点都必然出现在当前时刻是空间与时间的基本关系。这里，c 为光速常量。因为根据狭义相对论中的四维时空概念，时空间隔 $ct - r = 0$ 是不变量，即时间和空间之间没有间隔，所以 $r=ct$ 表示 P 点是光即时到达之点，也就是表示"空间永现于当前时刻"。

3. 质量公理

质量无限永有。表达式：$M = \{m \in (0, +\infty)\} \cap \{(d\rho)\_\eta \neq (d\rho)\_0\}$。质量公理分为总体分理和质空关系分理两部分。

（1）总体分理：$m \in (0, +\infty)$ 为"无限"，指"宇宙的总质量无限大"。总质量无限大是质量本性。这里 m 为静质量。

（2）质空关系分理：$(d\rho)\_\eta \neq (d\rho)\_0$ 为"永有"，指"永不均匀地布满空间"。"宇宙空间内的任何部分都充满着质量，不存在不含质量的纯空，但各点的微密度都不相同"，这是质量与空间的基本关系。$(d\rho)\_0$ 为任意指定一空间点的密度，$(d\rho)\_\eta$ 为其他的任意空间点的密度，$(d\rho)\_\eta \neq (d\rho)\_0$ 表示每点的微密度都不相等，就是说"质布空间永不均"。这里，密度 $\rho = m/u$，微密度 $d\rho = dm/du$，其中，dm 为无穷小的质元；du 为无穷小的空元，其中，u 为域积，包括点、线、面、体之积；η 为正整数。"质布空间永不均"在量子力学上表达为"测不准原理"。著名的布朗运动就是由"质布空间永不均"造成的。

这三个公理概括了所有人类学科关于时间、空间、质量定义的内涵和外延。空间所经历者为时间和质量所充满者为空间，就是说："时空随质度"。

时空质的外延部分涉及其数值测度问题，其测度数值都是相对于参照系的，而且都只能够是近似值。测度时空质的数值是科学上要具体解决的问题。因为在狭义相对论中，光速是测量时、空的共同尺子，时、空的变化在此共尺上表现依存规律，即遵从洛伦兹变换。所以，时、空的测量数值是相对于具体惯性系的，如同时性在测量上不是绝对的，相对于某一参照系为同时发生的两个事件，相对于另一参照系可能并不同时发生；长度和时段在测量上也不是绝对的，运动的尺相对于静止的尺变短，运动的钟相对于静止的钟变慢。光速在狭义相对论中是绝对量，对于任何惯性参照系，光速都是常量 c。爱因斯坦增加了在实际运动参照系下的以光速为共尺的测度方法，具体了它们的相互联系性。

8.2.3 时间和空间基本关系

1. 内涵关系

时、空、质在内涵上是既各自独立又相互联系着的三个绝对概念。时间公理、空间点分理、质量总体分理表达了它们的各自独立性，而空时关系分理和质空关系分理则表达了它们的相互联系性。空时关系分理和质空关系分理表明 $U=U(T)$ 和 $M=M(U)$，就是说："时空随质度"。质量是三要素中的原生要素，没有质量就没有空间，没有空间就没有时间，如果采用老子《道德经》的诗化描述，则有：原生质，质生空，空生时，时生万物。

2. 测量关系

时空质的外延部分涉及其数值测度问题，其测度数值都是相对于参照系的，而且都只能够是近似值。测度时空质的数值是科学上要具体解决的问题。在爱因斯坦以前是在虚拟静止参照系下分别测度的，具体了它们的各自独立性；爱因斯坦增加了在实际运动参照系下的共尺测度方法，具体了它们的相互联系性。

时空质的依存关系确立了事物的演化秩序。如果在测度上以绝对常量光速 c 为共尺，此秩序可由以下爱因斯坦狭义相对论公式具量表达：

$T=\gamma(t-vr/c^2)$，动时间 T，静时间 t，相对运动速度 v 下钟变慢；

$R=\gamma(r-vt)$，动距离 R，静距离 r，相对运动速度 v 下尺变短；

$M=\gamma m$，动质量 M，静质量 m，相对运动下质变大。

其中，$\gamma=1/\sqrt{(1-v^2)/c^2}$。

用绝对常量去测度各种变量以求取变量间的函数关系，是人类的小智慧；而用无限长的时空质尺子去测度"历时有尽"的事件和"占空有界"的物件以创造万事万物，则是宇宙的大智慧。

8.3 时间度量基准

这里引用一个已知的事实——GPS 时间与地球上时间的不同。GPS 卫星以每小时 14000km 的速度绕地球飞行。根据狭义相对论，当物体运动时，时间会变慢，运动速度越快，时间就越慢。因此，在地球上看 GPS 卫星，它们携带的时钟要走得比较慢，用狭义相对论的公式可以计算出，每天慢大约 7μs。GPS 卫星位于距离地面大约 2 万 km 的太空中。根据广义相对论，物质质量的存在会造成时空的弯曲，质量越大，距离越近，就弯曲得越厉害，时间则会越慢。受地球质量的影响，在地球表面的时空要比 GPS 卫星所在的时空更加弯曲，这样，从地球上看，GPS 卫星上的时钟就要走得比较快，用广义相对论的公式可以计算出，每天快大约 45μs。

时间基准，就是在当代被人们确认为是最精确的时间尺度，长期以来，人们一直在寻求着这样的时间尺度。随着科学技术（特别是航天、空间物理、军事等）的飞速发展，人们对时间尺度的精度需求越来越高。

8.3.1 时间数理逻辑

时间是宇宙事件顺序的度量。时间随宇宙的变化而变，是因变量。Deng's 时间公式为

$$t = T(U, S, X, Y, Z, \cdots)$$

式中，U 为宇宙；S 为空间；$X, Y, Z, \cdots$ 为事件顺序。时间是宇宙事件秩序的计量。时间不是自变量，而是因变量，它是随宇宙的变化而变化的。

8.3.2 时间度量

时间是一个较为抽象的概念，是物质的运动、变化的持续性、顺序性的表现。时间是地球（其他天体理论上也可以）上所有其他物体（物质）三维运动（位移）对人的感官影响形成的一种量。时间概念包含时段和时刻两个概念。

（1）时段。时段是对运动过程的量度，具体地说，是指能通过某一运动周期的计数来对该运动过程进行的量度。时间是人类用以描述物质运动过程或事件发生过程的一个参数，确定时间，是靠不受外界影响的物质周期变化的规律，如月球绕地球周期、地球绕太阳周期、地球自转周期、原子震荡周期等。

（2）时刻。时刻是指某一瞬间，在时间轴上用点表示。时刻衡量一切物质运动的先后顺序，它没有长短，只有先后，是一个序数，对应的是位置、速度、动量等状态量。时刻既没有大小，又没有方向，所以时刻不是标量也不是矢量，因为时刻不是量，只是时间中的一个点。

（3）时间度量单位。长于等于年有：银河年（GY，也称为宇宙年）、千年、世纪、年代、年。长于等于天有：季度、月、旬、周、日。长于等于秒有：小时、分、秒。短于秒有：毫秒（ms，10^{-3}秒）、微秒（μs，10^{-6}秒）、纳秒（ns，10^{-9}秒）、皮秒（ps，10^{-12}秒）、飞秒（fs，10^{-15}秒）、阿秒（as，10^{-18}秒）和普朗克常数（大约为 10^{-34}秒），普朗克常数被认为是可能持续的最短时间。

8.3.3 时间基准

远古时期，人类以太阳的东升西落作为时间尺度；公元前 2 世纪，人们发明了地平日晷，一天差 15 分钟；1000 多年前的希腊和我国的北宋时期，能工巧匠们曾设计出水钟，精确到每日 10 分钟误差；600 多年前，机械钟问世，并将昼夜分为 24 h；到了 17 世纪，单摆用于机械钟，使计时精度提高近 100 倍；到了 20 世纪的 30 年代，石英晶体振荡器出现，对于精密的石英钟，300 年只差 1 秒……

1953 年世界上第一台原子钟研制成功，这是时频科学的一个新的里程碑。1967 年第十三届国际计量大会决定：铯原子基态的两个超精细能级间跃迁辐射震荡 9192631770 周所持续的时间为 1 秒，此定义一直沿用至今。

（1）恒星时。恒星时（sidereal time，ST）是天文学和大地测量学标示的天球子午

圈值，是一种时间系统，以地球真正自转为基础：即从某一恒星升起开始到这一恒星再次升起（23 时 56 分 4 秒）。考虑地球自转不均匀的影响的为真恒星时，否则为平恒星时。

（2）平太阳时。以平太阳作为参考点，由它的周日视运动所确定的时间称为平太阳时（mean solar time，MT），简称"平时"，也就是人们日常生活中所使用的时间。

计量时间单位：平太阳日、平太阳小时、平太阳分、平太阳秒；一个平太阳日=24 个平太阳小时=1440 平太阳分=86400 个平太阳秒。平太阳时与日常生活中使用的时间系统是一致的，通常钟表所指示的时刻正是平太阳时。

（3）世界时。世界时（universal time，UT）是以地球自转为基础的时间计量系统，是根据地球自转周期确定的时间。以平子午夜为零时起算的格林尼治平太阳时定义为世界时。

（4）原子时。国际原子时（international atomic time，IAT）是以物质内部原子运动的特征为基础建立的时间系统。国际计量局根据世界 20 多个国家实验室的 100 多台原子钟提供的数据进行处理，得出"国际时间标准"，称为国际原子时。

（5）协调世界时。协调世界时，又称世界统一时间、世界标准时间、国际协调时间，从英文"coordinated universal time"/法文"temps universel cordonné"而来，简称 UTC。为了兼顾世界时时刻和原子时秒长两者的需要建立了一种折中的时间系统，称为协调世界时。协调世界时是以原子时秒长为基础，在时刻上尽量接近于世界时的一种时间计量系统。根据国际规定，协调世界时的秒长与原子时秒长一致，在时刻上则要求尽量与世界时接近。这套时间系统被应用于许多互联网和万维网的标准中，例如，网络时间协议就是协调世界时在互联网中使用的一种方式。在军事中，协调世界时区会使用"Z"来表示。又由于 Z 在无线电联络中使用"Zulu"作代称，协调世界时也被称为"Zulutime"。

（6）格林尼治标准时间。格林尼治标准时间（Greenwich mean time，GMT）是指位于伦敦郊区的皇家格林尼治天文台的标准时间，因为本初子午线被定义为在那里通过的经线。理论上来说，格林尼治标准时间的正午是指太阳横穿格林尼治子午线时的时间。由于地球在它的椭圆轨道里的运动速度不均匀，这个时刻可能与实际的太阳时相差 16 分钟。地球每天的自转是有些不规则的，而且正在缓慢减速。所以，格林尼治时间已经不再被作为标准时间使用。

（7）GPS 时间系统。GPS 时间（GPS time，GPST）属于原子时系统，它的秒长即原子时秒长，GPST 的原点与国际原子时相差 19 秒，它们之间的关系式为 IAT−GPST=19 秒。

GPS 时间系统与各种时间系统的关系如图 8.1 所示。

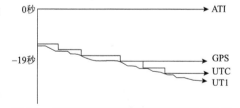

图 8.1 GPS 时间系统与各种时间系统的关系

8.4 地理空间基准

地理信息定位和量算必须依靠一个或多个参照物或参照体系。基准就是一组用于描述其他量的量。地理信息的空间基准涉及参考椭球、坐标系统、水准原点、地图投影、分带等多种因素，主要包括国家统一的大地空间坐标基准、高程基准、深度基准和重力基准等。

8.4.1 地理坐标系

地理坐标系（geographic coordinate system），是使用三维球面来定义地球表面位置，以实现通过经纬度对地球表面点位引用的坐标系。一个地理坐标系包括角度测量单位、本初子午线和参考椭球体三部分。在球面系统中，水平线是等纬度线或纬线，垂直线是等经度线或经线。

通常，经度和纬度值以十进制度为单位或以度、分和秒为单位进行测量。纬度值相对于赤道进行测量，其范围是–90°（南极点）到+90°（北极点）。经度值相对于本初子午线进行测量，其范围是–180°（向西行进时）到180°（向东行进时）。如果本初子午线是格林尼治子午线，则对于位于赤道南部和格林尼治东部的澳大利亚来说，其经度为正值，纬度为负值。

地理坐标系定义了地表点位的经纬度，并且根据其所采用的参考椭球体参数还可求得点位的绝对高程值。

1. 地球形状与地球椭球

众所周知，地球是一个近似球体，其自然表面是一个极其复杂的不规则曲面。为了深入研究地理空间，有必要建立地球表面的几何模型。根据大地测量学的研究成果，地球表面几何模型可以分为四类，如下。

第一类是地球的自然表面，它是一个起伏不平、十分不规则的表面，包括海洋底部、高山高原在内的固体地球表面（图8.2）。固体地球表面的形态，是多种成分的内、外地貌营力在漫长的地质时代综合作用的结果，非常复杂，难以用一个简洁的数学表达式描述，所以不适合于数字建模。因此，在诸如长度、面积、体积等几何测量中都面临着十分复杂的困难。

第二类是相对抽象的面，即大地水准面。地球表面 72%被流体状态的海水所覆盖，可以假设当海水处于完全静止的平衡状态时，从海平面延伸到所有大陆下部，而与地球重力方向处处正交的一个连续、闭合的水准面，这就是大地水准面（图8.3）。水准面是一个重力等位面。对于地球空间而言，存在无数个水准面，大地水准面是其中一个特殊的重力等位面，它在理论上与静止海平面重合。大地水准面包围的形体是一个水准椭球，称为大地体。尽管大地水准面比起实际的固体地球表面要平滑得多，但实际上由于地质条件等的影响，大地水准面存在局部的不规则起伏，并不是一个严格的数学曲面。

图8.2　固体地球表面

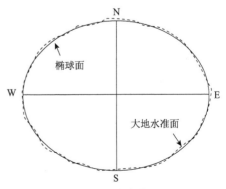
图8.3　大地水准面

第三类是地球椭球面。总体上讲,大地体非常接近于旋转椭球,旋转椭球的表面是一个规则的数学曲面,所以人们选择一个旋转椭球作为地球理想的模型,称为地球椭球(图 8.4)。在有关投影和坐标系统的叙述内容中,地球椭球有时也被称为参考椭球。

地球椭球并不是一个任意的旋转椭球体。只有与水准椭球一致的旋转椭球才能用作地球椭球。地球椭球的确定涉及非常复杂的大地测量学内容。在经典大地测量学中,研究地球形状基本上采用几何方法,其数学公式为

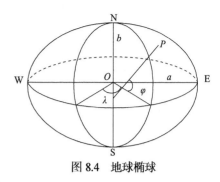

图 8.4 地球椭球

$$\frac{x^2}{a^2}+\frac{y^2}{a^2}+\frac{z^2}{b^2}=1 \tag{8.1}$$

式中,a 为长半径,近似等于地球赤道半径;b 为极轴半径,近似等于南极(北极)到赤道面的距离。

第四类是大地基准面(geodetic datum),设计用最为密合部分或全部大地水准面的数学模式。有了参考椭球,在实际建立地理空间坐标系统的时候,还需要指定一个大地基准面将这个椭球体与大地体联系起来,在大地测量学中称之为椭球定位。所谓的定位,就是依据一定的条件,将具有给定参数的椭球与大地体的相关位置确定下来。这里所指的一定条件,可以理解为两个方面:一是依据什么要求使大地水准面与椭球面符合;二是对轴向的规定。参考椭球的短轴与地球旋转轴平行是参考椭球定位的最基本要求,强调局部地区大地水准面与椭球面较好的定位。椭球定位是由椭球体本身及椭球体和地表上一点视为原点之间的关系来定义的。此关系能以 6 个量来定义,通常(但非必然)是大地纬度、大地经度、原点高度、原点垂线偏差之两分量及原点至某点的大地方位角。

大地基准面是利用特定椭球体对特定地区地球表面的逼近,因此,每个国家或地区均有各自的大地基准面,通常称的北京 54 坐标系、西安 80 坐标系实际上指的是我国的两个大地基准面。相对同一地理位置,不同的大地基准面,它们的经纬度坐标是有差异的。椭球体与大地基准面之间的关系是一对多的关系,也就是基准面是在椭球体基础上建立的,但椭球体不能代表基准面,同样的椭球体能定义不同的基准面。

2. 大地坐标基准

大地坐标系是大地测量中以参考椭球面为基准面建立起来的坐标系。地面点的位置用大地经度、大地纬度和大地高度表示。大地坐标系的确立包括选择一个椭球、对椭球进行定位和确定大地起算数据。一个形状、大小和定位、定向都已确定的地球椭球称参考椭球。参考椭球一旦确定,则标志着大地坐标系已经建立。大地坐标系也称为地理坐标系,是大地测量的基本坐标系,其大地经度 L、大地纬度 B 和大地高 H 为此坐标系的 3 个坐标分量(图 8.5)。

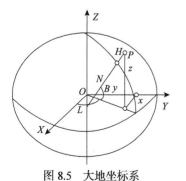

图 8.5 大地坐标系

1)参心大地坐标系

参心坐标系(reference ellipsoid centric coordinate system)是以参考椭球的几何中心为基准的大地坐标系。"参心"意指参考椭球的中心,通常分为:参心空间直角坐标系(以 x, y, z

为其坐标元素）和参心大地坐标系（以 B, L, H 为其坐标元素）。X 轴和赤道面和首子午面的交线重合，向东为正；Z 轴与旋转椭球的短轴重合，向北为正；Y 轴与 XZ 平面垂直构成右手系。

在测量中，为了处理观测成果和传算地面控制网的坐标，通常必须选取一参考椭球面作为基本参考面，选一参考点作为大地测量的起算点（大地原点），利用大地原点的天文观测量来确定参考椭球在地球内部的位置和方向。参心大地坐标的应用十分广泛，它是经典大地测量的一种通用坐标系。根据地图投影理论，参心大地坐标系可以通过高斯投影计算转化为平面直角坐标系，为地形测量和工程测量提供控制基础。由于不同时期采用的地球椭球不同或其定位与定向不同，在我国历史上出现的参心大地坐标系主要有 BJZ54（原）、GDZ80 和 BJZ54（新）等三种。

2）地心大地坐标系

地心坐标系（geocentric coordinate system）是以地球质心为原点建立的空间直角坐标系，或以球心与地球质心重合的地球椭球面为基准面所建立的大地坐标系。以地球质心（总椭球的几何中心）为原点的大地坐标系，通常分为地心空间直角坐标系（以 x, y, z 为其坐标元素）和地心大地坐标系（以 B, L, H 为其坐标元素）。地心坐标系是在大地体内建立的 $O\text{-}XYZ$ 坐标系。原点 O 设在大地体的质量中心，用相互垂直的 X, Y, Z 三个轴来表示，X 轴与首子午面和赤道面的交线重合，向东为正；Z 轴与地球旋转轴重合，向北为正；Y 轴与 XZ 平面垂直构成右手系。

WGS84 坐标系（world geodetic system）是一种国际上采用的地心坐标系。坐标原点为地球质心，其地心空间直角坐标系的 Z 轴指向国际时间局（Bureau International del'Heure, BIH）1984.0 定义的协议地极（conventional terrestrial pole, CTP）方向，X 轴指向 BIH1984.0 的协议子午面和 CTP 赤道的交点，Y 轴与 Z 轴、X 轴垂直构成右手坐标系，称为 1984 年世界大地坐标系。这是一个国际协议地球参考系统（international terrestrial reference system, ITRS），是目前国际上统一采用的大地坐标系。GPS 广播星历是以 WGS 84 坐标系为根据的。WGS84 坐标系，长轴为 6378137.000m，短轴为 6356753.314，扁率为 1/298.257223563。

2000 国家大地坐标系是全球地心坐标系在我国的具体体现，其原点为包括海洋和大气的整个地球的质量中心。Z 轴指向 BIH1984.0 定义的协议极地方向（BIH 国际时间局），X 轴指向 BIH1984.0 定义的零子午面与协议赤道的交点，Y 轴按右手坐标系确定。

3）大地高程基准

确定地面点的空间位置，除了要确定其在基准面上的投影位置外，还应确定其沿投影方向到基准面的距离，即确定地面的高程。高程是表示地球上一点空间位置的量值之一，就一点位置而言，它和水平量值一样是不可缺少的。它和水平量值一起，统一表达点的位置。它对于人类活动包括国家建设和科学研究乃至人们生活来说是最基本的地理信息。从测绘学的角度来讨论，高程是对于某一特定性质的参考面而言的，没有参考面，高程就失去意义，同一点，其参考面不同，高程的意义和数值也不同。例如，正高是以大地水准面为参考面，正常高是以似大地水准面为参考面，而大地高则是以地球球面为参考面。这种相对于不同性质的参考面所定义的高程体系称为高程系统，如图 8.6 所示。

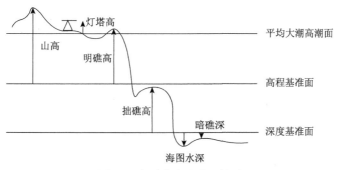

图 8.6　各种高度基准面关系

人们通常所说的高程是以平均海面为起算基准面的，所以高程也被称作标高或海拔高。高程起算基准面和相对于这个基准面的水准原点（基点）高程，就构成了高程基准。一个国家和地区的高程基准，一般一经确定不应轻易变更。但事物总是发展的，科学技术不断进步，随着时间的推移也会出现新的问题。所以，必要时建立新的基准，又不能完全避免。我国各地的地面点的高程，都是以青岛国家水准原点的黄海高程为起算数据的，高程系统是全国统一的。高程值有正有负，在基准面以上的点，其高程值为正，反之为负。

4）深度基准

海水在不断地变化，海水的深度大约一半时间在平均海面以上，一半时间在平均海面以下，也就是说，若以平均海面向下计算水深，大约有一半时间海水没那么深。这就提出了如何确定深度基准的问题。深度基准是指海水深及其相关要素的起算面。通常取当地平均海面向下一定深度为这样的起算面，即深度基准面。深度基准无论怎样确定都必须遵循两个共同的原则：一要保证航行安全；二要充分利用航道。因此，深度基准面要定得合理，不宜过高或过低。海图图载的深度为最小水深。

平均海面至其下一定深度的基面的距离，称为深度基准面值，常以 L 表示。图 8.7 中水深 L 是该深度基准面至海底的距离，常以 Z 表示。平均海面、深度基准面的关系如图 8.7 所示。

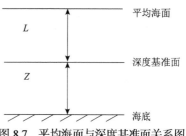

图 8.7　平均海面与深度基准面关系图

深度基准面的选择与海区潮汐情况相关，常采用当地的潮汐调和常数来计算，由于各地潮汐性质不同，计算方法不同，一些国家和地区的深度基准面也不同。我国 1956 年以前采用最低低潮面、大潮平均低潮面和实测最低潮面等为深度基准，1957 年起采用理论深度基准为深度基准面。

深度基准在实践中是一个复杂的基准面。即使是一个国家，由于各地平均海面的不一致，对应深度基准面也不一致。潮汐性质相同，由于采用的潮汐资料时间间隔长短不同，深度基准面也可能不一致，使用海图时应该首先明了有关情况。

海水深度由深度基准面向下计算的这种图载的深度并不是实际的深度，想要得到实际深度，还必须使用潮汐表。潮汐表是各主要港口的潮位与重要航道潮流的预报表，为有关海洋部门提供潮汐未来变化信息。在潮高起算面与深度基准面一致的前提下，某处某时刻的实际海水深度，应该是图载水深与潮汐表得到的该处相应时刻潮高之和。

8.4.2 测量平面坐标系

地球椭球体表面也是个曲面，而人们日常生活中的地图及量测空间通常是二维平面，因此，在地图制图和线性量测时首先要考虑把曲面转化成平面。由于球面上任何一点的位置是用地理坐标(λ,ϕ)表示的，而平面上的点的位置是用直角坐标(x,y)表示的，所以要想将地球表面上的点转移到平面上，必须采用一定的方法来确定地理坐标与平面直角坐标或极坐标之间的关系。这种在球面和平面之间建立点与点之间函数关系的数学方法，就是地图投影方法。测量工作中常用的球面坐标系是大地坐标系，平面坐标系是高斯-克吕格平面直角坐标系，常用的高程系是正高系。

1. 地图投影

大地坐标系和空间直角坐标系不是一种平面坐标系。其度不是标准的长度单位，不可用其量测面积长度。平面坐标系具有的特性：①可量测水平X方向和竖直Y方向的距离；②可进行长度、角度和面积的量测；③可用不同的数学公式将地球球体表面投影到二维平面上。为解决由不可展的椭球面描绘到平面上的矛盾，用几何透视方法或数学分析的方法，将地球上的点和线投影到可展的曲面（平面、圆柱面或圆锥面）上，将此可展曲面展成平面，建立该平面上的点、线和地球椭球面上的点、线的对应关系，产生了各种投影方法。投影以后能保持形状不变化的投影，称为等角投影（conformal mapping），它的优点是除了地物形状保持不变以外，在地图上测量两个地物之间的角度也能和实地保持一致，这非常重要，在两地间航行时必须保持航向的准确。另一个例子是无论长距离发射导弹还是短距离发射炮弹，发射角度必须准确测量出来。因此，等角投影是最常使用的投影。等角投影的缺点是高纬度地区地物的面积会被放大。投影以后能保持面积不变化的投影，称为等面积投影（equivalent mapping），在有按面积分析需要的应用中很重要，显示出来的地物相对面积比例准确，但是形状会有变化，假设地球上有个圆，投影后绘制出来即变成椭圆了。还有第三种投影，非等角等面积投影，意思是既有形状变化也有面积变化，这类投影既不等角也不等积，长度、角度、面积都有变形。其中，有些投影在某个主方向上保持长度比例等于1，称为等距投影。

每种投影都有各自的适用方面。等角投影常用于航海图、风向图、洋流图等，现在世界各国地形图采用此类投影比较多。等积投影用于绘制经济地区图和某些自然地图。

2. 高斯-克吕格投影

高斯-克吕格投影是一种等角横轴切椭圆柱投影。它是假设一个椭圆柱面与地球椭球体面横切于某一条经线上，按照等角条件将中央经线东、西各3°或1.5°经线范围内的经纬线投影到椭圆柱面上，然后将椭圆柱面展开成平面而成的（图8.8）。根据高斯-克吕格投影建立起来的平面直角坐标系称高斯平面直角坐标系。设想有一个椭圆柱面横套在地球椭球体外面，使它与椭球上某一子午线（该子午线称为中央子午线）相切，椭圆柱的中心轴通过椭球体中

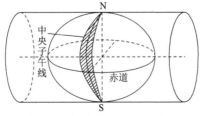

图8.8 高斯-克吕格投影图

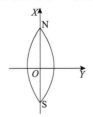

图8.9 高斯-克吕格平面直角坐标系

心。然后用一种等角投影的方法,将中央子午线两侧各一定经差范围内的地区投影到椭圆柱面上,再将此柱面展开即成投影面,故高斯-克吕格投影又称为横轴等角切椭圆柱投影。

高斯-克吕格投影是正形投影的一种,投影前后的角度相等。此外,高斯投影还具有以下特点。

(1) 中央子午线投影后为直线,且长度不变。距中央子午线越远的子午线,投影后变曲程度越大,长度变形也越大。

(2) 椭球面上除中央子午线外,其他子午线投影后,均向中央子午线弯曲,并向两极收敛,对称于中央子午线和赤道。

(3) 在椭球面上对称于赤道的纬圈,投影后仍成为对称的曲线,并与子午线的投影曲线互相垂直且凹向两极。

我国从 1952 年开始正式采用高斯-克吕格投影,作为我国 1∶50 万及更大比例尺的国家基本地形图的数学基础。

在投影面上,中央子午线和赤道的投影都是直线。以中央子午线和赤道的交点 O 为坐标原点;以中央子午线的投影为纵坐标轴 X,规定 X 轴向北为正;以赤道的投影为横坐标轴 Y,Y 轴向东为正,这样便形成了高斯平面直角坐标系,如图 8.9 所示。高斯平面直角坐标系与大地坐标系之间的坐标换算可应用高斯-克吕格投影坐标计算公式。

在高斯投影中,除中央子午线上没有长度变形外,其他所有长度都会发生变形,且变形大小与横坐标 Y 的平方成正比,即距中央子午线越远,长度变形越大。为了控制长度变形,将地球椭球面按一定的经度差分成若干范围不大的带,称为投影带。分带时,既要考虑投影后长度变形不大于测图误差,又要使带数不致过多以减少换带计算工作。我国规定按经差 6° 和经差 3° 进行投影分带,分别称为 6°带和 3°带,如图 8.10 所示。在进行 1∶2.5 万或更小比例尺地形图测图时,通常用 6°带,3°带则用于 1∶1 万或更大比例尺地形图测图。特殊情况下也可采用 1.5°带或任意带。

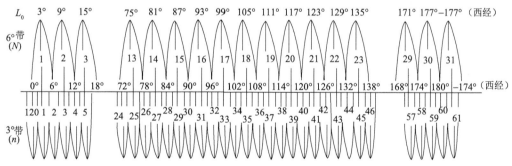

图 8.10 高斯-克吕格 6°带与 3°带投影

6°带:从 0°子午线起,每隔经差 6°自西向东分带,依次编号 1,2,3,…,60,每带中间的子午线称为轴子午线或中央子午线,各带相邻子午线称分界子午线。我国领土跨 11 个 6°投影带,即第 13 带~第 23 带。带号 N 与相应的中央子午线经度 L_0 的关系为

$$L_0 = 6°N - 3°$$

3°带:以 6°带的中央子午线和分界子午线为其中央子午线。即自东经 1.5°子午线起,每隔经差 3°自西向东分带,依次编号 1,2,3,…,120。我国领土跨 22 个 3°投影带,即第 24 带~第 45 带。带号 n 与相应的中央子午线经度 l_0 的关系为

$$l_0 = 3°N$$

我国位于北半球,在高斯平面直角坐标系内,X 坐标均为正值,而 Y 坐标值有正有负。Y 坐标的最大值(在赤道上)约为330km,为避免 Y 坐标出现负值,规定将 X 坐标轴向西平移500km,即所有点的 Y 坐标值均加上 500km,如图 8.11 所示。此外,为便于区别某点位于哪一个投影带内,还应在横坐标值前冠以投影带带号。这种坐标称为国家统一坐标。

3. 墨卡托投影

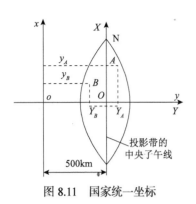

图 8.11 国家统一坐标

海图是航海必备的航海资料和工具。如果船舶始终按恒定的航向航行,它的航迹在球面上是一条曲线,该曲线称为恒向线或等角航线。在地球表面上,一般表现为一条与所有子午线相交成恒定角度的、具有双重曲率的球面螺旋线。在这种投影图中,所有经线成为与赤道垂直、间距相等的平行线;纬线成为与赤道平行与经线垂直的直线。由于经线互相平行,与所有经线交角相等即航向相等的直线为恒向线。如果要保持等角投影必须使经线方向和纬线方向的局部比例尺相等。地球表面上纬圈长度投影到图上向东西(纬线)方向拉长后,则向南北(经线)方向也要作相应的扩大伸长,其伸长倍数正好等于纬线伸长的倍数。

这种正轴等角圆柱投影称墨卡托投影,由荷兰地图学家墨卡托(Mercator)于 1569 年创拟。假想一个与地轴方向一致的圆柱切或割于地球,按等角条件,将经纬网投影到圆柱面上,将圆柱面展为平面后,即得本投影。

圆柱面展平后纬线为平行直线,经线也是平行直线,而且与纬线直交。圆柱投影按变形性质可分为等角投影、等积投影和任意投影;按圆柱面与地球的相对位置可分为正轴投影、斜轴投影和横轴投影,其中,以等角圆柱投影应用最广,其次为任意圆柱投影。墨卡托投影没有角度变形,由每一点向各方向的长度比相等,它的经纬线都是平行直线,且相交成直角,经线间隔相等,纬线间隔从标准纬线向两极逐渐增大。墨卡托投影的地图上长度和面积变形明显,标准纬线无变形,从标准纬线向两极变形增大,但因为它具有各个方向均等扩大的特性,保持了方向和相互位置关系的正确。在地图上保持方向和角度的正确是墨卡托投影的优点,墨卡托投影常用作航海图和航空图,如果循着墨卡托投影图上两点间的直线航行,方向不变可以一直到达目的地,因此,它对船舰在航行中定位、确定航向都具有重大意义,给航海者带来很大方便。

8.4.3 地理格网

地理格网是按一定的数学法则对地球表面进行划分形成的格网,通常是指以一定长度或经纬度间隔表示的格网。常规地图在按区域储存和表达空间信息方面有着一套完整的规则,这套规则被称为空间区域框架方法,常被地理信息系统在组织空间数据以建立数据库时所借鉴。任何地图都提供一个空间区域框架,概括起来可以分为自然区域框架、行政区域框架、自然与行政综合区域框架和地理格网区域框架。因为地理网格区域框架规定的有相应投影方式和坐标系统,以及有固定的地理坐标范围为基本区域框架和相应的命名方式,所以国家出版的基础地图——地形图都是以地理格网区域框架作为储存和表达空间数据的基础。而一般的专题地图，或是以所研究的自然区域，或以自然与行政综合区域为区域框架，它们属于非固定（非标准）的区域框架。空间区域框架也是保证各专业、各层次和各区域地理信息的相互匹配、交换和数据共享，达到综合分析评价目的的基础，是信息采集、储存、提取的共同基础。

1. 地理格网划分体系

有人认为地理格网是地图分幅的代名词，并赋予"国土控制格网"的名称；有人认为地理格网是地球特定区域某种属性的统计单位，而常称之为"地理定位格网"。但不论是"控制格网"或者是"定位格网"的说法，都曾造成某些误解，为避免误解，标准最后定名为"地理格网"。我国1990年发布的国家标准《地理格网》[（GB 12409—1990）已被（GB/T 12409—2009）代替]规定了我国采用的地理系统的划分规则和代码，形成了一整套科学的格网体系，系统性强。地理格网划分体系为国际、国内与地理空间分布有关的信息资源的共享确定了一致的原则与统一的代码，是一项国家重要的基础标准，具有较高的科学性和合理性。

1）地理格网划分

地理格网可以按经纬度坐标系统划分（称为地理坐标格网），也可以按直角坐标系统划分（称为直角坐标格网）。两者各有其优点，也各有其缺点。地理坐标格网体系着眼于全球范围宏观研究的需要，其优点是便于进行大区域乃至全球性的拼接，它不随投影系统的选择而改变格网的位置，但这种格网所对应的实地大小不均匀，高纬度地区较小，低纬度地区较大。我国领土所覆盖的面积较大，这种差别尤为明显。直角坐标格网体系着眼于现实世界大量系统和数据生产单位实际采用直角坐标系的客观需求。因直角坐标格网具有实地格网大小均匀的优点，它在局部的小区域是可行的。但直角坐标格网所对应的实地位置将随选用的地图投影的不同而改变。若采用高斯投影的6°带进行分割，则在分带的边缘会产生许多不完整的网格，无法进行全国性的整体拼接。然而这两种划分体系都可以互相转换（只是转换的派生数据较原生数据精度略差）。因此，本标准确认了这两种划分体系并存，其中，经纬度划分体系又分为$10°×10°$与$4°×6°$两个系统。

2）地理格网系统

《地理格网》规定了我国采用三种格网系统。

（1）$10°×10°$格网系统。这是以纬差$10°$和经差$10°$为基本网格构成的多级地理格网系统，$10°×10°$格网系统主要适用于表示海洋、气象、地球物理等领域的信息。

（2）$4°×6°$格网系统。这是以纬差$4°$和经差$6°$为基础进行划分而构成的多级地理网格系统，它主要适用于表示陆地与近海地区全国或省（区）范围内各种地理信息。

（3）直角坐标格网系统。这是将地球表面按数学法则投影到平面上，再按一定的纵横坐标间距和统一的坐标原点对其进行划分而构成的多级地理格网系统，主要适用于表示陆地和近海地区进行规划、设计、施工等需要的地理信息。直角坐标格网的比例尺与格网等级不是唯一对应的，一种比例尺可对应两种格网等级，用户可根据需要选择一种。

3）区域划分标准

区域是一个广义的概念，它源于地理学，原指地球表面上占有一定空间范围的地理单元。区域可看作是内部特质无差异的连续地域，即"均质区(等质区)"，如山地区与平原区、工业区与农业区。区域对描述、分析、管理、规划或制定政策来说，被认为是有用的一个地区统一体。

根据区域管理、规划和决策的需要，在建立区域或专业地理信息系统时，有必要将整个区域划分成若干种区域多边形，作为信息存储、检索、分析和交换的控制单元，也可以作为空间定位的统计单元，这就要求系统设计要规定统一的区域多边形控制系统，并规定各种多边形区域的界线、名称、类型和代码。

（1）区域多边形系统的含义及其划分原则。地球上各种地理要素都是按一定的空间位置在一定范围内分布的，这些不同性质的范围形成各种各样的区域，每种区域都有它明确或模糊的边界。这种界线或者是由地理要素自然分布的现象所确定的，如大陆、水域、矿产分布范围；也可能是因管理和发展需要而划分的，如行政区、经济区；也可以是二者共同决定的，如自然保护区。这些区域在实地表现为多种多样，按一定数字法则反映在地图上时，是作为地理信息源的，它表现为各种形状的多边形结构。可见，多边形系统的含义是指由点、线、面等图形元素为基础所形成的空间数据的组织系统。多边形大致有两大类型：一是按照地理要素分布自身的质量特征，可以划分为诸如土地利用类型的耕地、园地、林地等，都是由各自组成要素的不同图斑而构成的多边形；二是按照综合的自然和社会要素，并考虑管理、规划和决策需要，而划分为不同的区域多边形。

不同区域多边形的划分可以不同，但划分要遵循一定的原则，如下方面是必须考虑的基本原则：①区域多边形的选择必须和我国历史上长期形成的信息收集、统计和分析单元相一致，才能充分应用历史上丰富的信息资源。②区域多边形的选择必须和国家现行管理制度相一致，才能充分发挥其应用效益，保证信息更新的连续性。③区域多边形的选择要充分考虑国家今后在资源开发、环境保护方面的发展需要，才能为区域管理、规划和决策提供科学依据。④区域多边形的设计要与格网系统的设计相适应，才能保证在一定精度的前提下便于相互变换。⑤区域多边形的设计必须充分考虑它们的相对稳定性，使其具有修改、合并和上下延伸的可能性。⑥区域多边形的设计必须充分考虑用户查询检索信息和进行分析决策的基本单元、途径和使用频率等。

（2）行政分区。国家对辖境进行的行政分区。国家为了便于行政管理，根据政治、经济、民族、历史等各种因素的不同，把领土划分成大小不同、层次不等的区域。若行政区划按三级制，则各级为中国一级行政区（即省级行政区）、县级行政区（即第二级行政区）和乡级行政区（即第三级行政区）；若行政区划按四级制，则各级为省级、地级、县级和乡级。对县级以上的行政单元都进行了严格和科学的编码，县以下行政区的代码可以根据国家标准自行编制。

（3）综合地理分区。在地球上，各地的地理位置、自然条件存在差异，同时在人文、经济方面也各有特点，因此可以依据某一特定地区如自然元素或独具特色的人文元素，划分地理区域。以区域位置可按经纬度位置和陆海位置划分；以区域自然地理特征可按地形、气候、水文、植被、土壤等划分；以人文地理特征可按人口、聚落、交通、农业、工业和文化等划分。

（4）管理分区。管理分区是为了区域的管理而进行的工作。国家、企业、社会团体和组织等部门为了有效管理和保持良好的运行环境一般采用区域划分方法。例如，邮政分区标准中，把全国邮政分为省、邮区、邮局、支局和投递局五级，并进行全国统一编码。邮政编码采用四级六位数的编码结构，前两位数字表示省（自治区、直辖市）；第三位数字表示邮区；第四位数字表示县（市）；最后两位数字表示投递局。例如，邮编226156表示江苏省南通市海门市某投递局。

2. 国家基本比例尺地形图标准

我国把1:1万、1:2.5万、1:5万、1:10万、1:25万、1:50万、1:100万7种比例尺作为国家基本地图的比例尺系列。其中,地形图是基础地图,它的编绘都有统一的大地控制基础、统一的地图投影和统一的分幅编号;其作业严格按照测图规范、编图规范和图式符号进行。

1) 地形图的分幅

地图有两种分幅形式:矩形分幅和经纬线分幅。每幅图的图廓都是一个矩形,因此,相邻图幅是以直线划分的。矩形的大小多根据纸张和印刷机的规格而定。

地图的图廓是由经纬线构成的,故各国地形图都采用经纬分幅。我国的基本比例尺地图也是以经纬线分幅制作的。根据国家标准《国家基本比例尺地形图分幅和编号》(GB/T 13989—2012),我国基本比例尺地形图均以1:100万地形图为基础,按规定的经差和纬差划分图幅。其中,1:100万地形图的分幅采用国际1:100万地图分幅标准。每幅1:100万地形图的范围是经差6°、纬差4°;纬度60°~76°为经差12°、纬差4°;纬度76°~88°为经差24°、纬差4°。我国范围内百万分之一地图都是按经差6°、纬差4°分幅的。

每幅1:100万地形图划分为2行2列,共4幅1:50万地形图,每幅1:50万地形图的范围是经差3°、纬差2°。各比例尺地形图的经纬差、行列数和图幅数呈简单的倍数关系(表8.1)。

表8.1 地形图的经纬差、行列数及图幅数

比例尺		1/100万	1/50万	1/25万	1/10万	1/5万	1/2.5万	1/1万	1/5000
图幅范围	经度	6°	3°	1°30′	30′	15′	7′30″	3′45″	1′53.5″
	纬度	4°	2°	1°	20′	10′	5′	2′30″	1′15″
行列数	行数	1	2	4	12	24	48	96	192
	列数	1	2	4	12	24	48	96	192
图幅数量关系		1	4	16	144	576	2304	9216	36864
			1	4	36	144	576	2304	9216
				1	9	36	144	576	2304
					1	4	16	64	256
						1	4	16	64
							1	4	16
								1	4

2) 地形图的编号

我国地形图的编号是以1:100万地形图为基础的全球统一分幅编号。

行数:由赤道起向南北两极每隔纬差4°为一行,直到南北纬88°(南北纬88°至南北两极地区,采用极方位投影单独成图),将南北半球各划分为22行,分别用拉丁字母A,B,C,D,…,V表示。

列数:从经度180°起向东每隔6°为一列,绕地球一周共有60列,分别以数字1,2,3,4,…,60表示。

由于南北两半球的经度相同,规定在南半球的图号前加一个S,北半球的图号前不加任何符号。一般来讲,把行数的字母写在前,列数的数字写在后。例如,北京所在的一幅百万分之一地图的编号为 J50，如图 8.12 所示。

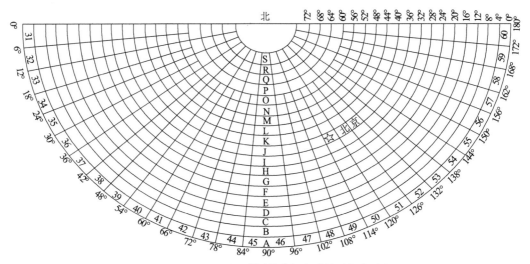

图 8.12　1∶100 万地形图的分幅和编号（北半球）

由于地球的经线向两极收敛，随着纬度的增加，同是 6°的经差但其纬线弧长已逐渐缩小，因此，规定在纬度 60°～76°的图幅采用双幅合并（经差为 12°，纬差为 4°）；在纬度 76°～88°的图幅采用四幅合并（经差为 24°，纬差为 4°）。这些合并图幅的编号，行数不变，列数（无论包含 2 个或 4 个）并列写在其后。例如，80°N～84°N，48°W～72°W 的一幅百万分之一的地图编号应为 U-19、20、21、22。

由于历史原因，我国地形图的编号在 20 世纪 90 年代以前很不统一，20 世纪 90 年代以后 1∶100 万～1∶5 万地形图的编号均以 1∶100 万地形图编号为基础，采用行列编号的方法。将 1∶100 万地形图按所含各比例尺地图的经差和纬差划分成若干行和列，横行从上到下、纵列从左到右按顺序分别用三位阿拉伯数字（数字码）表示，不足三位者前面补零，取行号在前、列号在后的排列形式标记；各种比例尺地形图分别采用不同的字符作为其比例尺代码（表 8.2）。

表 8.2　比例尺代码

比例尺	1∶50 万	1∶25 万	1∶10 万	1∶5 万	1∶2.5 万	1∶1 万	1∶5000
代码	B	C	D	E	F	G	H

1∶100 万～1∶5 万地形图的图号均由其所在 1∶100 万地形图的图号、比例尺代码和本图幅在 1∶100 万图中的行列号共 10 位号码组成，如图 8.13 所示。

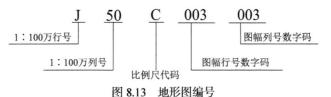

图 8.13　地形图编号

3. 全球地理网格划分方法

全球地理网格是地理信息网格服务的基础。当前全球地理信息网格的划分方法以整个地球表面为背景，主要分为两大类：一类是基于多面体的多边形层叠配置和规则形状划分的方式,即全球离散格网系统;另一类使用地理坐标系来进行网格划分。

1)离散全球网格系统

离散全球网格系统主要研究如何将地球(参考椭球)表面递归剖分为面积、形状近似相等且具有多分辨率层次结构的一系列网格。它在制图综合、全球数据采样方案设计、最佳路径决策、空间数据索引、球面动态 Voronoi 图生成、全球气候模拟等领域得到了广泛应用。完整的全球离散网格系统由理想多面体、多面体表面的层次剖分、平面与球面对应关系等 5 个相互独立的要素唯一确定。

研究发现,只有 5 种正多面体投影到球面上能产生形状相同的球面多边形且顶点所在多边形的数目相等(图 8.14),故称其为"理想多面体"(platonic solids)。其中,正八面体表面上的点与经纬度坐标之间的换算最简单,以此为基础构建的全球三角网格系统也最早被研究和使用。但是,正八面体的形状与球体相差较大,因此这类网格系统会出现较大变形。相比之下,正二十面体最接近球面,这一类型的网格系统在近几年得到了越来越广泛的应用。

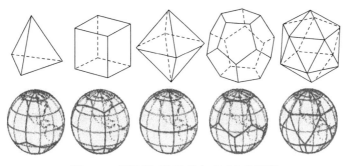

图 8.14 理想多面体及其在球面上的投影

递归剖分的主要目的是创建多分辨率网格,一般采用三角形、菱形或六边形剖分。正八面体和正二十面体都由三角形构成,常用四分法和九分法进行球面三角剖分。四分法能生成球面三角四叉树,因而被许多学者采用,如 Dutton 基于正八面体提出的"四元三角网"(quaternary triangular mesh, QTM)模型和 Fekete 基于正二十面体构建的"球面四叉树"(sphere quad tree, SQT)模型等。作为全球网格系统的基础,三角形单元之间的邻近关系定义不一致,直接用作空间分析易出现歧义。此外,三角形网格单元的方向较少,在剖分层次相同的情况下,数据处理精度较低。六边形的覆盖效率和角度分辨率均比三角形高,单元不仅一致相邻,而且无共顶点的角邻近单元,这些性质均有利于空间数据的处理。因此,单分辨率的六边形网格被广泛用于全球气候模拟等领域。然而,基于六边形的全球网格系统却远不如单分辨率的六边形网格应用广泛,根本原因是多个六边形无法构成新的六边形单元,因而很难形成便于数据处理的层次数据结构。全球多分辨率六边形网格系统层次关系的建立是学术界研究的难点,目前未见相关成果的公开报道。

除了几何形状,单元面积相等也是一些网格系统必须具备的特性。Wickman 等将球面三角形的边分解为两个大圆弧并调整中点位置以得到面积相等的"准三角形",Song 等使用最优化小圆弧获得面积相等的球面网格。施奈德多面体投影也是构建球面等积网格的重要方法。研究表明,该方法适用于所有理想多面体,较直接剖分更为有效。以遥感影像数据处理为应用背景,采用基于正二十面体的施奈德投影构建球面六边形离散网格系统,兼顾应用的特点和实际操作的效率。

以基于八面体的四分三角形网格（octahedral-quaternary triangular mesh，O-QTM）、球面四叉树（sphere quad tree，SQT）为代表，它们的特点主要体现在对地球表面进行无缝、多级的网格划分，使全球空间数据能忽略投影的影响，各网格表现为各向同性的特点，所以大多数网格应用都采用了基于多面体（四面体、立方体、八面体、十二面体和二十面体）的多边形层叠配置和规则形状划分的方式。

1992年，Goodchild等就提出了一种全球地理信息系统的层次数据结构，其思想在后来Dutton的全球层次坐标网格体系中被采用和发展。1998年，Sahr和White讨论了离散全球网格系统（discrete global grid system，DGGS），阐述了以经纬度划分地球网格的方法，以及将地球看成多面体，用四面体、立方体、八面体、十二面体和二十面体等5种理想的立体形状模拟地球，并逐级划分地球的全球网格方法。2000年，Dutton在Goodchild思想的基础上提出全球层次坐标（global hierarchical coordinates）方法，通过对地球进行八面体的四分三角形网格逐级划分，形成全球多级网格（globalmulti-scalemesh），QTM使用称为Loc8的二进制概念来描述位置信息。Dutton讨论了Loc8编码方法和结构，阐述了QTM层次坐标系统。按QTM层次划分，划分10级得到约10km分辨率级网格，划分20级得到约10m分辨率级网格，划分25级得到约1m分辨率级网格，划分30级得到约1cm分辨率级网格。

但是，任何一个全球离散格网系统在数学上不可能同时满足上述条件，某些标准是相互矛盾的。而实际应用过程中，不同的应用条件对标准的要求也不一样，有些应用对某些标准要求高，而对其他标准要求较低。所以，一个比较优越的格网系统应该是根据具体的应用条件选择一个合理的平衡。

2）地理坐标网格系统

地理坐标网格系统主要使用地理坐标网格划分整个地球表面，如椭球四叉树（ellipsoidal quad trees，EQT）、全球四叉树系统等。2002年，Ottoson提出的EQT模型，以两种方式在椭球体上划分矩形经纬网格：固定纬差值$\Delta\Phi$将地球划分成带状，以变化经差划分矩形网格；固定经差值$\Delta\lambda$将地球划分成条状，以变化纬差划分矩形网格。再以$\Delta\lambda/2$和$\Delta\Phi/2$细分，各等级网格面积相等。EQT模型中可以计算各级网格索引和由索引计算经纬地理坐标。该模型直观简单，有严密的公式计算，在空间数据库索引上有很好的应用。

上述两类网格研究由于应用领域不同，观察和思考的方式也不同，造成了网格划分的方法、编码结构也不同。这些网格的研究成果各有千秋：基于多面体的网格划分能提供在全球范围内的形状相似、各向同性的规则划分，但从多面体到球体的映射关系计算比较复杂，造成了这种网格研究难以利用现有各种坐标系统的各种数据，除非经过大量的转换，代价高昂。基于地理坐标系的网格研究一般都是通过经纬网进行网格划分的，计算比较简单，与现有的各种数据转换很方便，缺点在于网格的面积和形状由于球体影响造成了低纬和高纬相差较大，并且未形成系统的网格研究理论。

3）全球六边形网格划分方法

采用六边形对二十面体的任意一个三角面进行剖分会出现多种情况，研究表明，孔径为4的第I类（Class2I，C2I）剖分[图8.15（a）]产生的网格（C2I网格）具有较好的几何属性。同时，这种网格第n层单元的顶点全部保留到$n+1$层，即高分辨率的网格是在低分辨率网格基础上加密得到的，后者的拓扑信息得到完全保留[图8.15（b）]。这一特性有助于单元之间的层次管理和分析，这也是文中选择 C2I 网格进行数据处理的原因。

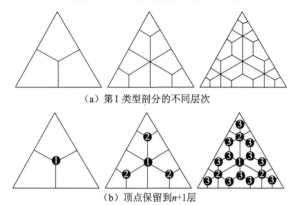

(a) 第 I 类型剖分的不同层次

(b) 顶点保留到 $n+1$ 层

图 8.15　C2I 网格的顶点保留到下一层

❶ 第1层顶点；❷ 第2层顶点；❸ 第3层顶点

由二十面体的几何性质可知，仅采用六边形无法完全覆盖二十面体表面，在顶点处会出现 12 个五边形。因此，顶点处的六边形中包含无效部分，必须将其剔除。为简化算法，可将二十面体的两个三角面合并为一个四边形并分别建立离散网格坐标系、过渡坐标系、归算坐标系、顶点坐标系和逆施奈德投影坐标系。

为了建立适合计算机表示和处理的球面网格数字空间，必须在全球网格的基础上采用离散化的球面单元代替经纬度坐标或三维笛卡儿坐标表达球面连续空间，从根本上摆脱传统坐标系的内在局限性。因为球面网格的剖分层次不断变化，所以，理想的球面数字空间还应该具备层次表达能力。尽管 C2I 网格具有较特殊的拓扑属性，但仅依靠边界点尚不能将层次信息传递给网格单元。为解决这一问题，可将六边形单元分解。

（1）边界点四元组与单元编码规则。"边界点四元组"是指 C2I 网格中上一层单元的边界点与其当前层新增的相邻边界点的组合（图 8.16），连接新增单元中心点构成的三角形组称为"四元三角形"。显然，上一层的单元边界点是下一层四元三角形的中心。

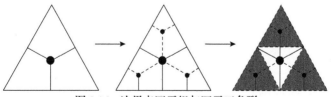

图 8.16　边界点四元组与四元三角形

以四元三角形为最小单元考察不同层次的 C2I 网格，即可将六边形网格转化为三角网格。其特点是当前层次的单元在下一层被剖分为 4 个单元，结构与四叉树对应（图 8.17）。因此，六边形网格单元的层次关系等效于三角形单元的"四叉树森林"。为了唯一标识球面六边形单元，必须首先对其中的三角形进行编号，使之有利于检索、拆分和拼接。对于上述三角形网格，表示其位置的最佳方案是采用 QTM 编码。但是，四元三角形将一个完整的六边形单元拆分为 6 个子单元，这些子单元均不是三角形，无法直接用 QTM 编码表示。为此，书中对 QTM 编码方案进行扩展，在其编码最后增加一位表示子单元方向的标识码，顺序如图 8.18 所示。

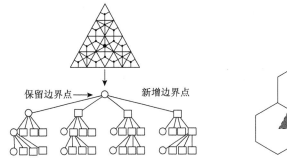
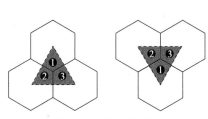

图 8.17 利用边界点四元组建立单元之间的关系　　　图 8.18 子单元标识码

至此,书中初步建立了 C2I 网格上的数字空间。在这一空间中,点位信息不是用连续笛卡儿坐标描述,而是采用地址码表示。点位精度则随剖分层次的增加而增加。地址码在记录位置的同时还隐含表示了数据精度。

(2) 单元编码特征。子单元是数据处理过程中的最小单位,它的编码特征决定了六边形单元的特征。子单元地址码由四元三角形的 QTM 编码和子单元标识码构成。QTM 编码由二十分码（0~19）和最多 30 位的四分码（0~3）组成。那么,在第 n 个剖分层次,四元三角形的编码表示为 ADDRESS $= a_0 a_1 a_2 a_3 \cdots a_n$。其中,$a_0$ 是二十分码,表示第 0 层的二十面体剖分;$a_1 \sim a_n$ 是 n 个四分码,记录了目标点在不同剖分层次所处的三角形编码。标识码始终位于地址码的最后一位,用四分码表示即可。不同层次子单元地址码表示如图 8.19 所示,若用 64 位无符号整型（Windows 平台上 UINT64 类型）表示,精度可达 2~4cm。

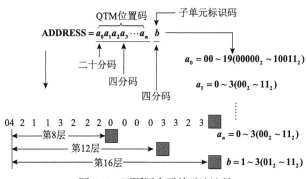

图 8.19 不同层次子单元地址码

根据 QTM 编码规则,最终产生的地址码具有如下特征:中心四元三角形的编码为 0,上或下三角形的编码为 1,左三角形的编码为 2,右三角形的编码为 3。这种地址码具有严格的方向性,有利于子单元的邻近搜索。标识码记录的是四元三角形角点的方向,不随剖分层次变化。六边形单元由六个子单元拼接而成,子单元标识码呈中心对称分布,方向相反的子单元标识码完全相同（图 8.20）。

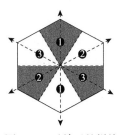

图 8.20 子单元的拼接

(3) 经纬度坐标与单元编码的相互转换。对于有严格方向性的 QTM 编码方案,目前公开发表的主要有"行列逼近"转换算法。尽管计算速度较快,但在直角坐标系中计算出的行数是精确的,列数却只有奇数列。据统计,这一缺陷导致最终结果有一半是错误编码,原因之一是采用直角坐标系描述网格的位置。故此,本书采用"3 轴离散网格坐标系",从 3 个方向准确定位三角形单元。

轴离散网格坐标系的定义：该坐标系建立在二十面体的三角面上，原点位于不同层次四元三角形的边界点（即六边形网格的中心）；坐标轴 I、J、K 与该三角形的高重合；坐标值为正整数，分别表示当前四元三角形中 3 个方向上最高分辨率的网格数。考虑二十面体各面展开之后有"上""下"之分，与之对应的 3 轴坐标系也有两种情况（图 8.21）。在 3 轴坐标系下，每个单元由坐标 (i, j, k) 唯一确定，经纬坐标与 3 轴坐标的转换通过递归实现。

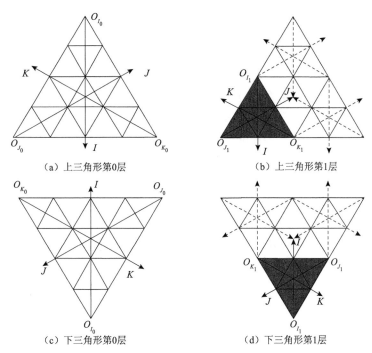

图 8.21　3 轴离散网格坐标系

（4）经纬度与地址码的转换。设二十面体边长为 1，球面上任意一点 P 的经纬度为 $P(B, L)$，该点所在子单元的地址码可通过以下步骤求得。①计算 3 轴离散网格坐标系中 3 个方向上满足最大分辨率的网格数 i_m、j_m 和 k_m。设网格的最大剖分层次为 N，则 $i_m = j_m = k_m = 2N$。②利用施奈德投影计算 P 点在二十面体表面投影点 P' 的面编号及投影坐标 (x, y)。同时，计算第 0 层 3 轴离散网格坐标系的原点 O_{I_0}、O_{J_0}、O_{K_0} 在施奈德投影平面的坐标，分"上""下"两种情况求取 P' 在 3 轴坐标系下的坐标。③求得的 3 轴坐标 (i, j, k)，分层次递归逼近实际层次的四元三角形地址码。④利用第 n 层四元三角形的 3 个边界点的坐标计算子单元标识码。

（5）地址码与经纬度的转换。算法的基本思想是采用递归方式确定 P' 所在四元三角形的边界点坐标，利用标识码和逆施奈德投影计算 P 点的经纬度，结果的精度取决于第 n 层六边形网格的分辨率。设 P' 在编号为 0 的二十面体三角面上，此时有 $a_0 = 0$。P 点的经纬度可通过以下步骤求得：①计算第 1 剖分层次（即 $n=1$）的施奈德投影平面内，四元三角形的边界点坐标。②计算剖分层次为 n（$n>1$）时 3 轴坐标系原点 O_{I_n}、O_{J_n}、O_{K_n} 的平面坐标。③令 $n=n+1$，递归调用第②步，计算出下一层次四元三角形边界点的施奈德投影坐标，直到满足条件 $n>N$ 为止，此时得到 O_{I_N}、O_{J_N} 和 O_{K_N} 的坐标。④当子单元标识码 $b=1$ 时，$P' = OI_N$；当 $b=2$ 时，$P' = O_{J_N}$；当 $b=3$ 时，$P' = O_{K_N}$。

⑤利用逆施奈德投影变换将 $P'(x, y)$ 转化到球面上，得到 $P(B, L)$。

（6）单元检索。上文设计的编码方案和转换算法都将六边形单元分解为 6 个子单元分别处理。对其中任意一个子单元而言，虽编码不同但属于同一六边形。为了处理这种情况，笔者设计了通过编码就能够快速确定出同一节点上 6 个子单元的查找算法。

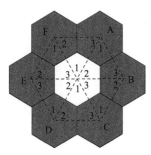

图 8.22　单元邻近搜索

因为相邻六边形单元之间直接相邻且各向同性，所以，在单元邻近检索过程中只需处理两者之间的关系即可。如图 8.22 所示，中心单元与相邻单元地址码相似而子单元标识码不同，用 A~F 分别表示 6 个方向上的相邻单元。当检索 A 单元中相邻子单元时，首先查找标识码为 1（2）且对应四元三角形为"上（下）"的三角形，分别将标识码改为 3（1），同理可以检索出 B~F。按照这种方法，固定某一方向后，利用子单元查找算法就能够检索其任何方向上的邻近网格单元。

经纬网格是目前地理信息系统中使用最广泛的一种网格，具有简单直接、占用存储空间少等优点，但在处理大范围以及全球数据时往往会暴露出一些缺陷，如球面空间数据分析中涉及大量三角函数计算、需要判断并调整数值解算的不稳定区域、在南北极点附近会出现振（即不收敛）等。

4）基于行列编码的四叉树网格

"基于行列编码的四叉树网格"方案包括一个基本方法和两个扩展方法，以适应不同的应用情况。基本方法的描述如下。

第一步：从一个固定的起算点开始，以固定的网格高宽进行初次的行列状网格划分，此时划分后的网格称为基本网格。

第二步：以基本网格作为初始网格，在其上进行逐级的四叉树划分，形成各级的子网格。图 8.23 是网格划分基本方法的图示。

"基于行列编码的四叉树网格"同时具有了行列网格和四叉树网格的优点。它既适应于无区域边界或某些特殊形态的区域（如狭长地带）的网格划分，又能在确定的区域形成多级的规则划分。

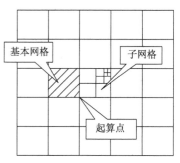

图 8.23　网格划分的基本方法

基本方法所描述的网格划分是以通用性为考虑的无特定应用条件的网格划分，基于此基本方法可以有两个扩展方法分别适用于不同的坐标系：一个是直角坐标扩展方法，适用于局部地区的网格应用研究；另一个是地理坐标扩展方法，适用于大范围乃至全球范围的网格应用研究。

（1）直角坐标扩展方法。直角坐标扩展方法在划分方法上与基本方法完全相同，区别在于此扩展方法主要面向平面直角坐标系下局部小范围的网格应用研究。直角坐标扩展方法提供了网格划分的两种退化方式，分别满足两种不同的网格应用需求：第一种退化方法是行列退化；第二种退化方法是四叉树退化。

直角坐标扩展方法的行列退化是将整个研究区域作为一个基本网格，没有行列划分，只在该网格中进行四叉树划分。直角坐标扩展方法的四叉树退化是将整个研究区域只进行行列的基本网格划分，不对基本网格进行四叉树划分。图 8.24 是行列退化和四叉树退化的图示。

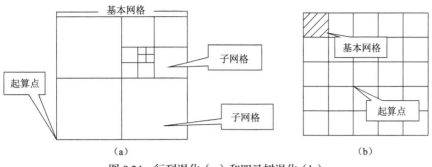

图 8.24 行列退化（a）和四叉树退化（b）

有了以上两种退化方法后，空间信息多级网格（spatial information multi-grids，SIMG）划分研究的直角坐标扩展方法能分别适用于单纯的四叉树网格应用研究和行列网格应用研究，提高了网格划分方法的通用性。

（2）地理坐标扩展方法。地理坐标扩展方法是 SIMG 网格划分研究针对大区域乃至全球网格研究的一个重要扩展方法，该方法以地理坐标系为网格划分的基础。其划分步骤描述如下：①以赤道与 0°经线的交点为起算点，以固定的经差、纬差进行行列划分，此时的网格称为基本网格。②以基本网格为初始网格，进行逐级四叉树划分，形成各级子网格。

图 8.25 是全球地理坐标扩展方法的图示。

地理坐标扩展方法能够进行全球范围内的网格划分，由于基本网格的存在，各种不同的应用可以建立不同的基

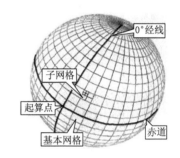

图 8.25 全球地理坐标扩展方法图示

本网格，避免地球的球体形状造成不同纬度地区网格形状的较大差异。考虑 SIMG 网格应与当前使用的各种基本比例尺地图具有更好的匹配性，一般选用经差 6°、纬差 4°为基本网格的大小，即与 1∶100 万国家基本比例尺地图的分幅大小保持一致。通过计算可知，在这种基本网格下经过 26 次等经差、等纬差的四叉树划分，其生成的子网格面积在 $2cm^2$ 以内。所以，SIMG 网格划分研究的地理坐标扩展方法不仅能够描述大区域范围，也能表达局部地物的地理位置，为 SIMG 网格研究工作在空间地物表达方面的进一步开展奠定了一定基础。

（3）网格编码结构。采用"基于行列编码的四叉树网格"划分方法得到的每一个网格（包括基本网格和各级子网格），都具有唯一的地址编码与之对应。该地址编码由三部分构成：基本网格所在的行号、基本网格所在的列号、四叉树的十进制 Morton 码。其中，行号的定义是：基本网格在水平轴延伸方向的行数，以起算点为左下角的基本网格为第 0 行。列号的定义是：基本网格在垂直轴延伸方向的列数，以起算点为左下角的基本网格为第 0 列。Morton 码是：以基本网格为初始网格进行四叉树划分后生成的子网格的十进制 Morton 码，Morton 码的编码方向依次为左上、右上、左下、右下。图 8.26 是网格编码的图示，Morton 主要用来描述基本网格的子网格，基本网格作为第一级网格，其 Morton 码始终为 0。图 8.26 网格中间的数字是该网格的十进制 Morton 码。

为了提高该网格编码方法在应用中的灵活性，不将网格编码的策略与网格编码的存储进行绑定，存储可以随着存储介质和应用环境的不同而不同，但编码的策略是一致的。同时，还

基本网格
行号：1
0
0
1
8
9
10
11
3
行号：0
起算点
0
0
列号：1
列号：1

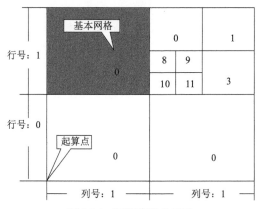

图 8.26　网格编码的图示

可以根据具体的应用环境适当地简化编码策略，如行列退化可以取出行号和列号，四叉树退化可以取出 Morton 码，以更好地适应应用需求。

网格编码采用何种存储方式可以有多种选择。若采用无冗余的整体存储策略，任一网格的三部分网格编码都可以在一个 64 位（也可以是 32 位）的长整型数中表达：最高位的 6 位是基本网格所在的行号，接下来的 6 位是基本网格所在的列号，余下的 52 位用来表达该网格的 Morton 码，由于十进制 Morton 码无法判断诸如“0”和“00”这种级数不同、但数值相同的 Morton 码值，所以在余下的 52 位中，预留一位标识位用于标识 Morton 码值的起始位，真正用于 Morton 存储的位数最多可达 51 位，表达对基本网格进行 25 次四叉树划分后的结果，此时最大的子网格面积在 2cm^2 以内。如果采用 32 位的无冗余整体存储策略，可以表达对基本网格进行 9 次四叉树划分后的结果，此时的网格大小大约相当于国家 1∶2000 基本比例尺地图的图幅大小。图 8.27 是网格编码无冗余整体存储的图示。

行号
列号
标识位
Morton码
6位
6位
51-N位
1位
N位
0~63
0~63
0
1
0或非0
第63位　第57位　第51位
第N位
第0位

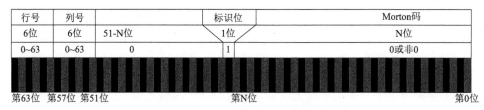

图 8.27　网格编码无冗余整体存储

网格编码的整体存储策略可以将网格编码的所有信息都存入一个 64 位的长整型数中，在计算上可以直接使用位运算符提取行号、列号和 Morton 码，效率较高。但由于标识位的存在，提取 Morton 的效率会有所降低。因此，可以采用有冗余的网格编码整体存储策略，也就是将网格 Morton 的级数直接存储在该编码中，使 Morton 码长度的判断能够直接根据级数而得知，而不需要在计算中进行标识位判断。图 8.28 是网格编码有冗余整体存储的图示。

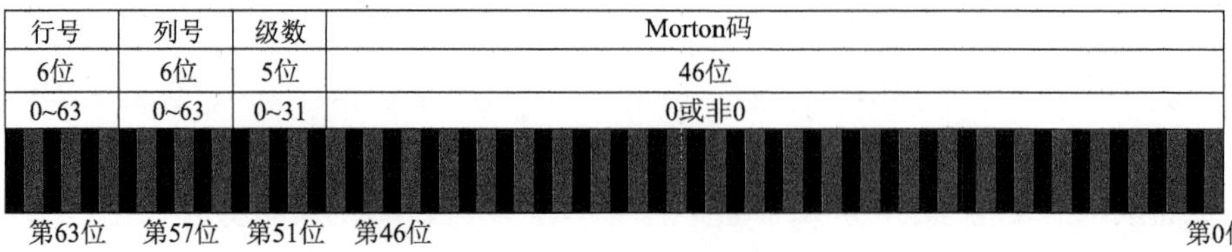

行号
列号
级数
Morton码
6位
6位
5位
46位
0~63
0~63
0~31
0或非0
第63位　第57位　第51位　第46位
第0位

图 8.28　网格编码有冗余整体存储

若采用图 8.28 所示的有冗余整体存储策略,则 Morton 的有效位数为 46 位,可以表达最多 23 级的网格划分,此时最大的子网格面积约为 10cm^2。

在某些采用关系型数据库进行网格编码管理的网格应用研究中,由于关系型数据库运算方法的特点,整体存储的网格编码无法使用位运算的方式进行行号、列号和 Morton 码的直接提取。因此,采用关系型数据库存储的网格编码,可将编码的行号、列号、Morton 码级数、Morton 码分别存放在 4 个不同的字段中,使检索和提取效率更高。

(4)网格编码与坐标的关系。每一个网格都对应着地面的一个四边形区域,地面上任一点也对应着一系列上下覆盖的网格。网格编码与坐标的关系体现在如下两个方面。

第一,从一点的地面坐标求取覆盖该点的网格编码,称为正算。

由地面坐标 (L, B) 正算网格的三部分编码(行号 row,列号 col,Morton 码 code)的公式为

$$\left. \begin{array}{l} \text{row} = \text{mod}\left[\dfrac{L}{l_0}\right] \\ \text{col} = \text{mod}\left[\dfrac{B}{b_0}\right] \end{array} \right\}$$

$$\text{code} = \sum_{i=0}^{n}\left(\left(\left(\dfrac{\text{pos}_x}{2^i}\right) \& 0X01\right) + \left(\left(\dfrac{\sim \text{pos}_y}{2^i}\right) \& 0X01\right) \times 2\right) \times 4^i$$

式中,l_0 为基本网格的行宽;b_0 为基本网格的列高;n 为 Morton 码 code 的级数;pos_x 和 pos_y 为该网格所在基本网格的行列位置,其计算公式为

$$\left. \begin{array}{l} \text{pos}_x = \text{mod}\left[\dfrac{(L - \text{row} \times l_0) \times 2^n}{l_0}\right] \\ \text{pos}_y = \text{mod}\left[\dfrac{(B - \text{col} \times b_0) \times 2^n}{b_0}\right] \end{array} \right\}$$

第二,从网格编码求取该网格对应的地面位置,称为反算。

由网格的三部分编码(行号 row,列号 col,Morton 码 code)反算地面坐标 (L, B) 的计算公式为

$$\left. \begin{array}{l} L = \text{row} \times l_0 + \sum_{i=0}^{n}\left(\dfrac{l_0}{2^{n-i}} \times \left(\left(\dfrac{\text{code}}{2^{i \times 2}}\right) \& 0X01\right)\right) + \dfrac{l_0}{2^{n+1}} \\ B = \text{col} \times b_0 + \sum_{i=0}^{n}\left(\dfrac{b_0}{2^{n-i}} \times \left(1 - \left(\dfrac{\text{code}}{2^{i \times 2+1}}\right) \& 0X01\right)\right) + \dfrac{b_0}{2^{n+1}} \end{array} \right\}$$

式中,l_0 为基本网格的行宽;b_0 为基本网格的列高;n 为 Morton 码 code 的级数。

从以上公式可以看出,无论正算还是反算,算法复杂度都是 $O(n)$,且均只采用了加法、乘法、位运算等简单运算符,都是有理数运算,使正算和反算的效率非常高,基本能够满足大量网格同时运算的要求。

第 9 章 地理信息尺度特征

人类接收信息过程中,存在超过一定的详细程度(一个人能看到的越多),对所看到的东西能记忆、理解和描述的就减少的现象。人类对地理现象的认知能力、地理信息载体和表达能力、计算机储存和运算能力是有限的,而地球表层是复杂无限的。人们不可能完全地、详细地观察地理世界的所有细节,只有经过合理的尺度抽象的地理信息才更具利用价值。尺度的选择是研究人员在现实确定的研究目标、观测技术水平、模型分析能力等约束条件下,不得已而为之的。人类认知能力是有限的,即人们对现实世界的感知能力(心理模型)是一定的。实际上人类信息获取过程是以一种有序的方式对思维对象进行各种层次的抽象,以便使自己既看清了细节,又不被枝节问题扰乱了主干。由此,人们表达信息内容时,往往经过采样、选取、概括等过程,按不同的层次表达和表现客观事物的内容,根据主题的需要对材料进行取舍,做到主次分明,重点突出。本质上,尺度只是人类主观建立的用于观察、测量、分析、模拟和调控各种自然过程的空间或时间单位。

9.1 尺度与地理信息尺度

地理学研究涉及多种尺度。凡是与地球参考位置有关的物体都具有空间尺度,尺度是地理学的重要特征。人类利用抽象概括的方法认知和表达地理世界。地理信息尺度规定了地理区域与之相适应的地理信息的详尽程度。因而,尺度是地理信息科学中最复杂的、核心的理论问题,是人们对地理现象进行认知、表达、建模、分析和可视化表示的基础,也是一种将世界加以分类和条理化的思维工具。

9.1.1 尺度与多尺度科学

尺度是一个广泛使用的学术术语,不同领域针对尺度有不同的解释和理解。尺度问题是许多学科(包括地理信息科学)中最重要的,但至今尚未解决的问题之一。

1. 尺度概念

尺度,顾名思义:尺是尺寸的尺,是衡量线、面体空间大小的基本标准单位,是绝对大小的量,指长度的标准,一般表示物体的尺寸、尺码、准绳、衡量长度的定制,可引申为看待事物的一种标准。同时,尺又表示量与量之间关系的比较而产生的相对大小的量,这与比例概念相近。度是度量,是用尺来量取线、面体空间的行为过程,是动词;度又是程度,包含着等级差别的意义。

尺度是人感觉的量,是人们体验对象之间相对关系的感觉,它直接受人的生理和心理的影响。尺度概念虽与真实大小的尺寸有关,但本质上是表达人们对空间比例的大小关系的一种综合感觉。

尺度是一个许多学科常用的概念,通常的理解是考察事物(或现象)特征与变化的时间和空间范围。从认知科学的观点来看,尺度更多的含义是"抽象程度",它体现了人们对空间事物、空间现象认知的深度与广度。人们在观察、认识自然现象、自然过程，以及各种社会经济问题时往往需要从宏观到微观，从不同高度、视角来进行。尺度不同、角度不同、分辨率不同很可能得到不同的印象、认识或结果。尺度有多种含义，如绝对大小、相对大小、分辨率、颗粒度、详细程度等。

定义尺度时应该包括三个方面的含义：客体（被考察对象）、主体（考察者，通常指人）及时空。有时尺度并不单纯是一个空间概念，还是时间概念和语义概念。

2. 多尺度理论

多尺度理论是一门研究各向不同长度尺度或时间尺度相互耦合现象的科学，其研究领域十分宽广，涵盖流体动力学、材料科学、生物学、环境科学、化学、地质学、气象学和高能物理等。多尺度理论已成为当代科学研究的热点。

1）多尺度是复杂性科学的核心

自近代科学诞生以来，人们对客观对象的研究分析主要运用还原法，即便20世纪出现两大科学革命（相对论和量子力学）也是如此。人类所面临的客观世界是复杂多变的，是一个涉及多种因素和多方面相互作用的复杂系统，需要结合还原论和整体论去把握。近20年来以复杂现象为研究对象的复杂性科学已经引起了国际上科技人员的高度关注，掀起了一股研究复杂性和非线性问题的热潮，并正在与各门学科进行交叉，数学家、物理学家、化学家、生物学家、经济学家和计算学家等合作共同研究这一问题。复杂性科学将成为数学、物理学、化学、地球科学、生命科学、信息科学、材料科学等高新领域之间的一个横断学科，被誉于"21世纪的科学"。复杂系统的非线性、非平衡性、不可逆性、开放性、多层次性、动态性、自组织性、临界性、自相似性、统计性等特征向现有的科学理论提出了巨大的挑战。这些挑战以复杂系统最本质的特征即多尺度性为核心，毋庸置疑，多尺度是贯穿非线性和复杂性问题的一个最核心的红线。显然，对习惯研究单一尺度的人们来说，在对待多尺度问题上，研究方法还需要更大的突破。

2）多尺度应用领域

多尺度现象不是一个新事物，它是一个存在于人们客观世界所固有的普遍现象，是一个名副其实的跨学科研究课题。

在数学领域有两个重要前沿：一是数学与化学、物理学、生命科学、信息科学、材料科学等其他学科相互交叉而产生许多新的应用数学问题的研究；二是离散问题、随机问题、量子问题以及大量非线性现象中的数学理论和方法的研究。这两个前沿涉及的核心都是要求发展多尺度现象的数学方法。

物理学和力学前沿领域：一是跨物质层次的固体变形和强度理论。固体变形直至破坏，跨越了从原子结构到宏观结构的近十个尺度量级，必须进行跨越多尺度的研究，实现材料结构的力学设计，并对正在服役的材料的寿命实现准确预测。二是湍流和复杂流动。这涉及多维动力系统的复杂多尺度流动，并与国家安全、工程科学、生命科学等紧密关联。三是复杂的工程项目研究，大多要面对多物理场耦合的情况，多相多态介质耦合、多物理场耦合以及多尺度耦合分析已经成为工程优化设计所必然面对的问题。

在化学和化工前沿领域中，多尺度研究是一个重要方面，涉及气、固、液多相反应的过程系统工程，是流动、传递、分相和反应相互耦合的典型多尺度问题；高分子聚合物的结构和性能的连贯研究涉及极广的时间和空间尺度；化学基础理论方面则涉及从电子排列的微观结构到宏观化学性质的探求，是最基础的多尺度问题。目前，多尺度最小能量理论（energy minimization multiscale method，EMMS）、超熵以及其他的泛函等方法都在化学多尺度方面做了重要探索并揭示了多尺度现象的许多特性，统一描述仍然在探索中，泛函的构筑和极值的分析是有待深入研究的问题。

天文学领域最近也开始关心多尺度现象：一是不同尺度的黑洞物理，通过天文观测测量黑洞的主要参数（质量和角动量），研究质量分布函数，揭示黑洞在宇宙各种尺度上的演化和循环作用；二是星系和大尺度结构，研究宇宙学模型是如何制约星系形成的，多尺度相互作用是如何影响星系演化的，各种物理性质（如形态、光谱）的星系之间是如何联系的，星系中的恒星是如何形成的，恒星的形成又是如何影响星系形成的等。

在地学领域，多尺度也是普遍的研究课题，地球的结构、地貌、河流的结构等，无一不是人们关心的多尺度问题。地理分析也需要不同尺度的地理信息。地理信息多尺度表达是当今地理信息科学领域理论与方法研究的重要性和前沿性问题。它要解决用户对不同应用需求和分析的需要，而导致对地理实体产生不同表示的问题。

在生物领域，应力和细胞生长的关系、组织工程、微小生物的特异性质等牵涉从毫米到微米到纳米的多尺度结构，目前的重点是研究这些结构的形成机制、演化和作用，以达到理解自然和进行有效仿生的目的。即便在人文和社会科学领域，人们也无时不在与多尺度打交道，复杂社会网络（朋友网络、演员网络、作家网络等）的形状结构、经济系统的形状结构、城市系统的形态结构等都作为多尺度现象而开始引起人们的高度关注。

3）多尺度科学的内容

目前，有关多尺度现象的研究已经遍布各个学科分支，呈爆发式的趋势，这也让人感觉比较凌乱。为了能给多尺度现象研究一个基本的定位，现粗略地把多尺度科学研究内容归于三个主要方面：多尺度现象的描述、多尺度现象的机理和多尺度现象的关联，如图9.1所示。

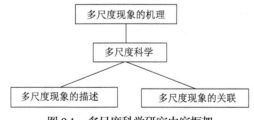

图9.1　多尺度科学研究内容框架

a. 多尺度现象的描述（认识论层次）

从认识论层次上来看，人们对事物会选择合适的尺度来分析和讨论。在认识论上典型的成功是层次理论的提出，它把多尺度作为一种现象来描述。针对自然界的多尺度性，Pattee 和 Simon 等从系统论、数学和哲学等角度在二十世纪六七十年代提出并发展了层次理论，后来在管理科学、社会科学和生态学等方面都获得了广泛的应用。层次理论认为，层次结构有垂直结构和水平结构，垂直结构又分巢式结构和非巢式结构。在巢式结构中，每一层次结构都由其下一层次组成，二者之间是包含和被包含的关系，如物质系统和生态系统，自然界中的系统大多为巢式系统。在非巢式结构中，不同层次由不同实体单元组成，层次之间没有包含和被包含的关系。在水平结构中，每一层次由不同的子系统和单元组成。

层次理论的核心观点之一是各层次之间的过程速率的差异。一般而言，处于层次系统中高层次的动态行为常常表现出尺度大、频率小和速率小的特点；而处于层次系统中低层次的动态行为常常表现出尺度小、频率高和速率大的特点。不同层次之间有相互作用的关系，即高层次结构对低层次结构有制约作用，而低层次系统又为高层次系统提供机制和功能。由于低层次结构具有尺度小、频率高和速率大的特点，在分析高层次行为时，低层次信息往往可以用平均值的形式来表示。层次结构既是复杂系统演化的产物，又是人们分析复杂系统问题的方法，层次系统的可分解性是应用层次理论的前提。人们常常可以根据周期、频率、速率、反应时间等标准，同时考虑结构和功能表现出的边界或表面特征来分解复杂系统。

层次理论处理多尺度现象遇到的问题是：仅从感性认识出发，在层次区分上还非常主观，而实际上多尺度现象是一种客观事物和客观必然。这意味着现有的层次理论处理多尺度问题还有一定的困难。因此，要从一般的意义上探索复杂系统演化中出现的多尺度现象，必须从数学和物理上对复杂系统多尺度现象的机理进行分析。

b. 多尺度现象的机理（原理论层次）

多尺度现象的机理分析，就是通过从微观的动力学方程或场守恒方程到反映物质形态分布宏观现象的不断粗视化过程来揭示多尺度现象的物理机理，这是未来多尺度科学的重要突破口。多尺度机理分析涉及微观动力学到中观动力学再到宏观维现象的各种尺度上的突现。归纳起来，目前多尺度现象的机理分析主要有以下几种方法。

（1）统计力学的方法。统计力学是处理多层次现象的最经典理论，多尺度的结构可以认为是从微观尺度中出现的，即由微观尺度产生出宏观结构或形态。一般来说，复杂系统是由大量组元组成的，如物理和化学系统中的原子或分子、生物系统中的细胞或组织、社会系统中的个人和星系中的星体等。在统计力学中，为了描述一个含有大量微观组元的宏观复杂系统，人们都是把微观组元极复杂的状态投影成更小数量的宏观变量，这种投影是必需的，具有统计特征。正是这种统计把宏观世界和微观世界联系起来了。以等概率假设为基础，整个平衡统计力学的大厦被 Boltzmann 和 Gibbs 优美地建立起来了。对于非平衡统计过程的处理有两种方法：一是运动学方法，即利用 Boltzmann 型方程或 Markovian 方程；二是线性响应理论。但对于远离平衡的开放复杂系统，还缺乏一般的统计方法。

用统计力学方法处理多尺度现象存在的主要问题有：一是它只处理了从分子到宏观特性两个层次；二是对远离平衡的多尺度动力学问题，统计力学还没有发展出比较好的方法，而这又恰恰是多尺度现象所需要的，因为人们遇到的多尺度问题几乎都是远离平衡态的。

（2）含有动力学的多尺度统计力学方法。这类方法的基本原理是：为了求解多尺度问题，在中观尺度上构造模型，这个中观模型联系着微观尺度和宏观尺度。目前，主要发展了三大类方法：一是元胞自动机（cellular automaton，CA）方法、格子气方法、基于自主体的模拟（agent-based simulation，ABS）、耦合映像格子（coupled map lattice，CML）理论等，它们通过假设格子元胞的相互作用规则来描述系统的行为，格子元胞相当于微观动力学在一定时空上的集总效应，从而实现尺度间的耦合；二是格子 Boltzmann 法等，它们是在格子气等方法的基础上，通过假设格子元胞的分布函数进一步引入统计方法，能更好地实现尺度的耦合；三是耗散粒子动力学等方法，它们通过把微观分子动力学的信息集总成单个的耗散粒子，再通过耗散粒子的相互作用导出宏观特性，这样就实现了低尺度的物理细节与高尺度的模型或现象的关联。

（3）动力学多尺度分析的重整化方法。重整化作为一个研究多尺度现象的重要理论曾一直只局限在平衡现象的研究中。近年来重整化方法也被用来研究非线性动力学，这包括非线性常微分方程和非线性偏微分方程的重整化。湍流是一个典型的动力学多尺度问题，目前用重整化方法求解已获得了比较好的成果。重整化是一种粗粒化方法，它适合处理具有大量信息的系统，它的技巧在于从大量的信息中抽象出事物的本质特征。对由微分方程（包括常微分方程和偏微分方程）描述的系统，如化学或化工系统、材料力学系统和流体力学系统等，重整化方法有利于理解宏观现象从微观到宏观的各个尺度上的细节。

（4）偏微分方程的多尺度计算。偏微分方程控制的多尺度问题的直接数值求解往往相当困难，很多情况下还有可能不现实，因此，必须发展出一套多尺度计算的技巧。多尺度算法就是在特定的尺度上选定一系列代表性模型的描述，同时把内部更小的尺度效应归入模型。例如，MonteCarlo 模拟就是在小网格上获得信息，输入到大网格实现大尺度的有效计算。

近年来多尺度和多层次关联已经在计算数学理论和应用计算方法领域被极大地发展起来。

为了快速有效求解多尺度问题，研究者在传统的有限差分法、有限元法、谱方法等基础上提出了多重网格法、多水平法、区域分解法等。近些年来，为了研究不同的区域或不同的尺度有不同物理规律的情形，研究者还发展了多尺度物理模型。当前针对多尺度问题的计算方法研究还在蓬勃发展中。

（5）多尺度现象机理分析的一般原理。上面从四个角度介绍了多尺度现象机理分析的方法，在此有必要介绍多尺度现象机理分析的一般原理。人们在自然界遇到的多尺度结构大多是在开放系统中形成的，并且是不断成长的。生物的形态、流体的旋涡、成长的树木等都是多尺度结构的典型。

c. 多尺度现象的关联（方法论层次）

这方面主要是研究多尺度现象的关联方法，较少涉及多尺度现象的物理机理。多尺度关联方法主要是指如何进行尺度转换和推演。根据关联的技巧不同，主要有以下几种方法：图示法，将自变量和因变量的关系以图形的形式表示，从而实现尺度外推；回归法，把相关参量拟合成数学关系式，再推广到相关尺度；自相关分析，研究变量在时间和空间上的自相关特性，从而做相应的多尺度分析；谱分析法，通过把原始信息变换成频域中的信息，从而对频域中的信息进行多尺度分析；分形几何法，通过自相似维数实现多尺度分析和转换；小波分析法，通过小波变换把任一信号表示成小波的加和，从而进行有效的多尺度分析；遥感和地理信息系统技术，通过对不同时空尺度的样本进行观察、采样，再进行多尺度集成，它是多尺度分析和转换的一个有效工具和技术。目前，这些多尺度现象的关联方法在计算科学和高新技术中都已得到了较好地运用。当然，上面关于多尺度科学三方面的主要内容不是相互独立的，而是经常通过相互交叉而联系在一起的。

9.1.2 地理信息尺度概念

空间是一个变量，那么，对于研究空间分布的传统地理学来讲，空间这个变量肯定也存在"尺度"问题。分形理论的创始人曼德布罗特曾在《科学》杂志上撰文指出，英国的海岸线的长度是不确定的，它依赖于测量时所用的尺度。结果令人诧异吗？其实道理很简单，用一公里的标尺和用一米的标尺度量海岸长度所得到的结果肯定是不一样的，这就是尺度效应。尺度是对地理现象观察、度量的标准之一，是地理信息采集、建模、分析的重要依据，是地理信息的重要特征。

1. 地理尺度

地球是一个复杂的巨系统，要详细、具体地进行研究、模拟或表征，必须采用划区的方法将其简化，通过对不同空间尺度区域的研究，提高对地理信息细节数量和程度的概括水平。从种类上讲，地理信息科学中的尺度分为现象尺度（本征尺度）、测度尺度（采样尺度）和分析尺度（模拟尺度），如图9.2所示。

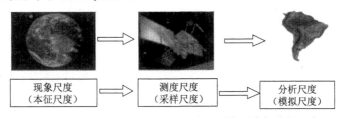

图9.2 地理信息科学中的现象尺度、测度尺度与分析尺度

1）地理现象尺度

在地理科学中，地理现象的研究是通过对其描述的概念、量纲和内容的层次性来实现的，即将不同尺度的过程用特定的概念、量纲来抽象描述。人们认知世界、研究地理环境时，往往从不同空间尺度（比例尺）上对地理现象进行观察、抽象、概括、描述、分析和表达，传递不同尺度的地理信息。尺度是指研究某一物体或现象时所采用的空间或时间单位，又指某一现象或过程在空间和时间上所涉及的范围和发生的频率，还可指人们观察事物对象、模式或过程时所采用的窗口。简单地说，尺度就是客体在其"容器"中规模相对大小的描述。如何从不同视角、从宏观或中观或微观的尺度来观察、认识自然现象、自然过程或社会经济事件，获取有关数据、信息，进而分析评价它们，为规划决策、解决问题服务，已成为人们认识自然、认识社会、改造自然，促进社会经济进步、发展的重要论题。

在地理学分析中，尺度（区域范围）选择并非是任意的。选择尺度时必须考虑观察现象或研究问题的具体情况。通常很难有一种确定的方法可以简便地选择一种理想的窗口（尺度），也不太可能以一种窗口（尺度）就能全面而充实地研究复杂的地理空间现象和过程，或者各种社会现象。不同尺度表达的空间范围大小和地理系统中各部分规模的大小可分为不同的层次。在地理学分析中可以分为三级：

第一级是球观的，如地球表层系统、地缘问题、全球环境演变等。球观问题是唯一的，一般讲它的时间尺度≥10^2年，空间尺度≥10^3km。球观问题一般只能发展学说，因为没有第二个例证来检验"模型"或"理论"。

第二级是宏观的，如区位现象、景观生态现象，这一级现象是大量的可重复的。因此，尽管个体之间有差异，但可以有统计规律，可以忽视细节。它的时间尺度为$10^{-1} \sim 10^2$年，空间尺度为$10^2 \sim 10^3$km。地理学的理论，如区位论、景观生态学说主要是针对这一层次的。

第三级是局地观的，如土地问题、景观系统分带现象、河道演变、海岸的年周期性侵蚀进退。时间尺度约为旬到年，空间尺度为$10 \sim 10^2$m，但也不尽然，其主要特征是认为对象既有统计性也有唯一性，它的系统性特别是巨系统性（复杂类型大量单元构成）显著地突出，因此，系统分析最适合于这一层次的现象。

2）地理测度尺度

在地理研究中要获得对某一研究对象的认识，观测是必不可少的手段之一。能称之为科学的观测必须具备三个基本特性：①其观测过程是可定义的；②重复观测在同样条件下给出同样结果；③观测值是精确的。这三个条件意味着观测者必须对观测对象有足够的了解，必须预先设置好观测尺度，必须有一组固定的法则来控制观测过程。测度尺度是对地理现象（实体）观察、测量、采样时所依据的规范和标准，包括取样单元大小、精度、间隔距离和幅度，其常常受测量仪器、认知目的的制约。地理信息的获得总是在一定的观测尺度下进行的，选取不同的观测尺度，将得到不同范围、精度、信息量、具有不同语义的地理信息。

观测尺度是指研究的区域大小或空间范围。认识或观察地理空间及其变化时一般需要更大的范围，即大尺度（地理尺度）研究覆盖范围较大区域，如一个国家、亚太地区，而研究城市分布及其扩展可用中尺度或小尺度。操作尺度是指对地理实体、现象的数据进行处理操作时应采用的最佳尺度，不同操作尺度影响处理结果的可靠程度或准确度。

3）地理分析尺度

分析尺度是根据观测或者是测度的结果，根据实际需要通过一定的信息处理对地理信息进行分析和表达后加工处理、分析、决策、推理所采用的尺度，受制于现象尺度和观测尺度。

研究尺度的选择涉及许多因素，如研究目的、研究条件等，以下三个基本原则应当得到普遍遵循。

（1）科学性原则：科学性是观测尺度选择时首先要考虑的原则。科学研究的重要任务就是要准确地探究自然世界的表象、过程及其内在机理。对于地理学研究来说，首要的任务就是选择与自然现象（格局与过程）发生规模相当的观测尺度。如果观测尺度与实际尺度相差甚远，研究结果的可信度就会很差。其次，选择的尺度应尽可能是自然界的实体单位。

（2）经济性原则：在满足研究科学性的前提下，尽可能体现经济性原则。根据科学研究的抽样原理，避免过度取样引起的不经济。

（3）可操作性原则：为增大研究成果的适用性和可操作性，在满足上述两个原则的基础上，尺度选择应尽量地与可操作性兼容，在目前的管理体制下，尤其要与行政管理单位相衔接。

2. 地理信息本体尺度

尺度是一个本体论问题，它决定了地理世界怎样被描述。地理信息映射人们所关注的地理现象本身的特征在信息中的反映。Peuquet 提出了三合模型，认为所有的地理现象均可用属性、空间、时间三者相结合来描述，即"what-where-when"三角形模型。实际上，地理信息无论以何种介质来表示，都要表示地理事物现象的时间特征、空间特征以及地理实体本身区别于其他地理实体的语义特征。因此，地理信息抽象程度的刻画必须从三个方面即空间、时间和语义来规范，如图9.3所示。

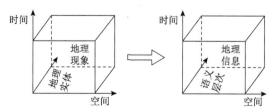

图9.3 从地理现象到地理信息

尺度种类划分的依据是地理信息运动过程中的阶段，体现了地理信息从地理现象（实体）经过观察测量得到原始的地理信息，到处理综合、类型转换等过程中不同阶段的尺度特征。

地理信息本体尺度强调地理信息的客观性，是地理实体现象固有的、本质的大小、范围、频率（周期性现象），不受观测影响。地理信息本体尺度是指地理现象本质存在的，隐匿于地理实体单元、格局和过程中的真实尺度，属本体论概念。它也是个变量，不同的格局和过程在不同的尺度上发生，不同的分类单元或地理实体也从属于不同的空间、时间或语义层次。一般，本体尺度可区分为空间尺度、时间尺度、语义尺度等。地理信息的尺度包括观测目标的空间尺度、描绘地理过程的时间尺度、描述地理现象的数量和质量的语义尺度。

1）空间尺度

空间尺度是一个视觉问题，即一个视觉问题的答案往往会依赖于其所在的尺度。在生活中这样的例子也比比皆是，如要观察一棵树，所选择的空间尺度应该是"米"级；如果观察树上的树叶，所选择的空间尺度则应该是"厘米"级。一般来说，摄像设备所能呈现的画面分辨率是固定的。要以同样的分辨率分别观察树和树叶，需要调整摄像设备的摄像位置。因此，视觉问题中的空间尺度概念也可以被形象地理解为摄像设备与被观察物体之间的距离：较远的距离对应较大的尺度，较近的距离对应较小的尺度。

空间尺度是一个许多学科常用的概念，通常的理解是考察事物（或现象）特征与变化的时间和空间范围。在地理信息科学领域，尺度概念超出了"距离比率"的意义，更多的有含义"抽象程度"，从认知科学的观点，它体现了人们对空间事物、空间现象认知的深度与广度。

2）时间尺度

时间尺度是完成某一种物理过程所花费时间的平均度量。一般来讲，物理过程的演变越慢，其时间尺度越长，物理过程涉及的空间范围越大，其时间尺度也越长。研究地理过程的目的在于了解地球表层的形成和演变。地理过程的时间尺度通常分为日变化、年变化、多年变化、长期变化等。

3）语义尺度

语义可以简单地看作是数据所对应的现实世界中的事物所代表的概念的含义，以及这些含义之间的关系，是数据在某个领域上的解释和逻辑表示。语义具有领域性特征，不属于任何领域的语义是不存在的。而语义异构则是指对同一事物在解释上所存在差异，也就体现为同一事物在不同领域中理解的不同。对于计算机科学来说，语义一般是指用户对于那些用来描述现实世界的计算机表示（即符号）的解释，也就是用户用来联系计算机表示和现实世界的途径。

语义尺度用于量测物体或对象在类或质量上的差别。不同尺度的语义表达不同的地理事物抽象层次，同一地理事物在不同尺度下的表达结果存在着内在联系和区别。语义尺度含义为：①对于同一地理实体可以有不同的语义抽象程度，它与地理事物测度和表达的尺度密切相关，如对于一块用地，可具体化为梨园，可抽象为苹果园，也可抽象为林业用地、耕地；②同一地理要素在不同尺度上存在着语义上的内在联系，这种联系构成一个地理事物的各部分聚合为一个整体，其各部分与整体之间存在着语义层次关系和语义上的内在联系。语义尺度体现了对于地理实体类的概括程度，表达了地理实体、地理现象组织层次大小及区分组织层次的分类体系在地理信息语义上的界定。

语义层次尺度与时间和空间尺度有着密切的联系，其刻画受到时间和空间尺度的制约。语义尺度对空间尺度具有依赖性，一般情况下，空间上表达得越细微，地理实体及属性类型也就越详细，语义粒度越小，语义分辨率也越高，但是二者有时不具有同步性。语义层次尺度主要是通过定名量和次序量来表征的，而空间尺度和时间尺度主要是通过测度量和比例量来表征的。

3. 地理信息表达尺度

地理信息表达尺度强调地理信息的主观性。人类用于刻画空间尺度、时间尺度、语义尺度所构成的要素，主要包括幅度、比率（比例尺、速率）、粒度、有序、间隔、频率等。

1）幅度

幅度是物理学名词，原指振幅，即物体振动或摇摆所展开的宽度，说明抽象概念时指此概念所包括的内容范围。现也指事物发展所达到的最高点与最低点之间的距离，即事物变动的大小。地理信息所表征的幅度是指地理现象的广度和范围。空间幅度就是指空间的范围、面积，时间幅度指时间所持续的长度。幅度对于语义层次来讲则指地理信息所表达的地理事物类型及类型的层次。空间幅度大，也称大尺度，一般对应较大的范围。时间幅度大，就是指地理现象过程持续的时间长。

2）比率

比率尺度是所有尺度中关系描述最全面、表达能力最强的尺度。比率，即比值，两数相比所得的值。表示两个比相等的式子称比例。比率表示总体中的一部分与总体作比较，一般用百分比的形式表示。比例表示总体中两个部分之间的比较，一般用几比几的形式表示。以比率尺度划分的地理信息，不但有等级、等级之间的数值差异及差异关系比较，而且有倍数关系比较，如降水量。当应用要求人们求出某地与另一地的降水量差异时，用相对差值或比值表达都是可行且有意义的。

欧氏空间是指欧氏几何中使用的抽象空间，它也有"尺度"的概念，但与地理信息科学中的"尺度"含义不同。在欧氏空间，任何对象都相对于一个整维数，放大（或缩小）会导致二维空间中长度增大（或缩短）以及三维空间中体积增大（或缩小），但对象的形状保持不变，该变换过程是可逆的（图9.4）。但在地理信息科学中维数并不是整数，因此引入分数维数的概念。在此空间内，一条线的维数介于1.0~3.0，一个面的维数介于2.0~3.0。当对象由大比例尺变换到小比例尺时，其复杂度被减轻，以便适应此比例尺，但当对象由小比例尺放大到大比例尺时，其复杂度不能复原，即该过程是不可逆的。

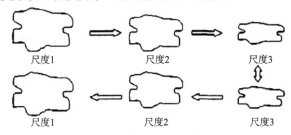

图9.4 二维欧氏空间尺度缩放示意

在欧氏空间中，尺寸变化不会引起对象复杂度的改变，即改变对象的尺寸时，观测设备的基本分辨率也会以相同的量变化。在地理空间中，当尺度改变时，对象的复杂度也会改变，这种复杂度的变化可以通过改变对象的尺寸和观测设备分辨率间的关系来实现。第一种方法是改变对象的表达尺寸，同时保持观测设备的基本分辨率；第二种方法是保持对象的尺寸不变，但改变观测设备的自然分辨率，再通过欧氏空间的简单缩小来改变对象被观测时的尺寸。

3）粒度

粒度本意是指微粒的大小，即构成物质或图案的微粒的相对尺寸。对于空间尺度来讲，粒度是指地理信息中最小单元所表示的特征长度、面积和体积，如栅格数据格网的大小以及影像数据的分辨率。对于语义尺度来讲，粒度是指地理信息中最小单元所表示的意义以及层次，粒度越小，所能表达的语义层次越多，分辨率越高。

空间粒度指空间分析中的精度以及空间信息和空间知识的抽象度。在地理信息的分析中可看作像素的大小、地理目标的分辨率、空间数据的认知层次等。人类能从不相同的粒度世界中观察和分析同一主题，地理信息处理中也可从不同层次上分析地理数据，通过尺度变化来得到不同层次的知识，满足不同的需要。

在地形图表达中，粒度指最小可表达的地物大小，对于居民地的表示，在大比例尺的地图上可以表达出只有几个农户的村子，而在小比例尺的图上只能表示出县城和重要的城镇。

时间粒度是指在获得地理信息时采样计量的时间精度或者单位，单位时间采样点多少，如1h内采样的次数。空间粒度不仅与比例尺有关，还受地理现象本身、采样的精度、表达介质与技术、人的认知水平和认知需求的制约。地理信息空间粒度有空间大小粒度、空间关系粒度和空间特征粒度等三种类型。

4）有序

有序用于根据某种标准来描述量测对象的等级。按有序尺度划分的地理要素，其等级之间存在着大小关系，但这种关系不能用数值来明确。等级的确定可以是主观人为的，因此，前后等级之间往往也是不可比较的。由于有序尺度在不等关系的基础上又引进了大小关系概念，它便具有两个语义尺度所没有的法则。一是等级或地理要素类别之间关系的非对称性：如果A大于B，B就不能大于A。二是关系的可传递性：如果A大于B且B大于C，A必然也大于C。但A、B、C之间不能有数值运算。在地理信息中，含有等级关系的地理现象均可用有序尺度来量测、划分和表达。

5）间隔

间隔指两个类似的事物之间的空间或隔开的距离。在保持等级特征的前提下，以数量形式来描述等级之间的间隔差异。但由于间隔尺度资料没有绝对零点（或只有假设零点），它在等级之间的关系比较上只能有差值比较，而不能有倍数比较。典型的间隔尺度例子如气温，可以说100℃比50℃高50℃（即温差50℃），但不可以说100℃比50℃热一倍。这是为比值（倍数）关系是无单位绝对关系，以零点为参考基点。若零的设置是相对的或任意的，自然就决定了比值关系的任意性。

空间间隔表示地理单元之间的距离。由于人的视觉分辨率限制，地图上符号之间的最小间距为0.2mm。时间间隔就是两个时间点之间的部分，也就是通常人们所说的时间的长短，或表示为单位时间内信息采样数量。语言间隔表示语义差异。由于信息概念具有很强的主观特征，语义具有领域性特征，同一事物在不同领域的语义是存在差异的。语义异构则是指对同一事物在解释上所存在差异，也就体现为同一事物在不同领域中理解的不同。

6）频率

频率，是单位时间内完成周期性变化的次数，是描述周期运动频繁程度的量。在一个变化过程的序列中，包含许多频率的成分，最为典型的是趋势成分和噪声成分。不同的频率成分性态不同，高频不稳，生长较快；相反，低频较稳，变化较为缓慢。以尺度来区分，生长快的高频成分，通常生存周期比较短，能量主要分布在比较少的尺度上；生长较慢的低频成分，往往生存周期比较长，分布的尺度域大，常成为某一过程的背景。举例来说，自工业革命以来的全球气温变化曲线就是气候系统自身的变化趋势叠加一些随机噪声形成的，其中主要的噪声项是人类活动对全球气温变化的影响。一般来说，随着尺度的增加，过程通常由非平稳序列转变成平稳序列，如图 9.5 所示。

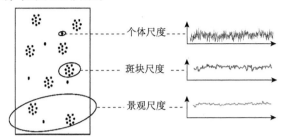

图 9.5　尺度与频率关系

在地理信息中尺度的含义是丰富而且具体的，地理信息尺度和描述尺度的具体含义如表 9.1 所示。对于一个量，用一个域来描述，每个域都用元来描述。

表 9.1　尺度维数、尺度组分的笛卡儿积的含义

维数	组分				
	幅度（p_1）	粒度（分辨率）（p_2）	间隔（p_3）	频度（p_4）	比例（p_5）
空间（d_1）	范围	最小单元面积（长度）、空间特征、关系	相邻地理单元之间的距离	单位空间内采样数量	比例尺
时间（d_2）	长度时间单位（精度）	时间间隔	单位时间采样数量	速率	
语义（d_3）	类的总量与层次	最小的类	语义类之间的差异	—	—

地理信息尺度表达的地理实体、地理现象组织层次大小及区分组织层次的分类体系在地理信息语义上的界定，体现了对于地理实体类的概括程度。现象尺度决定测度尺度和分析尺度。宏观的地理现象一般只能用小比例尺的地图来表示，采样时的粒度也比较大、间隔较大，而微观地理现象则相反。地理信息尺度是地理现象本身特征及其在测度和分析时所要界定的方面。地理现象是地理实体及其性质在空间和时间上的运动变化，因此，对其抽象程度的界定要从语义、空间和时间 3 个维来考虑。地理信息的时间、空间和语义层次尺度是通过地理信息表达尺度实现的，如描述时间、空间和语义的要素，如幅度、粒度、频度、比例等。以空间尺度为例，仅以比例尺来表达尺度是不能完全正确地描述的，如遥感影像，会出现比例尺相同、幅度相同却是不同尺度的地理信息。

9.2　地理信息多尺度表达

人类在视觉的限制下，空间模式在不同的观察尺度下（精度）呈现不同的状态，地理目标、空间现象及其关系都会发生变化。并且，人眼在一定时间内接收空间信息时，空间广度和粒度之间存在某种固定的关系：眼睛观察的视野越开阔、越远，其观察的空间物体的细节越粗略、越概括，也就是空间广度和粒度是在一定程度上成反比的。人类对地理环境的认识也是变化的，被观察的空间目标的复杂性是随尺度变化的。靠近目标时，看得详细；而远时则有较少的细节，但主要特征仍能观察到。人眼的观察限制，也就是人眼随距离产生的分辨率变化，使从不同高度观察得到不同精度的地形表达。尺度相关的各内涵间的关系可以用人眼的视觉感受来解释。

9.2.1 地理信息尺度变化

人们从不同的角度认知客观世界时，对于不同的应用目的，对地理信息的需求详细程度（尺度）是不一样的。例如，车辆导航时需要系统至少提供三种不同详细程度的地图：一幅小比例尺地图用于纵览全局，制定大致航线；中等比例尺地图用于寻找行车路线的出入口、停车点等；大比例尺地图为车辆行驶提供最详细的路径引导信息。如果系统只提供大比例尺和小比例尺地图，当用户寻找市内某条主干道时，过多的细节涌入视野，会干扰用户的思路和判断；而细节过少，则无法获取从小路通往附近主干道、次干道的引导提示等路径引导信息。从微观到宏观的现实世界通常以多个比例尺系列构建地理对象的信息描述，采用系列比例尺表达地理现象的分级层次结构，从不同空间尺度（比例尺）上对地理现象进行观察、抽象、概括、描述、分析和表达，传递不同尺度的地理信息，利用不同粒度的地理实体对现实世界进行抽象和描述，这就需要多种比例尺地理信息的支撑。不同的空间尺度具有不同形态的地理实体，不仅可以分解为更小的地理实体，还可以组成更大的地理实体。

尺度变化在地表各系统的研究十分重要，其涉及学科包括生态学、地理学、景观学及其他交叉学科。地理信息科学中尺度变化是指利用某一尺度上所获得的信息和知识来推测其他尺度上的现象。这一过程包含三个层次的内容：①尺度的缩放；②空间结构随尺度变化的重新组合或显现；③根据某一尺度上的信息（要素、结构、特征等），按照一定的规律或方法，推测、研究其他尺度上的问题。

9.2.2 地理信息空间多尺度

测绘学、地图制图学和地理学中通常把尺度表述为比例尺，在航空摄影、遥感技术中尺度则往往相应于空间分辨率（spatial resolution）。

1. 地图比例尺

从地球（或其局部地域空间）到地图，必然要经过缩小，这个过程涉及地图比例尺的概念，比例尺表示图上距离比实地距离缩小的程度。从地球到地图，概括地说，主要经过两个阶段，并产生两个地图比例尺概念：第一个阶段是按照一定比例将地球缩小，形成缩小的地球（仪）。这个比例就是随后所编制地图的主比例尺。在地球投影中，切点、切线和割线上是没有任何变形的，这些地方的比例尺皆为主比例尺。在各种地图上通常所标注的都是此种比例尺，也称普通比例尺。第二个阶段是将缩小了的地球（仪），经过各种地图投影，形成地图。由于投影变形的存在，不同地方的缩小比例就不一样了，有的比主比例尺大（地图投影面之下），有的比主比例尺小（地图投影面之上），有的与主比例尺相等（前述切线、切点、割线之处），这就形成了局部比例尺的概念。

人们从不同的角度认知客观世界时，对于不同的应用目的，对地理实体表达需求的详细程度（尺度）是不一样的。例如，在城市中旅游一般采用 1∶1 万～1∶3 万比例尺的地图比较合适，这个尺度范围的地图提供了比较详细的信息；而对于城市之间的旅行则应使用 1∶5 万～1∶20 万的地图；国家之间的旅行则应使用 1∶30 万～1∶100 万的地图，这样可以确定总的方向和方位概念并满足一览性的要求。此外，人类对客观地理世界的认知是分层次的，所进行的地理空间分析有很强的区域性。例如，研究全球范围内石油分布情况时，通常将国家看作点，国家内部石油分布的差别就成为次要因素，不需着重考虑；但如果要研究每个国家的石油分布情况，则应把注意力放在国家内部石油分布的差异上。基于空间推理实现辅助决策时，多尺度、分层次的空间表示有助于在空间推理的不同阶段集中推理的注意力。例如，通过概略图、区位图、索引图等方式配合主地图内容实现地物目标的搜索和空间信息的查询；模拟人脑思维活动的智能化推理工具使用自适应的分层推理方法等。在大比例尺地图上，由地图投影因素产生的变形很小，可以只用主比例尺（普通比例尺）及其任何形式（数字式、文字式、线段图解式等）来表示地图的比例尺，并且不必给予说明。据此比例尺对地图内容进行各种量算，可以得到较为准确的结果。

由于投影变形的因素，各局部地区的缩小比例是不一样的。小比例尺地图的比例尺按投影变形的情况可以分为主比例尺和局部比例尺。从根本上说，人们不能在小比例尺地图上，依据地图上标注的比例尺（即主比例尺）对图面任一区域进行距离、方向、面积等的量算。

地图精度就是地图的精确度，即地图的误差大小，是衡量地图质量的重要标志之一，它与地图投影、比例尺、制作方法和工艺有关。通常用地图上某一地物点或地物轮廓点的平面和高程位置偏离其真实位置的平均误差衡量。地图存在误差，在地图上进行量算时，对量测的数据必须考虑地图的各项误差。地形图上 0.1mm 的长度所代表的实地水平距离称为比例尺精度，用 ε 表示，即

$$\varepsilon = 0.1M$$

几种常用地形图的比例尺精度如表 9.2 所示。

表 9.2　几种常用地形图的比例尺精度

比例尺	1∶5000	1∶2000	1∶1000	1∶500
比例尺精度/m	0.50	0.20	0.10	0.05

根据比例尺的精度，可确定测绘地形图时测量距离的精度。另外，如果规定了地物图上要表示的最短长度，根据比例尺的精度，可确定测图的比例尺。地图的精度和所表示内容与比例尺大小的关系密切。在图幅相同的地图上，比例尺越大，地图所表示的实地范围越小，图中表示的内容越详细，精度越高；比例尺越小，地图所表示的实地范围越大，图中表示的内容越简略，精度越低。画一幅范围小、内容详细的地图，一般选用较大的比例尺。

在地图学中地图比例尺是传统的尺度典范，定义为表达空间中的长度与实际地理空间长度的比率。这样，"空间尺度"与"比例尺"的关系变为分母与商的关系，即大尺度对应小比例尺、小尺度对应大比例尺，数据尺度与相应地图比例尺呈反比变化。数字技术环境下，由于数据库记录没有距离上的量度，图面的密集程度只受采集的坐标精度和计算机存储空间的限制。因此，传统地图比例尺的概念在数字环境下发生了变化，失去了原有的解释。此时，将数据进入数据库的比例尺作为数据详细程度的指标是非常合适的。因而，数字地图的比例尺实际上是指其数据定位精度与同比例尺的纸质产品相当。

地学领域对比例尺提出了两种本质的含义："抽象（和细节）的程度"和"距离的比率"，并认为前者影响对空间关系的理解力，后者影响数据的质量和表达，两者之间最好的桥梁是"分辨率"。

2. 图像分辨率

分辨率是有关图像的一个重要而基本的概念，也是通常人们最容易感到迷惑的地方。其实，分辨率指的是单位长度中所表达的或者是所获取的像素数目。它是衡量图像细节表现力

的技术参数。换句话说，就是从输入设备（如扫描仪、数码照相机、数字摄像机）的角度来说，图像的解析能力越高，所能获取图像的分辨率也就越高。图像分辨率所使用的单位是 PPI（pixel per inch），意思是在图像中每英寸所表达的像素数目。从输出设备（如打印机）的角度来说，图像的分辨率越高，所打印出来的图像也就越细致与精密。打印分辨率使用的单位是 DPI（dot per inch），意思是：每英寸所表达的打印点数。在现实生活中，PPI 与 DPI 的度量方式常常被人混淆，这是一个需要注意的问题。

图像的分辨率会影响图像的打印品质及大小，但不会影响它在显示器上所呈现的品质。必须特别注意的是，图像分辨率不仅影响打印时的大小及打印的品质，还会影响在文字排版软件中的原始大小。几种常见的"分辨率"，即扫描仪分辨率、数码照相机分辨率、显示器分辨率、打印机分辨率。

在遥感领域，日益增多的多传感器不同分辨率的遥感数字图像给人类提供了地球表面的各种信息，遥感中的尺度集中体现在空间分辨率和时间分辨率方面。

1）空间分辨率

空间分辨率直观的理解就是通过仪器可以识别物体的临界几何尺寸。空间分辨率是指遥感影像上能够识别的两个相邻地物的最小距离。对于摄影影像，通常用单位长度内包含可分辨的黑白"线对"数表示（线对/mm）；对于扫描影像，通常用瞬时视场角（instantaneous field of view，IFOV）的大小来表示（毫弧度，mrad），即像元，是扫描影像中能够分辨的最小面积。空间分辨率数值在地面上的实际尺寸称为地面分辨率。

空间分辨率表达的最小粒度，受表达能力、认知能力、用途目的的影响，小于阈值的不予表达。三种空间分辨率：①空间大小分辨率。所能表达目标的最小面积、最小长度（目标级上）。②空间特征分辨率。所能表达目标细节特征的最小单位，如曲线上的弯曲特征（几何层次上）。③空间关系分辨率。目标间拓扑、距离、方向上可表达的最小可辨析关系。

2）时间分辨率

时间分辨率是指在同一区域进行的相邻两次遥感观测的最小时间间隔。对轨道卫星来说，称为覆盖周期。时间间隔大，时间分辨率低，反之，时间分辨率高。

时间分辨率是评价遥感系统动态监测能力和"多日摄影"系列遥感资料在多时相分析中应用能力的重要指标。根据地球资源与环境动态信息变化的快慢，可选择适当的时间分辨率范围。按研究对象的自然历史演变和社会生产过程的周期划分为五种类型：①超短期的，如台风、寒潮、海况、鱼情、城市热岛等，需以小时计；②短期的，如洪水、冰凌、旱涝、森林火灾或虫害、作物长势、植被指数等，要求有以日数计；③中期的，如土地利用、作物估产、生物量统计等，一般需要以月或季度计；④长期的，如水土保持、自然保护、冰川进退、湖泊消长、海岸变迁、沙化与绿化等，以年计；⑤超长期的，如新构造运动、火山喷发等地质现象，可长达数十年以上。

地理空间数据作为地理信息的载体和客观地理世界的抽象表达，试图以离散的方式描述、模拟自然界的连续分布现象，势必要受采样分辨率的约束。地球的大小和测绘技术的精度限制了地理空间分辨率的合理取值范围，它可以从大到 1000m 的分辨率，到通常可用于对地观测和制图的精细分辨率 1m，或大多数实地测量的最小分辨率如 1mm。在如此丰富的分辨率框架中，用离散方式模拟自然界的连续分布现象时，每一个地理空间对象所代表的充其量只是真实地理实体全部信息的一个子集。该子集的真实度随着为了在计算机中存储、分析和描述而对地物进行数字化时的分辨率的不同而变化,由此满足了人们基于地理空间数据进行地理空间分析、可视化以及地图制图不同应用的需求。

3）语义分辨率

语义分辨率指在语义层次、类别上划分的最小粒度（语义层次树的叶结点）。三种语义分辨率：①集合语义分辨率（IS_A,成员关系）；②聚合语义分辨率（Part_Of,构成关系）；③次序语义分辨率（次序关系）。

3. 多空间尺度差异

在几何层面上,同一地理实体在不同的尺度下具有不同抽象程度的几何形状,反映在地理信息中则表现为具有相同或不同的抽象几何类型。这是因为尺度不同,对地物的抽象和化简的程度也不尽相同。地图比例尺决定着地图所表示内容的详细程度和量测精度。地图比例尺影响着空间信息表达的内容和相应的分析结果,并最终影响人类的认知,不同比例尺的变化不仅引起比例大小的缩放,而且带来了空间结构的重组。

尺度变化不仅引起地理实体的大小变化,通过不同比例尺之间的制图综合,还会引起地理实体的形态变化和空间位置关系（制图综合中位移）的变化。在不同尺度背景下,地理空间要素往往表现出不同的空间形态、结构和细节。如图 9.6 所示,居民地,在比例尺为 1:1 万时,用单个居民地轮廓表示；当比例尺变为 1:2.5 万时,将单个居民地轮廓合并,保持居民地的相似性；比例尺变为 1:5 万时简化为几个轮廓表示；而在 1:10 万及更小比例尺下,居民地通常被简化成一个点进行表示。

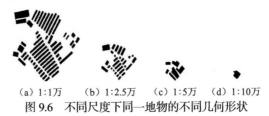

(a) 1:1万　(b) 1:2.5万　(c) 1:5万　(d) 1:10万

图 9.6　不同尺度下同一地物的不同几何形状

同一地物在不同尺度对地物的抽象和概括的程度不同,同一地理对象在不同比例尺下表现为不同的几何外形,以至于同一地理实体在不同尺度下表现为点、线、面、体 4 种形态。例如,河流在现实世界中是具有一定宽度的条带状的面地物,在大比例尺地图中,可能表示为双线河流,但在小比例尺地图中,可能表示为单线河流。同理,城市在大比例尺地图中可以认为它是面状地物,但在比例尺较小的地图中,则是作为点状地物处理的。

同尺度下不同地理实体按轮廓形态特征可分为点状分布特征、线状形态特征、面状轮廓特征、立体三维外表形态和三维内部分布特征。地理信息多尺度的变化引发地理信息的多态性。地理对象不同形态有不同的属性特征、形态特征、逻辑关系和行为控制机制等的描述方法,不同形态地理对象有不同的生成、消亡、分解、组合、转换、关联、运动和表达等的计算与操作方法。

9.2.3　地理信息语义多尺度

语义尺度指地理实体语义变化的强弱幅度以及属性内容的层次性。在地理信息中它反映了某类地理目标的抽象程度,表明了该地理目标所能表达的语义类层次中最低的类级别。语义的层次性是指属性描述中的类别和等级。也有学者把地理信息属性的多层次性称为语义粒度。

语义尺度与时间、空间尺度有密切的关系。一般情况下,大的时空尺度有较高的属性概括层次,即语义尺度,而小的时空尺度往往具有较低的语义尺度。地理实体之间的语义关系可以通过对象的属性来标识，如图 9.7 所示。

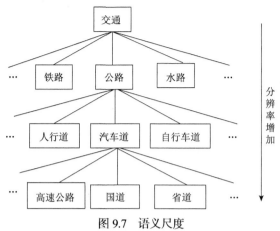

图 9.7 语义尺度

从统计学而言，理论上，一切认识的对象均可被量化。而其量化的方法则无外乎定类、定序、定距和定比四种。①定类尺度，也称类别尺度或名义尺度，是将调查对象分类标以各种名称，并确定其类别的方法。它实质上是一种分类体系。②定序尺度，也称等级尺度或顺序尺度，是按照某种逻辑顺序将调查对象排列出高低或大小，确定其等级及次序的一种尺度。③定距尺度，也称等距尺度或区间尺度，是一种不仅能将变量（社会现象）区分类别和等级，而且可以确定变量之间的数量差别和间隔距离的方法。④定比尺度，也称比例尺度或等比尺度，是一种除有上述三种尺度的全部性质之外，还有测量不同变量（社会现象）之间的比例或比率关系功能的方法。

研究表明，多种地理现象和过程具有明显的尺度依赖特征，对地理现象的研究是通过对其描述的概念、量纲和内容的层次性来实现的，即将不同尺度的过程用特定的概念、量纲来抽象描述。分类、分级问题是地理学中一个古老的问题，随着地理学理论和技术的不断发展，分类、分级方法得到了很大的发展。许多研究表明，未经处理的地理数据所表现的地理分布特征缺乏特定的意义，其解释功能很弱。对地理数据源的分析、处理的方法很多，分类、分级是其中重要的方法。从分级到分类，实质上是一个从量变到质变的过程。当刻划样品的变量差异较小时，对它们划分即为分级，当变量差异较大时，对它们的划分，即为分类。分级、分类在方法上是一致的。地理信息不仅在于表示现象的分布和空间关系，还要综合反映现象的性质、状况、空间特征和随时间的动态变化。因此，按地理要素的质量和数量特征进行分类分级，是反映内容实质的必要措施。

1. 语义分类方法

语义分类方法是通过比较事物之间的相似性，把具有某些共同点或相似特征的事物归属于一个不确定集合的逻辑方法。分类，把世界条理化，使事物高度有序化，它使表面上杂乱无章的世界变得井然有序起来。分类有两种基本方法：一种是人为的分类，它是依据事物的外部特征进行分类，为了方便，人们把各种事物分门别类，从而极大地提高了认识效率和工作效率。这种分类方法，可以称为外部分类法。另一种是根据事物的本质特征进行分类，可以发现和掌握事物发展的普遍规律，为人们认识具体事物提供向导。例如，生活在海洋中的鲸鱼，体型像鱼，但它不属于鱼类，它胎生、哺乳，身上没有鳞片，不用鳃而用肺呼吸，具有哺乳动物的特征。把鲸鱼划为哺乳类，这就是一种本质的分类，称为本质分类法。

学科分类是按照该学科研究确定的指标进行分类的，如地貌类型是按成因和形态因素的组合划分的。但在为农业用途的地貌类型图上，形态指标的划分可能更细，同时可加入地面组成物质因素甚至人类耕作对地貌景观的影响等因素对地貌进行分类，这种农业地貌类型图对农业生产更有意义。

事物的属性是多方面的，分类的方法也是多样的，在不同的情况下，可以采用不同的分类方法。数据的分类方法主要有判别分析方法、系统聚类方法、动态聚类方法和模糊聚类方法。

1）判别分析方法

判别分析的特点是根据已掌握的历史上每个类别的若干样本的数据信息，总结出客观事物分类的规律性，建立判别公式和判别准则，判别该样本所属的类型。判别分析必须事先知道各种判别的类型和数目，并有一批来自各类的样品才能建立判别函数以对未知属性的样品进行判别和归类。例如，在评价产品的市场竞争力时，可根据产品的多项指标（如其内在质量、外观、包装及价格等）判别消费者对商品的喜爱程度。

判别分析依其判别类型的多少与方法的不同，可分为两总体判别、多总体判别和逐步判别等。

判别分析要求根据已知的特征值进行线性组合，构成一个线性判别函数 y，即

$$y = c_1 \cdot x_1 + c_2 \cdot x_2 + \cdots + c_m \cdot x_m = \sum_{k=1}^{m} c_k \cdot x_k \tag{9.1}$$

式中，$c_k(k=1,2,\cdots,m)$ 为判别系数，它可反映各要素或特征值的作用方向、分辨能力和贡献率大小。只要确定了 c_k，判别函数 y 也就确定了。x_k 为已知各要素（变量）的特征值。为了使判别函数 y 能充分地反映出 A, B 两种类型的类别，需要使两类之间的均值差 $\left[\overline{y}(A) - \overline{y}(B)\right]^2$ 尽可能大，而各类内部的离差平方和尽可能小。只有这样，其比值 I 才能达到最大，从而将两类清楚地分开。其表达式为

$$I = \frac{\left[\overline{y}(A) - \overline{y}(B)\right]^2}{\sum_{i=1}^{n_1}\left[\overline{y_i}(A) - \overline{y}(A)\right]^2 + \sum_{i=1}^{n_2}\left[\overline{y_i}(B) - \overline{y}(B)\right]^2} \tag{9.2}$$

判别函数求出以后，还需要计算出判别临界值，然后进行归类。不难看出，经过两级判别所做的分类是符合区内差异小而区际差异大的划区分类原则的。

2）系统聚类方法

系统聚类法是应用最多的一种聚类方法，聚类的依据是把相似的样本归为一类，把差异大的样本区别开来，成为不同的类。它是一种定量方法，样本之间的相似性和差异性统计量有多种定义方法，这种方法的基本思想是：先将几个样本（或指标）各自为一类，计算它们之间的距离，选择距离小的两个样本归为一类；计算新类和其他样本的距离，选择距离最小的两个样本或新类归为另一个新类；每次合并缩小一个类，直到所有样本划为一个类（或所需分类的数目）为止。类与类之间的距离可以有许多定义，广泛应用的计算方法是最短距离法。

最短距离法的基本思想是：将所有样本均作为一个独立类别，看哪两个样本的距离最接近，先将其合并得出新类；再求新类与其他类之间的距离值，然后逐步地合并成需要的几个类。

用 d_{ij} 表示样本之间的距离，用 $g_1, g_2, \cdots, g_l$ 表示类（群）。在此定义两类间最近样本的距

离表示两类之间的距离，类 g_p 和类 g_q 的距离用 d_{pq} 表示，则

$$d_{pq} = \min d_{ji}, i \in g_p, \in g_q \tag{9.3}$$

用最短距离法分类的步骤如下：

（1）计算样本之间的距离。计算各样本间两两相互距离的矩阵表，记作 $D(0)$。

（2）选择 $D(0)$ 的最小元素并以 d_{pq} 表示，则将 g_p 和 g_q 合并成新类，记为 g_r, $g_r = \{g_p, g_q\}$。

（3）计算新类与其他类的距离，如计算新类 g_r 与其他类 g_k 的距离：

$$d_{rk} = \min_{i \in g_r, j \in g_k} d_{ij} = \min\left\{\min_{i \in g_p, j \in g_{kk}} d_{ij}, \min_{i \in g_{qr}, j \in g_{kk}} d_{ij}\right\} = \min\{d_{pk}, d_{qk}\} \tag{9.4}$$

由于 g_p 和 g_q 已合并为一类，故将 $D(0)$ 中的 p, q 行和 p, q 列删去，加上第 r 行和 r 列得新矩阵记作 $D(1)$。

（4）对 $D(1)$ 重复 $D(0)$ 的步骤得 $D(2)$，依此类推计算 $D(3)$ 直至所有的区域分成所需几类为止。

实际分类中，每次可以限定一个合并的定值 t，每一步 $D(k)$（合并）中可对两个以上样本同时进行合并。如果设最后需分 k 类，则在 $D(0)$ 中一次选取按最短的 $n-k$ 个距离同时合并，即可直接获得分类结果。

除了常用的最短距离法外，还有其他的系统聚类方法，如最长距离法、中间距离法、重心法、类平均法、可变类平均法、可变法、离差平方和法等。

2. 语义分级方法

地理信息属性中的定量数据大多是呈离散分布的，但原始数据并不能直观地反映现象在空间分布上的规律性，因为数量差异而产生质量差异感、特殊的水平或集群性，所以，对原始数据进行统计分析后建立分级模型是十分必要的。分级，实际上是简化专题数据的一种常用的综合方法。有综合就有损失，数据一旦表示为分级的形式，同一级的这组数据间的数量差别将消失，这种损失了的信息就不可能传递给读者了。当然，分级的结果并非单纯地损失信息，而是为读者提供更直观的、可感知的信息。人的视觉感知信息的能力是有限的，分级的目的是满足人类通过视觉获取最佳信息的需求。

1）确定分级的一般原则

就分级数据处理而言，它主要解决两个问题，即分级数的确定和分级界线的确定。它们受地图用途、地图比例尺、数据分布特征、表示方法、数据内容实质、使用方式等多种因素的制约。分级数越多，越能保持数据精度，但要增强图幅的易读性，又必须限制分级数。分级数常满足以下原则。

（1）分级数量的确定。分级数量的确定，要做到详细性与地图的易读性、规律性的统一。依据统计学原理，分级数的多少与对数据的概括程度成反比，即分级数越多，概括程度越小，在图上表示得越详细，反之亦然。但根据人的视觉感受特点，肉眼在地图上所能辨别的等级差别是非常有限的，同时，分级太细不宜反映大的规律性，因此，在首先保证地图易读性的前提下，应满足地图用途所要求的规律性，尽可能使分级详细些。如果地图比例尺增大，可利用的视觉变量的变化范围也增大，分级数就可适当增加。如果数据具有较强的集群性，则分级数可依据集群数的多少而定，不必太多。分级数量的确定应注意以下几点：①分级数控

制着地图的精确性，应受地图的数值估计精度的影响。②分级数受对制图对象的区域分布特征强调程度的影响。③分级数的大小应顾及地图比例尺的大小和视觉变量的变化范围。④分级数的确定应注意保持数据的客观分布特征。⑤在满足对地图统计精度要求的条件下尽可能选择较少的分级数。常用的分级数的适宜范围是4～7级。

（2）分级界线的确定。分级界线的确定是分级的最主要问题，其主要原则是保持数据分布特征和分级数据有一定的统计精度。分级数一经确定，分级的主要工作就是考虑如何适当地确定分级界线。分级界线确定的主要原则是保持数据分布特征和分级数据有一定的统计精度。为了得到最佳效果，分级界线的确定应注意以下几点：①保持数据的分布特征。在分级数一定的条件下，使各级内部差异尽可能小，而级间差异尽可能大。这是确定分级界线的主要原则。②任何一个等级内部都必须有数据，任何一个数据都必须属于相应的等级。这是确定分级界线最基本的要求。③从保持数据分布特征上考虑，分级界线应与数据的实际分布范围一致，即分级界线不必相互连接。但从心理学上说，相互连接的分级界线更有秩序感。所以，专题地图制图中分级界线通常都是相互连接的。④在保持数据分布特征的前提下，尽可能采用有规则变化的分级界线。分级界线应适当凑整。常用的分级方法主要有传统分级法、聚类分级法和统计分级法。

2）传统分级法

这种方法是专题数据分级最常用、最基本的方法。这种方法既适用于绝对数量的分级，也适用于相对数量的分级；既适用于点状分布要素，也适用于线状和面状分布要素。这种方法一般分为两类：一类是按照简单的数学法则分级，主要有数列分级方法、级数分级方法等；另一类是统计学分级方法，即按某种变量系统确定间隔的分级，主要有统计量分级（平均值、标准差、逐次平均、分位数）法、自然裂点法、自然聚类法、迭代法、逐步聚类法、模糊聚类法、模糊识别分级法等。按照简单数学法则分级的方法是专题地图设计时较常用的方法，该方法主要考虑了用图者的习惯，易于把握分级数而且分级界线有规律地变化，并考虑了制图者的经验。统计学分级方法的优势在于按照某种数学法则能比较精确地反映数据分布特征，但有时不便于制图。

根据分级系统的数字特征，又可把它分为四个系统：等间隔分级、间隔有规律地向量表的高端变大或变小的分级、按某种变量系统确定间隔的分级、按需要自由的分级。

（1）数列分级方法。数列分级的特点是：分级界线是某种数列中的一些点。一旦选定了某种数列，则分级界线完全取决于数据的最大值、最小值和分级数。数列分级方法的优点是分级界线（间隔）严格按照数学法则确定，但它不能很好地顾及数据本身的随机分布特征。

设 H 为数列的最高值，L 为数列的最低值，N 为欲分的级数，则有：

等差数列分级。这是一种最简单的分级形式，等差分级用于具有均匀变化的制图现象，其特点是级差相等便于比较。$(H-L)/k$ 表示分级间隔（级差），则数列分级后各级的下限为

$$A_i = L + \frac{i-1}{K}(H-L)(i=1,2,\cdots,k+1) \tag{9.5}$$

实际使用时，K 和 A_i 次都应当凑成整数。

有时可直接给一个恒定的间隔作为分级的唯一依据。

在专题制图中，当待分级的数据分布较均匀，没有明显的集群性，而且最大值和最小值相差不是过于悬殊时，通常可采用等差分级的方法。

等比数列分级：

$$\lg A_i = \lg L + \frac{i-1}{K}(\lg H - \lg L) \tag{9.6}$$

即 $A_i = L\left(\dfrac{H}{L}\right)^{\frac{i-1}{k}} (i=1,2,\cdots,K+1)$。

倒数数列分级：

$$\frac{1}{A_i} = \frac{1}{L} + \frac{i-1}{K}\left(\frac{1}{H} - \frac{1}{L}\right) \tag{9.7}$$

即 $A_i = \left[\dfrac{1}{L} + \dfrac{i-1}{K}\left(\dfrac{1}{H} - \dfrac{1}{L}\right)\right]^{-1} (i=1,2,\cdots,K+1)$。

（2）级数分级方法。数列分级方法的特点是按选定的数列直接选择分级界线。然而有时，人们关注的是分级间隔的变化。级数分级方法的特点是直接对分级间隔进行选择，通常有算术级数和几何级数两种。通用模型为

$$L + B_1 Y + B_2 Y + \cdots + B_i Y = H$$

式中，Y 为级差基数；B_i 为某级所需级差基数的倍数值；L，H 的意义同前；$B_i(i=1,2,\cdots,K)$ 为数列中的第 i 项。对于任意给定的 L、H 以及等差或等比数列中的 B_i，可求出 Y，由此便可确定分级界线 S_i：

$$Y = \frac{H - L}{\sum_{i=1}^{K} B_i}$$

$$S_i = L_0 S = L + Y\sum_{j=1}^{i-1} B_j (i=1,2,\cdots,K+1) \tag{9.8}$$

算术级数分级：定义为 $a, a+d, a+2d, a+3d, \cdots, a+(n-1)d$，则 B_i 由下式确定：

$$B_i = a + (i-1)d \tag{9.9}$$

式中，a 为首项的值；d 为公差；i 为要确定的序数。

算术级数分级法是一种可变的、规则的数学区分分级间隔方法，其一般形式随公差的正负形式而变化。

几何级数分级：定义为 $g, gr, gr^2, gr^3, \cdots, gr^{n-1}$，则 B_i 由下式确定：

$$B_i = gr^{i-1} \tag{9.10}$$

式中，g 为第一个非零项的值；r 为公比；i 为要确定项的数。

通过改变 d 或 r，就能改变算术级数或几何级数的分级间隔，就可以得到无数种级数分级方案。分级间隔可有规律地向量表高端变大或变小，所采用的级差可以是算术级数，也可以是几何级数。它们又都可以采用以下六种变化方法来确定分级间隔：①按某一恒定速率递增；

②按某一加速度递增;③按某一减速度递增;④按某一恒定速率递减;⑤按某一加速度递减;⑥按某一减速度递减。

这两种数学方法确定的分级间隔系统形成分级界线和规则变化的分级间隔。如果制图数据的排列表现为连续递变,那么,就能使用这些方法。

上述各种传统分级方法计算简单,分级界线(或分级间隔)的变化有规律可循,便于读者理解和对比分析等判读工作。但这种方法的主要不足是不能很好地顾及数据本身的随机分布特征。

(3)按某种变量系统确定分级间隔的分级方法。按某种变量系统确定分级间隔的分级方法同上述分级方法的区别是其分级间隔的大小并非朝一个方向有规律地变化。这种分级方法事实上又分为两类:一类是完全不规则的分级界线;另一类是有规则的,但不具有单调递增或递减的规则。前者使用的方法通常是自然裂点法,后者则有按正态分布参数分级、按嵌套平均值分级、按分位数分级、按面积等梯级分级、按面积正态分布分级等方法。

自然裂点法。某种现象的观测值或统计值可能不是均匀分布的,例如,统计的若干城市的人口数中,30万~40万人、60万~90万人的城市比较集中,而50万人左右的城市极少,这里就产生了一个自然裂点。任何统计数列都可能有这种裂点,用这样的点可以把研究对象分成性质相近的群组。因此,裂点本身就是分级的良好界线。

按正态分布参数分级。按正态分布参数分级,先要计算出数列平均值 Z 和标准差 S。这两个值表示数列的中心和离散程度,可以用它们确定分级,即按下列要求分为四级: $\leqslant (Z-S)$,$(Z-S) \sim Z$,$Z \sim (Z+S)$,$> (Z+S)$。

如果 S 值很小,也可以用加(或减)$2S$、$3S$ 来增加分级的级差和数量。

按嵌套平均值分级。先计算整个数列的平均值,用它将数列分成两部分;对每部分再计算平均值,又把各自的这部分分成两段。依此类推,就可把数列分成 $2n$ 个等级。

按分位数分级。按分位数分级是将数列分成若干分段,每分段中的个数相等。先将数列按大小排列,根据需要将其分成4段、5段或6段等,位于分段位的那个值就成了分级的界线。

按面积等梯级分级。当统计表上具有制图区域各统计单元的面积时,可以按其统计值的大小排序,以累加的面积值作为分段依据,根据需要分成不同的级数。这样的分级结果,在每个等级中样本数量不同,但各级的面积都是基本一致的。

按面积正态分布分级。同样按样本的大小排序,累加其面积,然后按正态分布的规则使中间级别所占的面积较大,往高端和低端的级别中所占的面积都依次减小,并由此来确定每级的分界线。显然,这样的分级也不会使每个级别中样本的数目相等。

(4)分级结果的检验。不论用哪种方法分级,其分级结果都应能够反映区域的地理特征,一般情况下用下面两种标准来衡量分级的优劣:各级中样本数呈正态分布或均匀分布。多数情况下希望各级中的样本数量呈正态分布趋势,即把突出高数值和突出低数值的数列段从数列中区分出来,如特别富的地区和特别穷的地区,要能明显地从一般的地区中区分出来,这就要求两端的级别所代表的样点数较小。有时为了研究问题的需要,希望每个级别中包含样本的数量接近或相等,如把工厂按其利税率分为"甲级队""乙级队"等,当然,其衡量标准就要随之变化。

同级区域的连通度。处于同一等级的区域,在地理上具有相似的条件,因此表现在地图上,它们各自应组成相对完整的地域。优良的分级应当使分级后产生的区域数相对较少,即

连通度较大,这个指标用破碎指数来衡量:

$$F = \frac{m-1}{n-1}$$

式中,m 为分级后产生的区域数;n 为地图上表示的单元总数。

在极端的情况下,没有任何两个单元被连通,$F=1$;在只有一个等级的情况下,所有的单元都被连通成一个区域,即 $F=0$;一般情况下,$0<F<1$。

显然,破碎指数同分级数量有密切关系,也同各级内部的同质性有关。对不同的分级方案进行比较,破碎指数较小的方案为较好的方案。

数据分级研究已引起国内外许多专家的重视,在国内外有许多相关论著发表,其目的都在于改善分级间隔的规则性、同级之中的同质性、不同级别之间的差异性以及图面的视觉效果。

3) 聚类分级方法

聚类分析是多元分析方法中一种应用广泛的方法。聚类分级就是采用多元统计分析中的聚类分析方法,对各数据(相当于样本单元)进行分类。因为分类是根据数据进行的,所以分类的结果必然保证数值差异较小的单元分在同一类内,而差异较大的分在不同的类,从而达到分级的目的。聚类的基本方法是:根据样品的相似性,将样品归并为若干类,使每类的个体之间具有密切的关系,而各类之间的关系相对比较疏远。

(1) 逐步聚类分级法。当样品的变量差异较小时,对它们的划分即为分级;当变量差异较大时,对它们的划分即为分类。分级、分类在方法上是一致的。而聚类分析的基本方法恰好符合人们确定分级的一般原则,因而考虑用聚类分析的方法来确定分级。然而要把进行分类的逐步聚类法用于分级,还要解决一系列问题,在具体计算上要考虑分级的特殊之处。实际上,逐步聚类分级法只是在算法上吸取了逐步聚类法中"逐步聚类"的思想,实际数据处理是有很大差别的,下面就介绍这种方法的具体计算步骤。

第一步,数据排序。为了便于制作聚类图和确定分级界线,把数据按照从小到大的顺序排列。

第二步,建立相似矩阵。逐步聚类分级法的关键是确定样品之间的相似性,常用的相似性统计量是相关系数、夹角余弦和距离系数等。然而,这些统计量均不适用于单变量的情况。因此,必须根据样品相似性统计量的一般要求构造单变量样品的相似性统计量。

用 r_{ij} 表示第 i 个样品与第 j 个样品的相似系数,一般规定:① $r_{ij} = \pm 1 \Longrightarrow X_i = aX_j$,$a \neq 0$ 且是一个常数,单变量时 $a=1$;② $|r_{ij}| \leq 1$,一切 i, j;③ $r_{ij} = r_{ji}$,一切 i, j。满足上述三条即可作为相似系数。

按照上面的要求,可用下面的一些方法计算相似系数:

最大最小方法:

$$r_{ij} = \frac{\min\{X_i, X_j\}}{\max\{X_i, X_j\}} \quad (9.11)$$

算术平均方法:

$$r_{ij} = \frac{\min\{X_i, X_j\}}{(X_i + X_j)/2} \quad (9.12)$$

几何平均方法:

$$r_{ij} = \frac{\min\{X_i, X_j\}}{\sqrt{X_i X_j}} \qquad (9.13)$$

按照上面介绍的任一方法计算数据之间的相似系数 $r_{ij}(i=1,\cdots,n; j=1,\cdots,n)$ 得到一个相似矩阵 $(r_{ij})_{n\times n}$。

第三步，聚类分级的逐步计算。①求出相似矩阵中的最大元素 r_{ij}。②划去矩阵中的第 i 行、第 j 列。③将原始数据中的第 i 个和第 j 个数据加权平均后代替第 j 个数据。

$$X_j = \frac{V_C \cdot X_i + V_B \cdot X_j}{V_C + V_B} \qquad (9.14)$$

式中，V_C 和 V_B 分别为第 i 个和第 j 个数据参加聚类的次数。④计算出第 i 个数据以外的其余数据的相似系数矩阵。⑤如果想了解数据之间的自然聚合情况，那么，重复以上计算。一开始各个数据自成一个等级。对于 n 个数据，到第 $n-1$ 次聚类时，全部数据归在一个等级内。这时可根据逐次聚类的情况制作聚类图。有了聚类图，就可以根据数据的自然聚合情况，选择一个恰当的分级。但数据很多时，对给定的分级数，要设法直接得到分级界线。因为数据进行了排序，所以每次聚类的数据也是在排列上最接近的数据，当两个等级相聚合时，这两个等级中的最大数据就是新合并的等级的下界，保留这个下界，这样的下界随着逐次聚类而减少。开始各个数据自成一级，每聚合一次就减少一个分级界线。如果要分 k 个等级，则在进行 $n-k$ 次聚类后，就剩下 k 个分级界线。

（2）模糊聚类分级法。模糊聚类分级法是用模糊数学方法来处理分类的一种方法。根据前面所述的逐步聚类法确定分级的基本思想，按照数据之间的相似程度确定分级时，一个数据属于哪个等级并不是绝对的，这样分级伴随着一定的模糊性，因而用模糊聚类法分级就更切合实际。

模糊聚类分析法分级的计算步骤：①数据排序。②建立相似矩阵。这两步与逐步聚类分级法计算步骤中的前两步完全一样。逐步聚类分级中确定相似系数的三点要求保证所建立的相似矩阵满足自反性和传递性的条件。所以，前面介绍的三种计算相似系数的方法均可在这里用于计算相似矩阵。③相似矩阵转化为等价矩阵。在把相似矩阵转化为等价矩阵时，求传递闭包的方法按照模糊数学中的方法 $R \to R^2 \to R^4 \to \cdots \to R^{2k} = R^K$ 来进行，所以在每一步自乘运算之后，都得逐个判断矩阵中的元素在自乘前后是否相等。根据模糊数学中的有关定理 $k \leq n$，将 R 自乘 L 次至 $2L \geq n$ 时为止。④由等价矩阵聚类分级。与前面的逐步聚类分级一样，如果要得到聚类图，则应从等价矩阵中依次由大到小找出 $n-1$ 个元素，才能完成聚类。如果只想得到 k 个分级界线，则只需由大到小依次找出 $n-k$ 个元素，逐次减少分级界线到第 $n-k$ 次就剩下 k 个分级界线。

根据数据分布特征进行分级还有许多方法，有的方法不仅十分繁杂，而且方法本身也有不少问题值得进一步探讨，在此不予详细介绍。

4）统计学分级算法

（1）嵌套平均值分级法。这种方法分级的基本过程是：对数据求一次平均值，以该平均值为界将数据分为两部分，在分开的两组数据中分别再求平均值，以这两个平均值为界再把两组数据各自分为两部分,如此继续下去,直至达到所要求的级数。

此方法的优点:以平均值为界分开的两部分数据的平均值的偏差总和是相等的。但不足是,正态分布的数据大多围绕在平均值的周围,以平均值作为分界线,使许多很相近的数据被划分在不同的等级,歪曲了数据的客观分布特征,并且分级数只能为偶数。

(2)分位数分级法。它将数据从小到大排列,然后按各级内数据个数相等的规则来确定分级界线。利用 $Q_i = \dfrac{i \cdot (n+1)}{N} = Q + q$ 计算分位数,式中,Q 为分位数;n 为统计量总个数;N 为分级数;Q_i 为整数部分;q 为 Q_i 的小数部分。若 Q_i 为整数,直接从排序的数据中找出;若为小数,则用公式 $X_1 = X(Q) + [X(Q+1) - X(Q)] \cdot q$ 内插出分界值。此方法分级只取决于指标的序数而不是数值,所以这种方法尤其适用于等级数据。

3. 多语义尺度差异

由于地理信息的尺度依赖,地理要素的几何形状、空间关系、属性也是尺度依赖的。在要素的语义层次上,几个要素可在不同的抽象层次下,基于不同的几何、时态或语义准则聚合成新的复合要素。这样要素在不同比例尺转换时可能会发生聚集/分解或出现/消失的情况。此时,复合要素与底层的对应要素间具有层次性关系,高层要素由低层要素组成。这种情况下,复合要素和底层的对应要素间具有层次性关系,高层要素由低层要素组成,如一条街区公路的交叉口,在小比例尺地图中可抽象为一个简单节点,而在大比例尺地图中则对应着由多个节点和车辆行驶路段表示的会交路口。

1)同一属性的地物在不同的尺度条件下出现聚类、合并或者消失现象

这种情形主要出现在由大比例尺尺度向小比例尺尺度转换的过程中。这是因为对于同一属性的地物,当对它们进行由大比例尺到小比例尺尺度的变换时,它们所遵循的几何、时态和语义等方面的规则都会发生变化。如图9.8所示,在比例尺为1:500时三个相互独立的同类地物,当比例尺变为1:1万时,这三个地物合并为一个地物进行表示。

(a)1:500 　　(b)1:1万

图9.8　同一属性地物在不同尺度下的聚类、合并和消失现象

2)同一地物在不同尺度的表达中会表现出不同的属性

低层表达所传递的属性值比高层表达所传递的属性值更准确,如点、线、面等几何要素在不同尺度背景下反映出不同层次的要素属性信息;同一地物在不同尺度的表达中会表现出不同的属性。以公路为例,依据相关技术标准,交通公路分为汽车专用公路和一般公路两大类。汽车专用路包括高速公路、一级公路和部分专用二级公路;一般公路包括二级、三级、四级公路。如表9.3所示,点、线、面等几何要素在不同尺度背景下反映出不同层次的要素属性信息。

表9.3　同一几何抽象要素在不同尺度下反映不同详细层次的属性信息

要素	点	线	面
县级	位置、点属性	位置、形状、方向	位置、形状、结构
省级	位置、高级别点属性	轮廓、走势	位置、结构
国家级	位置、高级别点属性	走势	轮廓

3）相同的空间位置有不同的属性

地理空间数据在表示地球表面地理环境中各种自然现象和人文现象时，会出现社会经济人文与自然环境在空间位置上重叠的情况。自然现象边界重合，如水域边界和植被边界重合、土壤边界与植被边界重合等。人文现象边界重合，如道路与区域境界重合；居民地边界与道路重合；军事区域、行政区域、经济区域、人口分布密度区域等重合。人文与自然现象边界重合，如长江是水系要素，但同时在不同的地段上，长江又与省界、县界相重叠。相同的空间位置有不同的属性现象给地理空间数据获取或管理带来麻烦，特别是面向对象的矢量数据表示，重叠部分往往需要操作两次才能获取。从空间数据抽样性得知，两次获取的结果是不相同的，这就造成了数据的不一致性。同时，数据存储时，往往重复存储，造成数据维护上的困难。

4）空间尺度相同而语义尺度不同

语义尺度受空间尺度制约，但不等同于空间尺度，有时在时间尺度和空间尺度相同的情况下语义分辨率不同。如图9.9所示，3个图的空间尺度完全相同，即在比例尺、空间幅度、空间粒度几个方面都相同，但是在语义方面却体现出不同抽象程度的三个层次。图9.9（a）中，地块Ⅰ、Ⅱ、Ⅲ、Ⅴ种植粮食作物，地块Ⅳ、Ⅵ、Ⅶ种植经济作物；图9.9（b）中粮食作物的语义具体化为地块Ⅰ、Ⅲ种植豆类作物，地块Ⅱ、Ⅴ种植谷类作物，地块Ⅵ、Ⅶ种植纤维作物，地块Ⅳ种植油料作物；图9.9（c）中，进一步具体化为地块Ⅰ、Ⅱ、Ⅲ、Ⅳ、Ⅴ、Ⅵ、Ⅶ、Ⅷ分别种植大豆、玉米、绿豆、花生、高粱、亚麻、苎麻和芝麻。

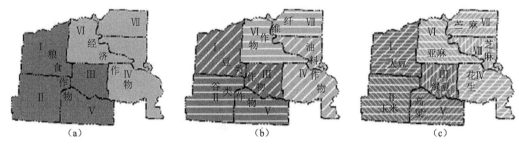

图9.9 空间尺度相同而语义尺度不同

9.3 地理信息尺度变换

9.3.1 尺度变换概述

地理信息尺度变换是从一个尺度转换到另一个尺度，一般分为尺度上推和尺度下推，前者是由精微（详细）尺度上的地理信息得到较大尺度上概略的地理信息，后者是由较概略的地理信息得到精微尺度上的地理信息。地理信息尺度变换的实质是刻画地理现象的抽象程度发生了变化，一般来讲，刻画地理信息尺度的要素中的一个发生了变化就是尺度发生了变化。地理信息尺度变换包括时间、空间和语义三个方面。

1. 时间尺度变换

时间尺度主要刻画地理现象的时间长度和变化的粗略与详细程度。静态地理信息描述固定时间发生的地理现象，时间是一个固定点的值，所描述的事件是一个时间点的地理现象。动态地理信息记录和表征地理现象发生、发展的过程，这时可以记录离散时间点的地理事物及现象发生的空间及性质状态。时间尺度的下推是指由较为粗糙的时间粒度的地理信息得到时间轴上更为详细、精确的异质性的地理信息，使得对地理现象过程的表达更为详细，其本质就是地理信息时空插值。如图 9.10 所示，以某一地区的荒漠化土地为例，假设在时间段 T_1 和 T_k 之间得到等时间间隔 $T_1,T_2,\cdots,T_{k-1}$，T_k 时刻荒漠化土地的面积和边界，就可以用时空统计分析方法进行插值得到 T_1、T_2 之间某一时刻 T_{1-2} 的该地区荒漠化的面积和边界，从而得到时间粒度更为精细的地理信息。时间尺度的上推是由时间分辨率较高的地理信息转化为时间分辨率较低的更概略的地理信息的过程，舍弃细节的变化，这样可使对地理现象运动变化过程的表达更粗略，其实质是在时间轴上对空间或属性进行概括。以某一地区 1 年的平均气温变化为例，如果时间粒度为 1 天，那么对 1 年内 365 天进行采样，分别取得每天的平均气温，然后看 1 年内气温的变化情况；如果以月为时间粒度，则要根据每个月每天的平均气温求出这个月的平均气温，这样也可以看出 1 年内气温的变化情况，这样更为粗略。

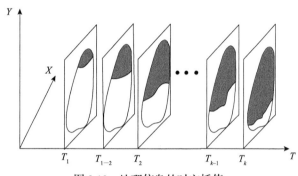

图 9.10　地理信息的时空插值

2. 空间尺度变换

空间尺度变换是地理信息尺度变换研究的重点，时间和语义尺度变换与其有着极其密切的关系。空间尺度上推是指由空间分辨率精细的地理信息得到空间分辨率粗糙的地理信息，其实质是分辨率变低、广度增加，使空间信息粗略概括、综合程度提高，对空间目标的表达趋于概括、宏观，反映地理现象的整体抽象的轮廓趋势，空间异质性降低，其基本方法是综合概括，如图 9.11（a）所示。空间尺度下推是由空间分辨率粗糙的地理信息得到精细的地理信息，其实质是分辨率提高，使空间信息具体化，对空间目标的表达趋于精细、微观，空间异质性增加，空间模式多样化，是一种信息的分解，反映地理现象的具体详细内容，其实质是空间插值，如图 9.11（b）所示。

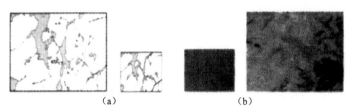

（a）　　　　　　（b）

图 9.11　地理信息的空间尺度综合概括与插值

3. 语义尺度变换

语义尺度变换是与时间变换和空间变换相联系的尺度变换，一般来讲，当时间尺度和空间尺度发生变化时，语义尺度也要发生变化。但是，有时在时间尺度和空间尺度相同的情况下语义层次也会不同。如图 9.12（a）所示，地块Ⅰ（1）、Ⅰ（2）和Ⅰ（3）表示种植经济作物，地块Ⅱ（1）和Ⅱ（2）表示种植粮食作物，这样语义尺度仅分为经济作物和粮食作物。图 9.12（b）中，把种植经济作物的 3 个地块分别详细地表示为地块Ⅰ（1）种植棉花，地块Ⅰ（2）种植烟草，地块Ⅰ（3）种植花生；而种植粮食作物的两个地块，细分为地块Ⅱ（1）种植水稻、地块Ⅱ（2）种植玉米，这样空间尺度相同而语义尺度不同。地理信息语义尺度变换也分为两种，即由具有较多细节描述的语义向概略语义的变换，称为概括；相反，由概略语义向详细语义的变换称为具体化。实际上，概括就是类的归类、聚合和等级层次的减少，而具体化就是分类、分解和等级层次的增加。归类与聚类、聚合与分解、等级层次的增加、减少分别对应着分类关系、聚合关系和等级关系的地理实体及其属性的语义尺度变换。图 9.13（a）和图 9.13（b）分别是等级关系和分类关系的语义尺度变换。

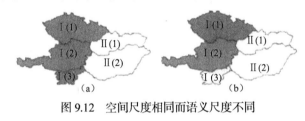

图 9.12 空间尺度相同而语义尺度不同

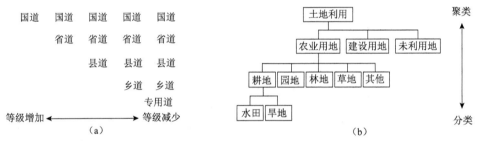

图 9.13 语义尺度变换

9.3.2 地图制图综合

地图最重要、最基本的特征是以缩小的形式表达地面事物的空间结构，这个特征表明，地图不可能把地面全部事物毫无遗漏地表示出来。地图上所表示的地面状况是经过概括后的结果。地图和实际地面相比，是缩小的。地图上所表现的地面景物，从数量上看是少的，从图形上看是小了、简化了的。这是因为地图上所表现的内容都是经过取舍和化简的。这种把实地景物缩小或把原来较详细的地图缩成更小比例尺地图时，根据地图用途或主题的需要，对实况或原图内容进行取舍和化简，以便在有限的图面上表达出制图区域的基本特征和地理要素的主要特点的理论与方法，称为地图综合（地图概括）。

1. 制图综合的定义

制图综合是对地图内容按照一定的规律和法则进行选取和概括，用以反映制图对象的基本特征和典型特点及其内在联系的过程。地图制图者由大比例尺地形图缩编成小比例尺地图的过程中，根据地图成图后的用途和制图区域的特点，以概括、抽象的形式反映制图对象的带有规律性的类型特征和典型特点，而将那些对于该图来说是次要的、非本质的地物舍去，这个过程称为制图综合。综合的过程是由制图人员根据现有的经验对原有比例尺地图进行目视分析，确定要素的特征、分布密度、分布结构和相互关系，运用选取、化简、概括、位移等操作直接处理原始图形资料，生成新的地图。

传统地图学中，制图综合的主要任务是从基础比例尺数据派生出更小比例尺的数据，实现不同比例尺下地理空间信息的表达。地图制图综合是解决在不同尺度下与不同详细程度相适应的唯一方法，是实现地理实体的多尺度表达的唯一手段。多比例尺空间数据不管来源如何，都是按照制图综合的原理逐步缩小比例尺的。将一个特定尺度下的地理实体转换到另一个尺度下，转换的结果必然带来地理实体表达内容的变化。

地图的比例尺、用途和主题，制图区域的地理特征以及符号的图形尺寸是影响地图概括的主要因素。在特定空间尺度（比例尺）下，地理空间表示的内容取决于：一是地理信息的用途，决定地理空间数据所应表示和着重表示哪些方面的内容；二是地理信息比例尺，主要决定地理空间数据内容表示的详细程度；三是地理信息的区域地理特点，即应显示本地区地理景观的特点。在这三种因素的影响下，以科学的抽象形式，通过选取和概括的手段，从大量地理对象中选出较大的或较重要的，而舍去次要的或非本质的地物和现象；去掉轮廓形状的碎部而代之以总的形体特征；缩减分类分级数量，减小物体间的差别。

制图综合理论对传统地图学和现代地图学来说都是基本理论，它研究编制地图的过程中对地图内容进行概括和取舍处理的原理和方法，是对制图数据处理的根据，其最终目的是合理反映制图区域的地理特征。制图综合是一个对客观现实再抽象的过程，因此也是创造过程，是取得地图著作权的最重要的依据。

2. 制图综合的内容

传统制图综合的主要内容包括以下三个方面。

（1）地物形状的综合。又区分为形状概括，通过删除、夸大、合并、分割的方法简化图形，以便突出主要的地理特征；数量特征概括，针对制图对象的数量特征，如长度、面积、高度、宽度等特征的概括，主要是减少标志和降低精度；质量特征的概括，以概括的分类代替详细的分类，以综合的质量概念代替精确的质量概念。例如，居民地形状综合：一些居民地在大比例尺的地形图上有复杂的形状，随着地图比例尺变小，为适合地图输出和肉眼读图，必须将居民地的形状进行简化，如果面积太小不能很好表示，还必须换用点状符号表示。

（2）地物数量的综合。根据地图用途和比例尺、地理环境条件，将重要的物体保留在新编地图上，称为"取"，将次要的物体去掉，称为"舍"。例如，居民地的数量综合：随着比例尺的缩小，居民地除了因形状缩小而不断变成点状地物之外，还有一个新问题，就是居民点的密度在地图上急剧增大，于是在缩小到一定程度后很多点挤在一块，根本无法分辨。所以在进行缩编处理时还必须省略掉一些不太重要的居民点，以使图面上的居民点密度维持在一个可以接受的范围内。但是要注意，同一幅图的不同部位的省略标准要保持一致，使新图中各部分居民点的密度对比基本与原图保持一致。

（3）地物类型的综合。主要应用在专题地图的编制中，具体方法是重点突出表示专题内容而简略表示或直接舍去与表达专题无关的地物符号。例如，中国各省（自治区、直辖市）人口密度地图中可以将地形符号完全舍去，政区符号仅保留省界和国界。

从制图对象的大小、重要程度、表达方式和读图效果出发，可将综合分为三种：比例综合，是地图比例尺缩小而引起图形的缩小从而产生选取和概括的必要性；目的综合，是根据制图者对制图对象重要性的认识而对其进行的选取和概括；感受综合，是从用图者的感受出发进行的选取和概括。

3. 地图制图综合方法

制图综合是在地图用途、比例尺和制图区域地理特点等条件下,通过对地图内容的选取、化简、概括和关系协调(即位移),建立能反映区域地理规律和特点的新的地图模型的一种制图方法。

1)地理要素选取方法

选取是制图综合中最重要和最基本的方法。选取,就是从数据库中选取某些实体,而舍去另一部分实体,以保证输出结果的清晰性,并反映制图物体的分布特点和密度比。选取的目的是强调主要的事物和本质的特征,而舍去次要的事物和非本质的特征。取舍就是从大量的客观事物中选出最重要的事物表示在图上,而舍去次要的事物,要素选取主要解决选取多少和选取哪些的问题。

a. 按分界尺度(最小尺寸)选取

分界尺度包括线性地图分界尺度、面积地图分界尺度、实地分界尺度、线性地图分界尺度与实地分界尺度相配合四种。

(1)按线性地图分界尺度选取(表9.4),以地物在图上的长度或相邻地物间的距离作为选取地物的尺度标准。

表 9.4 按线性地图分界尺度的选取指标

地物名称	分界尺度/mm	说明
河流	$L=10$ $d=2$	选择图上长 10mm 以上的河流,同时考虑相邻平行河流之间的间隔,当其小于 2mm 时舍去
冲沟	$L=3$ $d=2$	选择图上长 3mm 以上的冲沟,并保持最小间隔不小于 2mm
干沟	$L=15$ $d=2$	选择图上长 15mm 以上的干沟,并保持最小间隔不小于 2mm
弯曲	$d=0.5\sim0.6$ $t=0.4$	选取宽 0.5~0.6mm 和深 0.4mm 以上的小弯曲

注:L 表示长;d 表示宽;t 表示深。

(2)按面积地图分界尺度选取(表9.5)。以地物在图上的面积作为选取地物的尺度标准。

表 9.5 按面积地图分界尺度的选取指标

地物名称	分界尺度/mm^2	说明
湖泊	$P=1$	选取图上面积大于 1mm^2 的湖泊
岛屿	$P=0.5$	选取图上面积大于 0.5mm^2 的岛屿
沼泽	$P=25$	选取图上面积大于 25mm^2 的沼泽
盐碱地	$P=100$	选取图上面积大于 100mm^2 的盐碱地(1:10 万)
雪被(或裸露区)	$P=2$	图上面积大于 2mm^2 的雪被均应表示
森林(幼林)	$P=25$	图上面积大于 25mm^2 的森林(幼林)一般应选取,小于此尺寸的一般应舍去
林中空地	$P=10$	图上面积小于 10mm^2 的林中空地一般舍去

注:P 表示面积。

(3)按实地分界尺度选取(表9.6),以地物的实际高度、长度或宽度作为选取地物的尺度标准。一般不能确定地图分界尺度或利用地图分界尺度不足以表示其实际意义的地物,采用实地分界尺度。

表 9.6 按实地分界尺度的选取指标

地物名称	实地分界尺度/m	说明
梯田	$H=2$	选取实地比高 2m 以上的作为梯田 [1]
冰塔	$H=5$	冰塔比高大于 5m 的应注出比高的注记 [2]
桥梁	$L=30$	桥梁长度大于 30m 的应予以表示 [2]
河宽	$d=50$	实地河宽大于 50m 的应注出河宽、水深及河底底质 [2]

注：H 表示比高；L 表示长；d 表示宽。1. 参考《国家基本比例尺地图编绘规范 第 1 部分：1∶25000 1∶50000 1∶100000 地形图编绘规范》(GB/T 12343.1—2008)；2. 参考《国家基本比例尺地图编绘规范 第 2 部分：1∶250000 地形图编绘规范》(GB/T 12343.2—2008)。

（4）按线性地图分界尺度与实地分界尺度相配合选取。

（5）按分界尺度选取的方法。按分界尺度"无条件"选取是指大于或等于分界尺度的地物全部选取，小于分界尺度的地物全部舍去。按分界尺度"有条件"选取是指大于或等于分界尺度的地物全部选取后，对小于分界尺度的地物，则根据地图的用途要求和反映制图区域特征的需要，有目的地选取部分小于分界尺度的地物，并按最小尺寸描绘，如图 9.14 所示。

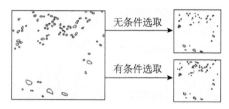

图 9.14 按分界尺度选取实例（样图一部分）

b. 按定额指标选取

选取的数学模型主要有：①选取的定额模型。定额指标是指地图上单位面积内选取地物的数量，解决在不同比例尺地图上选取多少地物的问题，从宏观上控制选取数量。这类选取模型主要有方根模型、回归模型等。②选取的结构模型，是以判断地物的重要程度为基础的。目前，使用较多的有普通综合评判模型、模糊综合评判模型和图论模型等。③选取的定额结构模型，同时解决定额选取和结构选取的问题。比较通用的是等比数列模型。

（1）方根模型。20 世纪 60 年代德国制图学家特普费尔在对分级问题的研究中，发现地物要素的选取数量与地图比例尺之间有着密切的关系，并建立了如下开方根模型的基本公式：

$$N_2 = N_1 \sqrt{\frac{S_1}{S_2}} \quad (9.15)$$

式中，N_1 为原图地物数量；N_2 为新图上地物数量；S_1 为原图比例尺分母；S_2 为新图比例尺分母。

这个公式的意义在于，只要原图和新图比例尺一定，若已知原图上制图物体的数目，就能利用上式计算出新图上应选取的地物数目。通过大量的试验证明：开方根规律对制图综合实践具有指导意义，特别是对于离散分布的点状（如居民地）和面状（如湖泊群）等要素的选取基本上是正确的。

基本公式的扩展：在制图综合中，制图物体的选取数量并不完全符合特普费尔开方根规律，它受多种因素的影响，如物体的重要性、表示物体符号的尺寸大小等。为此，将上式的公式改写为

$$N_2 = N_1 \left(\frac{S_1}{S_2}\right)^x \qquad (9.16)$$

式中，x 为选取级，表示被舍弃的可能程度，x 越小，意味着被舍弃的制图物体越少；x 越大，意味着被舍弃的制图物体越多。上式计算简单，关键在于确定模型参数 x 的具体数值。

上式存在两个明显的缺点：一是模型参数 x 的确定不够严密；二是模型虽在一定程度上考虑了要素的复杂程度，但未顾及地理景观的差异，尤其是物体密度的差异。因此，上式的选取结果还是经验和人为的，与要素本身的形状结构、分布特征无直接的联系。

（2）回归模型。研究定额选取的回归模型比较多，概括起来有一元回归模型和二元回归模型。

一元回归模型：

$$Y(\%) = B_0 X^{1-B_1} \quad (\text{选取率}) \qquad (9.17)$$

或

$$Y = B_0 X^{B_1} \quad (\text{选取数}) \qquad (9.18)$$

式中，X 为资料图上单位面积内地物数量；$Y(\%)$ 为新编地图上相应面积内选取地物的百分数；Y 为新编地图上相应面积内选取地物的绝对数；B_0、B_1 为模型参数，$B_0 \geq 0$，$0 < B_1 < 1$。

二元回归模型：

$$Y(\%) = B_0 X_1^{B_1} X_2^{B_2} \quad (\text{选取率}) \qquad (9.19)$$

或

$$Y = B_0 X_1^{1+B_1} X_2^{B_2} \quad (\text{选取数}) \qquad (9.20)$$

式中，X_1 为实地居民地密度或河流条数；X_2 为实地人口密度或河流总长度；$Y(\%)$ 为新编地图上选取居民地或河流的百分数；Y 为新编地图上选取居民地或河流的绝对数；B_0、B_1 为模型参数，$B_0 \geq 0$，$0 < B_1 < 1$，$B_2 \geq 0$。

因为回归模型是用抽样统计方法建立的，所依据的资料是各个时期不同单位已出版的地形图，而且赖以进行统计的样本有一定的局限性，同时模型的建立都是单要素的，所以，它的科学可靠性及对不同地区的广泛适应性就受到了一定的影响。

c. 按地物综合区选取

地物综合区是指将制图区域或图幅范围按物体的分布密度划分成的小区域，作为选取的基本单元，选取时在每一个综合区内按统一的定额指标进行选取，如图 9.15 所示。

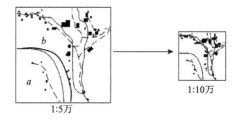

图 9.15　按地物综合区选取实例（样图一部分）

d. 按地物等级选取

将制图物体按照某些标志分成等级，然后按等级的高低进行选取。划分地物等级时必须考虑影响物体重要性的多种标志，即全面评价制图物体。

e. 选取方法的组合形式

定额指标和分界尺度组合的选取：先计算选取定额指标，后按地物分界尺度选取；先按地物分界尺度选取，剩余部分按定额指标选取。以湖泊的选取为例（1:10万~1:25万）予以说明。

第一步：构成地物综合区，统计制图物体的实地或资料图上湖泊的密度值。本例中基本资料为 1:10 万地形图，其湖泊数为 319 个，如图 9.16（a）所示。

第二步：利用有关公式计算新编图上地物定额选取指标。本例按照开方根选取规律公式计算（按 $x=2$，即第二选取级选取），得到新编图上应选湖泊 127 个，如图 9.16（b）所示。

第三步：选取大于分界尺度的全部地物，本例中，在 1:25 万地形图上，湖泊选取的面积分界尺度 $P=1\mathrm{mm}^2$。

第四步：采用按分界尺度"有条件"选取的方法，从小于分界尺度的地物中按条件选取 35 个小于分界尺度的湖泊，这样才能反映湖泊群的分布特征。

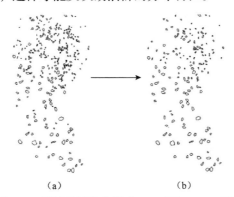

图 9.16　湖泊的选取实例（1:10万~1:25万）

定额指标和地物等级组合的选取：第一步构成综合区，统计制图物体的实地或资料图上的密度值；第二步利用有关公式计算新编图上的应选取地物数；第三步按地物等级或总分级值大小逐级选取，直至达到定额。

2）地图要素图形的化简

化简就是对客观事物的形状、数量和质量特征的化简；形状化简是去掉轮廓形状的碎部，以突出事物的总体特征；数量和质量特征的化简就是减少分类和分级的数量，以缩小与客观事物的差别。当然，取舍和化简不是任意的，而是根据地图的比例尺、用途和制图区域的地理特征，对地图上各要素及其内在联系加以分析研究。空间物体包括内部结构和外部轮廓两个方面。因此，要素化简就是简化空间物体的内部结构和外部轮廓，具体方法有简化、夸大、合并、改变表示方法、曲线光滑等。简化是去除不重要的点或细小的弯曲以简化目标。夸大是指对要素进行放大表示或适当夸大目标小而重要的部分，如对数据中的小弯曲进行夸大。合并是把相互靠得很近的地物拼合在一起表示。改变表示方法即改变要素表示的复杂性，如双线改为单线。光滑是减少线划或边线上的特征点数，并形成连续的光滑曲线取代微小的弯曲。

制图物体的形状包括外部轮廓和内部结构，所以形状化简包括外部轮廓的化简和内部结构的化简两个方面。形状化简方法用于线状地物（如单线河、沟渠、岸线、道路、等高线等），主要是减少弯曲；对于面状地物（如用平面图形表示的居民地），则既要化简其外部轮廓，又要化简其内部结构。

a. 形状化简的基本方法

化简制图物体形状的基本方法包括删除、夸大、合并和分割。

（1）删除。就是减少弯曲的数目，使线状物体趋于平滑，面状物体轮廓清晰，如图 9.17 和图 9.18 所示。

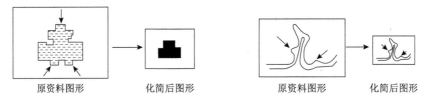

图 9.17　居民地轮廓图形凸出部分的删除　　图 9.18　等高线上小弯曲的删除

（2）夸大。为了显示和强调制图物体形状的某些特征，需要夸大表示一些按分界尺度应该删除的碎部，如居民地、河流、岸线、公路、等高线等，如图 9.19 和图 9.20 所示。

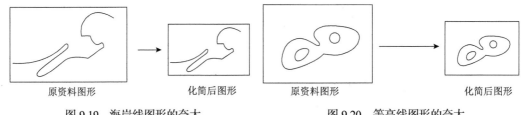

图 9.19　海岸线图形的夸大　　图 9.20　等高线图形的夸大

（3）合并。比例尺缩小后，某些物体的图形面积或间隔小于分界尺度时，可合并同类物体的碎部，以反映制图物体的主要特征。例如，化简城市居民地时，舍去次要街道、合并街区，以反映居民地的主要特征，如图 9.21 所示。

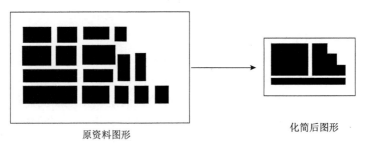

图 9.21　居民地街区的合并

（4）分割。当采用合并方法不能反映图形特征或者会歪曲其图形特征时，应采用分割的方法，如图 9.22 所示。

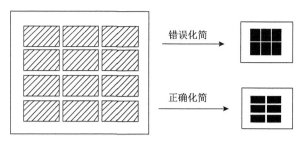

图 9.22　居民地街区的分割

b. 外部轮廓形状的化简

（1）外部轮廓形状的化简要求。保持弯曲形状或轮廓图形的基本特征，如图 9.23 所示。

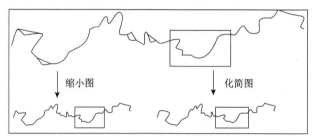

图 9.23　保持轮廓图形特征

保持弯曲特征转折点的精确性，如图 9.24 所示。

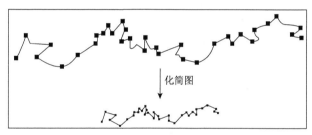

图 9.24　保持特征点的精度

保持不同地段弯曲程度的对比，如图 9.25 所示。

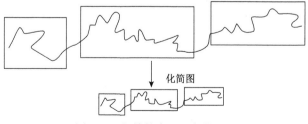

图 9.25　保持轮廓图形弯曲对比

（2）外部轮廓形状的化简方法。按分界尺度化简形状：用这种方法化简形状，需要规定取舍弯曲的分界尺度，以分界尺度作标准，判断弯曲的取舍。化简形状（即取舍弯曲），必须有两个分界尺度，即弯曲的宽度 d 和弯曲的深度 t（图 9.26）。

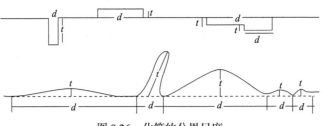

图 9.26 化简的分界尺度

按选取规律公式化简形状：线状地物或面状地物的外部轮廓都是由许多弯曲组成的，可以把轮廓线的弯曲数视为地物数，按选取指标进行选取。线状地物的"弯曲数"是以曲线主轴（或中线）一侧的弯曲顶点数计算的（图 9.27）。

图 9.27 线状第五弯曲数的确定

c. 内部结构的化简

内部结构是指制图物体内部或某一具有显著特征的景观单元内部各组成部分的分布和相互联系的格局。化简内部结构的基本方法是合并相邻的各组成部分，必要时辅以其他化简方法。

3）地图要素数量和质量特征概括

概括是指减少地理实体或现象在质量和数量方面的差别，包括质量特征的概括和数量特征的概括，主要通过地理实体的分类分级实现。质量特征的概括是指用概括的分类代替详细的分类；数量特征的概括是指扩大要素属性信息的数量分级间隔，减少分级数目，以减少不同实体间的数量差别。

（1）地图要素数量和质量。制图物体的数量特征指的是物体的长度、面积、深度、坡度、密度等可以用数量表达的特征。制图物体的质量特征指的是决定物体性质的特征。

（2）质量和数量特征概括的基本方法：等级合并、概念转换、图形等级转换。①等级合并方法。等级合并是通过合并制图对象的质量、数量等级，实现质量和数量特征的概括。②概念转换方法。指由一种目标的本来的质量概念转换为另一种目标的质量概念。③图形等级转换方法。图形等级转换是通过轮廓图形和符号图形的转换来实现地物质量、数量特征的概括。

4）地图要素位移

在制图综合中，当比例尺缩小时，地物之间有可能产生冲突，这时就需要进行位移操作。位移是制图综合中处理要素相互关系的基本方法，其目的是消除矛盾，将大比例尺中的要素在小比例尺中移动位置。例如，道路旁边的房屋，比例尺缩小到一定程度后就会与道路相交，为了消除这一矛盾，可将房屋往旁边移位。

（1）位移解决的问题。采用位移方法，必须解决的问题：①哪个位移，哪个不位移；②往哪个方向位移；③位移多少。

（2）位移的条件。为了使地图上各要素间关系正确，有下列情况之一者，地物符号必须位移：①毗邻地物之间没有必要的最小间隔但又必须放大地物本身的轮廓；②加粗线条，加宽符号；③在不破坏毗邻地物图形的情况下必须放大地物本身的轮廓；④由于毗邻地物的位移不允许改变彼此的相对位置。

（3）位移的大小。位移的大小以两符号间关系能够清晰表达且留有最小间隙（0.2mm）较为适宜。

（4）位移的基本要求。一般原则是保证重要物体位置准确，移动次要物体。特殊情况下，要考虑地区特点、各要素制约关系、图形特征、位移难易等条件，相同要素不同等级地物间图解关系的处理。

4. 制图综合的智能方法

现代地图学的制图综合有了很大的发展，这包括制图数学模型的广泛应用，从运用数据库技术特殊的存储结构实现综合，到现在的基于地理特征分析的自动制图综合。制图综合仍然是数字制图中最重要的瓶颈问题，解决自动制图综合实用化的问题将对地图制图发展、数据库建设起到极大的作用，正在引起越来越多的制图专家们的关注。

地图自动制图综合需进一步研究的主要问题有：①地图综合的智能化，这涉及制图综合原则同地理信息融合、专家知识库的建立、模糊信息处理等一系列的问题，还需要有智能型、大型数据库的支持。②地理特征和空间关系的自动识别和获取，过去研究制图综合多把注意力集中在算法的改进方面，很难取得实质性的进展，现在转向研究要素的空间关系、规则形式化和数据模型，其中，空间关系是关键，它研究全局、局部到单要素的地理特征及拓扑关系。③地图制图综合算法的进一步完善。④地图自动综合策略研究，地图自动综合有很多方法和途径，对它们进行分类、归纳、比较，选出最优的途径。⑤地图制图综合质量评价，地图作为产品，必须有评价标准。在数字制图条件下，评价标准也必须定量化。

9.3.3 图像重采样法

图像重采样（image resampling）是基于像元/栅格单元的尺度转换方法中最常用的方法，是指根据一类像元信息推演出另一类像元信息的过程。在对采样后形成的由离散数据组成的数字图像按所需的像元位置或像元间距重新采样，以构成尺度变换后的新图像。

重采样过程本质上是图像恢复过程，它用输入的离散数字图像重建代表原始图像二维连续函数，再按新的像元间距和像元位置进行采样。其数学过程是根据重建的连续函数（曲面），用周围若干像元点的值估计或内插出新采样点的值，相当于用采样函数与输入图像作二维卷积运算。重采样法主要包括最邻近采样法、双线性内插法、立方卷积法、无重叠平均法和变权重平均法等。

1. 最邻近采样法

在最邻近采样法中，输出像元的栅格值取决于最邻近输入像元的栅格值；该算法最简单，处理速度快，适用于离散型数据（如土地利用数据、土壤类型数据等）的尺度转换。最大的优点是保持像素值不变。但是，纠正后的图像可能具有不连续性，会影响制图效果。当相邻像素的灰度值差异较大时，可能会产生较大的误差。

2. 双线性内插法

在双线性内插法中，输出像元值取周围 4 个邻域像元的距离加权值；该方法的输出结果比最邻近法输出结果更光滑，适用于连续型数据（如 DEM、气温、降水量等）的尺度转换。双线性内插方法简单且具有一定的精度，一般能得到满意的插值效果。缺点是具有低通滤波的性质，会损失图像中的一些边缘或线性信息，导致图像模糊。

3. 立方卷积法

立方卷积法与双线性内插法相似，取输出像元周围16个邻域像元的距离加权值；该方法算法相对复杂，三次卷积内插方法产生的图像比较平滑，计算量大，适用于遥感影像的重采样。

以上三种方法最为常用，并被主流图像处理软件所支持。总的来看，重采样法由于未考虑研究要素空间相似性的空间变异，其尺度转换效果不如其他尺度转换方法，但因其计算方法简单、运行快速，重采样法依然是图像最常用的尺度转换方法。

9.4 地理信息多尺度可视化

地理数据没有比例尺的概念，地理数据的尺度表达了地理数据表达地理信息的概括程度（内容详细程度）和空间位置精度，当地理数据可视化时，在可视化介质上就有比例尺的概念。

9.4.1 地理认知中多尺度可视化需求

在表达地理概念或传递地理信息时，地理空间认知可表现为通过语言交流或文字和图形表达，或通过真实环境和抽象环境的比较，更好地理解地理空间，说明地理现象。地理空间认知的演进与科学技术的发展有着密不可分的关系。在地理空间认知的演进过程中，传统地图长期占据着垄断地位。后来，人们对地理空间信息获取手段的多样化程度越来越高。再后来，随着计算机技术、网络通信技术的兴起和其在地理信息领域的应用，地理空间认知手段也在不断地演进。

从人的视觉空间认知需求来看，远看概括，近看具体。当人们走近/远离物体时，看到的不仅仅是放大/缩小的目标，还包括地物对象类别的增加/减少。也就是说，离目标近的时候可观察到更多的物体细节，而远离目标时所观察的细节减少，却可更好地观察目标的主要特征。人们只能观察在一定分辨率内的空间物体，超出了这个分辨率就看不到物体。例如，当人们从月球上看地球时，只能看到地球的大致轮廓和地球上突出的建筑物，而当人们站在地球上看地球表面时，一草一木皆清晰可辨。同时，人脑的认知需求是：从概括到详细逐步了解事物。例如，人们在计算机屏幕上浏览某个区域时，一般是首先认识整个区域的概貌，然后逐步详细地认知给定区域内的某个重点地区或重点目标。由此可见，人们对空间现象的认知表现为从总体到局部、从概略到细微、从重要到次要的层次顺序。

在这个认知过程中，分辨率不断变大，空间粒度越来越细。此外，人们对地理环境的认识往往是一个从总体到局部、从局部到总体反复认识过程。为了满足人们对地理空间的这种认知需求，必须考虑提供不同分辨率、不同尺度的数据，以满足不同的社会部门或学科领域对空间信息的选择需求。由上可见，可视化是有尺度的，可视化系统应该允许通过"放大"来观察细节，满足人们的认知需求。

9.4.2 地理数据可视化尺度变化规律

针对某种比例尺图形数据，在计算机屏幕上浏览图形时，随着比例尺变小，图形符号和图形间距离也成比例缩小，当比例尺缩小到一定程度后，屏幕图形将拥挤难辨。空间图形的浏览虽也遵循一般图形的缩放规则，但当比例尺达到一定程度时，只能采取图形综合（减少图形数量或图形化简）的办法来保证屏幕空间数据的视觉效果。

方根模型和回归模型只是描述了图形数目随比例尺的变化,并没有具体解释当尺度变化到什么情况时应该综合。李云岭通过屏幕视觉传输来研究空间数据的尺度问题,在该研究中,定义了一个与具体形状无关的单元图形,通过单元图形的缩放来研究单元图形随尺度变化的规律,在此基础上总结出地理空间数据屏幕可视化空间信息随比例尺缩小的变化规律,依据此规律,提出"四倍原则"。其描述如下:针对某种比例尺空间图形,在比例尺未缩小四倍前,图形不综合的生存空间与综合情况下的比值小于比例尺变化;当缩小倍数超过原比例的四倍后,图形不综合的生存空间与综合时相比加速下降,此时为采取综合措施的最佳时机,即空间数据的分级应以比例尺变化四倍为参考依据。但"四倍原则"是李云岭以方根规律的基本公式为基础进行推导的,没有考虑不同比例尺区间、道路分布密度不同时 x 的取值并不相同,汪永红在李云岭的推导公式基础上重新进行了推导。

1. 单元图形定义

针对某种比例尺图形数据,假设在计算机屏幕上图形由一个个大小相等的正方形构成[图 9.28(a)],每个正方形代表着可视的空间实体,称此正方形为该比例尺下的单元图形。

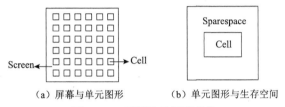

(a)屏幕与单元图形　　　　(b)单元图形与生存空间

图 9.28　屏幕单元图形定义

从视觉角度来看,图形间隙是人眼区分不同图形的主要因子,对单元图形来讲,单元图形周围的间隙是它的生存空间[图 9.28(b)],当间隙随着比例尺缩小而缩小到一定程度时,便会产生视觉上的图形合并,此时是采取数据综合的最佳时机。

2. 单元图形可视化的尺度变化规律

在比例尺缩小情况下,比较单元图形综合与不综合两种处理方式的生存空间变化,总结出图形随尺度的变化规律。

1)比例尺缩小,数据不综合

随着比例尺变化,图形的缩放仅仅是相似变换。当比例尺缩小时,单元图形和生存空间成比例缩小。假设当前基础比例尺分母为 S_1,屏幕内单元图形数目为 N_1,单元图形的生存空间面积(以下统称单元图形面积)为 A_1;比例尺缩小后的分母为 S_2,此时面积 A_1 变为 A_2,A_2 的计算公式为

$$A_2 = A_1 \times (S_1/S_2)^2 = A_1 \times M^2 \tag{9.21}$$

式中,$M = S_1/S_2$,$M<1$,M 为比例尺缩小倍数的倒数。

可见,当比例尺变小,对图形数据不进行综合时,原单元图形的面积变化与比例尺缩小倍数呈平方关系。

2)比例尺缩小,数据综合

假设当前比例尺分母为 S_1,屏幕内共有单元图形数目为 N_1,单元图形面积为 A_1,缩小后比例尺分母变为 S_2,则原 N_1 个单元图形在新的比例尺下占有面积 A'_{total} 为

$$A'_{\text{total}} = N_1 \times A_1 \times (S_1 / S_2)^2 \quad (9.22)$$

由于采取了综合措施，原屏幕范围内的 N_1 个单元图形变成了新比例尺下的 N_2 个单元图形，单元图形的面积也由 A_1 变为 A'_2。根据上式有

$$N_2 \times A'_2 = A'_{\text{total}} \implies N_2 \times A'_2 = N_1 \times A_1 \times (S_1 / S_2)^2 \quad (9.23)$$

参照特普费尔的开方模型的扩展公式（9.22），综合时选取图形数量符合开方根规律，因此可将式（9.22）代入式（9.23），即

$$N_1 \times (S_1 / S_2)^x \times A'_2 = N_1 \times A_1 \times (S_1 / S_2)^2 \quad (9.24)$$

得到综合后单元图形的面积 A_2：

$$A'_2 = A_1 \times (S_1 / S_2)^{2-x} = A_1 \times M^{2-x} \quad (9.25)$$

比较式（9.22）与式（9.25）得知，综合后单元图形面积是不综合时的 $1/M^x$ 倍，即

$$A'_2 / A_2 = M^{-x} = 1 / M^x \,(M = S_1 / S_2,\ M < 1) \quad (9.26)$$

令 $y = A_2 / A'_2$，则有函数关系：

$$y = M^x$$

该函数表示了综合与不综合两种做法单元图形面积随比例变化的关系。M 为 1 时，表示比例尺没变化，此时两种情况下面积相等；M 越小（$M<1$），表示比例尺缩小的倍数越大，不综合与综合两种情况下单元图形的面积差距越来越大。虽然当 M 小于 1 时，A_2 / A'_2 也小于 1，但在 $M \in (0,1)$ 的区间内 A_2 / A'_2 与 M 的变化率并不相等，只有当 y' 恒为 1 时，二者才具有相等的变化速度。因此，对式（9.26）求导，求 $y'=1$ 时，即 $xM^{x-1}=1$，得

$$M = (1/x)^{1/(x-1)} \quad (9.27)$$

由此得到图形的缩小规律：针对某种比例尺空间图形，随着比例尺缩小，其图形的生存空间也在缩小。在比例尺未缩小 $(1/x)^{1/(x-1)}$ 倍前，图形不综合的生存空间与综合情况下的比值小于比例尺变化，即 A_2 / A'_2 小于 M；当缩小倍数超过原比例的 $(1/x)^{1/(x-1)}$ 倍后，A_2 / A'_2 大于 M，即图形不综合的生存空间与综合时相比加速下降，此时为采取综合措施的适当时机，即空间数据的分级应以比例尺变化 $(1/x)^{1/(x-1)}$ 倍为参考依据。

9.4.3 地理空间数据的尺度分级

根据空间数据可视化的尺度变化"四倍"规律，空间数据可视化的尺度从最大比例尺向最小比例尺的逐步综合便可形成多比例尺数据分级体系。依据在图形信息的显示过程中，若屏幕上超过最大比例尺，图形的详细程度也不会再增加的原则，界定某比例尺图形数据的有效范围，从而指导空间数据可视化的多比例尺分级。

1. 空间数据最大与最小比例尺确定

空间数据可视化最大、最小比例尺是空间数据尺度分级的两端，确定两端所采用的数据

尺度有助于中间尺度数据的确定。一般来说，满足用户使用的比例尺为空间数据的最大比例尺，如城市规划部门一般使用1∶2000城市地形图，城市详细规划一般使用1∶500城市地形图，农村土地调查使用1∶10000地形图，军事上一般使用1∶5万地形图。最小比例尺是在屏幕上能够将整个区域全部显示出来的比例尺。其计算公式如下：

$$S_{min} = L_{main} / L_{screen} \qquad (9.28)$$

式中，S_{min}为最小比例尺分母；L_{main}为区域主轴线长度，m；L_{screen}为屏幕的有效显示宽度，m。

2. 空间数据的多比例尺分级

空间数据的多比例尺分级与人们使用空间数据的习惯密切相关。关于尺度分级的定性研究，Beer曾定性地提出了分级的概念模型，即"空间分辨率圆锥"模型（图9.29）。作为概念模型，Beer只是示意了不同分辨率空间数据之间的关系，笼统地要求研究者应对多比例尺表现范围做一个约定，但它并没有给出具体规定。

在形成具体的分级体系时，可将趋于已有小比例尺数据也作为体系中的一个节点。构建分级体系的步骤如下。

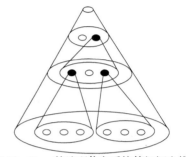

图9.29 Beer的地理信息系统等级概念模型

（1）根据用户对空间数据精度要求确定空间数据的最大比例尺S_{max}，根据式（9.28）确定空间数据显示的最小比例尺S_{min}。

（2）以最大比例尺空间数据为基础，根据单元图形随比例尺变化规律，计算比例尺S_i缩小4倍后的比例S_i+1。

（3）若在S_i与S_i+1两种比例尺之间存在其他比例尺数据，则用该比例尺替换S_i+1。

（4）判断S_i+1与S_{min}的关系，若S_i+1大于S_{min}，重复步骤（2）；若S_i+1小于S_{min}则结束计算。按照上述步骤可形成的分级体系为$S_{max},\cdots,S_i,S_i+1,\cdots,S_{min}$。

第10章 地理信息不确定性

地理物体或现象的变化和模糊是自然界的两个固有属性,它们直接影响着人类对空间物体或现象的认知和准确表达。地理信息不确定性产生有自然界的客观原因和人类的主观原因,一切人类认知的结果都不可避免地具有不确定性。不确定性作为广义的误差概念已被越来越多的人所接受。地理信息的不确定性可以认为是地理信息表达(语言、地图和数据)"真实值"不能被肯定的程度和地理信息精度。地理信息精度是地理信息位置定位、量算、转换和参与空间分析的可信度的基础。精度、误差和不确定性是不同的概念,有着根本的区别,但又是相互联系的,是在误差理论的基础上发展完善起来的。

10.1 地理信息不确定性概述

10.1.1 不确定性

信息普遍存在于自然界、人类社会和人的思维之中。信息的概念是人类社会实践的深刻概括,并随着科学技术的发展而不断发展。近半个世纪以来,许多科学家和哲学家都在探讨信息的本质和定义。

1. 信息感知不确定性

1)人类感知的不确定性

人类通过五官感知客观事物变化产生的信息。当人类认知信息时,客观事物本身也发生变化。就触觉来讲,只有周围的物体有力作用到我们的皮肤上,才产生了触觉。而且力在作用的时候,必定有位移,无论这位移是多么微小,否则力是不能被感知的。有力有位移,就有功的消耗。所以,触觉能够生效必有功的消耗。听觉则是周围的声波作用到我们的耳膜上,我们才能听到声音。声源发出声波也有能量消耗。所以,听觉能够发生也有能量的消耗。嗅觉也是非常灵敏的,只要有极少的分子,就能被我们感知。味觉和嗅觉则是化学分子和我们的感觉器官的相互作用。总体来说,我们能够察知环境是因为我们的感觉器官和环境的相互作用。我们的视觉异常灵敏,光线非常微小时,也能被我们的视网膜所感知。不但有光感,而且能够细分物体的轮廓,能够区分光线波长的长短,识别物体的颜色。视觉有没有相互作用呢?看起来好像没有。但是按照光学原理,是因为有光波或光子冲击到我们的视网膜上才感知到有光。我们看到周围的物体是因为物体反射了太阳光,反射是有选择性的,反射红光的物体我们看到它是红颜色,如此等等。那么,物体反射光线,有没有改变物体本身呢?根据量子学说,在微观的层面上,当光子从物体反射时,物体的量子状态已经发生变化,已经不是原来的状态了。不过这种变化极为微小,在宏观上是感觉不出来的。所以,我们看到的物体好像就是它原来的状态。如果我们的观察深入到原子核内,就会发现是外界光子的冲击改变了它。

2)仪器测量的不确定性

人们为了准确了解客观事物的物理量,克服、改善和扩展人的自身感官的不足,发明了各种测量仪器，如显微镜、望远镜、声级计、酸度计、高温计等仪器仪表。测量仪器有接触式和光学式测量仪两种，仪器测量的结果具有不确定性，当用仪器观察地物时，影响了观测环境，它就已经不是原来的样子了。例如，测一杯水的温度，把温度计放进水里，由于温度计的温度不同于水的温度，当把温度计放进水中的时候，杯子里水的温度就已经改变了。所以，测到的温度不是原来的水的温度，而是一个混合了水和温度计温度的温度。除非事先把温度计的温度调整到和水的温度一样，把温度计插进水中时，水的温度才不会变。可是在测量水温以前并不知道水温是多少，也就无法事先调整温度计的温度。总之，绝对准确测量杯子里的水温是不可能的。类似地，也不可能测量导线中的电流或电压。因为测电流就要把电流表串接进电路中，这样必定会增加一个电阻，从而改变了电路中的电流大小。测电压也一样，电压表并接在电路中，由电压表的电流察知电压的大小。原来的电路中分流了一小部分电流，电压就起了变化，就不是原来的电压了。

近代科学界提出的一种不确定性认识原理，即某些因果关系、某些事件是无法准确测量的，总是存在一些误差。这是因为，首先有些事件的性质不能被人们的感官所察觉，不容许人们测量，尽管科学技术的进步使观察记录的仪器十分精密，但仍不可能做出百分之百的精确测量。其次，物质或一般事物的内部和外层结构都处于不断变化之中，物质或事件所占据的空间不断扩大或缩小，很难在一个相对静止的时间刻度上测出事物的空间含量。再次，有些事物的现象与本质的关系难以让人把握，有时现象和本质可能具有相同的表象，让人难以分辨哪是现象，哪是本质。最后，测量物体或事件的人对事物的认识往往具有局限性或偏见，他们所使用的仪器本身也有一定误差，主体的认识偏差也必然产生测不准现象。

测不准原理不同于不可知论，而是认识有限论的一种特殊原理，或者说它是认识相对性的一种表述形式。人们能够认识事物的本质，但若想很快把握一个事物的本质，并把握得十全十美，分毫不差，是很困难的。测不准原理是人们认识不断深化的原理。人们永远不可能穷尽自己的认识。人们的解释和宣传活动，都要对事物做出说明，从哲学的角度看，都存在测不准的现象。要想对事物做出精确的论证，需要不断研究认识对象，不断修正自己的认识误差，尽量缩小测不准原理所造成的失误。

综上所述，在自然界和人类社会中，到处充满了不确定性，可以认为人们与不确定性共处。地理信息的描述和表达同样存在不确定性。

2. 不确定性原理表述

维尔纳·卡尔·海森堡于1927年发表论文给出了不确定性原理（uncertainty principle），因此，这个原理又称为"海森堡不确定性原理"。据海森堡的表述，测量动作不可避免地搅扰了被测量粒子的运动状态，因此产生了不确定性。同年稍后，厄尔·肯纳德给出另一种表述。隔年，赫尔曼·外尔也独立获得结果。

按照厄尔·肯纳德的表述，位置的不确定性与动量的不确定性是粒子的秉性，无法同时压抑至低于某极限关系式，与测量的动作无关。这样，对于不确定性原理，有两种完全不同的表述。追根究底，这两种表述等价，可以从其中任意一种表述推导出另一种表述。

根据这个原理，微观客体的任何一对互为共轭的物理量，如坐标和动量，都不可能同时具有确定值，即不可能对它们的测量结果同时做出准确预言。对于两个正则共轭的物理量 P 和 Q，一个量越确定，则另一个量的不确定性程度就越大，其数值关系式可表示为 $\Delta P \cdot \Delta Q \geqslant h$。式中，$h$ 为普朗克常量。时间和能量之间，也存在类似的关系。

3. 不确定性普遍存在

声音可以在时间上被限制在一个很小的区间内，如一个声音只延续了一刹那。声音也可以只具有极单一的频率。但是，不确定性原理告诉我们，这两件事情不能同时成立，一段声音不可能既只占据极短的时间又具有极纯的音频。当声音区间短促到一定程度的时候，频率就变得不确定了，而频率纯粹的声音，在时间上延续的区间就不能太短。因此，说"某时某刻那一刹那的一个具有某音高的音"是没有意义的。

经典物理学中，可以用质点的位置和动量精确地描述它的运动。同时，知道了加速度，甚至可以预言质点接下来任意时刻的位置和动量，从而描绘出轨迹。在微观物理学中，不确定性告诉我们，如果要更准确地测量质点的位置，那么测得的动量就更不准确。也就是说，不可能同时准确地测得一个粒子的位置和动量，因而也就不能用轨迹来描述粒子的运动。在量子力学中，不确定性指测量物理量的不确定性，因为在一定条件下，一些力学量只能处在它的本征态上，所表现出来的值是分立的，所以在不同的时间测量，就有可能得到不同的值，就会出现不确定值，也就是说，当测量它时，可能得到这个值，也可能得到那个值，得到的值是不确定的。只有在这个力学量的本征态上测量它，才能得到确切的值。

1807 年，法国数学家傅里叶提出了一个崭新的观点：任何一个函数都可以表达为一系列不同频率的简谐振动（即简单的三角函数）的叠加。任何一个信号都可以用两种方式来表达：一种就是通常意义上的表达，自变量是时间或者空间的坐标，因变量是信号在该处的强度；另一种则是把一个信号"展开"成不同频率的简单三角函数（简谐振动）的叠加。这两个函数一个定义在时域（或空域）上，一个定义在频域上，看起来截然不同，但是它们在以完全不同的方式殊途同归地描述着同一个信号。它们就像是两种不同的语言，可以精确地互相翻译。在数学上，这种翻译的过程被称为傅里叶变换，一张普通相片的傅里叶变换如图 10.1 所示。

图 10.1　照片的傅里叶变换

傅里叶变换具有一种特性：一个在时域（或空域）上看起来很复杂的信号（如一段声音或者一幅图像）通常在频域上的表达会很简单。反过来这个关系也是对称的：一个空域上大多数区域接近于零的信号，在频域上通常都会占据绝大多数频率。

傅里叶变换这种对偶关系的本质，看起来像是一个技术性的困难，而它实际上反映出的却是大自然的某种本质规律：任何信息的时空分辨率和频率分辨率是不能同时被无限提高的。一种波动在频率上被人们辨认得越精确，在空间中的位置就显得越模糊，反之亦然。

4. 不确定性的信息度量

不确定性指人事先不能准确地知道自己的某种决策的结果，或者说，只要人的一种决策的可能结果不止一种，就会产生不确定性。例如，你不知道回家的路上是不是拥堵，这就是一种不确定性。如果打开网络地图查看实时路况，你就知道了结果。这样，网络地图给用户提供了信息，从而消除了这种不确定性。在信息论中，不确定性是表征某随机变量的发生有多么可靠的物理量。信息奠基人香农认为"信息是用来消除随机不确定性的东西",这一定义被人们看作是经典性定义并加以引用。

信息论是研究信息的基本性质和度量方法以及信息的接收、处理、存储、发送、传输和交换等一般规律的科学。信息量是信息论的中心概念,把信息熵作为一个随机事件的不确定性或信息量的度量,奠定了现代信息论的科学理论基础,大大促进了信息论的发展。

熵就是热力学(研究热的一个物理学分支)的中心概念。热力学中的熵通常被用于表征一个物理系统的无序程度。熵的概念最初是由德国物理学家R.J.克劳修斯在19世纪中叶提出的,1877年,奥地利物理学家玻尔兹曼提出了一种更为精确的描述(熵的统计解释):一团物质在保持宏观特性不变的情况下,其中所包含的粒子所有可能具有的不同微观状态数就是熵。

热力学与信息论有一定的联系,香农引入熵这一概念用于信息的度量。信息量是信息论中量度信息多少的一个物理量。它从量上反映具有确定概率的事件发生时所传递的信息。一个事件的发生可以归结为三类:①在一定条件下必然要发生的事件,如冬天来了,天气必然会变冷,这种事件是必然事件,其概率为1;②在一定条件下必然不会发生的事件,如太阳从西边升起,这是不可能事件,其概率为0;③在相同条件下,可能发生也可能不发生的事件是随机事件,如明天要下雨,这个事件可能发生也可能不发生,它就具有不确定性。

事件的不确定程度,可以用其发生的概率来描述:事件发生的可能性越小,则事件发生的概率就越小,人们猜测它是否发生的困难程度就越大,不确定性就越大;反之,则事件发生的概率就越大,人们猜测它发生的可能性就越大,不确定性就越小。例如,老师上课点名,学生答"到",是解决学生到课堂上课与未到课堂上课这一不确定性事件的有效信息。事件中的信息量与事件发生的概率密切相关:事件出现的概率越小,则事件中包含的信息量就越大,就存在很多不确定性;如果事件是必然的,即发生的概率为1,则它传递的信息量应为零,就不存在不确定性;如果事件是不可能(概率为0),则它将有无穷的信息量。例如,一台电脑,具有正常工作和发生故障两种可能状态,如果正常工作的概率为$P(X_1)$=0.99,发生故障的概率为$P(X_2)$=0.01,则可认为这台电脑一般处于正常工作状态。但是一旦电脑发生故障,则是一件引起人们关注的事件。因此,从这一点出发,信息论利用统计热力学中熵的概念,建立了对信息的量度方法。1948年,香农把熵的概念引入信息论中,把熵作为一个随机事件的不确定性的量度。

信息论量度信息的基本出发点,是把获得的信息看作用以消除不确定性的东西,因此信息数量的大小,可以用被消除的不确定性的多少来表示。用来描述事件不确定性的量,应该具备这样的特征:当事件的状态或结果完全确定时,它应为零;当事件的可能状态或结果越多时,它应该越大。当可能结果数一定,每种结果出现的概率相等时,不确定性应取极大值,即这种事件是最不确定的。

10.1.2 地理信息不确定性

不确定性表示事物的含糊性、不肯定性,也指某事物的未决定或不稳定状态。不同行业和领域对不确定性的定义和理解略有区别,但大体上是一致的。地理客观世界本身的不确定性是很普遍的,而确定性则是有条件的、相对的。地理信息的描述和表达同样存在不确定性。地理空间数据不确定性产生有两个方面的原因:一是客观原因;二是主观原因。客观原因是现实世界的自身复杂性和模糊性,地理空间数据只能是客观实体的一种近似和抽象。主观原因是指人类对现实世界认识表达能力的局限性、观测手段存在误差以及计算机对地理对象表达的局限性和数据处理中存在的误差。事实上，地理空间数据的不确定性遍历地理空间数据的获取、处理、存储、分析应用等地理空间数据处理全过程。客观世界的复杂性、人类认知的局限性、数据获取方法与计算设备的水平以及对数据质量的限制、空间分析处理方法与模型表达的多样性以及数据处理技术与方法的局限性造成了不确定性的普遍存在。

1. 地理对象不确定性描述

地理对象不确定性主要表现在空间形态的不确定性和语义描述（描述参数变量）的不确定性。

空间形态的不确定性是指地理对象的形态、几何位置和分布随时间变化。空间物体或现象的变化过程千差万别，它们在空间和时间上的表现形式或者为连续或者为离散。一般这些连续或者离散现象表现为随机性和模糊性。随机性是事物本身有明确定义，只是条件不充分，使得在条件与事物之间不能出现决定的因果关系，从而在事件的出现与否上表现出不确定性。大多数情况下，客观世界中具有几何定义的精确的点、线、多边形并不存在。例如，各个自然地理带之间，不同的气候带、不同的植物带之间都具有渐变的、逐步过渡的特征，大多数情况下不存在明显的分界线。再如，草原的范围并不总是确定的，而是向森林或沙漠区域逐渐移动；土壤风蚀、雨水冲刷区的界线也是不清楚的、逐渐过渡的；不同气候带之间不同属性的植被分布也是渐变的，没有明确的界线。模糊性是事物本身概念就没有明确含义，一个对象是否符合这个概念难以确定。模糊性导致对事物描述的不确定性。例如，土壤单元的边界、植被类型的划分是模糊的，不同操作人员往往会得出不同的划分结果，等等。除了自然界之外，人类活动范围也具备明显的不确定性特征。城市与乡村之间的划分具有明显的不确定性。城市的中心区、边缘区，城市的边界、经济区域的边界都具有不确定性，大多数不存在可明确划分的几何上的界线。事实上，客观世界中，大多数各类地理对象间均不存在明显的界线。所谓的界线都是人为界定的。

语义描述的不确定性问题远比空间的不确定性问题复杂得多。对于空间物体或现象来说，空间是基础，语义描述是内涵，是地理实体的纵深描述，它包含了各个地理实体中的社会、经济或其他专题数据，是对地理实体专题内容的广泛、深刻的描述。在地理现象定性描述过程中，普遍存在不精确的术语，例如，这个小镇"附近"是什么，河的南面"适合"农业耕作；在土地利用类型分类过程中，某一块土地可以作为小麦用地，但随着季节的转变，也可作为棉花用地，因此，这种分类本身就是不确定的；同一块土地上既种植了某种作物，同时又种了另一种作物，这就是地理现象分布具有的多义性。

地理对象自身不确定性不仅带来了地理对象空间位置和形态的误差，也带来了对地理对象语义描述的误差。不同方法、不同时间对地理对象的获取，会带来不同的结果。

2. 人类认知的不确定性

人类对客观世界的认知在某一时期总是处于一定的水平，而这种认知是渐进的、不断深入发展的。与客观世界的复杂性相比，人类的认知能力依然非常有限。为了满足生活的需求和欲望，人们试图尽可能地利用其能够理解并熟练操作的技术来感知其身外的客观世界。

1）对宇宙的认知局限性

人类对宇宙和地球的认知经历了漫长的过程。从最初寄予人类社会神化的"天宫"到各类行星、恒星的陆续发现，从对地球和太阳系的认知到浩瀚无涯的河外星系的认知，每一步无不打上人类科技进步的烙印。对宇宙认知的每一次进步，都揭示出前一次对宇宙认知的不确定性和局限性。

2）对地球的认知局限性

由于地球系统的巨大及其复杂性，地球表层所发生的许多空间现象，相对于人的认识来说具有模糊性的特点。对于许多自然过程产生的原因，目前仅限于种种假设，尚处于一种模糊的状态。例如，人类对地球上石油分布、储量的认识，地球板块运动的认识等，都有待于进一步研究。

人类对地球的认知是一个漫长的过程，每一认知阶段都充满了人类对地球认识上的不确定性。从"天圆地方"发展到现在的认知水平大约耗去了人类 1000 年的时间，这也说明了地球的复杂性和认知的艰难性。

3）对环境的认知局限性

人类自诞生以来始终处在各种环境中。人与环境的交互作用是一个信息交换的过程。首先通过"知觉"获得信息，然后通过"认知"对信息进行编码、加工和处理。人与环境息息相关。但人类对环境的认知仍处于初级阶段。人与环境的关系至今没能完全统一。从"环境决定论""人定胜天论""人与环境合一论"到"人与环境关系"争论，现在又有一种新的理论"生态理论"出现，足以看出人类对环境乃至客观世界的认知过程总是在不断地发展。

4）对属性概念的认知局限性

由于认知上的差异，人们对于同一属性的地物可能有着不同的定义。使用空间数据描述地理实体，不可避免地出现属性数据定义不清、概念模糊和不完善的现象。根本原因在于，客观世界中，地理对象某些真实的属性值是不精确的或难以获得的。某些真实的属性值存在但无法获取，一方面，部分属性数据因为历史久远而无法考证；另一方面，部分属性数据因为本身的复杂性、困难度和昂贵性，受当前认知水平与技术、时间与资金的限制，要开展此属性数据真值的观测实为困难；而对于某些属性值而言，其真值根本就不存在。这一认知也反映了客观世界本身所固有的不确定性。

由于客观世界中地理实体具有复杂性和可变性，人们必须选择最为重要的空间特征来近似逼近真实实体。所有的属性数据均是借助于某些理论、技术和方法来获取的。这些理论、技术和方法隐含地或明显地指出了属性数据所需的抽象和概括的必要水平。因此，对于地理实体的属性而言，人们所描述数据远少于客观总体数据。属性数据的期望值是由感知的目标近似逼近的。实际上，期望值也受制于当今人们认知的局限性。

5）地理对象表达尺度对不确定性影响

一种尺度，一个世界。人们对客观世界的认知是在一定的尺度下进行。认知的深度随着尺度的变化而变化。因此，在获取地理对象信息时，人们要慎重选择适当的尺度，因为这直接决定了所获取的地理实体真实信息的不确定性。例如，大比例尺比小比例尺地图负载信息量大、内容丰富、其不确定相对较小。运用不同分辨率的观测技术对同一物体进行观测所得到的观测结果的精度是完全不同的。

综上所述，人类认知的局限性是地理信息数据不确定性的重要来源。人类对客观世界的认知过程，实际上是客观世界信息的采集、分析、处理以及知识提炼过程。基于对客观实体信息的采集、分析与处理，人们得以对客观实体再认知。因此，人类对客观世界的认知很大程度上取决于社会生产力的发展水平及其对信息量的掌握程度。地理空间数据获取是空间信息采集的主要途径，也是人类认知的重要途径。空间数据获取方法与技术研究是控制空间数据不确定性的基础工作之一，在空间数据不确定性研究领域占有重要地位。

3. 地理实体观测的不确定性

人们对地理客观对象使用某一量测技术在一定的时期可能只能达到一定的准确度，而不同的测量技术可能导致不同的准确度。人类在认识自然、改造自然的活动中，学会了用图形科学地、抽象概括地反映自然界以及人类社会各种现象的空间分布、组合、相互联系及其随时间动态变化和发展的过程。这种抽象概括的结果不可避免带来了地理实体或现象表达的不确定性。地理空间数据是一种数字式描述现实世界的简化方式，本质上是对客观地理世界的近似模拟。因此，相同的地理实体重复采集也存在着差异。

地理实体观测不确定性原因很多，有的甚至还很复杂，概括起来有以下三方面。

1）仪器误差

测量工作都是使用测量仪器进行的。因为每一种仪器只具有一定限度的精度，所以观测值的精度受到了一定的限制。例如，在用只有厘米刻划的普通水准尺进行水准测量时，就难以保证在估读厘米以下的尾数时完全正确无误。同时，仪器本身也有一定的误差。例如，水准仪的视准轴不平行于水准轴，水准尺的分划误差等。因此，使用这样的水准仪和水准尺进行观测，就会使水准测量的结果产生误差。同样，经纬仪、测距仪甚至 GPS 测量仪器的误差也会使三角测量、导线测量的结果产生误差。

遥感是非接触的、远距离的探测技术。利用遥感技术对物体电磁波的辐射、反射特性进行探测，并根据其特性获取物体的性质、特征和状态。但目前遥感传感器存在着"同物异谱"和"同谱异物"的现象，即两类同类实体可能发射不同的光谱信息，而发同种光谱信息的两类实体可能属于不同的分类，加上不同的实体信息可能重叠、混合或变形，利用遥感技术认知地理世界时，对具有相同光谱反应的像素进行正确分类也并非易事。因此，认知的程度不仅受制于现有的技术水平，自然现象本身的复杂性也是造成认知不确定性的一个重要原因。

2）测量人员的误差

因为测量者的感觉器官的鉴别能力有一定的局限性，所以在仪器的安置、照准、读数等方面都会产生误差。同时，测量者的工作态度和技术水平，也是对观测成果质量有直接影响的重要因素。

3）外界条件

观测时所处的外界条件，如温度、湿度、风力、大气折光等因素都会对观测结果直接产生影响。同时，随着温度的上升或下降、湿度的大小、风力的强弱以及大气折射光的不同，它们对观测结果的影响也不同，因而在这样的客观环境下进行观测，就必然产生误差。

测量结果等描述数据的模型只能是客观实体的一种近似和抽象。需要说明的是，通常情况下误差的大小并不能直接衡量地理空间数据质量的优劣，对于只含有随机误差的数据，人们一般用精度的概念来衡量，即精度高是指小误差出现的概率大，大误差出现的概率小；精度低是指小误差出现的概率小，大误差出现的概率大。数据的精度反映了数据误差的离散程度。

4. 人类表达能力的局限性

人类在认识自然、改造自然活动中，学会了用语言、文字和图形科学地、抽象概括地反映自然界和人类社会各种现象的空间分布、组合、相互联系及其随时间动态变化和发展的过程。但人类对地理对象认知表达能力有局限性，主要表现在以下方面。

1）形态位置的抽象概括局限性

地图是通过对现实世界的科学抽象和概括，依据一定数学法则，运用地图语言——地图符号实现的。在地图上，人们把复杂的、模糊的地理实体或现象抽象概括为点、线和多边形三种图形。点表示点状要素，如井和电线杆位置等；线表示线状要素，如水系、管道和等高线等；多边形表示面状要素，如湖、县界和人口调查区界等。这种抽象概括的结果不可避免地带来了地理实体或现象表达的不确定性。

2）语义描述误差

对地理实体或现象的语义描述往往采用地理实体的变量和地理实体的属性来表达。地理实体的变量的例子如河流的深度、水流的速度、水面宽度、土壤类型等；地理实体属性的例子如河流的名称、长度，区域的面积，城市人口等。地理实体的变量是对作为其定义域的地理实体的局部描述，而地理实体的属性则是对其全局的描述。

变量的不确定性是在采集、描述和分析真实世界的过程中产生的。实体变量的测量、分析值围绕其变量真值在时间和空间内存在随机不确定性变化域。变量的不确定性是更广义上的变量误差问题，它是由变量的取值与其真值的相差程度决定的。变量有类别（离散）值和连续值两种，它们也可以区别为定性或定量变量值。人们将有连续值的变量称为连续变量，将类别值的变量称为非连续变量。一个类别变量可以仅仅是一个有限集合内的有限个元素。另外，一个连续的变量，可以取某一个区间内的任何值。对于类别变量而言，数值本身并不一定具有先后、大小的含义，例如，环境质量指标 1~4，依次表示最好到最差，这时，类别值有先后次序的含义。又如，类别 1~4 分别表示水、森林、城市用地、植被四种不同类别用地，这时，类别值没有任何大小、先后次序的含义。一个连续变化的变量，如某个城市的温度在 -40~50℃变化，这时变量可以是（-40, $+50$）间的任意值，取值是无限个的。人们可以用测量误差的理论来处理连续变量的不确定性问题，而非连续变量的不确定性问题则较为复杂，这是目前变量不确定性问题研究的重点之一。

属性不确定性主要来自数据源的不确定性、数据建模的不确定性和分析过程中引入的不确定性等。其来源主要有属性误差、时域误差、逻辑性误差和完整性误差，这些误差产生的原因多种多样，难以一一描述。从严格的意义上说，这些误差均为粗差。例如，对于相邻的甲、乙两宗土地，由于其位置数据的误差，将甲的部分土地划入了乙的土地，使得甲的土地权属这个属性产生了偏差。这里产生了两个问题：一是这里的属性误差是由位置误差造成的，而不是属性本身出现的；二是这里的土地权属应该是非甲即乙，不可能是在某一范围内属于甲或在另一范围内属于乙。再如，对于一宗属于甲的土地，它是有时间属性的，即在某一特定的时间内土地的权属归于甲，若将其权属时间"从 2002 年 12 月起"错误地输入为"从 2002 年 10 月起"或"从 2000 年 12 月起"，"从 2002 年 10 月起"这个错误的属性似乎更接近真值些。由此可见，对属性的评价是一个非常复杂的问题，难以用某一种方法来讨论。对于时域误差、逻辑性误差和完整性误差有学者把它们独立于属性误差之外，各自分为一类，但作者认为它们具有和属性误差一样的性质，至少也是相近似的，没有必要再去细分。

不管对地理实体或现象的语义描述是采用变量描述还是属性描述，在地图上都必须将变量和属性转化为地图符号表示。因为人类视觉分辨符号变化有限，地图上地图符号数量是有限的，而地物变量和属性变化是无限的，所以人们不得不将物体按变量和属性进行分类分级，转化为有限的可视化等级。这种从无限到有限转换不可避免地带来信息丢失，不同的转换方法，信息丢失的内容、多少也不相同。

3）对地理对象变化表达的局限性

由于技术手段、人力和资金的限制及满足社会需求等方面的原因，地理信息的采集往往是某一时刻的静态信息，不能表达地理对象随时间连续变化的时态。地图擅长于对地理对象的空间和语义表述，但仅能表达地理信息采集时的瞬间状态，对地理对象随时间连续变化信息的描述表达目前存在许多困难。这就导致同一个地理对象在不同时间采集会获得不同结果，造成地理信息之间的差异。

4）地图多尺度表达的局限性

人们认识事物往往是一个从总体到局部，从局部到总体的反复认识过程。这种认识过程同样适合于地理环境的认识。为了满足人们对地理空间的这种认识需求，人们生产制作了不同用途的比例尺地图。不同比例尺的地图不仅表达的空间范围的相对大小不同，其所表达的信息密度以及地理实体或现象形态位置的抽象概括和语义描述程度也不同。人们对客观存在的特征和变化规律进行科学抽象的过程中通常采用两种方法：一是运用思维能力对客观存在进行简化和概括（制图综合）；二是采用专门的地图符号和图形，按一定形式组合起来描述客观存在（地图符号化）。

制图综合是在地图用途、比例尺和制图区域地理特点等条件下，通过对地图内容的选取、化简、概括和关系协调，建立能反映区域地理规律和特点的新的地图模型的一种制图方法。由于制图综合是地图制图过程中的创造性劳动，不同的人在创造性思维活动中存在认知差异，以至于在地图用途、比例尺和制图区域地理特点等相同的条件下获取的是不同的结果。

地理实体或现象抽象概括为理想的点、线和多边形三种形状，用地图符号表示地物属性，一方面地图上的符号有一个人类眼睛可以分辨的最小尺度（一般图上 0.1mm）；另一方面，用符号的尺寸大小（线划粗度）表示地理实体的分类等级大小。这些地图符号在不同比例尺地图上所占用的实际位置也不相同。例如，在 1∶100 万地图上，0.1mm 相当于实地 100m，按一般地图制图规范要求，绘图误差不超过地图上 0.2mm。所以，按国家规范要求，每种比例尺地图都有一定的精度要求。

5）表达介质的局限性

地图表达在纸上，由于纸张本身受温度，特别是湿度影响会产生拉伸现象，这样的图纸变形对地形图上的地形地貌及长度、面积等的操作会造成一定误差。目前，一般白纸成图均使用变形很小的聚酯薄膜介质，这种介质经热定型处理，其变形率可小于0.02%。显然，图纸变形的误差大小与图形的比例尺有关，比例尺的分母越大，其误差也越大。

5. 地理对象数据表达的局限性

虽然地图和地理空间数据有本质的差别，地图解决了如何将特定区域范围内的空间现象抽象表达在特定大小的地图介质上的问题，其目标是地图内容可视化的表达；而地理空间数据则是根据用户需要对地理空间现象的抽象离散化的数字描述，与介质无关。然而，由于地图和地理空间数据形成认知过程的一致性，地理空间数据的尺度与地图的比例尺有着千丝万缕的联系。地图是地理空间数据之本，地理空间数据不确定性产生往往与地图有关。

1）计算机对地理对象的抽样表达

空间物体以连续的模拟方式存在于地理空间，为了能以数字的方式对其进行描述，必须将其离散化，即以有限的抽样数据表述无限的连续物体。基于对象的数据表述是将点离散为点，线状物体离散为折线，区域映射成多边形线段的有序排列。

基于场的数据表述是将连续的地球高程表面离散成不规则三角形或格网高程矩阵，连续的地球表面离散成不同分辨率（格网）灰度或颜色图像，不同比例尺的地图扫描成不同分辨率的图形。

地理空间数据的抽样性导致了空间数据采样存在许多不确定性因素，会产生各种误差。这样地理实体的复原是不可能的，相同的地理实体重复采集也存在着差异。

2）不同数据模型对地理对象近似表达

地理对象的事物是无穷无尽的，要研究、认识、利用和改造它们，就必须做必要的概括与抽象，即理想化和模型化，以便揭示出控制客观事物演变的基本规律，作为利用和改造地理对象的手段。科学研究中一种普遍采用的方法是模型方法，模型是对现实世界事物本质的反映或科学的抽象和简化，能反映事物的固有特征及其相互联系或运动变化规律，但模型不是事物本身，只能是客观实体的一种近似和抽象。这种相似性可以是外表的，也可以是内部结构的相似。

数据模型是用不同的数据抽象与表示能力来反映客观事物的，有不同的处理数据联系的方式。它是描述数据库的概念集合。这些概念精确地描述了数据、数据关系、数据语义以及完整性约束条件。通常数据模型由数据结构、数据操作和完整性约束三部分组成。地理空间数据模型是空间数据库中关于空间数据和数据之间联系逻辑组织形式的表示，是计算机数据处理中一种较高层的数据描述。空间数据模型是有效地组织、存储、管理各类空间数据的基础，也是空间数据有效传输、交换和应用的基础，它以抽象的形式描述系统的运行与信息流程。

由于人们对地理对象的事物认识不同，所设计的地理空间模型也不相同。每一种空间数据模型以不同的空间数据抽象与表示来反映客观事物，有其不同的处理空间数据联系的方式和不同的空间数据组织、存储、管理和操作方法。

6. 空间数据操作与处理的误差

空间数据的操作有许多种，其中数字化就是一种重要的操作。地形图数字化（无论是手扶跟踪式数字化还是扫描后矢量化）目前仍是 GIS 基础数据的一个重要来源方式，地形图数字化采集数据的方法也可称为间接采集的方法。数字化地图是建立空间数据的基础工作之一，它往往也是建立 GIS 的"瓶颈"。由于数字化地图具有廉价、便捷等特点，是目前矢量空间数据获得的主要方法之一。数字化地图的质量和精度，直接影响 GIS 的应用效果。众所周知，在数字化的过程中，会产生各种各样的误差，正是数字化地图带有这些误差，必然会在 GIS 中传播，从而使 GIS 的分析和决策产生偏差甚至错误。无论是手扶跟踪式数字化的成图方式还是扫描后矢量化的成图方式，均可产生误差。就目前人们研究的情况来看，一般数字化能达到的精度在 0.1~0.3mm（图上精度）。此项精度的大小同样也与地图的比例尺有关。若加以细分，可划分为数字化仪的误差（仪器误差）、操作员引起的误差（测量人员的误差）和操作方式及条件产生的误差（外界条件）。

数据处理过程中，容易产生误差的几种情况：

（1）投影变换。地图投影是开口的三维地球椭球面或球面到二维平面的拓扑变换。在不同的投影形式下，地理特征的位置、面积和方向表现会有差异。

（2）地图数字化和扫描后的矢量化处理。数字化过程采点的位置精度、空间分辨率、属性赋值等都有可能出现误差。

（3）数据格式转换。在矢量数据和栅格数据的格式转换中，数据所表达的空间特征的位置具有差异性。

（4）数据抽象。在数据发生比例尺变换时，对数据进行的聚类、归并、合并等操作时产生的误差，包括知识性误差（如操作符合地学规律的程度）和数据所表达的空间特征位置的变化误差。

（5）建立拓扑关系。拓扑过程中伴随着数据所表达的空间特征的位置坐标的变化。

（6）与主控数据层的匹配。一个数据库中，常常存储同一地区的多层数据，为了保证各数据层之间空间位置的协调性，一般建立一个主控数据层以控制其他数据层的边界和控制点。在与主控数据层匹配的过程中也会存在空间位移，导致误差的出现。

（7）数据叠加操作和更新。数据在进行叠加运算以及数据更新时，会产生空间位置和属性值的差异。

（8）数据集成处理。指在来源不同、类型不同的各种数据集的相互操作过程中所产生的误差。数据集成是包括数据预处理、数据集之间的相互运算、数据表达等过程在内的复杂过程，其中位置误差、属性误差都会出现。

（9）数据处理过程中误差的传递和扩散。在数据处理的各个过程中，误差是累积和扩散的，前一过程的累积误差可能成为下一阶段的误差起源，从而导致新的误差产生。

计算机数据处理引起的误差主要表现在两个方面：第一，计算误差，如结尾误差和舍入误差；第二，数据处理模型误差。计算机处理数据时位数的取舍不同等过程会引入计算误差。有研究表明，此项误差一般较小，通常可以忽略不计。在空间数据处理过程中，数据处理模型容易产生误差的几种情况是：①坐标变换；②栅格矢量或矢量栅格转换处理；③拓扑空间关系处理；④数据叠加匹配操作；⑤数据可视化表达；⑥数据分类分级处理；⑦数据自动综合处理；⑧数据格式转换；⑨数据属性转换与合并等。

叠加分析时往往会产生拓扑匹配、位置和属性方面的质量问题。再者，GIS 的查询操作，往往会涉及长度、面积等参数，当这些参数有误差时，必定会对其操作的结果产生影响，这实际上是误差的传播问题，操作的次数越多，其累积的误差也会越大。

10.2 地理信息不确定性描述

地理空间数据虽然包含了对客观实体性质、特征和状态的描述，但是由于客观世界的复杂性，加之信息获取、数据处理方法和手段的多样性，数据中不仅含有能够反映客观实体本质特征的有用信息，也携带了一些与客观实体无关的干扰信息。这些干扰信息不确定因素很多，涵盖的面很广。描述地理空间数据不确定性的大小，对于评价和控制地理空间数据的质量有重要的作用。

10.2.1 测量误差描述方法

因为人类认识能力的不足、差异和不确定性，所以认识结果往往带有误差与不确定性。测量是认识自然和世界的重要方法，伽利略就是通过测量证明了下落时不同质量物体的重力加速度是相同的。国民经济建设、国防建设和科学研究中，进行着大量的测量工作。实践证明，测量存在着误差，当对同一量做多次重复测量时，经常发现测量的结果并不完全一致。测量设备不完善、测量环境不理想、测量人员水平有限或被测量的不确定等，都使测量结果与真值之间存在差异，所以有误差存在原理，即误差存在的普遍性。测量误差与不确定度在生产实践、科学研究中极为重要。误差是普遍存在的，随着人们认识的深入和能力的提高，误差尽管可以逐渐减小，但始终不能做到没有误差。不同时期人们研究的误差内容虽然不同，但误差始终客观地存在着。我们的目标并非使误差为零，而是把误差控制在要求的限度之内，或是在力所能及的范围内使其最小。要认识误差与不确定度的规律，正确地处理数据和测量数据受到误差的影响。只有认清误差的规律，才能够充分利用数据信息，得出在一定条件下更接近于真值的最佳结果。

1. 精度

精度是测量值与真值的接近程度，包含精密度（precision of measurement）、正确度（correctness of measurement）和精确度（accuracy of measurement）三个方面。

（1）精密度。计量的精密度，指在相同条件下，对被测量进行多次反复测量，测得值之间的一致（符合）程度。从测量误差的角度来说，精密度所反映的是测得值的随机误差。精密度高，不一定正确度（见下）高。也就是说，测得值的随机误差小，不一定其系统误差也小。

（2）正确度。计量的正确度，指被测量的测得值与其"真值"的接近程度。从测量误差的角度来说，正确度所反映的是测得值的系统误差。正确度高，不一定精密度高。也就是说，测得值的系统误差小，其随机误差不一定亦小。

（3）精确度。计量的精确度亦称准确度，指被测量的测得值之间的一致程度以及与其"真值"的接近程度，是精密度和正确度的综合概念。从测量误差的角度来说，精确度（准确度）是测得值的随机误差和系统误差的综合反映。测量的准确度高，是指系统误差较小，这时测量数据的平均值偏离真值较少，但数据分散的情况，即偶然误差的大小不明确。

精度常使用三种方式来表征：①最大误差占真实值的百分比，如测量误差3%。②最大误差，如测量精度±0.02mm。③误差正态分布，如误差0%~10%占比例65%，误差10%~20%占比例20%，误差20%~30%占10%，误差30%以上占5%。

比较以上三种表征方式，可以看出：①最大误差百分比方式简单直观。由于基于真实值，不具体。在不知道真实值的情况下，无法判读误差的具体大小。②最大误差方式简单直观，反映了误差的具体值，但是有片面性。③误差正态分布方式科学、全面、系统，但是表述较为复杂，所以反而不如前两种应用广泛。

准确度通常用误差来表示，误差越小，表示分析结果的准确度越高。误差和精度常相混淆，误差实际的含义是精度，如中误差、平均误差、或然误差、极限误差、相对误差，这些误差反映的都是精度指标。

2. 测量误差和相对误差

不确定性是指一种广义的误差，它包含数值和概念误差，也包含可度量和不可度量误差。数值误差总是可度量的，而概念误差一般难以度量。从这个意义看，不确定性表示的误差范围要广，故定义为广义的误差。在这一点上不确定性理论与测量误差理论没有根本区别，甚至两者是一致的。不确定性比误差更能反映和代表被测量对象的真值不能被肯定的程度。不确定性既包含了可度量的误差（如空间位置的数据误差），也包含了不可度量的误差（如粗差或属性数据误差），还包含有数值和概念上的误差。

（1）测量误差。测量结果减去被测量的真值所得的差，称为测量误差，简称误差。这个

定义从20世纪70年代以来没有发生过变化，用公式可表示为

$$测量误差=测量结果-真值$$

测量结果是由测量所得到的赋予被测量的值，是客观存在的量的实验表现，仅是对测量所得被测量之值的近似或估计，显然它是人们认识的结果，不仅与量的本身有关，还与测量程序、测量仪器、测量环境以及测量人员等有关。真值是量的定义的完整体现，是与给定的特定量的定义完全一致的值，它是通过完善的或完美无缺的测量，才能获得的值。所以，真值反映了人们力求接近的理想目标或客观真理，本质上是不能确定的，量子效应排除了唯一真值的存在，实际上用的是约定真值，必须以测量不确定度来表征其所处的范围。因而，作为测量结果与真值之差的测量误差，也是无法准确得到或确切获知的。

（2）相对误差。测量误差除以被测量的真值所得的商，称为相对误差。

3. 随机误差和系统误差

过去人们有时会误用"误差"一词，即通过误差分析给出的往往是被测量值不能确定的范围，而不是真正的误差值。误差与测量结果有关，即不同的测量结果有不同的误差，合理赋予的被测量之值各有其误差并不存在一个共同的误差。一个测量结果的误差，若不是正值（正误差）就是负值（负误差），它取决于这个结果是大于还是小于真值。实际上，误差可表示为

$$误差=测量结果-真值=(测量结果-总体均值)+(总体均值-真值)$$
$$=随机误差+系统误差$$

1）随机误差

测量结果与重复性条件下，对同一被测量进行无限多次测量所得结果的平均值之差，称为随机误差。

$$随机误差=测量结果-多次测量的算术平均值（总体均值）$$

随机误差是在同一量的多次测量中以不可预知的方式变化测量误差分量。随机误差分量是测量误差的一部分，其大小和符号虽然不知道，但在同一量的多次测量中，它们的分布常常满足一定的统计规律。重复性条件是指在尽量相同的条件下，包括测量程序、人员、仪器、环境等，以及尽量短的时间间隔内完成重复测量任务。此前，随机误差曾被定义为：在同一量的多次测量过程中，以不可预知方式变化的测量误差的分量。

2）系统误差

在同一被测量的多次测量过程中，保持恒定或以可预知方式变化的测量误差分量称为系统误差，简称系差。系统误差包括已定系统误差和未定系统误差。已定系统误差是指符号和绝对值已经确定的误差分量。测量中应尽量消除已定系统误差，或对测量结果进行修正，得到已修正结果。修正公式为：已修正测量结果=测得值（或其平均值）-已定系统误差。未定系统误差是指符号或绝对值未经确定的系统分量。一般通过方案选择、参数设计、计量器具校准、环境条件控制、计算方法改进等环节来减小未定系差的限值。

在重复性条件下，对同一被测量进行无限多次测量所得结果的平均值与被测量的真值之差，称为系统误差。它是测量结果中期望不为零的误差分量。

$$系统误差=多次测量的算术平均值-被测量真值$$

因为只能进行有限次数的重复测量,真值也只能用约定真值代替,所以,可能确定的系统误差只是其估计值,并具有一定的不确定度。

系统误差大抵来源于影响量,它对测量结果的影响若已识别并可定量表述,则称为"系统效应"。该效应的大小若是显著的,则可通过估计的修正值予以补偿。但是,用以估计的修正值均由测量获得,本身就是不确定的。

至于误差限、最大允许误差、可能误差、引用误差等,它们的前面带有正负(±)号,因而是一种可能误差区间,并不是某个测量结果的误差。对于测量仪器而言,其示值的系统误差称为测量仪器的"偏移",通常用适当次数重复测量示值误差的均值来估计。

过去所谓的误差传播定律,所传播的其实并不是误差而是不确定度,故现已改称为不确定度传播定律。还要指出的是:"误差"一词应按其定义使用,不宜用它来定量表明测量结果的可靠程度。

4. 修正值和偏差

1)修正值和修正因子

用代数方法与未修正测量结果相加,以补偿其系统误差的值,称为修正值。

含有误差的测量结果,加上修正值后就可能补偿或减小误差的影响。因为系统误差不能完全获知,所以这种补偿并不完全。修正值等于负的系统误差,这就是说加上某个修正值就像是扣掉某个系统误差,其效果是一样的,只是人们考虑问题的出发点不同而已,即

$$真值=测量结果+修正值=测量结果-误差$$

用高一个等级的计量标准来校准或检定测量仪器,其主要内容之一就是要获得准确的修正值。换言之,系统误差可以用适当的修正值来估计并予以补偿。但应强调指出:这种补偿是不完全的,即修正值本身就含有不确定度。当测量结果以代数和方式与修正值相加后,其系统误差之模会比修正前的小,但不可能为零,即修正值只能对系统误差进行有限程度的补偿。

为补偿系统误差而与未修正测量结果相乘的数字因子,称为修正因子。

含有系统误差的测量结果,乘以修正因子后就可以补偿或减小误差的影响。但是,由于系统误差并不能完全获知,因而这种补偿是不完全的,即修正因子本身仍含有不确定度。通过修正因子或修正值已进行了修正的测量结果,即使具有较大的不确定度,但可能仍然十分接近被测量的真值(即误差甚小)。因此,不应把测量不确定度与已修正测量结果的误差相混淆。

2)偏差

一个值减去其参考值,称为偏差。这里的值或一个值是指测量得到的值,参考值是指设定值、应有值或标称值。

例如,尺寸偏差=实际尺寸-应有参考尺寸;偏差=实际值-标称值。

在此可见,偏差与修正值相等,或与误差等值而反向。应强调指出的是:偏差相对于实际值而言,修正值与误差则相对于标称值而言,它们所指的对象不同。所以在分析时,首先要分清所研究的对象是什么。

常见的概念还有上偏差(最大极限尺寸与参考尺寸之差)、下偏差(最小极限尺寸与参考尺寸之差),它们统称为极限偏差。由代表上、下偏差的两条直线所确定的区域,即限制

尺寸变动量的区域，统称为尺寸公差带。

10.2.2 测量不确定度的评定与表示

不确定性具有多方面的含义，数据的误差、数据和概念上的模糊性及不完整性都可看作是不确定性的内容。测绘人员常将不确定性称为误差，地理人员在强调不确定性的抽象特征时直接称为不确定性。实际上，在形式上不确定性是包含了真值的一个范围，这个范围越大，其不确定性也就越大。这也就出现了如何评价不确定性的问题，由此引入了"不确定度"一词。不确定性和不确定度这两个术语的英文单词是一样的，都是 uncertainty，但中文含义有所不同。不确定度是侧重于用来度量不确定性的一种指标体系，而不确定性更侧重于表示对被测量对象知识缺乏的程度，泛指空间数据所具有的误差、不精确性、模糊性和含混性，它一般表现为随机性和模糊性。

1. 测量不确定度

表征合理地赋予被测量之值的分散性、与测量结果相联系的参数，称为测量不确定度。不确定度的注解有：①此参数可以是诸如标准差或其倍数，或说明了置信水准的区间的半宽度。②测量不确定度由多个分量组成。其中一些分量可用测量列结果的统计分布估算，并用实验标准差表征。另一些分量则可用基于其他信息的假定概率分布估算，也可用标准差表征。③测量结果应理解为被测量之值的最佳估计，全部不确定度分量均贡献给了分散性，包括那些由系统效应引起的（如与修正值和参考测量标准有关的）分量。④不确定度恒为正值。当由方差得出时，取其正平方根。⑤"不确定度"一词指可疑程度，广义而言，测量不确定度意为对测量结果正确性的可疑程度。

"合理"意指应考虑各种因素对测量的影响所做的修正，特别是测量应处于统计控制的状态下，即处于随机控制过程中。"相联系"意指测量不确定度是一个与测量结果"在一起"的参数，在测量结果的完整表示中应包括测量不确定度。此参数可以是诸如标准[偏]差或其倍数，或说明了置信水准的区间的半宽度。测量不确定度从词意上理解，意味着对测量结果可信性、有效性的怀疑程度或不肯定程度，是定量说明测量结果的质量的一个参数。实际上由于测量不完善和人们的认识不足，所得的被测量值具有分散性，即每次测得的结果不是同一值，而是以一定的概率分散在某个区域内的许多个值。虽然客观存在的系统误差是一个不变值，但由于人们不能完全认知或掌握，只能认为它是以某种概率分布存在于某个区域内，而这种概率分布本身也具有分散性。测量不确定度就是说明被测量之值分散性的参数，它不说明测量结果是否接近真值。为了表征这种分散性，测量不确定度用标准"偏"差表示。在实际使用中，往往希望知道测量结果的置信区间，因此规定测量不确定度也可用标准"偏"差的倍数或说明了置信水准的区间的半宽度表示。为了区分这两种不同的表示方法，分别称它们为标准不确定度和扩展不确定度。

在实践中，测量不确定度可能来源于以下十个方面：①被测量的定义不完整或不完善；②实现被测量的定义的方法不理想；③取样的代表性不够，即被测量的样本不能代表所定义的被测量；④对测量过程受环境影响的认识不周全，或对环境条件的测量与控制不完善；⑤对模拟仪器的读数存在人为偏移；⑥对测量仪器的分辨力或鉴别力不够；⑦赋予计量标准的值或标准物质的值不准；⑧引用于数据计算的常量和其他参量不准；⑨测量方法和测量程序的近似性和假定性；⑩在表面上看来完全相同的条件下，被测量重复观测值的变化。

由此可见，测量不确定度一般来源于随机性和模糊性，前者归因于条件不充分，后者归因于事物本身概念不明确。这就使测量不确定度一般由许多分量组成，其中一些分量可以用测量列结果（观测值）的统计分布来进行评价，并且以实验标准[偏]差表征；而另一些分量可以用其他方法（根据经验或其他信息的假定概率分布）来进行评价，并且也以标准[偏]差表征。所有这些分量，应理解为都贡献给了分散性。若需要表示某分量是由某原因导致时，可以用随机效应导致的不确定度和系统效应导致的不确定度。

2. 标准不确定度和标准"偏"差

以标准"偏"差表示的测量不确定度，称为标准不确定度。标准不确定度用符号 u 表示，它不是由测量标准引起的不确定度，而是指不确定度以标准[偏]差表示，来表征被测量之值的分散性。这种分散性可以有不同的表示方式，例如，用 $\dfrac{\sum_{i=1}^{n}(x_i-\bar{x})}{n}$ 表示时，由于正残差与负残差可能相消，反映不出分散程度；用 $\dfrac{\sum_{i=1}^{n}|x_i-\bar{x}|}{n}$ 表示时，则不便于进行解析运算。只有用标准[偏]差表示的测量结果的不确定度，才称为标准不确定度。

当对同一被测量作 n 次测量，表征测量结果分散性的量 s 按下式算出时，称它为实验标准[偏]差：

$$s=\sqrt{\frac{\sum_{i=1}^{n}(x_i-\bar{x})^2}{n-1}}$$

式中：x_i 为第 i 次测量的结果；$\bar{x}$ 为所考虑的 n 次测量结果的算术平均值。

对同一被测量作有限的 n 次测量，其中任何一次的测量结果或观测值，都可视作无穷多次测量结果或总体的一个样本。数理统计方法就是要通过这个样本所获得的信息（如算术平均值 $\bar{x}$ 和实验标准[偏]差 s 等），来推断总体的性质（如期望 μ 和方差 σ^2 等）。期望是通过无穷多次测量所得的观测值的算术平均值或加权平均值，又称为总体均值 μ，显然它只是在理论上存在并表示为

$$\mu=\lim_{n\to\infty}\frac{1}{n}\sum_{i=1}^{n}x_i$$

方差 σ^2 则是无穷多次测量所得观测值 x_i 与期望 μ 之差的平方的算术平均值，它也只是在理论上存在并可表示为

$$\sigma^2=\lim_{n\to\infty}\left[\frac{1}{n}\sum_{i=1}^{n}(x_i-\mu)^2\right]$$

方差的正平方根 σ，通常称为标准[偏]差，又称为总体标准[偏]差或理论标准[偏]差；而通过有限多次测量得的实验标准[偏]差 s，又称为样本标准[偏]差。这个计算公式即贝赛尔公式，算得的 s 是 σ 的估计值。

s 是单次观测值 x_i 的实验标准[偏]差，$s/\sqrt{n}$ 才是 n 次测量所得算术平均值 $\bar{x}$ 的实验标准[偏]差，它是 $\bar{x}$ 分布的标准[偏]差的估计值。为易于区别，前者用 $s(x)$ 表示，后者用 $s(\bar{x})$ 表示，故有 $s(\bar{x})=s(x)/\sqrt{n}$。

通常用 $s(x)$ 表征测量仪器的重复性，而用 $s(\bar{x})$ 评价以此仪器进行 n 次测量所得测量结果的分散性。随着测量次数 n 的增加，测量结果的分散性 $s(\bar{x})$ 即与 $\sqrt{n}$ 成反比地减小，这是对多次观测值取平均后，正、负误差相互抵偿所致。所以，当测量要求较高或希望测量结果的标准[偏]差较小时，应适当增加 n；但当 $n>20$ 时，随着 n 的增加，$s(\bar{x})$ 的减小速率减慢。因此，在选取 n 的多少时应予综合考虑或权衡利弊，因为增加测量次数就会拉长测量时间，加大测量成本。在通常情况下，取 $n\geq 3$，以 $n=4\sim 20$ 为宜。另外，应当强调 $s(\bar{x})$ 是平均值的实验标准[偏]差，而不能称它为平均值的标准误差。

3. 不确定度的 A 类、B 类评定及合成

测量结果的不确定度往往由许多原因引起，对每个不确定度来源评定的标准[偏]差，称为标准不确定度分量，用符号 u^i 表示。对这些标准不确定度分量有两类评定方法，即 A 类评定和 B 类评定。

1）不确定度的 A 类评定

用对观测列进行统计分析的方法来评定标准不确定度，称为不确定度的 A 类评定，有时也称 A 类不确定度评定。

通过统计分析观测列的方法，对标准不确定度进行的评定，所得到的相应标准不确定度称为 A 类不确定度分量，用符号 uA 表示。

这里的统计分析方法，是指根据随机取出的测量样本中所获得的信息，来推断关于总体性质的方法。例如，在重复性条件或复现性条件下的任何一个测量结果，可以看作是无限多次测量结果（总体）的一个样本，通过有限次数的测量结果（有限的随机样本）所获得的信息（如平均值 $\bar{x}$、实验标准差 s），来推断总体的平均值（即总体均值 μ 或分布的期望值）以及总体标准[偏]差 σ，就是统计分析方法之一。A 类标准不确定度用实验标准[偏]差表征。

2）不确定度的 B 类评定

用不同于对观测列进行统计分析的方法来评定标准不确定度，称为不确定度的 B 类评定，有时也称 B 类不确定度评定。

这是用不同于对测量样本统计分析的其他方法进行的标准不确定度的评定，所得到的相应的标准不确定度称为 B 类标准不确定度分量，用符号 uB 表示。它用根据经验或资料及假设的概率分布估计的标准[偏]差表征，也就是说，其原始数据并非来自观测列的数据处理，而是基于实验或其他信息来估计，含有主观鉴别的成分。用于不确定度 B 类评定的信息来源一般有：①以前的观测数据；②对有关技术资料和测量仪器特性的了解和经验；③生产部门提供的技术说明文件；④校准证书、检定证书或其他文件提供的数据、准确度的等别或级别，包括目前仍在使用的极限误差、最大允许误差等；⑤手册或某些资料给出的参考数据及其不确定度；⑥规定实验方法的国家标准或类似技术文件中给出的重复性限 r 或复现性限 R。

不确定度的 A 类评定由观测列统计结果的统计分布来估计，其分布来自观测列的数据处理，具有客观性和统计学的严格性。这两类标准不确定度仅是估算方法不同，不存在本质差异，它们都是基于统计规律的概率分布，都可用标准[偏]差来定量表达，合成时同等对待。只不过 A 类是通过一组与观测得到的频率分布近似的概率密度函数求得的,而 B 类是由基于事件发生的信任度(主观概率或称为经验概率)的假定概率密度函数求得的。对某一项不确定度分量究竟用 A 类方法评定,还是用 B 类方法评定,应由测量人员根据具体情况选择。特别应当指出:A 类、B 类与随机、系统在性质上并无对应关系,为避免混淆,不应再使用随机不确定度和系统不确定度。

3)合成标准不确定度

当测量结果是由若干个其他量的值求得时,按其他各量的方差和协方差算得的标准不确定度,称为合成标准不确定度。合成标准不确定度是测量结果标准[偏]差的估计值,用符号 uC 表示。

方差是标准[偏]差的平方,协方差是相关性导致的方差。当两个被测量的估计值具有相同的不确定度来源,特别是受到相同的系统效应的影响(如使用了同一台标准器)时,它们之间即存在着相关性。如果两个都偏大或都偏小,称为正相关;如果一个偏大而另一个偏小,则称为负相关。由这种相关性所导致的方差,即为协方差。显然,计入协方差会扩大合成标准不确定度,协方差的计算既有属于 A 类评定的,也有属于 B 类评定的。人们往往通过改变测量程序来避免发生相关性,或者使协方差减小到可以略计的程序,如通过改变所使用的同一台标准等。如果两个随机变量是独立的,则它们的协方差和相关系数等于零,反之不一定成立。

合成标准不确定度仍然是标准[偏]差,它表征了测量结果的分散性。所用的合成的方法,常被称为不确定度传播律,而传播系数又被称为灵敏系数,用 c_i 表示。合成标准不确定度的自由度称为有效自由度,用 veff 表示,它表明所评定的 uC 的可靠程度。

4. 测量不确定度的评定和报告

图 10.2 简示了测量不确定度评定的全部流程。在标准不确定度分量评定环节中,《测量不确定度评定与表示》(JJF1059.1—2012)建议列表说明,即列出标准不确定度一览表,以便一目了然。

10.2.3 测量误差与测量不确定度区别

误差理论及不确定度表述体系是以概率论与数理统计为数学基础,以计量测试工作为实践基础的一个理论性、方法性的体系,这一体系的方法用于所有科学技术和工程的测量、检验和控制领域,并涉及质量控制、工业管理、商品检测、环境监控、医卫检验、标准规范和国际合作交流贸易等许多方面。实验标准偏差是分析误差的基本手段,也是不确定度理论的基础,从本质上说,不确定度理论是在误差理论基础上发展起来的,其基本分析和计算方法是共通的。但测量不确定度与测量误差在概念上有许多差异。

1. 误差与不确定度在定义上的区别

误差定义是测量值与真值之差,是一个确定值,但真值是一个理想的概念,真值的传统定义为:当某量能被完善地确定而且已经排除了所有测量上的期限时,通过测量所得到的量值。真值虽然客观存在,但通过测量却得不出(因为测量过程中总会有不完善之处,所以一般情况下不能计算误差,只有少数情况下,可以用准确度足够高的实际值来作为量的约定真值,即对明确的量赋予的值,有时称最佳估计值、约定值或参考值,这时才能计算误差),误差也就无法知道。而误差加前缀的名词如标准误差、极限误差等其值是可以估算的,但它

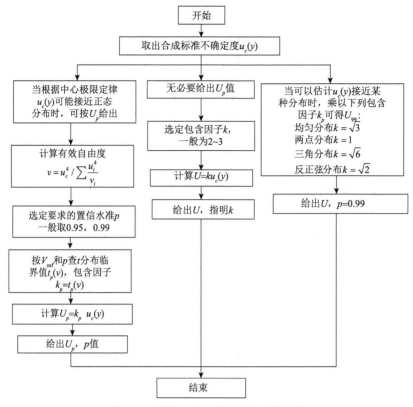

图 10.2　测量不确定度评定的全部流程

们表示的是测量结果的不确定性,与误差定义并不一致。测量不确定度是测量结果带有的一个参数,用以表征合理赋予被测量值的分散性,它是被测量真值在某一个量值范围内的一个评定。显然,不确定度表述的是可观测量——测量结果及其变化,而误差表述的是不可知量——真值与误差,所以,从定义上看不确定度比误差科学合理。

2. 误差理论与不确定度原理在分类上的区别

以往计算误差时,首先要分清该项误差属于随机误差还是系统误差。因此,随机误差是符合概率分布的,而系统误差经过校正后,其剩余的系统误差按原误差理论一般认为不具有概率分布。因此,实验教材在数据处理时只能将随机误差和系统误差分开计算。但在实际测量时,有相当多的情形很难区分误差的性质是"随机"的还是"系统"的,而且有的误差还具有"随机"和"系统"两重性。例如,用千分尺测量钢丝直径,测的是不同位置的直径,测量误差应属于系统误差,但多次测量数据又具有统计性质,说明测量又有随机误差。又如,磁电式电表,其准确度等级误差是系统误差和随机误差的综合,一般无法将它们分开计算。

不确定度取消了"随机"和"系统"的分类方法,它把不确定度评定分为由观测列的统计分析评定的不确定度(A类不确定度)和由非统计分析评定的不确定度(B类不确定度)。这样的分类方法可使初、中级实验人员在处理实验数据时免除难以分清误差的"随机"和"系统"性而带来的困惑,使实验结果的不确定度易学可行。

归纳上述内容,可将测量误差与测量不确定度之间存在的主要区别列于表10.1。

表 10.1 测量误差与测量不确定度的主要区别

序号	内容	测量误差	测量不确定度
1	定义的要点	表明测量结果偏离真值,是一个差值	表明赋予被测量之值的分散性,是一个区间
2	分量的分类	按出现于测量结果中的规律,分为随机和系统,都是无限多次测量时的理想化概念	按是否用统计方法求得,分为 A 类和 B 类,都是标准不确定度
3	可操作性	由于真值未知,只能通过约定真值求得其估计值	按实验、资料、经验评定,实验方差是总体方差的无偏估计
4	主客观性	客观存在,不以人的认知程度而改变	与对被测量、影响量及过程的认知有关
5	表示的符号	非正即负,不要用正负号(±)表示	为正值,当由方差求得时取其正平方根
6	合成的方法	为各误差分量的代数和	当各分量彼此独立时为平方和,必要时加入协方差
7	结果的修正	已知系统误差的估计值时,可以对测量结果进行修正,得到已修正的测量结果	不能用不确定度对结果进行修正,在已修正结果的不确定度中应考虑修正不完善引入的分量
8	结果的说明	属于给定的测量结果,只有相同的结果才有相同的误差	合理赋予被测量的任一个值,均具有相同的分散性
9	实验标准[偏]差	来源于给定的测量结果,不表示被测量值估计的随机误差	来源于合理赋予的被测量之值,表示同一观测列中任一个估计值的标准不确定度
10	自由度	不存在	可作为不确定度评定是否可靠的指标
11	置信概率	不需要且不存在	需要且存在,当了解分布时,可按置信概率给出置信区间
12	与分布的关系	无关	有关
13	与测量条件的关系	无关	有关

误差理论虽然是客观存在的,但不能准确得到,它是属于理想条件下的一个定性的概念,反映测量误差大小的术语准确度也是一个定性的概念。误差是不以人的认识程度而改变的客观存在,而测量不确定度与人们对被测量和影响及测量过程的认识有关。测量不确定度表征合理地赋予被测量之间的分散性,是与测量结果相联系的参数。它反映了测量结果不能被肯定的程度,同时它是一个物理量,可以定量表示。不确定度是误差理论发展和完善的产物,是建立在概率论和统计学基础上的新概念,目的是澄清一些模糊的概念从而便于使用。测量不确定度反映的是对测量结果的不可信程度,是可以根据试验、资料、经验等信息定量评定的量。

10.3 地理空间数据质量控制

10.3.1 地理空间数据不确定性的类型

地理空间数据中涉及的主要问题包含:①确定一个物体的空间位置 $O(x,y,z)$;②确定两空间物体 O_1 和 O_2 的关系 $R(O_1,O_2)$;③决定一个空间物体对一个集合的归属关系 $O \in A$(物体 O 属于集合 A)。问题①中,一个点的坐标可以通过直接量测或通过对一系列量测数据的处理而获得。所涉及的误差有随机误差、系统误差、粗差或是其两者以上的综合误差。在一个可靠的需要中,粗差出现的机会很小。在系统误差被改正之后,一个系统内仅含有随机误差。对于随机误差广泛使用概率论与数理统计来处理。问题②中,对于两个物体的空间关系,模糊数学理论的空间拓展有可能是解决该问题的一种途径。所以,模糊数学是解决空间关系不确定性的一个潜在理论。问题③中，涉及的方面较多，可以用模糊数学、概率论和证据理论来处理。

1. 地理空间数据不确定性的分类

地理空间数据中涉及的不确定性问题很多，许多学者以不确定性的产生机制、空间分布规律、表达理论模型、传播机理和质量控制理论为主线，全面、系统地研究了该领域的位置不确定性、属性不确定性、空间关系不确定性、空间分析不确定性、数据质量控制等核心理论问题。从不同角度对地理空间数据不确定性进行分类，一般说来可以归纳为以下几个方面。

（1）位置不确定性。它是指被描述的物体的坐标数据与地面上真实位置的接近程度。地理实体的位置通常以二维或三维坐标表示，因此，位置不确定性常用坐标数据的精度来表示。

（2）属性不确定性。属性不确定性是指实体的属性值与真实值相符的程度。属性不确定性通常取决于数据的类型，且常与位置不确定性有关。属性不确定性包括要素分类与代码的正确性，要素属性值的正确性及名称的正确性。

（3）逻辑一致性。逻辑一致性是指数据关系上的一致性，包括数据结构、数据内容、空间属性与专题属性，以及拓扑性质上的内在一致性。在 GIS 中，几何要素拓扑关系上的内在不一致性是逻辑一致性研究的重点。

（4）数据完整性。数据完整性包括数据范围、数据的分层、实体类型、属性数据和名称等各方面的数据的完整性。数据完整性如何是相对于 GIS 所要完成或达到的目标而言的。

（5）时间精度。时间精度一般通过数据采集时间、数据更新时间及更新频度来表现。

（6）数据情况说明。数据情况说明是指数据说明的准确性和全面性，要求对数据的来源、数据内容及数据处理过程等有准确、全面和详尽的说明。

2. 位置不确定性

空间位置不确定性主要是由测量误差引起的。观测手段局限及误差干扰，如测不准原理等，引起一切测量结果都不可避免地具有不确定度，空间位置采集的精度也可称为直接测量（直接采集的方法）的精度。空间位置采集中的误差源有观测误差和控制误差。控制误差主要指从已有的控制点进行数据采集时，由控制点位置的不确定性而产生的一系列误差。实际上这类误差也是由上一级的观测误差造成的。点、线、面是地理空间数据的基本类型，其中，线段、线特征由点构成，多边形、面状区域又由线组成，所以点的位置误差不确定性是最基础的。

1）点的位置误差的处理方法

点是地理空间数据中描述几何特性的最基本元素，一个点是由描述其位置的坐标所构成的。为了理解地理空间数据中点的位置误差，必须研究点坐标的误差。坐标是通过量测或者对量测值计算而得到的。因此，需要确定点的量测值中的误差，以及地理空间数据有关操作而导致的误差传播，还要选择适当的指标来描述其误差的大小。

a. 地理空间数据中生成一个点的过程

产生地理空间数据中一个数字点的过程包括：在现实世界对该点进行量测，根据此观测值导出该点的统计参数，如对于平面坐标导出其期望值、方差和协方差；根据坐标的转换函数及假设传递统计参数；在地理空间数据中，地理实体不确定性通常采用实体点坐标及其不确定性指标来描述。产生地理空间数据中一个点的过程如图 10.3 所示。

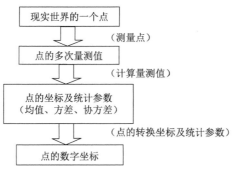

图 10.3 地理空间数据中生成一个点的过程

这个过程是地理空间数据中确定一个点的理想过程,大多数地理空间数据的点不是通过对地面点的实地、多次观测获得的,而是通过对现有地图或影像数字化得到的。在直接方法的数据获取中(如用 GPS),地理空间数据点坐标的误差是原始观测值的误差,通常没有进一步的误差引入。但是,非直接方法获取的点坐标的误差,将与量测值的误差和进一步处理过程引入的误差有关。

b. 估计点不确定性的方法

有三种方法:一是解析法,即基于统计学中的误差传播定律;二是试验法;三是模拟的方法。

(1) 解析法。如果从实地量测值到地理空间数据中的数字坐标的全部转换过程(如这些转换过程可以是控制测量、摄影测量、解析空中三角测量、定向、编辑、清绘、印刷、数字化等)可以用一个函数来表达,则在函数为连续、可导的条件下,可以用传播定律导出均值、方差和协方差。进一步,若这些变换函数是线性的或者可线性化的,且逆变换函数存在、连续、可导,则可以导出地理空间数据中点的分布。

基于传播定律的解析方法的计算量是适中的。优点是可以提供一个输出误差的解析方差形式,尽管是一个近似的解。缺点是:若转换过程函数是非线性时,它仅是一个近似解,有时这种近似化是不可接受的;函数必须是连续、可导的。

(2) 试验法。试验场法:为了实施试验场法,需确定试验场中检验点的个数及其分布。试验场中检验点的已知值是用比被测试方法更高精度、更稳定的仪器测得的值。之后,这些检验点再用被测试的方法测定,这种方法的精度是用最小二乘估计计算出的。试验场法适用于那些试验场检查点易于维护且外业试验易于实施的地方。

实地检验法:在一个检查区建立之后,从中选择出若干点进行检验。这些点在实地以更高的精度再重新量测,根据误差公式计算出点的误差,若被选择的点有 90%高于规定的标准精度,则该结果是可以接受的。

两种方法的区别:前一种方法适用于对某一种方法或仪器进行检验,即对某一单一因素进行检验。后一种方法适用于对某一产品的结果进行检验,如针对一幅地图的精度检验。

(3) MonteCarlo 模拟法。如果解析法中的函数不是连续、可导的,或者由误差传播定律引起的近似误差是不可接受的,这时不能使用解析方法。这种情况下可以用 MonteCarlo 模拟法描述其误差传播。MonteCarlo 模拟法首先根据经验对数据误差的种类和分布模式进行假设,然后利用计算机进行模拟试验,将所得结果与实际结果进行比较,找出与实际结果最接近的模型。

它的优点是对于某些无法用数学公式描述的过程,可以得到实用公式,也可检验理论研究的正确性，另外，它对简单的过程很容易实施。其缺点是对复杂的过程比较难以模拟，比其他方法需要更长的计算时间。另外，不能生成一个分布的解析表达式，对不同的情况必须进行不同的、新的模拟，导致分析起来十分费时。

c. 位置不确定性指标

点坐标的准确度：区分两个概念——精度与准确度。精度是指量测值与其真值的差别程度；准确度是对于一均值的离散程度（通常用标准方差表示）。在描述不确定性时常常使用准确度而不是精度的概念，但在实际情况中，准确度度量值被用作精度的量测指标。随机变量的准确度是通过其方差、协方差矩阵表示的。

2) 线段及线特征不确定性的处理方法

a. 地理空间数据中线的分类

在地理空间数据中表示为线特征的有：①数学线，如经纬线；②法律线，如境界线；③线状地物特征线，如铁路、河流；④地球表面，如等高线、海岸线；⑤面状边界，如植被、土壤边界。根据不确定性引入地理空间数据中线的过程不同，可以把以上线特征分为两类：类型Ⅰ线和类型Ⅱ线。类型Ⅰ线是在现实世界中有真正的点确定其位置；类型Ⅱ线则是在现实世界中没有明确点描述其位置。比较这两种类型的线可以知道，类型Ⅰ线特征的误差主要来源于量测误差和操作误差，因此它的不确定性可以量化；类型Ⅱ线特征除了具有量测和操作误差外，还具有额外的误差源，即确定现实世界中描述线的点位置误差，称为解译误差，它难以量化。

b. 线的位置不确定性模型

确定类型Ⅰ线不确定性的最基本设想就是：通过所构成点的不确定性导出线的不确定性。在点之间的误差相互独立并已知其方差、协方差的假设下，有两种基本的模型可用于描述线的不确定性：Epsilon 带和误差带（图 10.4）。

图 10.4 线的位置不确定性模型

用数字化点的误差导出线的误差，有一个假设必须成立，即假设点之间的误差是相互独立的。因此，下面的情况不适用于本模型：一是用串方式数字化的线；二是即使以点方式数字化的线，若其中含有大量的未改正的系统误差，也不能作点之间误差相互独立的假设（如纸质变形即属这种情况）。

（1）Epsilon 带模型。Epsilon 带是这样一个定宽的带，它是沿着一条线或多边形边界线两侧具有定宽（Epsilon）的带所构成的。该模型是由 Perkal 提出的，而 Chrisman 和 Blakemore 对之作了进一步讨论。假设存在真实的线，该模型提出真实线将落在 Epsilon 带内。

Epsilon 带模型是基于两个假设的：其一对于 GIS 中每一特定线的每一个误差影响都可以被视为一个随机变量；其二在 GIS 中产生一条数字化线的过程可以被视为是独立的。

Epsilon 带模型可以看成是沿着量测线生成的宽度为 ε 的缓冲区，真实线以某一概率落在缓冲区内。Epsilon 带模型如图 10.5 所示。

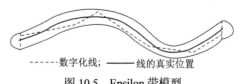

------数字化线； ——线的真实位置

图 10.5 Epsilon 带模型

应用：Epsilon 带模型可用于指示面积计算时的误差。Chrisman 应用 Epsilon 带模型描述土地利用覆盖专题图的误差。他根据可度量的误差因素（清绘、数字化、舍入误差）计算 Epsilon 的宽度（20m），然后对所有的线生成其 Epsilon 带，Epsilon 带占有的面积即意味着可能落入其他土地覆盖类型的面积数，即误差。

分析：Epsilon 带模型在描述 GIS 中线的不确定性时有两种形式——确定的形式和概率的形式。确定的形式中，假定该 Epsilon 带以 1.0 的概率包含了真实线。以概率的形式描述，可以假定该 Epsilon 带以某一概率包含了真实线。

Epsilon 带模型在描述 GIS 中线的不确定性时是一个有价值的模型，但应用该模型时仍有若干局限性。首先，确定形式的 Epsilon 带模型在现实中是不存在的，事实上只能期盼较大的误差出现的机会较小。其次，该模型没有提供 Epsilon 带内分布的模型。

（2）误差带模型。在 Epsilon 带模型的基础上，人们研究了误差带模型。Epsilon 带模型与误差带模型的区别是：Epsilon 带模型认为不论在何处，带的宽度都是等宽的；而误差带模型指出，该带在中间最窄而在两端较宽。

误差带是基于以下两个假设的：其一两端点的误差是相互独立的；其二两端点的误差有相同的方差、协方差。

在这两个假设下，可以根据误差传播定律导出线段上任意一点的误差。误差带的形状不同于 Epsilon 带，如图 10.6 所示。

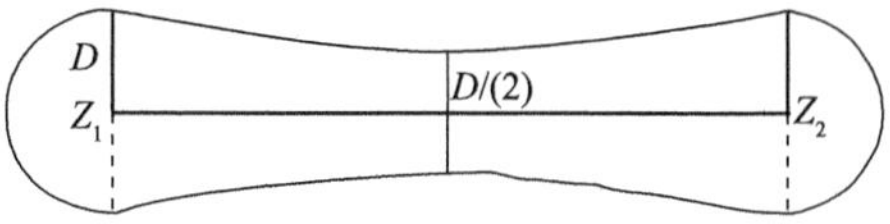

图 10.6　误差带模型

可以计算出误差带模型误差带的面积，设 A_1 为误差带的面积，A_2 为相同条件下 Epsilon 带的面积，则 $A_1 = 0.8 A_2$。可以看出 Epsilon 带的面积较误差带的面积略大一些。

误差带的解析描述尚未有深入讨论，这是应用误差带模型于 GIS 中的一个主要障碍。

3）多边形位置不确定性的处理方法

在本书讨论的范围内，线性特征是由线段所构成的线或多边形，一条线段是由其两端点构成的。因此，多边形的精度是由其所构成的结点的精度决定的。有两种主要的方法用于决定多边形的不确定性。

（1）基于误差传播定律的方法。为了简化问题，多边形的不确定性由多边形的若干特征的不确定性所描述，这些特征包括：多边形的面积、周长和中心点位置。先可以建立这些特征与多边形结点的函数关系，应用误差传播定律就可以得出这些特征的不确定性。

（2）基于 MonteCarlo 的模拟法。MonteCarlo 模拟法是最直接的方法。这种方法是根据每一结点的误差特性产生一次多边形的实现，重复多次该过程就可以得出多边形的分布。该方法可以模拟多边形分布的实验，但不可以导出解析的表达式。

4）面状物体位置不确定性的处理方法

面状物体的不确定性是由一点属于该面状物体的描述实现的。Blakemore 应用 Epsilon 带模型于"点属于多边形"问题中，即描述由一个多边形所包括的面状物体的不确定性。一个点与一个面状目标有以下五种关系：①一定在其中（点落在面状物体的内部核心部分）；②一定在其外（点落在 Epsilon 带及该面状物体的外部）；③可能在内部（点落在 Epsilon 带的内半部）；④可能在外部（点落在 Epsilon 带的外半部）；⑤不确定（点恰好落在数字化的线上）。

面状物体的不确定性是由 Epsilon 带所占有的面积表达的，若这部分的面积越小，则越少的点有机会落在"可能在其内"或"可能在其外"的区域内，即不确定性就较小。

由于该模型不能提供一个连续变化的、定量的不确定性指标，应用该模型进行定量分析时有局限性。因此，需要发展一个定量的、可连续描述点与面状物体概率关系的模型。

3. 属性不确定性

属性数据是指对某一地理空间数据中点、线、面或遥感影像的属性值或属性类别的描述。它可以具有（离散）类别值或连续值。它们也可区别为定性或定量属性值。一个类别变量可以仅仅是一个有限集合内的有限个元素。另外，一个连续的变量，可以取某一个区间内的任何值。属性的不确定性是由属性的取值与其真值的相差程度决定的。因为有两种不同的属性数据，所以需定义两种不同的属性不确定性。

（1）类别属性数据的不确定性。类别属性数据不确定性的评估是分类不确定性评估的范畴。分类精度评估是一个复杂的过程，其难度在于其受到若干因素的影响，如类别，具体区域的形状、大小、试验点的选择方法，以及相互混合类别情况。现有三种基于实验的检验方法：①对于某一类或全集正确量测的百分比；②在某一置信水平下，某一类或全集正确量测的百分比；③基于某些参数的某一类或全集正确量测的百分比。

（2）连续属性数据的不确定性。连续属性数据的不确定性可以用量测误差决定。对于这种不确定性的建模，可使用与位置不确定性相同的方法，如误差传播定律。

10.3.2 地理空间数据质量控制与检验

由于现实世界的复杂性、模糊性以及人类认识和表达能力的局限性，空间数据在表达上不可能完全达到真值，只能在一定程度上接近真值。地理空间数据是有关空间位置、专题特征以及时间信息的符号记录，而数据质量是空间数据在表达这三个基本要素时所能达到的准确性、一致性、完整性以及三者之间统一性的程度。用户根据需要对空间数据的处理也会导致出现一定的质量问题。所以，空间数据的误差产生于各种数据源及空间数据的输入和处理过程中。

地理空间数据存在不确定性不等于这些数据没有什么实用价值。采用一定的方法，对地理空间数据的不确定性进行评估，控制数据采集生产过程质量，把地理空间数据的不确定性控制在一定范围。如果空间数据的质量及其精度未能达到规范规定的要求，运用这些空间数据进行运算、组合和分析的结果就不是最终需要的，以至于导致最终决策错误。提高空间数据的质量，减小空间数据误差，就要对空间数据误差产生和扩散的所有过程和环节进行控制，以提高地理空间数据的可靠性和分析应用结果的可信度。数据质量是一个关系数据可靠性和系统可靠性的重要问题。

1. 地理空间数据质量模型

数据质量是指应用的实用性，包括数据集的完整性、精度、准确度和一致性。地理空间数据质量信息是地理空间数据生产者和用户重点关心的问题，地理空间信息的质量也是多维而复杂的。质量度量的适用性取决于具体的应用，而且数据质量随空间和时间变化。因此，采用多少个质量参数来描述地理空间数据质量是不确定的，评价数据质量的参数可能很多。地理空间数据质量采用质量元素描述。质量元素是指产品满足用户要求和使用目的的基本特性。

国际标准化组织地理信息标准技术委员会（ISO/TC211）提出了五个 GIS 数据质量元素及其质量子元素：①位置精度，包括绝对（或外部）精度、相对（或内部）精度、格网数据位置精度。②语义精度，包括定量属性正确性、非定量属性的正确性、分类正确性。③完整性，即实体、实体属性及它们的关系的有或无，包括多出和遗漏。④逻辑一致性，包括概念一致性、值域一致性、格式一致性、拓扑一致性。⑤时间精度，指时间属性和时间关系的精度，包括时间度量的精度、时间一致性、时间有效性。

地理空间数据从空间位置、时间、专题属性三个方面描述现实世界，提供地理空间定位信息。因此，"精度"是地理空间数据最重要的质量元素。同时，为满足地理空间应用中路径分析要求，要求准确地表达现实世界，但受数据质量模型、技术手段、时间、经费等因素影响，只能要求成果数据与真实的现实世界尽量一致。此外，部分质量指标无法采用"精度"来定量描述，只能采用"正确与否""完整与否"等定性方法进行描述。

基于空间数据质量元素已有研究成果及上述分析，采用"精度""一致性""完整性与正确性"三个指标，作为衡量地理空间数据质量的一级质量元素。再将一级质量元素分为二级质量元素，在二级质量元素下分三级质量元素，从而建立基于数据内容的统一地理空间数据质量模型，为地理空间数据质量控制与评价提供统一的质量指标及参数（表10.2）。

表10.2 基于内容的地理空间数据质量元素表

一级质量元素	二级质量元素	三级质量元素
精度	位置精度	水平位置精度
		垂直位置精度
		水平位置接边精度
		垂直位置接边精度
	属性精度	属性值精度
		属性接边精度
	时间精度	时间度量精度
		时间有效性（现势性）
一致性	图形一致性	格式一致性
		拓扑一致性
		拓扑语义一致性
	属性一致性	概念一致性
		值域一致性
		属性组合一致性
完整性与正确性	图形完整性与正确性	点实体完整性
		线实体完整性
		面实体完整性
		线划质量
	属性完整性与正确性	属性项完整性
		属性值完整性
		属性项定义正确性
	时间属性完整性与正确性	时间属性完整性
		时间属性正确性
	元数据完整性与一致性	数据项完整性
		数据值完整性
		数据值正确性

与一般意义上的空间数据相比，地理空间数据更加关心与地理空间直接相关的地理要素及其更详细的属性信息，主要包括兴趣点（point of interest，POI）位置信息和道路信息。除了对其他类型的数据进行正常的质量评价外，基于内容的地理空间数据质量模型要重点对道路与兴趣点数据进行更加详细的评价。为此，这里在第三级空间数据质量元素的基础上，建立第四级空间数据质量元素来评价道路和兴趣点数据的质量，见表10.3。

表 10.3 道路数据的四级质量元素

一级质量元素	二级质量元素	三级质量元素	四级质量元素
精度	位置精度	水平位置精度 垂直位置精度 水平位置接边精度 垂直位置接边精度	道路与正确轨迹的套合精度
	属性精度和时间精度参见"基于内容的地理空间数据质量元素表"		
一致性	图形一致性	格式一致性 拓扑一致性 拓扑语义一致性	道路压盖 POI 道路压盖背景数据 道路超出行政区域界限
	属性和时间一致性和参见"基于内容的地理空间数据质量元素表"		
完整性与正确性	图形完整性与正确性	线实体完整性与一致性	漏采道路 多采道路 道路重复（包含部分或整体） 单行路的方向错误 道路双线化之间值错误 几何画法角度错误 符合双线画标准的道路方向没有遵循右行原则 路口连接错误 几何上打断规则错误 几何连通性错误 几何上存在自相交道路 几何上存在独立道路 几何上存在连接点重复
	属性完整性与正确性	属性项完整性 属性项定义正确性	道路类型值错误 道路功能等级错误 道路名称错误 车道数错误 路障位置描述错误 路障类型描述错误 道路隔离类型描述错误 收费路段类型描述错误 道路铺设类型描述错误 道路交通流方向描述错误 道路形态错误 道路附属信息错误（如门牌号信息） 道路附属结构类型错误 道路交通管制信息错误
	时间完整性与正确性参见"基于内容的地理空间数据质量元素表"		

2. 地理空间数据质量控制

数据质量控制是个复杂的过程，控制数据质量应从数据产生和扩散的所有过程和环节入手，分别用一定的方法减少误差。

地理空间数据质量控制研究有两大主要任务：一方面，从理论上研究地理空间数据误差的来源、性质和类型，度量指标和表达式以及在空间操作中的传播规律；另一方面，从实际上寻找控制或削弱误差的数据处理技术，即质量控制技术。目前，许多重要的数据生产者按照质量认证程序（如 ISO-9000）认可的要求，提供详细的质量文件。本节提出地理空间数据质量控制的方法。首先，论述如何在总体上进行质量控制，然后重点阐述如何对生产过程中的每一个工序进行数据质量控制，最后论述如何对成果数据进行质量控制。空间数据质量控制常见的方法如下。

1) 地理空间数据质量整体控制

地理空间数据生产工序多，误差来源多种多样，尤其对于大规模数据生产，探讨在数据获取过程中进行质量控制，制定相应的数据质量控制策略，对于保证成果数据的质量十分重要。从数据生产者的角度，误差总体控制从以下几个方面进行。

（1）完善质量管理体系，加强组织管理。要使数据生产顺利进行，人员和设备是生产组织实施的必备条件，在生产组织管理中必须做好人员和设备的配备。必须对生产管理人员、生产作业人员、产品质量检验人员进行培训。同时，制定确实可行的生产作业流程，确定生产组织形式及生产岗位设置，制定合理的生产定额，按天、按月或按季完成的生产工作量以及保质保量完成任务的关键措施。为保证地理空间数据质量，需成立专门的生产项目组，并设立专门的项目负责人、项目技术负责人、项目质量负责人，并由项目组进行生产组织管理。

建立质量保障体系，是保障产品质量的主要手段之一。建立质量责任制度，制定质量工作计划，明确各个部门、每个岗位的任务、职责、权限，使各项工作系统化、标准化、程序化和制度化。

严格执行"两级检查，一级验收"制度：对数据产品实行过程检查和最终检查的检查验收制度。过程检查主要由数据生产者、专职检查员承担，最终验收由单位内质量管理机构和用户完成。

建立质量跟踪卡。每幅图均建立一个质量跟踪卡，从资料收集、资料预处理，直到提交数据验收，记录每一个工序进行的操作、存在的问题及处理方法等，并由作业员及质量检查员签名。

加强技术规定的管理与贯彻执行。地理空间数据生产过程中涉及的具体问题很多，针对出现的问题编写补充技术规定。因此，需要加强技术规定的管理，并及时传达到作业员手中，以保证最新的技术规定真正落实到生产中。同时，需要保证各个技术规定的前后一致，以避免重复劳动。

（2）做好计划。数据采集计划质量控制与评价方法见表 10.4。

表 10.4 数据采集计划质量控制与评价方法

质量指标	计划合理，跟踪过程，了解进度，适时调整
质量控制方法	根据计划要求精心组织、详细策划、合理安排生产，在下达生产任务后，随时跟踪过程生产，了解生产进度，根据过程掌握的情况，及时调整生产计划，保证有序地组织生产。在确保工期的同时确保产品质量，生产计划下发前应得到批准
质量评价	生产是否按计划有序地进行，产品质量是否满足顾客的要求，提供产品的时间是否得到保证，是否及时调整不合理的生产计划

（3）编写技术设计并审批。编写技术设计质量控制与评价方法见表 10.5。

表 10.5　编写技术设计质量控制与评价方法

质量控制指标	质量控制方法	质量评价
引用标准正确性	准确引用标准和作业根据	引用标准是否正确
资料分析质量	认真分析各种资料	资料分析是否完整、透彻、详尽
技术路线正确性	合理选择科学合理的技术路线和作业流程，准确地表达设计思想，指导生产作业	技术路线设计是否科学合理 设计书是否进行评审 设计书是否得到审批
技术指标或参数设定合理性	准确给出技术指标和作业参数，详尽地阐述作业方法、检查重点、上交成果格式及种类	技术指标或参数引用是否正确
设计书审批	严格按照规定审批设计书	设计书审批制度是否健全

（4）技术路线试验。技术设计书中的技术路线对数据获取方法、整个作业流程均作出规定，对保证成果数据质量的一致性十分关键。因此，需要根据总体设计思路进行技术路线试验，通过一步步模拟实际生产状况，确定产品的技术指标、技术路线、生产工艺流程、数据质量控制方案、生产定额和成本定额，为大规模组织生产积累经验。

（5）严格进行人员培训，统一技术要求。统一参与生产人员的技术要求，是保证成果的关键。在正式的大规模数据生产之前，需组织相关人员集中进行系统学习，统一讲解，使其了解生产整个工艺流程、有关技术文件、软件应用、各个工序作业步骤、各种软硬件的正确使用方法、质量要求，做好技术准备工作；组织人员进行试生产，了解培训效果，针对质量问题分析引起质量问题的原因，现场讲解解决办法，防止类似问题普遍出现、重复出现；进行每一个具体操作前再次学习技术要求，强化质量意识；及时将各种补充技术文件下发到作业员手中，使其知晓最新的技术规定，在整个作业过程中确保技术方案的一致性、稳定性。如在此过程中发现原来未顾及的原则性问题，确需修改技术方案时，必须由设计者统一补充完善，经审批后通知到每个作业人员，以确保技术标准的统一，确保严格的全过程质量控制，保证数据质量。

（6）设备保证。用于数据采集的各种软硬件，其性能指标必须满足数据采集的质量标准和技术设计书的要求，作业前后必须对其进行检校，定期检修使其符合生产的技术要求。地理空间数据采集使用的软件类型多种多样，软件本身的可靠性是大批量成果质量的根本保证。地理空间数据内业制作加工生产工序多，每一步产生的误差对成果数据质量均有影响。因此，在数据制作过程中，必须对每一个工序的成果进行跟踪检查，发现问题及时解决，控制误差的传播，确保成果数据质量。

2）成果数据质量控制

成果数据检查验收是数据质量控制的关键环节，通过成果数据的全面质量检查与评价，判断成果数据是否满足规范、技术设计要求，对发现的错误进行编辑、修改，进行成果数据质量控制，使最终提交的数据符合质量要求。成果数据检查与评价的内容包括：数据的位置精度、属性精度、完整性、逻辑一致性、接边精度、附件质量等，各质量指标详细的检验内容与评价方法。以下仅就位置精度的限差、位置精度检测时检测点个数的确定进行讨论。

（1）位置精度限差。对于地理空间数据目前尚不能可靠、有效地评价其精度。通常采用的方法是对比法，即将生产的地理空间数据与遥感影像或其他地理空间数据产品在屏幕上套合，选取明显的地物点进行比较，分别统计计算出图幅的平面位置误差。

（2）检测点个数确定。采用对比方法评价地理空间数据成果位置精度，均不可能测试数据集内的所有点，只能抽取一定数量样本，采用数理统计方法，由样本的标准偏差近似地估计数据集的总体标准偏差，即数据集的位置精度。因此，涉及采用多少个点进行测试，计算的样本的标准偏差才能近似地估计数据集的总体标准偏差。为使数据位置精度评价结果具代表性，所选择的检测点应是明显的、有确定位置的地物特征点，并尽量均匀地分布在图幅内。

3. 地理空间数据质量检验

地理空间数据既包括几何图形数据，又包括图形数据的描述信息，即属性数据。如何根据地理空间数据质量模型对成果数据各项质量指标进行检验与评价，并进行空间数据质量的总体评价，从而为数据的生产者和使用者提供质量信息，是数据质量控制的又一重要研究内容。目前，实施空间数据质量检验与评价，主要采用屏幕显示检查、绘图检查、基于 GIS 软件检查、打印校对、手工评价等人工方法。如何采用自动化方法进行地理空间数据质量的检验与评价，提高工作效率，是值得深入研究的课题。

1）数据质量常见的检验方法

a. 人工方法

质量控制的人工方法主要是将数字化数据与数据源进行比较，图形部分的检查包括目视方法、绘制到透明图上与原图叠加比较，属性部分的检查采用与原属性逐个对比或其他比较方法，这要求操作人员具有较高水平的专业素质和一定的耐心。例如，在地图数字化过程中，不可避免地会出现空间点位丢失或重复、线段过长或过短、区域标识点遗漏等问题。为此，可采用目视检查逻辑检验和图形检验等方法进行检查与处理。

传统的地理空间数据质量人工检验方法主要是将地理空间数据与数据源进行比较，图形部分的检查包括目视方法、绘制到透明图上与原图叠加比较，属性部分的检查采用打印表格与原来的属性逐个对比。

b. 人机交互方法

将数据集与背景图叠加，利用 GIS 软件的查询、显示等基本功能，在屏幕上通过人眼判断数据的几何位置、属性信息等的正确性。

c. 地理相关法

用空间数据的地理特征要素自身的相关性来分析数据的质量。例如，从地表自然特征的空间分布着手分析，山区河流应位于微地形的最低点，因此，叠加河流和等高线两层数据时，若河流的位置不在等高线的外凸连线上，则说明两层数据中必有一层数据质量有问题，如不能确定哪层数据有问题时，可以通过将它们分别与其他质量可靠的数据层叠加来进一步分析。因此，可以建立一个有关地理特征要素相关关系的知识库，以备各空间数据层之间地理特征要素的相关分析之用。

地理相关法是指用地理空间数据的地理特征要素自身的相关性来分析数据的方法。例如，从地理空间要素特征的空间分布着手分析，POI 点应位于导航线两侧，因此，叠加道路和 POI 两层数据时，若 POI 位于双向导航线中间，则说明两层数据中必有一层数据有质量问题，如不能确定哪层数据有问题时，可以通过将它们分别与其他质量可靠的数据层叠加来进行进一步检查分析。

d. 元数据方法

元数据（metadata）是描述数据的数据。在地理界，最典型的元数据便是各种地图中的图例内容，如图名、比例尺、精度、生产者、出版单位和日期以及其他可以在地图图廓上找到的标识信息等。使用元数据的目的就是促进数据集的准确、高效利用，其内容包括对数据集中各数据项、数据来源、数据所有者及数据生产历史等的说明；对数据质量的描述，如数据精度、数据的逻辑一致性、数据完整性、分辨率、比例尺等；对数据处理信息的说明；对数据转换方法的描述；对数据库的更新、集成等的说明。通过使用元数据，可以检查数据质量，跟踪数据加工处理过程中精度质量的控制情况。例如，在数据集成中，不同层次的元数据分别记录了数据格式、空间坐标、数据类型、数据使用的软硬件环境、数据使用规范、数据标准等信息，这些信息在数据集成的一系列处理中，如数据空间匹配、属性一致化处理、数据在各平台之间的转换使用等是必要的。这些信息能够使系统有效地控制系统中的数据流。

以下分别从图形质量、位置精度、属性精度、属性项、属性值等几方面对地理空间数据质量检验方法进行说明。

（1）图形质量。图形数据是地理空间数据的一类重要数据，不允许存在大的差错，即粗差。对于图形数据，目前均采用点、线、面要素分层进行表达，采用严密的数据结构记录要素的特征点坐标。粗差检测主要是对几何图形对象的几何信息进行检查，发现在地理空间数据数字化过程中产生的图形方面的错误。归纳起来，主要包括：

线段自身相交。线段自身相交是指同一条折线或曲线自身存在交点。若存在线段自身相交错误，在构建拓扑关系时，会出现无意义的小多边形，影响利用数据进行空间分析的质量。因此，此类错误必须在数据入库前排除。分析各种线段自身相交错误，可归纳为如图10.7所示的三种情形，即一条线段的相邻两个直线段相交、一条线段非相邻两个直线段相交和一条线段存在多处自身相交。

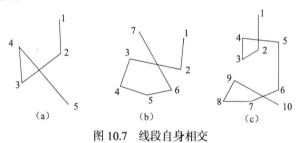

图10.7 线段自身相交

两线相交。两线相交是指不应该相交的两条线存在交点，如两条等高线相交即是错误，如图10.8所示。

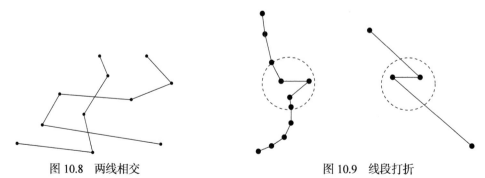

图10.8 两线相交　　　　　　　　图10.9 线段打折

线段打折。打折即一条线本应该沿原数字化方向继续，但受数字化员手的抖动或其他原因的影响，造成线的方向与原来的数字化前进方向产生了一定的夹角。如图 10.9 所示的两种情形，画圈部分即为打折错误。线段打折检查适合所有线状地物类。

（2）位置精度。GIS 中空间实体的位置通常以三维或二维坐标表示，位置精度指 GIS 中被描述物体的位置与地面上真实位置之间的接近程度，常以坐标数据的精度来表示。位置精度包括数学基础精度、平面位置精度、高程精度、接边精度、形状再现精度（形状保真度）等。

（3）属性精度。属性精度是指实体的属性值与其真实值相符的程度，它通常取决于数据的类型，且常与位置精度有关。属性为隐含的地理空间数据信息，却具有重要价值，需要对其进行全面检查，包括属性项定义、属性值的正确性等。属性检查主要是通过不同字段之间的特殊性及相关性，检查其是否正确。

（4）属性项。属性项检查主要是检查属性结构的定义是否与标准定义一致。检查的内容包括属性项数、属性项定义、属性项顺序；属性项定义又可分为属性项命名、属性项代码、属性项类型、属性项长度、小数点位数。属性项定义采用匹配法或模板法进行检查，实现方法如下：定义标准的属性项，包括所有的属性项、属性项的定义。

将标准的属性项定义与从数据中读出的属性项定义写成同一种数据格式，如文本数据格式。

应用程序进行比较检查。采用该方法，自动检查属性数据表的定义是否正确，如果与标准不一致，则将错误记录到数据库中。

（5）属性值。属性值检查主要检查其属性值的输入正确性，其检查方法是通过属性值的特性进行检查。主要内容包括非法字符检查、非空性检查、频率法检查、固定长度检查、有效值法检查。

非法字符。指属性值中不应该存在的字符。非法字符的检查主要针对字段类型为字符型的字段，但其值又不会包含特殊字符，如?、》、《、～。

非空性。非空性是指某些属性必须输入其特征值，不允许不输入。所以在检查时，如果哪个字段为空，则按错误记入数据库。

频率法。频率是指某一值出现的次数。因为属性表中某些字段值在每个文件中出现的次数是固定的，所以，当其出现的次数与其预定次数不等时，则存在错误。频率法主要用于主关键项等的检查，如果一个表中某一项的值都要求是唯一的情况时，频率法是最有效的检查方法。

固定长度。固定长度指的是属性值的长度为某一定值，当其长度不等于设置值时，则存在错误。如一些代码只能是四位，既不会多，也不会少。

有效值法。属性数据的有效值检查包括属性的可能取值和属性值范围两种。属性的可能取值是指某一属性项的值可以列举出来，因此可用于属性数据的有效值检查。属性的可能取值检查主要用来检查离散型的属性数据。属性值范围是指属性项的值在一定的范围内，不会超出既定范围。如一些级别代码只能是一、二、三、四，如果属性值不是这些代码则作为错误记入数据库。属性值的可能取值和范围可以手工输入，也可以引入已有标准的范围值。属性值范围检查主要用来检查连续型的属性数据。

2）地理空间数据质检模型

建立由质检规则、质检模板、质检方案和质检任务组成的四要素质检模型并由该模型建立自动质检流程体系。

（1）质检规则。质检规则是对可能出现的数据缺陷进行的一个抽象，它具有普遍适用性，是质检模型的最小单元，为最具活力的质检要素，也是承载质检功能的实体。质检规则总体上可分为两大类：属性质检规则和拓扑质检规则。属性质检规则包括属性值域检验规则（检查属性值是否在规定的值域范围内）、属性值逻辑组合正确性检验（检查属性组合是否有逻辑错误，是否按有关技术规定正确描述了目标的质量、数量及其他信息）。拓扑质检规则包括面面、面线、面点、线线、线点等规则类型，具体规则有面层内要素重叠检查、线层内要素相交检查、线层内要素悬挂节点检查等。

（2）质检模板。质检模板是针对数据库建库标准而定制的质检规则的有机集合，模板中的质检规则可以有 And 或 Or 的逻辑关系。在某些情况下，单个规则无法实现对某种错误类型的表达，该情况通常出现在同时需要属性质检规则和拓扑质检规则进行检查时。此时，可以通过 AndOr 质检模板来实现此类检测需求。在 AndOr 质检模板中，定义两个质检规则——拓扑质检规则 A 和属性质检规则 B，最终的错误图形记录是这两个规则的检测结果经 And 运算而得的，即最终检测结果既要满足规则 A，也需满足规则 B。

（3）质检方案。质检方案是针对数据库建库标准而定制的质检模板的集合，规定了自动检查的流程和质检规则的参数。质检方案需严格按照地理空间数据库建设技术规范制定。

（4）质检任务。质检任务用来维护一次完整的数据检测过程，它是一次完整数据检查的组织者和管理者。例如，对某区域某版本地理空间电子地图数据进行质检检测，需根据质检方案对待检测数据进行流程化自动检测，并输出检测报告和质量评价结果。

地理数据质量检验方法用于检测地理数据中存在的误差和错误，是数据质量控制的重点。地理数据质量模型的建立，有助于数据生产者在生产过程中有针对性地进行质量控制，从而确保成果数据质量。根据质量模型进行质量评价，有助于数据使用者根据地理数据质量报告，评估 GIS 分析结果的可靠性。

第 11 章　地理信息重构和应用

自然在人的面前是黑箱的，人只有通过现象看本质。科学是人类对自然界系统化的感知，是人们对自然规律的认识，是人类探索研究感悟宇宙万物变化规律的知识体系。在科学研究中，我们发现了一些现象，得到了一些实验数据，依据这些现象和数据，对客观事物发展变化的规律进行猜测和假设，建构出一个猜想、一个理论、一个学说。然后，用各种实验对这种学说进行检验，证明其正确性。人类本能地具有将各种器官所探测的信息（景物、声音、气味和触觉等）与先验知识进行综合的能力，以便对其周围的环境和正在发生的事件做出判断。我们把从感知得到声音和图像中用大脑思考提炼出所想要的信息的过程称为信息重构。地理信息重构实际上是计算机对人脑综合处理复杂问题的一种功能模拟，利用信息技术探索解决地理问题。计算机模拟人类进行地理信息重构由三个部分组成：一是利用信息技术探测到的地理数据表示地理现象，全方位、多层次和时序连续地感知多源地理信息（全息元）。二是模拟人类地理思维过程，即构建地理模型。用计算机代替人的大脑处理信息必须把自然规律转变为数学模型或计算机算法，并力求通过计算机模拟等方式发现人们获取和利用知识的规律，并最终实现人工智能。三是应用计算机的数字计算方法，基于地理模型，把感知的多源海量地理数据聚合、关联和推理，形成一个有机的整体信息（知识），为人类地理决策提供科学支撑。

11.1　地理信息集成与融合

按本体论思想，基于人类认知的多样性和时间的局限性，地理哲学本体表达为多种多样的地理信息。地理数据是地理信息最主要的表达形式。人们运用各种测量手段和工具获取有关客观世界的地理数据，构建了现实世界的抽象化的各种数字模型。这种数字模型近似地记录了某个瞬间地理现象。随着地理信息技术的发展，地理感知手段的多样化和智能化水平不断提高，这不仅提高了人们获取地球表面数据的效率，也降低了地理信息采集的成本，缩短了采集周期。从地理感知到应用，各种地理数据成倍增加，如何从多源、海量的地理数据中及时挖掘出隐藏信息和知识用于人类决策，多源异构地理数据之间的集成、融合、关联和推理，以及面向应用的地理时空过程重构和推演是地理信息科学面临的难题。

11.1.1　地理空间数据的差异

从广义上讲，多源空间数据可以包括多数据来源、多数据格式、多时空数据、多比例尺（多精度）、多语义性几个层次；从狭义上讲，多源空间数据主要是指数据格式的多样式，包括不同数据源的不同格式及不同数据结构导致的数据存储格式的差异。多源，指空间数据内容丰富、来源广泛、形式多样、结构各异和量纲不一的特性。内容丰富，空间实体和现象都可以用空间数据表示；来源广泛，地图数字化、观测与实验、图表、遥感手段、GPS 手段、统计调查、实地勘测、现有系统都可以是空间数据的来源；形式多样，数字、文字、报表、图形和图像都可以是空间数据的形式；结构各异，数据模型的差异、支撑软件平台的差异导致数据结构的差异；量纲不一，空间数据既有定量数据，又有定性的文字描述。地理空间数据分为地理矢量数据和栅格数据，它们的数据来源、结构和格式都不同。

1. 地理矢量数据的差异

地理矢量数据利用欧几里得几何学中的点、线、面及其组合体来表示地理实体的空间分布，通过记录坐标的方式来尽可能准确无误表现地理实体的空间位置。其来源为地图、实测数据、遥感影像、文字材料和统计数据，通过对现实世界抽象，建立地理信息模型，经人工数字化采集、编辑、加工处理，主要表现地理实体的几何（定位）特征（地理实体的位置、形状、大小及其分布）、属性（定性）特征（实体的数量、质量和时间）和实体间的空间关系特征。地理空间矢量数据的差异主要表现为地理空间数据的属性差异、地理空间数据模型差异和地理空间数据的坐标差异三种形式。

坐标差异主要原因是获取地理空间数据的方法多种多样，包括现有系统、图表、遥感手段、GPS 手段、统计调查、实地勘测等，这些不同手段获得的数据精度都各不相同。地理空间表达尺度不同，不同的应用需要采用不同尺度对地理空间进行表达，不同的观察尺度具有不同的比例尺和不同的精度。

2. 遥感栅格数据的差异

遥感栅格数据差异主要指不同传感器、不同分辨率、不同时相和不同波谱的差异。

1）不同传感器

传感器是遥感技术中的核心组成部分，是收集、探测、记录地物电磁波辐射信息的工具，是直接用于测量探测对象的电磁辐射、反射或散射特性的系统。传感器常见的分类方式有：按电磁波辐射来源分为主动式传感器和被动式传感器两类。主动式传感器本身向目标发射电磁波，然后收集从目标反射回来的电磁波信息，如合成孔径侧视雷达等。被动式传感器收集的是地面目标反射来自太阳光的能量或目标本身辐射的电磁波能量，如摄影像机和多光谱扫描仪等。按照传感器的成像原理和所获取图像性质的不同分为摄影机、扫描仪和雷达。其中，摄影机又可以分为框幅式、缝隙式、全景式三种；扫描仪分为光机扫描仪和推扫式扫描仪；雷达按其天线形式分为真实孔径雷达和合成孔径雷达。按传感器是否获取图像分为图像方式和非图像方式的传感器。图像方式的传感器输出结果是目标的图像；非图像方式的传感器的输出结果是目标的特征数据。

2）不同分辨率

分辨率是用于记录数据的最小度量单位，一般用来描述在显示设备上所能够显示的点的数量（行、列），或在影像中一个像元点所表示的面积。因为遥感拍摄的像片是由位于不同高度，装在不同载体（如飞机、卫星等）上的不同清晰度（分辨率）的照相设备，以不同的照相（采集）方式，获取的遥感像片（图像、数据、影像等），这些遥感图像是具有不同清晰度、不同分辨率的照片。遥感卫星的飞行高度一般在 4000～600 km，图像分辨率一般为 1 km～1m。不同遥感图像分辨率满足不同的应用需求。

3）不同时相

遥感图像是某一瞬间地面实况的记录，而地理现象是变化的、发展的。根据获取影像时间的不同，按时间规律形成的影像数据集，有按日、旬、月、季、年等。用传感器对同一目标进行重复探测时，相邻两次探测的时间间隔称为遥感图像的时间分辨率，这种增加了时间维度的遥感数据就是时相遥感数据。遥感图像的时间分辨率差异很大，用遥感制图的方式反映射图对象的动态变化时,不仅要弄清楚研究对象本身的变化周期,还要了解有没有与之相应的遥感信息源。

遥感分析是指运用遥感技术对地球表面进行探索并从中提取有用信息的现代地理学研究方法。在一系列按时间序列成像的多时相遥感图像中,必然存在着最能揭示地理现象本质的"最佳时相"图像。总之,遥感图像时相的选择,既要考虑地物本身的属性特点,也要考虑同一种地物的空间差异。例如,研究田地病虫害的受灾范围、森林火灾蔓延范围或洪水淹没范围等现象的动态变化,必须选择与之相应的短期或超短期时间分辨率的遥感信息源。

4)不同波谱

波谱分辨率是由传感器所使用的波段数目(通道数)、波长、波段的宽度来决定的。通常情况下,各种传感器的波谱分辨率的设计都是有针对性的,这是因为地表物体在不同光谱段上有不同的吸收、反射特征。同一类型的地物在不同波段的图像上,不仅影像灰度有较大差别,而且影像的形状也有差异。多光谱成像技术就是根据这个原理,使不同地物的反射光谱特性能够明显地表现在不同波段的图像上。

11.1.2 多源地理空间数据集成

集成(integration)就是一些孤立的事物或元素通过某种方式改变原有的分散状态集中在一起,产生联系,从而构成一个有机整体的过程。数据集成是把不同来源、格式、特点性质的数据在逻辑上或物理上有机地集中,从而为应用提供全面的数据共享。多源地理空间数据集成是把不同来源、格式、比例尺、多投影方式或大地坐标系统的地理空间数据在逻辑上或物理上有机集中,有机是指数据集成时充分考虑了数据的属性、时间和空间特征、数据自身及其表达的地理特征和过程的准确性,从而实现地物实体的空间基准、数据模型、语义编码、属性的分类分级和数据格式的统一,以及地理信息的共享。

1. 地理数据集成实现方式

多源地理空间数据集成实现方式是通过各种数据转换工具,把多种来源的地理空间数据转换成系统可以识别的数据形式;其核心任务是屏蔽数据源数据模型的异构性,使互相关联的异构数据源集成到一起,提供用户对数据的统一访问接口;其目的是实现地理空间信息的共享。下面对这几种数据集成模型做一个基本的分析。

(1)数据格式转换方法。格式转换模式是传统数据集成方法。格式转换模式就是把其他格式的数据经过专门的数据转换程序进行转换,变成本系统的数据格式,这是当前 GIS 软件系统共享数据的主要办法。数据转换的核心是数据格式的转换。基于数据通用交换标准的数据交换,尽管在格式转换过程中增加了语义控制,但其核心仍是数据格式转换,一般来说,数据格式转换采用直接转换-相关表、直接转换-转换器和基于空间数据转换标准三种方式。

(2)基于直接访问模式的集成方法。直接访问同样要建立在对要访问的数据格式充分了解的基础上,如果要被访问的数据的格式不公开,就非破译该格式不可,还要保证破译完全正确,才能真正与该格式的宿主软件实现数据共享。如果宿主软件的数据格式发生变化,各数据集成软件不得不重新研究该宿主软件的数据格式,提供升级版本。而宿主软件的数据格式发生变化时往往不对外声明,这会导致其他数据集成软件对于这种 GIS 软件数据格式的数据处理必定存在滞后性。

(3)基于公共接口访问模式的集成方法。伴随着客户机/服务器体系结构在地理信息系统领域的广泛应用以及网络技术的发展,数据交换方法已不能满足技术发展和应用的需求,而数据(GIS)的互操作则成为数据共享的新途径。数据互操作为多源数据集成提供了崭新的思路和规范,它将 GIS 带入了开放的时代,从而为空间数据集中式管理、分布式存储与共享提供了操作的依据。OGC 标准将计算机软件领域的非空间数据处理标准成功地应用到空间数据上,但是它更多地采用了 OpenGIS 协议的空间数据服务软件和空间数据客户软件,对于那些已经存在的大量非 OpenGIS 标准的空间数据格式的处理办法还缺乏标准的规范。从目前来看,非 OpenGIS 标准的空间数据格式仍然占据已有数据的主体,而且非 OpenGIS 标准的 GIS 软件仍在产生大量非 OpenGIS 标准的空间数据,如何继续使用这些 GIS 软件和共享这些空间数据成为 OpenGIS 标准待解决的问题。

(4)组件技术实现 GIS 互操作。组件是指被封装的一个或多个程序的动态捆绑包,具有明确的功能和独立性,同时提供遵循某种协议的标准接口:一个组件可以独立地被调用,也可以被别的系统或组件所组合。组件的标准接口是实现组件重用和互操作的保证,用不同语言开发的组件可以在不同的操作平台、不同进程间"透明"地完成互操作。这使得开发者能更方便地实现分布式的应用系统,方便快捷地将可复用的组件组装成应用程序。组件技术把构架从系统逻辑中清晰地隔离出来,可以用来分析复杂的系统,组织大规模的开发,而且使系统的造价更低。组件技术对于提高软件开发效率、减轻维护负担、保证质量和版本的健壮、更新有非常重要的意义,组件技术已成为当今软件工业发展的主流。

2. 地理空间基准的统一

坐标系的统一是数据格式转换的基础,也是数据集成的基础。地面上任一点的位置,可以采用不同的坐标系来表示。不同来源的地理空间数据一般会存在地图投影与地理坐标的差异,为了获得一致的数据,必须进行空间坐标的变换。空间坐标转换是把空间数据从一种空间参考系映射到另一种空间参考系中。根据所能获取的空间参考系信息的详尽程度,实现空间坐标转换的具体方法各不相同。那么,对于空间坐标的转换就有两个层面的解释:一是投影的转换,就是说在完成地理坐标值转换的同时,必须完成空间参考框架信息(包括参考椭球、大地基准面及投影规则)的精确转换。此时,坐标转换的基本要求就是必须获取两种空间参考系的投影信息。二是单纯坐标值的变换,只需要把空间数据的坐标值从一种空间参考系映射到另一种空间参考系中,转换后的空间参考系信息直接采用目标空间参考系信息。此类转换一般通过单纯的数值变换完成,主要应用于无法同时获取两种空间参考系的投影信息。值得注意的是,所建立的数值变换方程一般仅适于当前空间区域,更换空间区域时必须建立新的数值变换公式。

3. 地理高程基准的统一

常用高程系统主要有大地高系统、正高系统、正常高系统。大地高系统是以椭球面为基准的高程系统。大地高的定义是:由地面点沿通过该点的椭球面法线到椭球面的距离,通常以 H 表示。正高系统是以大地水准面为基准的高程系统。由地面点并沿铅垂线到大地水准面的距离称为正高,通常以 Hg 表示。正高实际上是无法严格确定的,所以,为了实用方便,采用正常高系统。与正常高相应的基准面,通常称为似大地水准面。因此,也可以说,正常高系统是以似大地水准面为参考面的高程系统。

正常高系统为我国通用的高程系统,我国有两套高程基准:1956 黄海高程基准和 1985 国家高程基准,不可避免地存在着基于两种高程基准的空间数据并存的现象。因此,需要统一数据的高程基准。

11.1.3 多源地理空间数据融合

融合就是相合在一起。数据融合是将多源信息的数据加以相关及组合，获得更为精确的信息。多源地理数据融合是指按某种特定的应用目的，将同一地区不同来源的空间数据，采用一定的方法和原则，重新组合语义数据，改善地理空间实体的几何精度，获取高质量地理数据。多源地理数据集成和融合不是孤立的两个过程。集成是融合的基础，融合是在集成基础上的进一步发展。集成和融合的差异在于：集成后的地理空间数据仍然保留着原来的数据特征，并没有发生质的变化；融合不仅仅是数据的集成，而是更高质量的新数据。

多源各类地理信息与数据可能具有各不相同的特性或特征，而这些特征也是多样的，可能是相互支持或互补的，确定或者模糊的，还有可能是冲突矛盾的，具有差异性。多源数据融合技术能够在多层次上综合处理不同类型的信息和数据，处理的对象可以是属性、数据以及证据等。由此可见，数据融合是一种针对多源信息的综合分析优化处理融合技术。多源地理空间数据融合实际上是对人脑综合处理复杂问题的一种功能模拟。多源地理空间数据融合系统，包含了模仿人脑处理复杂信息的过程。

1. 地理矢量数据融合

地理矢量数据融合是指将同一地区不同来源的空间数据，采用不同的方法，重新组合属性数据，统一物体的分类分级和属性，进一步改善空间实体的几何精度，消除以下差异：①空间物体在不同的空间数据模型中多次采集所产生的数据描述上的差异；②相同或不同的数据模型采用不同的分类分级方法采集所产生的要素属性差异；③空间数据的应用目的不同表现在要素综合详细程度上的差异以及多次数字化所产生的几何位置差异。地理矢量数据集成和融合首先实现地物实体的分类分级、数据模型和几何位置的统一。

1）地理要素几何位置融合

由于数据获取时采用的数据源不同、比例尺不同、作业员的个人素质有差异，以及更新的时间不同，同一地区的数据经常存在着一定的几何位置差异。为了有效地利用这些有差异的几何位置数据，需要对几何位置融合。几何位置融合是一个比较复杂的过程，需要用到模式识别、统计学、图论以及人工智能等学科的思想和方法。几何位置融合应包括两个过程：一是实体匹配，找出同名实体；二是将匹配的同名实体合并。实体的匹配是指将两个数据集中的同一地物识别出来。匹配的依据包括距离度量、几何形状、拓扑关系、图形结构、属性等。对同名实体的几何位置进行合并，首先要对数据源的几何精度进行评估，根据几何精度，合并应分两种情况进行讨论：如果一种数据源的几何精度明显高于另一种，则应该取精度高的数据，舍弃精度低的数据。对于几何精度近似的数据源，应该分点、线、面来探讨合并的方法。点状物体的合并较为简单，面状物体的合并主要涉及边界线的合并，可参照线状物体的合并进行。线状物体的合并可采用特征点融合法和缓冲区算法。

2）地理要素语义融合

从现实世界到概念世界的抽象过程中，不同领域的专家因为其自身领域背景的影响，对相同的地理现象往往会产生不同的认知，不同领域的概念系统各自相对独立并且隐含在各个地理信息系统之中，为领域内用户默认，其他领域的用户往往无法理解甚至误解这些领域内约定俗成的概念，这是出现语义异构的根本原因。

地理要素数据描述和属性的差异是通过地理要素语义融合来消除的。地理要素语义融合主要解决两种数据源由于分类、分级所采用的方法和分类、分级的详细程度不同所产生的差异。在两个不同数据集中的同一个地理实体，不仅有不同的几何形态差异，也有不同的属性结构和语义描述方法。

解决地理要素语义融合问题的关键是要预先制订出统一科学的要素编码标准。新的地理要素分类和编码突破了数字地图一种符号、一个编码和地图比例尺的限制，对地理信息进行分类和分级，彻底摆脱了地图比例尺和种类的影响，充分利用了地理要素属性丰富的表达力。显然，为制订出这样一个具有权威性的通用标准，必须打破条块分割的不利局面，统一协调通力合作。

3）地理数据模型融合

地理数据不仅包括地理要素，还包括社会、政治、经济和文化要素。这种内容的复杂性就导致了地理数据模型的复杂性。地理数据模型是计算机中关于地理数据和数据之间联系逻辑组织形式的表示，是计算机数据处理中一种较高层的数据描述。地理数据模型融合是指将两种以上的不同数据模型融合成一种新的数据模型，这种新的数据模型应能最大限度地包容原数据模型，然后将不同数据模型的数据向新的数据模型转换。因此，数据模型融合的关键在于新的数据模型的设计。

新的地理数据模型设计需要对空间物体有充分的了解和深入的认识。现实世界中各种自然和社会现象的分布、组合、联系及其时空发展和变化可通过一定的数据模型来描述与表达，然后映射成适合计算机处理的数据结构。新的地理数据模型设计时必须处理好地理物体整体性和可分析性、空间位置与属性的关系和连续的地理空间的分层与分幅造成的空间关系割断的矛盾。

由于数据源多种多样，其对应的数据模型必然也有或多或少的区别，根据源数据的空间数据模型不同，一般称有拓扑关系的数据模型为复杂数据模型，无拓扑关系的数据模型为简单数据模型。空间数据模型融合可分为由简单数据模型到复杂数据模型的融合、由复杂数据模型到简单数据模型的融合和复杂数据模型之间的融合三种情况。

2. 遥感图像数据融合

遥感图像融合是集成多个源图像中的冗余信息和互补信息，以强化图像中的信息、增强图像理解的可靠性，通过多传感器融合将会获得更精确的结果。图像融合是将不同类型传感器获取的同一地区的影像数据进行空间配准，按一定的规则（或算法）进行运算处理，获得比任何单一数据更精确、更丰富的信息，生成一幅具有新的空间、波谱、时间特征的合成图像。它不仅仅是数据间的简单复合，而且强调信息的优化，以突出有用的专题信息，消除或抑制无关的信息，改善目标识别的图像环境，从而增加解译的可靠性，减少模糊性（即多义性、不完全性、不确定性和误差），改善分类，扩大应用范围和效果。按照数据抽象的不同层次，融合可分为三级，即像素级融合、特征级融合和决策级融合。基于像元的图像融合是指对测量的物理参数的合并，即直接在采集的原始数据层上进行融合。它强调不同图像信息在像元基础上的综合，强调必须进行基本的地理编码，即对栅格数据进行相互间的几何配准，在各像元一一对应的前提下进行图像像元级的合并处理，以改善图像处理的效果，使图像分割、特征提取等工作在更准确的基础上进行，并可能获得更好的图像视觉效果。基于特征的图像融合是指运用不同算法，首先对各种数据源进行目标识别的特征提取，如边缘提取、分类等，也就是先从初始图像中提取特征信息——空间结构信息，如范围、形状、领域、纹理等；然后对这些特征信息进行综合分析和融合处理。这些多种来源的相似目标或区域，它们空间上一一对应（但并非一个个像元对应），并被相互指派，然后运用统计方法或神经网络、模糊激愤等方法进行融合，以进一步评价。基于决策层的图像融合是指在图像理解和图像识别基础上的融合，也就是经"特征提取"和"特征识别"过程后的融合。它是一种高层次的融合，往往直接面向应用，为决策支持服务。因此，决策级融合必须从具体决策问题的需求出发，充分利用特征融合所提取的测量对象的各类特征信息，采用适当的融合技术来实现。决策级融合是三级融合的最终结果，直接针对具体决策目标，融合结果直接影响决策水平。但是，决策级融合首先要对原传感器信息进行预处理以获得各自的判定结果，所以预处理代价高。

3. 时空观测数据融合

当使用多个分布在不同位置上的传感器对运动目标进行观测时，各传感器在不同时间和不同空间的观测值将不同，从而形成一个观测值集合。从这些观测值得出对目标运动状态的综合估计，可以进行时间融合或空间融合。时间融合是指按时间先后对目标在不同时间的观测值进行融合，主要用于单传感器的信息融合；空间融合指对同一时刻不同位置传感器的观测值进行融合，适用于多传感器信息的一次融合处理。但在实际应用中，为获得目标状态，通常两种融合联合使用。

受噪声干扰的状态量是个随机量，不可能测得精确值，但可对它进行一系列观测，并依据一组观测值，按某种统计观点对它进行估计。使估计值尽可能准确地接近真实值，这就是最优估计。真实值与估计值之差称为估计误差。若估计值的数学期望与真实值相等，这种估计称为无偏估计。卡尔曼提出的递推最优估计理论，采用状态空间描述法，算法采用递推形式。卡尔曼滤波能处理多维和非平稳的随机过程。

11.1.4 多源地理空间数据同化

数据同化（data assimilation）是指在考虑数据时空分布以及观测场和背景场误差的基础上，在数值模型的动态运行过程中融合新的观测数据的方法。它是在过程模型的动态框架内，通过数据同化算法不断融合时空上离散分布的不同来源和不同分辨率的直接或间接观测信息来自动调整模型轨迹，以改善动态模型状态的估计精度，提高模型预测能力。数据同化是一种最初来源于数值天气预报，为数值天气预报提供初始场的数据处理技术，现在已广泛应用于大气海洋领域。

因为数据同化可以应用于地球系统科学研究的多个领域，所以，不同领域专家对数据同化的内涵与外延有各自的表述。综合起来可以概括定义数据同化包括四个基本要素：模拟自然界真实过程的动力模型；状态量的直接或间接观测数据；不断将新观测的数据融入过程模型计算中、校正模型参数、提高模型模拟精度的数据同化算法；驱动模型运行的基础参量数据。

资料同化的主要任务是将不同来源、不同误差信息、不同时空分辨率的观测资料融合进数值动力模式，依据严格的数学理论，在模式解与实际观测之间找到一个最优解，这个最优解可以继续为动力模式提供初始场，以此不断循环下去，使得模式的结果不断地向观测值靠拢。

按数据同化算法与模型之间的关联机制，数据同化算法大致可分为顺序数据同化算法和连续数据同化算法两大类。连续数据同化算法定义一个同化的时间窗口 T，利用该同化窗口内的所有观测数据和模型状态值进行最优估计，通过迭代而不断调整模型初始场，最终将模型轨迹拟合到在同化窗口周期内获取的所有观测上，如三维变分和四维变分算法等。顺序数据同化算法又称滤波算法，包括预测和更新两个过程。预测过程根据 t 时刻状态值初始化模型，不断向前积分直到有新的观测值输入，预测 $t+1$ 时刻模型的状态值；更新过程则是对当前 $t+1$

时刻的观测值和模型状态预测值进行加权,得到当前时刻状态最优估计值。根据当前 $t+1$ 时刻的状态值对模型重新初始化,重复上述预测和更新两个步骤,直到完成所有有观测数据的时刻状态的预测和更新。常见的算法有集合卡尔曼滤波和粒子滤波算法等。

地理数据同化与海洋、气象预报领域的"数据同化"相比,共同之处在于:都体现了"组合"和"优化"的思想,同化结果都能更准确地描述客观世界。不同之处在于:地理数据表达内容和表达形式比海洋、气象数据复杂得多。地理数据同化的本质就是将多源数据有效地结合起来,最终使新的数据能够更加准确地表达客观实体。

地理数据集 A 和 B 同化有三层含义:①数据集 A 不变,然后以 A 为标准,把数据集 B 中与 A 相矛盾、不一致的空间数据向 A 同化,最终使 AB 相同或相近;②数据集 A 和 B 以相互靠拢的方式变得相近或相同;③数据集 A 和 B 以相互靠拢的方式变得相近或相同,但同时派生出新的数据集 C,C 的空间特征、属性特征、尺度特征和时间特征与变化之后的 A、B 保持一致,准确度更高。

1) 地理矢量数据同化

地理矢量数据同化的核心技术是地理空间数据之间相似性度量模型的建立。其相似性度量模型主要包括:几何、属性、拓扑和混合相似性度量模型(以上模型的任意组合)。这需要多源地理空间数据同名实体的匹配与识别的技术支撑。

地理空间数据同名实体的匹配与识别是一个高度智能的过程,需要大量的规则来控制:①数据源之间匹配与关联的规则;②数据源质量和现势性的评价规则;③空间要素变化类型的知识推理等。

根据几何位置变化信息的类型,几何位置信息的同化更新操作主要包括添加、删除、分割、平移、旋转、综合、合并和派生。

属性信息的同化也包括三个层次的处理:①不同属性信息分类、分级与编码体系的转化与统一;②地理空间数据属性信息之间的相互比较与分析,粗差(错误)探测与处理;③属性信息的补充、冗余的剔除、修改和重新估值,是根据空间实体几何、属性信息的变化和属性信息之间的比较结果来做出相应的操作。

整个同化过程中必然会对原有数据的空间关系有所破坏,另外,来源于不同数据源的空间数据重新组合在一起时,它们之间的逻辑空间关系可能会产生矛盾,因此,需要进行一致性处理。

2) 多源遥感数据同化

多源遥感数据同化系统可以把不同来源、不同分辨率、直接和间接的观测数据与模型模拟结果集成为具有时间一致性、空间一致性和物理一致性的地表各种状态的数据集。

观测与模拟是地球表层科学研究的两种基本手段,二者缺一不可,但又是一对矛盾体。如果仅就观测而言,无论是常规观测还是遥感观测都无法完整和连续地表达地表时空信息。这主要有以下几方面原因:①观测获得的都是瞬时值,而地表过程无论在时间还是空间上都是连续的,因此迫切需要借助于模型把观测转化为具有时空一致性的数据集。②遥感对地表水文变量的观测都是间接的。一般来说,可以显式地建立地表参数和卫星观测值(如亮温)之间的正向模型。但是,由于参数类型往往多于要反演的变量,而正向模型通常又是十分复杂的非线性模型,这导致反演十分困难或"病态"反演,需要增加先验信息,以提高反演的可能性并增加反演精度。陆面过程模型和分布式水文模型,作为反演中的一种物理约束,可以起到先验信息的作用。③遥感一般无法观测浅层地表以下的信息。例如对于湿润土壤，微波遥感仅能探测表层几厘米的水分含量，对于根区和深层土壤水分的反演则无能为力。④观测存在误差。如果仅就模拟而言，现有的陆面过程模型通常都包含了复杂的陆面过程参数化方案，但是，它们的模拟精度依然较差，这是因为很难确定某一特定地区陆面状况的初始值和水文、生物物理参数值；模型不是完美的，存在着模型的物理机制、参数化方案和数值计算方法等方面的缺陷。

多源遥感数据同化研究内容包括：①如何集成来自于不同观测系统（常规观测和遥感观测）的数据；②如何集成直接观测（如对地表土壤水分和土壤温度的直接观测）和间接观测（如利用被动微波观测得到的亮温数据间接反演土壤水分）的数据；③如何集成观测数据和模型模拟结果（前者在时间和空间上都不连续而后者具有时空连续的特征）；④如何在融合多源数据的同时，解决数据分辨率不一致的问题，即 scaling up 和 scaling down 的问题。

11.2 地理信息关联与推理

地球上的事物和现象是相互依存、相互制约、相互影响和相互作用的。地理信息关联（geospatial association）是地理现象客观存在的本质特征。地理空间实体之间的关系是全息表达和知识发现的重要线索。基于地理实体对象间的空间几何关系、语义属性关系和时空关系等，建立地理空间数据关联系统，在此基础上，运用事物和现象之间的相互关系（如空间关系等），采用某种算法或演绎方法，找出其中蕴含的新的事实，从海量数据中挖掘各种隐态信息、全面而准确地定位用户关心的信息，为综合地学分析、防灾减灾、政府决策等重大需求提供有效的地理空间信息支撑，为人类对各种事物进行分析、综合并最后做出决策提供科学依据。

11.2.1 地理信息关联

地理信息关联是地理空间现象和空间过程的本质特征，也是现实世界存在秩序、格局和多样性的根本原因之一。地理信息关联存在于地理认知、地理空间数据组织、地理空间分析、地理信息重构与决策等全过程。地理数据是按照应用主题的要求，突出而完善地表示与主题相关的一种或几种要素，内容侧重于某种专业应用，面对不同的应用存在不同的属性，属性只能从某一个（些）侧面或角度描述地理事物的特征。这不仅仅表达内容取舍，还存在描述方式的选择，如用文字和数字描述事物或用图像来描述地理现象。多源地理数据中必然隐含着地理现象关联知识，但目前地理空间数据模型只能表达简单的、显式的地理现象联系，对地理空间位置及动态时空过程中隐含的地理现象关联性关系表达具有局限性，成为地理数据挖掘和地理信息服务的主要瓶颈。多源地理数据空间关联，旨在克服认识的局限性，发现地理信息间内在联系和机理，从而联系庞杂瞬变的信息构成人类认识的有机整体，发挥信息综合优势，更全面、客观、及时地认识世界。对这些多源地理数据中隐含的关联信息进行地理空间数据关联计算是实现地理数据间隐态信息挖掘和知识发现的基础。通过地理空间数据关联和推理，可以求解各种地理问题，为人们提供不同层次、不同要求的低成本、高效率的智能化服务，从而为智慧城市的建设提供理论和技术支撑。

1. 地理信息关联理论

地理信息关联的建立基于世界的普遍联系性、整体性和认识的局限性。在领悟客观世界的真谛之前，这就好比众多盲人一起来摸"真理"这只大象，肯定会有局限性，也会有差异性和各自的优点。因此，更需要建立信息关联，进行交流，扬长避短。人类是认识世界的主体，同时认识的参照系和认识的目的也是围绕着人展开的，如果没有人类的存在也就无从谈起人类认识中的世界和可持续发展等诸多问题。所以，人是自然的中心，是该体系的原点。人类存在就存在人地关系。目前全球变化和区域可持续发展的研究实质上也贯穿着人地关系，虽然人地关系的理论不同，但各种人地关系理论都把人与环境作为两方面来认识。因此，知识框架划分出人类系统与自然环境两维，用来涵盖和贯穿以往有关人地关系的理论方法，使这些理论在此框架中能找到位置和发挥作用。人的能动性是决定人类社会发展方向的重要因素，也是可持续发展能够调控的内容，对自然的影响也是能动性的体现。它作为第三维——能动维，所有的系统都依观察者而有相对的空间、时间特性。地球系统的发展过程和空间差异通过时间和空间得以展示。

地理信息关联理论为利用信息技术建立信息间的有机联系提供了必要的理论指导。这样在不同部门间不仅有网络等通信技术的硬件连接，而且由于建立了信息关联，有了真正意义上的信息连接，即时间、空间、自然、社会、经济等全方位的连接，协调了思想、认知和实践的关系，使各种信息成为一个有机的联系整体，充分发挥了信息技术在信息采集、分析、模拟、预测、传输、表现等方面各自的优势。

地理信息关联体系由于把已知的规律综合在一起形成信息间的关联，在自然环境、认知水平、思想和社会实践能力发生变化后，很容易在已有关联基础上建立与其他信息间的关联，从而通过已建立的信息关联快速预测未来发展趋势和影响范围，缩短各种社会经济关系间的距离。例如，按照客观规律把科技成果间的关联建立起来，就能缩短科研理论与技术间、科技与生产实践的距离；理顺现有管理体制中的信息关系，就能克服部门分立带来的信息传输滞后和失真的弊端，使信息监测部门（自然和社会经济调查）、生产部门、政府管理部门等形成一个信息含义上的整体，更有效地实现这些机构设立的本意。这为即将开展的信息共享工作、可持续发展决策支持工作提供了全新而有效的设计思路。

2. 地理信息关联框架

地理现象受空间相互作用和空间扩散的影响，彼此之间可能不再相互独立，而是相关的。地理信息关联分析就是发现存在于大量地理数据集中的地理要素关联性或相关性。地理要素关联性是指一些变量在同一个分布区内的观测数据之间潜在的相互依赖性。换句话说，就是某位置上的数据与其他位置上的数据间的相互依赖。通常把这种依赖称为空间依赖。事物的内在规律表现在空间上，使得处于不同空间的事物之间，具有特定的联系，如芦苇近水泽、菜地近城区、船舶多在深水区。这些信息间关联规律可以作为建立地理信息关联判别依据并进行其他分析。人们生活在地球空间中，思维和活动都有空间的印记，在处理问题时不仅要考虑空间分布，还应考虑空间的关联。

地理信息关联框架提供了分析地理信息，建立信息关联的基本框架。地理信息关联框架如下。

（1）空间维：指空间位置、比例尺、分辨率、空间拓扑关系等事物的空间特性。某区域的发展不应以损害其他区域的发展或发展能力为代价。

（2）时间维：指时刻和时间变化（季相变化、年季变化等）；过去、现在、未来等事物的时间特性。既满足当代人的需要，又不对后代人满足其需要构成威胁；可持续发展的目标随着时间在移动，内涵和外延是不断变化的。

（3）自然维：人类的发展应不危及人类的生存环境——自然系统的正常发展。

（4）人类系统维：个体和局部的发展不应危害整体和全人类的发展能力。

（5）思想维：人类从整体上真正觉悟到可持续发展是人类的唯一出路，这是保障可持续发展顺利的必要条件。

（6）认知维：对可持续发展有全面正确的认识，并建立完善的理论指导，正确的认识是人们进行可持续发展的基础。从地理信息关联框架中可以看出影响可持续发展的自然因子有宇宙、太阳系、地球、地质、光、热、气、水、地貌、生命物质、植物、土壤、动物。它们在能动维上的反应主要有：对可持续发展的影响程度，人们的控制能力和目前的研究状况。

地理信息关联体系为学科融合、国家的信息共享、各个方面的可持续发展决策支持、个人的信息共享等方面的工作提供了全新的理论指导。这个体系能够包容各门学科研究成果，从而实现自然科学和社会科学的融合。因为任何信息都能在其中找到相应的位置，例如，土地利用的空间分布就是人类系统维与自然维的相互关联在空间维上的投影，这个投影是随着时间在变化的。这样就能由类别间的关系演绎出具体事物间的关系，为学科的融合提供了思路。同时，以地理信息关联体系为基础用数学模型和网络技术等的基础建立精确的关联模拟。

1）空间关联

任何事物在上述的基本框架中都可以找到其位置，建立事物间复杂的关联，可以借助上述的基本框架逐项梳理清楚。地理实体的空间特征主要包括几何形态特征和空间关系特征。几何形态描述地理实体的结构和形状，对于发现并关联目标数据、解决地理数据异构有重要的意义。空间关系如距离、方向和拓扑等是空间分析和推理的核心，基于各种空间关系将多源地理数据建立空间关联是当前地理信息领域的研究热点。

事物的普遍联系性决定了建立基本框架中任何两者之间关联的可能性。建立地理信息关联是一项浩大的动态性的工程，结合现代信息技术，能够通过建立该体系使地理信息间建立起关联，为建立各个行业和可持续发展分布式空间决策支持系统打下基础。当前面向检索的空间数据关联技术的发展瓶颈体现在以下两个方面：一是难以全面地提取空间数据除文本、内容、空间位置等信息之外更加丰富而细微的特征，如几何特征、时序特征的充分提取有助于多维度地进行空间数据关联；二是关联数据检索系统在数据量不大时，检索系统的查询效率和准确率在可接受范围内，但数据量的持续增大会带来查询耗时过长等系统性能问题。

2）语义关联

地理空间数据语义异构是实现数据关联、精确发现的主要瓶颈。语义关联特征是通过语义本体上的关联网络，挖掘地理实体间存在的潜在关系。目前，基于语义特征的关联研究分三个方向：基于关键字匹配、基于资源描述框架（resource description framework，RDF）的地理语义数据和基于本体概念领域。基于关键字匹配的检索技术通过目录、索引和关键词匹配等方式实现，忽略了数据本身丰富的语义特征，无法有效地解决由语义异构带来的数据检索问题。基于 RDF 的地理语义数据采用资源描述框架 RDF 的三元组（主语，谓语，宾语）描述数据并构建关联模型，采用简单协议和 RDF 查询语言（simple protocol and RDF query language，SPARQL）进行查询，从而能更高效地获取海量数据中的有用信息。本体可用来描述数据的语义信息、领域概念和相互关系，使多源异构数据之间的隐性知识显性化，使不同数据集之间的各种联系能够为应用系统所识别，实现领域知识的重用，因此成为目前数据语义异构的研究重点。

3）时间关联

地理数据是一种具有强时序关系的数据，在时间维度上对这些强时序地理信息进行组织和规律提取，可以提高对关联信息的发现能力，更加有效准确地实现智能化管理。但目前人们运用各种测量手段和工具每次采集的地理空间数据仅是地理现象变化的瞬间快照记录，传统地理信息系统也只是对单一版本的地理空间数据采集、处理、存储、分析与显示，难以进行时间序列海量地理空间数据挖掘和地理知识发现，所以海量数据的时序关联是地理信息科学研究亟待解决的问题之一。

事物都有自身的发展过程和时间上的因果关系。种瓜得瓜，这种在时间先后次序中表现出的关联就是时间关联。建立时间关联是从事物的因果关系和时间序列的周期性入手，例如，北方的小麦在春季灌浆期间持续干旱就会造成减产；落叶阔叶林植被群落在四季的季相变化上表现出自身的周期特点，利用这种周期就可以通过遥感影像判别植物群落。河流上游地区污染物排放同河口地区受影响的时间特点可作为污染程度预测的依据。时间关联的建立过程，也是对事物发展变化规律的研究。建立时间关联可以防止认识中静止的短见，将思维引向动态和发展的方向。

目前地理信息更新过程，强调了地理信息的现势性，忽略了历史地理信息的有效保存，阻碍了对地理信息变化规律的分析和变化反演的实现。因此，有必要进行历史数据与现势数据空间实体之间的关联。

4）时空关联

时空关联是空间和时间之间的关联。在人们认识的一切事物中，都可以找到随时间和空间的变化轨迹，所以事物围绕时间和空间存在普遍的联系。当人类出现后就出现了不断发展变化的人地关系，出现了能动维，所以人也是将各维联系起来的纽带。例如，在人类系统和植被间产生了作物这种人地关系的产物，并且其空间分布不断扩大，影响着自然维的状况，目前，人们对作物生长环境的调节已经进入调温、调气阶段。

时空关联是纵横交错、复杂非常的，通常横向关联可以通过纵向关联实现，纵向关联可以通过横向关联实现。

5）人地关联

在自然和人类系统维中，事物产生、生存和发展需要一定的环境条件，地理系统都是人类系统产生和发展的环境，而人类系统的产生又为地理系统提供了新的发展环境。对于自然维中的要素，要根据对具体问题的影响程度、人们的控制程度、认识程度的不同，分轻重缓急加以研究。对于人类系统维的诸多关系，如国家、民族和个人之间的关系、国家和地方之间的关系、世界与国家间的关系、国家与国家间的关系等，这些关系只有放在整个人地系统中才能处理好。人不是孤立的，是家庭、国家和世界的人，这一点随着社会化的进程越来越明显。因此，必须协调好个人、集体、地方、国家、世界的关系，保证可持续发展。人地之间的关系，是相互影响、互为因果的。但在现实生活中，这两者之间往往存在脱节现象。协调两者之间的关系是可持续发展调控的任务之一。

地理系统是按照事物发展变化的客观规律建立的，因此可以作为建立关联的依据，同时关联起来的各个部分都有相应的学科进行研究和相应实践部门从事社会经济活动，因此可以利用已有的理论在总的地理信息关联框架下建立更加细致的关联。关联的方面虽然相同，但是由于关联的内容因事而异，结果就不相同，即相同的环境、不同的持续发展问题，其结果不同。因此，建立关联要因事而异。当事物的某因素变化后，势必影响其他的关联因素。而关联是普遍存在的，因此对某事的监测，应该注意相关联事物的变化情况。例如，预测到汽车工业的发展趋势，才有了20世纪许多建立在汽车工业支柱上的国家经济，但是这有一个过程，及早预见这项技术将产生的效果，并采取相应的行动，就容易取得成功。在电话、电视、计算机、Internet等产生与发展的过程中，取得成功的正是那些及早发现并付诸行动的人。因此，广泛和动态的人地关联对信息时代的社会实践活动非常重要。

6）尺度关联

多尺度是空间数据的重要特征，不同尺度上的地理实体具有对应的约束体系，适应于不同的模型。人们在管理空间数据时由于获取手段、数据库不同等产生了尺度割裂，从而导致了跨尺度空间数据的一致性描述和动态查询的问题。实现多源数据的匹配、构建不同尺度的实体之间关联是提高多源数据检索效率的关键。通过同名实体匹配的方法实现了不同尺度下的地理对象间层次连通关系的提取。面向地图数据的多尺度关联，从几何形态、时空关系和语义内容等方面对不同尺度下的同名地理实体进行匹配研究，提出了基于距离的线目标匹配方法和基于综合考虑的多尺度面目标匹配。目前的多尺度关联研究大多只是针对同几何类型、同坐标系的地理实体数据进行几何形态方面的描述和匹配，在实际的地理数据匹配关联过程中，涉及的远不止这些。

3. 地理信息关联方法

研究地理信息关系的哲学思想和各种分析方法非常多，在搞清各种关系后就可以套用具体的分析方法，细化信息关联体系。

1）逻辑判断关联

逻辑判断能力是人类独有的特征。人们利用计算机对人的意识、思维的信息过程进行模拟，开发用于模拟、延伸和扩展人的智能取得了可喜的成果。计算机已经具有了一定的逻辑判断能力。人工智能研究的一个主要目标是使机器能够胜任一些通常需要人类智能才能完成的复杂工作。人工智能不是人的智能，但能像人那样思考，也可能超过人的智能。在1997年举行的人机国际象棋大赛中，一台名为"深蓝"的超级计算机击败了国际象棋的世界冠军，引起世界轰动。

计算机具有逻辑判断能力。逻辑就是事情的因果规律。从狭义来讲，逻辑就是指形式逻辑或抽象逻辑，是指人的抽象思维的逻辑。从广义上讲，逻辑泛指规律，包括思维规律和客观规律，即人的整体思维的逻辑。逻辑包括形式逻辑与辩证逻辑，形式逻辑包括归纳逻辑与演绎逻辑。

关系逻辑，是研究事物间任意性质关系的逻辑推演规律的理论。关系逻辑表述：①"与"逻辑关系。可以表述为：当有关条件A、B、C都具备时，事件F才能发生。"与"逻辑可用"逻辑乘法"表示，写作：$F=A \cdot B \cdot C$。②"或"逻辑关系。可以表述为：当有关条件A、B、C中只要有一个或一个以上具备时，事件F就能发生。"或"逻辑可用"逻辑加法"表示，写作：$F=A+B+C$。③"非"逻辑关系。可以表述为：当有关条件A成立时，事件F就不发生；A不成立时，F就发生。"非"逻辑可用"逻辑求反"或"非运算"表示，写作：F等于A反。

计算机的主要任务是执行各种算术运算和逻辑运算。建立逻辑规则，利用计算机逻辑运算实现逻辑推演。逻辑推演是指人们以一定的反映客观规律的理论认识为依据，从服从该认识的已知部分推知事物的未知部分的思维方法。逻辑推演的结论是否正确，既取决于作为出发点的一般性知识是否正确反映客观事物的本质，又取决于前提和结论之间是否正确地反映事物之间的联系。如果前提是经过实践检验的正确反映事物本质的普遍原理或公理，演绎过程中又遵循了逻辑规则，那得出的结论就是可靠的。

（1）空间位置关联。空间逻辑是当前计算机理论、人工智能理论领域中正在兴起，而又具有强大生命力的学科。空间位置数据描述地物所在位置。这种位置既可以根据大地参照系定义，如大地经纬度坐标，也可以定义为地物之间的相对位置关系，如空间上的相邻、包含等。

基于区域连接演算（region connection calculus，RCC）的空间关系描述是利用数理逻辑来描述目标之间的空间关系的方法（表 11.1）。这一方法的理论基础是基于连接的个体演算理论。RCC 模型以区域为基元，而不像传统点集拓扑以点为基元。要注意的是，RCC 中的"区域"可以是任意维的，但是在特定的模型中，所有区域的维数是相同的，如在平面空间中考虑该模型时，即为平面区域。

表 11.1 RCC 的空间关系描述

序号	区域关系	图例说明	逻辑定义	语义说明
1	$C(x,y)$		$C(x,y)$	x 与 y 连接
2	$DC(x,y)$		$\neg C(x,y)$	x 与 y 不连接（相离）
3	$P(x,y)$		$\forall z(C(z,x)) \to C(z,y)$	x 是 y 的一部分
4	$PP(x,y)$		$P(x,y) \wedge \neg P(y,x)$	x 是 y 的一部分，且 y 不是 x 的一部分
5	$EQ(x,y)$		$P(x,y) \wedge P(y,x)$	x 是 y 的一部分，y 也是 x 的一部分（相等）
6	$O(x,y)$		$\exists z(P(z,x) \wedge P(z,y))$	x 与 y 相交
7	$PO(x,y)$		$O(x,y) \wedge \neg P(x,y) \wedge \neg P(y,x)$	x 与 y 相交，且 x 不是 y 的一部分，y 也不是 x 的一部分（重叠）
8	$DR(x,y)$		$\neg O(x,y)$	x 与 y 不相交
9	$EC(x,y)$		$C(x,y) \wedge \neg O(x,y)$	x 与 y 连接且 x 与 y 不相交（邻接）
10	$TPP(x,y)$		$PP(x,y) \wedge \neg \exists z(EC(z,x) \wedge EC(z,y))$	x 是 y 的一部分，y 不是 x 的一部分，x 与 y 相接（内切于）
11	$NTPP(x,y)$		$PP(x,y) \wedge \neg \exists z(EC(z,x) \wedge EC(z,y))$	x 是 y 的一部分，y 不是 x 的一部分，x 与 y 不相接（包含于）
12	$P^{-1}(x,y)$		$P(y,x)$	y 是 x 的一部分

续表

序号	区域关系	图例说明	逻辑定义	语义说明
13	$PP^{-1}(x,y)$	$x\ y\ \ \ y\ x$	$PP(y,x)$	y 是 x 的一部分，且 x 不是 y 的一部分
14	$TPP^{-1}(x,y)$	$x\ y$	$TPP(y,x)$	y 是 x 的一部分，x 不是 y 的一部分，y 与 x 相接（被内切）
15	$NTPP^{-1}(x,y)$	$x\ y$	$NTPP(y,x)$	y 是 x 的一部分，x 不是 y 的一部分，y 与 x 相接（包含）

（2）地理语义关联。众所周知，概念和关系是构成人们思想和知识的基础，概念由内涵和外延构成，内涵指事物的本质属性，外延指概念所适用的所有事物集合。概念无法自行定义，只有在与其他概念的关系中才能定义。概念是语义的基本单元，关系是衔接各种概念和知识的链条，语义关系反映着思想的基本属性中的逻辑结构。

语义关系是两个或两个以上概念或实体之间有意义的关联,最普遍的关系由[概念1]→(关系)→[概念2]这种三元一组形式表现。语义关系在如何从语言学、心理学、计算机学方面展现知识起着重要作用，许多知识表达系统都是从实体和关系的基本区别开始的。

语义关系分为等级关系、属性关系、等同关系和方式关系四种。等级关系分为上下关系、属种关系、实体关系和整部关系四种不同的逻辑。上下关系是一种语义包含现象，表示被划分概念的词义包含或涵盖被划分出来的概念的词义。种属关系又称包含于关系、下属关系，是指一个概念的全部外延与另一个概念的部分外延重合的关系。在信息组织中，实体集 A 属于另一个实体集 B，A 是 B 的子类，B 是 A 的父类，这两类实体之间就是属种关系。整体部分关系是一个概念与其组成部分之间的关系，通常也称整部关系和部分关系。属性关系主要是指名词和形容词之间的关系，即用一个术语来描述另一个术语的性质、特点。等同关系是指两个词汇之间语义上的相似、相反或相近的关系，包括同义关系、反义关系、近义关系、等价关系。

从逻辑上讲，主句和从句分别表示命题和谓语，推理通过命题和谓语来进行。逻辑关系中的语义关系分为因果关系、目的关系、条件关系、让步关系、时间关系、地点关系和蕴含关系七种。

2) 统计关联

只有一个结果的现象称为确定性现象。在一定条件下，并不总是出现相同结果的现象称为随机现象。随机现象有两个特点：一是随机现象的结果至少有两个；二是至于哪一个出现，事先并不知道。地理现象间的关系有时是偶然的，这种现象称为偶然现象，或者随机现象。能精确测量是一种确定性现象；不能测量的随机现象，也是一种自然规律，可以用数理统计、概率来分析研究。空间统计关联分析就是认知与地理位置相关的数据间的空间依赖、空间关联或空间自相关，通过空间位置建立数据间的统计关系。空间和空间关系（如距离、面积、体积、长度、高度、方向、中心性和/或其他数据空间特征）在数学计算中直接使用统计方法。空间统计被用于不同类型的分析，包括模式分析、形状分析、表面建模和表面预测、空间回归、空间数据集的统计比较、空间相互作用的统计建模和预测等。许多类型的空间统计包括描述性、推论性、探索性、地统计学和经济计量统计。

$$r = \frac{\sum_{i=1}^{n}(x_i - \bar{x})(y_i - \bar{y})}{\sqrt{\sum_{i=1}^{n}(x_i - \bar{x})^2 \cdot \sum_{i=1}^{n}(y_i - \bar{y})^2}}$$

$$= \frac{n\sum_{i=1}^{n}x_i y_i - \sum_{i=1}^{n}x_i \cdot \sum_{i=1}^{n}y_i}{\sqrt{n\sum_{i=1}^{n}x_i^2 - (\sum_{i=1}^{n}x_i)^2} \cdot \sqrt{n\sum_{i=1}^{n}y_i^2 - (\sum_{i=1}^{n}y_i)^2}}$$

相关系数（correlation coefficient）是用以反映变量之间相关关系密切程度的统计指标。相关系数按积差方法计算，同样以两变量与各自平均值的离差为基础，通过两个离差相乘来反映两变量之间的相关程度；着重研究线性的单相关系数。

相关关系是一种非确定性的关系，相关系数是研究变量之间线性相关程度的量。在统计上，通过相关分析可以检测两种现象（统计量）的变化是否存在相关性。如果这个分析统计量是不同观察对象的同一属性变量，就称为"自相关"（autocorrelation）。因此，空间自相关（spatial autocorrelation）就是研究空间中某空间单元与其周围单元间，就某种特征值，通过统计方法，进行空间自相关性程度的计算，以分析这些空间单元在空间上分布现象的特性。空间自相关分析的目的是确定某一变量是否在空间上相关，其相关程度如何。空间自相关系数常用来定量地描述事物在空间上的依赖关系。具体地说，空间自相关系数是用来度量物理或生态学变量在空间上的分布特征及其对领域的影响程度的。如果某一变量的值随着测定距离的缩小而变得更相似，这一变量呈空间正相关；若所测值随距离的缩小而更为不同，则称为空间负相关；若所测值不表现出任何空间依赖关系，那么，这一变量表现出空间不相关性或空间随机性。

11.2.2 地理空间推理

在地理世界中人们用视觉来感知图像，基于地理空间认知原则，识别各种要素及相互关系。在计算机世界中，计算机必须被赋予执行这种操作的指令，感知必须被精确的描述和精确的数学关系所代替。研究如何在计算机环境下有效地描述、表达人们所认知的地理空间中的事物及其它们之间的关系，建立可执行的空间关系计算方法与模型，从而使基于经验与直觉的方式转变为计算机可以接受与实现的方式，同时又能被人们所理解，是地理信息科学所面对的一个重要的基本课题。地理空间推理正是建立在地理空间数据的显式或隐式的属性信息、拓扑信息和几何信息的基础上，采用某种算法或演绎方法，从已经存在的空间信息中提取事实，并根据这些事实知识进行空间设计与规划。地理信息推理是人类认知世界的一项基本活动。空间推理是进行空间分析与决策的重要手段。GIS 正在从传统的以数据管理为目标的应用阶段向空间分析、决策的深层应用方向发展。

1. 推理

人类对各种事物进行分析、综合并最后做出决策的过程中，通常从已知的已掌握的事实出发，运用事物之间的相互关系（如因果关系等），找出其中蕴含的新的事实，这个过程通常被称为推理，推理是根据一定的原则，由一个或几个已知的判断（前提），推导出一个未知的结论的思维过程。推理是形式逻辑，是研究人们思维形式及其规律和一些简单的逻辑方法的科学。其作用是从已知的知识得到未知的知识,特别是可以得到不可能通过感觉经验掌握的未知知识。思维形式是人们进行思维活动时对特定对象进行反映的基本方式,即概念、判断、推理。思维的基本规律是指思维形式自身的各个组成部分的相互关系的规律,即用概念组成判断,用判断组成推理的规律。推理与分析区别于联系。分析:把一件事情、一种现象、一个概念分成较简单的组成部分,找出这些部分的本质和彼此之间的联系。推理:逻辑学上指思维的基本形式之一,是由一个或几个已知的判断(前提)推出新判断(结论)的过程,有直接推理、间接推理等。推理根据充分条件得出结论,过程是严密的,应用于逻辑过程。分析根据相关材料解决问题,过程是细致的,对逻辑性要求没有推理这么高。

推理是人类的一种思维活动,是在已有的知识和前提的基础上通过一定的策略推出(获得)新知识与判断的过程。推理中,根据是否使用定量信息或定性描述方法而分为定量推理与定性推理。定量推理中,使用定量信息使推理过程便于表达和易于实现。但是,定性信息在人类的生产和生活中是更基本更常用的,是不可取代的。

定量推理的另一称呼就是数学运算推理,定量推理的前提是由还原直感思维从事物的基础现象中得到的反映现象数量关系的数学模型或称数学方程。定量推理的结论则是基础现象的定量形式,即定量现象,它通常由一个数据代表,从由多个数量构成的数量关系到一个数量的思维,显然属于从普遍到特殊、从本质(关系本质)到现象的演绎推理。数学运算推理的实质,无非就是等量代换(或不等式代换),将复杂的等量关系,最后代换成 $X=A$(A 是一个具体数字)这样最简单的等式。等量代换的依据,就是各种数量运算法则。

人类对物理世界的描述、解释,常是以某种直观的定性方法进行的,很少使用微分方程及具体的数值描述,有的场合对象的性质很难用数学式表示,而是针对几个主要参量的变化趋势给予粗略的、直观的、但大体上准确的描述。定性推理忽略被描述对象的次要因素,掌握主要因素简化问题的描述,依物理规律将复杂数据关系转换成定性(代数)方程,或直接依物理规律建立定性模拟或给出定性进程描述,最后给出定性解释。定性推理是人工智能学科的一种推理方法,是通过对(物理)系统的结构、行为、功能及它们之间的因果性关系进行研究,以探索人类常识(定性)推理机制为目的,从而有效地完成各项求解任务的一种跨领域的推理方法体系。

2. 空间推理

空间推理除了具有常规推理的一般共性之外,还具备地理空间特性,这种空间特性是指地理空间实体的位置、形态以及由此产生的特征。所以,空间推理要处理空间实体的位置、形状和实体之间的空间关系。空间推理是指利用空间逻辑、形式化方法和人工智能技术对空间关系进行建模、描述和表示,并据此对空间目标间的空间关系进行定性或定量的分析和处理的过程。这意味着计算机必须具有人类的空间感知、空间认知、空间表达、逻辑推理、在空间环境中学习和交流等能力,这也是空间推理难于一般常规推理的主要原因。

长期以来,人们一直在不断探索以计算机为主体的空间推理方法:①根据空间目标的位置,基于给定的空间关系形式化表示模型,推断空间目标之间的空间关系;②根据空间目标之间已知的基本空间关系,推断空间目标之间未知的空间关系;③利用空间推理方法,从地理空间数据库中进行目标的检索和查询。关键问题是如何利用存储在数据库中的基础空间信息,并结合相关的空间约束来获取所需的未知空间信息。它涉及空间目标的特性以及推理的逻辑表达,其中,空间特性包括拓扑性质、形状、大小、方向和距离等。在有关空间推理的研究中，空间关系推理是其中一个核心内容，也是空间推理的研究热点之一，是地理信息科学基础理论研究的一个重要方面。

空间推理具有以下特点：①空间推理以空间和存在于空间中的空间对象为研究对象，不能脱离空间和存在于空间中的空间对象来研究空间推理。②空间推理过程中运用人工智能技术和方法。③空间推理处理的是一个或几个推理的问题。④空间推理基于空间和存在于空间中的空间对象已经被建模的前提，不能在没有模型的情况下讨论空间推理。⑤空间推理必须能够给出关于空间和存在于空间中的空间对象的定性或定量的推理结果。⑥空间推理必须能够描述空间行为。⑦当空间推理模型把问题分解为几个组成部分时，必须能够描述这些组成部分之间的相互作用。⑧在空间推理过程中，可能用到空间谓词，空间中确定的点使某些空间谓词为真，而使另一些空间谓词为假。⑨空间推理应该能够处理带有模糊性和不确定性的空间信息。⑩空间推理中应该能够添加和处理时间因素，即称为时空推理。空间推理应该具有空间自然语言理解能力。

3. 空间关系推理

一些研究人员认为空间推理主要是指空间关系推理。从广义上讲，地理空间关系所包含的内容比较丰富，如空间拓扑关系、空间方位关系、空间距离关系、空间邻近关系、空间相关关系、空间相关性等。为了提高空间推理的效率，需要研究适合空间目标表达的空间数据索引。根据空间关系的表达及推理规则，可以从已知的空间关系推出未知的空间关系。利用空间关系分析和处理，提取出可供决策参考的空间信息。常用的空间推理方法有：定性空间推理、基于组合表的空间推理、基于描述逻辑的空间推理和层次空间推理等。

1）定性空间推理的模式

定性推理模型可以把数据分析与确定事件的重要性质区分开来，使人们可以用部分信息来处理问题，当实际应用中使用不完备数据集时，定性推理模型尤其重要。近几年来，表示空间知识的定性方法发展很快，已经比较成熟，有关定性空间概念的领域很广，下面仅就定性空间的表示和推理进行分析、讨论。空间有许多不同的方面，因此在研究空间的表示和推理时，既要确定所面临空间实体的种类，又要考虑用不同方法来描述这些空间实体间的关系。

定义 11.1：假设 X、Y、Z 是空间对象，$\mathcal{R}$ 是定性空间关系的完备集。定性空间推理的基本模式从已知关系 $R_1(X,Y)$ 与 $R_2(X,Y)$ 推出 $R_3(X,Y)$，即

$$R_1(X,Y) \, R_2(X,Y) \longrightarrow R_3(X,Y)$$

其中，$R_1, R_2 \in R, R_3 = \{\xi | \xi \in R, R_1(X,Y) \wedge R_2(X,Y) \wedge \xi(X,Y)\}$。$R_1(X,Y) \, R_2(X,Y)$ 与 $R_3(X,Y)$ 分别称为推理的前提和结论。

上式给定的前提是 $R_1(X,Y) \, R_2(Y,Z)$，当修改前提为 $R_1(Y,X) \, R_2(Y,Z)$ 时，不能从基本推理模式中获得 X 与 Z 的关系。为此，给出如下关于逆的定义。

定义 11.2：设 $R \in \mathcal{R}$，$\mathcal{R}$ 是定性空间关系的完备集。R 的逆记为 R^-，有

$$R^- = \{\xi | \xi \in \mathcal{R}, 对任意的空间对象 X、Y 有 \xi(Y,X) \wedge R(X,Y)\}$$

例如，NE-=SW。

利用关系的逆，可以得到不同前提下的推理模式，如下：

$$R_2^-(Y,Z)R_1^-(X,Y) \longrightarrow R_3(Z,X)$$

$$R_1^-(Y,X)R_2^-(Z,Y) \longrightarrow R_3(X,Z)$$

$$R_2(Y,Z)R_1(X,Y) \longrightarrow R_3(Z,X)$$

$$R_1(Y,Z)R_2^-(X,Y) \longrightarrow R_3(Z,X)$$

$$R_2(Z,Y)R_1^-(X,Y) \longrightarrow R_3(Z,X)$$

$$R_1^-(Y,X)R_1^-(Y,Z) \longrightarrow R_3(X,Z)$$

$$R_2^-(Y,Z)R_1^-(Y,X) \longrightarrow R_3(Z,X)$$

图 11.1 中的八种模式穷尽了已知 X 与 Y 间的关系和 Y 与 Z 间的关系经推理获取 X 与 Z 间关系的所有情况。在实际推理时，显然不需要考虑图 11.1（b）和图 11.1（c）两种情况，因为当能够直接获得对象间关系时，没有必要再通过求逆来获得这样的关系。对于图 11.1（d），只需要将 X 与 Z 交换便可以得到图 11.1（a），作为推理，这样的交换不影响推理结果。

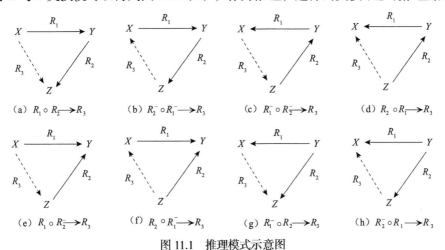

图 11.1 推理模式示意图

2) 基于组合表的空间推理

组合表推理目前已成为空间关系推理的一个核心技术。组合表推理是空间关系事实的一种演绎推理。组合推理是根据两个关系事实 $R(a,b)$ 和 $R(b,c)$，推导出关于 a 和 c 的关系事实 $T(a,c)$ 的一种推理方式。组合推理可以单独使用，也可以作为较大推理机制的一部分，如关系事实集的一致性检验。这一方法的简单性使得它成为空间关系推理的有效工具。

在许多情况下，组合推理的有效性不依赖于所包含的数据项的个数，而只依赖于关系 R，S 和 T 的逻辑性质。从计算的观点看，事先记录关系对的组合，需要时可以通过查询方便地得到组合推理的结果。当处理的是一个包含固定关系集的关系信息时，组合表技术特别适合。n 个关系的任意两两关系对的组合构成一个 $n \times n$ 组合表。组合表的简单性使得它成为实现有效推理的一个非常引人瞩目的工具。只要领域信息可以用有限的二元关系集合表示，组合表推理就适用于任何领域。

定义11.3：基于 $R_1(X,Y)R_2(Y,Z)$ 推出 $R_3(X,Z)$ 的过程称为组合运算。当 R_1、$R_2 \in \mathcal{R}$ 时，组合运算是 $\mathcal{R} \times \mathcal{R} \to 2^{\mathcal{R}}$ 的子集，称该子集为 $\mathcal{R}$ 上运算的组合运算表，简称组合表。

显然，当构造出 $\mathcal{R}$ 上的组合运算表后，通过查表可以完成基于 $\mathcal{R}$ 的推理。

3）基于描述逻辑的空间推理

基于谓词逻辑的空间关系推理最有代表性的是基于区域连接演算（RCC）的逻辑推理法。Clarke、Bennett 等研究了基于 RCC 谓词逻辑的拓扑关系自动推理，提出了基于 RCC 理论的空间关系形式化逻辑，Vieu 提出空间关系推理的逻辑框架，用于拓扑和其他空间关系的表示和推理，其优点在于逻辑的严密性、清晰的语义表达和可靠的推理机制。在此基础上，Bennett 提出了改进的 0 阶逻辑表示。然而由于谓词演算固有的不易处理性，一阶逻辑推理在处理许多实际问题时并不十分有效。Bennett 提出一阶逻辑推理理论上的不确定性和难驾驭性，却没有意识到问题的严重性。人们普遍意识到用逻辑表示的常规的证明系统往往不能达到有效的自动推理，而需要构造特定的推理算法。

4）层次空间推理

层次是组织和构造复杂系统的最为常用的形式之一。层次空间推理是人类在解决具有空间特征的问题时常常采用的一种方法。层次，作为一种抽象机制，可用来降低认知的负荷。人类对所处的客观世界的认识，具有很明显的空间层次特征，每一层次包含了解决特定问题的必要信息。从不同空间尺度上去认识复杂的地学问题，使人们可以由浅入深地去把握问题的本质。例如，一个普通人面对一张交通地图，可以很快地找出图上任意两点之间的最优路径，所找出的路径即使不是最短路径，也是一条可供参考的备选最短路径。地理信息科学本质上就是研究复杂的层次空间系统，地理信息理论研究的焦点就是空间的概念，特别是空间和空间现象的概念层次。

层次空间推理是利用层次去推断空间信息并得出结论的一种解决空间问题的方法。进行层次推理必须给出：层次结构，在结构上进行推理的一系列规则，层次推理算法结果主要用于比较性能分析。目前，层次及层次在空间推理中应用的研究有经验类及计算类两类问题，前者强调空间系统方面的空间领域结构，后者更注重空间的过程方面。有关层次空间推理的研究很多，如多级高速公路导航，它的概念模型包括规划层、指令层和驱动层，每一层都描述了在行程规划和导航中的子任务。这时人类的思维方法就是一种典型的层次空间推理方法。它并不需要在完全展开的细节上进行复杂的计算，而是尽可能地在概化层次上判断，由此决定最优路径。层次空间推理是根据一定规则将问题按空间或任务划分而进行推理的空间分析方法。具有层次结构的空间对象的划分是分层或分区进行的，每个层次或子区具有相同结构、相同类型的对象和相同的关系操作。层次 $i+1$ 是层次 i 的空间子集。层次空间中的对象、对象间关系及其操作，仅与被划分成不同层次的同一任务有关。例如，在路径选择中，交通网络中两个节点间的最优路径的选择是根据道路等级进行的（高速公路、主要干道、一般公路、胡同与小路等），而与其他不同的任务无关。

为了形式化地定义层次空间推理，它需要包含几个要素：①问题空间的层次结构。包含一个层次结构和一个把平面数据空间转换为平衡的层次空间的方法，也就是如何把非层次的结构转换为平衡的层次结构，标准就是把目标分配到每一层上去，且在一个层次上的目标与另一个层次上的目标建立关系。②规则。定义一系列如何在层次结构上进行推理的规则，即层次之间在何时、如何转换及如何把每层中获得的局部结果转换为最终结果。③结果的比较。

根据结果的正确性和性能的改善程度进行结果的比较。

11.3 地理过程模型与模拟

地理过程丰富的内容、复杂的结构和功能的多样性，给人们分析、研究地理系统带来了挑战。地理过程模拟是用数理模型、计算机技术等手段对复杂的地理过程做实验、观测和推演的一种研究方法。地理学理论的一个重要方面是将地理系统详尽地表达于地理模型中。地理系统的复杂性及其运动过程的多样性导致以人地关系为核心的地理研究的效果不尽如人意，至今还没有形成完整的令人信服的科学理论体系。地理系统研究的最大障碍在于其定量化的难度，即如何从复杂的要素中选取影响因子以及对影响因子的量化、指标体系、模型建立与检验、动态预测等方面至今还都缺乏坚实的理论基础。复杂科学的兴起为地理科学提供了新的思路和方法。地理系统复杂性研究的重要贡献是从方法论的层面上为地理学提供了有力的工具，系统动态学、元胞自动机、多智能体、混沌、分形、突变、神经网络、遗传算法等在地理研究中得到广泛的应用。这些方法或单体或组合应用推动了地理过程模拟的发展。

11.3.1 地理过程模拟概述

1. 地理过程

地理过程强调地理事物随时间变化的特征。在可感知的和可测量的基础上，按照不长的时间尺度即时段的长短，建立依照时序的各类地理性质的表现，而后把这些性质放在某个规定的范畴中进行分析，从而得到地理过程在纵向上的表现规律。

自然地理过程通常分为部门自然地理过程和综合自然地理过程，气候形成和变化、河谷发育、水文过程、土壤发育和植物群落发育等属于部门自然地理过程，把它们综合在一起则属于综合自然地理过程。

2. 地理过程模拟

随着地理学的发展，对地理空间系统的研究不再仅仅局限于简单和静态的描述，更应该侧重于地理事物构成或地理现象产生的原因及演化过程。许多地理现象的时空动态发展过程往往比其最终形成的空间格局更为重要，如城市扩展、疾病扩散、火灾蔓延、人口迁移、经济发展、沙漠化、洪水淹没等。只有清楚地了解地理事物的发展过程，才能够对其演化机制进行深层次的剖析，才能获取地理现象变化的规律。由此提出地理过程模拟的概念，以解决当前 GIS 对地理空间系统过程分析能力较弱的问题，帮助人们预测地理现象和事物的发展方向及演化过程。地理过程模拟是综合地理学、复杂系统理论、元胞自动机、多智能体系统、地理信息系统、遥感、计算科学及计算机为一体的复杂空间模拟系统。

地理过程模拟从地理系统的整体出发，从多个角度对地理要素进行分析，对地理整体的结构和功能进行分析，在此基础上进行模拟系统的构建，是融合了数学模型和计算机技术等多种技术手段对地理系统进行空间上的虚拟，达到实验、观察和研究的目的。对于地理系统研究来说，其最大的难点在于如何从复杂的地理要素中选取重要的影响因子，并对因子进行量化、指标体系、模型建立与检验、动态预测等一系列的研究。随着科技的进步和地理研究的深入，地理学领域的专家和学者开发出一系列地理学研究的方法，如系统动态学、元胞自动机、遗传算法等多种方法和手段，广泛应用在地理研究中，对地理系统模拟的发展发挥了重要的推动作用。

3. 地理过程模拟模型

大道至简。模型是人类对事物的一种抽象，人们在正式建造实物前，往往首先建立一个简化的模型，以便抓住问题的要害，剔除与问题无关的非本质的东西，从而使模型比实物更简单明了，易于把握。同样为了解决复杂的地理过程模拟问题，人们也试图建立一个简化的地理过程模拟模型，模拟地理过程。

地理过程模拟模型是将系统的各个要素及其相互关系通过适当的筛选，用一定的表现规则所描写出来的简明映像，可以比较准确地描述事物的发展过程。模型建立首先要了解问题的实际背景，明确建模的目的搜集建模必需的各种信息如现象、数据等，尽量弄清对象的特征。基于地理学的理论、方法来分析事物各要素的内在联系，进行规范的推导，也可以由客观世界的现实表现进行归纳整理，从而建立反映事物内在联系和变化趋势的地理模型。然后根据研究目的，将与研究问题无关的内容排除于系统之外，明确地确定出系统的界限范围；最后研究系统与其外界环境之间物质、能量、信息的交流关系，划定系统边界，研究系统与外界环境之间的关系。

11.3.2 地理过程数学建模

自然界中的许多问题可用数学的方式加以描述，通常由代数、微分或积分等形式表示，这样少数简单的或者能化简的问题就可以获得解析解。数学模型的建立过程可由 $XOY=M$ 表示。其中，X 表示某个体系，可以看作是地理系统中被主观选取的一个局部；Y 表示某种介体，具体讲就是某种模型化方法；O 表示 Y 对 X 产生的作用；M 表示体系 X 通过介体 Y 产生的作用 O 所建立的模型。一般来说，建立数学模型的方法大体上可分为两大类：一类是机理分析方法；一类是测试分析方法。不管选用哪一类模型，通常需综合各种方法，但其建模的过程类似。

1. 地理过程机理分析

地理过程机理分析是根据人们对现实对象特性的认识、分析其因果关系，找出反映内部机理的规律，建立的模型常有明确的物理或现实意义。应用地理学基本理论和方法，在可感知的和可测量的基础上，按照不长的时间尺度即时段的长短，尽可能详尽地记录地理现象的依时行为，把地理过程规律统一于时间与空间的共同基础之中，在一定的时间间隔内，依据地理资料的时间序列，依照时序各类地理性质的表现，而后把这些性质放在某个规定的范畴中进行分析，建立地理过程与地理分布之间的耦合关系，从中发现地理事实变化规律，以便作为推测该时段之前或之后的变化状况，对未来可能发生的地理行为进行模拟和预测。这是地理过程研究的最高层次，强调地理事物随时间的变化特征，也是地理学科学性与实用性的集中体现。

2. 影响因素分析

因素分析法，又称经验分析法，是一种定性分析方法。该方法主要指根据地理过程机理选择应考虑的各种因素，凭借分析人员的知识和经验集体研究确定选择对象。因素分析法的最大功用，就是运用数学方法对可观测的事物在发展中所表现出的外部特征和联系进行由表及里、由此及彼、去粗取精、去伪存真的处理，从而得出客观事物普遍本质的概括。其次，使用因素分析法可以使复杂的研究课题大为简化，并保持其基本的信息量。使用这种方法能够使研究者把一组反映事物性质、状态、特点等的变量简化为少数几个能够反映出事物内在联系的、固有的、决定事物本质特征的因素。影响因素分析最常用的方法是数理统计学的相关分析、回归分析和主成分分析。

3. 数学模型假设

地理过程机理研究和影响因素分析，就是找出主要因素、确定主要变量，为数学模型的建立准备必要的条件。根据对象的特征和建模的目的，对问题进行必要的、合理的简化，用精确的语言做出假设，可以说其是建模的关键一步。这一步骤的主要任务是研究数学结构及其内部各因素之间相互作用、相互联系、相互依赖的各种机制，并通过各种机制的研究，确定构成系统的主要因素，建立模型所必需的各种变量。利用数学的概念、方法和理论进行深入的分析和研究，从而从定性或定量的角度来刻画实际问题，运用数理逻辑方法和数学语言建构科学的或工程模型。

一般来说，一个实际问题不经过简化假设就很难翻译成数学问题，即使可能，也很难求解。不同的简化假设会得到不同的模型。假设做得不合理或过分简单，会导致模型失败或部分失败，于是应该修改和补充假设；假设做得过分详细，试图把复杂对象的各方面因素都考虑进去，可能使你很难甚至无法继续下一步的工作。通常，作假设的依据：一是出于对问题内在规律的认识；二是出于对数据或现象的分析，也可以是二者的综合。做假设时既要运用与问题相关的物理、化学、生物、经济等方面的知识，又要充分发挥想象力、洞察力和判断力，善于辨别问题的主次，果断地抓住主要因素，舍弃次要因素。为了使处理方法简单，尽量将问题线性化、均匀化，经验在这里也常起重要作用。写出假设时，语言要精确，就像做习题时写出已知条件那样。

4. 数学模型构成

在这一步骤中，首先面临的问题是模型选择，即要求在上一步骤工作的基础上，结合系统的研究目标，根据系统要素及有关变量的性质，确定要建造的系统模型类型。

根据所做的假设分析对象的因果关系，利用对象的内在规律和适当的数学工具，构造各个量（常量和变量）之间的等式（或不等式）关系或其他数学结构。这里除需要一些相关学科的专门知识外，还常常需要较广阔的应用数学方面的知识，以开拓思路。当然不能要求对数学学科门门精通，而是要知道这些学科能解决哪一类问题以及大体上怎样解决。相似于类比法，即根据不同对象的某些相似性，借用已知领域的数学模型，也是构造模型的一种方法。不过应当牢记，建立数学模型是为了让更多的人明了并能加以应用，因此工具越简单越有价值。

5. 数学模型求解

可以采用解方程、画图形、证明定理、逻辑运算、数值运算等各种传统的和近代的数学方法，特别是计算机技术。一道实际问题的解决往往需要纷繁的计算，许多时候还得将系统运行情况用计算机模拟出来，因此编程和熟悉数学软件包能力便举足轻重。

6. 数学模型分析

对模型解答结果进行细致精当的分析，"横看成岭侧成峰，远近高低各不同"，不论哪种情况都需进行数学上的误差分析和数据的稳定性分析。有时要根据问题的性质分析变量间的依赖关系或稳定状况，有时要根据所得结果给出数学上的预报，有时则可能要给出数学上的最优决策或控制，不论哪种情况都常常需要进行误差分析、模型的稳定性或灵敏性分析等。

7. 数学模型检验

把数学上分析的结果翻译回到现实问题，并用实际的现象、数据与之比较，检验模型的合理性和适用性。如果模型与客观地理事实有较大的误差，则需要返回到以上各个步骤环节通过检查失误对所建立的模型进行修正。逐步修正是地理系统建模常用的方法之一。

这一步对于建模的成败是非常重要的，要以严肃认真的态度来对待。模型检验的结果如果不符合或者部分不符合实际，问题通常出在模型假设上，应该修改、补充假设，重新建模。有些模型要经过几次反复，不断完善，直到检验结果获得某种程度上的满意。

8. 数学模型应用

一个地理系统模型建立后，就要对它做出地理学解释，说明它所阐述的理论思想与观点。模型的应用与维护也是必不可少的，应用的方式自然取决于问题的性质和建模的目的，任何地理系统模型的建立都是以应用为目的的，建模仅仅是地理系统分析的手段而不是目的。

应当指出，并不是所有建模过程都要经过这些步骤，有时各步骤之间的界限也不那么分明。建模时不应拘泥于形式上的按部就班。

在建立地理过程模型时，必须遵守以下原则：①相似性，即在一定允许的近似程度内，可确切地反映地理环境的客观本质。②抽象性，即在充分认识客体的前提下，总结出更深层次的理性表达。③简捷性，既是实体的抽象，又必须是实体的简化，以便降低求解难度。④精密性，即必须使模型的运行行为具有必要的精确度，它反映了所建模型的正确精度。⑤可控性，即以地理模型所表示的地理环境，要能进行控制下的运行及模拟。目前，人们所理解的地理过程模型，一般指地理过程数学模型，描述地理过程各要素之间关系的数学表达式。

由于地理过程的复杂性质，区域地理过程的复杂多变性和开放性特点，地理数学模型研究也面临一些问题：①简化性可能使地理数学模型偏离真实的地理基础。②复杂的高阶非线性动态系统数学模型难以求解。③复杂的地理系统跃变过程难以用连续性数学模型描述。④地理数学模型与地理调查、地理数据的契合不紧密。⑤影响区域地理系统的许多因素及其作用尚无法精确测定等。因此，应用较为广泛的是通过对已有经验的总结所得出的统计数学模型。

11.3.3 地理过程模型数字计算

地理过程研究不可避免地涉及空间和时间两个变量，现实中每一个地理对象的时间和空间两个变量都是连续和复杂的，对整个地理空间一个地理现象采用一个函数 $f(x, y, z, t)$（x, y, z 表示空间坐标，t 表示时间）进行描述和数学建模研究在大多数情况下是无法实现的。而事实上人们对地理现象的描述与研究是通过简化后实现的，地理过程模型就是对地理系统的简化，对地理系统简化的一个主要办法就是离散化。计算机也是建立在离散数学基础上的，这使得地理过程模拟非常容易利用计算机来构建模型。

1. 数值计算

多数问题由于方程的特征或者复杂的求解域等无法获得解析解，这类问题主要采用数值计算的方法来近似求解。数值计算方法随着计算机的飞速发展和应用，已经成为求解科学技术问题的主要方法。

数值计算可以看成是构筑在数学和计算机科学之间的桥梁。因为计算机只能处理离散的或离散化了的数量关系，所以无论计算机科学本身，还是与计算机科学及其应用密切相关的现代科学研究领域，都面临着如何对离散结构建立相应的数学模型，又如何将已用连续数量关系建立起来的数学模型离散化，从而可由计算机加以处理的问题。在工程技术领域中许多力学问题和场问题，实质上就是在一定的边界条件下求解一些微分方程。对于少数简单问题，人们可以建立它们的微分方程与边界约束求出该问题的解析解。但是，对于比较复杂的力学方程问题以及不规则的边界条件通过数学物理方程法往往难以求解，而需要借助各种数值模拟方法以获得相应的工程数值解，这就是所谓的数值模拟技术。目前实际工程领域中，用数值模拟技术可以对复杂的工程结构进行受力和响应分析，常用的数值求解方法有有限元（finite element method，FEM）、有限差分法、边界元法等。但从实用性和使用范围来说，有限元法则是随着计算机技术的发展而被广泛应用的一种行之有效的数值计算方法。

在数学上，有限元是一种为求解偏微分方程边值问题近似解的数值技术，其核心：一是求偏微分方程的近似解；二是离散化（discretization）。求解时对整个问题区域进行分解，每个子区域都成为简单的部分，这种简单部分就称作有限元。它通过变分方法，使得误差函数达到最小值并产生稳定解。类比于连接多段微小直线逼近圆的思想，有限元法包含了一切可能的方法，这些方法将许多被称为有限元的小区域上的简单方程联系起来，并用其去估计更大区域上的复杂方程。它将求解域看成是由许多称为有限元的小的互连子域组成，对每一单元假定一个合适的（较简单的）近似解，然后推导求解这个域总的满足条件（如结构的平衡条件），从而得到问题的解。这个解不是准确解，而是近似解，因为实际问题被较简单的问题所代替。由于大多数实际问题难以得到准确解，而有限元不仅计算精度高，而且能适应各种复杂形状，因而成为行之有效的工程分析手段。

应用较为广泛的有限差分法将整个问题域划分成网格，然后在网格的节点上用差分方程近似微分方程，当采用较多节点时，计算精度将得到改善。有限差分法在解决某些复杂问题时，具有其自身的优势，如建立于空间坐标系的流体流动问题。但将有限差分用于几何形状复杂的问题时，它的计算精度将降低，甚至无法求解。

无网格法（mesh-less method）将连续的求解域离散成有限多个节点，对每个节点给定局部影响域并在该局部域上近似待求解问题，然后采用不同的加权余量法将问题离散成线性方程组。

发展至今，有限差分法、有限元、边界元法及无网格法等数值计算方法相继出现并展现了各自的优势与缺陷。

2. 空间离散化

地理空间离散化是地理定量化研究的重要内容。地球表面上一切地理现象、一切地理事件、一切地理效应、一切地理过程，统统都发生在以地理空间为背景的基础之上。地理学研究的空间是指地球表面的空间，它为地面上所存在的一切物质和非物质的现象所占有。每个空间位置上的事物和现象都具有区别于其他位置上的事物和现象的特点，这种特点称为空间差异性，或空间异质性。地理学是着重描述和解释地球表面地区差异的一门科学。现实世界的事物和现象不是孤立的，它们既相互区别，又相互联系。这些事物间的复杂联系，形成了功能上互相关联的系统。因此，地理空间包含两方面的含义：一方面是指各种事物组成的物体实体，也称为地理特征；另一方面指由事物间相互联系结构组成的空间关系集。

离散化是日常生活中人们认识复杂事物常用的方法，地理过程模拟采取离散个体模型，其核心就是按照一定的规则把有机结合在一起的现象划分为若干个部分，在计算机软硬件支持下，通过虚拟模拟实验，对复杂系统（如各种地理现象）进行模拟、预测、优化、分析和显示，是探索和分析地理现象的格局、过程、演变及知识发现的有效工具。计算科学的发展保障了地理过程模拟得以实现。计算科学里的面向对象思想和方法为地理复杂系统的模拟提供了简单有效的途径。面向对象把系统看作是由相互作用的对象组成的，对象与现实世界中真实的实体相影射，提高了模拟模型的可理解性、可扩充性和模块性。

在地理信息化研究中，地理空间一般表达为三种组成结构：一组相关的地理空间物体和现象；一个确定这些地理空间物体和现象的位置和形态的坐标系；一个描述地理空间物体关系的结构。依据地理空间物体不同的特点，地理物体描述方法：①连续空间（continuous space），此类地理空间主要用于描述各类场信息，如温度场、地面高程等。②网络（network），这类地理空间应用于地理对象的相互作用集物质流、能量流研究，如交通、河网等。③点集（piont set），这类地理空间应用于描述独立对象的分布及运动规律，如地震分布等。④网格（mesh），包括规则网格和不规则网格，此类地理空间主要用于描述连续变化的面状对象，如用于描述地形的 TIN。⑤矩阵（matrix），此类主要用于原始获取数据的描述，如遥感数据等。

在地理空间离散化方法中，地理空间网格化是其中一个重要的方法。它的主要思想是将连续求解区域离散为一组有限个，且按一定方式相互联结在一起的单元组合体。因为单元能按不同的联结方式进行组合，且单元本身可以有不同的形状，所以可以模块化几何形状复杂的求解域。这样就使一个连续的无限自由度（未知量也称为自由度）问题变成了离散的有限自由度问题。

地理网格是按照一定的规则将研究区域划分为一系列的网络单元，每一个单元的属性相对一致，区域间的联系表现为单元间的相互作用。例如，在描述区域间的相互作用时，可以将地理空间看作是一组有限个且按一定方式相互联结在一起的单元组合体，单元能按不同的联结方式进行组合。每个单元都有一定的属性和运动规律，不同属性的单元之间都有一定的作用规则，这样地理现象的发生机制就可以以该模型表达出来。

11.3.4 地理过程模型与集成

地理过程的复杂性使得地理系统的研究也需要采用相对复杂的方法，虚拟现实技术为地理学科的研究开辟了一条新的研究思路和研究方法。地理过程模型模拟是具有一定结构和功能的计算机系统，主要是以计算机系统为基础实现各种地理过程模型模拟；同时，它也是一个虚拟地理环境空间的综合性系统，主要从系统角度分析各地理要素的能量流、物质流和信息流的相互作用。地理过程模型模拟的开发和研究是地理学科研究的主要方向。

1. 系统动力学

系统动力学(system dynamics，SD)出现于 1956 年，创始人为美国麻省理工学院的福瑞斯特教授。它是一门研究系统动态复杂性的科学，是一门分析研究信息反馈系统的学科，也是一门认识系统问题和解决系统问题的交叉综合学科。系统动力学以现实的世界存在为前提条件，以存在整体为基本出发点探索能够改善系统行为的手段和方法，是在系统实际观测信息的基础之上建立起来的一种动态仿真模型。系统动力学将多个子系统建立成一个具有因果关系的网络系统，着重研究系统整体及整体之间的关系，采用建立流程图和建立方程式的方法进行计算机的仿真试验。

从系统方法论来说：系统动力学是结构的方法、功能的方法和历史的方法的统一。它基于系统论，吸收了控制论、信息论的精髓，是一门综合自然科学和社会科学的横断学科。

系统动力学就是对整体运作本质的思考方式，把结构的方法、功能的方法和历史的方法融为一个整体，其目的在于提升人类组织的"群体智力"。它与混沌理论(chaos theory)和复杂性科学(science of complexity)所探讨的内容相同。系统动力学模型的特点在于在历史数据的计算和未来预测的基础上进行信息反馈。其缺点在于缺乏有效的空间数据表达，这对于地理系统模拟中的整体及各子系统的反馈，包括变量反馈都是不可或缺的，具有非常重要的作用。

系统动力学运用"凡系统必有结构，系统结构决定系统功能"的系统科学思想，根据系统内部组成要素互为因果的反馈特点，从系统的内部结构来寻找问题发生的根源，而不是用外部的干扰或随机事件来说明系统的行为性质。系统动力学对问题的理解，是基于系统行为与内在机制间的相互紧密的依赖关系，并且通过数学模型的建立与操作的过程而获得的，逐步发掘出产生变化形态的因果关系，系统动力学称之为结构。所谓结构是指一组环环相扣的行动或决策规则所构成的网络，如指导组织成员每日行动与决策的一组相互关联的准则、惯例或政策，这一组结构决定了组织行为的特性。

系统动力学在总结运筹学的基础上，以现实世界的存在为前提，不追求"最佳解"，而是从整体出发寻求改善系统行为的机会和途径。从技巧上说，它不是依据数学逻辑的推演而获得答案，而是依据对系统的实际观测信息建立动态的仿真模型，并通过计算机试验来获得对系统未来行为的描述。

系统动力学是研究系统动态行为的计算机仿真方法。系统动力学包括如下几点：①系统动力学将生命系统和非生命系统都作为信息反馈系统来研究，并且认为每个系统之中都存在着信息反馈机制，而这恰恰是控制论的重要观点，所以，系统动力学是以控制论为理论基础的。②系统动力学把研究对象划分为若干子系统，并且建立起各个子系统之间的因果关系网络，立足于整体以及整体之间的关系研究，以整体观替代传统的元素观。③系统动力学的研究方法是建立计算机仿真模型——流程图和构造方程式，利用计算机仿真试验，验证模型的有效性，为战略与决策的制定提供依据。

构成系统动力学模式结构的主要元件包含"流"(flow)、"积量"(level)、"率量"(rate)和"辅助变量"(auxiliary)。系统动力学将组织中的运作，以六种流来加以表示，包括订单(order)流、人员(people)流、资金(money)流、设备(equipment)流、物料流(material)与信息(information)流，这六种流归纳了组织运作所包含的基本结构。积量表示真实世界中，可随时间递移而累积或减少的事物，其中包含可见的与不可见的，如认知负荷的水平或压力等，它代表了某一时点环境变量的状态，是模式中资讯的来源。率量表示某一个积量，在单位时间内量的变化速率，它可以是单纯地表示增加、减少或是净增加率。辅助变量在模式中有三种含义，资讯处理的中间过程、参数值、模式的输入测试函数。其中，前两种含义都可视为率量变量的一部分。

系统动力学一般的建模步骤是：①确定系统分析目的。②确定系统边界，即系统分析涉及的对象和范围。③建立因果关系图和流图。④写出系统动力学方程。⑤进行仿真试验和计算等。

2. 元胞自动机

元胞自动机，也有人译为细胞自动机、点格自动机、分子自动机或单元自动机，是一种在空间和时间尺度内都呈离散状态的动力系统，所有的元胞都遵循同样的演化规则，并依据规则，对元胞状态进行不断更新，以模拟动态系统的演化过程。大量元胞通过简单的相互作用而构成动态系统的演化。不同于一般的动力学模型，元胞自动机不是由严格定义的物理方程或函数确定，而是用一系列模型构造的规则构成的。凡是满足这些规则的模型都可以算作是元胞自动机模型。因此，元胞自动机是一类模型的总称，或者说是一个方法框架。其特点是时间、空间、状态都离散，每个变量只取有限多个状态，且其状态改变的规则在时间和空间上都是局部的。

元胞自动机的数学描述为

$$CA = (L_d, S, N, f)$$

其中，L_d 表示一个规则的格空间，每个网格被称为一个元胞；d 表示格网空间的维数，理论上可以取任意正整数，即元胞自动机理论可以模拟任意正整数的规则空间，在实际应用中常用于模拟一维或二维动态系统；S 表示元胞在动态系统中所有状态的集合；N 表示元胞的邻居集合，对于任何元胞的邻居集合 $N \subset L$，设邻居集合内元胞数目表示为 n，那么 N 可以表示为一个所有邻域内元胞的组合，即包含 n 个不同元胞状态的一个空间矢量，记为 $N = (s_1, s_2, s_3, \cdots, s_n)$，$s \in S$，$i \in (1, 2, \cdots, n)$；$f$ 表示一个映射函数，$S_t^n \rightarrow S_{t+1}^n$，即根据 t 时刻某个元胞的所有邻居的状态组合来确定 $t+1$ 时刻该元胞的状态值，f 通常又被称作转换函数或演化规则。

1）元胞自动机的组成

元胞自动机由五部分组成：元胞、元胞空间、邻居、演变规则以及时间，这五部分的关系如图11.2所示。

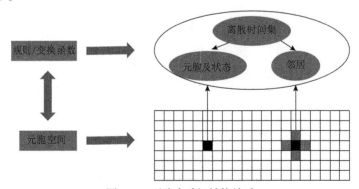

图11.2 元胞自动机结构关系

元胞。元胞是元胞自动机中最小的构造组成部分。理论上讲，元胞可以为任意形状，规则或不规则。然而实际应用中，常采用规则格网，如三角形、菱形、矩形、正方形。鉴于元胞与栅格数据中的像元概念相似，学者们常采用规则的正方形来表示元胞，以便与海量的遥感卫星影像、航片等栅格数据相结合，扩大应用范围。元胞所处状态既可以用 {0,1} 二进制形式进行表示，也可以是有限个状态的集合。

元胞空间。元胞空间是指由大量元胞构成的空间。虽然理论上元胞空间可以为任意维数，然而目前研究多集中于一维和二维。常用的二维空间形式主要有三角形、正方形以及六边形，如图11.3所示。

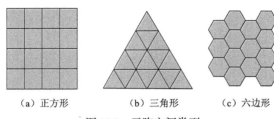

(a) 正方形　　　(b) 三角形　　　(c) 六边形

图 11.3　元胞空间类型

邻居。邻居是指与待分析元胞相邻的元胞。对于一维的元胞自动机而言，邻居元胞个数与距离待分析元胞的半径密切相关，半径值越大，与待分析元胞相邻的元胞个数就越多，反之相邻元胞则越少。而对于二维元胞自动机而言，邻居的定义则相对复杂，常用的主要有冯·诺依曼型、摩尔型和扩展摩尔型，如图 11.4 所示。

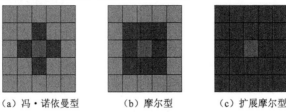

(a) 冯·诺依曼型　　　(b) 摩尔型　　　(c) 扩展摩尔型

图 11.4　常用的邻居定义示意图

演变规则。演变规则是描述元胞从上一刻状态转变为下一刻状态的行为变化规则，即元胞状态的转移函数。其数学表达式为

$$S_i^{t+1} = f\left(S_i^t, S_N^t\right)$$

其中，S_i^t 表示 t 时刻元胞 i 的状态；S_N^t 表示 t 时刻元胞 i 的邻近元胞的状态集合，f 表示制定的元胞状态演变规则，从数学表达式来看，元胞 i 在 $t+1$ 时刻的状态 S_i^{t+1}，与 t 时刻的元胞 i 自身状态以及周边邻近元胞状态有着密切的联系。

时间。鉴于元胞自动机是一个处于不断发生变化的动态系统，元胞状态依据制定的演变规则随着时间的变化而发生改变。因此，时间可理解为触发元胞状态发生改变的重要指标。在实际建模中，时间间隔常设置为等距且连续的离散函数集合。由演变规则的数学表达式可知，元胞在 $t+1$ 时刻的状态直接与 t 时刻的元胞及其邻近元胞的状态相关，而与 $t+1$ 时刻的状态无关。

2）元胞自动机的一般特征

元胞自动机具有强大的空间建模能力和运算能力，能模拟具有时空特征的复杂动态系统。元胞自动机在化学、生物学中成功模拟了复杂系统的繁殖、自组织、进化等过程。与传统的数学模型相比，元胞自动机模型能更清楚、准确、完整地模拟复杂的自然现象。元胞自动机能够模拟出复杂系统中不可预测的行为，这对于传统的基于方程式的模型来说，是无能为力的。从元胞自动机的构成及其规则上分析，标准的元胞自动机具有以下几个特征。

（1）开放性和灵活性。元胞自动机没有一个既定的数学方程，只是采用"自下而上"建模原则的模型框架，可以根据不同应用领域，构筑相应的专业模型。这与运用微分方程或物理模型从宏观上描述空间现象的传统方法是对立的，前者更符合人们认识复杂事物的思维方式。而且，元胞自动机模型具有不依比例尺的概念，元胞只提供了一个行为空间，时空测度的影响可由转变规则来体现,因此,元胞自动机模型可以用于模拟局部的、区域的或大陆级的演化过程。

(2) 离散性和并行性。离散性即空间的离散性、时间的离散性和状态的有限离散性。这适合于建立计算机模型和并行计算特征,将元胞自动机的状态变化看成是对数据或信息的计算或处理,而且这种处理具有同步性。

(3) 空间性。以栅格单元空间来定义元胞自动机,能很好地和许多空间数据集相互兼容。

(4) 局部性。即时间和空间的局部性。每一个元胞的状态,只对其邻居元胞下一时刻的状态有影响。从信息传输的角度来看,元胞自动机中信息的传递速度是有限的。

(5) 高维性。在动力系统中一般将变量的个数称为维数,从这个角度看元胞自动机的维数是无穷的。

3) 地理元胞自动机

地理元胞自动机对标准元胞自动机进行了一定的扩展,以满足表达复杂地理对象、地理空间系统的需要。扩展体现在以下几个方面。

(1) 元胞空间扩展。标准元胞空间是由规则格网组成的。然而,鉴于地理空间的非均质性和复杂性,规则格网往往无法满足实际地理建模需要,因此,有些学者对标准元胞的空间进行了扩展。例如,在实际建模过程中,将规则格网用 Voronoi 多边形表示。与规则格网空间相比,不规则格网能够更好地体现复杂的地表特征。

(2) 元胞状态扩展。标准元胞状态,常常仅能表现一种属性状态。但因为土地利用/覆盖状态是多种因素相互作用的结果,如自然因素表现在坡度、海拔以及通达性等方面,社会经济因素则表现在人口、经济发展状况及土地政策等方面,所以,对标准元胞进行扩展,除拥有表示元胞所在的状态外,还赋予了元胞一系列属性,以描述元胞所处的环境信息。

(3) 转换规则的扩展。标准自动机元胞中,元胞演化规则通常是依据元胞本身的状态以及周边邻近元胞状态演化过程制定的。而在实际土地利用覆盖变化建模中,模型元胞转换规则不仅仅取决于自身以及周边元胞状态的影响,而且需要考虑其他土地利用覆盖变化驱动力因素。在城市元胞自动机模型中,对标准元胞自动机的演化规则进行了扩展,转换规则可以由多种方法进行制定。例如,基于各种城市理论,或基于城市规划方案,或基于求解一种土地利用类型转换为另一种土地利用类型的转换概率而制定的元胞演化规则。

(4) 邻居定义的扩展。标准元胞自动机中,每个元胞的邻居大小相同,常用的类型有冯·诺依曼和摩尔等,然而在客观复杂的地理世界中,某一事物或事件的发生,常受到周边事物的影响,但影响半径随地理事件不同而有所不同,而且影响程度会因距离远近而有所差异。因此,在实际地理元胞自动机建模时,常常会用距离衰减函数来赋予每个邻近元胞以特定的权重,使模型与客观实际吻合,以提高模型模拟的真实性。

(5) 空间与时间真实化。在标准自动元胞机中,从理论层面上讲,空间可以为任意维,时间可以是任意大小。然而在实际地理建模时,空间需要符合笛卡儿空间坐标系,这样才能够更好地与实际的地理空间相符,也易与具有地理空间坐标的遥感卫星影像资料、地图资料或各类 GIS 数据相结合。在时间尺度上,也需要根据实际研究对象,以及获取的数据源的时间分辨率,来为建立的模型选择适合的元胞状态更新时间间隔,即与真实的时间刻度相吻合,如天、月、年等。

3. 智能体模型

智能体（agent based，AB）是一种用来模拟独立存在的个体（一个个体或者一个群体）的行为或者个体间的互动的计算模型。这种模拟方式的特点是通过个体活动可以了解个体对整体的影响。这个模型的关键就是简单的行为规则生成复杂的行为。一般来说，个体在一定活动范围内，按照自己的利益（如繁殖）、经济利益或者社会状态做某些行为，这些行为是通过简单的决策或者探试规则来决定的。个体在本模型中可能会进行学习、适应和繁殖。AB模型中的个体可以进行移动，也可以与环境进行信息交换，同时可以感受群体的变化信息。这种感受是可以跨区域、跨尺度的。正是因其可移动性而被选作地理系统模拟基本模型要素之一。

1）智能体特性

通常一个智能体需要具有下述特性。

（1）能动性：智能体不仅简单地对环境变化做出反应，还要显示出有意识的和目标导向的行为。这一点是多智能体模型和其他建模方法的关键性区别，正是这个特点，使得它能够适用于经济、社会、生态等其他方法难以应用的复杂系统。智能体的能动性是关键，"能动"的程度决定了整个系统行为的复杂性的程度。

（2）自治性：智能体运行时不直接受他人控制，对自己的行为与内部状态有一定的控制力，这是最基本的属性，是智能体区别于其他抽象概念，如过程、对象的一个重要特征。

（3）相互作用：它通过智能体和环境包括个体之间的相互作用，使得个体的变化成为整个系统变化的基础，也是系统演变和进化的主要动力。

（4）社会性：当智能体认为合适时能与其他智能体实现通信、协调、合作或竞争，并组成一个智能体社会。

（5）响应性：智能体能够感知所处的环境，并通过行为对环境中相关事件做出适时反应。

（6）持续性：智能体是持续或连续运行的过程，其状态在运行过程中应保持一致。

（7）适应性：智能体应能够在与环境的不断交互过程中积累经验和学习知识，并修改和调整自己的行为策略以适应新环境。

（8）可移动性：智能体应具有在分布式或物理网络或虚拟网络中移动的能力，并在此过程中保持状态一致。

（9）协调性：智能体能够相互间协同工作并完成复杂任务，是最重要的属性和智能体社会性的具体表现。

（10）学习性：智能体能从周围环境和协同工作的成果中学习，进化自身的能力，这是智能体智能性的具体体现。

（11）进化性：智能体能通过学习进化自身，繁衍后代，并遵循达尔文的"优胜劣汰"的自然选择规则，这是智能体学习性的具体体现。

（12）可靠性、诚实性：智能体不会有意去欺骗使用者。

（13）理智性：智能体所采取的行动及其所产生的后果不会损害自身和用户的利益。

（14）规划和推理智能体能根据以前所积累的知识、当前的环境和其他智能体的状态以理性的方式进行推理和预测。

2）智能体与对象差异

从智能体的特性就可以看出，智能体与对象既有相同之处，又有很大的不同。智能体和对象一样具有标识、状态、行为和接口，但智能体和对象相比，主要有以下差异。

（1）智能体具有智能，通常拥有自己的知识库和推理机，而对象一般不具有智能性。

（2）智能体能够自主地决定是否对来自其他智能体的信息做出响应，而对象必须按照外界的要求去行动。也就是说，智能体系统能封装行为，而对象只能封装状态，不能封装行为，对象的行为取决于外部方法的调用。

（3）智能体之间有通信，通常采用支持知识传递的通信语言。

但智能体可以看作是一类特殊的对象，即具有心智状态和智能的对象，智能体本身可以通过对象技术进行构造，而且目前大多数智能体都采用了面向对象的技术，智能体本身具有的特性又弥补了对象技术本身存在的不足，成为继对象技术之后计算机领域的又一次飞跃。目前，全球范围内的智能体研究浪潮正在兴起，包括计算机、人工智能以及其他行业的研究人员正在对该技术进行更深入的研究，并将其引入各自的研究领域，为更加有效地解决生产实际问题提供了新的工具。

3）多智能体系统

传统人工智能构造出的具有一定智能的单一智能体对问题的求解取得了一定程度上的成功，但是随着应用的深入，人们发现对于现实中复杂的、大规模的问题，只靠单个的智能体往往无法描述和解决。研究者也逐渐认识到人类智能体本质上是社会性的，人们往往为解决复杂问题组织起来相互协作，以实现共同的整体目标。受此启发一些研究者提出了多智能体系统的概念，如将多智能体（multi agent system，MAS）系统定义为一个松散耦合问题的求解者网络，求解者之间通过相互作用，可以求解任何单一求解者都没有足够能力或知识予以求解的问题。

简单地说，多智能体系统是由两个或更多的可以相互交互的智能体所组成的系统。多智能体系统具有以下特性：①有限视角，即每个智能体都有解决问题的不完全的信息，或只具备有限能力。②不同的每个智能体通过通信进行交互，每个智能体之间可能存在复杂的关系。③系统内部的交互性和系统整体的封装性。④没有系统全局控制，数据是分散存储和处理的，没有系统级的数据集中处理结构。⑤计算过程是异步、并发或并行的。

4. 地理过程模拟模型集成

无缝贯通在地理信息系统、系统动力学、元胞自动机、智能体模型之间是能够实现的，地理系统模拟基本模型集成框架和各原理层的对接如图11.5所示。

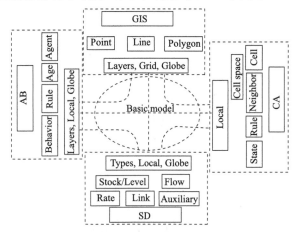

图11.5　地理系统模拟基本模型集成框架和各原理层的对接

GIS 提供基本的地理空间框架，同时提供属性信息和分析工具。在空间框架上，CA 以元胞、邻域、邻域空间、规则、状态等进行工作；AB 与 CA 交互，并以其智能体、规则、行为、生命期等进行工作；SD 以子系统表达模式参与 CA 和 AB 的运算。模拟过程按照 SD 的时间步长进行演化，四种模型同时进行工作，最终形成点、线、面的状态，重新回到空间展示可视化的模拟结果。

研究表明，四种模型之间的协同工作是能够实现的，除了能够实现空间共享外，还能够实现交换地理信息，也就是各个模型之间能够实现数据的交流和通信。GIS、CA、AB 中都有空间数据和类型数据的存在，此三者之间是可以完整地实现数据的通信的。而在 SD 中没有空间数据，只存在类型数据，则 SD 与其他模型进行数据通信主要是属性数据直接的交换。

通过图 11.6 可以发现，地理系统通过点、线、面抽象后分层通过 GIS 进行管理。在 GIS 中可以实现网格化（元胞单元划分），网格可以实现动态网格以表达不同的地理尺度，这个网格可以用于 CA 和 AB 的环境空间、SD 的计算单元，每个网格单元中具有属性或类型信息，CA、AB 和 SD 就可以方便地进行数据交换和通信。执行过程中可以监测这个过程，看到每一个网格单元的变化信息，使原来黑箱或灰箱的地理过程变得透明。

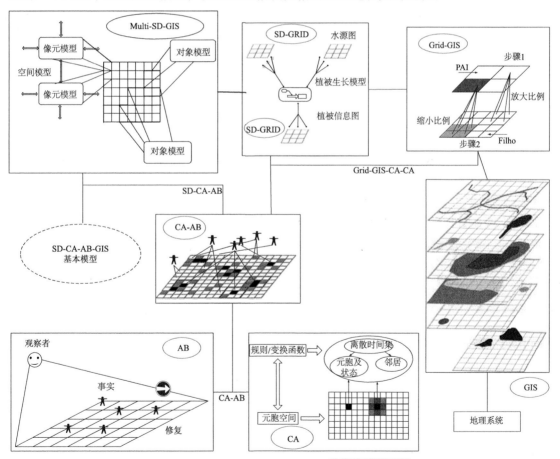

图 11.6　地理系统模型模拟执行过程示意图

11.4 地理信息重构案例

地球表层和人类社会都是复杂巨系统，充满着不确定性，常发生突发事件和突变，如各种自然灾害、"金融风暴"和恐怖事件。此类突变给人民生命财产和社会带来灾难性的损失和其他负面影响，又往往很难预测预报。因此，对不确定性风险的预警、评估和防范成为当前多学科的紧迫研究课题。地理信息科学是利用信息技术提升人们研究地理问题能力的科学。它以现代地理环境感知技术为基础，以多源多时空地理数据集成和融合为核心，利用地理空间数据分析、关联推理分析和时空大数据挖掘等技术方法，重构地理对象时空变化过程，发现地理环境演变规律，预测发展趋势，提出科学决策依据，为人类可持续提供了重要"智慧"。

11.4.1 越野通行能力分析

战场环境对各种军事行动都有深刻的影响，战场环境分析是作战指挥的重要条件和过程。越野通行能力分析是军事地理的重要内容，运用全息论思想，研究自然环境因素对越野通行能力的影响的量化描述方法，建立多因子综合作用下地形通行性能分析模型，为军事行动和抢险救灾等提供决策依据。

1. 影响越野通行能力的因素分析

越野机动主要受到地貌含土质、水系、植被和居民地的共同影响，从要素空间分布形态角度讲，这些都属面状要素。车辆在越野条件下的通行根据车辆的通行程度划分为四个等级：易通行地形、能通行地形、难通行地形和不能通行地形。越野机动影响因素主要从坡度、陆地土质类型、森林的株距、沼泽的泥深、居民地道路、天气降雨等方面进行分类分级研究。

1) 坡度

在影响车辆机动的诸多因素中，以地貌的影响最为普遍和深刻，而揭示影响程度的是地面的坡度。在对地貌进行通行性分析时，应首先根据车辆的越野爬坡能力，按其机动的难易程度分级。一般来说，坡度在10°以下时，坦克的机动方向和机动速度不受影响，而坡度在10°~20°时，基本上不限制机动车辆的影响方向，行驶速度比坡度在10°以下略受影响。坡度在20°~30°时，坦克必需减速行驶，且机动的灵活性和机动方向受到限制。30°以上的坡面，通常视为不可通行坡度。根据车辆不同的爬坡能力进行等级划分。坡度的通行分级原则及影响系数见表11.2。

表 11.2 坡度的通行分级原则及影响系数

分级层次	易通行	能通行	难通行	不能通行
坡度范围	$0°\sim\alpha_1$	$\alpha_1\sim\alpha_2$	$\alpha_2\sim\alpha_3$	$\geqslant\alpha_3$
影响系数	0	0.3	0.7	$\geqslant 0.9$

其中，α_1、α_2 和 α_3 是根据不同类型车辆的实际经验值来确定的。以履带式坦克为例，$\alpha_1=10°$，$\alpha_2=17°$，$\alpha_3=30°$。在此，不针对具体类型车辆进行讨论。

2) 陆地土质类型

土质，指土壤的构造和性质，也指土壤性质的好坏和结构。纵观各种质地分类制，尽管存在着一些差别，但大体上还是把土壤质地分为砂土、壤土、黏土三类，见表11.3。

表 11.3　陆地土质类型

土的分类	岩、土名称	开挖方法及工具
一类土（松软土）	略有黏性的砂土、粉土、腐殖土及疏松的种植土，泥炭（淤泥）	用锹、少许用脚蹬或用板锄挖掘
二类土（普通土）	潮湿的黏性土和黄土，软的盐土和碱土，含有建筑材料碎屑、碎石、卵石的堆积土和种植土	用锹、条锄挖掘，需用脚蹬，少许用镐
三类土（坚土）	中等密实的黏性土或黄土，含有碎石、卵石或建筑材料碎屑的潮湿的黏性土或黄土	主要用镐、条锄，少许用锹
四类土（砂砾坚土）	坚硬密实的黏性土或黄土，含有碎石、砾石（体积在10%～30%，重量在25kg以下石块）的中等密实黏性土或黄土，硬化的重盐土，软泥灰岩	全部用镐、条锄挖掘，少许用撬棍挖掘
五类土（软石）	硬的石炭纪黏土，胶结不紧的砾岩，软的、节理多的石灰岩及贝壳石灰岩，坚实的白垩，中等坚实的页岩、泥灰岩	用镐或撬棍、大锤挖掘，部分使用爆破方法
六类土（次坚石）	坚硬的泥质页岩，坚实的泥灰岩，角砾状花岗岩，泥灰质石灰岩，黏土质砂岩，云母页岩及砂质页岩，风化的花岗岩、片麻岩及正长岩，滑石质的蛇纹岩，密实的石灰岩，硅质胶结的砾岩，砂岩，砂质石灰质页岩	用爆破方法开挖，部分用风镐
七类土（坚石）	白云岩，大理石，坚实的石灰岩、石灰质及石英质的砂岩，坚硬的砂质页岩，蛇纹岩，粗粒正长岩，有风化痕迹的安山岩及玄武岩，片麻岩，粗面岩，中粗花岗岩，坚实的片麻岩，辉绿岩，玢岩，中粗正长岩	用爆破方法开挖
八类土（特坚石）	坚实的细粒花岗岩，花岗片麻岩，闪长岩，坚实的玢岩、角闪岩、辉长岩、石英岩、安山岩、玄武岩，最坚实的辉绿岩、石灰岩及闪长岩，橄榄石质玄武岩，特别坚实的辉长岩、石英岩及玢岩	用爆破方法开挖

地表的不同土质影响车辆行驶速度。定义一个粗糙度系数 δ 表示车辆在不同类型地面的通行程度（不考虑有道路的情况），$\delta_i = V_i / V$，$\delta \in [0,1]$。其中，V_i 表示车辆受地面属性影响之后的实际行驶速度；V 表示车辆的正常行驶速度。δ 越大，说明车辆受该地面类型影响越小，车辆的通行程度越大。粗糙度与通行等级的关系见表 11.4。

表 11.4　地表属性及粗糙度

分级层次	易通行	能通行	难通行	不能通行
地表属性	硬质地面	土质地面	草地	雪地
影响系数	0.9	0.6	0.3	0

3）森林的株距

植被对机动的影响程度依类型而异。大面积的森林和密灌是越野机动的主要障碍。森林影响机动的主要因素有胸径、株距和树种。对坦克机动而言，若株距大于6m的林域，或株距在4～6m，但树胸径值小于坦克以吨计的重量值的1/2时，视为坦克机动易通行的林域；若株距在4～6m，而树胸径值大于坦克自重的1/2时，为通行困难。因为坦克直行运动或坦克转弯时有可能撞倒个别树木，减缓坦克的运动速度。如果株距小于4m，或者株距虽在4～6m，但胸径大于坦克全重的吨数值时，则为不能通行林域。密灌对坦克为通行困难，对轮式车辆机动，则为不能通行地段。按前述的易通行、难通行和不能通行三级原则进行分级，基于网格数据的行列数生成一植被图层通行性能分析矩阵,反映区域内网格分布植被的障碍性。

因为车辆具有一定的宽度、转弯限制等,所以研究车辆在森林中越野通行问题时,要充分考虑森林中树与树之间的距离、是否具备车辆通行的条件、株距对车辆的影响等。株距与车辆通行等级的对应关系见表11.5。

表 11.5 株距与车辆通行等级的对应关系

分级层次	易通行	能通行	难通行	不能通行
株距/m	$\geq N_1$	$N_1 \sim N_2$	$N_2 \sim N_3$	$\leq N_3$
影响系数	0	0.3	0.5	≥ 0.9

其中,N_1、N_2、N_3 根据不同类型车辆的实际经验值来确定。在此,不针对具体类型车辆进行讨论。

4)沼泽的泥深

水系所包含的各类水体对机械机动都产生不同程度的阻碍作用。实际分析中的水体主要有江河、湖泊和沼泽等类型。

江河、水渠等线状水体,凡不需作较大准备而可直接涉渡者,为宜通行水体;若需作泅渡和潜渡时,为通行困难;如果只能依靠渡河器材和工程保障才可渡河,则为不能通行。

区域水体的通行性,按前述的易通行、难通行和不能通行三级原则进行分级,对于轮式车辆而言,沼泽是不能通行区域,而对于履带式车辆而言,沼泽在某些条件下是可以通行的,参照试验数据可知沼泽泥深与履带式车辆越野通行等级的对应关系,见表11.6。

表 11.6 沼泽泥深与履带式车辆越野通行等级的对应关系

分级层次	易通行	能通行	难通行	不能通行
沼泽泥深/m	≤ 0.2	$0.2 \sim 0.3$	$0.3 \sim 0.4$	≥ 0.4
影响系数	0	0.3	0.5	≥ 0.9

5)居民地道路

越野机动一般避开居民地,因此,通常把密集居民地的分布范围视为不能通行,地域散列式和分散式居民地视为通行困难地域。根据网格数据的行列数生成一居民地图层通行性能分析矩阵,考察网格区域居民地分布的障碍性,按前述的易通行、困难通行和不能通行三级原则进行分级。

在车辆越野机动时,优先选取道路。此时,影响车辆通行的因素为道路的路面材料、宽度、桥梁的承重能力及涵洞的限制高度等。按照国家划分道路级别的标准,可知道路等级与车辆越野通行等级的对应关系,见表11.7。

表 11.7 道路等级与车辆越野通行等级的对应关系

分级层次	易通行	能通行	难通行	不能通行
道路等级	铁路	国道	省道	省道以下

6)天气降雨因素

土质的可通行性与土壤的含水量关系密切,土壤含水量与降雨有必然的联系。晴朗天气时土壤为干燥;连续降雨土质含水率增高,导致土质疏松。不同土质在不同等级的降雨后对车辆通行的影响如表11.8所示。

表 11.8　不同土质在不同等级的降雨后对车辆通行的影响

通行性能		雨量等级					
		晴	小雨	中雨	大雨	暴雨	大暴雨
土质	砾土	难通行	难通行	难通行	不能通行	不能通行	不能通行
	含砾土	难通行	难通行	难通行	易通行	难通行	难通行
	粗砾土	难通行	易通行	易通行	易通行	易通行	难通行
	中砾土	易通行	易通行	易通行	易通行	易通行	易通行
	细砾土	易通行	易通行	难通行	难通行	难通行	难通行
	亚黏土	易通行	易通行	易通行	难通行	难通行	不能通行
	黏土	易通行	易通行	难通行	难通行	难通行	不能通行

2. 越野通行能力数学模型构建

通行能力数学模型构建考虑居民地要素、森林要素、草地要素、陆地地貌和土质要素、海洋要素及沼泽要素。根据不同车辆的通行等级标准，在格网中分层依次对每一个网格进行分级标识，构成通行等级区域（0 视为不能通行区域，1 视为难通行区域，2 视为能通行区域，3 视为易通行区域）。然后对各图层区域的通行性进行两两叠加，得到要素共同作用下综合分析结果。

叠加分析按数据结构的不同，有矢量叠加分析和栅格叠加分析之分。矢量叠加是矢量图层上点、线、面元素的交、并、补运算及相关属性的合成，栅格叠加是对应栅格间的空间逻辑运算。显然，后者的逻辑运算要比前者的矢量运算高效。由于待叠加的各要素图层采用的是网格结构，且叠加运算采用的是空间逻辑运算，因此，更适合采用栅格形式叠加。

从通道的搜索需求来看，希望从叠加分析的结果得到一个网格结构，因为从图论的角度来看，网格可看作一个图，可采用图的搜索策略进行通道的搜索。而栅格形式的叠加分析结果正是这种形式的网格结构。因此，本书的叠加分析思想是首先对地形数据进行内插，根据坡度等影响因素分析地貌层的通行性。然后依次对水系、植被和居民地等图层按照内插模型的尺寸进行网格剖分，根据影响因素的分布，以网格区域为单位进行单图层的通行性分析。最后，依次对各图层的对应网格区域的分析结果进行逻辑叠加即可。

单要素通行性分析模型对地貌、水系、植被和居民地图层按相同尺寸进行格网剖分，并按越野机动的通行能力，将各要素图层划分为易通行、难通行和不能通行三级进行分析。根据图层上的要素分布和影响因子，对相应网格区域进行分级归类标识，得到对应图层的通行性能分析矩阵。

多图层叠加分析模型考虑图层间的通行性，叠加采用的是空间逻辑运算，借鉴栅格叠加思想，首先对各要素图层按同一尺寸进行网格剖分，然后在对网格区域通行性分析的基础上，将图层间的对应网格区域进行空间逻辑叠加，简洁高效地实现了多要素综合通行性分析问题。

越野通道分析模型将越野通道的分析抽象为点到点、点到线和线到线的路径搜索三个子模型。以叠置得到的综合通行性分析矩阵为基础，将其视为图进行处理，采用对图的搜索策略，解决了点到点、点到线以及线到线的通道搜索问题。

3. 越野通行能力计算平台构建

越野通行能力计算平台能够实现包括地形和影像数据的、矢量数据等的集成、融合、关联和推理（图 11.7），应用越野通道分析模型计算通行通道，实现全景（全视角）的三维地形、遥感探测数据、军事态势数据的三维等可视化显示（图 11.8），提供系统设备与接口的扩充能力，开发其他相关应用。

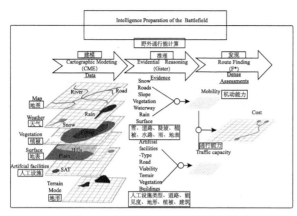 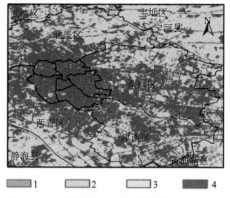

图 11.7 越野通行能力信息融合计算　　图 11.8 越野通行能力计算结果

11.4.2 洪水灾害预测模型

洪水灾害是降水量超过江河、湖泊、水库、海洋等容水场所的承纳能力，造成水量剧增或水位急涨的水文现象。从洪涝灾害的发生机制来看，洪水灾害具有明显的季节性、区域性和可重复性。洪水灾害与降水时空分布及地形有关。洪水灾害同气候变化一样，有其自身的变化规律，这种变化由各种长短周期组成，使洪水灾害循环往复发生。利用远程水位监测数据、地面气象数据、气象卫星数据、GIS 植被覆盖数据和地形数据，构建洪水灾情模型，预测洪水灾害等级（溃决型、漫溢型、内涝型），提早防范、及早发现险情，可以有效地减少人员伤亡和财产损失。

1. 洪水灾害原因分析

洪水灾害与降水量、植被覆盖、土壤类型、地形地势、大小河流水位、水库水位、大型湖泊水位等有关。流域自然地理信息包括面积、坡度、土壤植被、地形地貌、数字高程等。流域水文气象信息包括降水量、蒸发、水位、流量、断面、水位流量关系线、设计洪水计算成果、特大洪水历史资料以及社会经济概况等。

（1）数字高程模型。数字高程模型是用一组有序数值阵列形式表示地面高程的一种实体地面模型，是数字地形模型（digital terrain model，DTM）的一个分支，其他各种地形特征值均可由此派生。一般认为，DTM 是描述包括高程在内的各种地貌因子，如坡度、坡向、坡度变化率等因子在内的线性和非线性组合的空间分布，其中，DEM 是零阶单纯的单项数字地貌模型，其他如坡度、坡向及坡度变化率等地貌特性可在 DEM 的基础上派生。通过数字高程模型，可快速、合理生成河网并划分子流域，同时提取各子流域参数。在 DEM 数据出现缺失的某些像元处，利用求取邻域平均的方法获得其栅格值，进而对 DEM 数据进行填补，实现 DEM 数据的修复。

（2）土地利用/土壤类型。土地利用分为耕地、林地、草地、灌木、水域、人工地表等类。虽然各水文模型的研制标准不同，但土地利用类型相同，故按模型要求转换编码，与模型的土地利用数据库相连接。土壤属性数据在模型径流流域产流、产沙和植物生长过程中具有非常重要的作用。土壤属性数据分为两种：土壤物理特性数据和化学特性数据，物理特性数据又分为土层数、土层厚度、土壤颗粒含量百分比、土壤有效含水量、水文学分组、土壤容重等。我国 1∶100 万土壤类型划分至亚类，共 31 种，包含 17 个土类。土壤数据库包含土壤类型和各类土壤物理、化学属性。

（3）气象数据。洪水预报模型需要的气象数据较多，主要有气象站点数据、降水数据、气温数据，此外还包括辐射、风速、湿度等。气象站点包括降水站点、气温站点、天气发生器站点等。

（4）水文数据。水文数据主要包括地表水、地下水、水质数据和河、湖地形等相关属性数据，包括原始监测数据、整汇编成果数据和统计分析成果及应用支撑数据。水文数据收集，即从不同地方收集水文数据，水文数据地域差别性和实时性十分明显，不同时刻水文数据是不同的，如果靠人去收集这些数据，是一件费时费力的工程。现在很多水文数据都是通过遥测站收集的。

2. 洪水预报模型和方法

洪水预报模型和方法的选用应适于区域的水文特征，对于不同流域面积、不同传播时间和不同资料条件的河流，所采用的模型和方法还应有侧重性。

1）预报 SWAT 模型

SWAT（soil and water assessment tool）模型是一个分布式水文模型，它通过将大型流域按一定的子流域面积阈值划分为若干块子流域（sub-basins），在此基础上，再根据土壤类型和土地利用率在每块子流域内划分水文响应单元（hydrologic response unit，HRU），用天气发生器模拟气候情况，通过实际输入降水、温度信息估算每个 HRU 上的净雨量，计算产流量和泥沙、污染物质产生量，然后进行河道汇流演算，最后求得出口处断面流量、泥沙含量和污染负荷。

模型将模拟过程分为子流域模块（坡面产流和坡面汇流）和流路演算模块（河道汇流）两大部分。子流域模块控制每个子流域内主河道的径流、泥沙、营养物质等的输入量，流域内蒸发量随植被覆盖和土壤的不同而变化，可通过水文响应单元的划分来反映这一变化。在具体模拟中，通常考虑气候、植被覆盖以及水文这三个方面的因素。流路演算模块决定径流、泥沙等物质从河网向流域出口的输移运动及符合的演算汇总过程，主要考虑水、沙、营养物（N 和 P）在河网中的输移，包括主河道以及水库的汇流计算。SWAT 模型结构如图 11.9 所示。

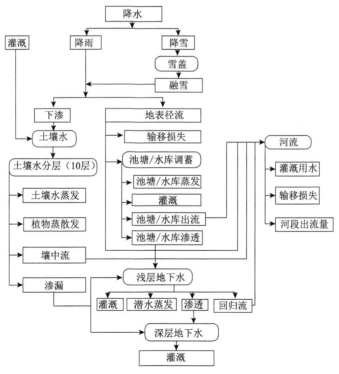

图 11.9　SWAT 模型结构

SWAT 模型水文循环陆地阶段主要由以下部分组成：气候、水文、泥沙、作物生长、土

壤温度、营养物。模拟的水文循环遵循水量平衡方程，具体为

$$SW_t = SW_0 + \sum_{i=1}^{t}(R_{day} - Q_{surf} - E_a - W_{seep} - Q_{gw})$$

式中，SW_t 为土壤最终含水量（mm）；SW_0 为土壤前期含水量（mm）；t 为时间步长（day）；R_{day} 为第 i 天降雨量（mm）；Q_{surf} 为第 i 天的地表径流（mm）；E_a 为第 i 天的蒸发量（mm）；W_{seep} 为第 i 天存在于土壤剖面底层的渗透量和测流量（mm）；Q_{gw} 为第 i 天地下水出流量（mm）。

2）新安江三水源模型

河海大学赵人俊教授于1963年初次提出湿润地区以蓄满产流为主的观点，主要根据是次洪的降雨径流与雨强无关，而只有用蓄满产流概念才能解释这一现象。20世纪70年代国外对产流问题展开了理论研究，最有代表性的著作是1978年出版的《山坡水文学》，它的结论与赵人俊先生的观点基本一致：传统的超渗产流概念只适用于干旱地区，而在湿润地区，地面径流的机制是饱和坡面流，壤中流的作用很明显。20世纪70年代初建立的新安江模型采用蓄满概念是正确的。但对于湿润地区，由于没有划出壤中流，导致汇流的非线性程度偏高，效果不好。80年代初引进吸收了《山坡水文学》的概念，提出三水源的新安江模型。新安江三水源模型流程如图11.10所示。

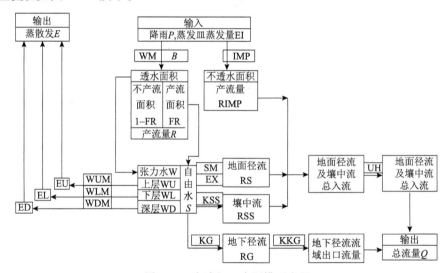

图11.10 新安江三水源模型流程

新安江三水源模型中的蒸散发计算采用的是三层蒸发计算模式，输入的是蒸发器实测水面蒸发和流域蒸散发能力的折算系数 K，模型的参数是上、下、深三层的蓄水容量 WUM、WLM、WDM 和深层蒸散发系数 C。输出的是上、下、深各层的流域蒸散发量 EU、EL、ED。产流量计算是根据蓄满产流理论得出的。蓄满是指包气带的含水量达到田间持水量。在土壤湿度未达到田间持水量时不产流，所有降雨都被土壤吸收，成为张力水。而当土壤湿度达到田间持水量后，所有降雨（减去同期蒸发）都产流。作产流计算时，模型的输入为 PE，参数包括流域平均蓄水容量 WM 和抛物线指数 B；输出为流域产流量 R 及流域时段末土壤平均蓄水量 W。新安江三水源模型用自由水蓄水库的结构代替原先 FC 的结构，以解决水源划分问题。

按蓄满产流模型求出产流量 R。先进入自由水蓄量 S，再划分水源。

流域汇流计算包括坡地和河网两个汇流阶段。坡地汇流是指水体在坡面的汇集过程，水流不但发生了水平运动，而且有垂向运动。在流域的坡面上，地面径流的调蓄作用不大，地下径流受到大的调蓄，壤中流所受调蓄介于两者之间。河网汇流是指水流由坡面进入河槽后，继续沿河网的汇集过程。在河网汇流阶段，汇流特性受制于河槽水力学条件，各种水源是一致的，新安江三水源模型中的河网汇流，仅指各单元面积上的水体从进入河槽汇至单元出口的过程，而不包括单元出口到流域出口处的河网汇流阶段。

3. 洪水预报模型计算

洪水预报是根据洪水形成和运动的规律，利用历史和实时的水文天气资料对未来一定时间段内的洪水情况进行预测分析的过程。洪水预报是水文预报中最为重要的部分，其预报的主要内容有洪水流量、最高洪峰水位、洪峰出现的时间、洪水涨落过程、洪水重量等。

洪水预报的目的是在洪水到来以前，利用卫星、雷达和其他观测仪器收集到的水文气象数据，通过计算机和通信设施传递到数据处理中心进行处理，结合历史数据建立和修正预报方案，预报出洪水流量、洪峰的大小与时间、洪水历时、关键水文站最高水位等洪水特征信息，结合其他防洪工程，并参考雨情、水情、工情选出泄流方案，预报下游的险情，及时向洪泛区发出警报，以便相关部门及时组织抢险、人员撤离，使洪灾损失降到最低限度。

1）洪水预报的工作流程

洪水预报主要有以下五个步骤。

第一步：根据有降暴雨的天气形势，对可能的降雨量进行洪水的粗略估报，做出洪水警报预报。该预报预见期较长，主要对预报控制站提供洪峰与洪水的量级，以使防洪部门心中有数，在思想上做好准备。

第二步：根据已经落到地面的降雨情报，逐时段地用降雨产汇流的模型连续做洪水参考性预报，该预报具有较好的精度和一定的预见期，为控制站预报洪水过程、防洪部门的工作安排提供依据。

第三步：上游已经出现洪水时，依据上游河道的实时水情进行河道演算，用相应水位（流量）做下游河段的洪水预报，即预见期短、精度达防洪调度要求的洪水预报。对预报控制站要做出流量过程和水位过程的预报。

第四步：当出现实况（观测值）与预报值有较大差别时做实时校正预报；根据防洪部门的意见进行仿真模拟计算，提供决策方案。

第五步：采取工程措施（如分、蓄洪，不同的工程运用情况）后或发生堤防漫决等情况时，做调度的补充预报。

这五个步骤预见期越来越短，预报精度越来越高。

2）系统的数据流程

（1）输入和输出数据。输入数据包括历史数据和实时数据，历史数据主要有水文要素摘录资料、水文特征系列数据、历史气象数据、典型年洪水水文要素、防洪工程信息等；实时输入数据主要为气象产品、洪水水文要素、防洪工程调度预案等。

输出数据包括河道径流预测数据、洪水预报数据、仿真模拟计算数据、中间计算数据、成果分析数据等。

（2）系统外部边界。洪水预报系统是省防汛指挥系统工程决策支持系统的依据，它以防洪综合数据库为基础，围绕防洪决策这个核心进行工作。

洪水预报系统从综合数据库中获取洪水预测预报分析所需要的各种信息，为防洪调度系统、灾情评估系统、信息服务系统、汛情监视系统、会商系统提供洪水未来情势的信息。

（3）系统数据流程。由于数据量庞大，类型复杂多样，为便于管理、运行和扩展，避免重复存储，根据各种数据不同的逻辑结构，将不同结构的数据各自建库。洪水预报系统与其他系统的数据交换都通过综合数据库来实现。图 11.11 为洪水预报系统外部数据交换。系统内部数据流程如图 11.12 所示。

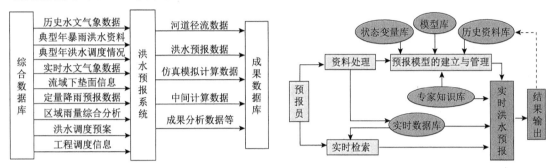

图 11.11　洪水预报系统外部数据交换　　　　图 11.12　系统内部数据流程图

3）洪水预报结果

（1）常规预报。降雨监视范围为所辖区域内的全部降雨站。通过选定某一起始时间作为降雨开始计算的时间节点，自动生成定制的指定时段（可根据各地区实际，如 1h、3h、6h 等）的雨量点标注分布图、等值面图，同时配有指定时段内雨量简单统计信息（如最大点雨量站及值、超过指定降水量级标准的站及值等）列表。

水情监视范围为所辖区域内的全部水情站（河道水文站、水位站、水库站、堰闸站等）。按照不同的流域和行政区域，自动生成以水情站实时值与特征值（该值可为警戒、保证、历史值，也可为涨幅值）相比较后的结果。

（2）径流模拟。选择进行径流模拟显示的日期，根据气象数据等信息运行气象模型，得到该日及之前若干天的模拟结果。此外，系统也可通过预先设置，定时自动对河道经行径流模拟，实现河道径流量的监测及预警。模拟完毕后，系统自动读取该日各河段径流量，用不同粗细和颜色的矢量线在图中显示，并通过图表形式给出河流的模拟径流结果，使用户定性了解某地河道径流量大小分布情况。用户也可通过在图上点击河段的方式，定量查询模拟结果。此外，该结果可同其他基础数据在三维或二维环境下叠加显示。

（3）洪水模拟。洪水预报系统是将洪水预报数学模型的计算分析、预报信息的分布服务联为一体。通过分析研究洪水特点及流域地形地貌特征，采用水文学、水力学、河流动力学等相结合的方法，建立实用的洪水预报经验方案和数学预报模型。实际应用中，以实时雨情、水情、工情、气象等各类实时信息作为输入，通过启动预报模型和方法，对洪峰水位（流量）、洪水过程、洪量等洪水要素进行实时预报，为防汛减灾指挥部门提供决策依据。

通过 GIS 平台来实现水利信息数据的空间存储管理、空间查询、专题地图制作和输出、洪水淹没模型、空间分析等功能，从而使空间服务系统起到辅助决策的作用，为水利部门和领导提供科学的决策依据。

11.4.3 森林火灾预测模型

森林火灾预警预测是综合考虑天气条件的变化、可燃物干湿程度变化和森林可燃物类型等采用数理模型预测火灾发生的可能性。预测火险区划等级是一项重要的防火技术措施，能够为林火预防、林火扑救以及森林管理员因地制宜地进行防火规划和部署工作提供科学有效的依据。研究划分森林火险等级的方法可以分为数理统计方法、经验模型、火险工具等；根据研究范围则可以分为森林火险气象等级模型、森林火险可燃物含水率模型、森林火险多因子综合模型等。

1. 森林火灾影响因子

森林火灾的发生，绝不是偶然。从气候角度考察，它们都有一个孕育的过程，即只有环境温度、相对湿度、降水量积累到一定阈值，才可能引发林火。这些条件因素具有明显的地域性和季节性特点，和气象因子有直接密切的关系。气象条件是决定森林火灾发生与否的重要因素，其中，以气温、相对湿度、降水和风速因子最为重要。温度越高，可燃物中水分蒸发和变干的速度越快，干燥的枯枝落叶就很容易引起森林火灾。气温影响可燃物的着燃性，高温还会促使火势更加猛烈。气温升高能加速可燃物的干燥，使可燃物到达燃点所需的热量大大减少。空气温度越高，水分越容易蒸发，森林中的枯枝落叶和细小可燃物就越干燥，也就越容易着燃，火险等级就越高。空气湿度表示空气中水汽含量多少或表示空气干湿程度，关系可燃物的着火和火势蔓延；空气相对湿度很低的情况下，可燃物的水分蒸发很快，极易燃烧，发生森林火灾的可能性大，着火后很容易蔓延。根据模型可知，森林火险等级与相对湿度成反比，即湿度越小，空气越干燥，森林火灾发生次数越多。而降水量增加了空气的湿度和可燃物的含水量，潮湿的可燃物遇火不易燃烧，火势不易蔓延，所以降水是火灾发生、火势蔓延的抑制因子。降水量与森林火灾呈负相关，当降水日数较多时，对应该月的森林火灾可能发生的次数就会下降；最长连续无降水日数与森林火灾次数呈正相关，连续无降水日数越长，相对湿度越小，蒸发量越大，林内地被植物就越干燥，发生森林火灾的概率就越大。而风速作为间接因子来考虑其对可燃物含水率的影响，在火行为预报中把风作为决定火强度、林火蔓延速度、火场面积的直接因子。以下影响因子结合在一起，可以有效地预报预测火险等级。

1) 日最高气温

温度是火险预报的直接因子，能直接影响相对湿度，增加可燃物的温度，是某地着火与否的主要指标。现代的林火预报从两方面来考虑温度作用：可燃物本身温度；土壤温度，直接影响可燃物点燃的难易程度。温度的变幅和累积对林火的发生和蔓延都会产生一定影响，大火发生常伴随着高温。林火发生最多的时间多半是白天气温最高的时段，气温升高使得可燃物自身温度升高、含水量变小，易接近燃点。所以，高温天气是森林火灾的重要因素，要特别警惕。一般气温在 $-10\sim25℃$ 幅度内常有林火发生。气温在 $25℃$ 以上可燃物生长变绿，体内含水量增加，则发生林火的机会也随之减少。空气温度高低可以通过对环境的影响间接作用于可燃物，改变可燃物物理性质，影响火险等级。

根据《全国森林火险天气等级》中的森林火险天气指数计算模型，森林防火期每日的最高空气温度的森林火险天气指数 A 与最高空气温度成正比，随着温度的升高，火险天气指数 A 随之增大，火险等级增高。

2）日最小相对湿度

空气中水分含量是森林能否燃烧以及衡量林火蔓延速度的重要参数。空气湿度对细小可燃物含水率影响最大，对易燃性有重要影响，相对湿度大，细小可燃物水分附着量大，引起火灾的可能性小，反之，引起火灾的可能性大。相对湿度直接影响森林可燃物的水分蒸发，随着相对湿度的减少，可燃物的干燥速度不断加快，当空气的湿度小于可燃物含水量时，可燃物的水分就会向外渗透，从而增大可燃物的易燃性。通常相对湿度在75%以上则不易发生森林火灾；55%~75%可能发生火灾；55%以下容易发生火灾；30%以下可能发生特大火灾。

根据《全国森林火险天气等级》中的森林火险天气指数计算模型，森林防火期每日最小相对湿度的森林火险天气指数 B 与日最小相对湿度呈负相关，随最小相对湿度的增大，火险天气指数 B 随之减小，火险等级降低。

3）降水量

降水包括雨、雪、露、冰雹、霜、雾等。无论哪种降水对林火的发生和火行为特征都有影响，因而也是各个预报系统都需要考虑的预报因子。在林火预报的应用中，考虑的是降水量和降水持续时间，以及降水后的连续干旱天数。连续干旱天数是指连续不下雨的天数，与其相对应的是累积降雨，指从某时开始降雨的累积日数。连续干旱天数和累积降雨日数不但对细小可燃物含水率和地下水位有影响，还能影响粗大可燃物含水率变化。降水量大小直接影响林区可燃物的含水量，可燃物含水量越多，着火率越低；可燃物含水量越少，着火率越高。如果降水量减少，无雨日数较长，森林中的可燃物含水量不断下降，森林火灾发生的可能性和严重性也随之增大。一年中，各月份降水量不同，所以发生森林火灾的可能性也不相同，较多的降水量可使林地表面的可燃物吸水达到饱和状态，不易燃烧。所以，当月平均降水量在100mm以上时，一般不发生或很少发生森林火灾。一场大雨之后，3~4天之内不会出现火险，但有时也有其特殊情况。由于降水量长期减少，土壤水分消耗加剧，上午干燥的可燃物因雨露表面变得潮湿，而到下午，水分很快蒸发，再次变得易燃，有发生森林火灾的可能性。

根据《全国森林火险天气等级》中的森林火险天气指数计算模型，森林防火期每日前期或当日的降水量及其后的连续无降水日数的森林火险天气指数 C 为计算其前八日降水量的累积量的危险等级，即若当日的降水量小于 0.3mm，需要继续观察计算分析距离当日最近的降水量大于 0.3mm 的日期，统计距离当日的天数，根据天数和降水量去分析火险天气指数 C，降水量越少，距离当日的无降水日越多，火险等级越高。。

4）最大风速

风与风速在预报中是主要的因素，对林火蔓延影响极大。风不仅能加速可燃物的水分蒸发而使可燃物变得易燃，同时能补充火场的氧气，增大火势。所以，风是森林火灾的重要因子。一般林外的草地、灌丛地在下雨后几个小时内由于风的作用迅速变得干燥，一遇火源，草地就可着火。但在林内，由于风小，草地、灌丛含水量一般不易着火。近地面的风，受地形起伏和局部温度的强烈影响，它不仅能够加速水分蒸发，促使林区植物干燥，加大火灾发生的可能性，而且在森林火灾发生后，风还能使火源得到充分的氧气供应，加快燃烧的速度，变小火为大火。如果一天之内，温度上升 5~10℃，而风速又快，就很容易发生森林火灾。

根据《全国森林火险天气等级》中的森林火险天气指数计算模型，森林防火期每日的最大风力等级的森林火险天气指数 D 与最大风速成正比，风速越大，火险天气指数 D 越大，火险等级越高。

5）植被覆盖度

植被覆盖度指植被（包括叶、茎、枝）在地面的垂直投影面积占研究区总面积的比例，反映植被的茂密程度和植物进行光合作用面积的大小，是连接土壤、大气和水分的自然纽带，同时也是评价区域生态环境的重要指标。根据 MODIS-NDVI 遥感数据对植被覆盖度的空间格局和变化规律进行探讨。

根据《全国森林火险天气等级》中规定森林火险天气指数计算模型，森林防火期内生物及非生物物候季节影响的订正指数 E 与植被覆盖度（normalized difference vegetation index，NDVI，归一化植被指数）成正比，植被覆盖度越高，物候季节订正指数 E 越高，火险等级越低。

2. 森林火灾计算模型

《全国森林火险天气等级》中规定森林火险天气指数计算模型为 $HTZ=A+B+C+D-E$。

依据模型的原理主要根据气象条件以及地表植被覆盖度，计算各个区域森林火灾的发生危险等级（图 11.13）。

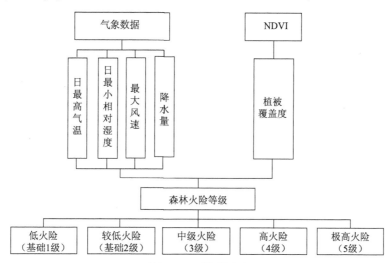

图 11.13 模型原理

利用《全国森林火险天气等级》中的森林火险天气指数计算模型预测区域火险等级。此标准模型规定了全国森林火险天气等级及其使用方法，适用于全国各类林区的森林防火期当日的森林火险天气等级实况的评定。模型中，气象因素包括最高气温、最小相对湿度、最大风速和降水量的逐时气象数据，植被覆盖度主要由遥感植被指数产品反演。

使用遥感提供的植被指数数据产品计算植被覆盖度。覆盖度的算法如下：

$$F=(\text{NDVI}-\text{NDVI}_{\min})/(\text{NDVI}_{\max}-\text{NDVI}_{\min})$$

式中，$\text{NDVI}_{\min}$ 为区域内裸土或无植被覆盖区域内像元的 NDVI；$\text{NDVI}_{\max}$ 为区域内完全被植被覆盖区域内像元的 NDVI。

3. 森林火灾计算数据

模型中的植被覆盖度（NDVI）需要根据美国地质调查局（United States Geological Survey，USGS）网站上提供的 16 天合成的 250m 分辨率植被指数数据产品（MOD13Q1）来计算，实时性为可获取半个月之前的数据。采用 MODIS NDVI 数据是为了计算得到火灾预测区域植被盖度 VFC，MODIS NDVI 数据来源于美国地质调查局官方网站（https：//www.usgs.gov/）。

气象数据来源于国家气象信息中心网站，所需的气象数据有四类：最大风速（WIN_S_Max）、最高气温（TEM_Max）、最小相对湿度（RHU_Min）、降水量（PRE_1h）。

4. 森林火灾计算实验结果

以大兴安岭为实验区域。它横跨黑龙江省和内蒙古自治区，采用的 25 个气象站点在两省份均有分布，根据逐日的日最高气温、日最小相对湿度、最大风速、降水量数据和植被覆盖度数据（图 11.14），计算出大兴安岭地区 2017 年 5 月 21 日和 22 日的火险等级空间分布。图 11.15 中，色调由浅到深代表火险等级逐渐升高。

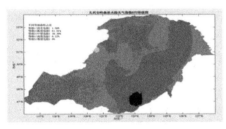 

图 11.14　森林火险天气指数 HTZ 等级图　　　　图 11.15　森林火险等级分布图

主要参考文献

艾廷华. 2004. 多尺度空间数据库建立中的关键技术与对策. 科技导报, 22(12): 4-8.
艾廷华. 2008. 适宜空间认知结果表达的地图形式. 遥感学报, 12(2): 347-352.
艾廷华, 成建国. 2005. 对空间数据多尺度表达有关问题的思考. 武汉大学学报(信息科学版), 30(5): 377-382.
贲进. 2005. 地球空间信息离散网格数据模型的理论与算法研究. 信息工程大学博士学位论文.
边馥苓, 石旭. 2006. 普适计算与普适 GIS. 武汉大学学报(信息科学版), 31(8): 709-712.
蔡孟裔. 2000. 新编地图学教程. 北京: 高等教育出版社.
曹雪峰. 2009. 基于地理信息网格的矢量数据组织管理和三维可视化技术研究. 信息工程大学博士学位论文.
柴立和. 2005. 多尺度科学的研究进展. 化学进展, 17(2): 186-190.
陈传康. 1990. 全息学与全息地学. 科学技术与辩证法, (5): 13-17.
陈传康. 1991. 易经与全息思维. 科学技术与辩证法, (3): 47-52.
陈端吕, 李际平. 2010. 全息论的内涵解读. 西南农业大学学报(社会科学版), (1): 73-75.
陈军. 2003. 论中国地理信息系统的发展方向. 地理信息世界, 1(1): 6-11.
陈述彭. 2001. 地学信息图谱探索研究. 北京: 商务印书馆.
陈述彭. 2007. 地球信息科学. 北京: 高等教育出版社.
陈述彭, 曾杉. 1996. 地球系统科学与地球信息科学. 地理研究, 15(2): 1-10.
陈述彭, 鲁学军, 周成虎. 1999. 地理信息系统导论. 北京: 科学出版社.
陈毓芬. 2001. 电子地图的空间认知研究. 地理科学进展, 20(增刊): 63-68.
崔铁军. 2017a. 地理信息科学在智慧城市建设中的作用. 天津师范大学学报(自然科学版), 37(3): 47-53.
崔铁军. 2017b. 基于全息论构建的全息地理空间数据模型框架. 天津师范大学学报(自然科学版), 37(5): 36-43.
崔铁军, 郭黎, 张斌. 2010. 地理信息科学基础理论的思考. 测绘科学技术学报, (6): 391-395.
戴洪磊, 夏宗国, 黄杏元. 2002. GIS 中衡量位置数据不确定性的可视化度量指标族探讨. 中国图象图形学报(A 辑), 7(2): 165-169.
党安荣. 1998. 地理信息系统可视化专题制图要素分级探讨. 地理学报, 53: 61-65.
董鸿闻, 李国智, 陈士银, 等. 2004. 地理空间定位基准及其应用. 北京: 测绘出版社.
高博. 2000. 基于计算机的地图传输理论. 地图, (3): 5-8.
高博, 万方杰, 宋国民, 等. 2009. 基于位置服务的空间信息传输模型. 测绘科学技术学报, 26(1): 12-14.
高俊. 1991. 地图的空间认知与认知地图学//中国地图学年鉴. 北京: 中国地图出版社.
高俊. 2000. 地理空间数据的可视化. 测绘工程, 3: 1-7.
宫鹏. 2007. 环境监测中无线传感器网络地面遥感新技术. 遥感学报, 11(4): 545-551.
宫鹏. 2009. 遥感科学与技术中的一些前沿问题. 遥感学报, 13(1): 1-12.
龚建华. 2008. 面向"人"的地学可视化探讨. 遥感学报, 12(5): 772-779.
龚建华, 林珲. 2004. 虚拟地理环境: 在线虚拟现实的地理学透视. 北京: 高等教育出版社.
龚建华, 林珲. 2006. 面向地理环境主体 GIS 初探. 武汉大学学报(信息科学版), 31(8): 704-708.
龚建华, 李文航, 周洁萍, 等. 2009. 虚拟地理实验概念框架与应用初探. 地理与地理信息科学, 25(1): 18-21.
龚健雅. 2004. 当代地理信息技术. 北京: 科学出版社.
龚健雅, 李小龙, 吴华意. 2014. 实时 GIS 时空数据模型. 测绘学报, 43(3): 226-232.
关丽, 吕雪锋. 2011. 多级地理空间网格框架及其关键技术初探. 地理与地理信息科学, 27(3): 1-6.
关泽群, 刘继琳. 2007. 遥感图像解译. 武汉: 武汉大学出版社.
韩阳, 万刚, 曹雪峰. 2009. 混合式全球网格划分方法及编码研究. 测绘科学, (2): 136-138.
韩志刚, 孔云峰, 秦耀辰. 2011. 地理表达研究进展. 地理科学进展, 30(2): 141-148.
胡绍永. 2004. 基于 LOD 技术的空间数据多尺度表达. 武汉大学博士学位论文.
胡云锋, 徐芝英, 刘越, 等. 2013. 地理空间数据的尺度转换. 地球科学进展, 28(3): 297-304.

胡最, 闫浩文. 2006. 空间数据的多尺度表达研究. 兰州交通大学学报(自然科学版), 25(4): 35-38.
华一新. 2016. 全空间信息系统的核心问题和关键技术. 测绘科学技术学报, 33(4): 331-335.
黄茂军. 2006. 地理本体的关键问题和应用研究. 合肥: 中国科学技术大学出版社.
黄雪樵. 2002. 试论新世纪地理信息科学的发展. 地球信息科学, 2: 32-37.
黄幼才, 刘文宝, 李宗华, 等. 1995. GIS 武汉空间数据误差分析与处理. 武汉: 中国地质大学出版社.
景东升. 2005. 基于本体的地理空间信息语义表达和服务研究. 中国科学院研究生院博士学位论文.
蓝悦明. 2003. 空间位置数据不确定性问题的若干理论研究. 武汉大学博士学位论文.
蓝悦明, 陶本藻. 2003. GIS 中线元不确定性的综合量化. 武汉大学学报(信息科学版), 28(5): 559-561.
黎夏, 叶嘉安, 刘小平, 等. 2007. 地理模拟系统——元胞自动机与多智能体. 北京: 科学出版社.
李爱勤, 李德仁, 龚健雅, 等. 2009. GIS 的空间数据多比例尺表达与处理概念框架. 地球信息科学学报, 11(5): 611-645.
李大军. 2003. 基于信息熵的空间数据位置不确定性模型的研究. 武汉大学博士学位论文.
李大军, 龚健雅, 谢刚生, 等. 2002. 熵理论在确定点位不确定性指标上的应用. 测绘学院学报, 19(4): 243-246.
李德仁. 1995. 论地理信息科学的形成与发展. 武汉测绘科技大学学报, 20(增刊): 18-22.
李德仁. 1997. 关于地理信息理论的若干思考. 武汉测绘科技大学学报, (2): 93-95.
李德仁. 2006. 空间数据挖掘理论与应用. 北京: 科学出版社.
李德仁, 李清泉. 1998. 论地球空间信息科学的形成. 地球科学进展, 13(4): 319-326.
李德仁, 肖志峰, 朱欣焰, 等. 2006. 空间信息多级网格的划分方法及编码研究. 测绘学报, 35(1): 52-56.
李军, 庄大方. 2002. 地理空间数据的适度尺度分析. 地理学报, 57(增刊): 52-58.
李科. 2008. 网格环境下地理信息服务关键技术研究. 信息工程大学博士学位论文.
李霖, 吴凡. 2005. 空间数据多尺度表达模型及其可视化. 北京: 科学出版社.
李霖, 应申. 2005. 空间尺度基础性问题研究. 武汉大学学报(信息科学版), 30(3): 199-203.
李伟芬, 丁静, 苗卿. 2007. 空间数据多尺度研究综述. 电脑知识与技术(学术交流), 13: 134-136.
李新, 黄春林. 2004. 数据同化——一种集成多源地理空间数据的新思路. 科技导报, (12): 13-16.
李云岭, 靳奉祥, 季民, 等. 2003. GIS 多比例尺空间数据组织体系构建研究. 地理与地理信息科学, 19(6): 7-10.
李志刚, 史瑞芝, 赵敬道. 2002. 电子地图的信息特性. 测绘学院学报, 19(1): 68-69.
李志林. 2005. 地理空间数据处理的尺度理论. 地理信息世界, 2: 1-5.
李志林, 朱庆. 2001. 数字高程模型. 武汉: 武汉大学出版社.
廖克, 等. 2007. 地球信息科学导论. 北京: 科学出版社.
林珲, 龚建华, 施晶晶. 2003. 从地图到 GIS 和虚拟地理环境——试论地理学语言的演变. 地理与地理信息科学, 19(4): 18-23.
刘大杰, 刘春. 2001. GIS 空间数据不确定性与质量控制的研究现状. 测绘工程, 10(1): 6-10.
刘大杰, 史文中, 童小华, 等. 1999. GIS 空间数据精度分析与质量控制. 上海: 科学技术文献出版社.
刘芳. 2009. 网络地图的信息传输模型研究. 测绘通报, (10): 15-17.
刘纪平, 常燕卿, 李青元. 2002. 空间信息可视化的现状与趋势. 测绘学院学报, 19(3): 207-210.
刘凯, 秦耀辰. 2010. 论地理信息的尺度特性. 地理与地理信息科学, (2): 1-5.
刘凯, 毋河海, 艾廷华, 等. 2008. 地理信息尺度的三重概念及其变换. 武汉大学学报(信息科学版), (11): 1178-1181.
刘凯, 任星, 秦耀辰. 2010. 地理信息语义尺度及其变换机制问题研究. 河南大学学报(自然科学版), 40(3): 261-266.
刘妙龙, 周琳. 2004. 地理信息科学学科领域界定再思考. 地理与地理信息科学, 20(3): 1-5.
刘妙龙, 黄佩蓓, 杨冰. 2001. 地理信息科学新界说. 地球信息科学, 2: 41-46.
刘文宝. 1995. GIS 空间数据的不确定性理论. 武汉大学博士学位论文.
刘文宝, 邓敏. 2002. GIS 图上地理区域空间不确定性的分析. 遥感学报, 6(1): 46-49.

鲁学军, 承继成. 1998. 地理认知理论内涵分析. 地理学报, 53(2): 132-139.
鲁学军, 周成虎, 张洪岩, 等. 2004. 地理空间的尺度——结构分析模式探讨. 地理科学进展, 23(2): 107-114.
闾国年, 吴平生, 周晓波. 1999. 地理信息科学导论. 北京: 中国科学技术出版社.
马蔼乃. 2000. 地理科学与地理信息科学论. 武汉: 武汉出版社.
马蔼乃. 2002. 钱学森论地理科学. 中国工程科学, 4(1): 1-8.
马蔼乃. 2003. 论地理科学. 地理与地理信息科学, 19(1): 1-4.
马蔼乃. 2005a. 地理信息科学: 天地人机信息一体化网络系统. 北京: 高等教育出版社.
马蔼乃. 2005b. 地理科学导论. 自然科学与社会科学的"桥梁科学". 北京: 高等教育出版社.
马蔼乃, 邬伦, 陈秀万, 等. 2002. 论地理信息科学的发展. 地理学与国土研究, 18(1): 1-5.
马荣华, 黄杏元, 赵振斌. 2001. 综合省情地理信息系统地理数据库的数据组织. 地理研究, 20(3): 364-371.
孟斌, 王劲峰. 2005. 地理数据尺度转换方法研究进展. 地理学报, 60(2): 277-288.
孟丽秋. 2006. 地图学技术发展中的几点理论思考. 测绘科学技术学报, 23(2): 89-100.
苗蕾, 李霖. 2004. 空间认知与现代技术的结合——地理空间数据的可视化. 测绘工程, 13(2): 47-49.
齐清文, 张安定. 1999. 关于多比例尺 GIS 数据库多重表达的几个问题研究. 地理研究, 18(2): 161-170.
千怀遂, 孙九林, 钱乐祥. 2004. 地球信息科学的前沿与发展趋势. 地理学与国土研究, 20(2): 1-7.
秦建新, 张青年. 2000. 地图可视化研究. 地理研究, 19(1): 15-19.
史文中. 1998. 空间数据误差处理的理论与方法. 北京: 科学出版社.
史文中. 2005. 空间数据与空间分析不确定性原理. 北京: 科学出版社.
史文中, 王树良. 2002. GIS 中属性不确定性的处理方法及其发展. 遥感学报, 6(5): 393-400.
史文中, 童小华, 刘大杰. 2000. GIS 中一般曲线的不确定性模型. 测绘学报, 29(1): 52-58.
舒红. 2004. 地理空间的存在. 武汉大学学报(信息科学版), 29(10): 868-871.
宋绍成, 毕强. 2004. 信息可视化的基本过程与主要研究领域. 情报科学, 22(1): 13-18.
苏理宏, 李小文, 黄裕霞. 2001. 遥感尺度问题研究进展. 地球科学进展, 16(4): 544-548.
苏理宏, 黄裕霞, 李小文, 等. 2002. 三维结构真实遥感像元场景的生成. 中国图象图形学报(A 辑), 7(6): 570-575.
苏山舞, 于荣花, 沈涛, 等. 2003. 全国 1:1000 000 数据库建设与更新. 地理信息世界, 1(2): 21-25.
孙敏, 陈秀万, 张飞舟, 等. 2004. 增强现实地理信息系统. 北京大学学报(自然科学版), 40(6): 906-913.
孙庆先, 李茂堂, 路京选, 等. 2007. 地理空间数据的尺度问题及其研究进展. 地理与地理信息科学, 32(4): 54-56.
陶本藻. 2002. GIS 质量控制中不确定性理论. 测绘学院学报, 17(4): 235-238.
田德森. 1991. 现代地图学理论. 北京: 测绘出版社.
童庆禧. 2003. 地球空间信息科学之刍议. 地理与地理信息科学, 19(4): 1-3.
汪品先. 2003. 我国的地球系统科学研究向何处去. 地球科学进展, 18(6): 837-851.
汪永红. 2011. 多尺度道路网路径规划理论与技术研究. 信息工程大学博士学位论文.
王家耀. 2000a. 空间信息系统原理. 北京: 科学出版社.
王家耀. 2000b. 信息化时代的地图学. 测绘工程, 9(2): 1-5.
王家耀, 陈毓芬. 2001. 理论地图学. 北京: 解放军出版社.
王家耀, 孙群, 王光霞, 等. 2006. 地图学原理与方法. 北京: 科学出版社.
王劲峰, 等. 2006. 空间分析. 北京: 科学出版社.
王晓明, 刘瑜, 张晶. 2005. 地理空间认知综述. 地理与地理信息科学, 21(6): 1-6.
王艳慧, 孟浩. 2006. 道路网多尺度表达实体和关系的本体研究. 中国矿业大学学报, (5): 689-694.
王艳慧, 陈军, 蒋捷. 2003. GIS 中地理要素多尺度概念模型的初步研究. 中国矿业大学学报, 32(4): 376-382.
王艳慧, 李小娟, 宫辉力. 2006. 地理要素多尺度表达的基本问题. 中国科学(E 辑技术科学), 36(增刊): 38-44.
王晏民. 2002. 多比例尺 GIS 矢量空间数据组织研究. 武汉大学博士学位论文.
王永明. 2000. 地形可视化. 中国图象图形学报, 5(6): 449-455.
王兆强. 1989. 广义全息与全息不全. 科学技术与辩证法, (6): 1-4.

王之卓. 1993. 从一个测绘工作者看 GIS 学科的兴起. 遥感信息, 8 (1): 7-9.
危拥军, 江南. 2000. 地图的信息传输功能及扩展. 测绘技术装备, 4: 21-23.
魏保峰. 2006. GIS 空间数据中线元不确定性及可视化研究. 昆明理工大学硕士学位论文.
魏峰远, 卢小平. 2005. GIS 中顾及面积误差影响时叠置多边形误差状态分析. 测绘通报, (11): 18-20.
魏峰远, 邰茜. 2005. GIS 中直线元内插点精度及对误差带的影响. 测绘学院学报, (3): 232-234.
魏峰远, 崔铁军. 2005a. GIS 中线型要素数字化数据处理方法探讨. 测绘与空间地理信息, (3): 26-27.
魏峰远, 崔铁军. 2005b. GIS 中直线元位置不确定性的传播模型. 河南理工大学学报(自然科学版), (2): 152-154.
魏峰远, 崔铁军. 2006. GIS 叠置后同名点元不确定性的严密估计. 测绘科学技术学报, 1: 56-58.
魏海平. 2000. GIS 中多尺度地理数据库的研究与应用. 测绘学院学报, 17(2): 134-137.
邬伦, 承继成, 史文中. 2006. 地理信息系统数据的不确定性问题. 测绘科学, 31(5): 13-17.
邬伦, 丁海龙, 高振纪, 等. 2002. GIS 不确定性框架体系与数据不确定性研究方法. 地理学与国土研究, 18(4): 1-4.
毋河海. 2000. 地理信息自动综合基本问题研究. 武汉测绘科技大学学报, 25(5): 377-386.
吴冲龙, 刘刚, 田宜平, 等. 2005. 论地质信息科学. 地质科技情报, 24(3): 1-8.
吴凡. 2004. 地理空间数据的多尺度处理与表示研究. 武汉大学学报(信息科学版), 29(6): 563.
徐冠华, 田国良, 王超, 等. 1996. 遥感信息科学的进展和展望. 地理学报, 51(5): 385-397.
宣柱香. 1997. 用信息传输理论的观点看实施中的地图信息传输. 北京测绘, 3: 13-14.
杨崇俊, 赵需生. 1997. 从地球信息技术的发展趋势看地球信息科学产生的必然性. 香山科学会议交流材料: 12-15.
杨贵军, 柳钦火, 黄华国, 等. 2007. 基于场景模型的热红外遥感成像模拟方法. 红外与毫米波学报, 26(1): 15-21.
杨开忠, 沈体雁. 1999. 试论地理信息科学. 地理研究, (3): 260-266.
杨永崇, 吴家付, 张胜利, 等. 2010. 基于空间信息网格的数字地图分幅(块)方法. 测绘科学, 35(2): 201-203.
应申, 李霖, 闫浩文, 等. 2006. 地理信息科学中的尺度分析. 测绘科学, 31(3): 18-19.
袁勘省, 张荣群, 王英杰, 等. 2007. 现代地图与地图学概念认知及学科体系探讨. 地球信息科学学报, 9: 100-108.
袁占乐. 2007. 地图信息传输过程及传输效率因子分析. 全国测绘科技信息网中南分网第二十一次学术信息交流会.
章士嵘. 1992. 认知科学导论. 北京: 人民出版社.
张保钢. 2000. 空间数据现势度的概念. 测绘信息工程, (2): 13-14.
张本昀, 朱俊阁, 王家耀. 2007. 基于地图的地理空间认知过程研究. 河南大学学报(自然科学版), 5: 486-491.
张国芹. 2004. GIS 中线元位置不确定性模型的研究. 信息工程大学硕士学位论文.
张海棠. 2006. 移动服务中的空间信息传输与认知模型研究. 测绘信息与工程, (1): 23-25.
张洪岩, 王钦敏, 周成虎, 等. 2001. "数字地球"与地理信息科学. 地球信息科学, 4: 1-4.
张锦. 2004. 多分辨率空间数据模型理论与实现技术研究. 北京: 测绘出版社.
张景雄. 2008. 空间信息的尺度不确定性与融合. 武汉: 武汉大学出版社.
张贤科. 2006. 代数数论导引. 北京: 高等教育出版社.
张永生, 贲进, 童晓冲, 等. 2006. 基于球面六边形网格系统的空间信息处理方法. 测绘科学技术学报, 23(2): 110-114.
张智雄. 1996. 全息学与情报研究. 情报理论与实践, 19(1): 20-25.
赵峰, 顾行发, 刘强, 等. 2006. 基于3D真实植被场景的全波段辐射传输模型研究. 遥感学报, 10(5): 670-675.
钟业勋. 2004. 地理空间的数学定义及定位型地图符号的制约因素分析. 武汉大学学报(信息科学版), 29(1): 29-33.
钟业勋, 魏文展. 2004. 地图符号若干特征的数字化表达研究. 测绘科学, 29(4): 23-25.
钟义信. 2002. 信息科学原理. 北京: 北京邮电大学出版社.

周成虎. 2015. 全空间地理信息系统展望. 地理科学进展, 34(2): 129-131.
周成虎, 鲁学军. 1998. 对地球信息科学的思考. 地理学报, (4): 372-380.
周成虎, 孙战利, 谢一春. 1999. 地理元胞自动机研究. 北京: 科学出版社.
周成虎, 朱欣焰, 王蒙, 等. 2011. 全息位置地图研究. 地理科学进展, 30(11): 1331-1335.
朱庆, 林珲. 2004. 数码城市地理信息系统. 武汉: 武汉大学出版社.
Glimm J, Sharp D H. 1998. 多尺度科学面向21世纪的挑战. 力学进展, (4): 545-551.